附赠光盘

书中案例的素材和源文件
书中案例的教学视频文件

2010版

中文版 Excel 办公专家从入门到精通

龙飞 主编

上海科学普及出版社

图书在版编目（CIP）数据

中文版Excel办公专家从入门到精通 / 龙飞主编. —
上海：上海科学普及出版社，2011.6（2012. 2 重印）
（从入门到精通系列）
ISBN 978-7-5427-4885-0

Ⅰ.①中…　Ⅱ.①龙…　Ⅲ.①电子表格系统，Excel　Ⅳ.①TP391.13

中国版本图书馆 CIP 数据核字（2011）第 033340 号

策　　划　胡名正
责任编辑　徐丽萍

中文版 Excel 办公专家从入门到精通
龙飞　主编
上海科学普及出版社出版发行
（上海中山北路 832 号　邮政编码 200070）
http://www.pspsh.com

各地新华书店经销　　北京市蓝迪彩色印务有限公司印刷
开本 787×1092　1/16　印张 20.5
字数 550000　2012 年 2 月第 2 次印刷

ISBN 978-7-5427-4885-0　定价：39.80 元
ISBN 978-7-900518-06-4（附赠多媒体光盘 1 张）

内 容 提 要

本书是一本Excel办公专家从入门到精通学习手册，书中讲解了Excel 2010的各项核心技术与精髓内容，为读者奉献了近100条专家指点、170多个技能实例、230多分钟语音教学视频，帮助读者从入门到精通软件，从新手快速成为Excel办公高手。

全书共分为四篇：初学入门篇、进阶提高篇、技能精通篇、成就高手篇。内容包括：初识Excel 2010、Excel 2010的基本操作、管理工作表和工作簿、掌握单元格常用操作、输入和编辑数据、设置工作表格式、绘制和编辑图形、创建与编辑图表、应用公式与函数、管理和分析数据、使用数据透视表与透视图、打印与共享工作表、行政与文秘案例实战、会计与财务案例实战、市场与销售案例实战，以及人力资源管理案例实战，读者学后可以融会贯通、举一反三，制作出更多更加精彩、漂亮的效果。

本书结构清晰、语言简洁，适合于Excel 2010的初、中级学习者阅读，包括办公自动化人员、财务会计人员等，同时也可以作为各类计算机培训中心、中职中专和高职高专等院校及相关专业的辅导教材。

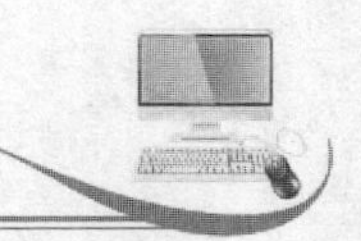

前　言

软件简介

中文版 Excel 2010 是微软公司发布的 Office 2010 软件家族中的重要组件，它以全新的界面和强大的功能吸引了亿万计算机用户，成为全球最受欢迎的办公软件之一。本书立足于 Excel 的软件及行业应用，完全从一个初学者的角度出发，循序渐进地讲解每一个知识点，并通过大量行业实例演练，让读者在最短的时间内成为办公高手。

本书特色

特　色	特 色 说 明
16 大 核心技术精解	本书体系结构完整，由浅入深地对 Excel 2010 的 16 大核心技术：初识 Excel 2010、管理工作表和工作簿、掌握单元格常用操作、输入和编辑数据等内容进行了全面细致的讲解，帮助读者从入门到精通软件
近 100 条 应用技巧点拨	作者在编写时，将平时工作中总结的 Excel 2010 的实战技巧与设计经验毫无保留地奉献给读者，不仅大大地丰富和提高了本书的含金量，更可以让读者提高学习与工作效率，学有所成
170 多个 典型技能案例	本书是一本全操作性的技能实例手册，读者通过实战演练可以逐步地掌握软件的核心技能与操作技巧，从新手快速成长为设计高手
230 多 分钟视频演示	书中 170 多个技能实例全部录制成了带语音讲解的演示视频，时间长达 230 多分钟，重现书中所有技能实例的操作，读者既可以结合书本，也可以独立观看视频演示，像看电影一样进行学习，让整个过程既轻松又高效
1450 多张 图片全程图解	本书采用了 1450 多张图片对软件的技术与实例进行了全程式图解，通过这些辅助的图片，让实例的内容变得更加通俗易懂，读者可以快速领会内容，大大地提高学习效率

内容编排

本书共分为四篇：初学入门篇、进阶提高篇、技能精通篇、成就高手篇。具体章节内容如下：

篇　章	主 要 内 容
初学入门篇	第 1～4 章，详细讲解了 Excel 2010 的功能、启动与退出 Excel 2010、认识 Excel 2010 工作界面、新建工作簿、保存工作簿、切换工作簿视图、设置输入数据的特性、应用和保护工作表，以及切换工作簿视图等内容
进阶提高篇	第 5～8 章，详细讲解了输入与编辑数据、编辑单元格数据、查找和替换数据、设置批注、设置字体格式、设置对齐方式、设置边框与背景、设置表格的行高与列宽、插入与编辑图片，以及设置中文版式等内容

续表

篇　章	主 要 内 容
技能精通篇	第 9～12 章，详细讲解了认识运算符、自定义公式计算、应用公式的运用、常用函数类型、表格数据的排序、应用宏、表格数据的筛选、创建数据透视表、编辑数据透视表、添加打印机，以及设置打印页面
成就高手篇	第 13～16 章，从不同领域或行业，精选并精做了典型案例效果，从行政与文秘、会计与财务、市场与销售、人力资源管理等方面进行讲解，既巩固前面所学知识，又帮助读者在实战中将应用水平提升至新的高度

 作者联系

本书由龙飞主编，参与编写的人员还有谭贤、刘佳、柏松、陈益、杨闰艳、刘嫔、符光宇、曾慧、颜勤勤、廖梦姣、代君、郭文亮、郭领艳、王月浩等，在此对他们的辛勤劳动深表感谢。由于编写时间仓促，书中难免存在疏漏与不妥之处，恳请广大读者来信咨询并指正，联系网址：http://www.china-ebooks.com。

版权声明

本书及光盘中所采用的图片、模型、音频、视频和赠品等素材，均为所属公司、网站或个人所有，本书引用仅为说明（教学）之用，特此声明。

编　者

目 录

【初学入门篇】

【进阶提高篇】

【成就高手篇】

Chapter 01

章前知识导读

Microsoft Excel 2010是一款电子表格制作软件，可以用来制作电子表格、处理各种复杂的图表和数据、共享资源等，是财务人员、统计人员、人事管理人员不可或缺的帮手。

初识 Excel 2010

重点知识索引

- **了解** Excel 2010 **的功能**
- **启动与退出** Excel 2010
- **认识** Excel 2010 **的工作界面**
- **自定义** Excel 2010 **的工作界面**
- **掌握** Excel 2010 **的基本概念**

效果图片欣赏

制作图表

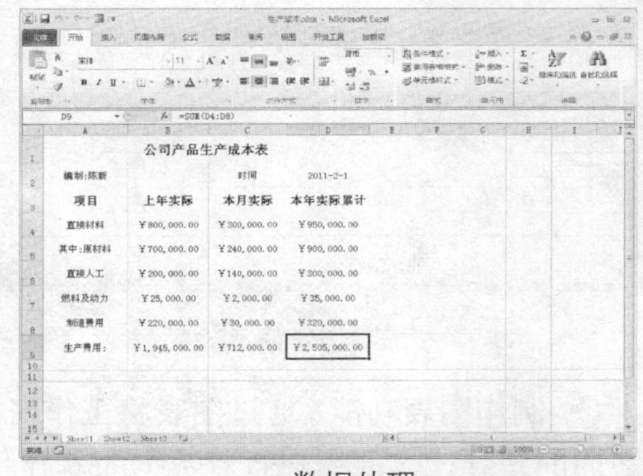

数据处理

黑色界面

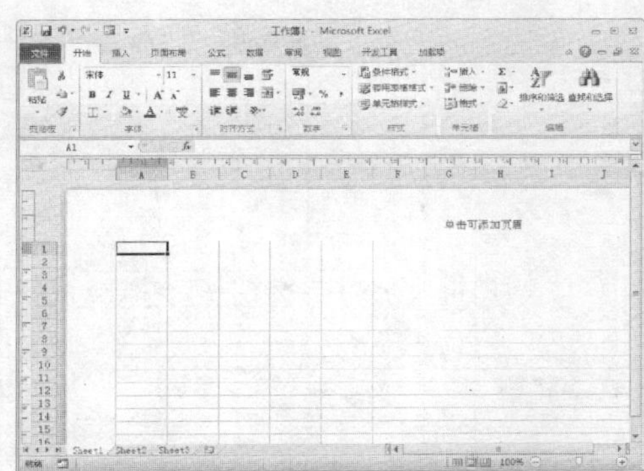
页面布局视图

1.1 了解 Excel 2010 的功能

Microsoft Office 2010 是美国微软公司发布的新版本，其中 Microsoft Excel 2010 是 Microsoft Office 2010 办公套装软件中的一个重要组成部分。Excel 2010 不仅具有强大的图表、图形功能，还有丰富的函数及支持 Internet 的开发功能，是财务人员、统计人员、人事管理人员不可或缺的帮手。

1.1.1 了解 Excel 2010 的主要功能

Excel 2010 是一款电子表格处理软件，它可以制作电子表格，完成复杂的数据运算，进行数据分析和预测，并拥有强大的制作图表和打印功能。

- 强大的制表功能：制表是将用户所用到的数据输入到 Excel 2010 中形成表格，令内容更直观，如下图（左）所示。
- 数据处理功能：当用户在工作表中输入完数据后，就可以对输入的数据进行处理，使繁琐的计算变得更为简单，如下图（右）所示。

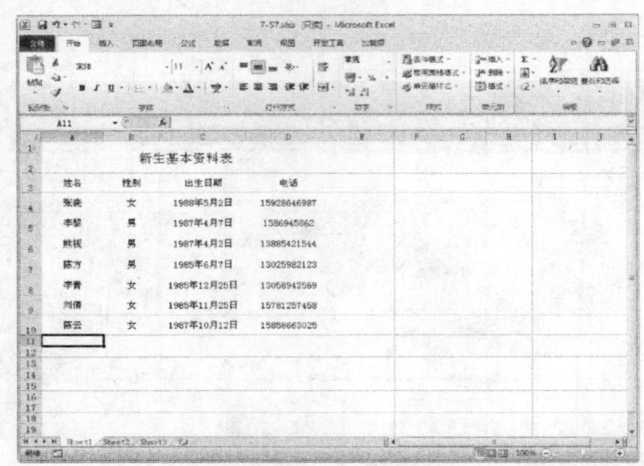

制作表格

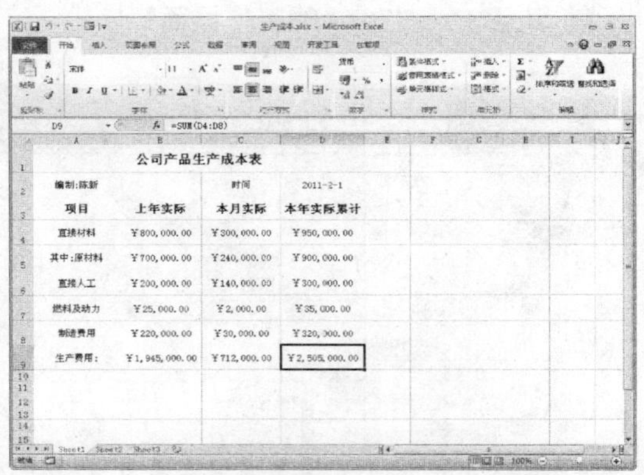

数据处理

- 制作图表功能：通过图表将工作表中的数据形象地表示出来，以便更直观地显示数据之间的差异，方便用户查看数据的差异和趋势，如下图所示。

制作图表

1.1.2 了解 Excel 2010 的新增功能

最新版本的 Excel 2010，与以往的各种版本相比，在功能方面更加完善，它可以用更多的方式来分析数据、实用数据可视化、处理以及共享数据。

1. 数据可视化功能

Excel 2010 中新增和改进的数据可视化功能，可以获取重要的关键信息，并采用便于理解的醒目方式呈现这些关键信息。

- 迷你图：可以使用迷你图可视化方式来汇总趋势和数据。
- 切片器：切片器是 Excel 2010 中的新增功能，它提供了一种可视性极强的筛选方法，以筛选数据透视表中的数据。

2. Excel 表格的增强功能

使用 Excel 2010 表格的新增功能在工作表中能够更轻松地设置数据格式、组织和显示数据。

- 增强的筛选功能：在 Excel 2010 表格中筛选数据时，可以直接使用筛选器界面中的“搜索框”搜索文本和数字。
- 不考虑位置的筛选和排序功能：在 Excel 2010 中，自动筛选按钮与表格标题一起显示在表格列中，这样可以对数据进行快速排序和筛选，而不必一直向上回滚到表格顶部。
- 更卓越的表格命名选项：更改表名时，系统将自动更新引用该名称的任何数据透视表，并且不会显示有关无效引用的警报。

3. 图表增强功能

- 新图表限制：在以前的版本中，对于二维图表，数据系列中最多可具有 32000 个数据点，但在 Excel 2010 中，数据系列中的数据点数目仅受可用内存限制。这样，用户可以更有效地可视化和分析大型数据集。
- 图表元素的宏录制功能：在 Excel 2010 中，可以使用宏录制器录制对图表和其他对象所作的格式设置更改。

4. 照片编辑功能

在 Excel 2010 中，可以使用照片、绘图或 SmartArt 图形布局等来创建具有整洁、专业外观的图像。

- 屏幕快照：快速截取屏幕快照，并将其添加到工作簿中，然后使用“图片工具”选项卡上的工具编辑和改进屏幕快照。
- 图片修正：微调图片的颜色强度、色调，或者调整其亮度、对比度、清晰度或颜色，所有这些操作均无须使用其他照片编辑软件。
- 新增和改进的艺术效果：对图片应用不同的艺术效果，使其看起来更像素描、绘图或绘画作品。新增艺术效果包括铅笔素描、线条图形、水彩海绵、马赛克气泡、玻璃、蜡笔平滑、塑封、影印、画图笔划等。

- 更好的压缩和裁剪功能：更好地控制图像质量和压缩之间的取舍，以便选择工作簿适用的相应介质。
- 新增的 SmartArt 图形布局：借助新增的图片布局功能，可以使用照片来阐述案例。例如，使用图片标题布局显示下方显示有漂亮外观的标题的图片。

1.2 启动与退出 Excel 2010

启动与退出 Excel 2010 是 Excel 2010 最基本的操作之一，是使用 Excel 2010 软件的前提。因此，对于任何一位用户来说，都必须掌握启动和退出 Excel 2010 的方法。

1.2.1 启动 Excel 2010

启动 Excel 2010，通常可以运用以下 4 种方法。

- 桌面快捷方式图标：双击桌面上的 Excel 2010 快捷方式图标，可以快速启动 Excel 2010。
- 命令 1：单击“开始”｜“所有程序”｜Microsoft Office｜Microsoft Excel 2010 命令。
- 命令 2：单击“开始”|“我最近的文档”命令，在弹出的快捷菜单中，任意选择一个 Excel 2010 文件即可。
- 借助已有的 Excel 2010 文件：在 Windows 的“资源管理器”或者“我的电脑”窗口中找到一个 Excel 2010 文件，双击该文件即可启动 Excel 2010。

1.2.2 退出 Excel 2010

退出 Excel 2010，常用以下 3 种方法。

- 按钮：单击窗口标题栏右侧的“关闭”按钮，如下图（左）所示。
- 命令：单击“文件”|“退出”命令，如下图（右）所示。

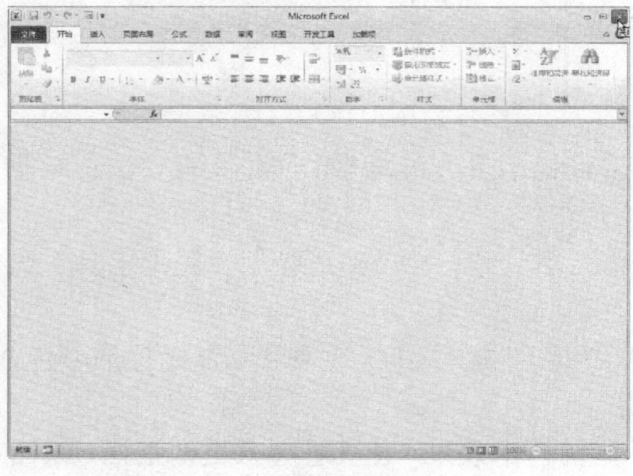

单击“关闭”按钮

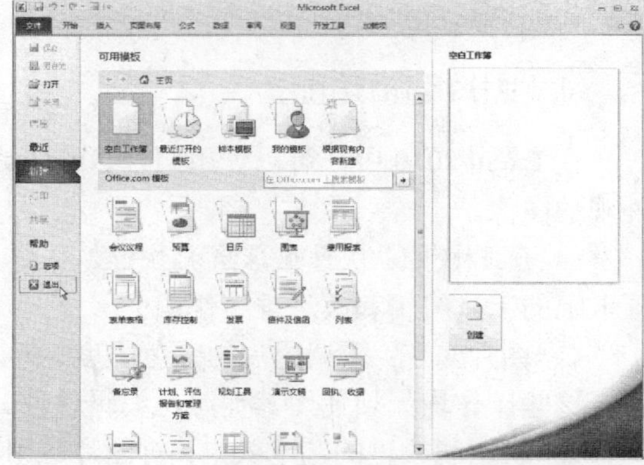

单击“退出”命令

- 快捷键：按【Alt+F4】组合键。

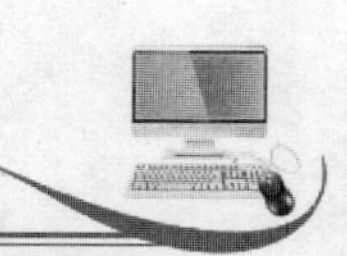

1.3 认识 Excel 2010 的工作界面

Microsoft Excel 2010 的工作界面和以往版本的 Excel 工作界面有所差别，主要包括快速访问工具栏、标题栏、状态栏、功能面板、视图栏等部分，下面主要介绍这些组成部分。

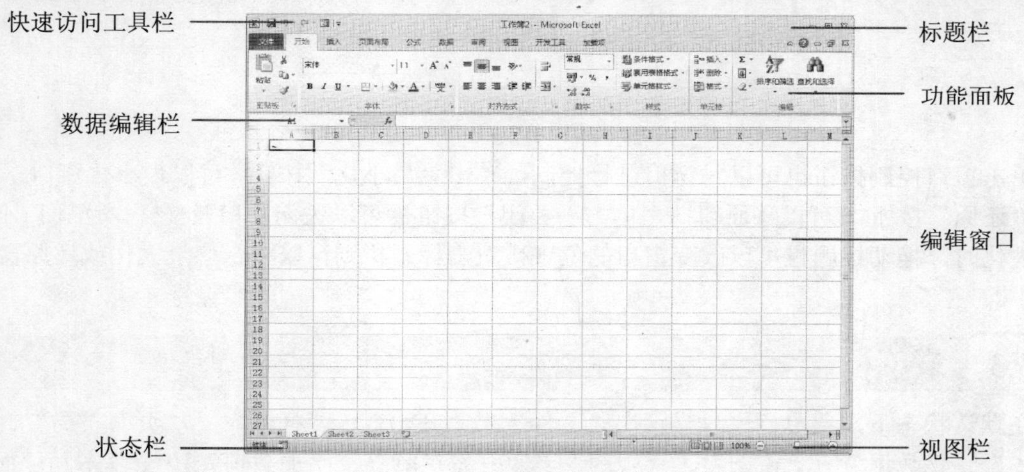

Excel 2010 窗口

1.3.1 快速访问工具栏

默认情况下，快速访问工具栏位于 Office 按钮的右侧，主要用于支持用户的常用操作，它的默认命令只包含几个用户最常用的操作，如保存、撤销和恢复等，但用户可以根据自己的需要对它进行自定义设置，以方便操作，如下图所示。

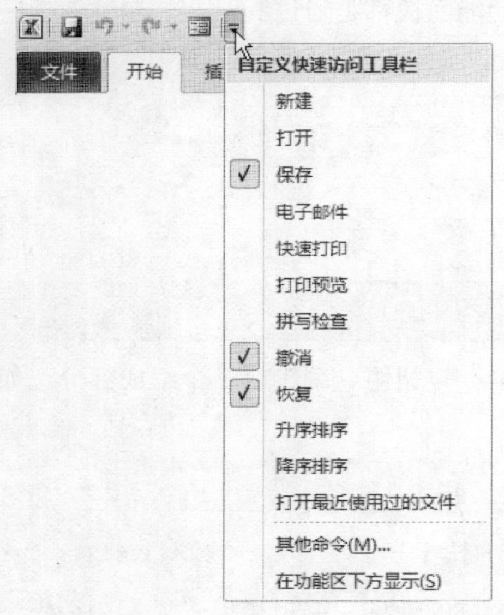

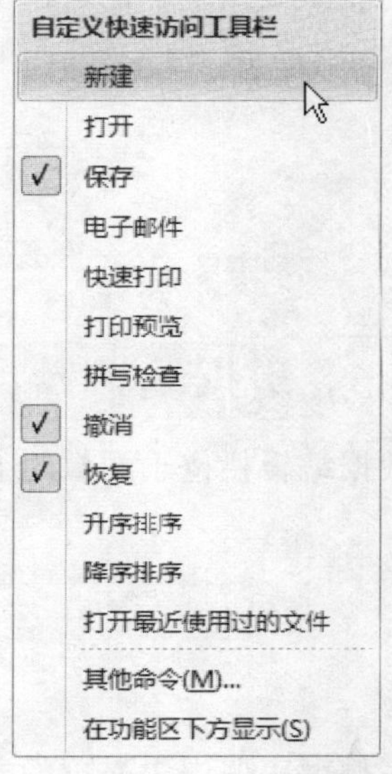

自定义快速访问工具栏以及下拉菜单

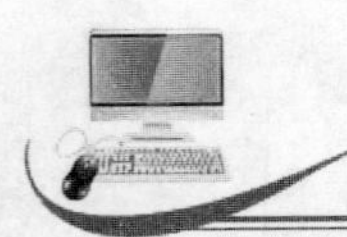

1.3.2 标题栏

标题栏主要用于显示窗口名称和当前正在编辑的文件名称，还包括 3 个窗口控制按钮，如下图所示。

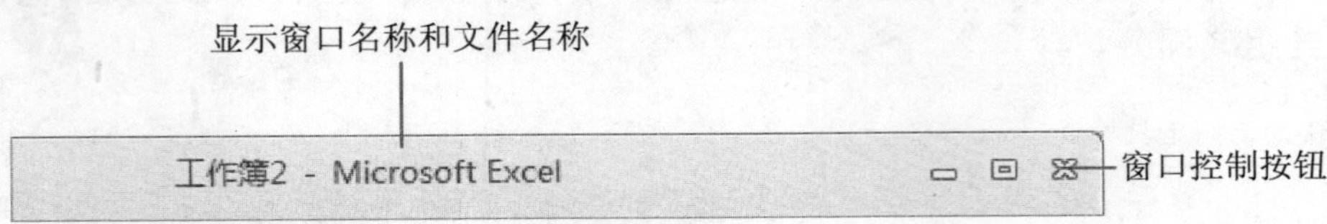

标题栏

单击窗口控制按钮也可以对窗口进行控制，单击“最小化”按钮 可以最小化窗口，单击“还原”按钮 可以还原窗口，单击“关闭”按钮 可以关闭窗口及文件。当窗口不是最大化时，拖动标题栏可以改变窗口的位置，双击标题栏则可以将窗口最大化或还原窗口大小。

1.3.3 菜单栏

在默认状态下，菜单栏中只显示出“文件”、“开始”、“插入”、“页面布局”、“公式”、“数据”、“审阅”、“视图”、“开发工具”、“加载项”10 个基本功能面板，如下图所示。但在一定的操作状态下，界面会显示出其他的功能面板选项。

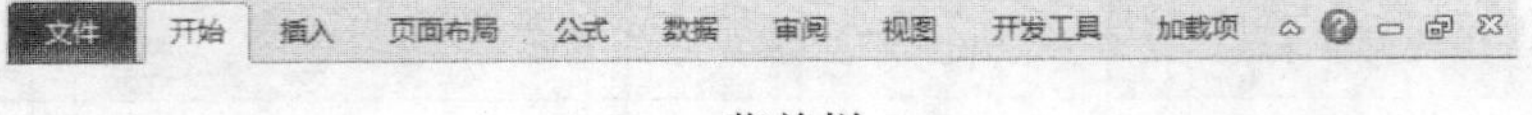

菜单栏

1.3.4 功能面板

功能面板和菜单栏是相结合的关系，每个功能面板都是通过其对应的属性选项区上的操作命令来完成各种功能，如下图所示。

功能面板

1.3.5 数据编辑栏

数据编辑栏位于面板的下方，它包括名称框、按钮组、编辑栏 3 个组成部分，如下图所示。

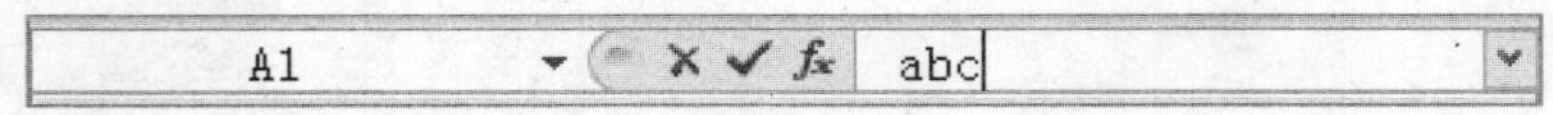

数据编辑栏

名称框主要用于显示当前单元格或单元格区域的地址，编辑栏用于显示和编辑当前活动单元格中的数据或公式。单击按钮组中的“输入”按钮 ，可以确定输入的内容；单击

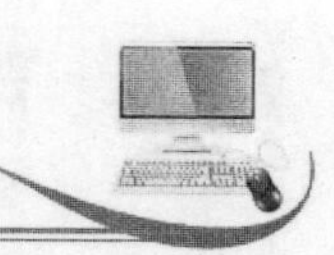

“取消”按钮，可以取消输入的内容；单击“插入函数”按钮，可以插入函数；单击“展开编辑栏”按钮，可以展开编辑栏。

1.3.6 状态栏与视图栏

状态栏与视图栏居于界面的最下方，状态栏用于显示当前数据的编辑情况，包括就绪、输入、编辑 3 种。而视图栏用于在不同视图之间的切换，以及对显示比例的调整，它包括常用视图按钮、缩放级别和页面比例滑块 3 部分，如下图所示。

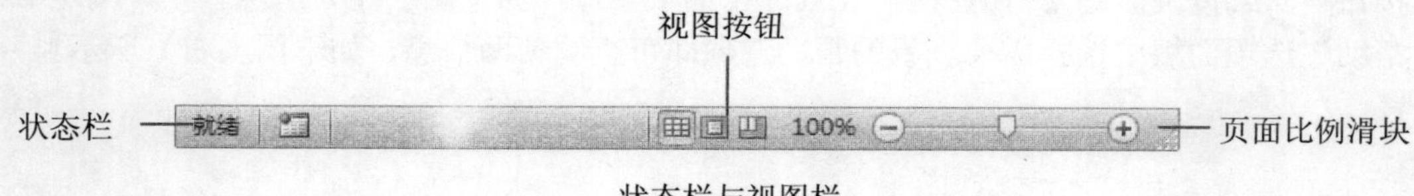

状态栏与视图栏

在视图栏中，单击“普通”按钮，切换到普通视图；单击“页面布局”按钮，切换到页面布局视图，如下图（左）所示；单击“分页预览”按钮，切换到分页预览视图，如下图（右）所示。

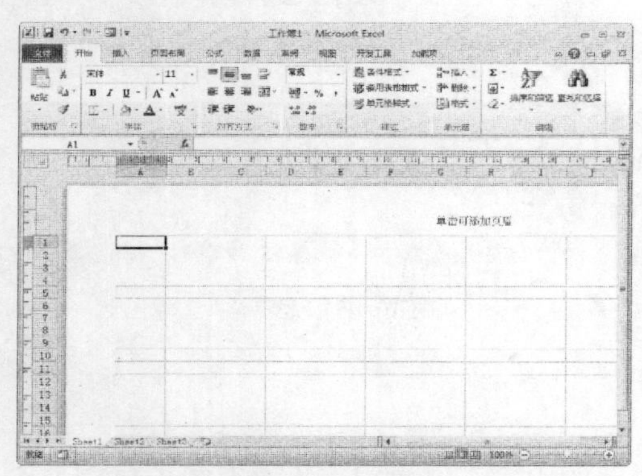

页面布局视图

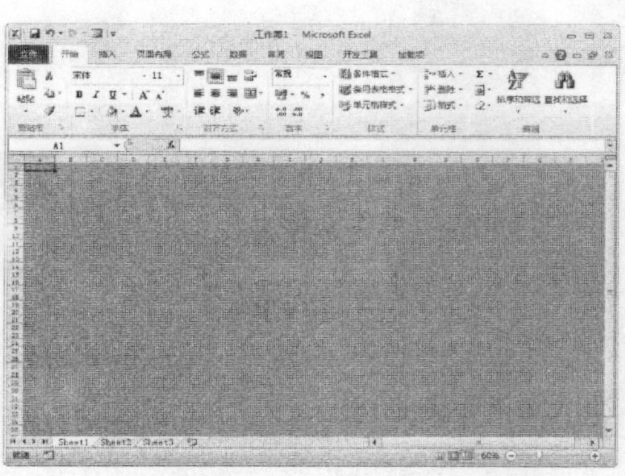

分页预览视图

单击显示缩放级别的“缩放级别”按钮 100%，会弹出“显示比例”对话框，在其中可以选择或自定义缩放级别；拖动页面比例滑块，可以调整工作表区的显示比例，下图所示为不同的显示比例。

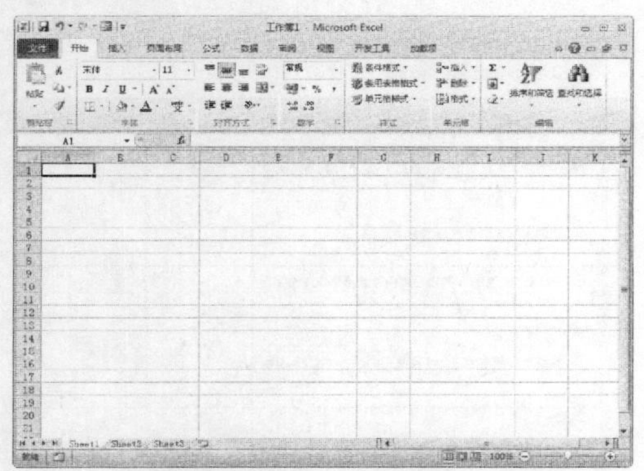

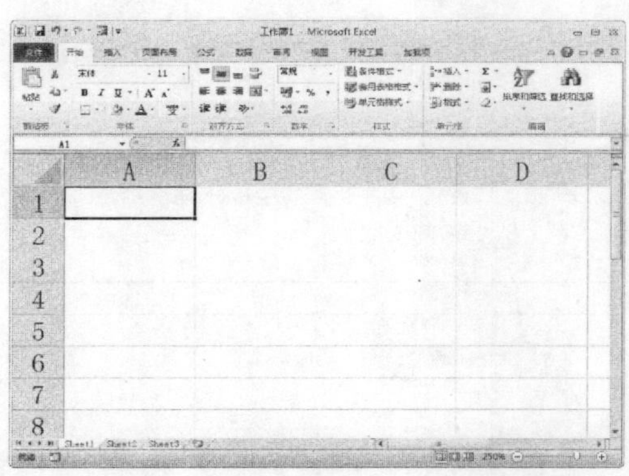

不同的显示比例

1.3.7 帮助按钮

Excel 2010 系统制定了完善的帮助信息，使用户可以更快地掌握 Excel 2010。通常可以通过以下两种方法来获取所需要的帮助信息。

1. 帮助按钮

用户可以通过主界面的帮助按钮来获取帮助信息，单击位于功能菜单右边的“帮助”按钮，或按快捷键【F1】打开“Excel 帮助”窗口，如下图（左）所示。在“浏览 Excel 帮助”选项面板中选择需要查看的帮助选项即可查看帮助信息，如下图（右）所示。

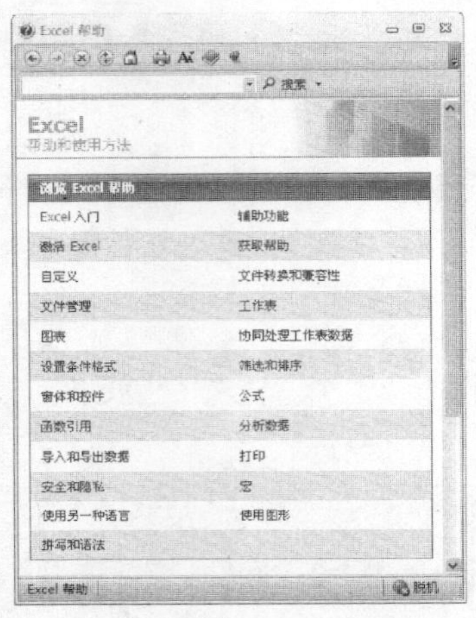

“Excel 帮助”窗口

查看帮助信息

2. 搜索帮助

在“Excel 帮助”窗口的搜索栏中输入需要帮助的内容，比如图表，如下图（左）所示，单击“搜索”按钮，即可搜索图表的帮助信息，如下图（右）所示。

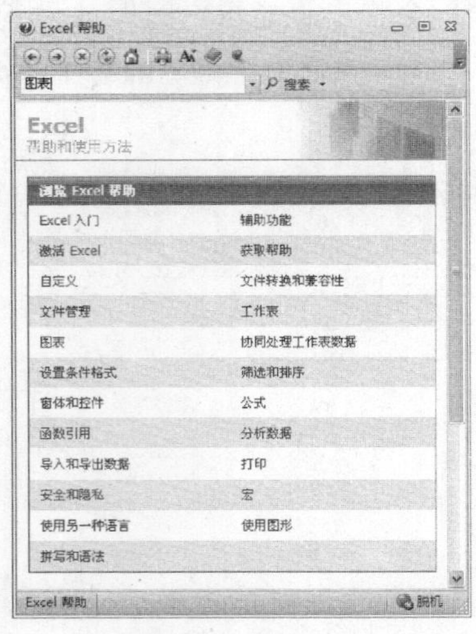

输入搜索内容

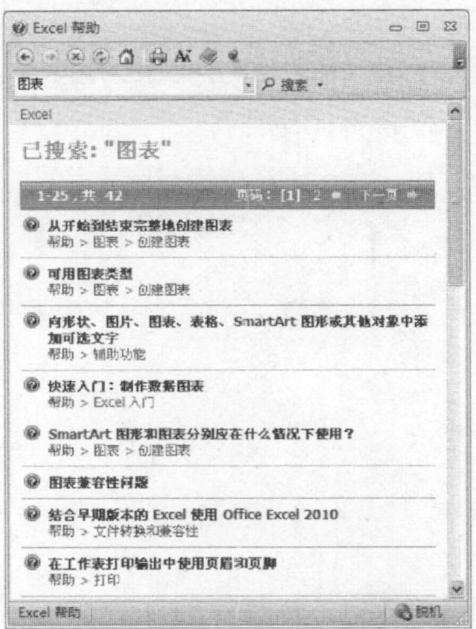

搜索帮助信息

1.4 自定义 Excel 的工作界面

在 Excel 2010 中，最具冲击力的就是工作界面，传统的 Excel 界面拥有完善的功能选项。在 Excel 2010 中，用户可以根据自己的个人喜好对工作界面进行自定义设置，使其更具智能化和个性化。

1.4.1 设置常用参数

在 Excel 2010 中，常用的参数都是在“Excel 选项”对话框中设置的。一般情况下，可以通过单击“文件”选项卡，在弹出的“文件”菜单中单击“选项”按钮（如下图（左）所示），即可弹出“Excel 选项”对话框，如下图（右）所示。

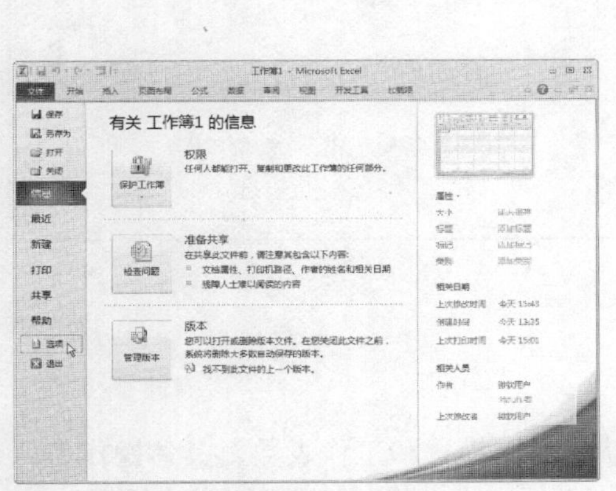

单击“选项”按钮

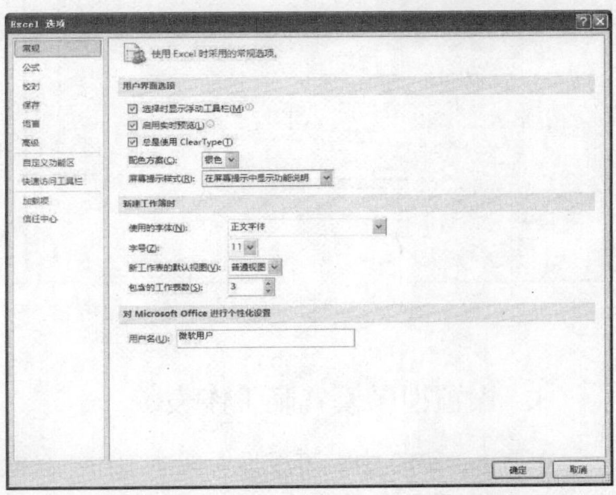

“Excel 选项”对话框

1. 自定义界面颜色

在 Excel 2010 中，有蓝色、银色、黑色 3 种界面颜色供用户选择，默认的颜色是银色。用户可以对界面颜色进行自定义设置，下图所示为不同的界面颜色。

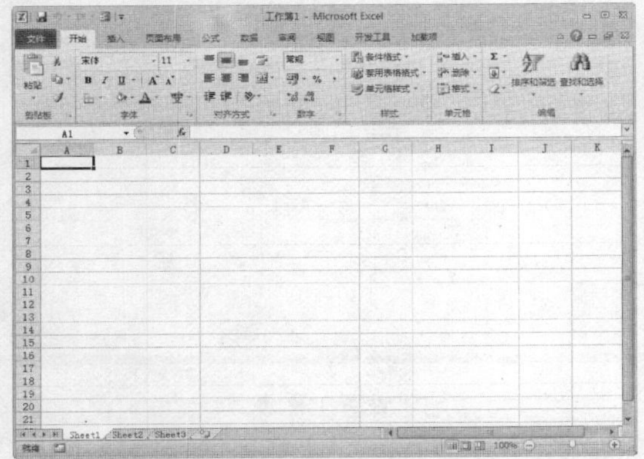

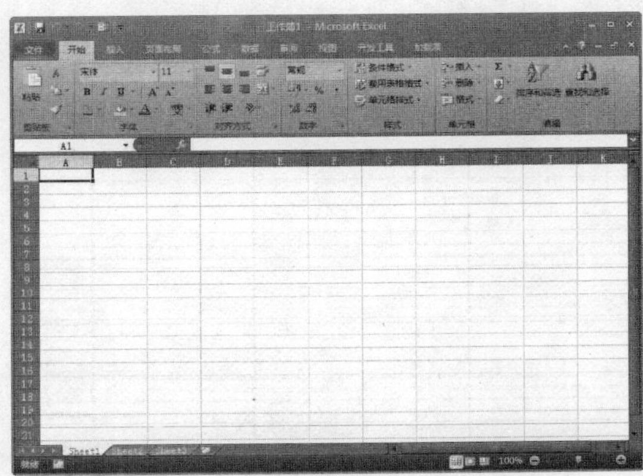

不同的界面颜色

2. 设置字体和字号

在 Excel 2010 中，可以设置新建工作簿时的文本的字体和字号，具体操作为：在“Excel 选项”对话框的“常用”选项卡中，单击“使用的字体”右侧的下三角按钮，在弹出的下拉列表中选择字体，如下图（左）所示。单击“字号”右侧的下三角按钮，在弹出的下拉列表中选择字体大小（如下图（右）所示），最后单击“确定”按钮，即可完成对文本字体和字号的设置。

设置字体　　　　设置字号

3. 设置视图模式和工作表数

在 Excel 2010 中，可以设置新建工作簿时默认的视图模式和工作表数，具体操作为：在“Excel 选项”对话框的“常规”选项卡中，单击“新工作表的默认视图”右侧的下三角按钮，在弹出的下拉列表中选择一种视图模式（如下图（左）所示），在“包含的工作表数”数值框中输入数值（如下图（右）所示），单击“确定”按钮即可完成设置。

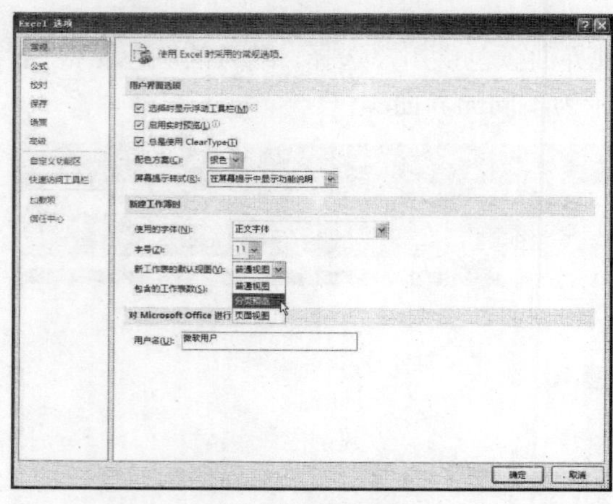

设置视图模式

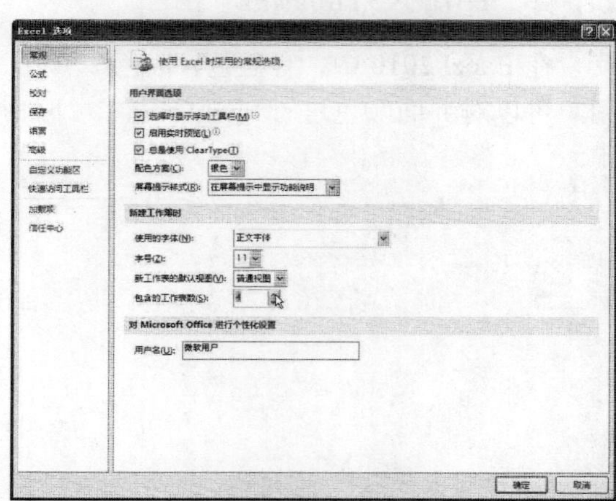

设置工作表数

1.4.2 自定义快速访问工具栏

在 Excel 2010 中，把一些常用的命令按钮添加到快速访问工具栏中，可提高制作表格的速度和办公效率。

STEP 01 单击“快速访问工具栏”选项卡

在“Excel 选项”对话框中，单击“快速访问工具栏”选项卡，如下图所示。

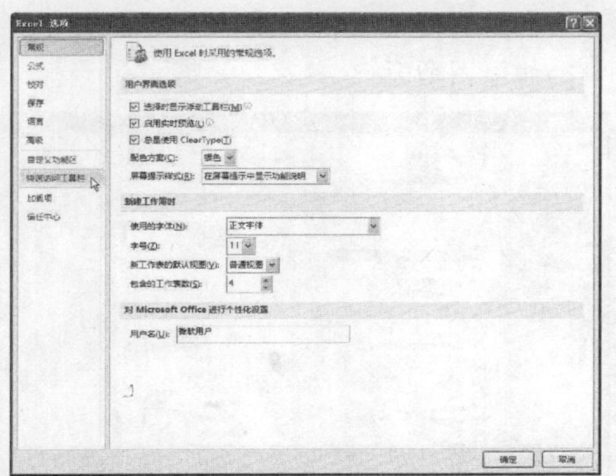

STEP 02 选择“表格”命令

切换至“自定义快速访问工具栏”选项区，在列表框中选择“表格”命令，如下图所示。

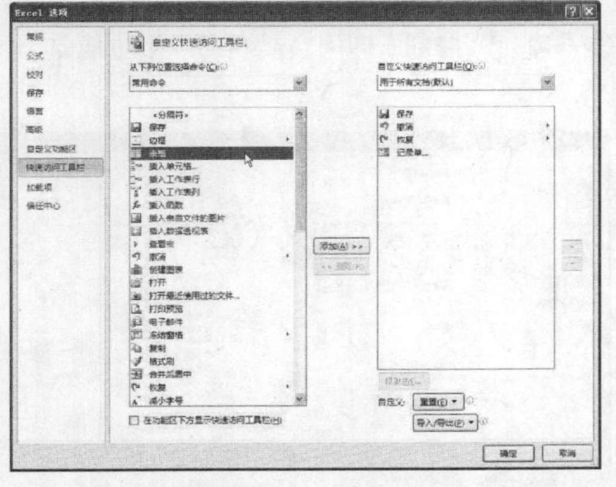

STEP 03 单击“添加”按钮

选择所需命令后，单击“添加”按钮，如下图所示。

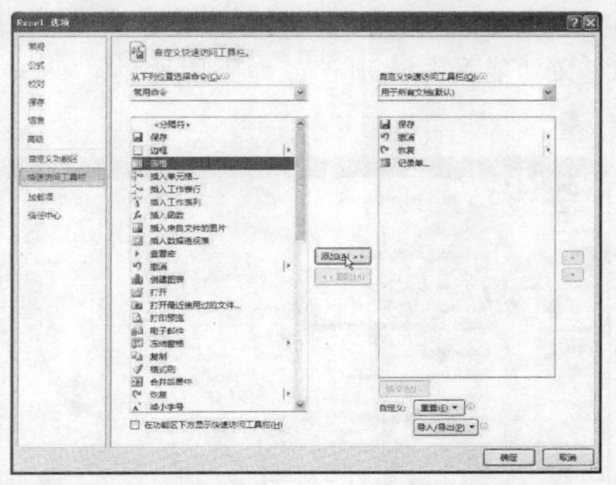

STEP 04 添加命令

即可将选择的命令添加至右侧的选项区中（如下图所示），单击“确定”按钮，即可将表格命令添加到快速访问工具栏中。

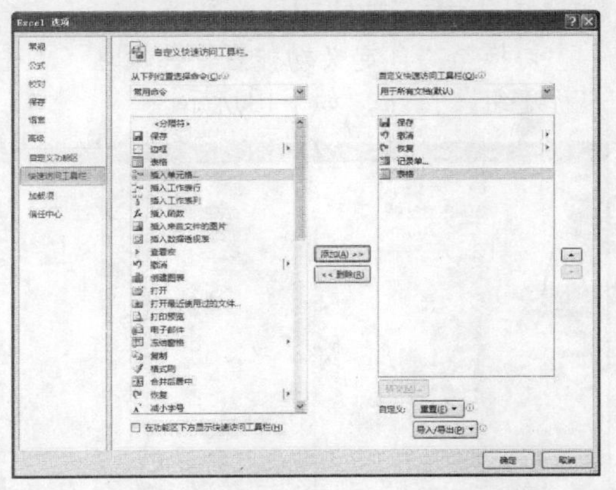

在“Excel 选项”对话框中，若选择右边“自定义快速访问工具栏”列表框中的某些命令按钮，然后单击“删除”按钮，即可将这些命令从快速访问工具栏中删除。单击“自定义”右侧的“重置”按钮，弹出下拉列表，若在其中选择“仅重置快速访问工具栏”选项，则将快速访问工具栏中的选项重置；若在其中选择“重置所有自定义项”选项，则会重置所有自定义项。单击“导入/导出”按钮，在弹出的下拉列表中选择“导入自定义”选项，即会弹出“打开”对话框，在其中选择需要导入的自定义选项，单击“打开”按钮即可。若选择“导出所有自定义设置”选项，弹出“保存文件”对话框，在其中设置保存的位置及文件名，单击“保存”按钮，即可将自定义选项导出。

1.4.3 自定义功能区

在 Excel 2010 中，用户可以通过自定义功能区来对功能面板进行相应的编辑，主要包括添加自定义功能区、显示和隐藏功能区等，下面主要介绍这几种常用设置的操作方法。

1. 添加自定义功能选项

STEP 01 单击“自定义功能区”选项卡

在“Excel 选项”对话框中，单击“自定义功能区”选项卡，如下图所示。

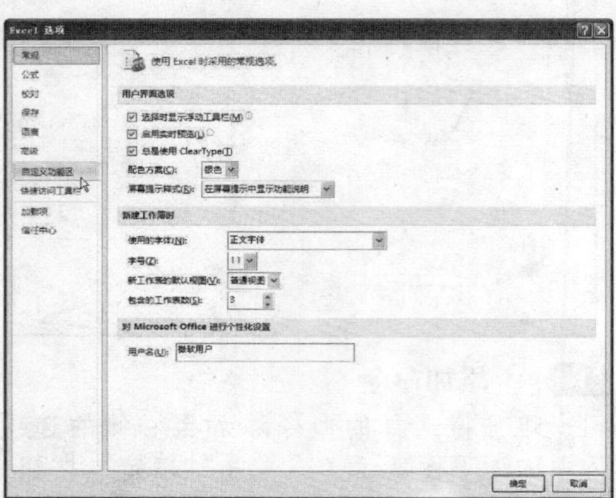

STEP 02 单击“新建组”按钮

切换至“自定义功能区”选项区，单击“新建组”按钮，如下图所示。

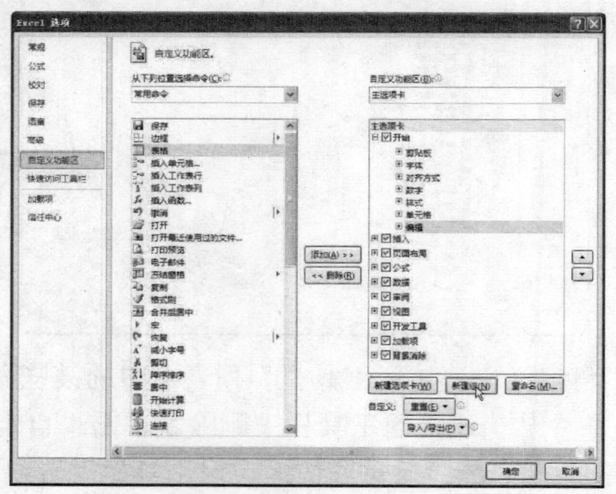

STEP 03 选择相应命令

在左边的列表框中选择需要添加的命令，如下图所示。

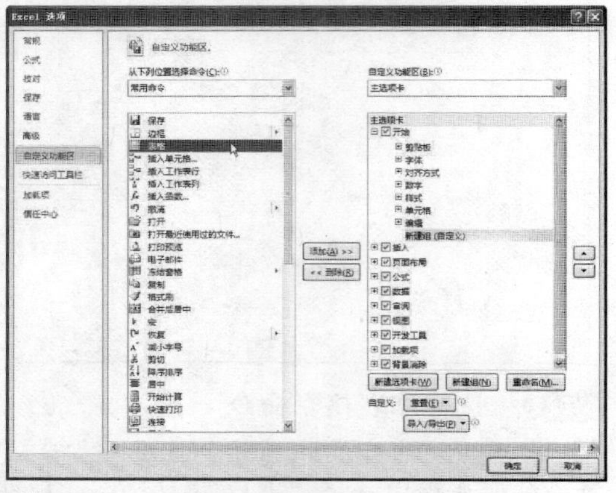

STEP 04 添加自定义功能选项

单击“添加”按钮（如下图所示），单击“确定”按钮，即可添加自定义功能选项。

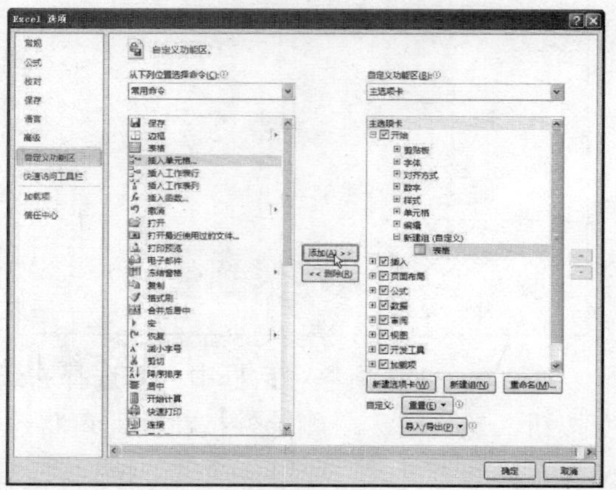

在 Excel 2010 中，只能向自定义组添加命令，不能直接将命令添加至已有的选项卡中。用户还可以设置自定义功能选项的名称，选择需要修改名称的选项，单击“重命名”按钮，弹出“重命名”对话框，在其中输入显示名称，单击“确定”按钮，即可重命名自定义功能选项。

2. 隐藏功能区

在运用 Excel 2010 时，有时需要隐藏功能区，具体操作是在功能区的任意位置单击鼠标右键，在弹出的快捷菜单中选择“功能区最小化”选项（如下图（左）所示），执行操作后，功能区即可被隐藏，如下图（右）所示。

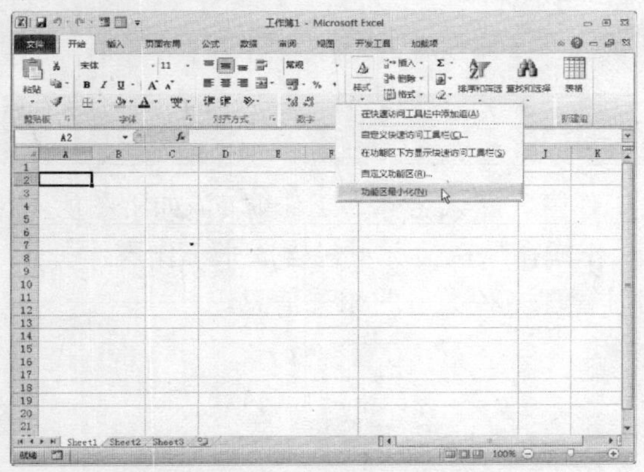

选择“功能区最小化”选项

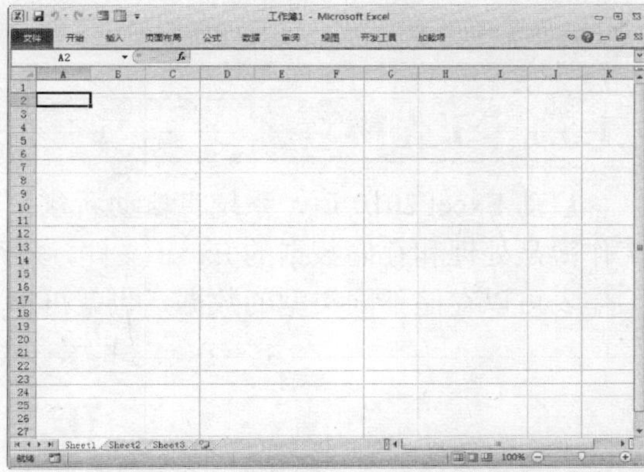

隐藏功能区

专家指点

在 Excel 2010 中，单击菜单栏右侧的按钮，也可以将功能区隐藏。

3. 显示功能区

显示功能区的具体操作步骤为：在快速访问工具栏或任意功能面板上单击鼠标右键，在弹出的快捷菜单中选择“功能区最小化”选项，如下图（左）所示。执行操作后，即可显示功能区，如下图（右）所示。

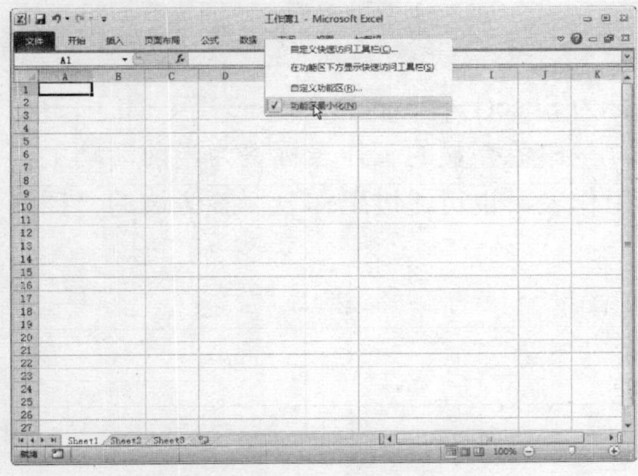

选择“功能区最小化”选项

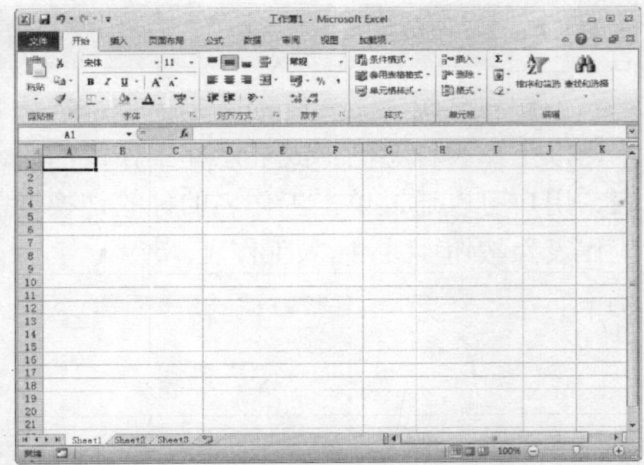

显示功能区

专家指点

在 Excel 2010 中，单击菜单栏右侧的按钮，即可显示功能区。

1.5 掌握 Excel 2010 的基本概念

工作簿、工作表、单元格及单元格区域都是在 Excel 中经常用到的术语，工作簿实际上就是用 Excel 软件编辑的文件，它由多张工作表组成，而每一张工作表又包含了若干个单元格，单元格区域是由多个单元格组成的。因此，在学习 Excel 2010 的操作之前，应该先对它们进行一定的了解。

1.5.1 工作簿

启动 Excel 2010 后，系统将自动新建空白工作簿，默认名称为工作簿 1，如下图所示。工作簿是处理和存储数据的 Excel 文件，每个工作簿在默认情况下包含 3 张工作表，每张工作表可以存储不同类型的数据，也就可以同时管理多种类型的相关信息。

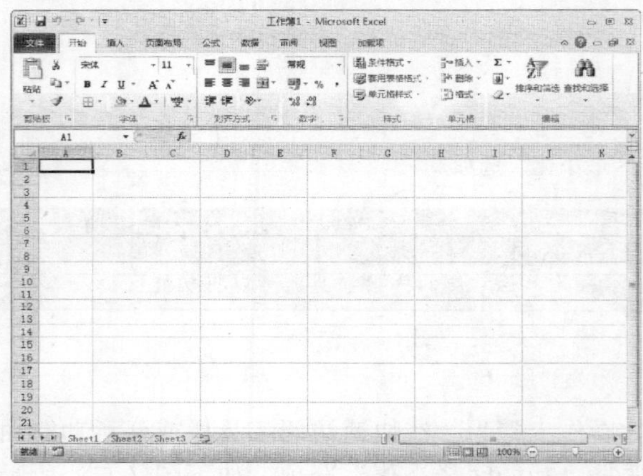

空白工作簿

1.5.2 工作表

工作表是组成工作簿的基本单位，默认名称为 Sheet1、Sheet2、Sheet3 等，如下图所示，以工作表标签的形式显示在工作簿的底部，呈白色亮显的工作表标签为当前活动工作表。用户可以通过单击工作表的标签切换当前工作表，也可通过工作表标签旁边的“插入工作表”按钮插入工作表。

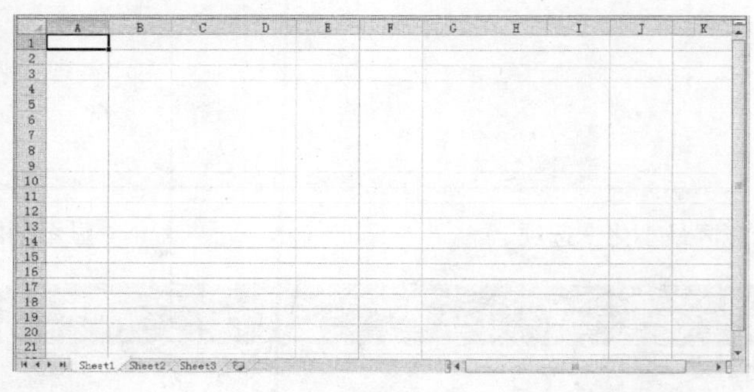

工作表

1.5.3 单元格

每一张工作表都是由多个长方形的“存储单元”所构成，这些“存储单元”就是单元格。单元格是 Excel 电子表格中最基本的单位，也是数据录入的起点，用列标和行号标记，如单元格 B3，即表示它位于 B 列 3 行，如下图所示。在 Excel 中，当单击选中某个单元格后，在窗口“编辑栏”左边的“名称框”中会显出该单元格的名称。

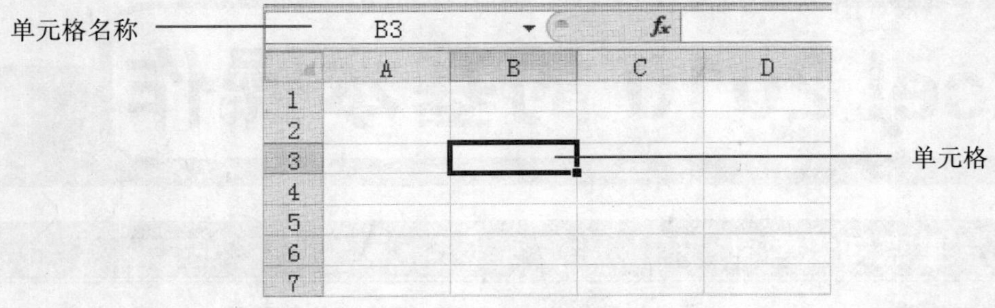

单元格

1.5.4 单元格区域

单元格区域是指选定的多个单元格，在 Excel 中，可以选定相邻的区域、不连续的区域、整列及整行等，下图（左）所示为选定的相邻区域，下图（右）所示为选定的整列区域。

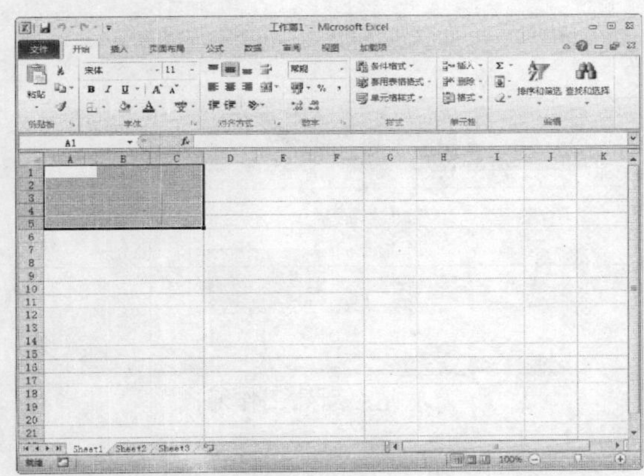

选定的相邻区域

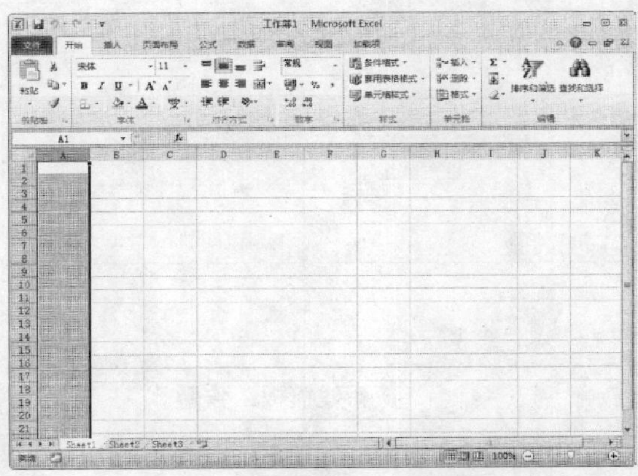

选定的整列区域

Chapter 02

章前知识导读

在使用 Excel 2010 时，随时都可能需要进行新建工作簿、保存工作簿以及打开和关闭工作簿等操作。因此，熟练掌握工作簿的新建、保存、打开和关闭，切换工作簿视图以及设置工作表属性，是学习和使用 Excel 2010 的必备基础。

Excel 2010 的基本操作

重点知识索引

- 新建工作簿
- 保存工作簿
- 打开和关闭工作簿
- 切换工作簿视图
- 设置工作表属性

效果图片欣赏

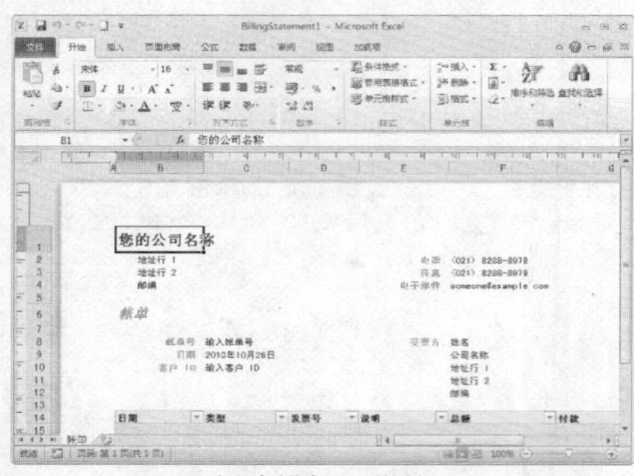

新建模板工作簿

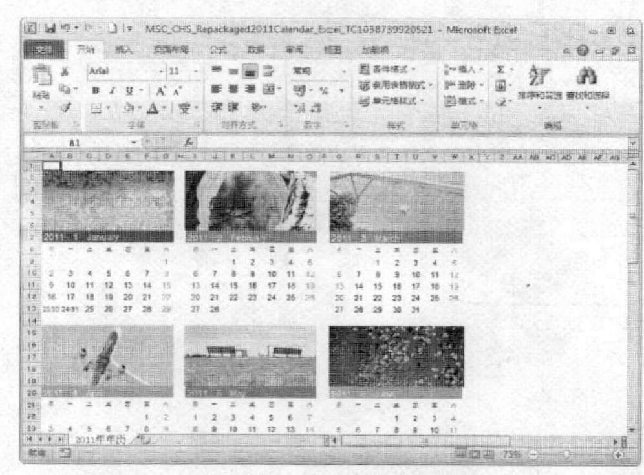

从站点新建工作簿

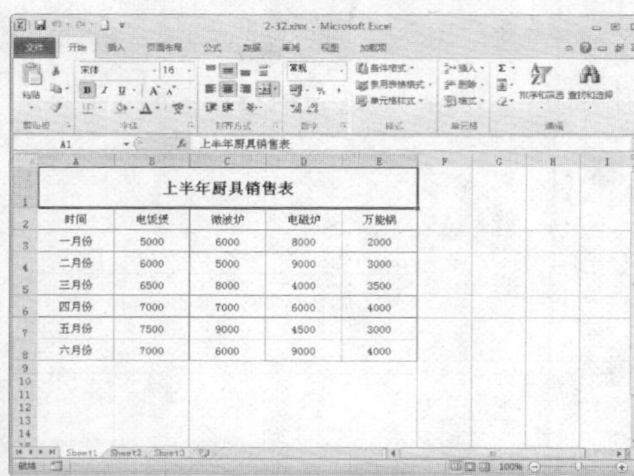

时间	电饭煲	微波炉	电磁炉	万能锅
一月份	5000	6000	8000	2000
二月份	6000	5000	9000	3000
三月份	6500	8000	4000	3500
四月份	7000	7000	6000	4000
五月份	7500	9000	4500	3000
六月份	7000	6000	9000	4000

打开工作簿

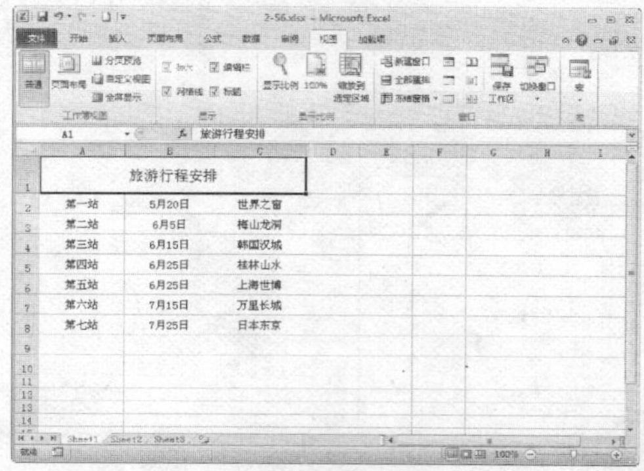

旅游行程安排		
第一站	5月20日	世界之窗
第二站	6月5日	梅山龙洞
第三站	6月15日	韩国汉城
第四站	6月25日	桂林山水
第五站	6月25日	上海世博
第六站	7月15日	万里长城
第七站	7月25日	日本东京

添加网格线

2.1 新建工作簿

在使用 Excel 2010 时，随时都需要新建工作簿，因此熟练掌握新建工作簿的方法，是学习和使用 Excel 2010 的必备基础，本节主要介绍 3 种新建工作簿的操作方法。

2.1.1 新建一个空白工作簿

一般情况下，当启动 Excel 2010 软件后，系统会默认为用户新建一个空白工作簿，文件名为工作簿 1，并且在工作簿中自动新建 3 张空白的工作表 sheet1、sheet2 和 sheet3，如下图所示。

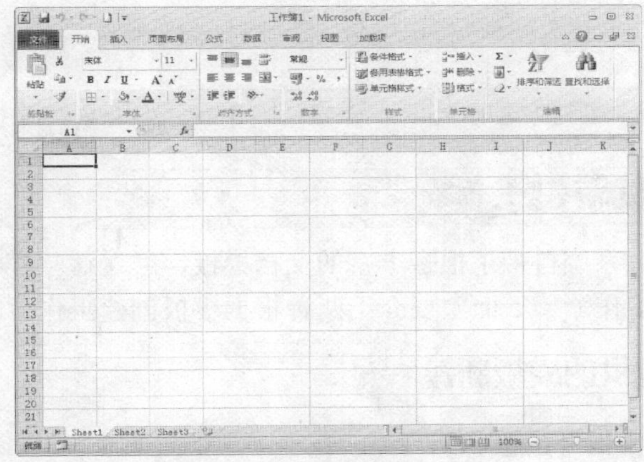

系统默认的空白工作簿

若需要再新建一个空白的工作簿，可以通过以下 3 种方法。

- 快捷键：按【Ctrl＋N】组合键，可以新建一个空白工作簿。
- 命令：单击“文件”选项卡，在弹出的“文件”菜单中单击“新建”选项卡，在“可用模板”选项区中单击“空白工作簿”按钮，然后单击右侧的“创建”按钮（如下图（左）所示），即可新建一个空白工作簿，如下图（右）所示。

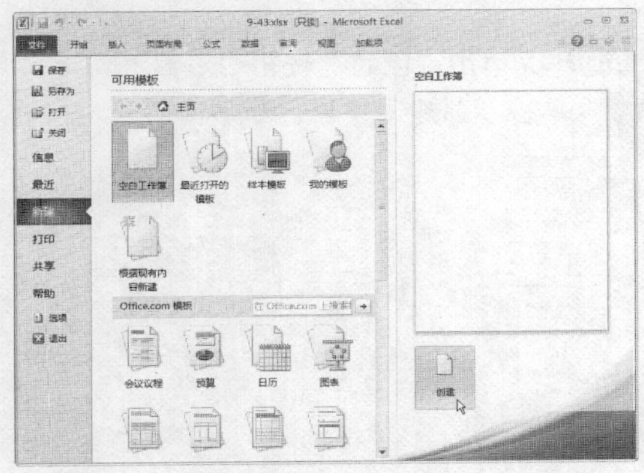

单击“创建”按钮

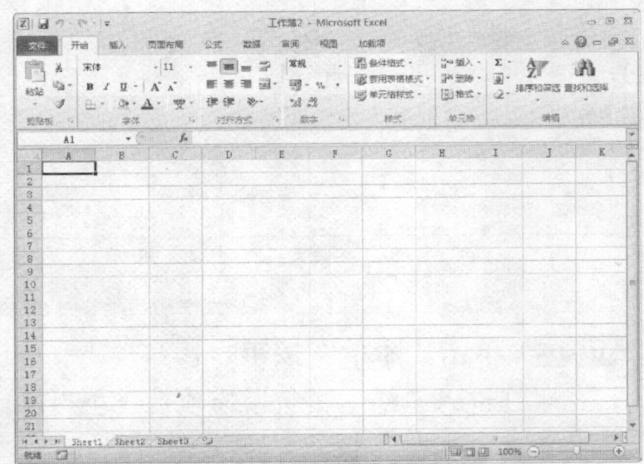

新建一个空白工作簿

✪ 按钮：单击快速访问工具栏右侧的“自定义快速访问工具栏”按钮▾，在弹出的列表中选择“新建”选项，如下图（左）所示。执行操作后，即可将“新建”图标添加至快速访问工具栏中，单击“新建”按钮（如下图（右）所示），即可新建一个空白工作簿。

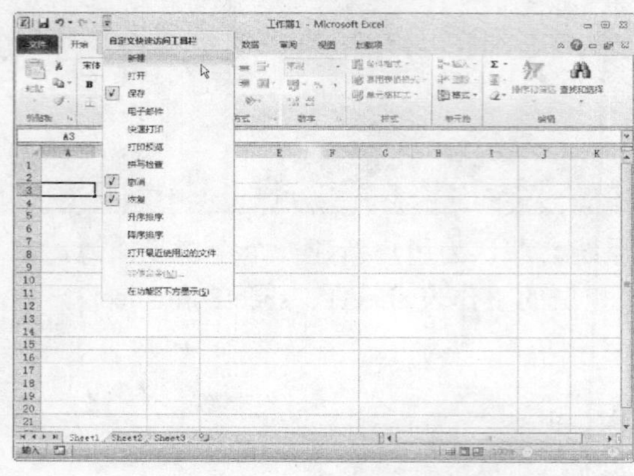

选择“新建”选项

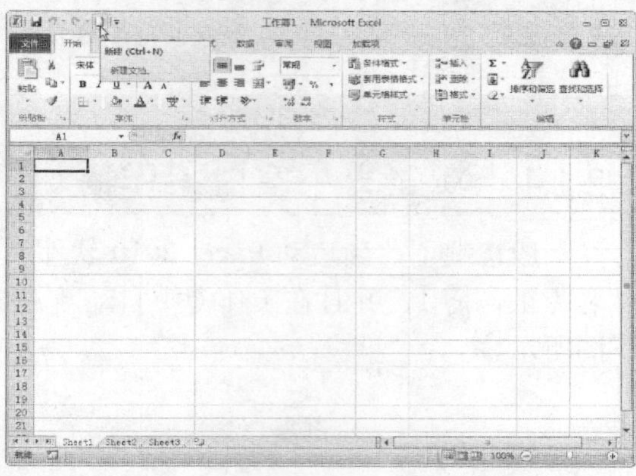

单击“新建”按钮

2.1.2 根据模板新建工作簿

在 Excel 2010 中，系统自带了很多丰富的文档模板，通过这些模板可以快速新建各种具有专业表格样式的工作簿，下面主要介绍两种根据模板创建工作簿的方法。

1. 根据系统提供的模板新建

STEP 01 单击“样本模板”按钮

单击“文件”选项卡，在弹出的“文件”菜单中单击“新建”选项卡，然后在“可用模板”选项区中单击“样本模板”按钮，如下图所示。

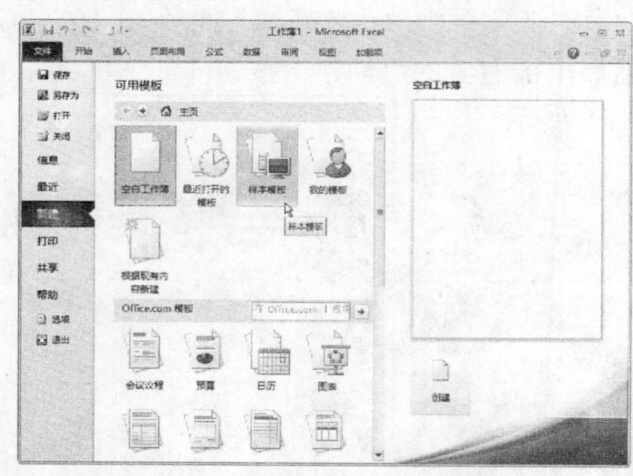

STEP 02 单击“账单”按钮

即可进入“样本模板”选项区，在列表框中单击“账单”按钮，如下图所示。

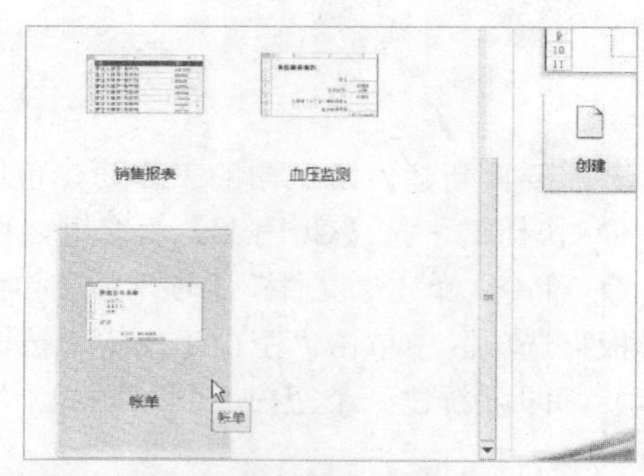

STEP 03 单击“创建”按钮

单击“创建”按钮，如下图所示。

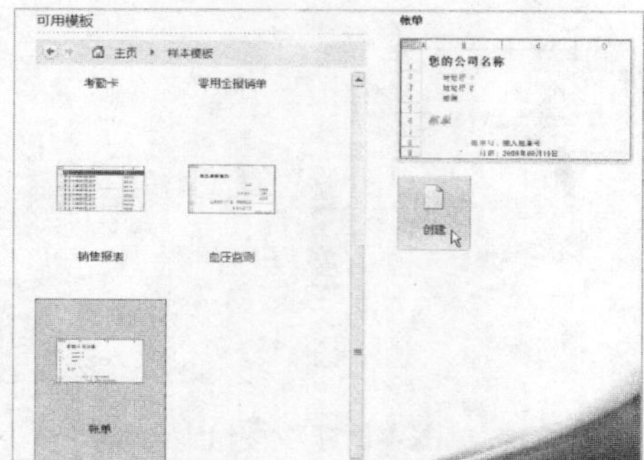

STEP 04 新建一个模板工作簿

即可根据“账单”模板新建一个工作簿，如右图所示。

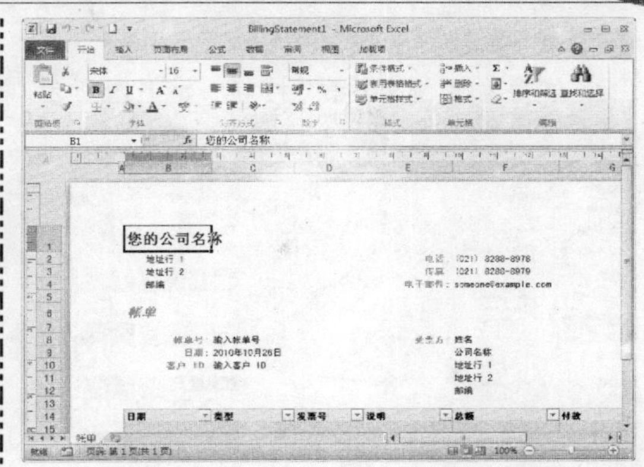

专家指点

在 Excel 2010 的模板工作簿中，系统提供了贷款分期付款、个人月预算、考勤卡、零用金报销单、销售报表、血压监测及账单等类型的模板，用户可以根据需要在这些模板中自行选择。

2. 从站点模板新建

在 Excel 2010 中，除了可以使用系统自带的模板创建工作簿外，还可以在网上下载其他的模板来使用。

STEP 01 单击“日历”按钮

单击“文件”选项卡，在弹出的“文件”菜单中单击“新建”选项卡，在“office.com 模板”选项区中单击“日历”按钮，如下图所示。

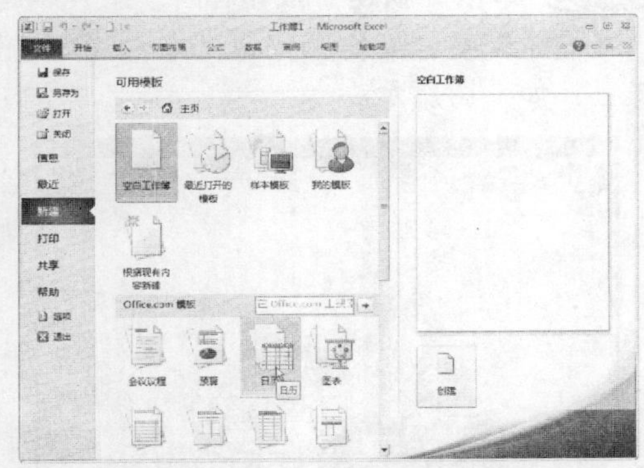

STEP 02 进入“正在搜索”界面

进入“正在搜索”界面，如下图所示。

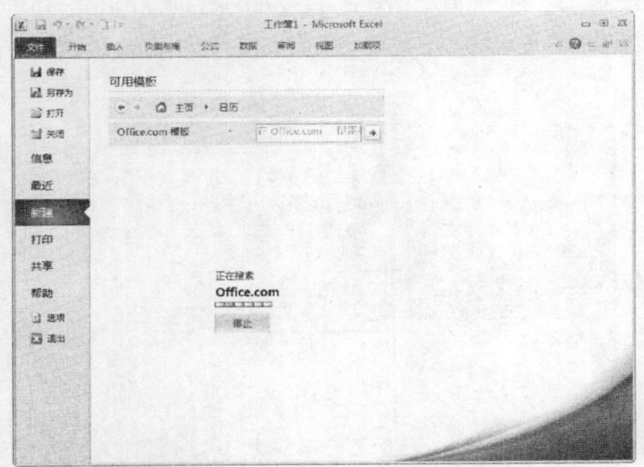

STEP 03 单击“2011 年日历”按钮

搜索完成后，在“日历”选项区中单击“2011 年日历”按钮，如下图所示。

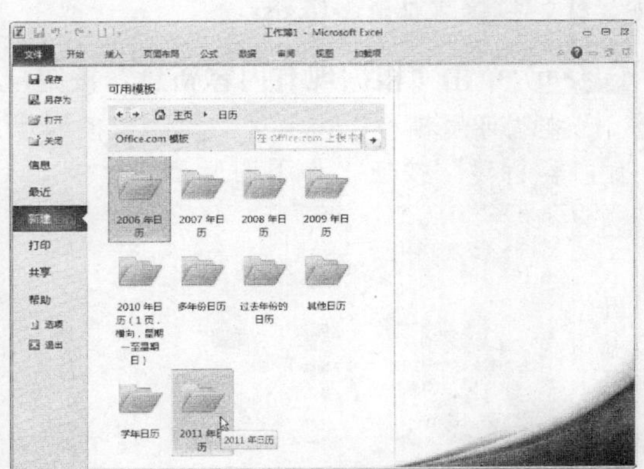

STEP 04 选择相应的模板样式

进入“2011 年日历”选项区，选择需要新建的模板样式，如下图所示。

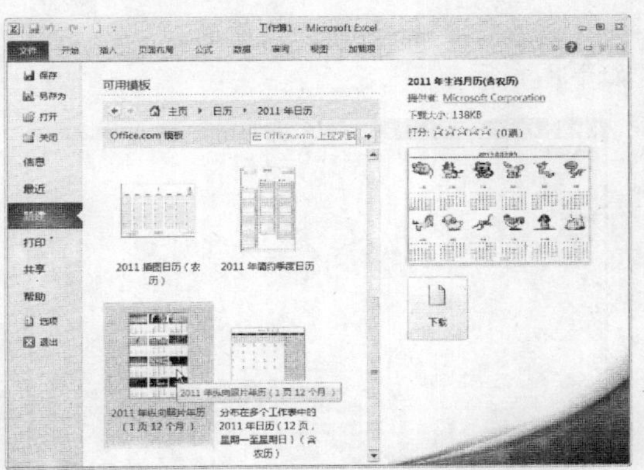

STEP 05 单击“下载”按钮

单击右侧的“下载”按钮，如下图所示。

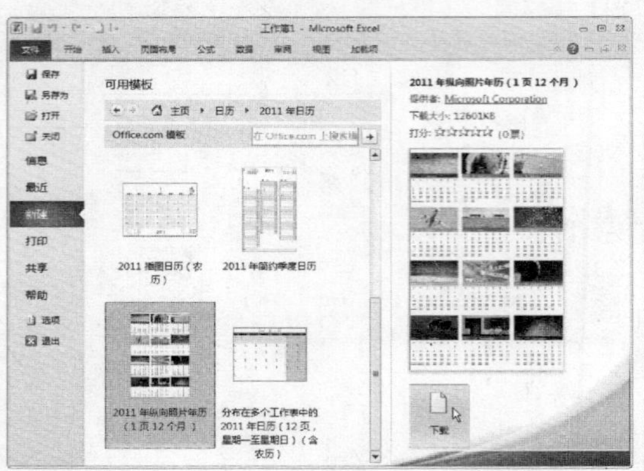

STEP 06 新建日历模板

即可新建日历模板，如下图所示。

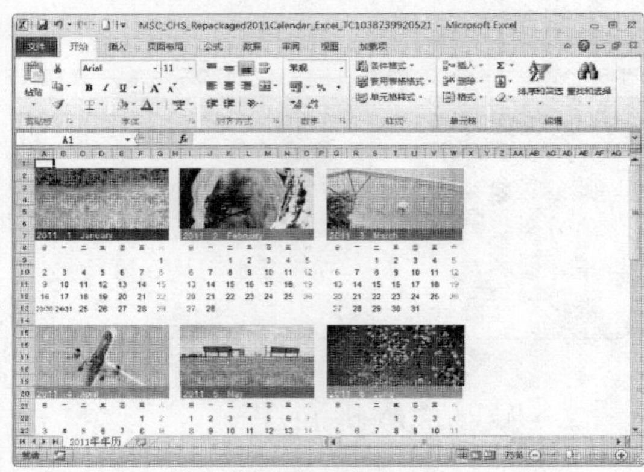

2.1.3 根据文件新建工作簿

在 Excel 2010 中，如果需要编辑一个与现有 Excel 文件结构相似或内容相近的新文件时，可以通过现有的 Excel 工作簿来创建一个新的工作簿。

素材文件	第 2 章\2-16.xlsx	效果文件	无

STEP 01 单击“根据现有内容新建”按钮

在“可用模板”选项区中单击“根据现有内容新建”按钮，如下图所示。

STEP 02 弹出相应对话框

弹出“根据现有工作簿新建”对话框，如下图所示。

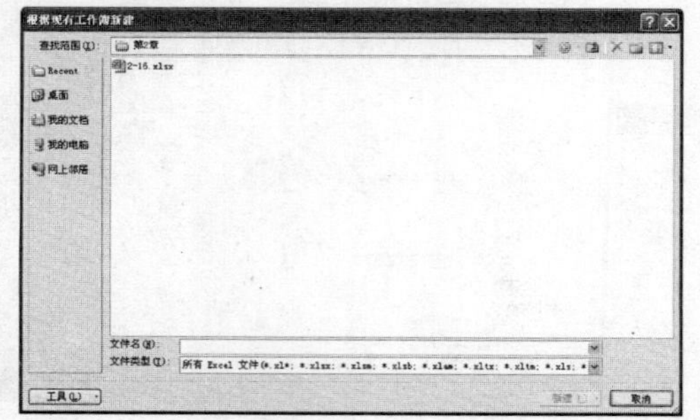

STEP 03 单击“新建”按钮

选择需要打开的工作簿，单击“新建”按钮，如下图所示。

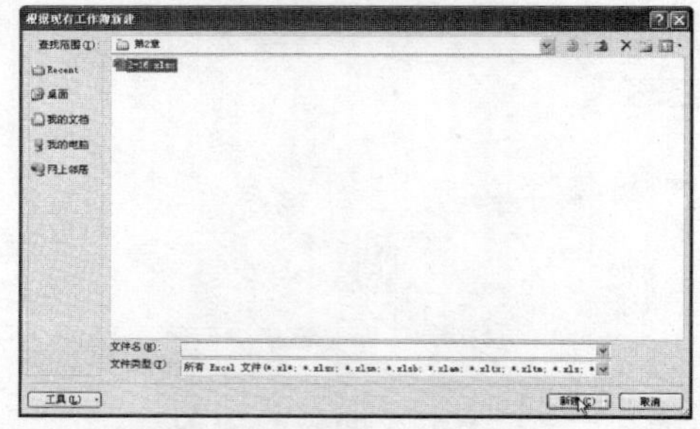

STEP 04 新建工作簿

即可新建工作簿，如下图所示。

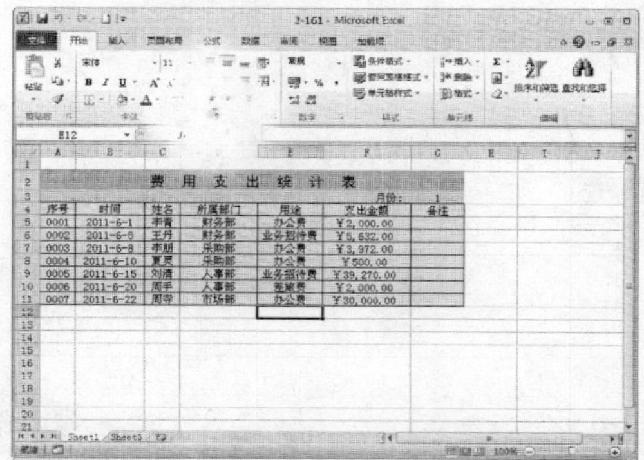

2.2 保存工作簿

在 Excel 2010 中新建工作簿后，用户可以在工作表中进行编辑，编辑完成后可将文件保存，以方便日后的访问和使用。

2.2.1 直接保存工作簿

在 Excel 2010 中，当用户第一次保存新建的工作簿时，需要给这个工作簿命名，并设置其保存位置。

素材文件	第 2 章\2-20.xlsx	效果文件	第 2 章\2-23.xlsx

STEP 01 新建一个工作簿

根据现有工作簿新建一个工作簿，如下图所示。

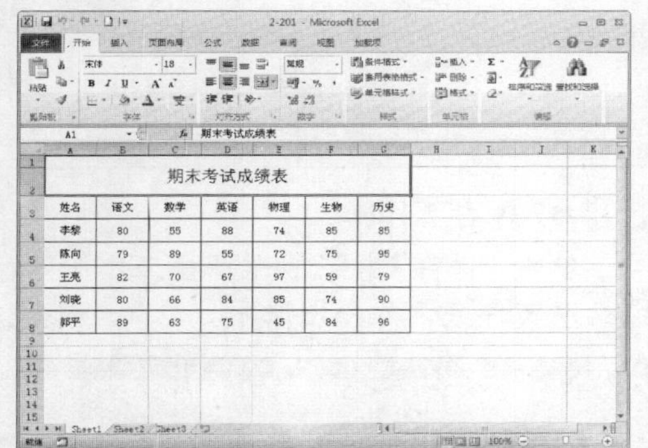

STEP 02 单击“保存”按钮

单击快速访问工具栏中的“保存”按钮，如下图所示。

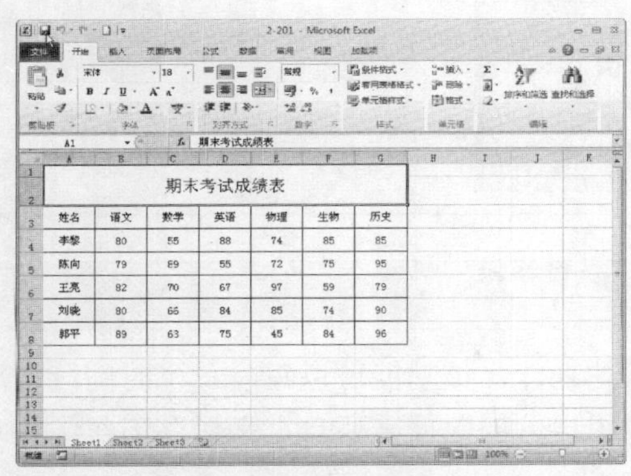

STEP 03 设置工作簿的名称和保存路径

弹出“另存为”对话框，在其中设置工作簿的名称和保存路径，如下图所示。

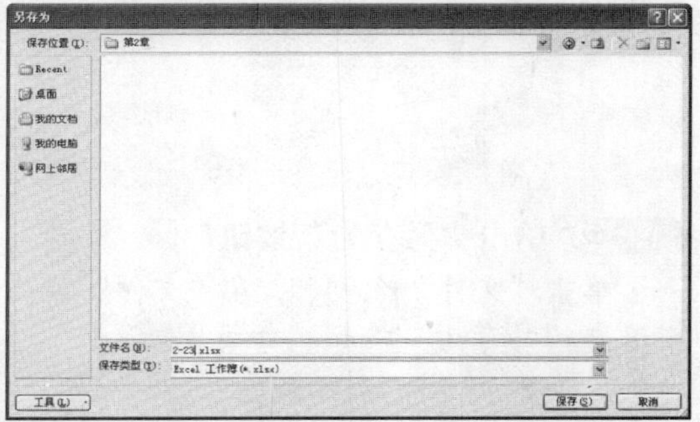

STEP 04 保存工作簿

单击“保存”按钮，即可将工作簿保存至指定文件夹，如下图所示。

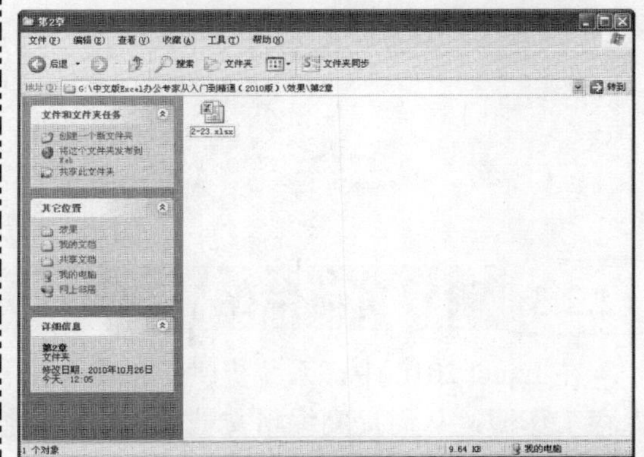

专家指点

在 Excel 2010 中，还可以通过以下两种方法直接保存工作簿：

- 按钮：单击“文件”选项卡，在“文件”菜单中单击“保存”按钮。
- 快捷键：按【Ctrl＋S】组合键。

2.2.2 另存为工作簿

在 Excel 2010 中，对已有文档进行修改编辑后，若既希望原有的工作簿内容不变，又需要保存现有的工作簿，可以另存为工作簿。

素材文件	第 2 章\2-24.xlsx	效果文件	第 2 章\2-27.xlsx

STEP 01 打开一个工作簿

打开一个 Excel 工作簿，并对其进行编辑，如下图所示。

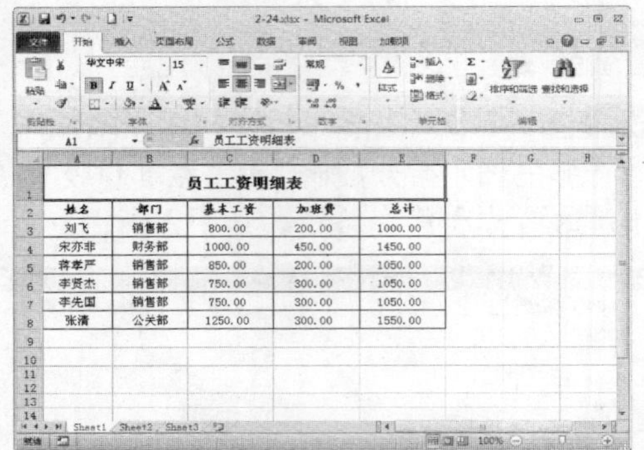

STEP 02 单击“另存为”按钮

单击“文件”选项卡，在“文件”菜单中单击“另存为”按钮，如下图所示。

STEP 03 设置工作簿的名称和保存路径

弹出“另存为”对话框，在其中设置工作簿的名称和保存路径，如下图所示。

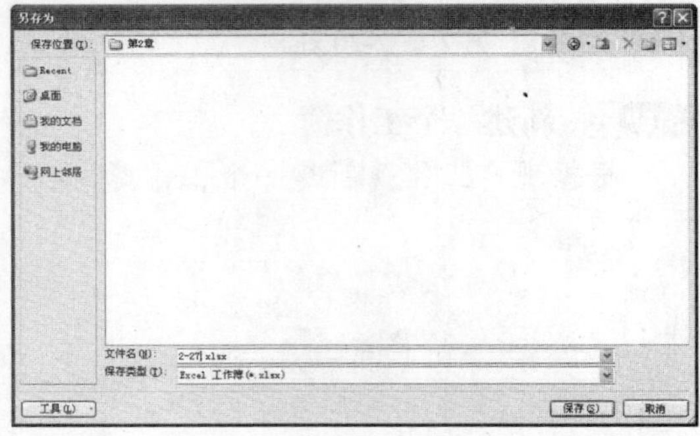

STEP 04 保存工作簿

单击“保存”按钮，即可将工作簿保存至指定文件夹，如下图所示。

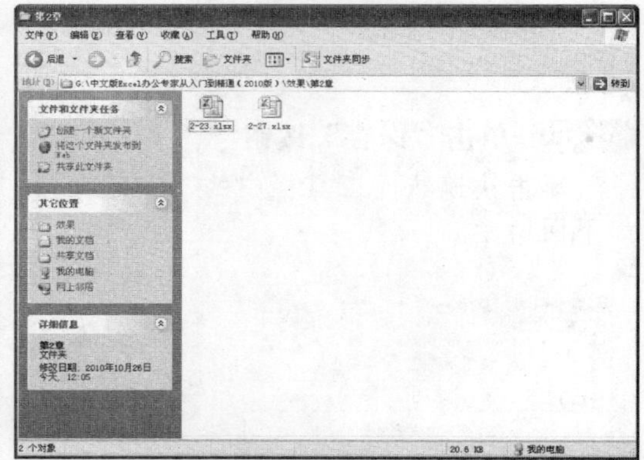

2.2.3 设置自动保存工作簿

在 Excel 2010 中，系统提供自动保存工作簿的功能，该功能可以每隔一个时间段自动保存工作簿，从而提高编辑文档过程的安全性，用户可以根据需要自定义保存工作簿的时间间隔与保存路径，还可以设置其他相应的属性。

STEP 01 单击“选项”按钮

创建一个空白的工作簿，单击“文件”选项卡，在“文件”菜单中单击“选项”按钮，如下图所示。

专家指点

在“文件”菜单中单击“帮助”选项卡，在“设置 Office 的工具”选项区中，单击“选项”按钮，也会弹出“Excel 选项”对话框。

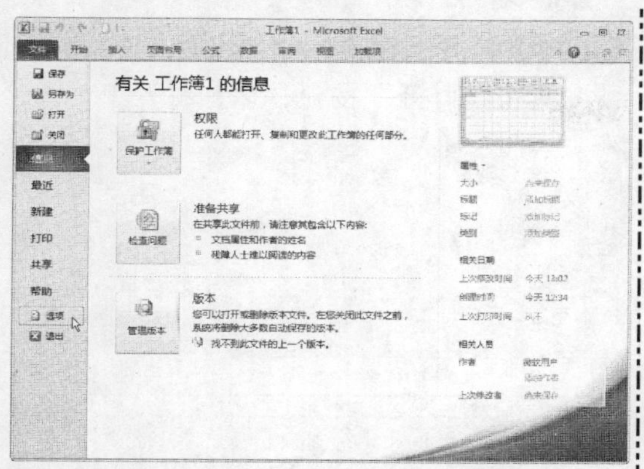

STEP 02 弹出“Excel 选项”对话框

即会弹出“Excel 选项”对话框，如下图所示。

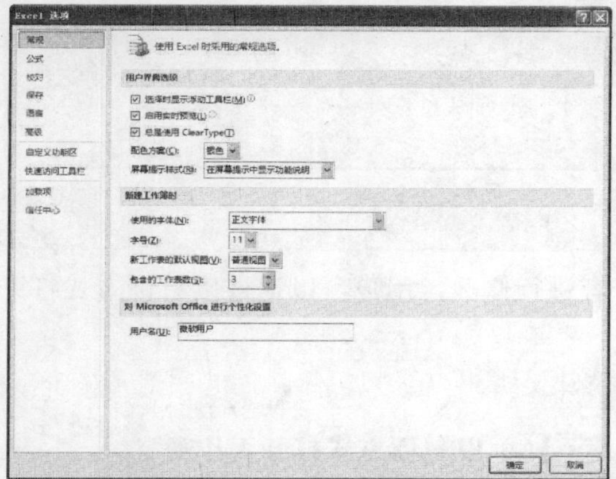

STEP 03 切换至相应选项区

单击“保存”按钮，切换至“自定义工作簿的保存方法”选项区，如下图所示。

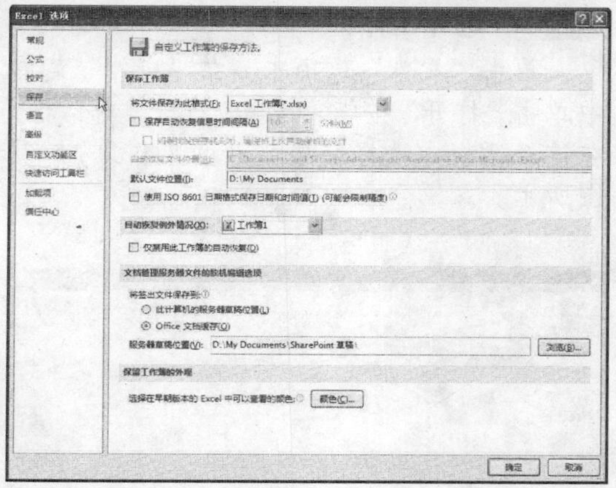

STEP 04 设置相应选项

选中“保存自动恢复信息时间间隔”和“如果我没保存就关闭，请保留上次自动保留的文件”复选框，并设置时间间隔为 10 分钟，如下图所示。

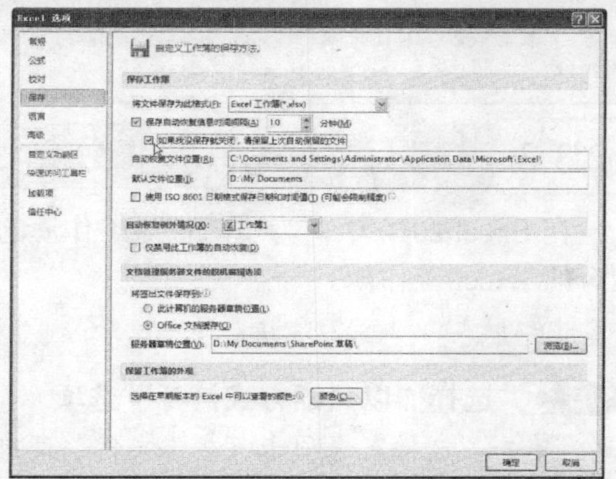

STEP 05 完成设置

单击“确定”按钮，即可完成设置。

2.3 打开和关闭工作簿

若要对已经保存过的 Excel 工作簿进行浏览或编辑操作，首先需打开 Excel 工作簿，在对工作簿进行编辑并保存完成后，应该关闭工作簿，本节主要介绍打开和关闭工作簿的方法。

2.3.1 以普通方式打开工作簿

在 Excel 2010 中，如果需要对已经保存过的工作簿进行浏览或编辑操作，用户可以直接打开工作簿。

素材文件	第 2 章\2-32.xlsx	效果文件	无

STEP 01 选择工作簿

单击“文件”选项卡，在“文件”菜单中单击“打开”按钮，弹出“打开”对话框，在该对话框中选择需要打开的工作簿，如下图所示。

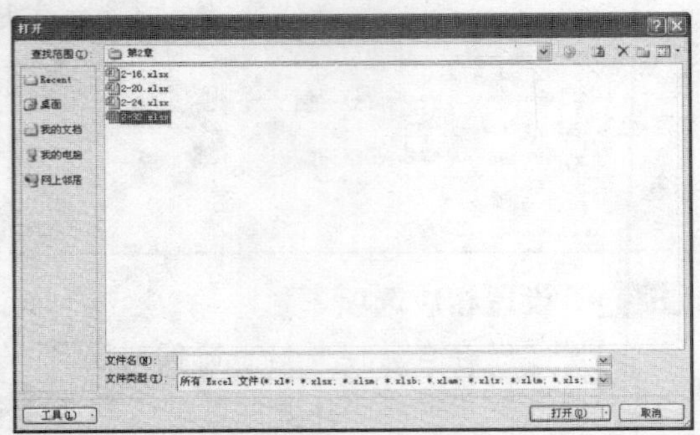

STEP 02 打开工作簿

单击“打开”按钮，即可打开工作簿，如下图所示。

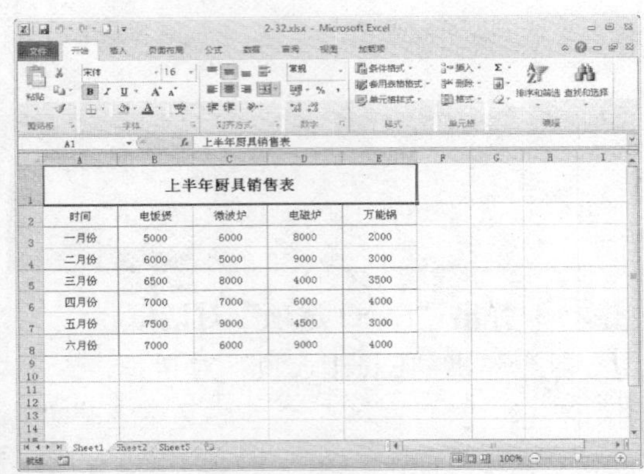

上半年厨具销售表				
时间	电饭煲	微波炉	电磁炉	万能锅
一月份	5000	6000	8000	2000
二月份	6000	5000	9000	3000
三月份	6500	8000	4000	3500
四月份	7000	7000	6000	4000
五月份	7500	9000	4500	3000
六月份	7000	6000	9000	4000

专家指点

在 Excel 2010 中，除了运用以上方法打开工作簿外，还可以在目标文件夹中选择需要打开的工作簿，双击鼠标左键来打开工作簿。

2.3.2 以只读方式打开工作簿

在 Excel 2010 中，为了防止对工作簿的内容进行修改，用户可以通过以只读方式打开已有的 Excel 工作簿。

素材文件	第 2 章\2-34.xlsx	效果文件	无

STEP 01 选择“以只读方式打开”选项

单击“文件”选项卡，在“文件”菜单中单击“打开”按钮，弹出“打开”对话框，选择需要打开的工作簿，单击“打开”按钮右侧的下三角按钮，在弹出的下拉列表中选择“以只读方式打开”选项，如下图所示。

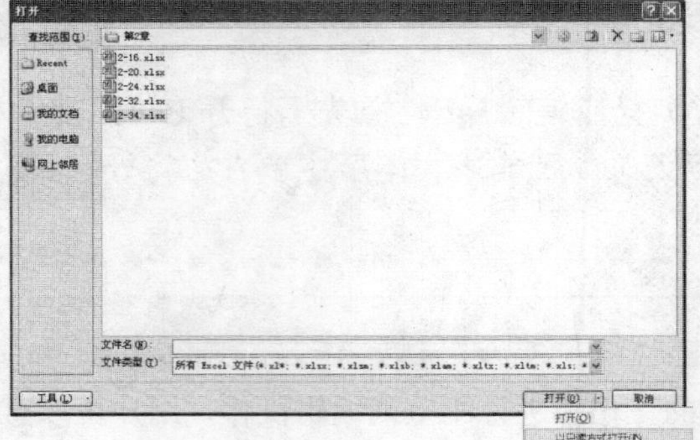

STEP 02 以只读方式打开工作簿

执行操作后，即可以只读方式打开工作簿，如下图所示。

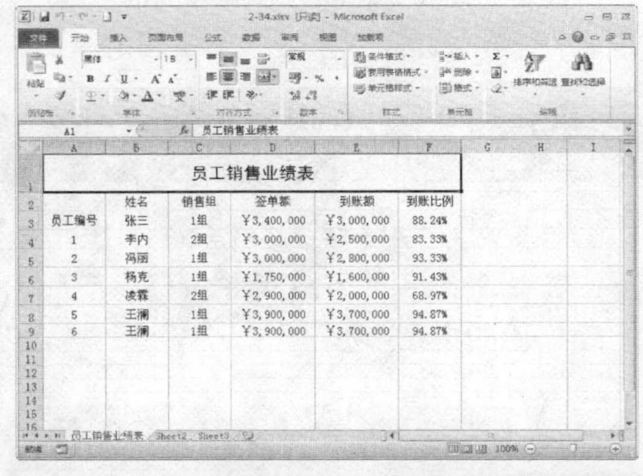

员工销售业绩表					
	姓名	销售组	签单额	到账额	到账比例
员工编号	张三	1组	¥3,400,000	¥3,000,000	88.24%
1	李内	2组	¥3,000,000	¥2,500,000	83.33%
2	冯丽	1组	¥3,000,000	¥2,800,000	93.33%
3	杨克	1组	¥1,750,000	¥1,600,000	91.43%
4	凌霖	2组	¥2,900,000	¥2,000,000	68.97%
5	王澜	1组	¥3,900,000	¥3,700,000	94.87%
6	王澜	1组	¥3,900,000	¥3,700,000	94.87%

专家指点

以只读方式打开工作簿后，在标题栏将显示该工作簿是通过只读方式打开的。

2.3.3　以副本方式打开工作簿

在 Excel 2010 中，以副本方式打开工作簿表示选择打开的源文件会以生成一个副本文件的方式来打开，而源文件不被打开。

素材文件	第 2 章\2-36.xlsx	效果文件	无

STEP 01　选择“以副本方式打开”选项

单击“文件”选项卡，在“文件”菜单中单击“打开”按钮，弹出“打开”对话框，选择需要打开的工作簿，单击“打开”按钮右侧的下三角按钮，在弹出的下拉列表中选择“以副本方式打开”选项，如下图所示。

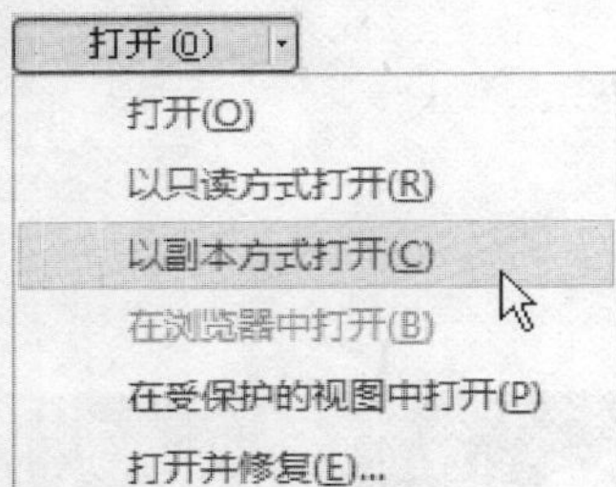

STEP 02　以副本方式打开工作簿

执行操作后，即可以副本方式打开工作簿，如下图所示。

2.3.4　以打开并修复的方式打开工作簿

在 Excel 2010 中，当工作簿被破坏时，可以选择以打开并修复的方式来打开工作簿，将工作簿还原。

素材文件	第 2 章\2-38.xlsx	效果文件	无

STEP 01　选择“打开并修复”选项

单击“文件”选项卡，在“文件”菜单中单击“打开”按钮，弹出“打开”对话框，选择需要打开的工作簿，单击“打开”按钮右侧的下三角按钮，在弹出的下拉列表中选择“打开并修复”选项，如下图所示。

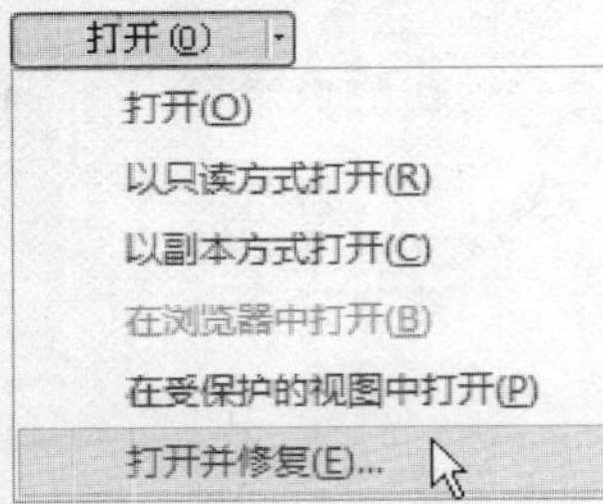

STEP 02　弹出提示信息框

执行操作后，弹出提示信息框，如下图所示。

STEP 03　弹出相应对话框

若单击“修复”按钮，则弹出“修复到‘2-38.xlsx’”对话框，如下图所示。

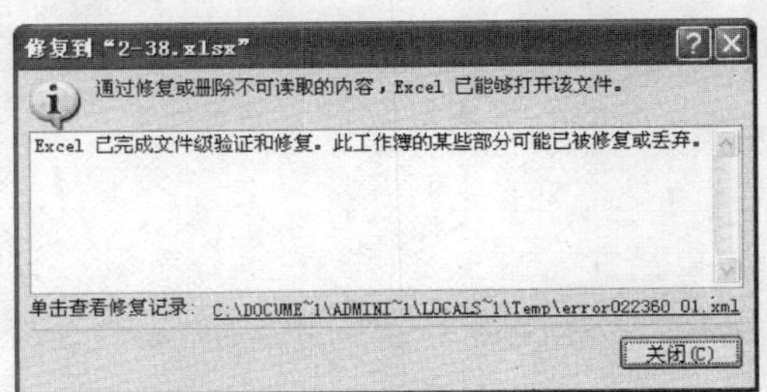

STEP 04　查看修复的工作簿

单击“关闭”按钮，此时修复的工作簿如下图所示。

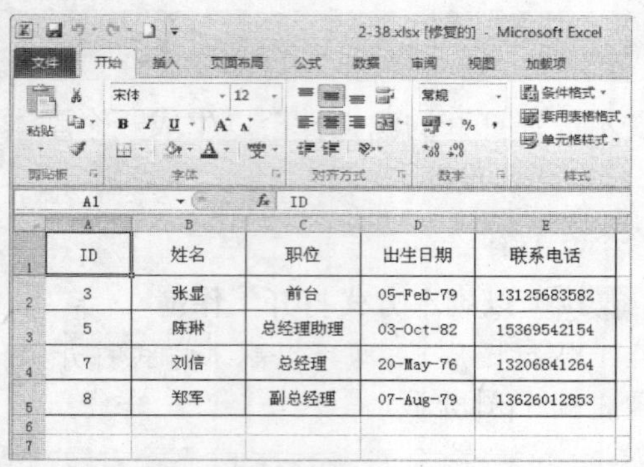

STEP 05 弹出提示信息框

若单击“提取数据”按钮，则弹出提示信息框，如下图所示。

STEP 06 查看提取数据后的工作簿

单击“转换到值”按钮，弹出“修复到‘2-38.xlsx’”对话框，在其中单击“关闭”按钮，即可查看提取数据后的工作簿，如下图所示。

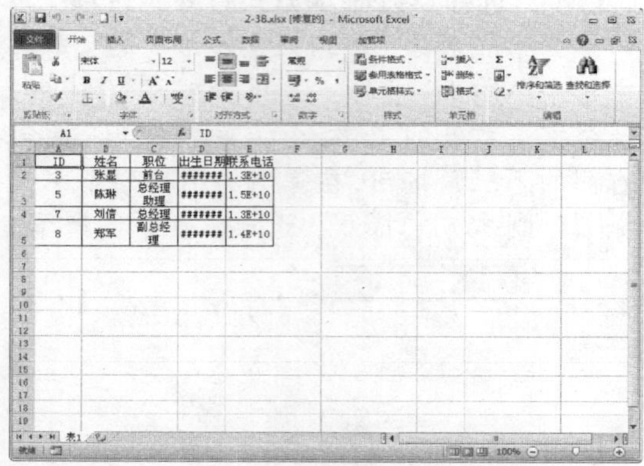

专家指点

一般情况下，在 Excel 2010 中选择打开并修复方式打开工作簿时，会选择单击“修复”按钮来恢复工作簿。

2.3.5 关闭工作簿

在 Excel 2010 中，对工作簿进行编辑完后，应该将工作簿关闭，关闭工作簿的方法有以下两种。

- 按钮 1：单击菜单栏中的“关闭”按钮，如下图（左）所示。
- 按钮 2：单击“文件”菜单中的“关闭”按钮，如下图（右）所示。

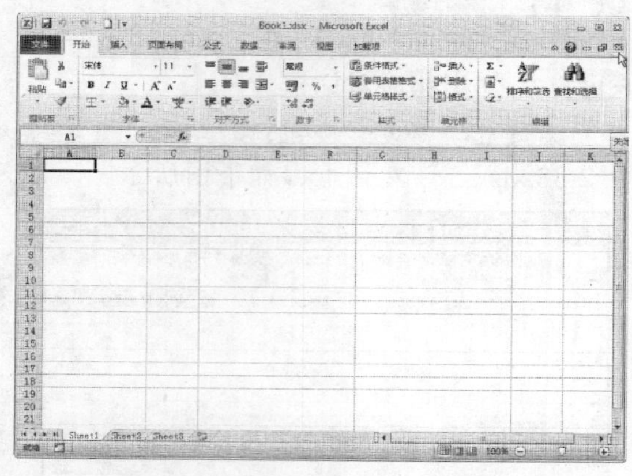

单击菜单栏中的“关闭”按钮

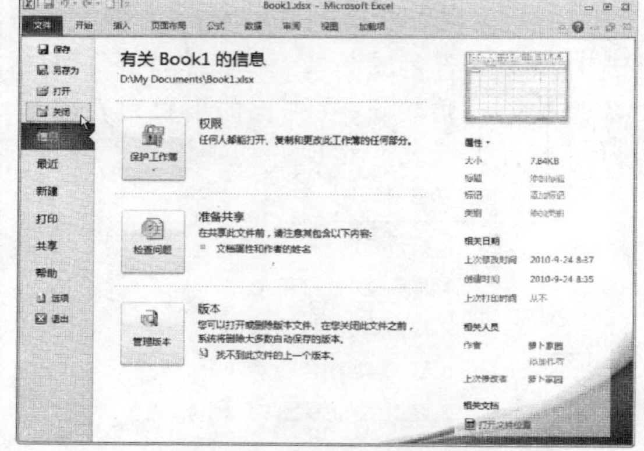

单击“文件”菜单中的“关闭”按钮

在 Excel 2010 中，通过以上方式关闭工作簿后，Excel 2010 应用程序并没有被关闭。当前的工作簿被关闭后，Excel 2010 的工作界面如下图所示。

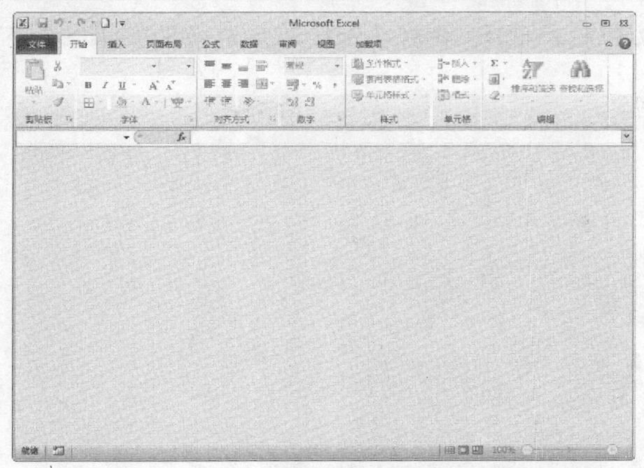

关闭工作簿后的界面

2.4 切换工作簿视图

在 Excel 2010 中，在对工作簿进行编辑时，有时需要对当前的视图进行切换操作，以方便查看编辑界面。熟练掌握视图的应用，有利于后面的学习。

2.4.1 了解工作簿视图

在 Excel 2010 中，系统为用户提供了多种视图编辑模式，如普通视图、页面布局、分页预览、全屏显示及自定义视图等，以方便用户编辑和查看界面，下面主要介绍这 5 种视图模式。

- 普通视图：该视图是 Excel 2010 默认的编辑视图（如下图（左）所示），在此视图中，用户可以完成 Excel 工作簿的大部分编辑操作。
- 页面布局：切换至该视图，可以查看工作簿的起始和结束的位置，并且可以非常方便地编辑文档页眉页脚的内容，调整页边距等，如下图（右）所示。

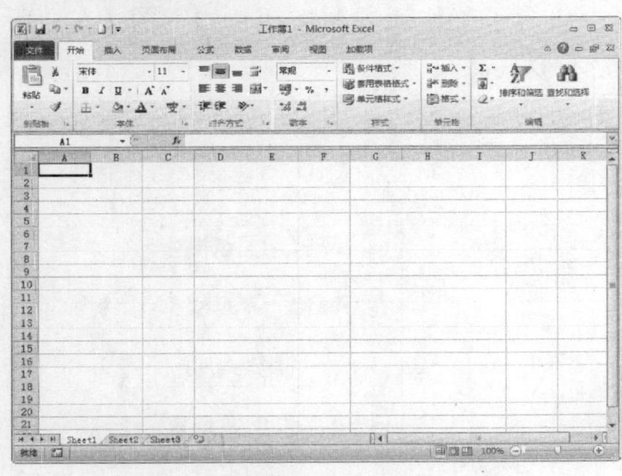

普通视图

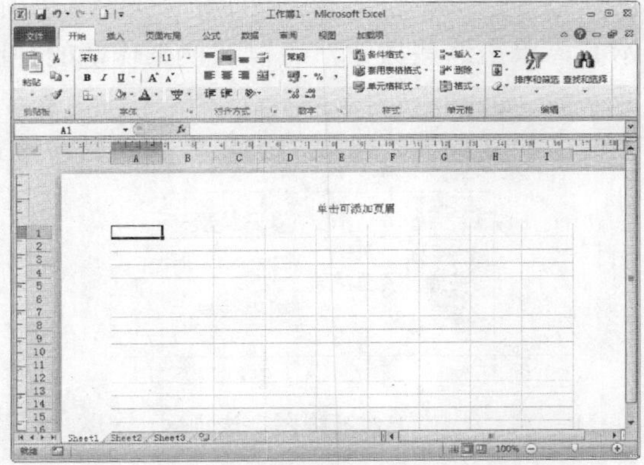

页面布局视图

- 分页预览：切换至该视图，可以查看工作簿打印时的分页效果，还可以调整工作簿的分页，如下图（左）所示。

❂ 全屏显示：切换至该视图，Excel 工作簿将以文档编辑区最大化的形式显示在窗口中，如下图（右）所示。

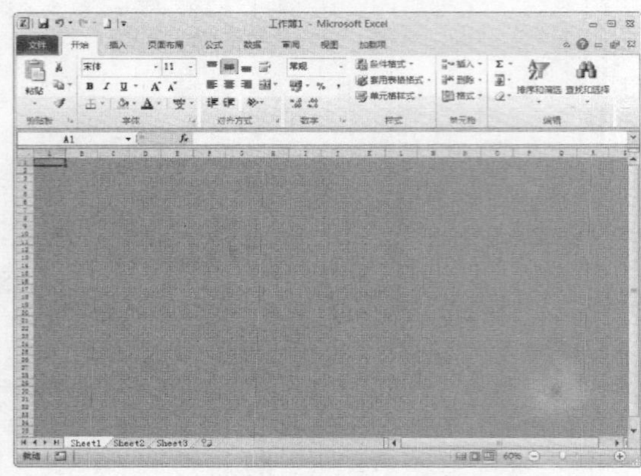

分页预览视图

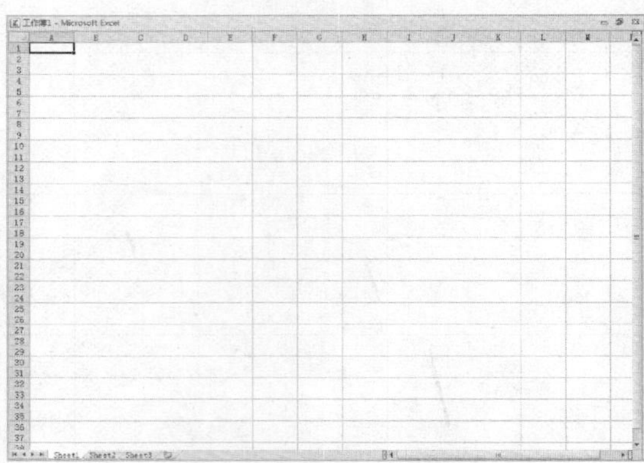

全屏显示视图

❂ 自定义视图：切换至该视图，用户可以根据需要自定义视图。

2.4.2 “视图”功能面板

在 Excel 2010 中，用户可以通过单击“视图”功能选项卡，切换至“视图”功能面板中，如下图所示。

“视图”功能面板

在“视图”功能面板中，包含了 5 个部分，分别是工作簿视图、显示、显示比例、窗口和宏，下面将介绍这 5 个部分。

❂ 工作簿视图：在“工作簿视图”选项区中包含了工作簿视图按钮（如下图（左）所示），单击这些按钮，可以切换工作簿的视图显示模式。

❂ 显示：在“显示”选项区中，包含了工作簿的显示按钮（如下图（右）所示），选中相应的复选框，可以更改工作簿的显示方式。

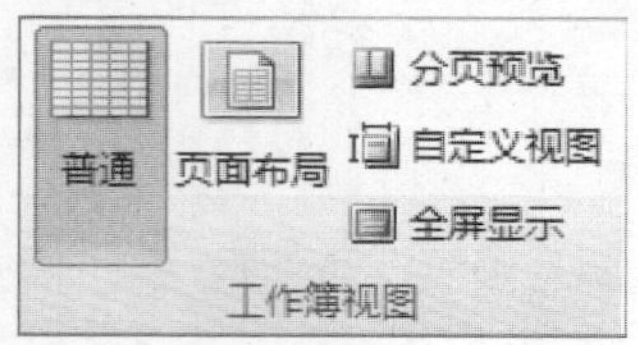

“工作簿视图”选项区

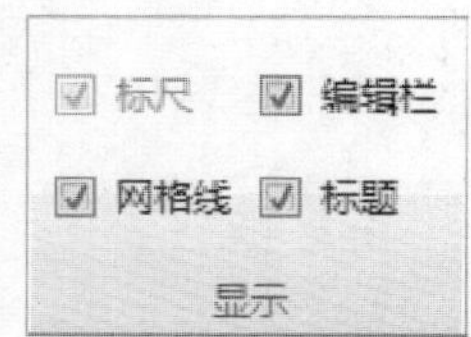

“显示”选项区

❂ 显示比例：在“显示比例”选项区中包含了显示工作簿比例的按钮（如下图（左）所示），单击这些按钮，可以更改工作簿的显示比例。

❂ 窗口：“窗口”选项区中包含了编辑工作簿窗口的相关按钮，如下图（右）所示。

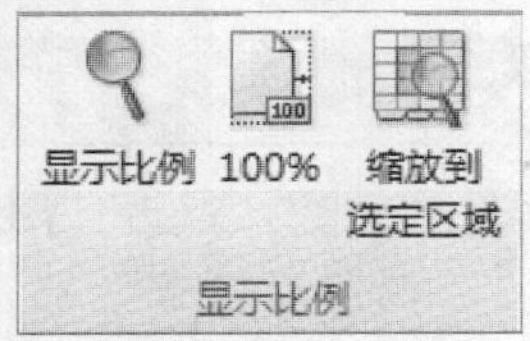

"显示比例"选项区

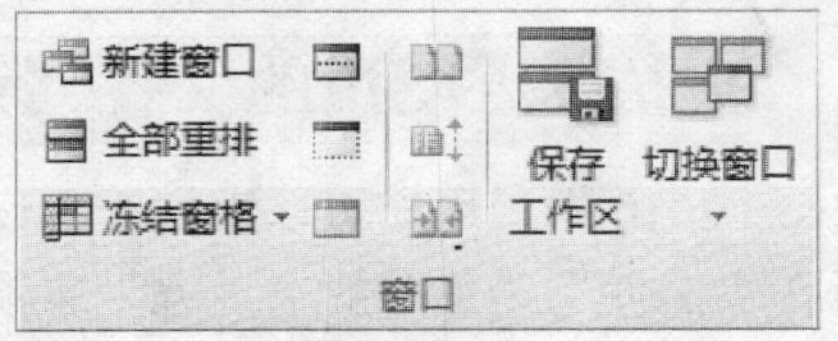

"窗口"选项区

✿ 宏：在"宏"选项区中，用户可以根据需要录制或查看宏。

2.5 设置工作表属性

在 Excel 2010 中，工作表是组成工作簿的基本单位，是由排列在一起的行和列（即单元格）构成的，下面主要介绍设置工作表属性的相关知识。

2.5.1 设置工作表网格线

在 Excel 2010 中，用户可以根据需要设置工作表的网格线是否显示。

素材文件	第 2 章\2-56.xlsx	效果文件	第 2 章\2-59.xlsx

STEP 01 打开素材文件

打开一个 Excel 素材文件，如下图所示。

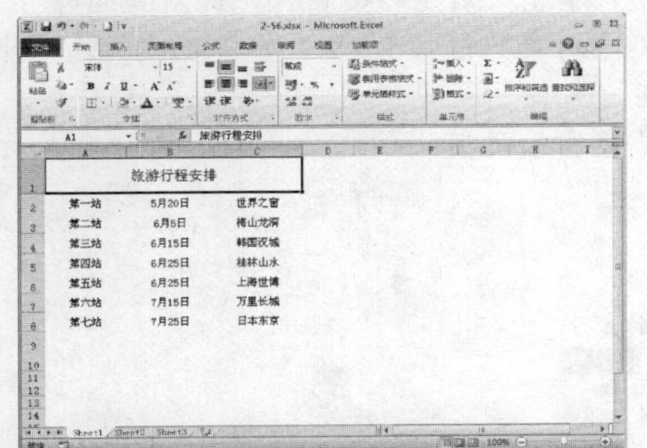

STEP 02 切换至"视图"功能面板

单击"视图"选项卡，切换至"视图"功能面板中，如下图所示。

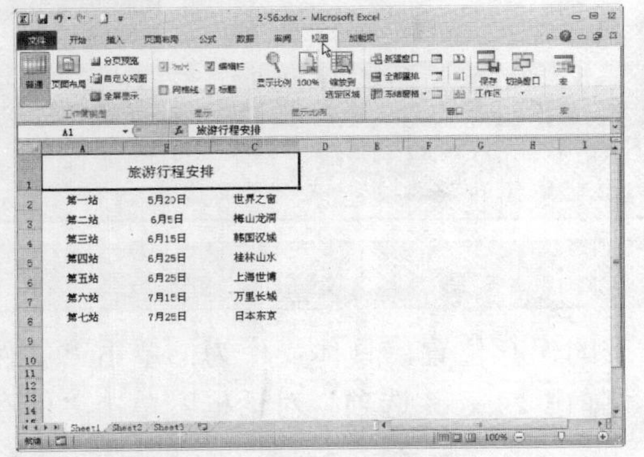

STEP 03 选中"网格线"复选框

选中"网格线"复选框，如下图所示。

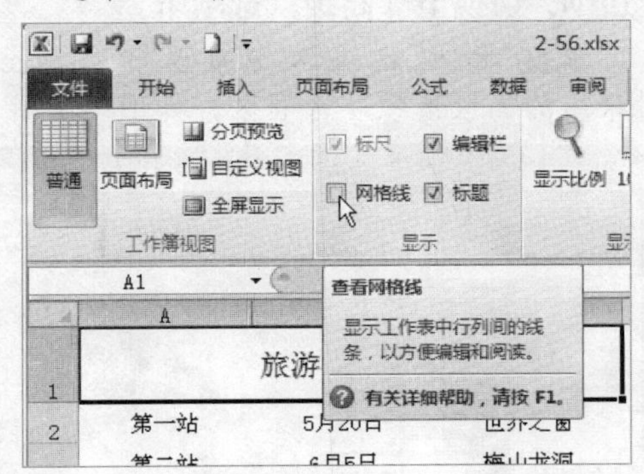

STEP 04 添加网格线

执行操作后，即可添加网格线，如下图所示。

2.5.2 设置最近使用的文件列表数

在 Excel 2010 中，用户可以根据需要设置最近使用的文件列表数，最近使用的文件列表将显示在“文件”菜单中的“最近”选项面板中。

STEP 01 弹出“Excel 选项”对话框

单击“文件”选项卡，在“文件”菜单中单击“选项”按钮，弹出“Excel 选项”对话框，如下图所示。

STEP 02 切换至“高级”选项卡

单击“高级”选项卡，切换至“使用 Excel 时采用的高级选项”选项区，如下图所示。

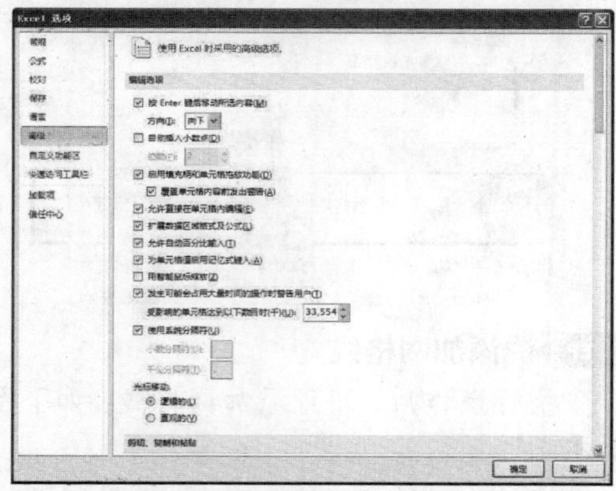

STEP 03 设置相应数值

在“显示此数目的‘最近使用的文档’”数值框中输入 1，如下图所示。

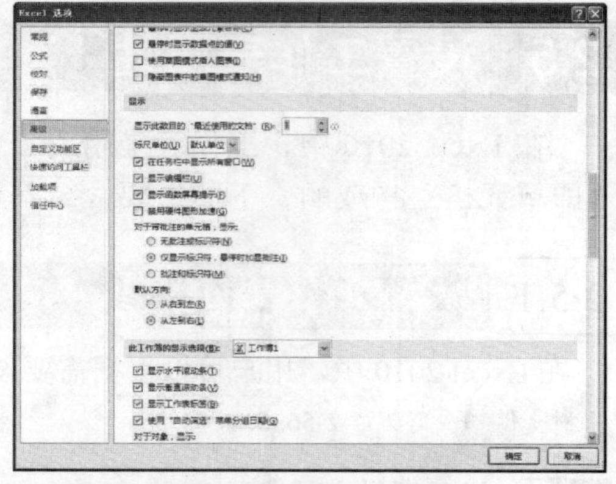

STEP 04 设置最近使用的文件列表数

单击“确定”按钮，完成对最近使用的文件列表数的设置。单击“文件”选项卡，在“文件”菜单中单击“最近”选项卡，即可查看最近使用的文件列表，如下图所示。

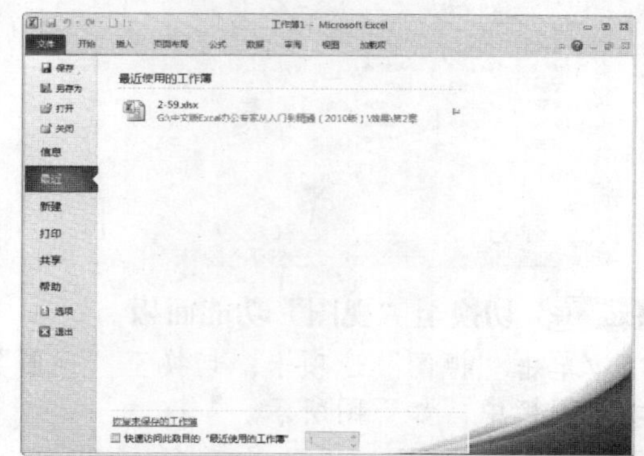

专家指点

在 Excel 2010 中，用户除了可以在“显示此数目的‘最近使用的文档’”数值框中输入数值来调整最近使用的文档列表数外，还可以通过单击该数值框右侧的微调按钮来调整其数量。

2.5.3 设置工作表的保存位置

在 Excel 2010 中，可以根据需要设置工作表的保存位置，具体操作为：单击“文件”选项卡，在“文件”菜单中单击“选项”按钮，弹出“Excel 选项”对话框，单击“保存”

选项卡，在“保存工作簿”选项区的“默认文件位置”文本框中输入保存位置，如下图所示。

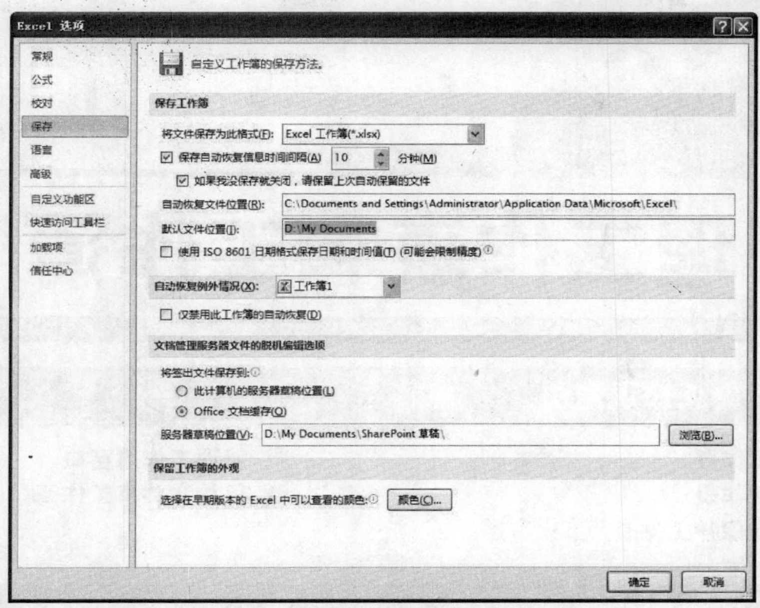

输入保存位置

● 读书笔记

Chapter 03

章前知识导读

在 Excel 2010 中，工作簿由多张工作表组成，而工作表是存储处理数据的基础，管理好工作表和工作簿能为后面学习 Excel 2010 的其他操作奠定基础。

管理工作表和工作簿

重点知识索引

- 选择工作表
- 编辑工作表
- 应用和保护工作表
- 管理工作簿窗口
- 保护和共享工作簿

效果图片欣赏

上半年饮料销售业绩表

月份	橙汁（元）	柠檬（元）	可乐（元）	七喜(元
一月	2000	1500	1500	100
二月	1200	900	1400	120
三月	1400	1400	1300	160
四月	1300	800	2000	120
五月	1600	950	1900	140
六月	1700	900	1600	120

复制工作表

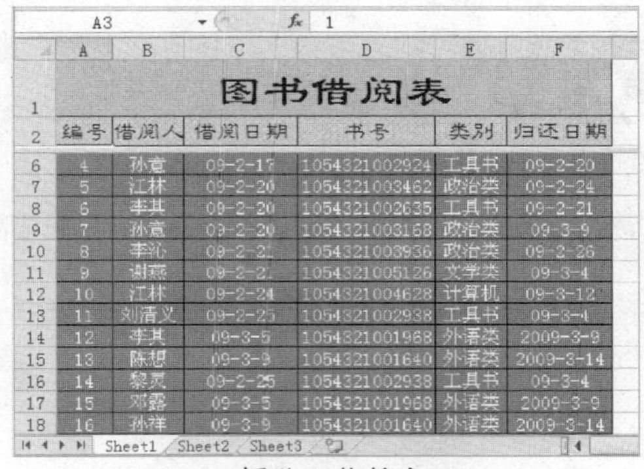

图书借阅表

编号	借阅人	借阅日期	书号	类别	归还日期
4	孙意	09-2-17	1054321002924	工具书	09-2-20
5	江林	09-2-20	1054321003462	政治类	09-2-24
6	李其	09-2-20	1054321002635	工具书	09-2-21
7	孙意	09-2-20	1054321003168	政治类	09-3-9
8	李沁	09-2-21	1054321003936	政治类	09-2-26
9	谢燕	09-2-21	1054321005126	文学类	09-3-4
10	江林	09-2-24	1054321004628	计算机	09-3-12
11	刘清义	09-2-25	1054321002938	工具书	09-3-4
12	李其	09-3-5	1054321001968	外语类	2009-3-9
13	陈想	09-3-9	1054321001640	外语类	2009-3-14
14	黎灵	09-2-25	1054321002938	工具书	09-3-4
15	邓露	09-3-5	1054321001968	外语类	2009-3-9
16	孙祥	09-3-9	1054321001640	外语类	2009-3-14

拆分工作簿窗口

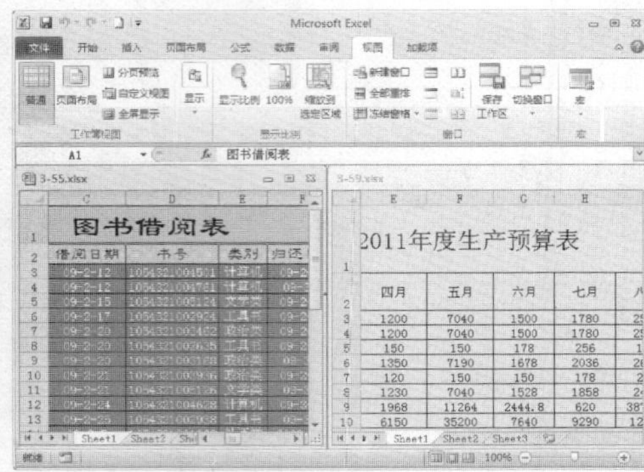

重排工作簿窗口

超市五月份营业员销售报表

营业员	销售产品	产品单价	数量	销售金额
王林	护发素	40	200	8000
王义	沐浴露	45	180	8100
李一	洗面奶	40	190	7600
张丽	护发素	25	300	7500
谢意	洗发水	30	150	4500
曾宁	护手霜	10	300	3000
丁宁	洗发水	30	200	6000
林佳	护手霜	15	240	3600
江燕	洗面奶	35	200	7000
刘敏	沐浴露	40	180	7200

共享工作簿

3.1 选择工作表

在 Excel 2010 中，若要对工作表进行编辑操作，首先要选择工作表，本节主要介绍选择工作表的操作方法。

3.1.1 选择单张工作表

在 Excel 2010 中，可以运用 3 种方法选择单张工作表，接下来主要介绍这 3 种方法。

1. 直接选择

素材文件	第 3 章\3-1.xlsx	效果文件	无

STEP 01 定位工作表

打开一个 Excel 文件，将鼠标指针移至需要选择的工作表标签上，如下图所示。

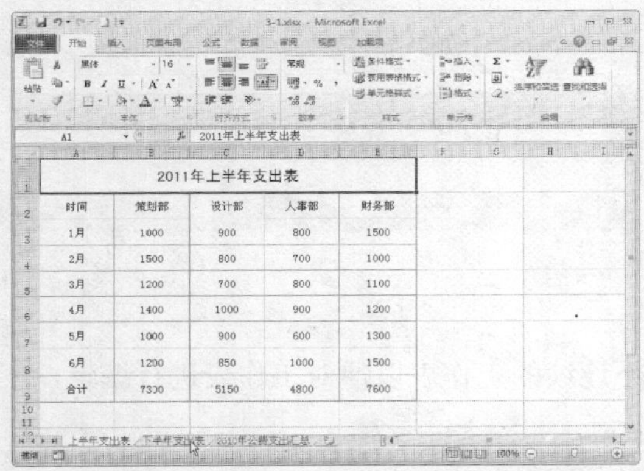

STEP 02 选择单张工作表

单击鼠标左键，即可选择单张工作表，如下图所示。

2. 选项

将鼠标指针移至工作表标签左侧的"滚动标签"按钮上，单击鼠标右键，在弹出的快捷菜单中选择需要选择的工作表标签（如下图所示），即可选择单张工作表。

选择工作表标签

3. 快捷键

若要选择当前工作表的前一张工作表，按【Ctrl＋PageUp】组合键即可；若要选择当前工作表的下一张工作表，按【Ctrl＋PageDown】组合键即可。

3.1.2 选择多张工作表

在 Excel 2010 中，可以根据需要同时选择多张工作表，下面主要介绍在不同情况下选择多张工作表的操作。

1. 选择连续的多张工作表

素材文件	第 3 章\3-1.xlsx	效果文件	无

STEP 01 选择第一张工作表

打开一个 Excel 文件，选择第 1 张工作表，如下图所示。

2011年上半年支出表				
时间	策划部	设计部	人事部	财务部
1月	1000	900	800	1500
2月	1500	800	700	1000
3月	1200	700	800	1100
4月	1400	1000	900	1200
5月	1000	900	600	1300
6月	1200	850	1000	1500
合计	7300	5150	4800	7600

上半年支出表 / 下半年支出表 / 2010年公费支出汇总

STEP 02 选择连续的多张工作表

按住【Shift】键不放，单击最后 1 张工作表，选择连续的多张工作表，如下图所示。

2011年上半年支出表				
时间	策划部	设计部	人事部	财务部
1月	1000	900	800	1500
2月	1500	800	700	1000
3月	1200	700	800	1100
4月	1400	1000	900	1200
5月	1000	900	600	1300
6月	1200	850	1000	1500
合计	7300	5150	4800	7600

上半年支出表 / 下半年支出表 / 2010年公费支出汇总

2. 选择多张不连续的工作表

在 Excel 2010 中，有时需要同时选择多张不连续的工作表以便对工作表进行编辑，下面介绍选择多张不连续的工作表的操作方法。

素材文件	第 3 章\3-1.xlsx	效果文件	无

STEP 01 选择第一张工作表

打开一个 Excel 文件，选择第 1 张工作表，如下图所示。

2011年上半年支出表				
时间	策划部	设计部	人事部	财务部
1月	1000	900	800	1500
2月	1500	800	700	1000
3月	1200	700	800	1100
4月	1400	1000	900	1200
5月	1000	900	600	1300
6月	1200	850	1000	1500
合计	7300	5150	4800	7600

上半年支出表 / 下半年支出表 / 2010年公费支出汇总

STEP 02 选择多张不连续的工作表

按住【Ctrl】键不放，单击最后 1 张工作表，选择不连续的工作表，如下图所示。

2011年上半年支出表				
时间	策划部	设计部	人事部	财务部
1月	1000	900	800	1500
2月	1500	800	700	1000
3月	1200	700	800	1100
4月	1400	1000	900	1200
5月	1000	900	600	1300
6月	1200	850	1000	1500
合计	7300	5150	4800	7600

上半年支出表 / 下半年支出表 / 2010年公费支出汇总

3.1.3　选择全部工作表

在 Excel 2010 中，有时为了方便对工作表进行修改，需要一次性选择当前工作簿中的全部工作表。

素材文件	第 3 章\3-1.xlsx	效果文件	无

STEP 01　选择“选定全部工作表”选项

打开一个 Excel 文件，选择任意一张工作表。在工作表标签上单击鼠标右键，在弹出的快捷菜单中选择“选定全部工作表”选项，如下图所示。

STEP 02　选择全部工作表

执行操作后，即可选择全部工作表，如下图所示。

2011年下半年支出表

时间	策划部	设计部	人事部	财务部
1月	650	850	1000	650
2月	600	350	680	850
3月	890	1500	450	450
4月	1850	280	850	680
5月	4500	650	1000	750
6月	800	480	2850	640
合计	9290	4110	6830	4020

上半年支出表　下半年支出表　2010年公费支出汇总　就绪

3.2　编辑工作表

熟练掌握编辑工作表的操作能够帮助用户很好地学习 Excel 2010，本节主要介绍编辑工作表的常用操作。

3.2.1　重命名工作表

在 Excel 2010 中，系统在新建一个工作簿时，工作表默认的名称是以 Sheet1、Sheet2、Sheet3 等来命名的。在实际操作中，这样的名称不利于工作表的管理和使用，为了方便对工作表的记忆和管理，用户可以通过对工作表进行重命名来管理工作表。

在 Excel 2010 中，可以通过双击鼠标或选择相应的选项来重命名工作表，下面主要介绍这两种方法。

专家指点

在同一工作簿中，不能同时为工作表取相同的名称，只有在不同的工作簿中，才能为工作表取相同的名称。

1. 双击鼠标

素材文件	第 3 章\3-10.xlsx	效果文件	第 3 章\3-11.xlsx

STEP 01 激活工作表标签

打开一个 Excel 文件，双击第 1 张工作表标签，使其激活，如下图所示。

上半年饮料销售业绩表				
月份	橙汁（元）	柠檬（元）	可乐（元）	七喜(元)
一月	2000	1500	1500	1000
二月	1200	900	1400	1200
三月	1400	1400	1300	1600
四月	1300	800	2000	1200
五月	1600	950	1900	1400
六月	1700	900	1600	1200

Sheet1 Sheet2 Sheet3 Sheet4

STEP 02 重命名工作表

输入新的名称，按【Enter】键进行确认，即可重命名工作表，如下图所示。

上半年饮料销售业绩表				
月份	橙汁（元）	柠檬（元）	可乐（元）	七喜(元)
一月	2000	1500	1500	1000
二月	1200	900	1400	1200
三月	1400	1400	1300	1600
四月	1300	800	2000	1200
五月	1600	950	1900	1400
六月	1700	900	1600	1200

上半年销售业绩表 Sheet2 Sheet3 Sheet4

2. 选项

素材文件	第 3 章\3-11.xlsx	效果文件	第 3 章\3-15.xlsx

STEP 01 选择工作表

打开一个 Excel 文件，选择第 2 张工作表，如下图所示。

下半年饮料销售业绩表				
月份	橙汁（元）	柠檬（元）	可乐（元）	七喜(
七月	3000	2500	1500	100
八月	1100	900	1400	120
九月	1240	1800	1300	160
十月	1300	800	2000	120
十一月	1000	950	1900	140
十二月	1050	950	1900	140

上半年销售业绩表 Sheet2 Sheet3 Sheet4

STEP 02 选择"重命名"选项

在工作表标签上单击鼠标右键，在弹出的快捷菜单中选择"重命名"选项，如下图所示。

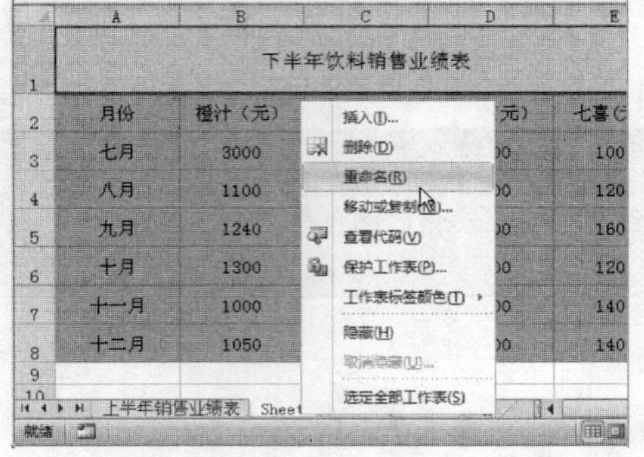

STEP 03 工作表标签呈编辑状态

执行操作后，工作表标签呈编辑状态，如下图所示。

下半年饮料销售业绩表				
月份	橙汁（元）	柠檬（元）	可乐（元）	七喜(
七月	3000	2500	1500	100
八月	1100	900	1400	120
九月	1240	1800	1300	160
十月	1300	800	2000	120
十一月	1000	950	1900	140
十二月	1050	950	1900	140

上半年销售业绩表 Sheet2 Sheet3 Sheet4

STEP 04 重命名工作表

在工作表标签中输入工作表的新名称，即可重命名工作表，如下图所示。

下半年饮料销售业绩表				
月份	橙汁（元）	柠檬（元）	可乐（元）	七喜(
七月	3000	2500	1500	100
八月	1100	900	1400	120
九月	1240	1800	1300	160
十月	1300	800	2000	120
十一月	1000	950	1900	140
十二月	1050	950	1900	140

上半年销售业绩表 下半年销售业绩表 Sheet3 Sheet

3.2.2 复制和移动工作表

在 Excel 2010 中，用户可以根据需要对工作表进行复制和移动操作。

1. 复制工作表

对工作表进行复制，可以快速备份工作表中的内容，在创建内容及结构大致相同的新工作表时，通常通过复制工作表来快速创建。

鼠标拖曳

素材文件	第 3 章\3-15.xlsx	效果文件	第 3 章\3-17.xlsx

STEP 01 拖曳鼠标

打开一个 Excel 文件，选择第 1 张工作表。在工作表标签上按住【Ctrl】键不放，按住鼠标左键并拖曳，如下图所示。

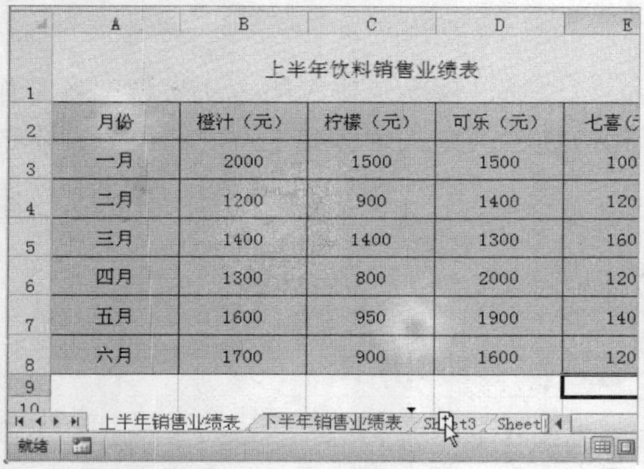

STEP 02 复制工作表

至目标位置后，释放鼠标左键，再释放【Ctrl】键，即可复制一张工作表，如下图所示。

选项

素材文件	第 3 章\3-15.xlsx	效果文件	第 3 章\3-21.xlsx

STEP 01 选择工作表

打开一个 Excel 文件，选择第 1 张工作表，如下图所示。

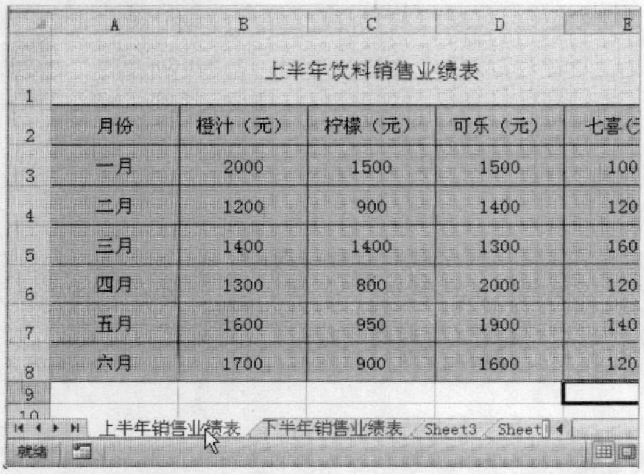

STEP 02 选择“移动或复制”选项

在工作表标签上单击鼠标右键，在弹出的快捷菜单中选择“移动或复制”选项，如下图所示。

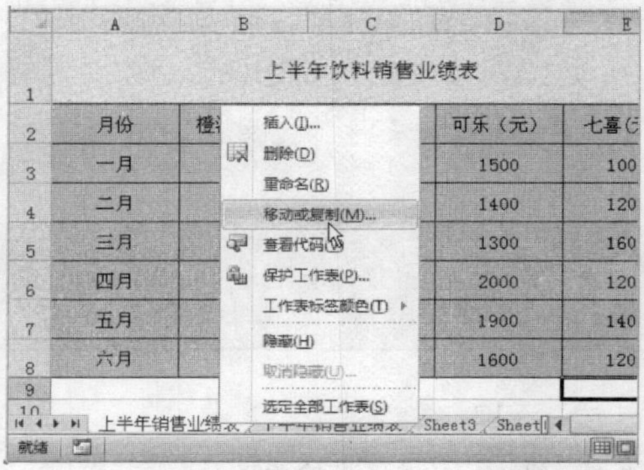

STEP 03 选中“建立副本”复选框

弹出“移动或复制工作表”对话框，选中“建立副本”复选框，如下图所示。

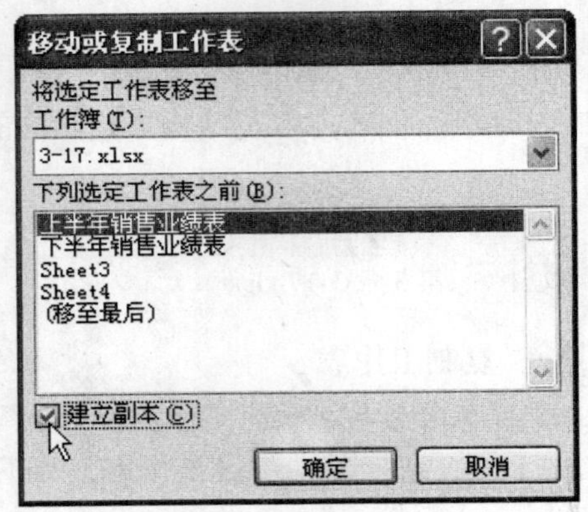

STEP 04 复制工作表

单击“确定”按钮，即可复制一张工作表，如下图所示。

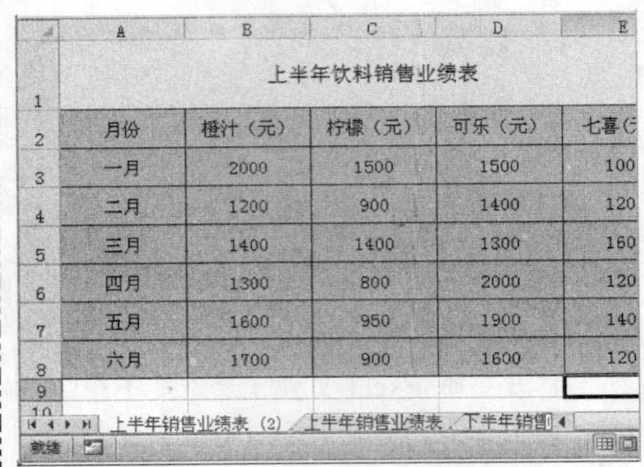

上半年饮料销售业绩表				
月份	橙汁（元）	柠檬（元）	可乐（元）	七喜(元
一月	2000	1500	1500	100
二月	1200	900	1400	120
三月	1400	1400	1300	160
四月	1300	800	2000	120
五月	1600	950	1900	140
六月	1700	900	1600	120

2. 移动工作表

在 Excel 2010 中，当建立了多张工作表后，可以通过移动工作表的方法来调整各工作表之间的顺序。用户可以通过拖曳鼠标和选择相应选项的方式来移动工作表的位置，本节主要介绍这两种方法。

鼠标拖曳

素材文件	第 3 章\3-15.xlsx	效果文件	第 3 章\3-23.xlsx

STEP 01 拖曳鼠标

打开一个 Excel 文件，选择第 2 张工作表。在工作表标签上按住鼠标左键并拖曳，如下图所示。

饮料下半年销售业绩表				
月份	橙汁（元）	柠檬（元）	可乐（元）	七喜(元
七月	3000	2500	1500	100
八月	1100	900	1400	120
九月	1240	1800	1300	160
十月	1300	800	2000	120
十一月	1000	950	1900	140
十二月	1050	950	1900	140

STEP 02 移动工作表

至目标位置后，释放鼠标左键，即可移动工作表，如下图所示。

饮料下半年销售业绩表				
月份	橙汁（元）	柠檬（元）	可乐（元）	七喜(元
七月	3000	2500	1500	100
八月	1100	900	1400	120
九月	1240	1800	1300	160
十月	1300	800	2000	120
十一月	1000	950	1900	140
十二月	1050	950	1900	140

上半年销售业绩表 / Sheet3 / 下半年销售业绩表 / Sheet

专家指点

在 Excel 2010 中，拖曳鼠标是移动工作表最简单的方法。

选项

素材文件	第 3 章\3-15.xlsx	效果文件	第 3 章\3-27.xlsx

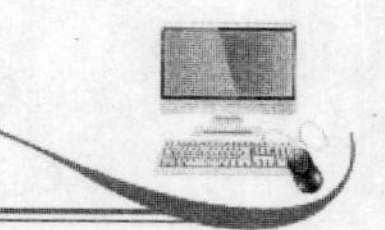

STEP 01　选择工作表

打开一个 Excel 文件，选择第 2 张工作表，如下图所示。

STEP 02　选择“移动或复制”选项

在工作表标签上单击鼠标右键，在弹出的快捷菜单中选择“移动或复制”选项，如下图所示。

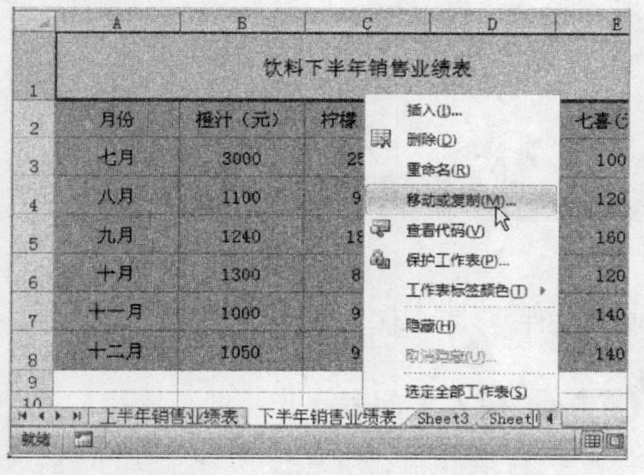

STEP 03　选择“移至最后”选项

弹出“移动或复制工作表”对话框，在“下列选定工作表之前”选项区中选择“移至最后”选项，如下图所示。

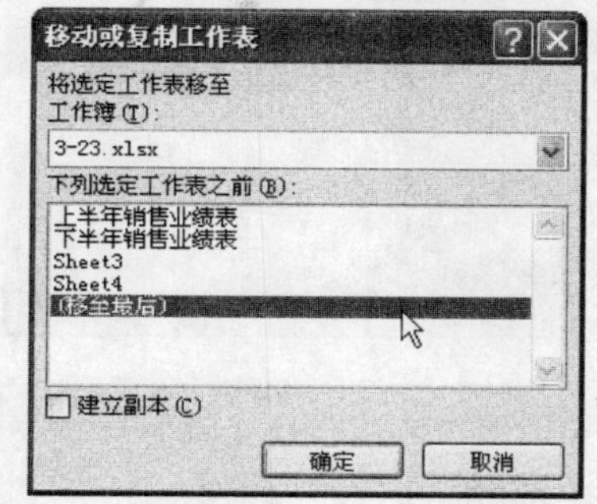

STEP 04　移动工作表

单击“确定”按钮，即可将选择的工作表移至最后，如下图所示。

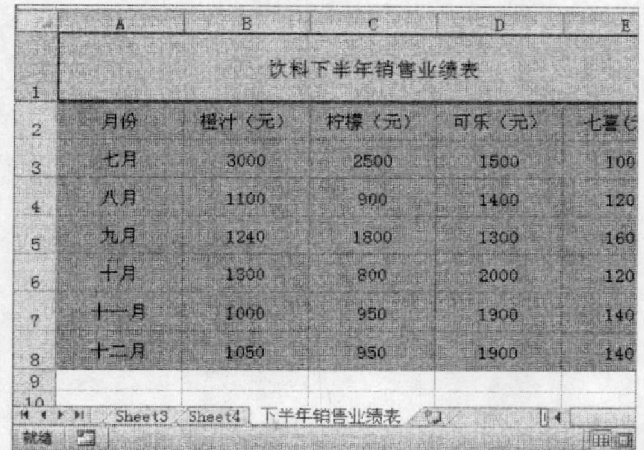

专家指点

用户可以根据需要在“下列选项工作表之前”选项区中选择工作表的移动位置。

3.2.3　插入和删除工作表

在用 Excel 2010 进行大规模的数据处理时，系统默认的工作表往往不能满足用户的实际需要，此时用户可以进行插入工作表操作；当不再需要某张工作表时，用户可以选择将其删除。

1. 插入工作表

在 Excel 2010 中，插入工作表的方法有很多种，下面主要介绍常用的 4 种插入工作表的方法。

✿ 选项 1

素材文件	第 3 章\3-15.xlsx	效果文件	第 3 章\3-31.xlsx

STEP 01 选择工作表

打开一个 Excel 文件，选择第 1 张工作表，如下图所示。

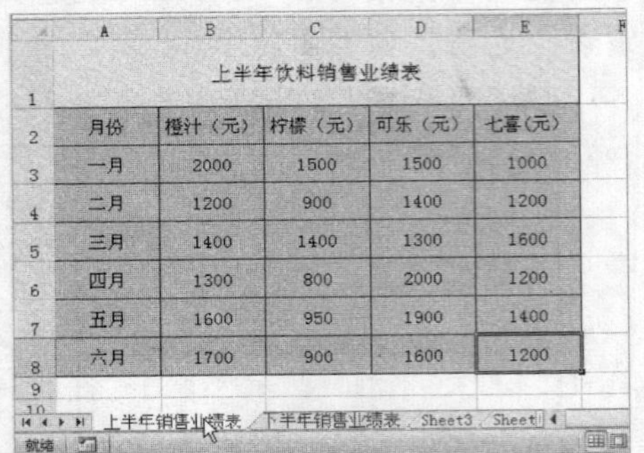

上半年饮料销售业绩表				
月份	橙汁（元）	柠檬（元）	可乐（元）	七喜（元）
一月	2000	1500	1500	1000
二月	1200	900	1400	1200
三月	1400	1400	1300	1600
四月	1300	800	2000	1200
五月	1600	950	1900	1400
六月	1700	900	1600	1200

STEP 02 选择“插入”选项

在工作表标签上单击鼠标右键，在弹出的快捷菜单中选择“插入”选项，如下图所示。

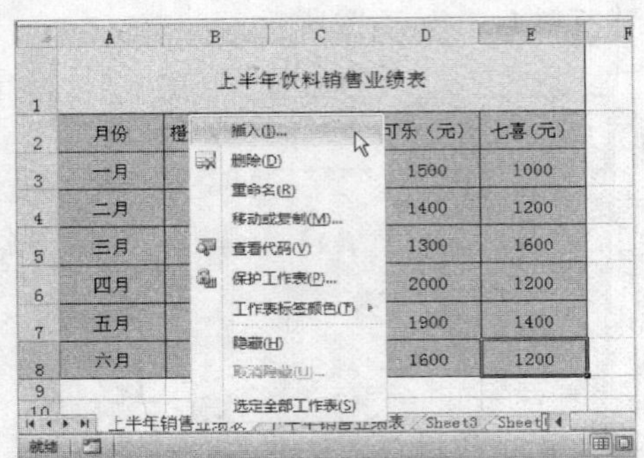

STEP 03 选择“工作表”选项

弹出“插入”对话框，在“常用”选项卡中选择“工作表”选项，如下图所示。

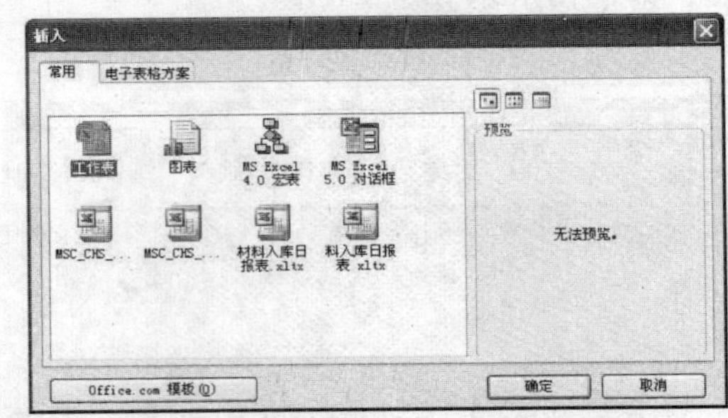

STEP 04 插入工作表

单击“确定”按钮，即可插入一张工作表，如下图所示。

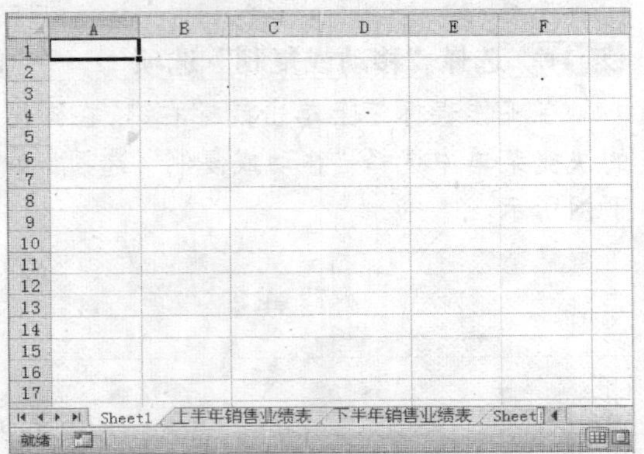

✿ 选项 2

素材文件	第 3 章\3-15.xlsx	效果文件	第 3 章\3-33.xlsx

STEP 01 设置相应选项

打开一个 Excel 文件，在“开始”功能面板的“单元格”选项区中，设置“插入”为“插入工作表”，如下图所示。

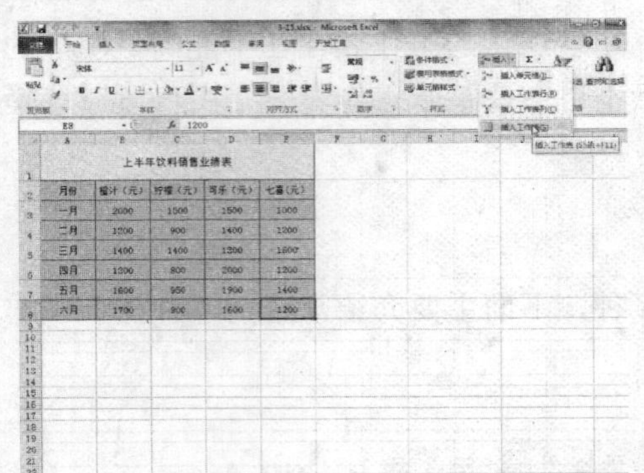

STEP 02 插入工作表

执行操作后，即可插入一张工作表，如下图所示。

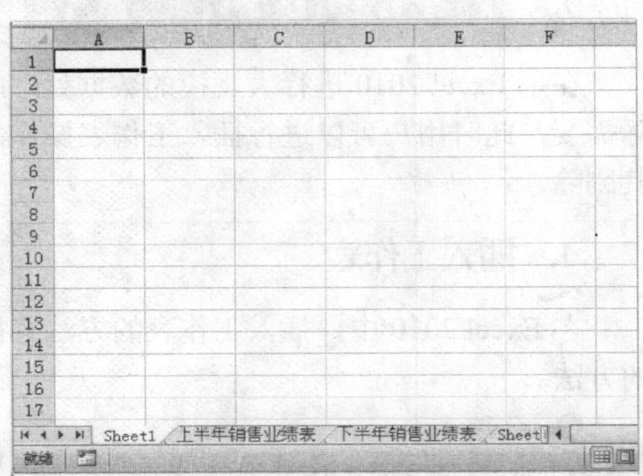

❁ 按钮

素材文件	第 3 章\3-15.xlsx	效果文件	第 3 章\3-35.xlsx

STEP 01 将鼠标移至按钮上

打开一个 Excel 文件，将鼠标指针移至“插入工作表”按钮上，如下图所示。

	A	B	C	D	E
1	下半年饮料销售业绩表				
2	月份	橙汁（元）	柠檬（元）	可乐（元）	七喜（元
3	七月	3000	2500	1500	100
4	八月	1100	900	1400	120
5	九月	1240	1800	1300	160
6	十月	1300	800	2000	120
7	十一月	1000	950	1900	140
8	十二月	1050	950	1900	140

下半年销售业绩表 / Sheet3 / Sheet4

STEP 02 插入工作表

单击鼠标左键，即可插入一张工作表，如下图所示。

下半年销售业绩表 / Sheet3 / Sheet4 / Sheet1

❁ 快捷键：按【Shift＋F11】组合键，可快速插入一张工作表。

2. 删除工作表

在 Excel 2010 中，可以通过以下两种方法删除工作表。

❁ 选项 1：在“开始”功能面板的“单元格”选项区中，单击“删除”右侧的下三角按钮，在弹出的下拉列表中选择“删除工作表”选项，如下图（左）所示。

❁ 选项 2：选择需要删除的工作表，在工作表标签上单击鼠标右键，在弹出的快捷菜单中选择“删除”选项，如下图（右）所示。

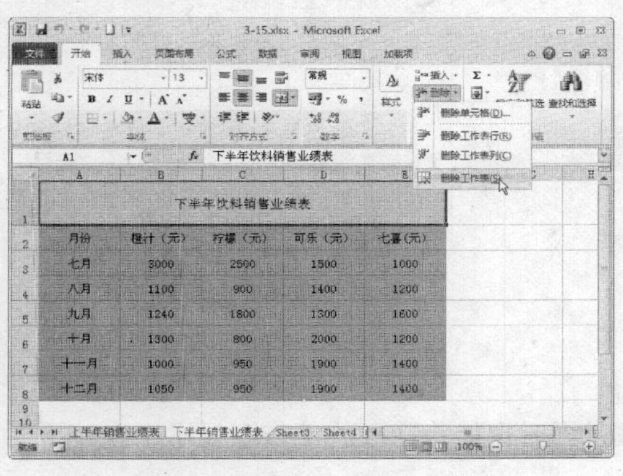

选择“删除工作表”选项

插入(I)...
删除(D)
重命名(R)
移动或复制(M)...
查看代码(V)
保护工作表(P)...
工作表标签颜色(T)
隐藏(H)
取消隐藏(U)...
选定全部工作表(S)

选择“删除”选项

在删除工作表时，如果当前工作表中没有编辑内容，系统将直接删除该工作表；如果当前工作表中有编辑内容，在删除时则会弹出提示信息框，提示用户是否永久删除这些数据，如下图所示。

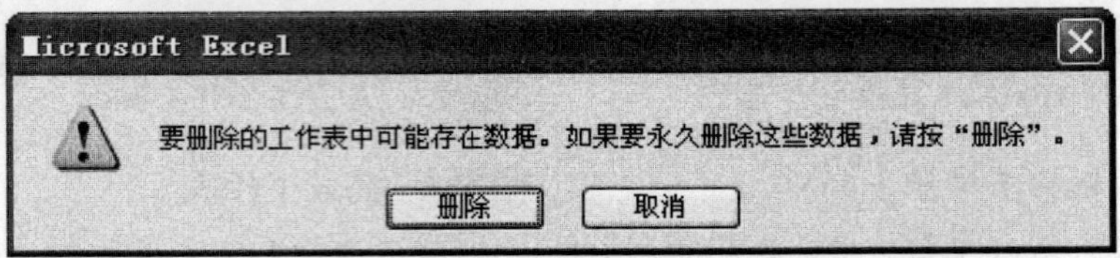

提示信息框

3.2.4 隐藏和显示工作表

在 Excel 2010 中，用户可以根据需要进行隐藏和显示工作表的操作。

1. 隐藏工作表

在 Excel 2010 中，用户可以将含有重要数据的工作表或暂时不使用的工作表隐藏起来，以方便管理和查阅，下面介绍 2 种常用的隐藏工作表的方法。

✿ 选项 1：在“开始”功能面板的“单元格”选项区中，单击“格式”右侧的下三角按钮，在弹出的下拉列表中选择“隐藏和取消隐藏”|“隐藏工作表”选项，如下图（左）所示。

✿ 选项 2：选择需要隐藏的工作表，在工作表标签上单击鼠标右键，在弹出的快捷菜单中选择“隐藏”选项，如下图（右）所示。

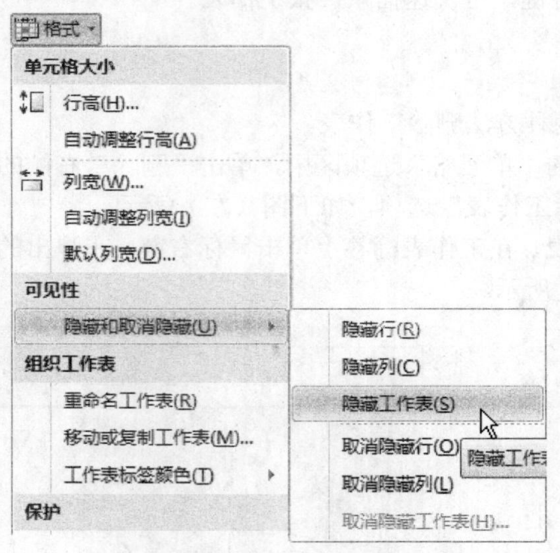

选择“隐藏工作表”选项

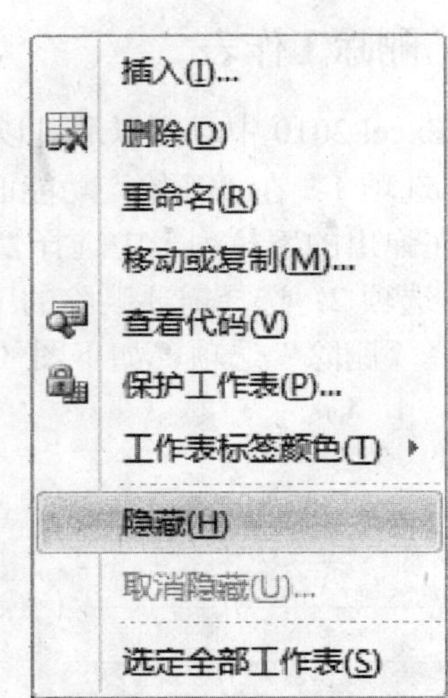

选择“隐藏”选项

2. 显示工作表

在 Excel 2010 中，用户可以将工作表隐藏，同时也能将隐藏的工作表显示出来，下面介绍 2 种显示工作表的方法。

✿ 选项 1：在“开始”功能面板的“单元格”选项区中，单击“格式”右侧的下三角按钮，在弹出的下拉列表中选择“隐藏和取消隐藏”|“取消隐藏工作表”选项，如下图（左）所示。

✿ 选项 2：在工作表标签上单击鼠标右键，在弹出的快捷菜单中选择“取消隐藏”选项，如下图（右）所示。

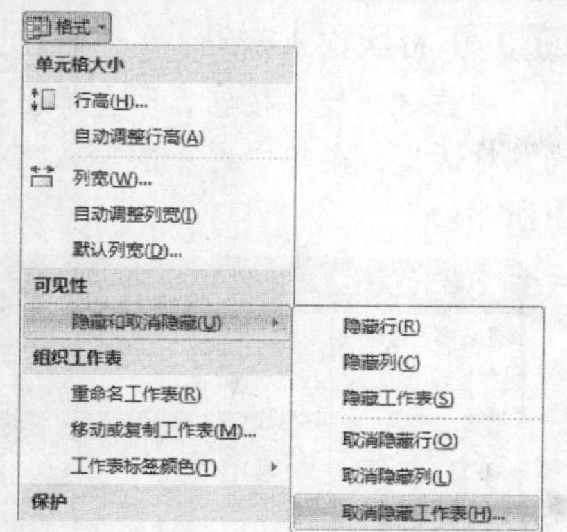

选择“取消隐藏工作表”选项

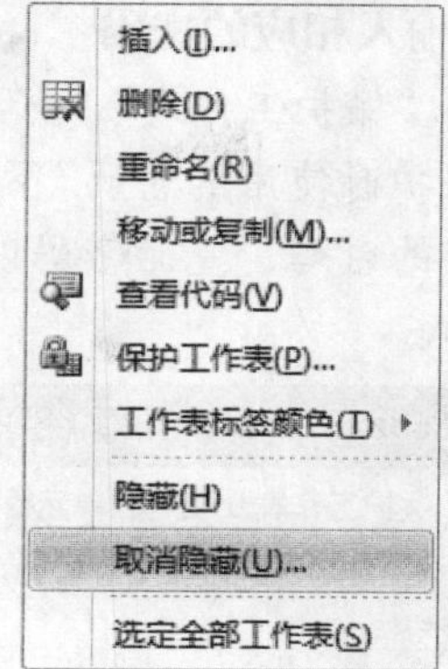

选择“取消隐藏”选项

用以上任意一种方法，都会弹出“取消隐藏”对话框，在其中选择需要取消隐藏的选项（如下图所示），单击“确定”按钮，即可显示工作表。

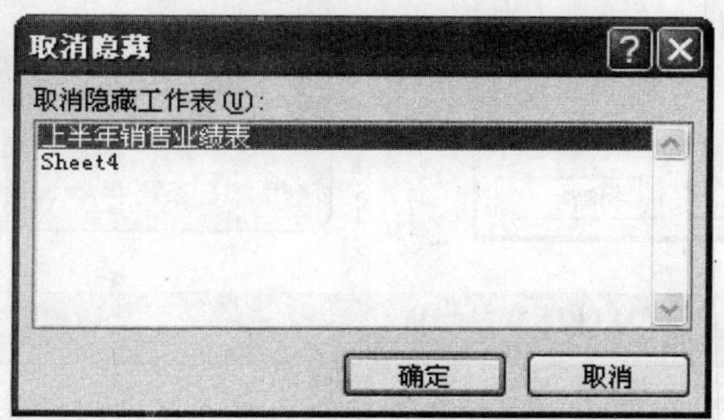

弹出“取消隐藏”对话框

3.3 应用和保护工作表

在 Excel 2010 中，熟练地掌握应用和保护工作表的方法，可以使用户更加充分地利用和管理工作表。

3.3.1 设置工作表密码

在 Excel 2010 中，为工作表设置密码可以防止他人随意更改工作表的内容，以保护工作表。

素材文件	第 3 章\3-44.xlsx	效果文件	第 3 章\3-46.xlsx

STEP 01 选择“保护工作表”选项

打开一个 Excel 文件，在其中选择需要设置密码的工作表，在工作表标签上单击鼠标右键，在弹出的快捷菜单中选择“保护工作表”选项，如右图所示。

STEP 02 输入相应的密码

弹出“保护工作表”对话框，在“取消工作表保护时使用的密码”下方的文本框中输入相应的密码，此时密码以*号表示，如下图所示。

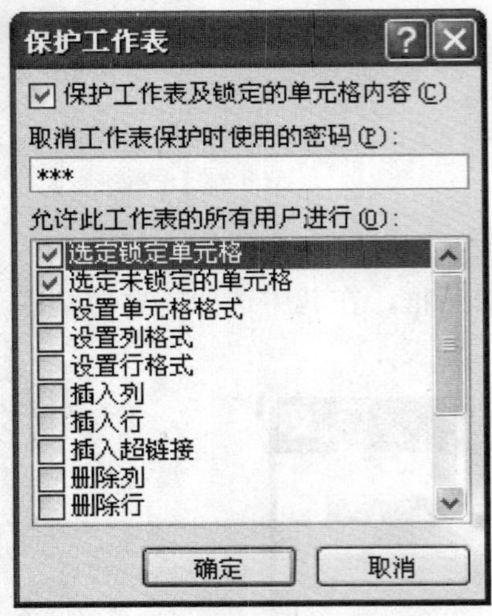

STEP 03 再次输入密码

单击“确定”按钮，即会弹出“确认密码”对话框，在其中再一次输入密码，如下图所示。

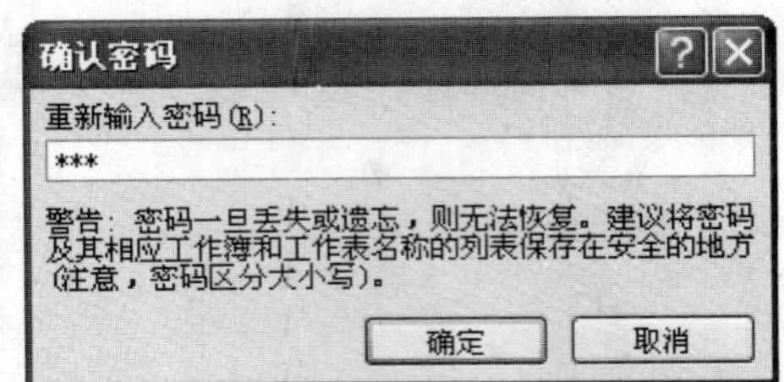

STEP 04 单击“确定”按钮

单击“确定”按钮，即可完成对工作表密码的设置。

专家指点

系统提示再一次输入密码，是为了确认用户是否记得输入的密码。

3.3.2 设置允许编辑区域

在保护工作表后，默认情况下系统会锁定所有单元格，这意味着将无法编辑这些单元格。为了能够编辑单元格，可以只将部分单元格锁定，用户可以设置允许编辑区域。

素材文件	第 3 章\3-44.xlsx	效果文件	第 3 章\3-54.xlsx

STEP 01 选择允许编辑的区域

打开一个 Excel 文件，选择允许用户编辑的区域，如下图所示。

A4 0001

	A	B	C	D	E
1–2	职工表				
3	编号	姓名	年龄	部门	工龄
4	0001	黄小云	23	销售部	2
5	0002	曾小宁	25	广告部	4
6	0003	张依	34	生产部	5
7	0004	汪洋	26	生产部	6
8	0006	陈玲	27	生产部	3
9	0007	余山	31	销售部	9
10	0008	方林	30	生产部	6
11	0009	吕毅	24	生产部	2
12	0010	李一	25	广告部	3
13	0011	赵铁	27	销售部	5
14	0012	罗力	21	生产部	1

Sheet1 Sheet2 Sheet3

STEP 02 单击“允许用户编辑区域”按钮

单击“审阅”选项卡，进入“审阅”功能面板，在“更改”选项区中单击“允许用户编辑区域”按钮，如下图所示。

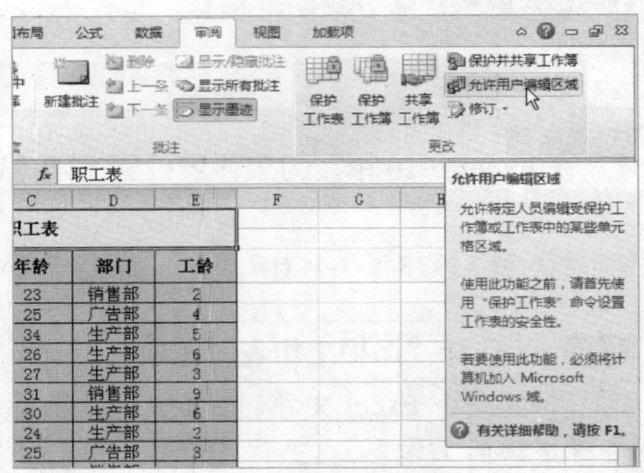

STEP 03 弹出相应对话框

弹出“允许用户编辑区域”对话框，如下图所示。

允许用户编辑区域
工作表受保护时使用密码取消锁定的区域(R):
标题　引用单元格
新建(N)...　修改(M)...　删除(D)
指定不需要密码就可以编辑该区域的用户:
权限(P)...
将权限信息粘贴到一个新的工作簿中(S)
保护工作表(O)...　确定　取消　应用(A)

STEP 04 输入相应信息

单击“新建”按钮，弹出“新区域”对话框，在“标题”下方的文本框中输入“设置允许用户编辑区域”字样，在“区域密码”下方的文本框中输入 123 作为密码，如下图所示。

新区域
标题(T):
设置允许用户编辑区域
引用单元格(R):
=$A$4:$E$8
区域密码(P):
***
权限(E)...　确定　取消

> **专家指点**
>
> “引用单元格”下方的文本框中的值为当前选择的区域，用户也可以根据需要修改该区域。

STEP 05 确认相应密码

单击“确定”按钮，弹出“确认密码”对话框，在“重新输入密码”下方的文本框中输入 123，如下图所示。

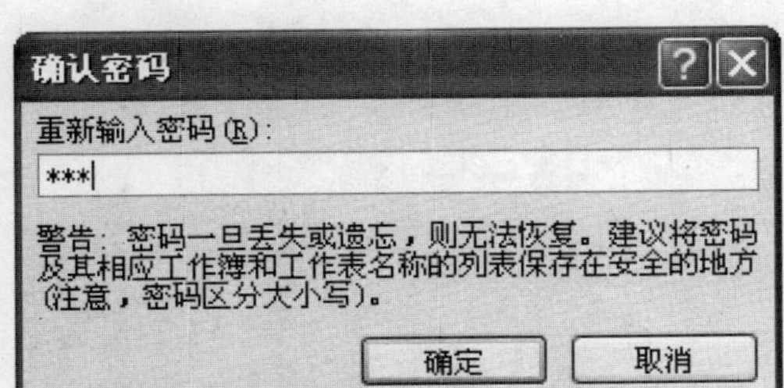

STEP 06 返回“允许用户编辑区域”对话框

单击“确定”按钮，返回“允许用户编辑区域”对话框，如下图所示。

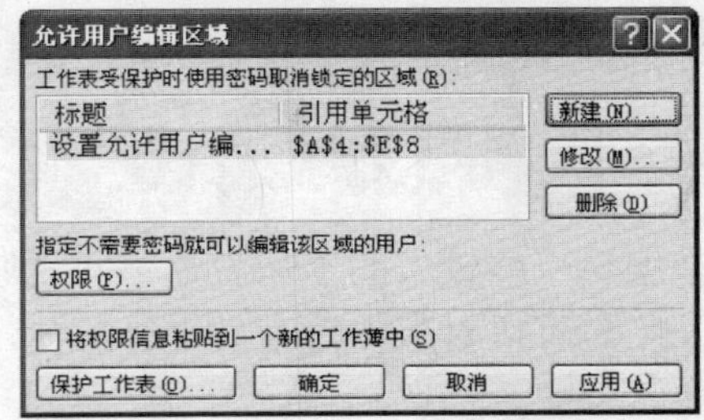

STEP 07 设置工作表密码

单击“保护工作表”按钮，弹出“保护工作表”对话框，在其中设置密码为 123，如下图所示。

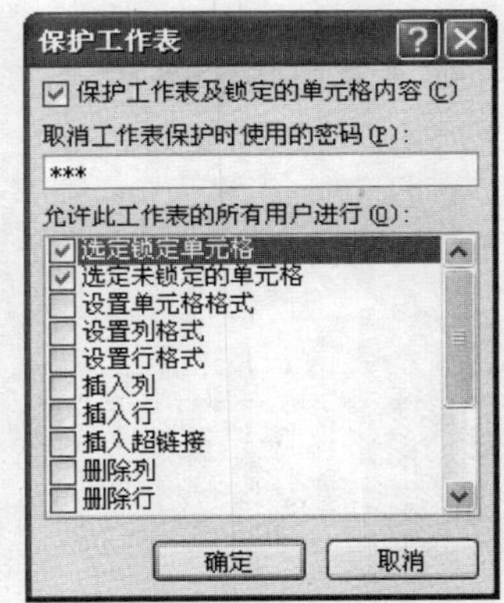

STEP 08 确认工作表密码

单击“确定”按钮，弹出“确认密码”对话框，在其中输入密码，如下图所示。

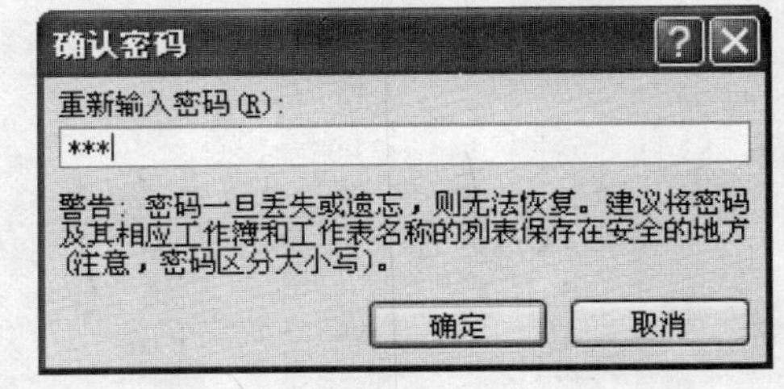

STEP 09 单击“确定”按钮

单击“确定”按钮，即可完成允许编辑区域的设置。

当编辑设置的允许编辑区域时，会弹出“取消锁定区域”对话框，在其中输入密码，即可编辑选定的区域。

3.4 管理工作簿窗口

在 Excel 2010 中，用户编辑的 Excel 文件就是一个工作簿，对于工作簿窗口，用户可以对其进行拆分、冻结和重排等操作。

3.4.1 拆分工作簿窗口

在编辑一些较大的工作表中不同区域的数据时，往往要单独查看或滚动工作表的不同部分，用户可以对工作簿窗口进行拆分，以便查看不同部分的内容。

素材文件	第 3 章\3-55.xlsx	效果文件	第 3 章\3-58.xlsx

STEP 01 选择拆分位置

打开一个 Excel 文件，选择需要拆分工作簿窗口的位置，如下图所示。

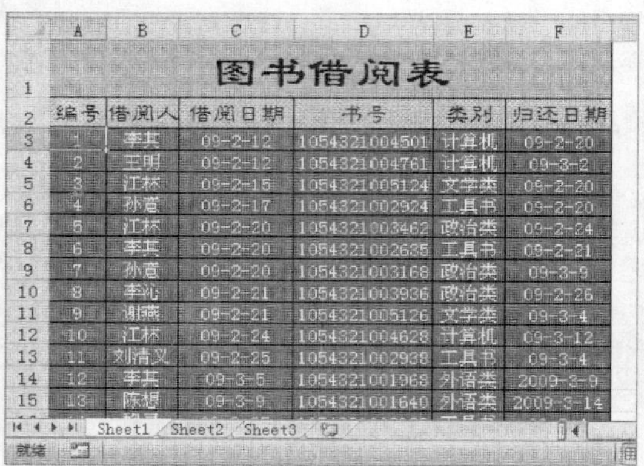

	A	B	C	D	E	F
1	图书借阅表					
2	编号	借阅人	借阅日期	书号	类别	归还日期
3	1	李其	09-2-12	1054321004501	计算机	09-2-20
4	2	王明	09-2-12	1054321004761	计算机	09-3-2
5	3	江林	09-2-15	1054321005124	文学类	09-2-20
6	4	孙意	09-2-17	1054321002924	工具书	09-2-20
7	5	江林	09-2-20	1054321003462	政治类	09-2-24
8	6	李其	09-2-20	1054321002635	工具书	09-2-21
9	7	孙意	09-2-20	1054321003168	政治类	09-3-9
10	8	李沁	09-2-21	1054321003936	政治类	09-2-26
11	9	谢燕	09-2-21	1054321005126	文学类	09-3-4
12	10	江林	09-2-24	1054321004628	计算机	09-3-12
13	11	刘清义	09-2-25	1054321002938	工具书	09-3-4
14	12	李其	09-3-5	1054321001968	外语类	2009-3-9
15	13	陈想	09-3-9	1054321001640	外语类	2009-3-14

STEP 02 单击"拆分"按钮

单击"视图"选项卡，进入"视图"功能面板，在"窗口"选项区中单击"拆分"按钮，如下图所示。

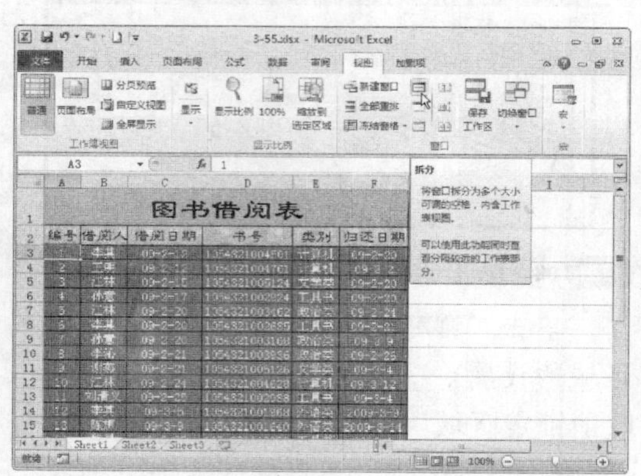

STEP 03 拆分工作簿窗口

执行操作后，即可在选定位置的上方将工作簿窗口拆分，如下图所示。

	A	B	C	D	E	F
1	图书借阅表					
2	编号	借阅人	借阅日期	书号	类别	归还日期
3	1	李其	09-2-12	1054321004501	计算机	09-2-20
4	2	王明	09-2-12	1054321004761	计算机	09-3-2
5	3	江林	09-2-15	1054321005124	文学类	09-2-20
6	4	孙意	09-2-17	1054321002924	工具书	09-2-20
7	5	江林	09-2-20	1054321003462	政治类	09-2-24
8	6	李其	09-2-20	1054321002635	工具书	09-2-21
9	7	孙意	09-2-20	1054321003168	政治类	09-3-9
10	8	李沁	09-2-21	1054321003936	政治类	09-2-26
11	9	谢燕	09-2-21	1054321005126	文学类	09-3-4
12	10	江林	09-2-24	1054321004628	计算机	09-3-12
13	11	刘清义	09-2-25	1054321002938	工具书	09-3-4
14	12	李其	09-3-5	1054321001968	外语类	2009-3-9
15	13	陈想	09-3-9	1054321001640	外语类	2009-3-14

STEP 04 查看内容

选择垂直滚动条滑块并按住鼠标左键向下拖曳，即可在拆分的工作簿窗口中查看不同区域的内容，如下图所示。

	A	B	C	D	E	F
1	图书借阅表					
2	编号	借阅人	借阅日期	书号	类别	归还日期
6	4	孙意	09-2-17	1054321002924	工具书	09-2-20
7	5	江林	09-2-20	1054321003462	政治类	09-2-24
8	6	李其	09-2-20	1054321002635	工具书	09-2-21
9	7	孙意	09-2-20	1054321003168	政治类	09-3-9
10	8	李沁	09-2-21	1054321003936	政治类	09-2-26
11	9	谢燕	09-2-21	1054321005126	文学类	09-3-4
12	10	江林	09-2-24	1054321004628	计算机	09-3-12
13	11	刘清义	09-2-25	1054321002938	工具书	09-3-4
14	12	李其	09-3-5	1054321001968	外语类	2009-3-9
15	13	陈想	09-3-9	1054321001640	外语类	2009-3-14
16	14	黎灵	09-2-25	1054321002938	工具书	09-3-4
17	15	邓嘉	09-3-5	1054321001968	外语类	2009-3-9
18	16	孙祥	09-3-9	1054321001640	外语类	2009-3-14

3.4.2 冻结工作簿窗口

冻结工作簿窗口是指将相关的行或列冻结在窗口中，始终保持可见性。通过冻结窗口，可以方便查阅或浏览内容较多的表格。

素材文件	第 3 章\3-59.xlsx	效果文件	第 3 章\3-62.xlsx

STEP 01 打开文件

打开一个 Excel 文件，如下图所示。

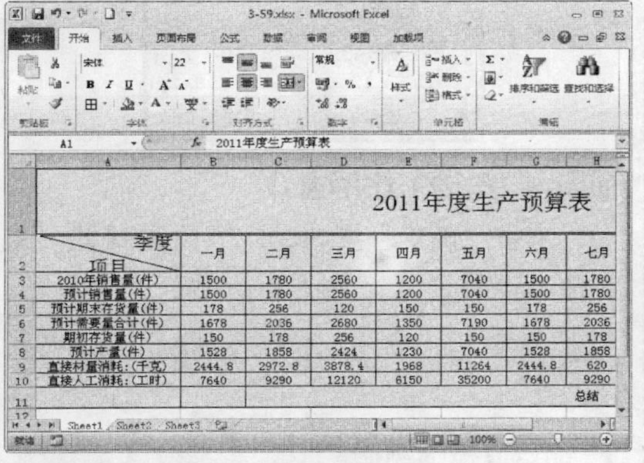

STEP 02 选择“冻结首列”选项

单击“视图”选项卡，切换至“视图”功能面板，在“窗口”选项区中单击“冻结窗格”右侧的下三角按钮，在弹出的下拉列表中选择“冻结首列”选项，如下图所示。

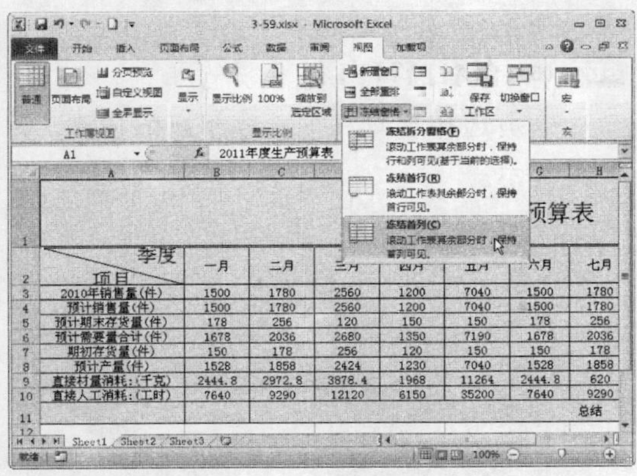

STEP 03 冻结首列

执行操作后，即可冻结工作簿窗口中的首列，如下图所示。

A1　2011年度生产预算表

	A	B	C	D	E
1					2011
2	季度 项目	一月	二月	三月	四月
3	2010年销售量(件)	1500	1780	2560	1200
4	预计销售量(件)	1500	1780	2560	1200
5	预计期末存货量(件)	178	256	120	150
6	预计需要量合计(件)	1678	2036	2680	1350
7	期初存货量(件)	150	178	256	120
8	预计产量(件)	1528	1858	2424	1230
9	直接材量消耗:(千克)	2444.8	2972.8	3878.4	1968
10	直接人工消耗:(工时)	7640	9290	12120	6150
11					

Sheet1 / Sheet2 / Sheet3

STEP 04 查看区域内容

选择水平滚动条滑块并按住鼠标左键向右拖曳，即可查看不同区域的内容，此时首列并不随着水平滚动条的移动而移动，如下图所示。

A1　2011年度生产预算表

	A	E	F	G	H
1		2011年度生产预算表			
2	季度 项目	四月	五月	六月	七月
3	2010年销售量(件)	1200	7040	1500	1780
4	预计销售量(件)	1200	7040	1500	1780
5	预计期末存货量(件)	150	150	178	256
6	预计需要量合计(件)	1350	7190	1678	2036
7	期初存货量(件)	120	150	150	178
8	预计产量(件)	1230	7040	1528	1858
9	直接材量消耗:(千克)	1968	11264	2444.8	620
10	直接人工消耗:(工时)	6150	35200	7640	9290
11					总结

Sheet1 / Sheet2 / Sheet3

3.4.3 重排工作簿窗口

当用户同时打开多个 Excel 工作簿后，Excel 软件会自动为每一个工作簿文件创建一个新的窗口，为了便于查阅打开的工作簿中的内容，可以重排工作簿窗口，而不需要繁琐地切换工作簿。

素材文件	第 3 章\3-55.xlsx、3-59.xlsx	效果文件	无

STEP 01 **打开文件**

打开两个Excel文件，如下图所示。

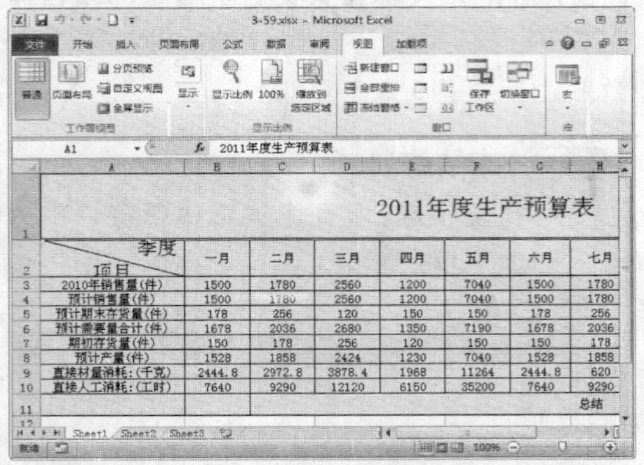

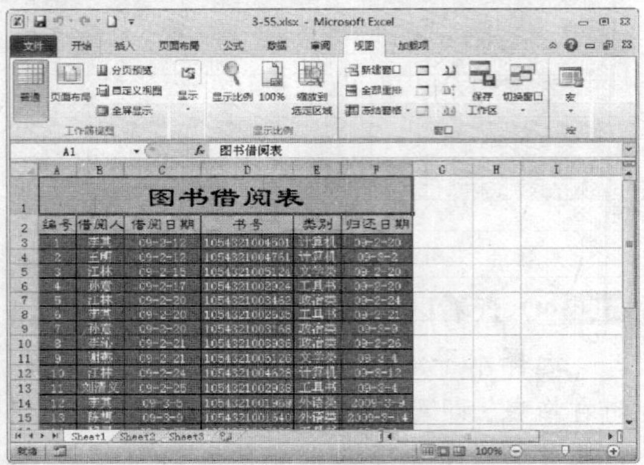

STEP 02 **单击“全部重排”按钮**

单击“视图”选项卡，切换至“视图”功能面板，在“窗口”选项区中单击“全部重排”按钮，如下图所示。

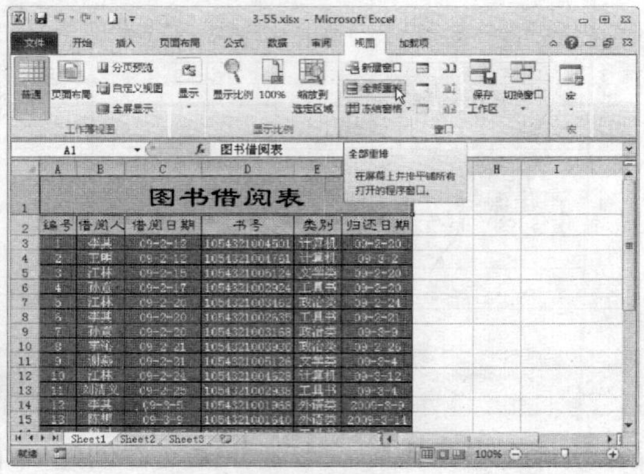

STEP 03 **选中“平铺”单选按钮**

弹出“重排窗口”对话框，在其中选中“平铺”单选按钮，如下图所示。

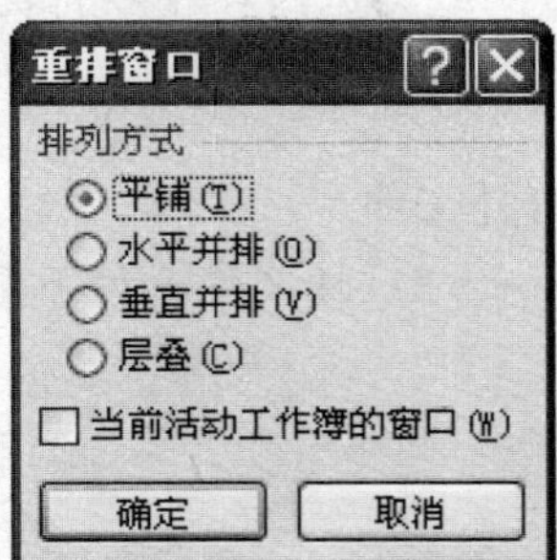

STEP 04 **重排工作簿窗口**

单击“确定”按钮，即可以平铺的方式重排工作簿窗口，如下图所示。

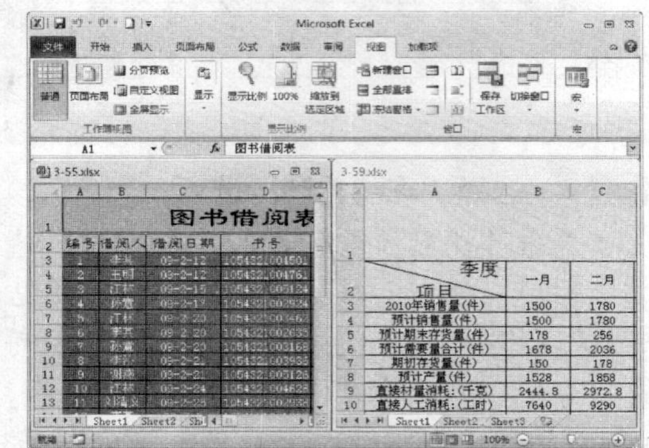

STEP 05 **查看窗口内容**

分别选择窗口，并查看相应的内容，如下图所示。

专家指点

在“重排窗口”对话框中，用户可以根据需要选择重排的方式。

3.5 保护和共享工作簿

在 Excel 2010 中，用户可以根据需要对工作簿设置密码保护以及共享操作，来全面地管理工作簿。

3.5.1 设置工作簿密码

在 Excel 2010 中，为工作簿设置密码，可以防止他人对工作表进行移动、重命名、删除等操作。

素材文件	第 3 章\3-69.xlsx	效果文件	第 3 章\3-72.xlsx

STEP 01 单击“保护工作簿”按钮

打开一个 Excel 文件，单击“审阅”选项卡，进入“审阅”功能面板，在“更改”选项区中单击“保护工作簿”按钮，如下图所示。

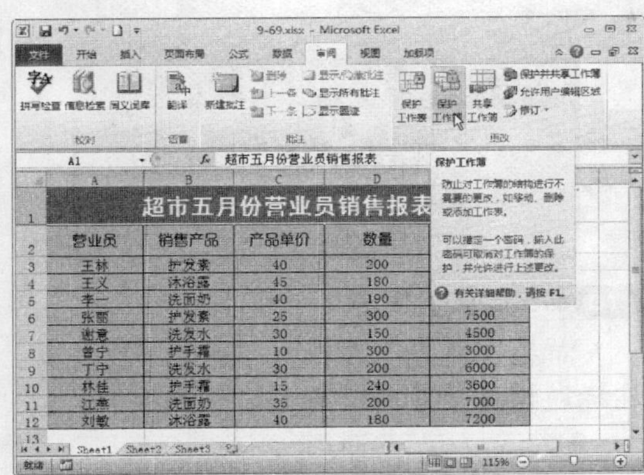

STEP 02 设置相应选项

弹出“保护结构和窗口”对话框，选中“结构”和“窗口”复选框，在“密码”下方的文本框中输入 123，如下图所示。

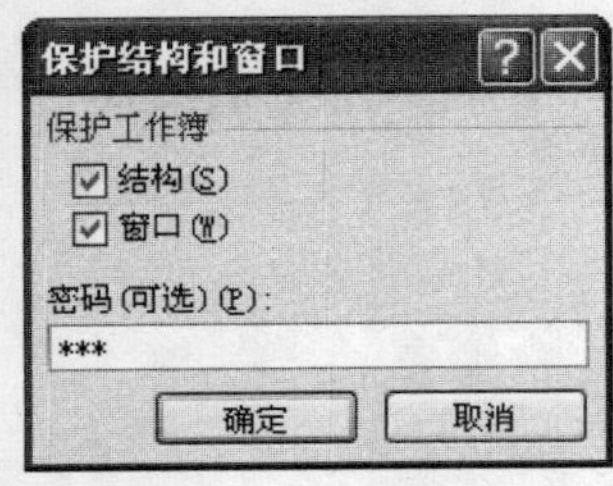

STEP 03 重新输入密码

单击“确定”按钮，弹出“确认密码”对话框，在“重新输入密码”下方的文本框中再次输入 123，如下图所示。

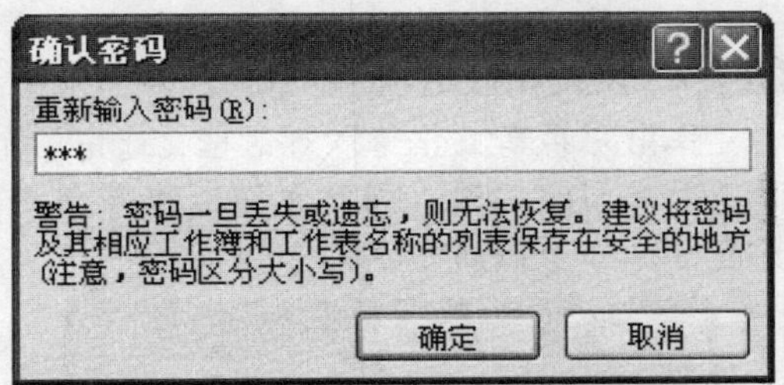

STEP 04 弹出快捷菜单

单击“确定”按钮，即可设置工作簿密码，在工作表标签处单击鼠标右键，弹出快捷菜单，可以看到不能对工作表进行任何编辑操作，如下图所示。

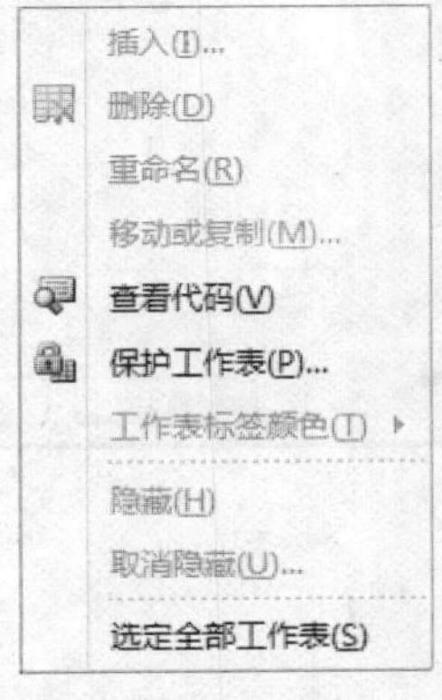

3.5.2 共享工作簿

在 Excel 2010 中，共享工作簿允许多人同时进行编辑，便于管理更改频繁的表格。

素材文件	第 3 章\3-69.xlsx	效果文件	第 3 章\3-77.xlsx

STEP 01 单击“共享工作簿”按钮

打开一个 Excel 文件，单击“审阅”选项卡，进入“审阅”功能面板，在“更改”选项区中单击“共享工作簿”按钮，如下图所示。

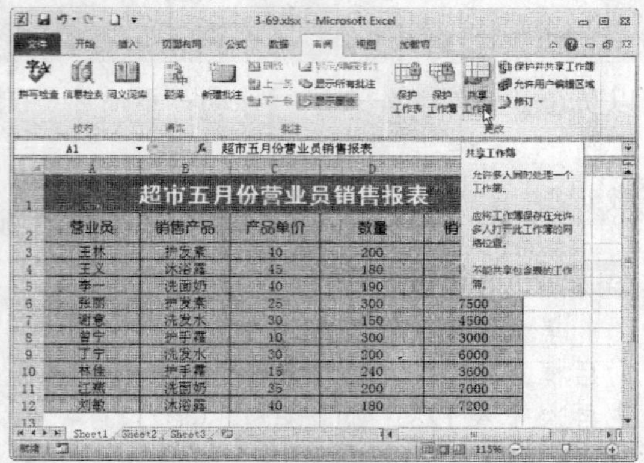

STEP 02 设置相应选项

弹出“共享工作簿”对话框，选中“允许多用户同时编辑，同时允许工作簿合并”复选框，如下图所示。

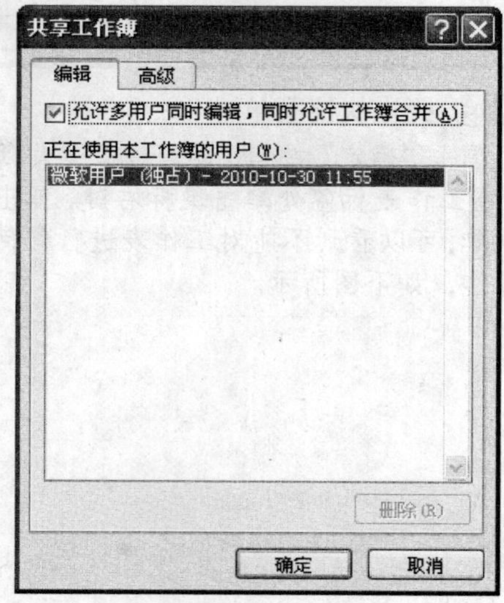

STEP 03 设置相应选项

切换至“高级”选项卡中，在其中设置相应的选项，如下图所示。

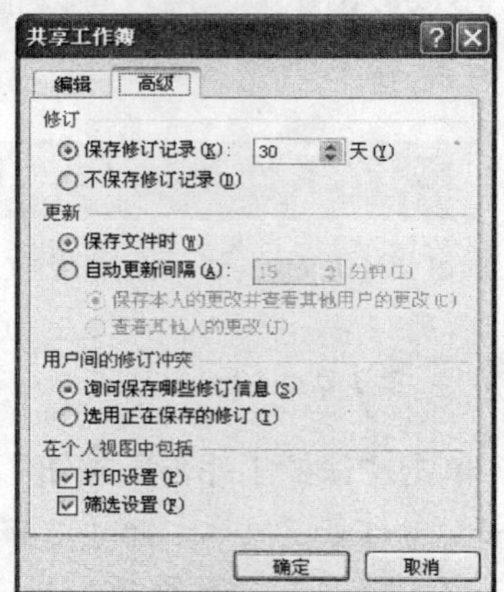

STEP 04 弹出提示信息框

单击“确定”按钮，弹出提示信息框，如下图所示。

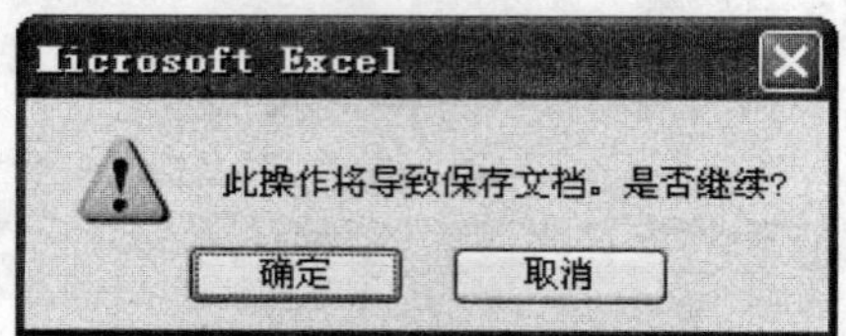

STEP 05 共享工作簿

单击“确定”按钮，即可共享工作簿，在标题栏将显示其状态，如下图所示。

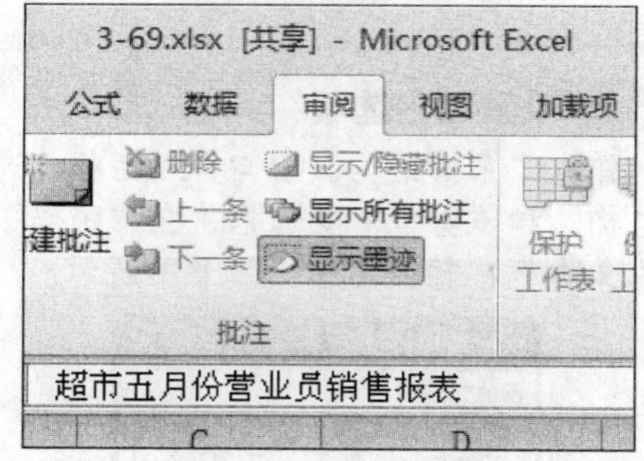

Chapter 04

章前知识导读

在 Excel 2010 中，绝大部分的操作都是针对单元格进行的，在掌握了工作簿和工作表的基本操作后，熟练地掌握单元格的常用操作，也是学习和使用 Excel 2010 的基础。

掌握单元格常用操作

重点知识索引

- 选择单元格
- 快速定位单元格
- 设置输入数据的特性
- 编辑单元格

效果图片欣赏

2010年上学期1班数学成绩表			
学号	姓名	班级	成绩
001	王林	1班	85
002	王义	1班	96
003	李一	1班	78
004	张丽	1班	91
005	谢天意	1班	92
006	曾小宁	1班	83
007	丁宁	1班	84
008	林佳	1班	75
009	江燕	1班	68

选择单个单元格

员工工资表					
编号	姓名	出生年月	底薪	提成	补贴
001	李双	1985-6-7	1000	400	200
002	王宁	1984-5-8	1000	600	200
003	刘丽	1983-5-9	1000	500	200
004	汪洋	1987-9-6	1000	300	200
005	朱珍	1984-8-2	1000	200	200
006	陈玲	1986-5-12	1000	400	200
007	张依	1985-4-8	1000	500	200
008	方林	1986-3-9	1000	600	200
009	吕毅	1984-5-6	1000	400	200

输入文本数据

第一季度销售统计表			
产品名称	销售单价	销售数量	销售总额
电视机	4000	30	120000
电冰箱	5000	25	125000
洗衣机	2000	25	50000
空调	8000	10	80000
台灯	500	24	12000
电脑	4500	60	270000
音箱	900	20	18000
洗碗机	1500	10	15000
微波炉	2000	20	40000
电磁炉	300	40	12000
热水器	1000	50	50000
油烟机	500	40	20000
电风扇	100	10	1000
热得快	1000	50	50000
油烟机	500	40	20000

快速填充单元格

2011年度生产预算表			
季度 项目	第一季度	第二季度	第三季度
2010年销售量(件)	10000	12000	13000
预计销售量(件)	12000	15000	18000
预计期末存货量(件)	10000	10000	10000
预计需要量合计(件)	22000	25000	28000
期初存货量(件)	20000	20000	20000
预计产量(件)	20000	20000	20000
直接材量消耗:(千克)			
直接人工消耗:(工时)			

合并单元格

4.1 选择单元格

在 Excel 2010 中，不论是录入数据还是编辑数据，都需要先选择单元格才能对数据进行处理，本节主要介绍几种常用的选择单元格的方法。

4.1.1 选择单个单元格

最常用的选择单元格的方法为鼠标选择，将鼠标指针移至 B5 单元格上，单击鼠标左键，即可选择该单元格，如下图所示。

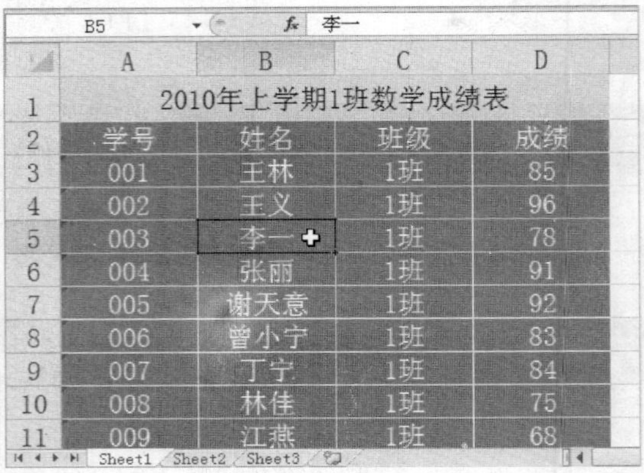

B5　fx 李一

	A	B	C	D
1	2010年上学期1班数学成绩表			
2	学号	姓名	班级	成绩
3	001	王林	1班	85
4	002	王义	1班	96
5	003	李一	1班	78
6	004	张丽	1班	91
7	005	谢天意	1班	92
8	006	曾小宁	1班	83
9	007	丁宁	1班	84
10	008	林佳	1班	75
11	009	江燕	1班	68

Sheet1 Sheet2 Sheet3

选择单个单元格

4.1.2 选择相邻的多个单元格

在 Excel 2010 中，有很多种方法可以选择相邻的多个单元格，下面介绍常用的 3 种选择方法。

1. 拖曳鼠标

素材文件	第 4 章\4-2.xlsx	效果文件	无

STEP 01 选择一个单元格

打开一个 Excel 文件，选择一个单元格，如下图所示。

A8　fx 006

	A	B	C	D
1	2010年上学期1班数学成绩表			
2	学号	姓名	班级	成绩
3	001	王林	1班	85
4	002	王义	1班	96
5	003	李一	1班	78
6	004	张丽	1班	91
7	005	谢天意	1班	92
8	006	曾小宁	1班	83
9	007	丁宁	1班	84
10	008	林佳	1班	75
11	009	江燕	1班	68

STEP 02 选择多个单元格

按住鼠标左键并将其拖曳至 D8 单元格处，即可选择多个单元格，如下图所示。

A8　fx 006

	A	B	C	D
1	2010年上学期1班数学成绩表			
2	学号	姓名	班级	成绩
3	001	王林	1班	85
4	002	王义	1班	96
5	003	李一	1班	78
6	004	张丽	1班	91
7	005	谢天意	1班	92
8	006	曾小宁	1班	83
9	007	丁宁	1班	84
10	008	林佳	1班	75
11	009	江燕	1班	68

专家指点

在 Excel 2010 中，选择单元格后，将鼠标移至单元格处，单击鼠标左键并拖曳至目标单元格，可以选择多个单元格。

2. 快捷键

素材文件	第 4 章\4-2.xlsx	效果文件	无

STEP 01 选择一个单元格

打开一个 Excel 文件，选择一个单元格，如下图所示。

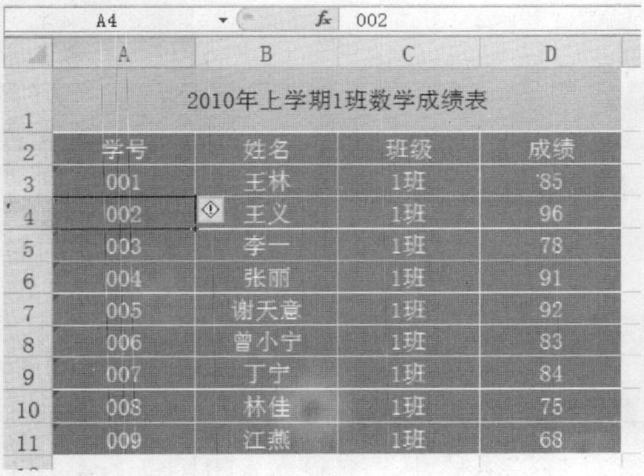

A4　　fx　002

	A	B	C	D
1	2010年上学期1班数学成绩表			
2	学号	姓名	班级	成绩
3	001	王林	1班	85
4	002	王义	1班	96
5	003	李一	1班	78
6	004	张丽	1班	91
7	005	谢天意	1班	92
8	006	曾小宁	1班	83
9	007	丁宁	1班	84
10	008	林佳	1班	75
11	009	江燕	1班	68

STEP 02 选择多个单元格

按住【Shift】键，选择 D4 单元格，即可选择相邻的多个单元格，如下图所示。

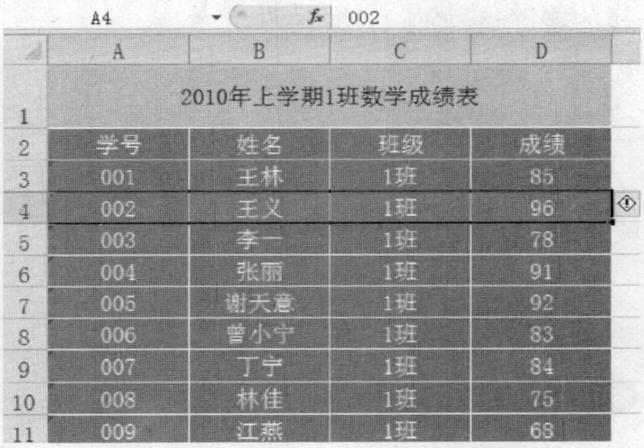

A4　　fx　002

	A	B	C	D
1	2010年上学期1班数学成绩表			
2	学号	姓名	班级	成绩
3	001	王林	1班	85
4	002	王义	1班	96
5	003	李一	1班	78
6	004	张丽	1班	91
7	005	谢天意	1班	92
8	006	曾小宁	1班	83
9	007	丁宁	1班	84
10	008	林佳	1班	75
11	009	江燕	1班	68

3. 名称框

素材文件	第 4 章\4-2.xlsx	效果文件	无

STEP 01 打开文件

打开一个 Excel 文件，如下图所示。

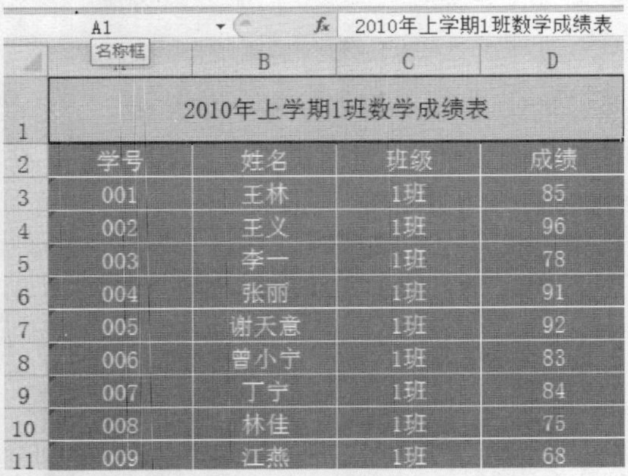

A1　　fx　2010年上学期1班数学成绩表

名称框

	A	B	C	D
1	2010年上学期1班数学成绩表			
2	学号	姓名	班级	成绩
3	001	王林	1班	85
4	002	王义	1班	96
5	003	李一	1班	78
6	004	张丽	1班	91
7	005	谢天意	1班	92
8	006	曾小宁	1班	83
9	007	丁宁	1班	84
10	008	林佳	1班	75
11	009	江燕	1班	68

STEP 02 激活名称框

单击“编辑栏”左边的“名称框”，即可激活该名称框，如下图所示。

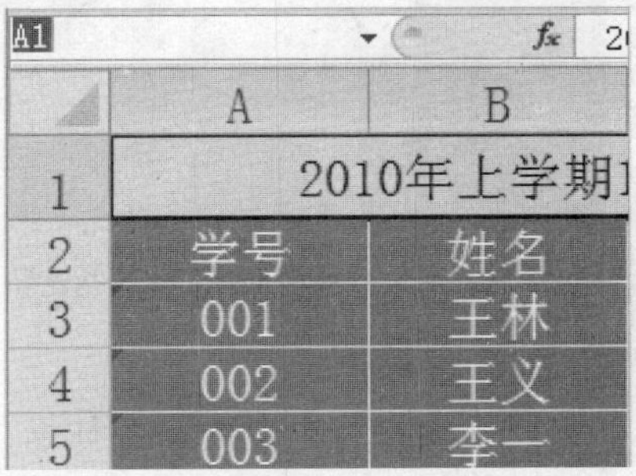

A1　　fx　2(

	A	B
1	2010年上学期1	
2	学号	姓名
3	001	王林
4	002	王义
5	003	李一

STEP 03 输入选择范围

在名称框中输入 A9:D9，如下图所示。

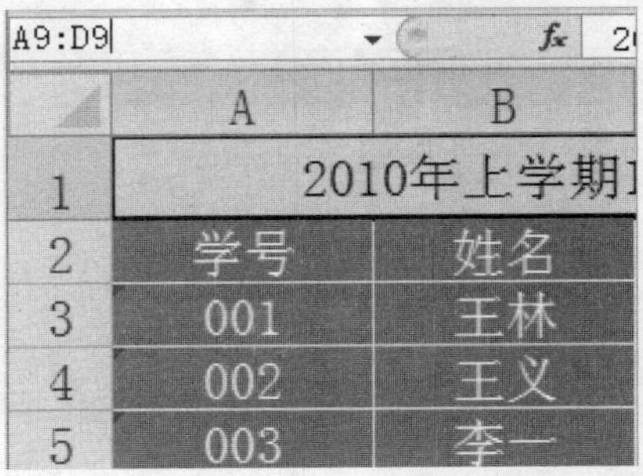

A9:D9　　fx　2(

	A	B
1	2010年上学期1	
2	学号	姓名
3	001	王林
4	002	王义
5	003	李一

专家指点

在 Excel 2010 中，在名称框中输入 A9:D9 的含义是选择 A9 至 D9 之间的单元格区域，如果输入的是单独的单元格名称，在工作表中就会选择输入的名称所对应的单个单元格；如果输入的两个单元格名称之间是用逗号连接的，则表示将这两个单元格同时选择。

STEP 04 选择多个单元格

按【Enter】键进行确认，即可选择相邻的多个单元格，如下图所示。

A9 | 007

	A	B	C	D
1	2010年上学期1班数学成绩表			
2	学号	姓名	班级	成绩
3	001	王林	1班	85
4	002	王义	1班	96
5	003	李一	1班	78
6	004	张丽	1班	91
7	005	谢天意	1班	92
8	006	曾小宁	1班	83
9	007	丁宁	1班	84
10	008	林佳	1班	75
11	009	江燕	1班	68

4.1.3 选择不相邻的多个单元格

在 Excel 2010 中，用户可以根据需要选择不相邻的多个单元格。

1. 名称框

素材文件	第 4 章\4-2.xlsx	效果文件	无

STEP 01 打开文件

打开一个 Excel 文件，如下图所示。

A1 | 名称框 | 2010年上学期1班数学成绩表

	A	B	C	D
1	2010年上学期1班数学成绩表			
2	学号	姓名	班级	成绩
3	001	王林	1班	85
4	002	王义	1班	96
5	003	李一	1班	78
6	004	张丽	1班	91
7	005	谢天意	1班	92
8	006	曾小宁	1班	83
9	007	丁宁	1班	84
10	008	林佳	1班	75
11	009	江燕	1班	68

STEP 02 激活名称框

单击“编辑栏”左边的“名称框”，即可激活该名称框，如下图所示。

A1 | 2010年上学期1班数学成绩表

	A	B	C	D
1	2010年上学期1班数学成绩表			
2	学号	姓名	班级	成绩
3	001	王林	1班	85
4	002	王义	1班	96
5	003	李一	1班	78
6	004	张丽	1班	91
7	005	谢天意	1班	92
8	006	曾小宁	1班	83
9	007	丁宁	1班	84
10	008	林佳	1班	75
11	009	江燕	1班	68

STEP 03 输入选择范围

在“名称框”中输入 a10，b7，c4，d3，如下图所示。

a10，b7，c4，d3 | 2

	A	B
1	2010年上学期	
2	学号	姓名
3	001	王林
4	002	王义
5	003	李一

STEP 04 选择不相邻的多个单元格

按【Enter】键进行确认，即可选择不相邻的多个单元格，如下图所示。

D3 | 85

	A	B	C	D
1	2010年上学期1班数学成绩表			
2	学号	姓名	班级	成绩
3	001	王林	1班	85
4	002	王义	1班	96
5	003	李一	1班	78
6	004	张丽	1班	91
7	005	谢天意	1班	92
8	006	曾小宁	1班	83
9	007	丁宁	1班	84
10	008	林佳	1班	75
11	009	江燕	1班	68

2. 快捷键

素材文件	第 4 章\4-2.xlsx	效果文件	无

STEP 01 选择一个单元格

打开一个Excel文件,选择一个单元格，如下图所示。

A5　　f_x　003

	A	B	C	D
1	2010年上学期1班数学成绩表			
2	学号	姓名	班级	成绩
3	001	王林	1班	85
4	002	王义	1班	96
5	003	李一	1班	78
6	004	张丽	1班	91
7	005	谢天意	1班	92
8	006	曾小宁	1班	83
9	007	丁宁	1班	84
10	008	林佳	1班	75
11	009	江燕	1班	68

STEP 02 选择不连续的多个单元格

按住【Ctrl】键，选择其他单元格，即可选择不连续的多个单元格，如下图所示。

D9　　f_x　84

	A	B	C	D
1	2010年上学期1班数学成绩表			
2	学号	姓名	班级	成绩
3	001	王林	1班	85
4	002	王义	1班	96
5	003	李一	1班	78
6	004	张丽	1班	91
7	005	谢天意	1班	92
8	006	曾小宁	1班	83
9	007	丁宁	1班	84
10	008	林佳	1班	75
11	009	江燕	1班	68

4.1.4 定位选择单元格

在 Excel 2010 中，用户除了可以运用以上介绍的方法选择单元格外，还可以通过相应的按钮来选择单元格。

素材文件	第 4 章\4-2.xlsx	效果文件	无

STEP 01 选择"转到"选项

打开一个 Excel 文件，在"开始"功能面板的"编辑"选项区中，单击"查找与选择"下方的下三角按钮，在弹出的下拉列表中选择"转到"选项，如下图所示。

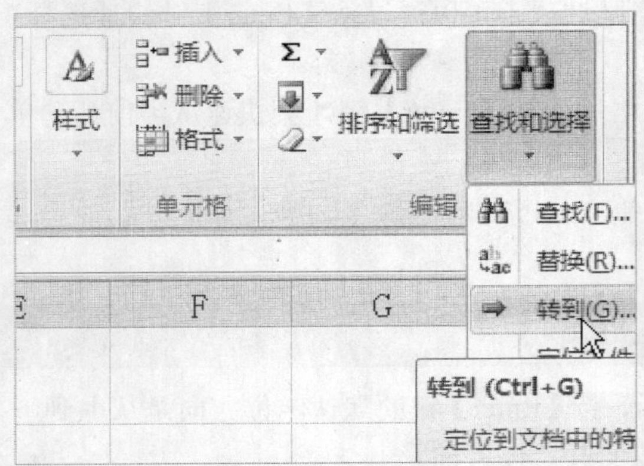

STEP 02 弹出"定位"对话框

执行操作后，弹出"定位"对话框，如下图所示。

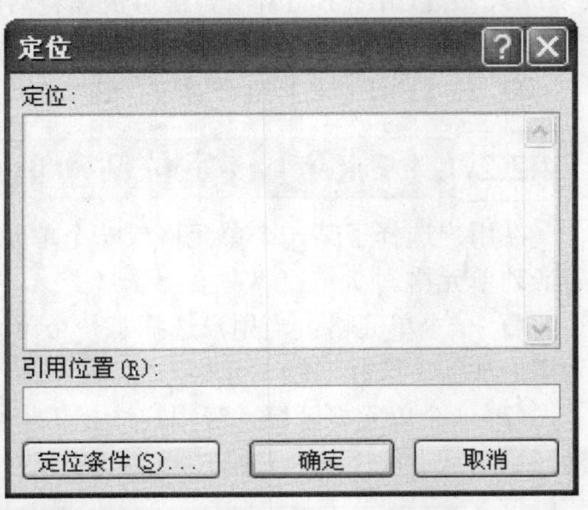

STEP 03 输入引用位置

在"引用位置"下方的文本框中输入C6，如下图所示。

专家指点

若在"引用位置"下方的文本框中输入A6:D6，则会选择单元格区域。

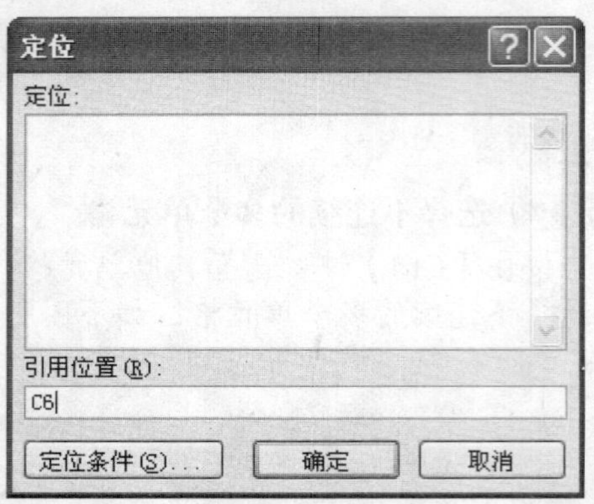

STEP 04 **定位选择单元格**

单击“确定”按钮，即可定位选择单元格，如下图所示。

A	B	C	D
2010年上学期1班数学成绩表			
学号	姓名	班级	成绩
001	王林	1班	85
002	王义	1班	96
003	李一	1班	78
004	张丽	1班	91
005	谢天意	1班	92
006	曾小宁	1班	83
007	丁宁	1班	84
008	林佳	1班	75
009	江燕	1班	68

4.2 快速定位单元格

在 Excel 2010 中，活动单元格可能根据不同的编辑要求而发生变化，这时就需要快速定位单元格，本节主要介绍常用的快速定位单元格的方法。

4.2.1 【Ctrl】键定位活动单元格

在 Excel 2010 中，运用【Ctrl】键可以快速定位活动单元格，下面介绍 4 种常用的定位方式。

- 按【Ctrl+Home】组合键可快速将活动单元格定位到该表格的第一个单元格。
- 按【Ctrl+End】组合键可快速将活动单元格定位到该表格的最后一个单元格。
- 按【Ctrl+↑】组合键可快速将活动单元格定位到该列的第 1 个单元格。
- 按【Ctrl+↓】组合键可快速将活动单元格定位到该列的最后一个单元格。

4.2.2 【Enter】键定位活动单元格

在用户选择了某一个单元格或一个单元格区域后，可以通过按【Enter】键快速选择当前活动单元格。

- 一个单元格：当用户选择了一个单元格后，按【Enter】键，会快速从当前活动单元格依次往下选择活动单元格。
- 一个单元格区域：当用户选择了一个单元格区域后，按【Enter】键，会在该单元格区域中从上往下从左往右选择活动单元格。

4.2.3 【Enter】键定位单元格方向

在 Excel 2010 中，选择一个单元格区域后，按【Enter】键的默认定位方向是从上到下，再从左到右，但用户可以根据自己的需要，改变其定位方向。

在“文件”菜单中单击“选项”按钮，弹出“Excel 选项”对话框。切换至“高级”选项卡，选中“按 Enter 键后移动所选内容”复选框，单击“方向”右侧的下三角按钮，在弹出的下拉列表中选择需要设置的方向，如下图所示。

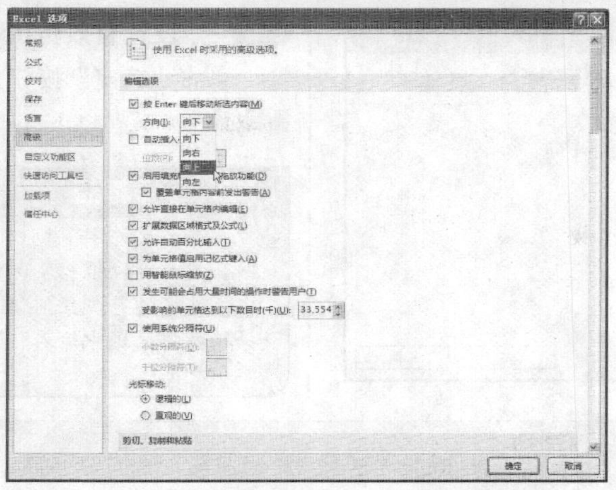

选择需要设置的方向

4.3 设置输入数据的特性

在 Excel 2010 中，学会了选择与定位单元格的方法后，就可以在工作表中输入数据，并能对输入的数据进行设置。

4.3.1 设置有效范围

在 Excel 2010 的工作表中输入内容时，为了提高数据录入的准确性，用户可以给相应单元格指定录入数据的有效范围，以确保录入数据的有效性。

素材文件	第 4 章\4-21.xlsx	效果文件	无

STEP 01 选择数据区域

打开一个 Excel 文件，选择需要设置有效范围的数据区域，如下图所示。

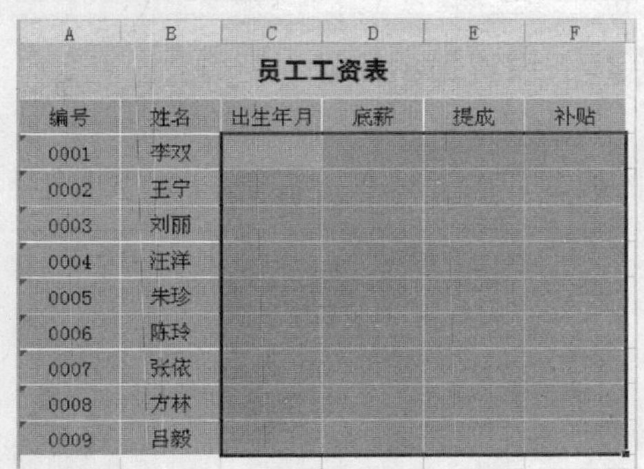

STEP 02 选择“数据有效性”选项

单击“数据”选项卡，进入“数据”功能面板，在“数据工具”选项区中单击“数据有效性”右侧的下三角按钮，在弹出的下拉列表中选择“数据有效性”选项，如下图所示。

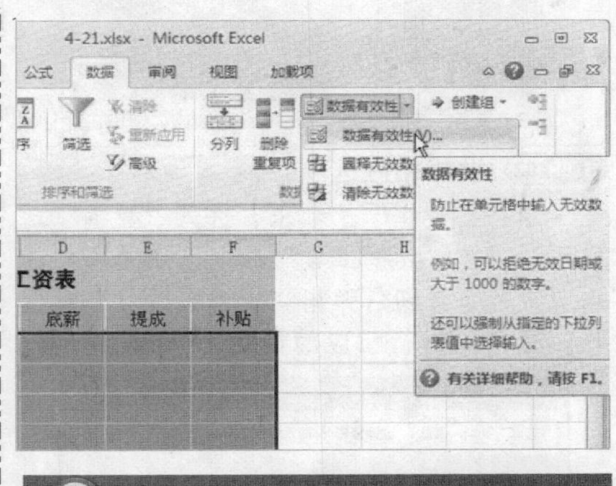

专家指点

在 Excel 2010 中，用户可以在“数据有效性”下拉列表框中选择其他的选项。

STEP 03 设置相应选项

弹出“数据有效性”对话框，在其中进行相应的设置，如下图所示。

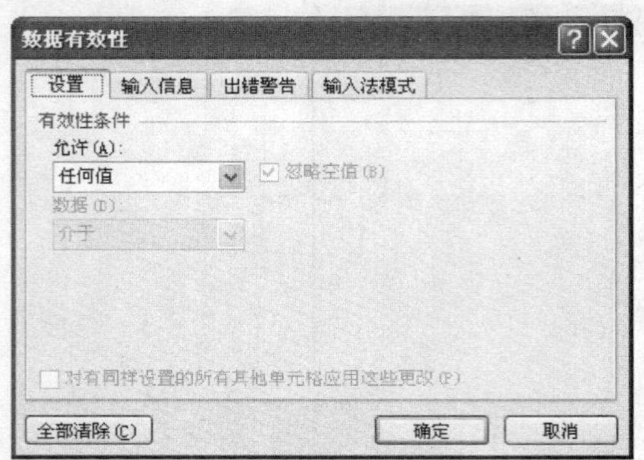

STEP 04 设置有效范围

单击“确定”按钮，即可完成对有效范围的设置。

专家指点

在“允许”下拉列表框中有很多数据范围，用户可以根据实际需要来选择。在本例中，选择的是“任何值”选项，即可以在选择的数据区域中输入任何数，包括文本、数字、时间等。

4.3.2 设置提示信息

在 Excel 2010 中，对数据区域设置了有效范围后，为了方便数据的录入，还可以为数据区域设置提示信息。

素材文件	第 4 章\4-21.xlsx	效果文件	第 4 章\4-27.xlsx

STEP 01 选择数据区域

打开一个 Excel 文件，选择需要设置提示信息的数据区域，如下图所示。

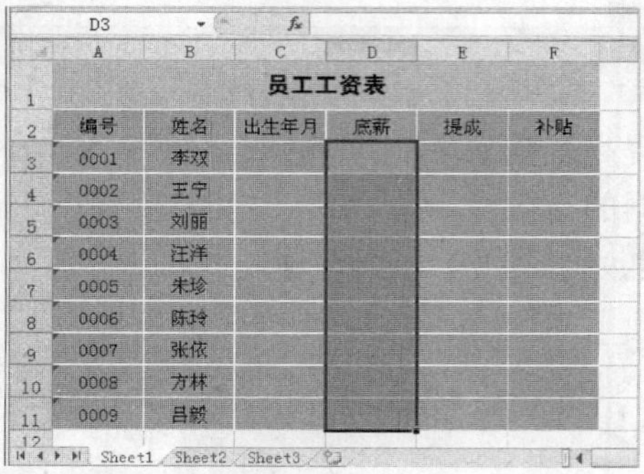

STEP 02 设置相应选项

单击“数据”选项卡，进入“数据”功能面板，在“数据工具”选项区中单击“数据有效性”按钮，弹出“数据有效性”对话框，在其中进行相应的设置，如下图所示。

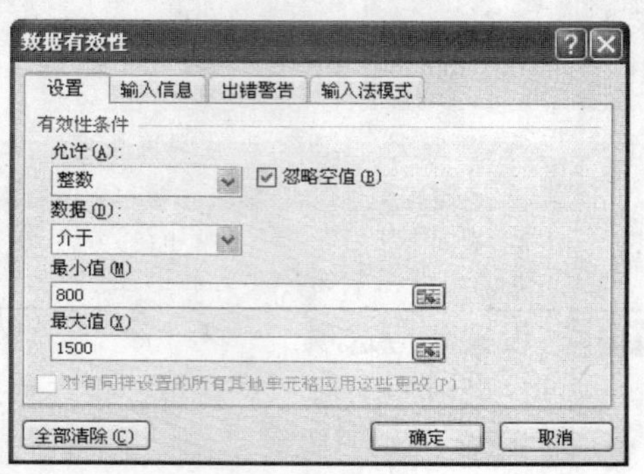

STEP 03 设置相应选项

切换至“输入信息”选项卡，在其中进行相应的设置，如下图所示。

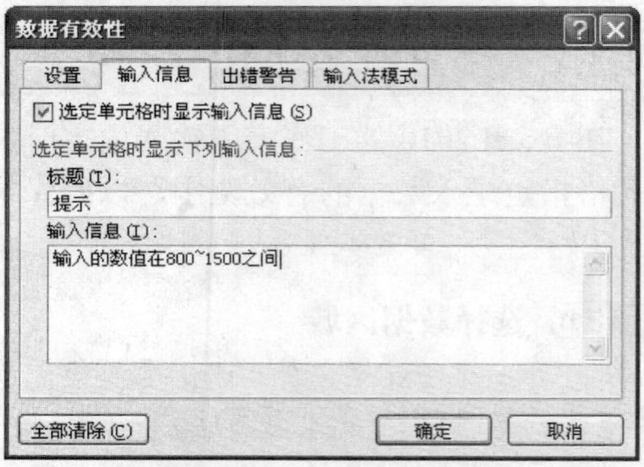

STEP 04 设置提示信息

单击“确定”按钮，将鼠标指针移至编辑区域，即会显示提示信息，如下图所示。

4.3.3 输入文本数据

在 Excel 2010 中，如果需要录入“001”这种格式的文本编号，在默认情况下是不能输入的，需要先定义单元格的格式。

素材文件	第 4 章\4-28.xlsx	效果文件	第 4 章\4-31.xlsx

STEP 01 选择数据区域

打开一个 Excel 文件，选择需要设置格式的数据区域，如下图所示。

A3

	A	B	C	D	E	F
1	员工工资表					
2	编号	姓名	出生年月	底薪	提成	补贴
3		李双	1985-6-7	1000	400	200
4		王宁	1984-5-8	1000	600	200
5		刘丽	1983-5-9	1000	500	200
6		汪洋	1987-9-6	1000	300	200
7		朱珍	1984-8-2	1000	200	200
8		陈玲	1986-5-12	1000	400	200
9		张依	1985-4-8	1000	500	200
10		方林	1986-3-9	1000	600	200
11		吕毅	1984-5-6	1000	400	200

Sheet1 / Sheet2 / Sheet3

STEP 02 选择“文本”选项

在“开始”功能面板的“数字”选项区中，单击“数字格式”右侧的下三角按钮，在弹出的下拉列表中选择“文本”选项，如下图所示。

STEP 03 输入文本数据

执行操作后，在 A3 单元格中输入 001，按【Enter】键进行确认，如下图所示。

A4

	A	B	C	D	E	F
1	员工工资表					
2	编号	姓名	出生年月	底薪	提成	补贴
3	001	李双	1985-6-7	1000	400	200
4		王宁	1984-5-8	1000	600	200
5		刘丽	1983-5-9	1000	500	200
6		汪洋	1987-9-6	1000	300	200
7		朱珍	1984-8-2	1000	200	200
8		陈玲	1986-5-12	1000	400	200
9		张依	1985-4-8	1000	500	200
10		方林	1986-3-9	1000	600	200
11		吕毅	1984-5-6	1000	400	200

Sheet1 / Sheet2 / Sheet3

STEP 04 输入其他文本数据

用与上述相同的方法，在其他单元格中输入相应的文本，如下图所示。

H2

	A	B	C	D	E	F
1	员工工资表					
2	编号	姓名	出生年月	底薪	提成	补贴
3	001	李双	1985-6-7	1000	400	200
4	002	王宁	1984-5-8	1000	600	200
5	003	刘丽	1983-5-9	1000	500	200
6	004	汪洋	1987-9-6	1000	300	200
7	005	朱珍	1984-8-2	1000	200	200
8	006	陈玲	1986-5-12	1000	400	200
9	007	张依	1985-4-8	1000	500	200
10	008	方林	1986-3-9	1000	600	200
11	009	吕毅	1984-5-6	1000	400	200

Sheet1 / Sheet2 / Sheet3

专家指点

如果不设置单元格的格式为“文本”类型，直接在单元格中输入编号 001，按【Enter】键确定后，输入的编号将变为数字 1。

4.3.4 输入数字数据

在 Excel 2010 中，用户可以根据需要设置输入数字数据的格式。

素材文件	第 4 章\4-32.xlsx	效果文件	第 4 章\4-35.xlsx

STEP 01 选择数据区域

打开一个 Excel 文件，选择需要设置格式的数据区域，如下图所示。

公司数据报表					
设备名称	品牌	进价	卖价	购买日期	利润比例
电话机	步步高	200	300	2010-5-20	
打印机	佳能	2000	2500	2010-7-1	
笔记本电脑	华硕	8000	9500	2010-7-6	
传真机	夏普	1100	1700	2010-8-10	
复印机	理光	5000	6200	2010-8-21	
扫描仪	清华紫光	800	1500	2010-9-2	
空调	格力	5000	6000	2010-1-12	
刻录机	惠普	500	800	2010-3-1	
打印机	联想	1800	2500	2010-3-25	
数码相机	柯达	3000	3700	2010-8-12	
台式电脑	三星	3500	4500	2010-10-2	
笔记本电脑	东芝	6000	7500	2010-2-3	
扫描仪	爱普生	1000	1800	2010-3-16	
复印机	理光	4000	4800	2010-6-13	

STEP 02 选择"百分比"选项

在"开始"功能面板的"数字"选项区中单击"数字格式"右侧的下三角按钮，在弹出的下拉列表中选择"百分比"选项，如下图所示。

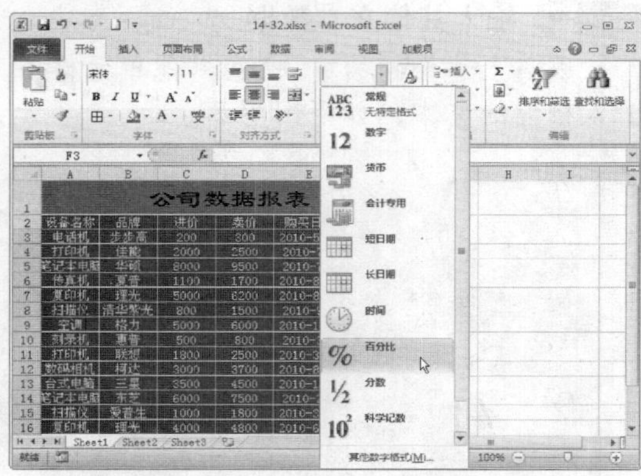

STEP 03 输入计算公式

执行操作后，选择 F3 单元格，在其中输入"=（D3-C3）/C3"，如下图所示。

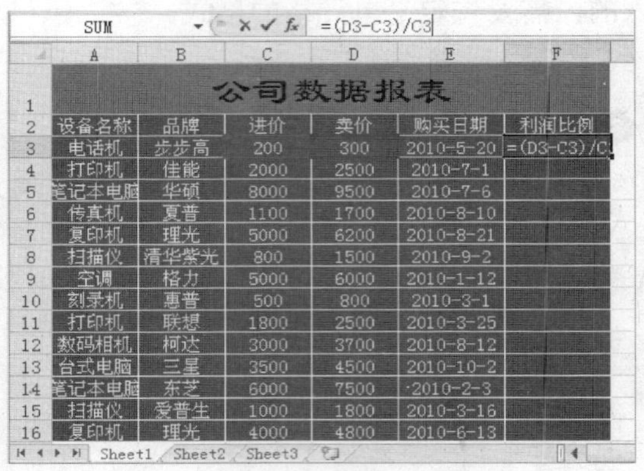

SUM =(D3-C3)/C3

公司数据报表					
设备名称	品牌	进价	卖价	购买日期	利润比例
电话机	步步高	200	300	2010-5-20	=(D3-C3)/C3
打印机	佳能	2000	2500	2010-7-1	
笔记本电脑	华硕	8000	9500	2010-7-6	
传真机	夏普	1100	1700	2010-8-10	
复印机	理光	5000	6200	2010-8-21	
扫描仪	清华紫光	800	1500	2010-9-2	
空调	格力	5000	6000	2010-1-12	
刻录机	惠普	500	800	2010-3-1	
打印机	联想	1800	2500	2010-3-25	
数码相机	柯达	3000	3700	2010-8-12	
台式电脑	三星	3500	4500	2010-10-2	
笔记本电脑	东芝	6000	7500	2010-2-3	
扫描仪	爱普生	1000	1800	2010-3-16	
复印机	理光	4000	4800	2010-6-13	

STEP 04 计算其他单元格数值

按【Enter】键进行确认，即可得到利润比例的数值，系统会自动为计算的结果添加百分号，用与上述相同的方法，计算其他单元格的数值，结果如下图所示。

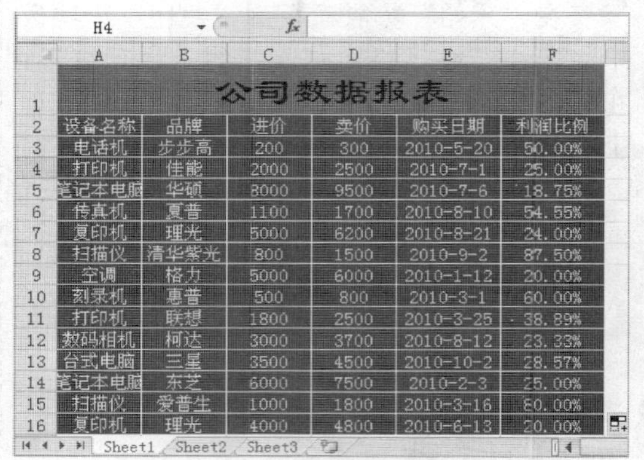

公司数据报表					
设备名称	品牌	进价	卖价	购买日期	利润比例
电话机	步步高	200	300	2010-5-20	50.00%
打印机	佳能	2000	2500	2010-7-1	25.00%
笔记本电脑	华硕	8000	9500	2010-7-6	18.75%
传真机	夏普	1100	1700	2010-8-10	54.55%
复印机	理光	5000	6200	2010-8-21	24.00%
扫描仪	清华紫光	800	1500	2010-9-2	87.50%
空调	格力	5000	6000	2010-1-12	20.00%
刻录机	惠普	500	800	2010-3-1	60.00%
打印机	联想	1800	2500	2010-3-25	38.89%
数码相机	柯达	3000	3700	2010-8-12	23.33%
台式电脑	三星	3500	4500	2010-10-2	28.57%
笔记本电脑	东芝	6000	7500	2010-2-3	25.00%
扫描仪	爱普生	1000	1800	2010-3-16	80.00%
复印机	理光	4000	4800	2010-6-13	20.00%

4.4 编辑单元格

在 Excel 2010 中，编辑单元格包括套用单元格格式、填充单元格、合并单元格、拆分单元格等。

4.4.1 套用单元格样式

在 Excel 2010 中，样式是字体、字号和缩进等格式设置特性的组合，并将这种组合作为集合加以命名和保存。应用样式时，将同时应用该样式中所有的格式设置。下面介绍两种套用单元格样式的方法。

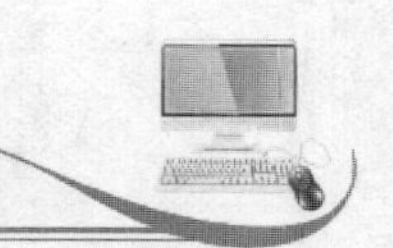

1. 自动套用单元格样式

在 Excel 2010 中，提供了许多内置的单元格样式，用户可以通过套用这些样式快速设置单元格格式。

素材文件	第 4 章\4-36.xlsx	效果文件	第 4 章\4-39.xlsx

STEP 01 选择单元格

打开一个 Excel 文件，选择需要套用样式的单元格，如下图所示。

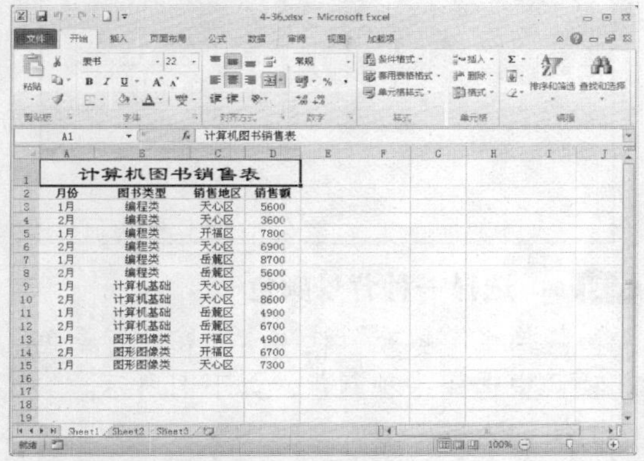

STEP 02 选择相应的选项

在“开始”功能面板的“样式”选项区中单击“单元格样式”按钮，在弹出的选项板中选择相应的选项，如下图所示。

STEP 03 设置单元格样式

执行操作后，即可设置标题单元格的样式，如下图所示。

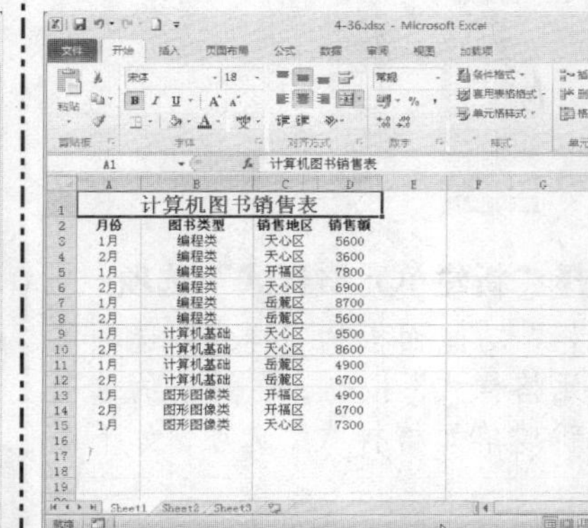

STEP 04 设置主体单元格样式

用与上述相同的方法，设置主体单元格的样式，效果如下图所示。

专家指点

在选择单元格样式时，可以对单元格样式进行编辑，包括应用、修改、复制、删除及添加到快速访问工具栏等，具体操作为，在需要编辑的单元格样式上单击鼠标右键，在弹出的快捷菜单中选择相应的选项即可。

2. 自定义单元格样式

在 Excel 2010 中，除了套用内置的单元格样式外，用户还可以根据需要自定义单元格样式，并将其应用到指定的单元格区域中。

素材文件	第 4 章\4-36.xlsx	效果文件	第 4 章\4-47.xlsx

STEP 01 选择单元格

打开一个 Excel 文件，选择需要套用样式的单元格，如下图所示。

月份	图书类型	销售地区	销售额
1月	编程类	天心区	5600
2月	编程类	天心区	3600
1月	编程类	开福区	7800
2月	编程类	天心区	6900
1月	编程类	岳麓区	8700
2月	编程类	岳麓区	5600
1月	计算机基础	天心区	9500
2月	计算机基础	天心区	8600
1月	计算机基础	岳麓区	4900
2月	计算机基础	岳麓区	6700
1月	图形图像类	开福区	4900
2月	图形图像类	开福区	6700
1月	图形图像类	天心区	7300

STEP 02 选择“新建单元格样式”选项

在“开始”功能面板的“样式”选项区中单击“单元格样式”按钮，在弹出的选项板中选择“新建单元格样式”选项，如下图所示。

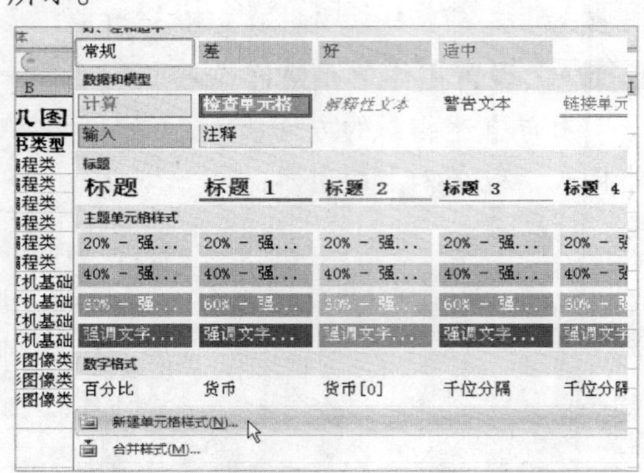

STEP 03 设置相应选项

执行操作后，即会弹出“样式”对话框，在其中设置相应选项，如下图所示。

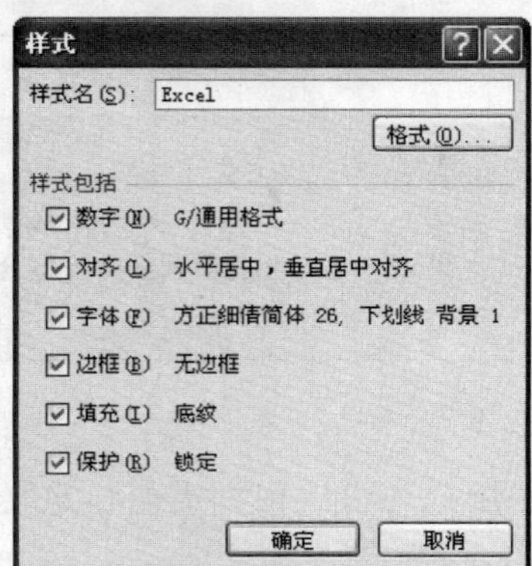

STEP 04 设置“字体”选项

单击“格式”按钮，弹出“设置单元格格式”对话框，切换至“字体”选项卡，在其中进行相应的设置，如下图所示。

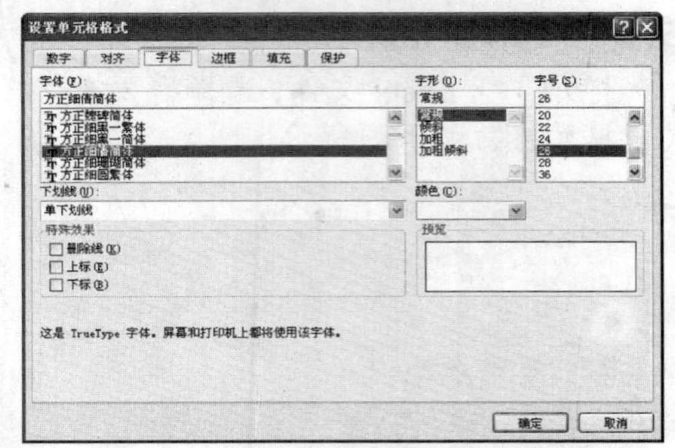

STEP 05 选择一种背景颜色

切换至“填充”选项卡，在“背景色”选项区中选择一种颜色，如下图所示。

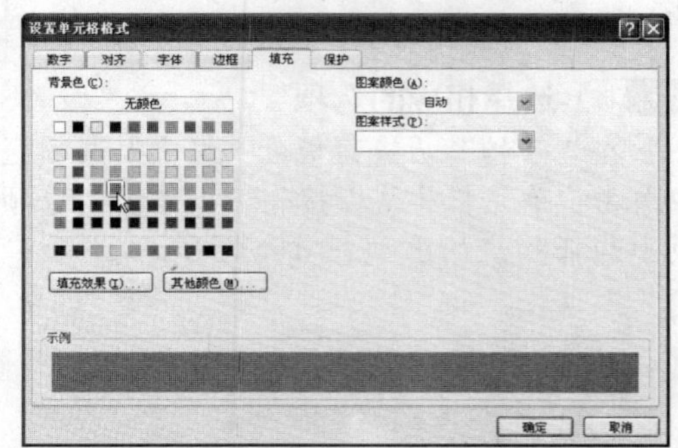

STEP 06 自定义单元格样式

单击“确定”按钮，返回至“样式”对话框，单击“确定”按钮，即可自定义一个单元格样式，但此时单元格不会应用该样式，如下图所示。

计算机图书销售表

月份	图书类型	销售地区	销售额
1月	编程类	天心区	5600
2月	编程类	天心区	3600
1月	编程类	开福区	7800
2月	编程类	天心区	6900
1月	编程类	岳麓区	8700
2月	编程类	岳麓区	5600
1月	计算机基础	天心区	9500
2月	计算机基础	天心区	8600
1月	计算机基础	岳麓区	4900
2月	计算机基础	岳麓区	6700
1月	图形图像类	开福区	4900
2月	图形图像类	开福区	6700
1月	图形图像类	天心区	7300

STEP 07 选择 excel 选项

在“开始”功能面板的“样式”选项区中，单击“单元格样式”按钮，在弹出的下拉面板中选择 excel 选项，如下图所示。

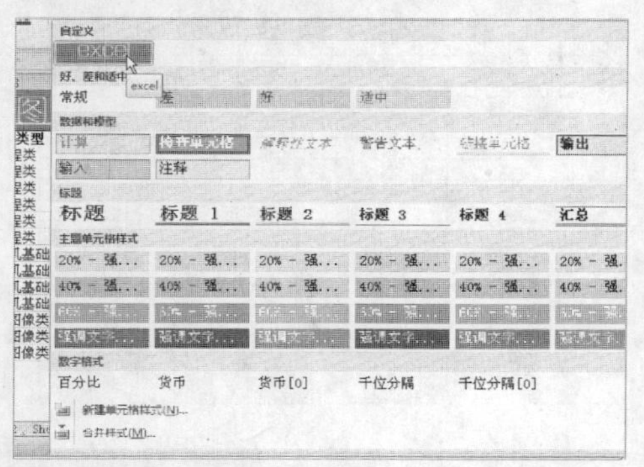

STEP 08 应用自定义的单元格样式

执行操作后，即可将选择的自定义样式应用到单元格中，如下图所示。

A1　fx　计算机图书销售表

	A	B	C	D	E
1	计算机图书销售表				
2	月份	图书类型	销售地区	销售额	
3	1月	编程类	天心区	5600	
4	2月	编程类	天心区	3600	
5	1月	编程类	开福区	7800	
6	2月	编程类	天心区	6900	
7	1月	编程类	岳麓区	8700	
8	2月	编程类	岳麓区	5600	
9	1月	计算机基础	天心区	9500	
10	2月	计算机基础	天心区	8600	
11	1月	计算机基础	岳麓区	4900	
12	2月	计算机基础	岳麓区	6700	
13	1月	图形图像类	开福区	4900	
14	2月	图形图像类	开福区	6700	
15	1月	图形图像类	天心区	7300	

4.4.2 快速填充单元格

Excel 2010 为用户提供了许多录入技巧，快速填充单元格是其中常用的技巧之一，掌握了这些技巧可以极大地提高工作表的编辑效率。

素材文件	第 4 章\4-48.xlsx	效果文件	第 4 章\4-53.xlsx

STEP 01 打开文件

打开一个 Excel 文件，如下图所示。

	A	B	C	D
1	第一季度销售统计表			
2	产品名称	销售单价	销售数量	销售总额
3	电视机	4000	30	
4	电冰箱	5000	25	
5	洗衣机	2000	25	
6	空调	8000	10	
7	台灯	500	24	
8	电脑	4500	60	
9	音箱	900	20	
10	洗碗机	1500	10	
11	微波炉	2000	20	
12	电磁炉	300	40	
13	热水器	1000	50	
14	油烟机	500	40	
15	电风扇	100	10	
16	热得快	1000	50	
17	油烟机	500	40	

Sheet1 / Sheet2 / Sheet3

STEP 02 输入相应内容

选择 D3 单元格，在其中输入“=B3*C3”，如下图所示。

第一季度销售统计表			
产品名称	销售单价	销售数量	销售总额
电视机	4000	30	=B3*C3
电冰箱	5000	25	
洗衣机	2000	25	
空调	8000	10	
台灯	500	24	
电脑	4500	60	
音箱	900	20	
洗碗机	1500	10	
微波炉	2000	20	
电磁炉	300	40	
热水器	1000	50	
油烟机	500	40	
电风扇	100	10	
热得快	1000	50	

STEP 03 按【Enter】键确认

按【Enter】键得到结果，如下图所示。

第一季度销售统计表			
产品名称	销售单价	销售数量	销售总额
电视机	4000	30	120000
电冰箱	5000	25	
洗衣机	2000	25	
空调	8000	10	
台灯	500	24	
电脑	4500	60	
音箱	900	20	
洗碗机	1500	10	
微波炉	2000	20	
电磁炉	300	40	
热水器	1000	50	
油烟机	500	40	
电风扇	100	10	
热得快	1000	50	
油烟机	500	40	

STEP 04 鼠标呈+形状

选择 D3 单元格，将鼠标指针移至右下角，此时鼠标指针呈+形状，如下图所示。

A	B	C	D
第一季度销售统计表			
产品名称	销售单价	销售数量	销售总额
电视机	4000	30	120000
电冰箱	5000	25	
洗衣机	2000	25	
空调	8000	10	
台灯	500	24	
电脑	4500	60	
音箱	900	20	
洗碗机	1500	10	
微波炉	2000	20	
电磁炉	300	40	
热水器	1000	50	
油烟机	500	40	
电风扇	100	10	
热得快	1000	50	

STEP 05 拖曳鼠标

按住鼠标左键并向下拖曳，至 D18 单元格，如下图所示。

	A	B	C	D
2	产品名称	销售单价	销售数量	销售总额
3	电视机	4000	30	120000
4	电冰箱	5000	25	
5	洗衣机	2000	25	
6	空调	8000	10	
7	台灯	500	24	
8	电脑	4500	60	
9	音箱	900	20	
10	洗碗机	1500	10	
11	微波炉	2000	20	
12	电磁炉	300	40	
13	热水器	1000	50	
14	油烟机	500	40	
15	电风扇	100	10	
16	热得快	1000	50	
17	油烟机	500	40	
18	电风扇	100	10	
19				
20				

STEP 06 填充单元格

释放鼠标左键，即可快速填充单元格，如下图所示。

	A	B	C	D
1	第一季度销售统计表			
2	产品名称	销售单价	销售数量	销售总额
3	电视机	4000	30	120000
4	电冰箱	5000	25	125000
5	洗衣机	2000	25	50000
6	空调	8000	10	80000
7	台灯	500	24	12000
8	电脑	4500	60	270000
9	音箱	900	20	18000
10	洗碗机	1500	10	15000
11	微波炉	2000	20	40000
12	电磁炉	300	40	12000
13	热水器	1000	50	50000
14	油烟机	500	40	20000
15	电风扇	100	10	1000
16	热得快	1000	50	50000
17	油烟机	500	40	20000

4.4.3 合并单元格

在编辑工作表时，需要将占用多个单元格的内容放在一个单元格中，这就需要将多个单元格合并成一个单元格才能实现。

素材文件	第 4 章\4-54.xlsx	效果文件	第 4 章\4-57.xlsx

STEP 01 打开文件

打开一个 Excel 文件，如下图所示。

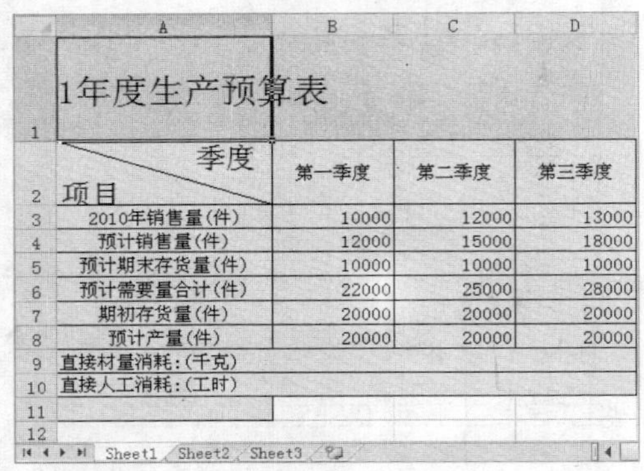

	A	B	C	D
1	1年度生产预算表			
2	季度 项目	第一季度	第二季度	第三季度
3	2010年销售量(件)	10000	12000	13000
4	预计销售量(件)	12000	15000	18000
5	预计期末存货量(件)	10000	10000	10000
6	预计需要量合计(件)	22000	25000	28000
7	期初存货量(件)	20000	20000	20000
8	预计产量(件)	20000	20000	20000
9	直接材量消耗:(千克)			
10	直接人工消耗:(工时)			
11				
12				

STEP 02 选择单元格区域

选择 A1 至 D1 单元格区域，如下图所示。

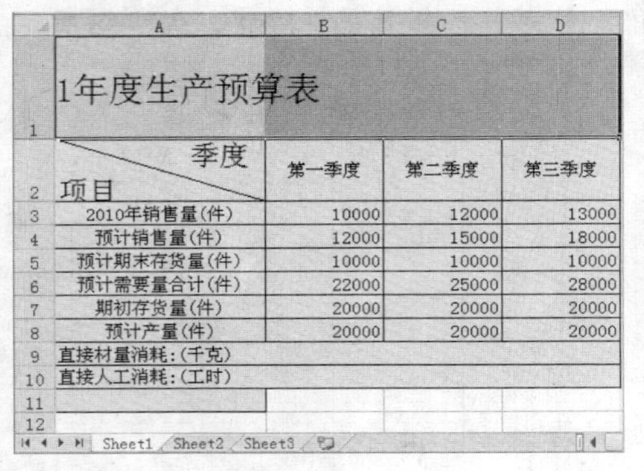

	A	B	C	D
1	1年度生产预算表			
2	季度 项目	第一季度	第二季度	第三季度
3	2010年销售量(件)	10000	12000	13000
4	预计销售量(件)	12000	15000	18000
5	预计期末存货量(件)	10000	10000	10000
6	预计需要量合计(件)	22000	25000	28000
7	期初存货量(件)	20000	20000	20000
8	预计产量(件)	20000	20000	20000
9	直接材量消耗:(千克)			
10	直接人工消耗:(工时)			
11				
12				

STEP 03 选择"合并单元格"选项

在"对齐方式"选项区中单击"合并后居中"右侧的下三角按钮，在弹出的下拉列表中选择"合并单元格"选项，如下图所示。

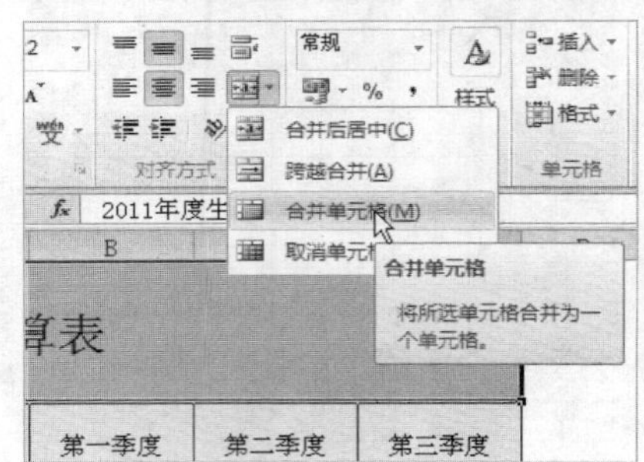

STEP 04 合并单元格

执行操作后，即可合并单元格，如下图所示。

	A	B	C	D
1	2011年度生产预算表			
2	季度 项目	第一季度	第二季度	第三季度
3	2010年销售量(件)	10000	12000	13000
4	预计销售量(件)	12000	15000	18000
5	预计期末存货量(件)	10000	10000	10000
6	预计需要量合计(件)	22000	25000	28000
7	期初存货量(件)	20000	20000	20000
8	预计产量(件)	20000	20000	20000
9	直接材量消耗:(千克)			
10	直接人工消耗:(工时)			
11				
12				

4.4.4 拆分单元格

素材文件	第 4 章\4-58.xlsx	效果文件	第 4 章\4-61.xlsx

STEP 01 选择单元格区域

打开一个 Excel 文件，选择 A9 至 D9 单元格区域，如下图所示。

STEP 02 选择"取消单元格合并"选项

在"开始"功能面板的"对齐方式"选项区中单击"合并后居中"右侧的下三角按钮，在弹出的下拉列表中选择"取消单元格合并"选项，如下图所示。

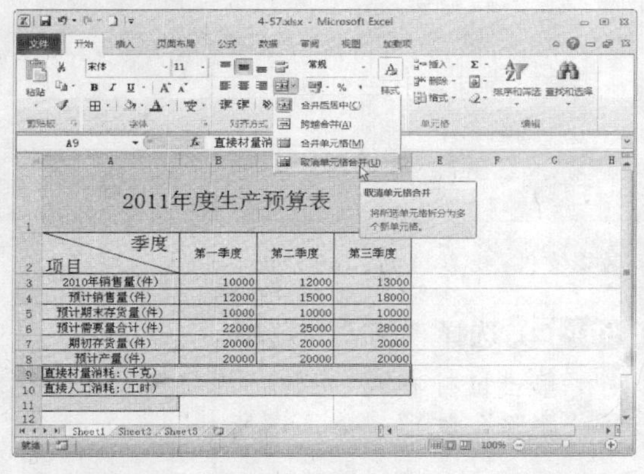

STEP 03 选择"所有框线"选项

执行操作后，即可拆分单元格。为单元格添加边框线，在"开始"功能面板的"字体"选项区中单击"无框线"右侧的下三角按钮，在弹出的下拉列表中选择"所有框线"选项，如下图所示。

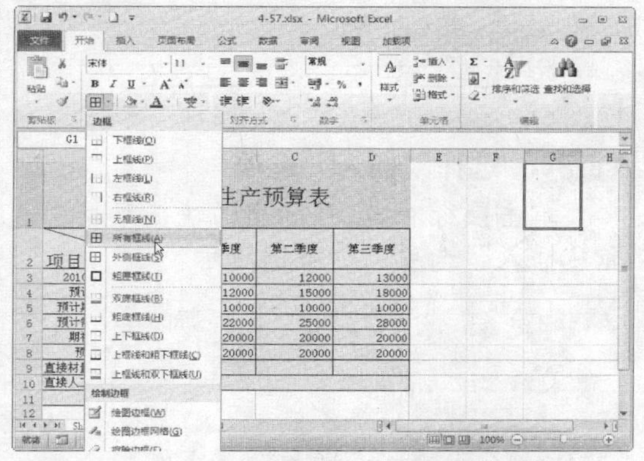

STEP 04 查看工作表

执行操作后，工作表如下图所示。

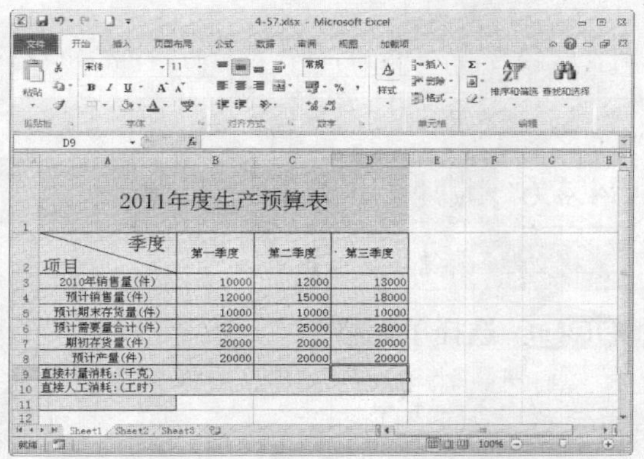

专家指点

在拆分单元格后，在有底纹的单元格中，并不能明显地看出单元格已被拆分，所以在拆分单元格后，要为单元格添加边框线。

4.4.5 插入单元格

在 Excel 2010 中，用户可以根据需要为工作表插入单元格，下面介绍插入单元格的操作方法。

素材文件	第 4 章\4-58.xlsx	效果文件	第 4 章\4-65.xlsx

STEP 01 选择单元格

打开一个Excel文件,选择C11单元格,如下图所示。

	A	B	C	D
1	2011年度生产预算表			
2	季度 / 项目	第一季度	第二季度	第三季度
3	2010年销售量(件)	10000	12000	13000
4	预计销售量(件)	12000	15000	18000
5	预计期末存货量(件)	10000	10000	10000
6	预计需要量合计(件)	22000	25000	28000
7	期初存货量(件)	20000	20000	20000
8	预计产量(件)	20000	20000	20000
9	直接材量消耗:(千克)			
10	直接人工消耗:(工时)			
11				
12				

STEP 02 选择"插入"选项

单击鼠标右键,在弹出的快捷菜单中选择"插入"选项,如下图所示。

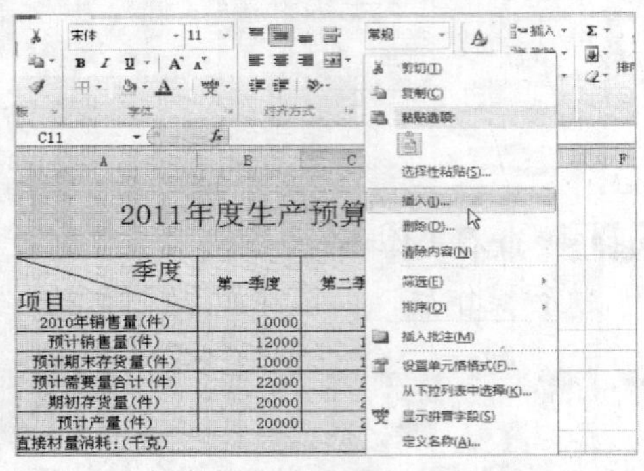

STEP 03 选中"活动单元格下移"按钮

弹出"插入"对话框,选中"活动单元格下移"单选按钮,如下图所示。

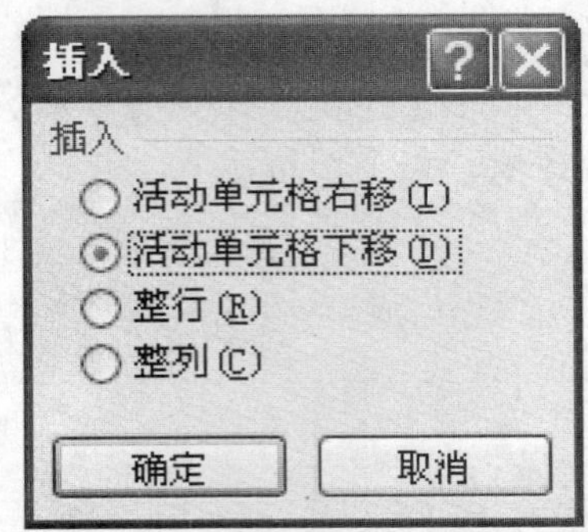

STEP 04 插入单元格

单击"确定"按钮,即可在选择的位置插入一个单元格,如下图所示。

	A	B	C	D
1	2011年度生产预算表			
2	季度 / 项目	第一季度	第二季度	第三季度
3	2010年销售量(件)	10000	12000	13000
4	预计销售量(件)	12000	15000	18000
5	预计期末存货量(件)	10000	10000	10000
6	预计需要量合计(件)	22000	25000	28000
7	期初存货量(件)	20000	20000	20000
8	预计产量(件)	20000	20000	20000
9	直接材量消耗:(千克)			
10	直接人工消耗:(工时)			
11				
12				

4.4.6 删除单元格

素材文件	第 4 章\4-58.xlsx	效果文件	第 4 章\4-69.xlsx

STEP 01 选择单元格

打开一个Excel文件,选择需要删除的单元格,如下图所示。

季度 / 项目	第一季度	第二季度
2010年销售量(件)	10000	12000
预计销售量(件)	12000	15000
预计期末存货量(件)	10000	10000
预计需要量合计(件)	22000	25000
期初存货量(件)	20000	20000
预计产量(件)	20000	20000
直接材量消耗:(千克)		
直接人工消耗:(工时)		

STEP 02 选择"删除"选项

单击鼠标右键,在弹出的快捷菜单中选择"删除"选项,如下图所示。

STEP 03 选中“右侧单元格左移”单选按钮

弹出“删除”对话框，选中“右侧单元格左移”单选按钮，如下图所示。

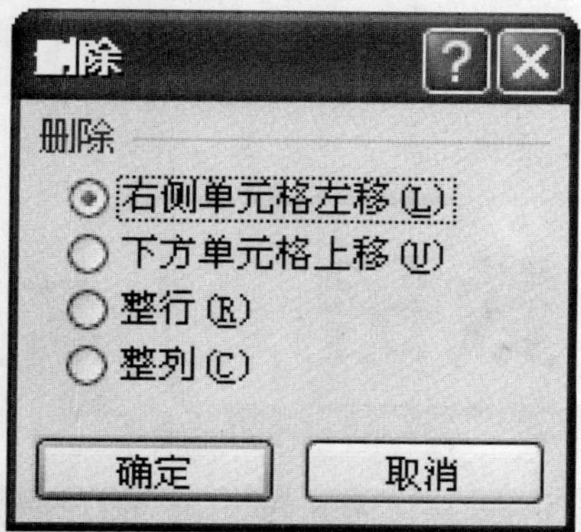

STEP 04 删除单元格

单击“确定”按钮，即可删除选择的单元格，如下图所示。

4.4.7 设置单元格自动换行

在 Excel 2010 中，当单元格中的内容太多而超出单元格的宽度时，用户可以设置单元格内容的自动换行。

素材文件	第 4 章\4-70.xlsx	效果文件	第 4 章\4-73.xlsx

STEP 01 打开文件

打开一个 Excel 文件，如下图所示。

序号	文件建立日期	文件名称	制作人	备注
1	2007-10-8	会议通知	李笑	
2	2007-10-12	会议记录	袁小莉	李总主持
3	2007-10-14	公司制度表	李仪	
4	2007-10-16	资金预算表	黄林林	
5	2007-10-19	客户信息表	黄林林	
6	2007-10-21	员工档案表	黄林林	核对
7	2007-11-1	当月工作计划	李仪	
8	2007-11-5	员工通讯录	黄林林	
9	2007-11-16	财产登记表	黄林林	
10	2007-11-20	固定资产报表	黄林林	
11	2007-12-1	当月工作计划	李仪	
12	2007-12-3	资产负债表	黄林林	
13	2007-12-11	资产折旧表	黄林林	

STEP 02 选择单元格区域

选择需要设置换行的单元格区域，如下图所示。

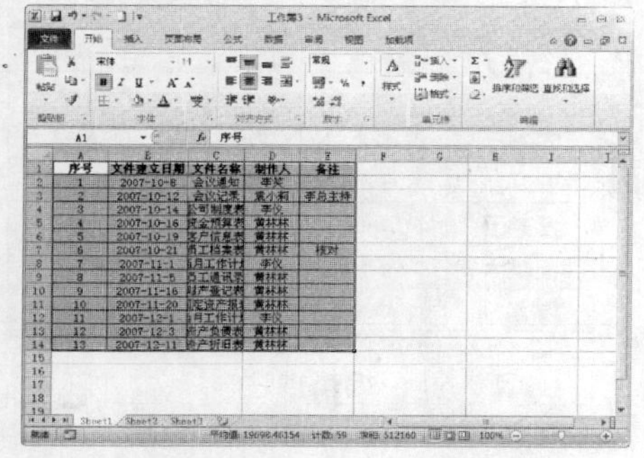

STEP 03 单击“自动换行”按钮

在“开始”功能面板的“对齐方式”选项区中，单击“自动换行”按钮，如下图所示。

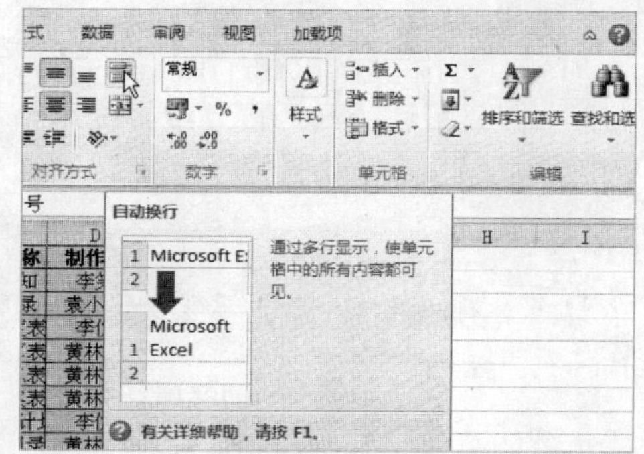

STEP 04 自动换行单元格

即可自动换行单元格，如下图所示。

序号	文件建立日期	文件名称	制作人	备注
1	2007-10-8	会议通知	李笑	
2	2007-10-12	会议记录	袁小莉	李总主持
3	2007-10-14	公司制度表	李仪	
4	2007-10-16	资金预算表	黄林林	
5	2007-10-19	客户信息表	黄林林	
6	2007-10-21	员工档案表	黄林林	核对
7	2007-11-1	当月工作计划	李仪	
8	2007-11-5	员工通讯录	黄林林	
9	2007-11-16	财产登记表	黄林林	
10	2007-11-20	固定资产报表	黄林林	

Chapter 05

章前知识导读

在Excel 2010中，不仅要掌握它的基本操作，还要掌握输入和编辑数据的方法。本章主要介绍在Excel 2010中输入和编辑数据的方法，同时还介绍使用Excel 2010自带的功能来提高输入效率的方法，以便快速而准确地输入数据。

输入和编辑数据

重点知识索引

- 输入和编辑数据
- 编辑单元格数据
- 查找和替换数据
- 设置批注

效果图片欣赏

销售累计表				
			制表时间:	下午4时20分
月份	彩电	平均单价	销售额	累计销售额
1	56	1450	81200	81200
2	63	1600	100800	182000
3	49	1500	73500	255500
4	85	1750	148750	404250
5	76	1700	129200	533450
6	82	1650	135300	668750
7	49	1600	78400	747150
8	76	1400	106400	853550
9	85	1450	123250	976800
10	48	1800	86400	1063200
11	73	1850	135050	1198250
12	107	2000	214000	1412250

输入时间数据

员工基本资料库					
编号	姓名	性别	出生年月	进公司时间	工资
1	高洁	女	1975年5月	1998-6-23	3500
2	李双	女	1986年6月	2007-9-6	2100
3	张依	女	1948年1月	1973-7-12	4000
4	赵铁	男	1947年3月	1973-8-10	4000
5	余山	女	1976年5月	1997-8-2	4500
6	姚依林	女	1979年7月	2000-2-5	4500
7	曾秀	女	1986年6月	2005-6-7	2500
8	谢天意	男	1986年4月	2004-9-10	2600
9	丁宁	男	1973年3月	2000-6-3	4000
10	刘秀	女	1946年3月	1973-7-15	4000
11	谢珍	女	1969年5月	1986-12-6	4500
12	安叶	女	1986年7月	2007-9-12	2500
13	张明	女	1946年3月	1973-7-12	4000
14	安远	男	1978年6月	1999-8-23	5000

修改单元格内容

演出名单			
编号	表演项目	表演者	评委
001	歌曲	王林	大众
002	小品	王义	大众
003	舞蹈	李一	大众
004	歌曲	张丽	大众
005	独奏	谢天意	大众
006	朗诵	曾小宁	大众
007	歌曲	丁宁	大众

演出名单			
编号	表演项目	表演者	评委
001	歌曲	王林	大众
002	小品	王义	大众
003	舞蹈	李一	大众
004	歌曲	张丽	大众
005	独奏	谢天意	大众
006	朗诵	曾小宁	大众
007	歌曲	丁宁	大众

选择性粘贴数据

饮食安排			
	早餐		晚餐
星期一	酸奶	[illegible]	红柿蛋汤
星期二	面条	酸辣鸡丁	冬瓜排骨汤
星期三	面条	蚂蚁上树	鱼香肉丝
星期四	牛奶	麻婆豆腐	辣椒炒蛋
星期五	面包	土豆丝炒肉	香辣鱿鱼
星期六	包子	酸豆角炒肉	酸辣鸡丁
星期日	馒头	香辣鱿鱼	麻婆豆腐

微软用户:
早餐是一日三餐中最重要的一餐，一定要吃哦!

编辑批注

5.1 输入和编辑数据

在 Excel 2010 中，在工作表中输入数据是创建电子表格的开始，本节主要介绍输入和编辑数据的方法。

5.1.1 输入日期数据

在 Excel 2010 中，可以将输入数据的单元格格式设置为日期数据，这样选择的数据将以日期的格式显示。

素材文件	第 5 章\5-1.xlsx	效果文件	第 5 章\5-6.xlsx

STEP 01 打开文件

打开一个 Excel 文件，如下图所示。

	A	B	C	D	E
1	新生资料库				
2	编号	姓名	性别	出生日期	
3	20091001	李一	男	1989/6/1	
4	20091002	张明	女	1988/7/5	
5	20091003	安远	男	1989/2/4	
6	20091004	聂冰	女	1989/12/24	
7	20091005	高洁	男	1989/3/21	
8	20091006	李双	男	1990/6/5	
9	20091007	张依	女	1989/8/9	
10	20091008	赵铁	男	1989/7/6	
11	20091009	余山	女	1990/6/5	
12	20091010	姚依林	女	1989/10/9	
13	20091011	曾秀	男	1988/9/6	
14	20091012	谢天意	女	1990/6/5	
15	20091013	丁宁	女	1989/10/9	
16	20091014	刘敏	女	1988/9/6	

STEP 02 选择数据区域

选择需要设置日期格式的数据区域，如下图所示。

	A	B	C	D	E
1	新生资料库				
2	编号	姓名	性别	出生日期	
3	20091001	李一	男	1989/6/1	
4	20091002	张明	女	1988/7/5	
5	20091003	安远	男	1989/2/4	
6	20091004	聂冰	女	1989/12/24	
7	20091005	高洁	男	1989/3/21	
8	20091006	李双	男	1990/6/5	
9	20091007	张依	女	1989/8/9	
10	20091008	赵铁	男	1989/7/6	
11	20091009	余山	女	1990/6/5	
12	20091010	姚依林	女	1989/10/9	
13	20091011	曾秀	男	1988/9/6	
14	20091012	谢天意	女	1990/6/5	
15	20091013	丁宁	女	1989/10/9	
16	20091014	刘敏	女	1988/9/6	

STEP 03 选择"设置单元格格式"选项

单击鼠标右键，在弹出的快捷菜单中选择"设置单元格格式"选项，如下图所示。

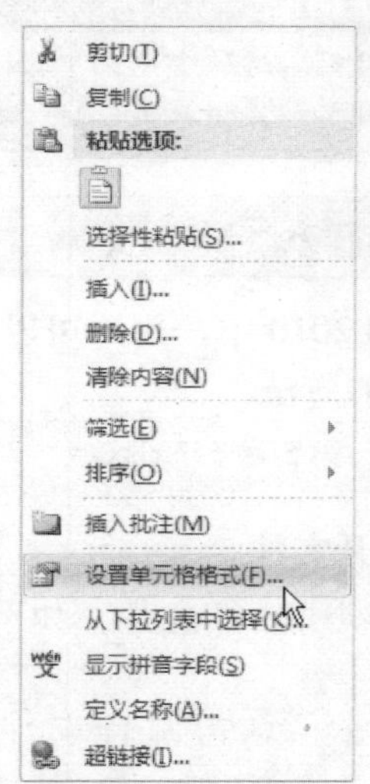

STEP 04 弹出相应对话框

弹出"设置单元格格式"对话框，如下图所示。

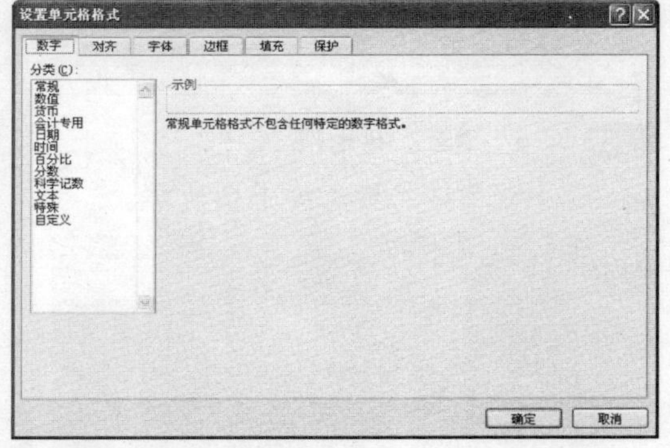

STEP 05 选择相应的选项

在"分类"列表框中选择"日期"选项卡，在右侧的"类型"列表框中选择相应的选项，如下图所示。

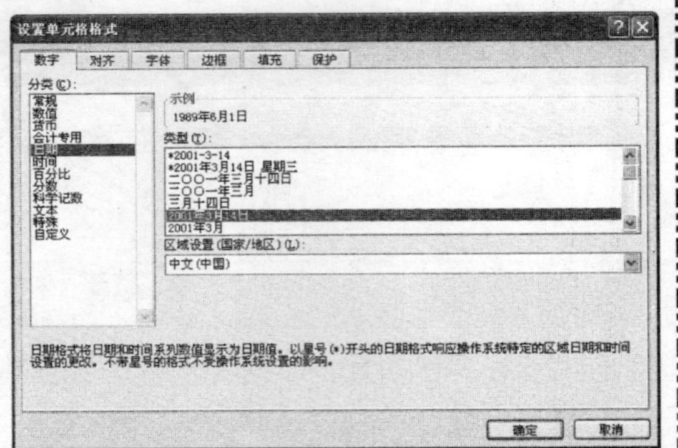

专家指点

在"日期"选项卡中，系统提供了多种格式的日期类型，用户可以自行选择。

STEP 06 查看日期数据

单击"确定"按钮，选择的单元格区域将以日期格式显示，如下图所示。

	A	B	C	D
1	新生资料库			
2	编号	姓名	性别	出生日期
3	20091001	李一	男	1989年6月1日
4	20091002	张明	女	1988年7月5日
5	20091003	安远	男	1989年2月4日
6	20091004	慕冰	女	1989年12月24日
7	20091005	高洁	男	1989年3月21日
8	20091006	李双	男	1990年6月5日
9	20091007	张依	女	1989年8月9日
10	20091008	赵铁	男	1989年7月6日
11	20091009	余山	女	1990年6月5日
12	20091010	姚依林	女	1989年10月9日
13	20091011	曾秀	男	1988年9月6日

5.1.2 输入时间数据

在 Excel 2010 中，用户可以根据需要将单元格格式设置为时间格式，本节主要介绍输入时间数据的方法。

素材文件	第 5 章\5-7.xlsx	效果文件	第 5 章\5-12.xlsx

STEP 01 打开文件

打开一个 Excel 文件，如下图所示。

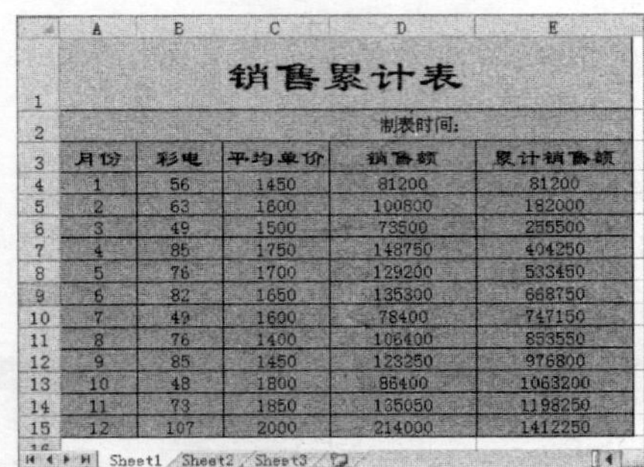

	A	B	C	D	E
1	销售累计表				
2				制表时间:	
3	月份	彩电	平均单价	销售额	累计销售额
4	1	56	1450	81200	81200
5	2	63	1600	100800	182000
6	3	49	1500	73500	255500
7	4	85	1750	148750	404250
8	5	76	1700	129200	533450
9	6	82	1650	135300	668750
10	7	49	1600	78400	747150
11	8	76	1400	106400	853550
12	9	85	1450	123250	976800
13	10	48	1800	86400	1063200
14	11	73	1850	135050	1198250
15	12	107	2000	214000	1412250

STEP 02 选择 E2 单元格

选择 E2 单元格，如下图所示。

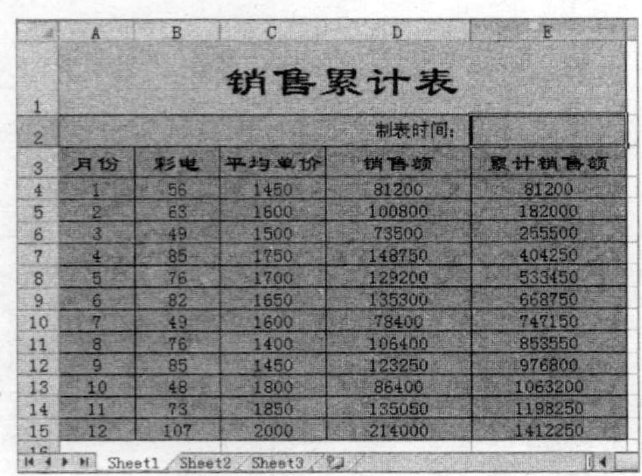

	A	B	C	D	E
1	销售累计表				
2				制表时间:	
3	月份	彩电	平均单价	销售额	累计销售额
4	1	56	1450	81200	81200
5	2	63	1600	100800	182000
6	3	49	1500	73500	255500
7	4	85	1750	148750	404250
8	5	76	1700	129200	533450
9	6	82	1650	135300	668750
10	7	49	1600	78400	747150
11	8	76	1400	106400	853550
12	9	85	1450	123250	976800
13	10	48	1800	86400	1063200
14	11	73	1850	135050	1198250
15	12	107	2000	214000	1412250

STEP 03 选择"设置单元格格式"选项

单击"格式"按钮，在弹出的下拉列表中选择"设置单元格格式"选项，如下图所示。

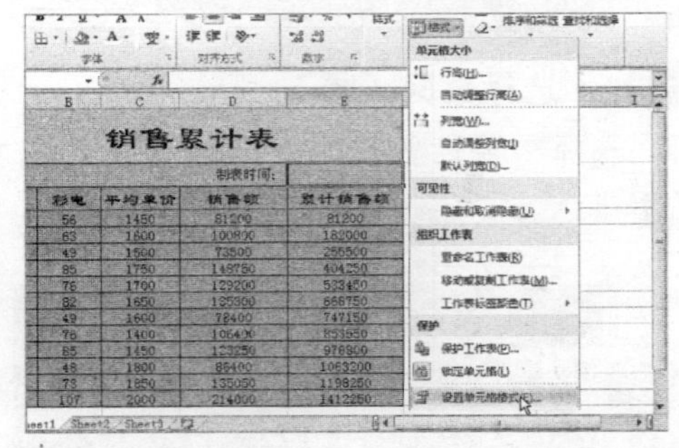

STEP 04 弹出相应对话框

弹出"设置单元格格式"对话框，如下图所示。

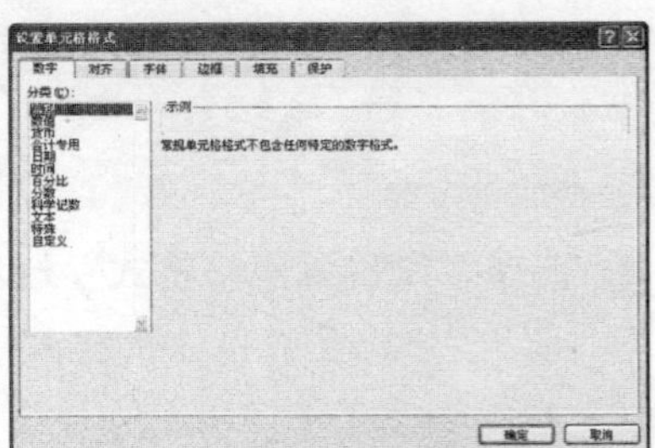

STEP 05 选择相应选项

在“分类”列表框中单击“时间”选项卡，在右侧的“类型”列表框中选择相应的选项，如下图所示。

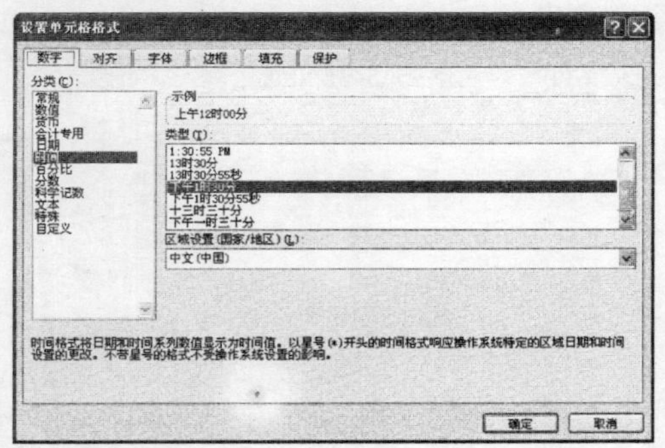

STEP 06 输入时间数据

单击“确定”按钮，在 E2 中输入 16:20，按【Enter】键确认，效果如下图所示。

月份	彩电	平均单价	销售额	累计销售额
1	56	1450	81200	81200
2	63	1600	100800	182000
3	49	1500	73500	255500
4	85	1750	148750	404250
5	76	1700	129200	533450
6	82	1650	135300	668750
7	49	1600	78400	747150
8	76	1400	106400	853550
9	85	1450	123250	976800
10	48	1800	86400	1063200
11	73	1850	135050	1198250
12	107	2000	214000	1412250

5.1.3 输入货币数据

素材文件	第 5 章\5-13.xlsx	效果文件	第 5 章\5-16.xlsx

STEP 01 打开文件

打开一个 Excel 文件，如下图所示。

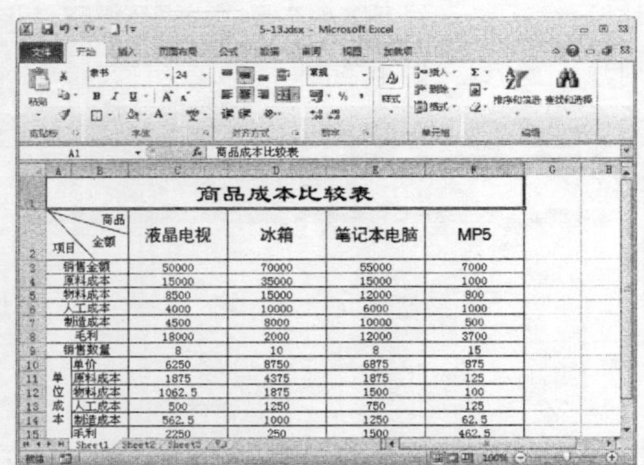

STEP 02 选择单元格区域

选择单元格区域，如下图所示。

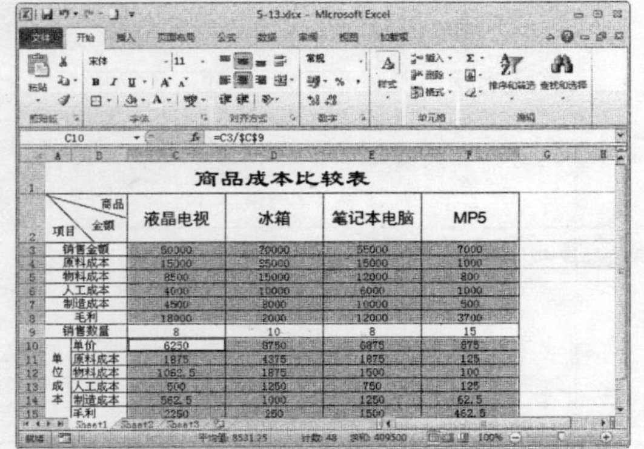

STEP 03 选择“会计专用”选项

单击“数字格式”右侧的下三角按钮，在弹出的下拉列表中选择“会计专用”选项，如下图所示。

STEP 04 查看货币数据

执行操作后，选择的单元格区域的内容以货币形式显示，如下图所示。

项目		液晶电视	冰箱	笔记本电脑	MP5
销售金额		¥ 50,000.00	¥ 70,000.00	¥ 55,000.00	¥ 7,000.00
原料成本		¥ 15,000.00	¥ 35,000.00	¥ 15,000.00	¥ 1,000.00
物料成本		¥ 8,500.00	¥ 15,000.00	¥ 12,000.00	¥ 800.00
人工成本		¥ 4,000.00	¥ 10,000.00	¥ 6,000.00	¥ 1,000.00
制造成本		¥ 4,500.00	¥ 8,000.00	¥ 10,000.00	¥ 500.00
毛利		¥ 18,000.00	¥ 2,000.00	¥ 12,000.00	¥ 3,700.00
销售数量		8	10	8	15
单位成本	单价	¥ 6,250.00	¥ 8,750.00	¥ 6,875.00	¥ 875.00
	原料成本	¥ 1,875.00	¥ 4,375.00	¥ 1,875.00	¥ 125.00
	物料成本	¥ 1,062.50	¥ 1,875.00	¥ 1,500.00	¥ 100.00
	人工成本	¥ 500.00	¥ 1,250.00	¥ 750.00	¥ 125.00
	制造成本	¥ 562.50	¥ 1,000.00	¥ 1,250.00	¥ 62.50
	毛利	¥ 2,250.00	¥ 250.00	¥ 1,500.00	¥ 462.50

5.1.4 输入特殊符号

在 Excel 2010 中，除了可以在工作表的单元格中插入日期、时间和货币等内容外，还可以在单元格中输入特殊符号。事实上，特殊符号也是文本中的一种，只是它们中的大部分不能直接使用键盘输入，本节主要介绍输入特殊符号的操作方法。

素材文件	第 5 章\5-17.xlsx	效果文件	第 5 章\5-22.xlsx

STEP 01 打开文件

打开一个 Excel 文件，如下图所示。

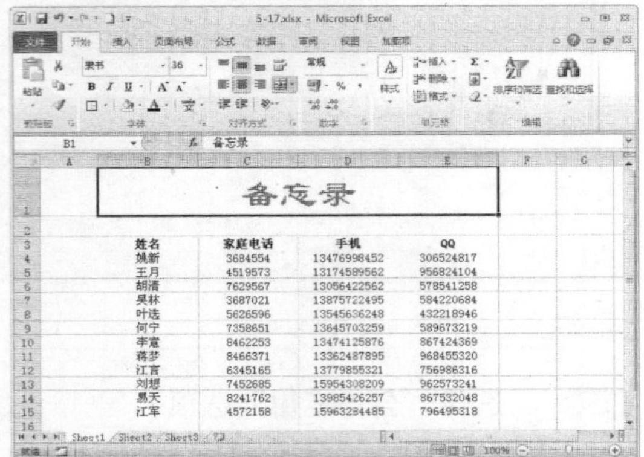

STEP 02 选择单元格

选择需要输入特殊符号的单元格，如下图所示。

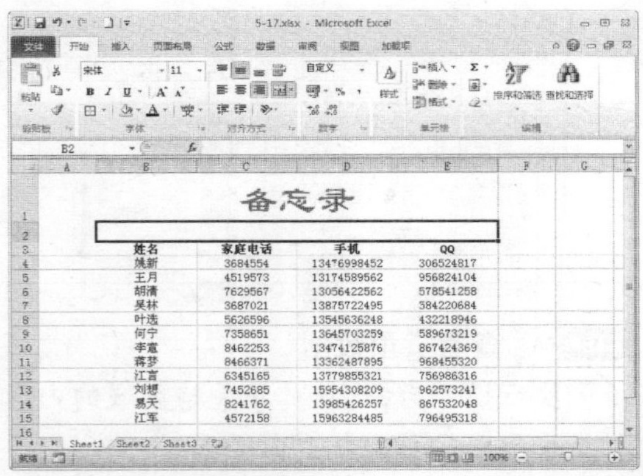

专家指点

在本例中，选择的单元格是合并后的单元格区域，对齐方式为右对齐。

STEP 03 单击"符号"按钮

单击"插入"选项卡，进入"插入"功能面板，在"符号"选项区中单击"符号"按钮，如下图所示。

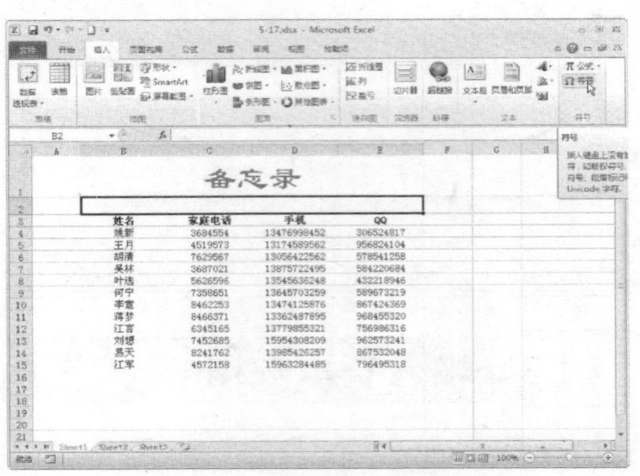

STEP 04 选择"长划线"选项

弹出"符号"对话框，切换至"特殊字符"选项卡，在"字符"列表框中选择"长划线"选项，如下图所示。

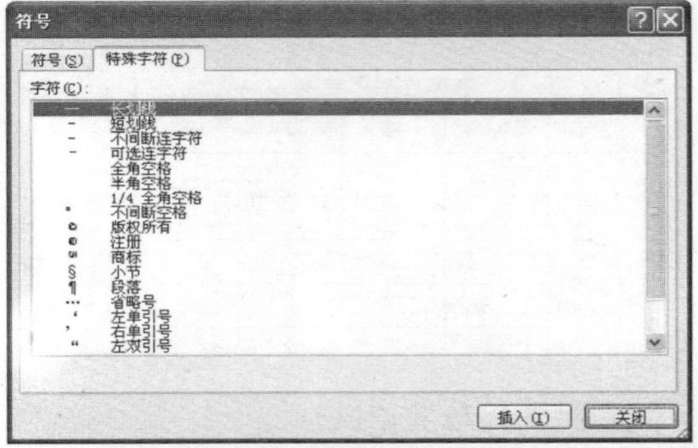

专家指点

在"特殊字符"列表框中，用户可以根据需要选择需要插入的特殊字符，还可以切换至"符号"选项卡，该选项卡包含了很多种格式的特殊符号，用户可以根据需要自行选择。

STEP 05 插入长划线

两次单击"插入"按钮，再单击"关闭"按钮关闭"符号"对话框，即可在选择的单元格中插入两个长划线，如下图所示。

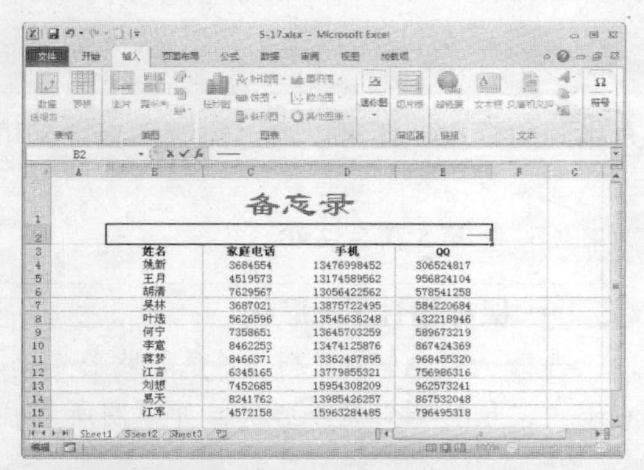

备忘录			
姓名	家庭电话	手机	QQ
姚新	3684554	13476998452	306524817
王月	4519573	13174589562	956824104
胡清	7629567	13056422562	578541258
吴林	3687021	13875722495	584220684
叶选	5626596	13545636248	432218946
何宁	7358651	13645703259	589673219
李意	8462253	13474125876	867424369
蒋梦	8466371	13362487895	968455320
江言	6345165	13779855321	756986316
刘想	7452685	15954308209	962573241
易天	8241762	13985426257	867532048
江军	4572158	15963284485	796495318

专家指点

单击一次“插入”按钮，即可在单元格中插入一个长划线。

STEP 06 输入相应内容

在单元格中输入相应的内容，效果如下图所示。

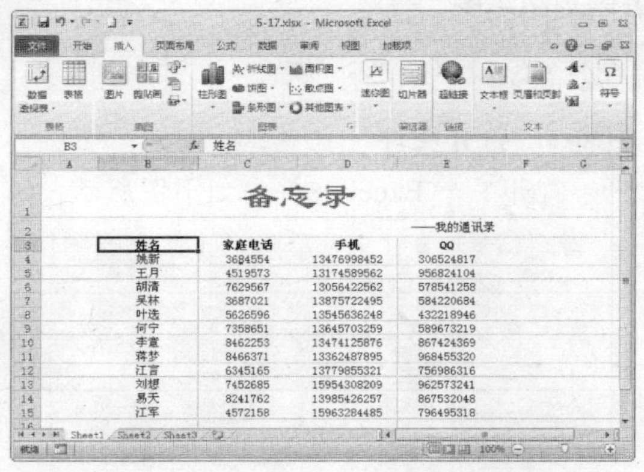

备忘录			
			——我的通讯录
姓名	家庭电话	手机	QQ
姚新	3684554	13476998452	306524817
王月	4519573	13174589562	956824104
胡清	7629567	13056422562	578541258
吴林	3687021	13875722495	584220684
叶选	5626596	13545636248	432218946
何宁	7358651	13645703259	589673219
李意	8462253	13474125876	867424369
蒋梦	8466371	13362487895	968455320
江言	6345165	13779855321	756986316
刘想	7452685	15954308209	962573241
易天	8241762	13985426257	867532048
江军	4572158	15963284485	796495318

5.1.5 通过控制柄填充数据

在 Excel 2010 中，选择一个单元格或单元格区域后，其右下角会出现一个控制柄，通过使用控制柄可以实现数据的快速填充。

素材文件	第 5 章\5-23.xlsx	效果文件	第 5 章\5-26.xlsx

STEP 01 打开文件

打开一个 Excel 文件，如下图所示。

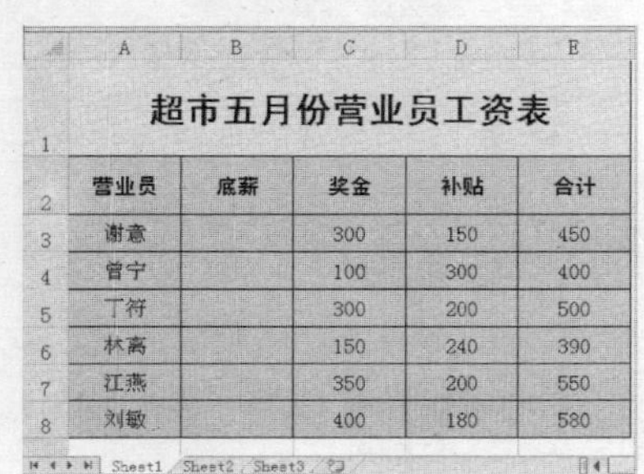

超市五月份营业员工资表				
营业员	底薪	奖金	补贴	合计
谢意		300	150	450
曾宁		100	300	400
丁符		300	200	500
林高		150	240	390
江燕		350	200	550
刘敏		400	180	580

STEP 02 鼠标指针呈+形状

选择 B3 单元格，在其中输入 600，将鼠标指针移至单元格右下角，此时鼠标指针呈+形状，如下图所示。

超市五月份营业员工资表				
营业员	底薪	奖金	补贴	合计
谢意	600	300	150	1050
曾宁		100	300	400
丁符		300	200	500
林高		150	240	390
江燕		350	200	550
刘敏		400	180	580

STEP 03 拖曳鼠标

按住鼠标左键并向下拖曳，至 B8 单元格，如下图所示。

超市五月份营业员工资表				
营业员	底薪	奖金	补贴	合计
谢意	600	300	150	1050
曾宁		100	300	400
丁符		300	200	500
林高		150	240	390
江燕		350	200	550
刘敏		400	180	580

STEP 04 填充数据

释放鼠标左键，填充数据，如下图所示。

超市五月份营业员工资表				
营业员	底薪	奖金	补贴	合计
谢意	600	300	150	1050
曾宁	600	100	300	1000
丁符	600	300	200	1100
林高	600	150	240	990
江燕	600	350	200	1150
刘敏	600	400	180	1180

5.1.6 自定义填充序列的内容

在 Excel 2010 中，不仅可以通过控制柄填充相同的数据，还可以通过控制柄自定义填充序列的内容。

素材文件	第 5 章\5-27.xlsx	效果文件	第 5 章\5-32.xlsx

STEP 01 打开文件

打开一个 Excel 文件，如下图所示。

	A	B	C	D	E
1	Excel测试成绩单				
2	编号	姓名	性别	年级	分数
3		张明	男	计应3班	91
4		吴沙	男	计应4班	79
5		安远	女	计应5班	87
6		聂冰	男	计应6班	86
7		高洁	女	计应7班	87
8		朱画	女	计应8班	85
9		江风	男	计应9班	93
10		许飞	女	计应10班	82
11		黄小云	男	计应11班	70
12		姚依林	女	计应12班	73
13		曾秀	男	计应13班	88

Sheet1 Sheet2 Sheet3

STEP 02 输入数据

选择 A3 单元格，在其中输入 1，按【Enter】键确认，如下图所示。

	A	B	C	D	E
1	Excel测试成绩单				
2	编号	姓名	性别	年级	分数
3	1	张明	男	计应3班	91
4		吴沙	男	计应4班	79
5		安远	女	计应5班	87
6		聂冰	男	计应6班	86
7		高洁	女	计应7班	87
8		朱画	女	计应8班	85
9		江风	男	计应9班	93
10		许飞	女	计应10班	82
11		黄小云	男	计应11班	70
12		姚依林	女	计应12班	73
13		曾秀	男	计应13班	88

Sheet1 Sheet2 Sheet3

STEP 03 输入数据

在 A4 单元格中输入 2，按【Enter】键确认，如下图所示。

	A	B	C	D	E
1	Excel测试成绩单				
2	编号	姓名	性别	年级	分数
3	1	张明	男	计应3班	91
4	2	吴沙	男	计应4班	79
5		安远	女	计应5班	87
6		聂冰	男	计应6班	86
7		高洁	女	计应7班	87
8		朱画	女	计应8班	85
9		江风	男	计应9班	93
10		许飞	女	计应10班	82
11		黄小云	男	计应11班	70
12		姚依林	女	计应12班	73
13		曾秀	男	计应13班	88

Sheet1 Sheet2 Sheet3

STEP 04 鼠标指针呈+形状

选择 A3、A4 单元格，将鼠标指针移至右下角，鼠标指针呈+形状，如下图所示。

	A	B	C	D	E
1	Excel测试成绩单				
2	编号	姓名	性别	年级	分数
3	1	张明	男	计应3班	91
4	2	吴沙	男	计应4班	79
5		安远	女	计应5班	87
6		聂冰	男	计应6班	86
7		高洁	女	计应7班	87
8		朱画	女	计应8班	85
9		江风	男	计应9班	93
10		许飞	女	计应10班	82
11		黄小云	男	计应11班	70
12		姚依林	女	计应12班	73
13		曾秀	男	计应13班	88

Sheet1 Sheet2 Sheet3

STEP 05 拖曳鼠标

按住鼠标左键并向下拖曳，至 A13 单元格，如下图所示。

	A	B	C	D	E
1	Excel测试成绩单				
2	编号	姓名	性别	年级	分数
3	1	张明	男	计应3班	91
4	2	吴沙	男	计应4班	79
5		安远	女	计应5班	87
6		聂冰	男	计应6班	86
7		高洁	女	计应7班	87
8		朱画	女	计应8班	85
9		江风	男	计应9班	93
10		许飞	女	计应10班	82
11		黄小云	男	计应11班	70
12		姚依林	女	计应12班	73
13		曾秀	男	计应13班	88

Sheet1 Sheet2 Sheet3

STEP 06 填充其他单元格

释放鼠标左键，即可以 A3 至 A4 的变化规律填充其他单元格，如下图所示。

	A	B	C	D	E
1	Excel测试成绩单				
2	编号	姓名	性别	年级	分数
3	1	张明	男	计应3班	91
4	2	吴沙	男	计应4班	79
5	3	安远	女	计应5班	87
6	4	聂冰	男	计应6班	86
7	5	高洁	女	计应7班	87
8	6	朱画	女	计应8班	85
9	7	江风	男	计应9班	93
10	8	许飞	女	计应10班	82
11	9	黄小云	男	计应11班	70
12	10	姚依林	女	计应12班	73
13	11	曾秀	男	计应13班	88

Sheet1 Sheet2 Sheet3

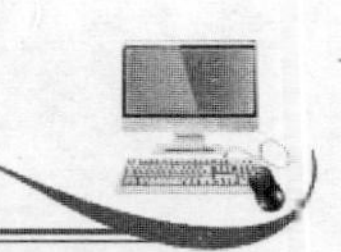

5.2 编辑单元格数据

在实际应用中处理数据时，往往容易出现各种错误，这就要求用户熟练地掌握对单元格中的数据进行编辑的方法。

5.2.1 修改单元格数据

在 Excel 2010 中，常常需要修改单元格中的数据，修改单元格数据有两种常见的情况，下面对这两种情况进行介绍。

1. 修改全部内容

素材文件	第 5 章\5-33.xlsx	效果文件	第 5 章\5-34.xlsx

STEP 01 选择单元格

打开一个 Excel 文件，选择 A5 单元格，如下图所示。

	A	B	C	D	E	F
1	员工基本资料库					
2	编号	姓名	性别	出生年月	进公司时间	工资
3	1	高洁	女	1975年5月	1998-6-23	3500
4	2	李双	女	1986年6月	2007-9-6	2100
5	5	张依	女	1948年1月	1973-7-12	4000
6	4	赵铁	男	1947年3月	1973-8-10	4000
7	5	余山	女	1976年5月	1997-8-2	4500
8	6	姚依林	女	1979年7月	2000-2-5	4500
9	7	曾秀	女	1986年6月	2005-6-7	2500
10	8	谢天意	男	1986年4月	2004-9-10	2600
11	9	丁宁	男	1973年3月	2000-6-3	4000
12	10	刘秀	女	1946年3月	1973-7-15	4000
13	11	谢珍	女	1969年5月	1986-12-6	4500
14	12	安叶	女	1986年7月	2007-9-12	2500
15	13	张明	女	1946年3月	1973-7-12	4000
16	14	安远	男	1978年6月	1999-8-23	5000

Sheet1 Sheet2 Sheet3

STEP 02 输入修改内容

在其中输入修改内容，按【Enter】键确认，如下图所示。

	A	B	C	D	E	F
1	员工基本资料库					
2	编号	姓名	性别	出生年月	进公司时间	工资
3	1	高洁	女	1975年5月	1998-6-23	3500
4	2	李双	女	1986年6月	2007-9-6	2100
5	3	张依	女	1948年1月	1973-7-12	4000
6	4	赵铁	男	1947年3月	1973-8-10	4000
7	5	余山	女	1976年5月	1997-8-2	4500
8	6	姚依林	女	1979年7月	2000-2-5	4500
9	7	曾秀	女	1986年6月	2005-6-7	2500
10	8	谢天意	男	1986年4月	2004-9-10	2600
11	9	丁宁	男	1973年3月	2000-6-3	4000
12	10	刘秀	女	1946年3月	1973-7-15	4000
13	11	谢珍	女	1969年5月	1986-12-6	4500
14	12	安叶	女	1986年7月	2007-9-12	2500
15	13	张明	女	1946年3月	1973-7-12	4000
16	14	安远	男	1978年6月	1999-8-23	5000

Sheet1 Sheet2 Sheet3

2. 修改部分内容

素材文件	第 5 章\5-34.xlsx	效果文件	第 5 章\5-38.xlsx

STEP 01 打开文件

打开一个 Excel 文件，如下图所示。

	A	B	C	D	E	F
1	员工基本资料库					
2	编号	姓名	性别	出生年月	进公司时间	工资
3	1	高洁	女	1975年5月	1998-6-23	3500
4	2	李双	女	1986年6月	2007-9-6	2100
5	3	张依	女	1948年1月	1973-7-12	4000
6	4	赵铁	男	1947年3月	1973-8-10	4000
7	5	余山	女	1976年5月	1997-8-2	4500
8	6	姚依林	女	1979年7月	2000-2-5	4500
9	7	曾秀	女	1986年6月	2005-6-7	2500
10	8	谢天意	男	1986年4月	2004-9-10	2600
11	9	丁宁	男	1973年3月	2000-6-3	4000
12	10	刘秀	女	1946年3月	1973-7-15	4000
13	11	谢珍	女	1969年5月	1986-12-6	4500
14	12	安叶	女	1986年7月	2007-9-12	2500
15	13	张明	女	1946年3月	1973-7-12	4000
16	14	安远	男	1978年6月	1999-8-23	5000

Sheet1 Sheet2 Sheet3

STEP 02 选择单元格

选择 A1 单元格，如下图所示。

	A	B	C	D	E	F
1	员工基本资料库					
2	编号	姓名	性别	出生年月	进公司时间	工资
3	1	高洁	女	1975年5月	1998-6-23	3500
4	2	李双	女	1986年6月	2007-9-6	2100
5	3	张依	女	1948年1月	1973-7-12	4000
6	4	赵铁	男	1947年3月	1973-8-10	4000
7	5	余山	女	1976年5月	1997-8-2	4500
8	6	姚依林	女	1979年7月	2000-2-5	4500
9	7	曾秀	女	1986年6月	2005-6-7	2500
10	8	谢天意	男	1986年4月	2004-9-10	2600
11	9	丁宁	男	1973年3月	2000-6-3	4000
12	10	刘秀	女	1946年3月	1973-7-15	4000
13	11	谢珍	女	1969年5月	1986-12-6	4500
14	12	安叶	女	1986年7月	2007-9-12	2500
15	13	张明	女	1946年3月	1973-7-12	4000
16	14	安远	男	1978年6月	1999-8-23	5000

Sheet1 Sheet2 Sheet3

STEP 03 双击鼠标左键

双击鼠标左键，使其处于编辑状态，如下图所示。

员工基本资料库

编号	姓名	性别	出生年月	进公司时间	工资
1	高洁	女	1975年5月	1998-6-23	3500
2	李双	女	1986年6月	2007-9-6	2100
3	张依	女	1948年1月	1973-7-12	4000
4	赵铁	男	1947年3月	1973-8-10	4000
5	余山	女	1976年5月	1997-8-2	4500
6	姚依林	女	1979年7月	2000-2-5	4500
7	曾秀	女	1986年6月	2005-6-7	2500
8	谢天意	男	1986年4月	2004-9-10	2600
9	丁宁	男	1973年3月	2000-6-3	4000
10	刘秀	女	1946年3月	1973-7-15	4000
11	谢珍	女	1969年5月	1986-12-6	4500
12	安叶	女	1986年7月	2007-9-12	2500
13	张明	女	1946年3月	1973-7-12	4000
14	安远	男	1978年6月	1999-8-23	5000

STEP 04 修改单元格部分内容

在单元格中输入修改内容，按【Enter】键确认，效果如下图所示。

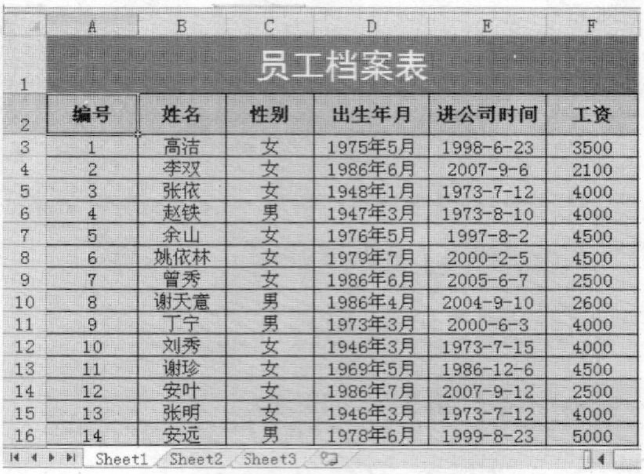

员工档案表

编号	姓名	性别	出生年月	进公司时间	工资
1	高洁	女	1975年5月	1998-6-23	3500
2	李双	女	1986年6月	2007-9-6	2100
3	张依	女	1948年1月	1973-7-12	4000
4	赵铁	男	1947年3月	1973-8-10	4000
5	余山	女	1976年5月	1997-8-2	4500
6	姚依林	女	1979年7月	2000-2-5	4500
7	曾秀	女	1986年6月	2005-6-7	2500
8	谢天意	男	1986年4月	2004-9-10	2600
9	丁宁	男	1973年3月	2000-6-3	4000
10	刘秀	女	1946年3月	1973-7-15	4000
11	谢珍	女	1969年5月	1986-12-6	4500
12	安叶	女	1986年7月	2007-9-12	2500
13	张明	女	1946年3月	1973-7-12	4000
14	安远	男	1978年6月	1999-8-23	5000

专家指点

在 Excel 2010 中，选择需要修改的单元格，按【F2】键，也可以使其呈编辑状态。

5.2.2 复制和移动数据

在 Excel 2010 中，用户可以根据需要对工作表进行复制和移动操作。

1. 复制数据

在 Excel 2010 中，不仅可以复制整个单元格，还可以复制单元格中指定的内容，且复制内容的方法有多种，下面介绍常用的 3 种复制数据的方法。

❁ 拖曳鼠标

素材文件	第 5 章\5-39.xlsx	效果文件	第 5 章\5-42.xlsx

STEP 01 打开文件

打开一个 Excel 文件，如下图所示。

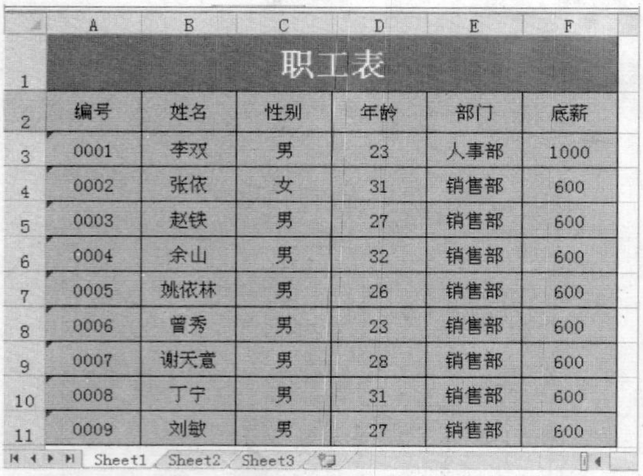

职工表

编号	姓名	性别	年龄	部门	底薪
0001	李双	男	23	人事部	1000
0002	张依	女	31	销售部	600
0003	赵铁	男	27	销售部	600
0004	余山	男	32	销售部	600
0005	姚依林	男	26	销售部	600
0006	曾秀	男	23	销售部	600
0007	谢天意	男	28	销售部	600
0008	丁宁	男	31	销售部	600
0009	刘敏	男	27	销售部	600

STEP 02 鼠标指针呈✢形状

选择 C4 单元格，将鼠标指针移至单元格右下角，此时鼠标指针呈✢形状，如下图所示。

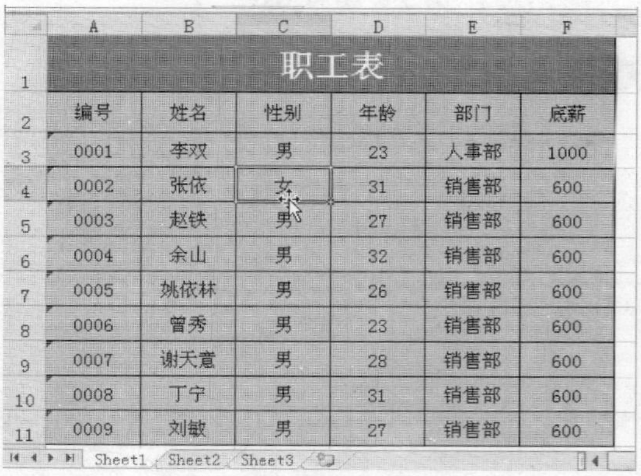

职工表

编号	姓名	性别	年龄	部门	底薪
0001	李双	男	23	人事部	1000
0002	张依	女	31	销售部	600
0003	赵铁	男	27	销售部	600
0004	余山	男	32	销售部	600
0005	姚依林	男	26	销售部	600
0006	曾秀	男	23	销售部	600
0007	谢天意	男	28	销售部	600
0008	丁宁	男	31	销售部	600
0009	刘敏	男	27	销售部	600

STEP 03 复制数据

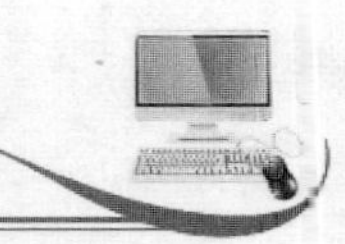

按住【Ctrl】键，按住鼠标左键并向下拖曳至 C6 单元格，释放鼠标左键后释放【Ctrl】键，将 C4 中的内容复制到 C6 单元格，如下图所示。

职工表					
编号	姓名	性别	年龄	部门	底薪
0001	李双	男	23	人事部	1000
0002	张依	女	31	销售部	600
0003	赵铁	男	27	销售部	600
0004	余山	女	32	销售部	600
0005	姚依林	男	26	销售部	600
0006	曾秀	男	23	销售部	600
0007	谢天意	男	28	销售部	600
0008	丁宁	男	31	销售部	600
0009	刘敏	男	27	销售部	600

STEP 04 复制其他数据

用与上述相同的方法，复制其他数据，效果如下图所示。

职工表					
编号	姓名	性别	年龄	部门	底薪
0001	李双	男	23	人事部	1000
0002	张依	女	31	销售部	600
0003	赵铁	女	27	销售部	600
0004	余山	女	32	销售部	600
0005	姚依林	女	26	销售部	600
0006	曾秀	女	23	销售部	600
0007	谢天意	男	28	销售部	600
0008	丁宁	男	31	销售部	600
0009	刘敏	男	27	销售部	600

按钮

素材文件	第 5 章\5-42.xlsx	效果文件	第 5 章\5-48.xlsx

STEP 01 打开文件

打开一个 Excel 文件，如下图所示。

职工表					
编号	姓名	性别	年龄	部门	底薪
0001	李双	男	23	人事部	1000
0002	张依	女	31	销售部	600
0003	赵铁	女	27	销售部	600
0004	余山	女	32	销售部	600
0005	姚依林	女	26	销售部	600
0006	曾秀	女	23	销售部	600
0007	谢天意	男	28	销售部	600
0008	丁宁	男	31	销售部	600
0009	刘敏	男	27	销售部	600

STEP 02 选择单元格

在工作表中选择需要复制数据的单元格，如下图所示。

职工表					
编号	姓名	性别	年龄	部门	底薪
0001	李双	男	23	人事部	1000
0002	张依	女	31	销售部	600
0003	赵铁	女	27	销售部	600
0004	余山	女	32	销售部	600
0005	姚依林	女	26	销售部	600
0006	曾秀	女	23	销售部	600
0007	谢天意	男	28	销售部	600
0008	丁宁	男	31	销售部	600
0009	刘敏	男	27	销售部	600

STEP 03 单击“复制”按钮

在“开始”功能面板的“剪贴板”选项区中，单击“复制”按钮，如下图所示。

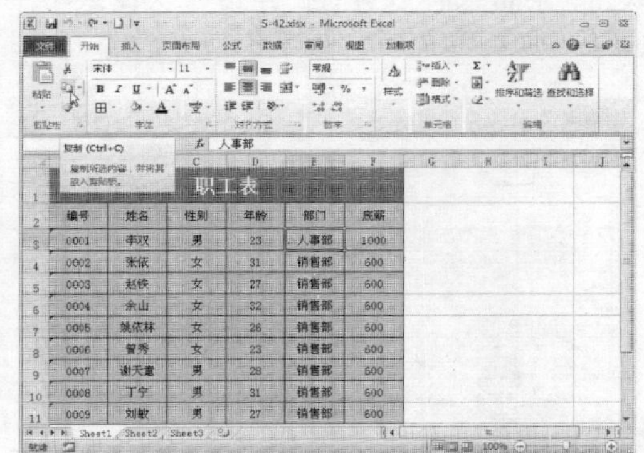

STEP 04 选择单元格

在工作表中选择需要粘贴数据的单元格，如下图所示。

职工表					
编号	姓名	性别	年龄	部门	底薪
0001	李双	男	23	人事部	1000
0002	张依	女	31	销售部	600
0003	赵铁	女	27	销售部	600
0004	余山	女	32	销售部	600
0005	姚依林	女	26	销售部	600
0006	曾秀	女	23	销售部	600
0007	谢天意	男	28	销售部	600
0008	丁宁	男	31	销售部	600
0009	刘敏	男	27	销售部	600

STEP 05 单击“粘贴”按钮

在“开始”功能面板的“剪贴板”选项区中，单击“粘贴”按钮，如下图所示。

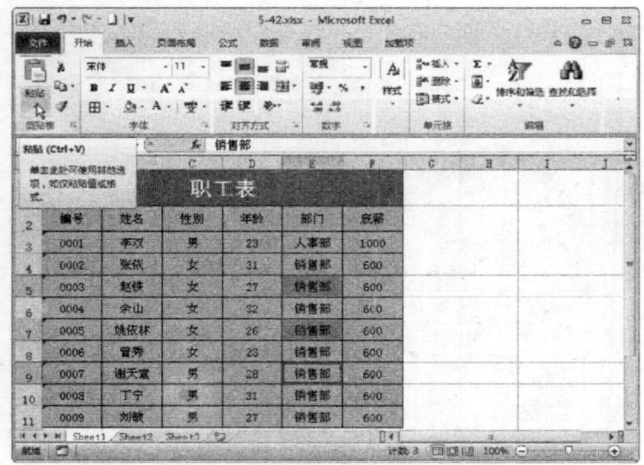

STEP 06 复制数据

执行操作后，即可将复制的单元格内容粘贴到目标单元格中，效果如下图所示。

职工表

编号	姓名	性别	年龄	部门	底薪
0001	李双	男	23	人事部	1000
0002	张依	女	31	销售部	600
0003	赵铁	女	27	人事部	600
0004	余山	女	32	销售部	600
0005	姚依林	女	26	人事部	600
0006	曾秀	女	23	销售部	600
0007	谢天意	男	28	人事部	600
0008	丁宁	男	31	销售部	600
0009	刘敏	男	27	销售部	600

选项

素材文件	第 5 章\5-48.xlsx	效果文件	第 5 章\5-52.xlsx

STEP 01 选择“复制”选项

打开一个 Excel 文件，选择需要复制的数据，单击鼠标右键，在弹出的快捷菜单中选择“复制”选项，如下图所示。

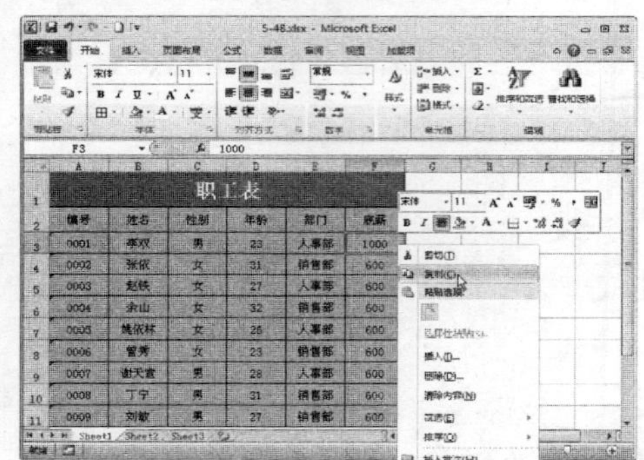

STEP 02 选择单元格

在工作表中选择需要粘贴数据的单元格，如下图所示。

职工表

编号	姓名	性别	年龄	部门	底薪
0001	李双	男	23	人事部	1000
0002	张依	女	31	销售部	600
0003	赵铁	女	27	人事部	600
0004	余山	女	32	销售部	600
0005	姚依林	女	26	人事部	600
0006	曾秀	女	23	销售部	600
0007	谢天意	男	28	人事部	600
0008	丁宁	男	31	销售部	600
0009	刘敏	男	27	销售部	600

STEP 03 选择“粘贴”选项

单击鼠标右键，在弹出的快捷菜单中选择“粘贴”选项，如下图所示。

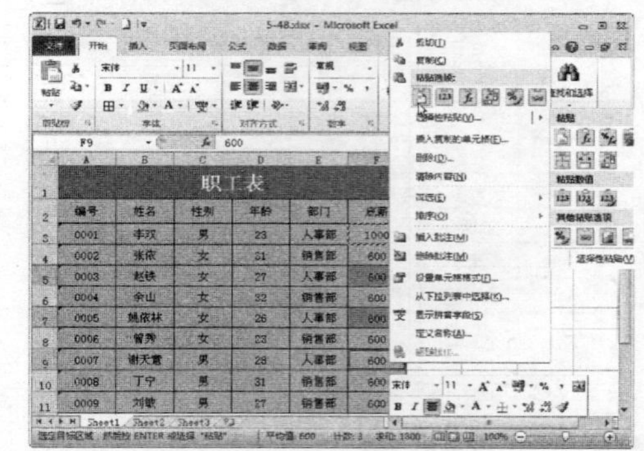

STEP 04 复制数据

即可将选择的数据复制到目标单元格中，如下图所示。

职工表

编号	姓名	性别	年龄	部门	底薪
0001	李双	男	23	人事部	1000
0002	张依	女	31	销售部	600
0003	赵铁	女	27	人事部	1000
0004	余山	女	32	销售部	600
0005	姚依林	女	26	人事部	1000
0006	曾秀	女	23	销售部	600
0007	谢天意	男	28	人事部	1000
0008	丁宁	男	31	销售部	600
0009	刘敏	男	27	销售部	600

2. 移动数据

在 Excel 2010 中，提供了许多移动单元格数据的功能，下面主要介绍 3 种移动数据的方法。

按钮

素材文件	第 5 章\5-53.xlsx	效果文件	第 5 章\5-56.xlsx

STEP 01 选择需要移动的数据

打开一个 Excel 文件，选择需要移动的数据，如下图所示。

会员资料					
编号	姓名	年龄	持卡时间	等级	消费次数
0018	方林	30	三个月	普通会员	6
0019	吕毅	24	1年	黄钻VIP	122
0020	许飞	25	3年	绿钻VIP	325
0021	赵铁	27		普通会员	5
0022	罗力	21	1年	黄钻VIP	160
0023	余山	32	两个月	普通会员	8
0024	林清	34	两个月		9
0025	石林	28	三个月	黄钻VIP	
0026	黄小云	29	3年	绿钻VIP	430

STEP 02 单击“剪切”按钮

在“开始”功能面板的“剪贴板”选项区中，单击“剪切”按钮，如下图所示。

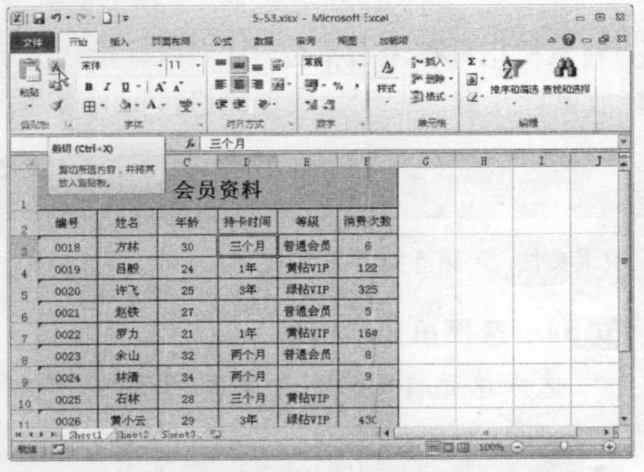

STEP 03 单击“粘贴”按钮

在工作表中选择 D6 单元格，在“开始”功能面板的“剪贴板”选项区中单击“粘贴”按钮，如下图所示。

STEP 04 移动数据

即可将选择的数据移动到目标单元格中，如下图所示。

会员资料					
编号	姓名	年龄	持卡时间	等级	消费次数
0018	方林	30		普通会员	6
0019	吕毅	24	1年	黄钻VIP	122
0020	许飞	25	3年	绿钻VIP	325
0021	赵铁	27	三个月	普通会员	5
0022	罗力	21	1年	黄钻VIP	160
0023	余山	32	两个月	普通会员	8
0024	林清	34	两个月		9
0025	石林	28	三个月	黄钻VIP	
0026	黄小云	29	3年	绿钻VIP	430

专家指点

在 Excel 2010 中移动数据时，移动的不只是数据，数据所在的单元格的属性如格式、批注等也会跟随数据移动。

选项

素材文件	第 5 章\5-53.xlsx	效果文件	第 5 章\5-60.xlsx

STEP 01 选择"剪切"选项

打开一个 Excel 文件，选择需要移动数据的单元格，单击鼠标右键，在弹出的快捷菜单中选择"剪切"选项，如下图所示。

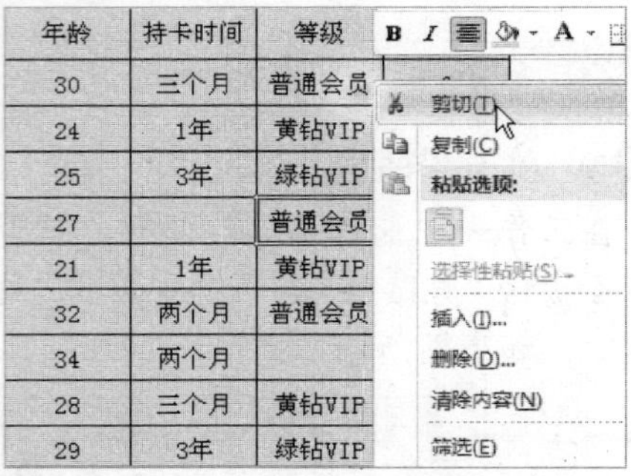

年龄	持卡时间	等级
30	三个月	普通会员
24	1年	黄钻VIP
25	3年	绿钻VIP
27		普通会员
21	1年	黄钻VIP
32	两个月	普通会员
34	两个月	
28	三个月	黄钻VIP
29	3年	绿钻VIP

剪切(T)
复制(C)
粘贴选项:
选择性粘贴(S)...
插入(I)...
删除(D)...
清除内容(N)
筛选(E)

STEP 02 选择目标单元格

在工作表中选择 E9 单元格作为数据移动至的单元格，如下图所示。

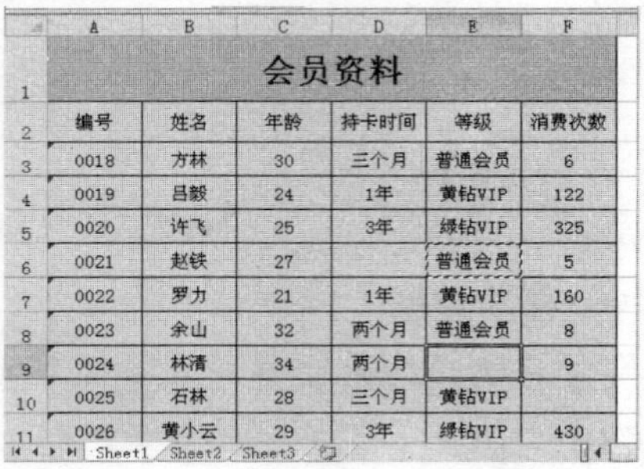

会员资料					
编号	姓名	年龄	持卡时间	等级	消费次数
0018	方林	30	三个月	普通会员	6
0019	吕毅	24	1年	黄钻VIP	122
0020	许飞	25	3年	绿钻VIP	325
0021	赵铁	27		普通会员	5
0022	罗力	21	1年	黄钻VIP	160
0023	余山	32	两个月	普通会员	8
0024	林清	34	两个月		9
0025	石林	28	三个月	黄钻VIP	
0026	黄小云	29	3年	绿钻VIP	430

STEP 03 选择"粘贴"选项

单击鼠标右键，在弹出的快捷菜单中选择"粘贴"选项，如下图所示。

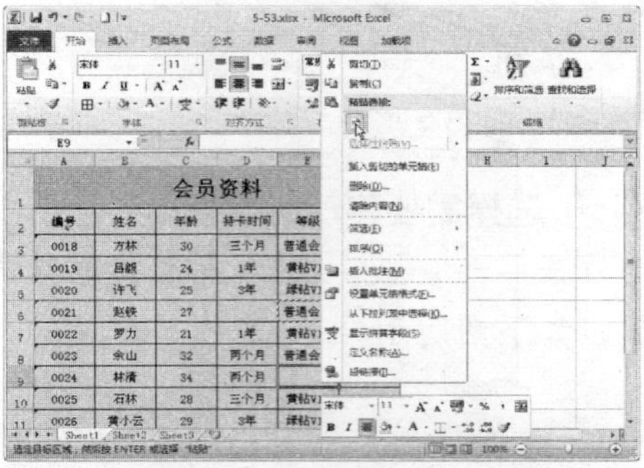

STEP 04 移动单元格内容

执行操作后，即可移动单元格内容，如下图所示。

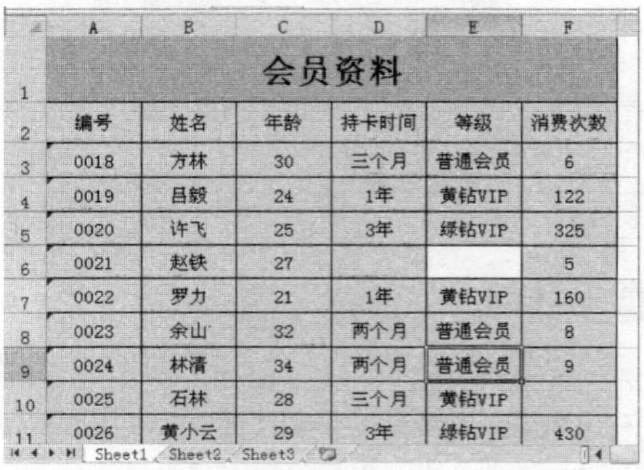

会员资料					
编号	姓名	年龄	持卡时间	等级	消费次数
0018	方林	30	三个月	普通会员	6
0019	吕毅	24	1年	黄钻VIP	122
0020	许飞	25	3年	绿钻VIP	325
0021	赵铁	27			5
0022	罗力	21	1年	黄钻VIP	160
0023	余山	32	两个月	普通会员	8
0024	林清	34	两个月	普通会员	9
0025	石林	28	三个月	黄钻VIP	
0026	黄小云	29	3年	绿钻VIP	430

✿ 拖曳鼠标：选择需要移动数据的单元格，将鼠标指针移至边框位置，当鼠标指针呈✣形状时，按住鼠标左键并拖曳至目标位置后，释放鼠标左键，即可完成单元格数据的移动。

5.2.3 选择性粘贴数据

素材文件	第 5 章\5-61.xlsx	效果文件	第 5 章\5-66.xlsx

STEP 01 打开文件

打开一个 Excel 文件，如下图所示。

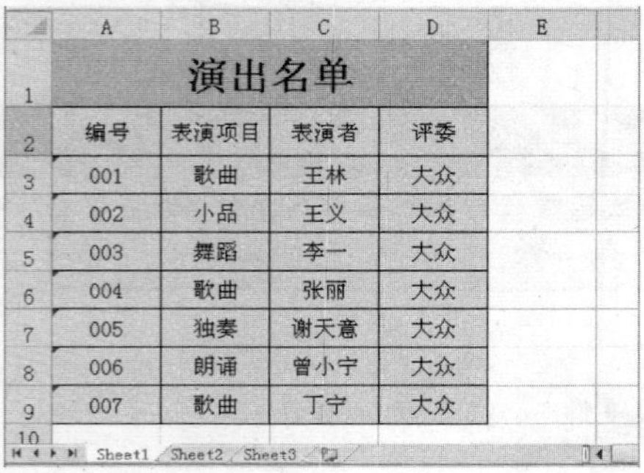

演出名单			
编号	表演项目	表演者	评委
001	歌曲	王林	大众
002	小品	王义	大众
003	舞蹈	李一	大众
004	歌曲	张丽	大众
005	独奏	谢天意	大众
006	朗诵	曾小宁	大众
007	歌曲	丁宁	大众

STEP 02 选择单元格区域

选择单元格区域，如下图所示。

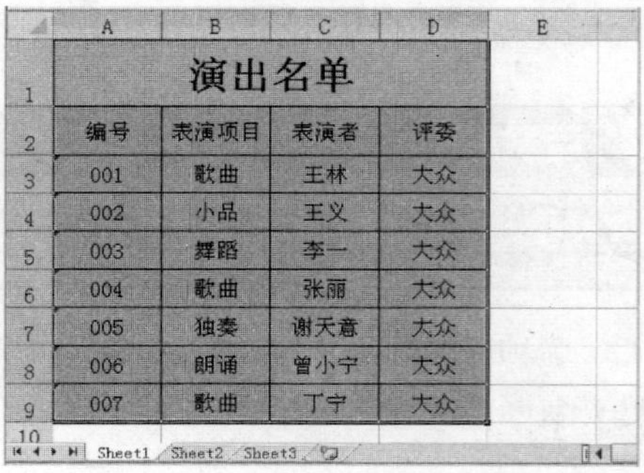

演出名单			
编号	表演项目	表演者	评委
001	歌曲	王林	大众
002	小品	王义	大众
003	舞蹈	李一	大众
004	歌曲	张丽	大众
005	独奏	谢天意	大众
006	朗诵	曾小宁	大众
007	歌曲	丁宁	大众

STEP 03　单击“复制”按钮

在“开始”功能面板的“剪贴板”选项区中，单击“复制”按钮，如下图所示。

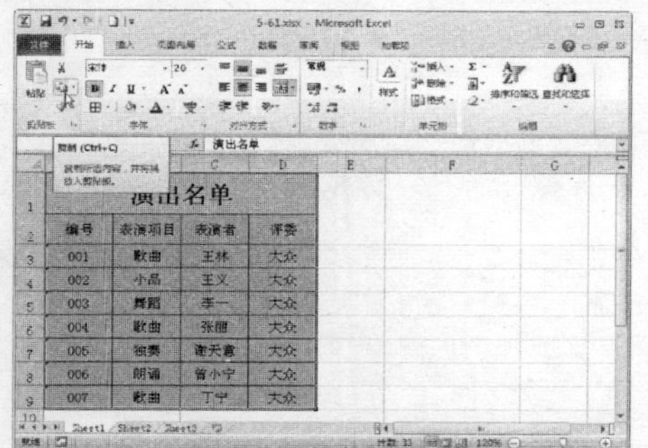

STEP 04　选择目标位置

在工作表中选择需要粘贴的目标位置，如下图所示。

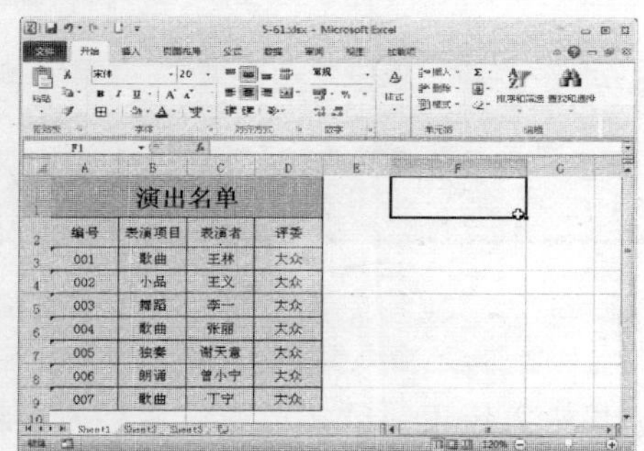

STEP 05　选择“保留源列宽”选项

单击鼠标右键，在弹出的快捷菜单中选择“选择性粘贴”|“保留源列宽”选项，如下图所示。

STEP 06　选择性粘贴数据

执行操作后，即可选择性粘贴数据，如下图所示。

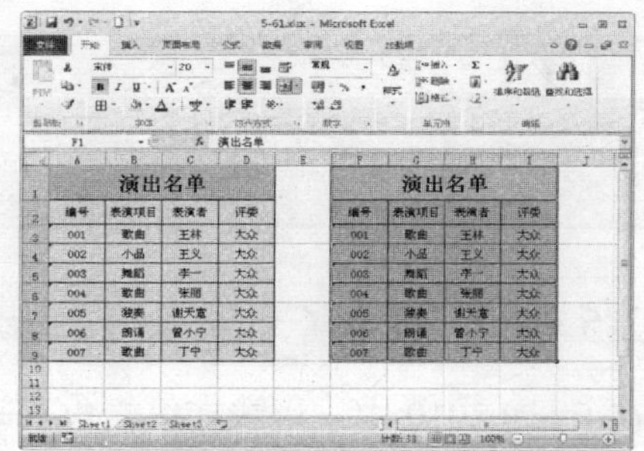

5.2.4 转置粘贴数据

在 Excel 2010 中，转置粘贴数据可以改变选择的单元格区域数据的格式，如果选择的是列数据，通过转置粘贴操作可以将其转换为行数据，下面将介绍转置粘贴的操作。

素材文件	第 5 章\5-67.xlsx	效果文件	第 5 章\5-70.xlsx

STEP 01　选择数据

打开一个 Excel 文件，在其中选择需要转置粘贴的数据，如下图所示。

STEP 02　单击“复制”按钮

在“开始”功能面板的“剪贴板”选项区中，单击“复制”按钮，如下图所示。

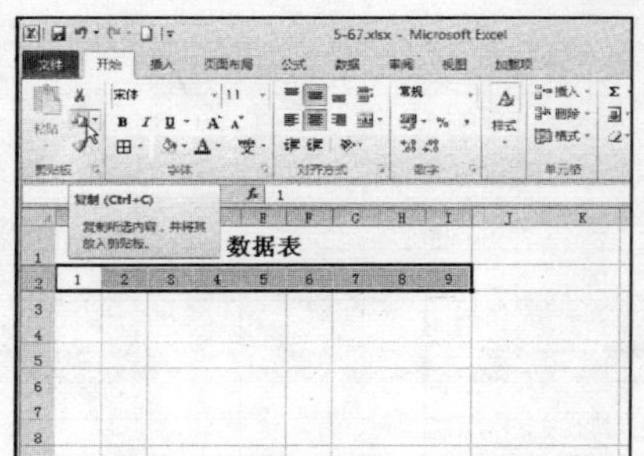

STEP 03 选择“转置”选项

选择 A3 单元格，单击鼠标右键，在弹出的快捷菜单中选择“选择性粘贴”|“转置”选项，如下图所示。

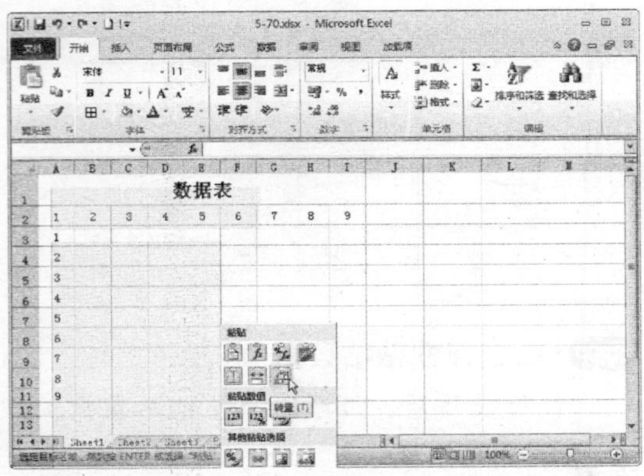

STEP 04 转置粘贴数据

执行操作后，按【Enter】键进行确认，即可完成对数据进行转置粘贴的操作，效果如下图所示。

	A	B	C	D	E	F	G	H	I	J
1	数据表									
2	1	2	3	4	5	6	7	8	9	
3	1	2	3	4	5	6	7	8	9	
4	1	2	3	4	5	6	7	8	9	
5	1	2	3	4	5	6	7	8	9	
6	1	2	3	4	5	6	7	8	9	
7	1	2	3	4	5	6	7	8	9	
8	1	2	3	4	5	6	7	8	9	
9	1	2	3	4	5	6	7	8	9	
10	1	2	3	4	5	6	7	8	9	
11	1	2	3	4	5	6	7	8	9	
12										
13										

Sheet1 Sheet2 Sheet3

专家指点

在 Excel 2010 中使用转置粘贴数据时，系统会自动填充转置粘贴的数据所在区域的数值，且数值与复制的数据相同。

5.2.5 删除数据

在 Excel 2010 中，用户在编辑电子表格时，如果输入错误，就需要通过各种方法将其删除。

素材文件	第 5 章\5-71.xlsx	效果文件	第 5 章\5-74.xlsx

STEP 01 打开文件

打开一个 Excel 文件，选择需要删除的数据，如下图所示。

	A	B	C	D	E
1	盈利表				
2	编号	名称	月销售额	成本	盈利
3	01	哇哈哈	10000	4000	6000
4	02	康师傅	12000	6000	6000
5	03	统一	13000	6000	7000
6	04	太平	8000	3000	5000
7	05	可口可乐	15000	6000	9000
8	06	汇源	7000	2000	5000
9	07	百事	9000	3000	6000
10	08	百事	9000	3000	6000
11					

Sheet1 Sheet2 Sheet3

STEP 02 选择“删除”选项

单击鼠标右键，在弹出的快捷菜单中选择“删除”选项，如下图所示。

STEP 03　选中“整行”单选按钮

弹出“删除”对话框，选中“整行”单选按钮，如下图所示。

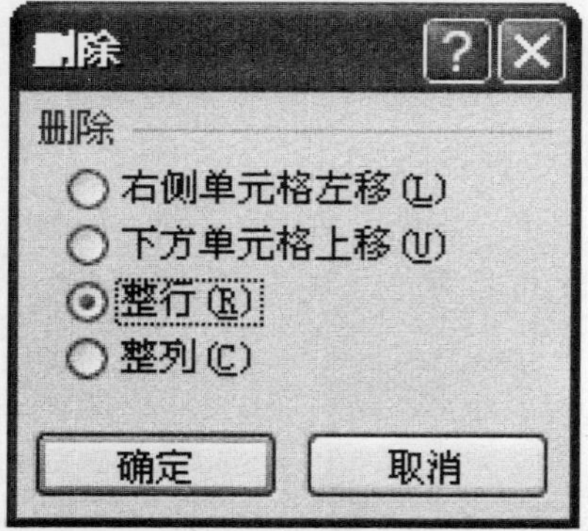

STEP 04　删除选择的数据

单击“确定”按钮，即可删除选择的数据，效果如下图所示。

盈利表				
编号	名称	月销售额	成本	盈利
01	哇哈哈	10000	4000	6000
02	康师傅	12000	6000	6000
03	统一	13000	6000	7000
04	太平	8000	3000	5000
05	可口可乐	15000	6000	9000
06	汇源	7000	2000	5000
07	百事	9000	3000	6000

专家指点

在 Excel 2010 中，选择需要删除的数据，按【Delete】键也可将其删除。需要注意的是，按【Delete】键删除数据时，删除的只有单元格的内容，单元格的其他属性如格式、批注等仍然保留。

5.2.6　撤销和恢复数据

在编辑工作表的过程中，若不小心操作错误，可以通过 Excel 2010 的“撤销”功能来还原操作，如下图（左）所示。当撤销完成后，如果需要恢复先前的操作命令，可以通过“恢复”功能来恢复操作，如下图（右）所示。

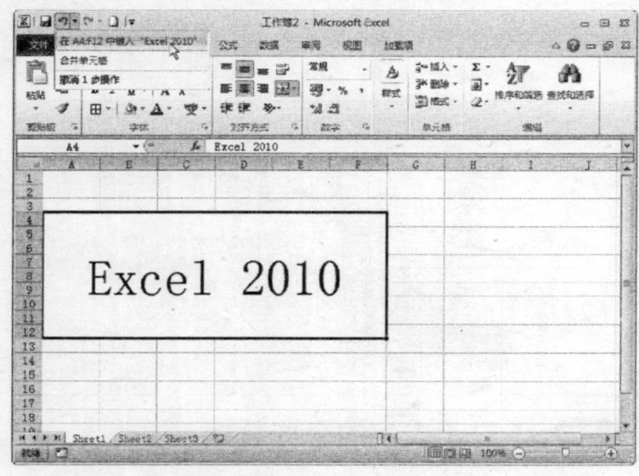

撤销操作

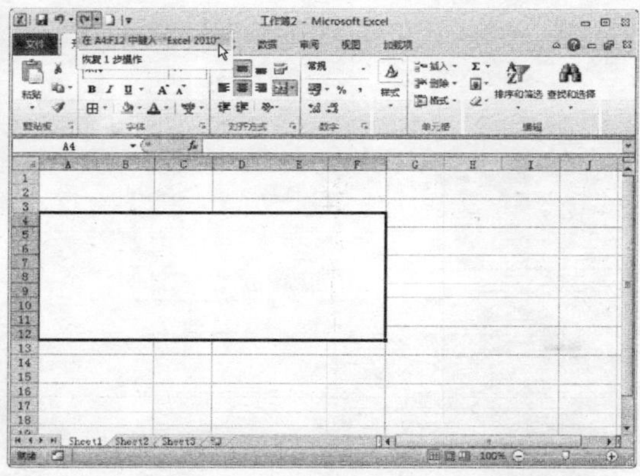

恢复操作

5.3　查找和替换数据

在编辑大型工作表时，若要人为地查看或修改工作中的某些记录，工作量将十分巨大且费时耗力，但如果利用 Excel 中提供的查找与替换功能，不管是查看或修改，都将变得十分简单。

5.3.1 查找数据

在 Excel 2010 中，常常需要查找工作表中的数据，利用系统提供的查找功能，可以减少工作量。

素材文件	第 5 章\5-77.xlsx	效果文件	无

STEP 01 打开文件

打开一个 Excel 文件，如下图所示。

高二一班期末成绩表							
姓名	语文	数学	英语	化学	物理	生物	总分
林小林	85	85	89	57	83	76	475
王心	76	64	83	76	81	86	466
王义清	86	45	86	73	79	87	456
李一	79	87	78	76	81	86	487
林佳	68	89	84	73	79	87	480
谢林	79	76	81	86	89	76	487
曾奥	81	73	79	87	88	86	494
丁力	86	89	86	79	79	86	505
江风	87	88	73	76	86	76	486
石林林	79	79	58	59	63	59	397
张丽	76	86	79	76	86	79	482
张月	69	68	63	69	68	63	400
吴青	85	61	59	85	61	59	410
安远	83	59	42	87	76	86	433
刘毅	86	58	85	76	73	76	454
高洁心	84	69	86	59	59	73	430
朱始	83	67	76	63	86	59	434
江清	79	76	73	89	74	63	454
许菲	68	59	59	88	76	89	439

STEP 02 选择“查找”选项

在“开始”功能面板的“编辑”选项区中，单击“查找和选择”下方的下三角按钮，在弹出的下拉列表中选择“查找”选项，如下图所示。

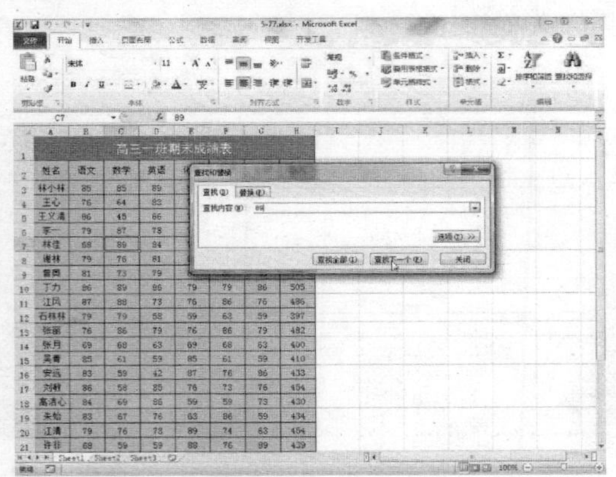

STEP 03 输入查找内容

弹出“查找和替换”对话框，在文本框中输入查找内容，如下图所示。

STEP 04 查找内容

单击“查找下一个”按钮，即可找到包含查找内容的单元格，如下图所示。

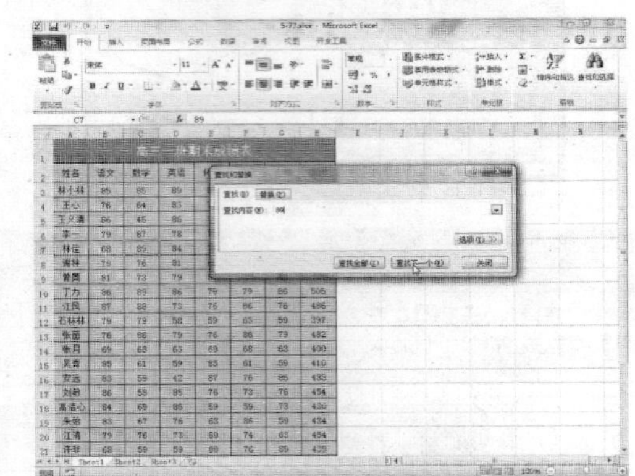

STEP 05 查找其他数据

如果要查找的内容在工作表中不只出现一次，可以继续单击“查找下一个”按钮，直至全部查找出来为止，如下图所示。

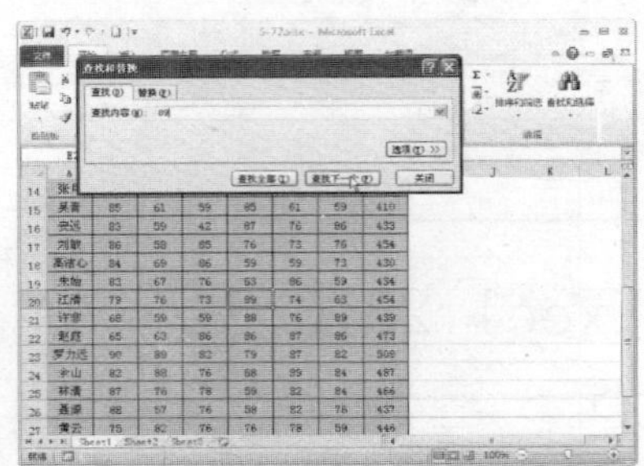

STEP 06 显示查找的全部数据

单击“查找全部”按钮，可在“查找和替换”对话框中显示找到的全部数据，如下图所示。

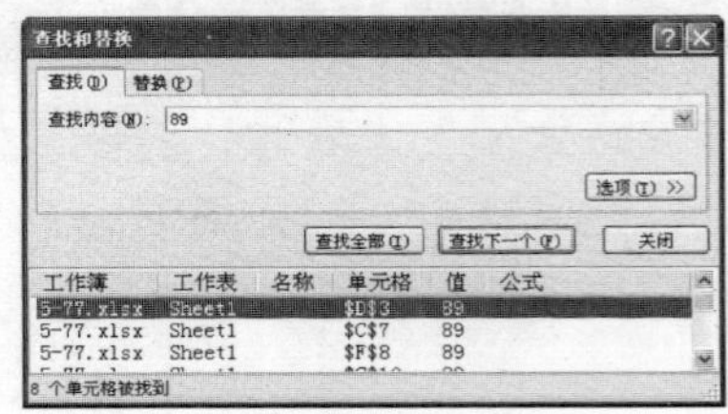

专家指点

在 Excel 2010 中，可以先复制需要查找的词语，再在“查找和替换”对话框中，将该词语粘贴到“查找”文本框中。

5.3.2 替换数据

在 Excel 2010 中，用户可以利用系统提供的替换功能，将需要替换的数据查找出来然后将其替换。

素材文件	第 5 章\5-77.xlsx	效果文件	第 5 章\5-85.xlsx

STEP 01 选择“替换”选项

单击“查找和选择”下方的下三角按钮，在弹出的列表框中选择“替换”选项，如下图所示。

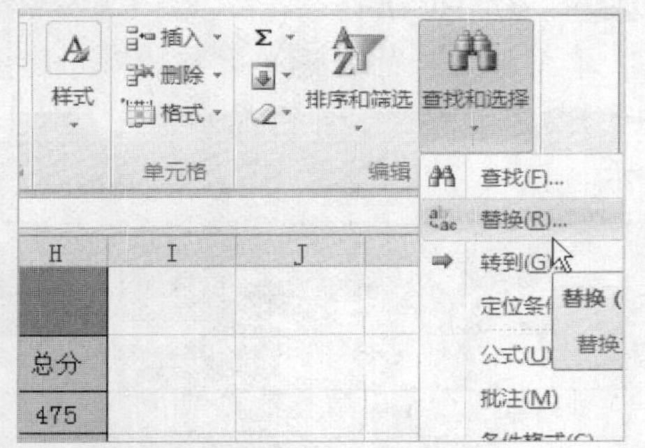

STEP 02 输入相应内容

弹出“查找和替换”对话框，在“查找内容”右侧的文本框中输入 59，在“替换为”右侧的文本框中输入 60，如下图所示。

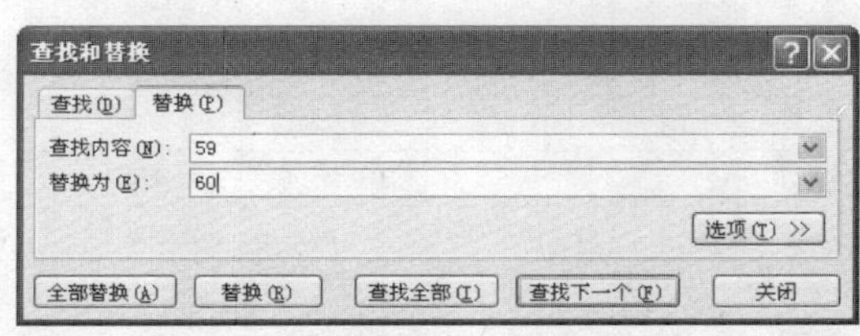

STEP 03 弹出提示信息框

单击“全部替换”按钮，弹出提示信息框，如下图所示。

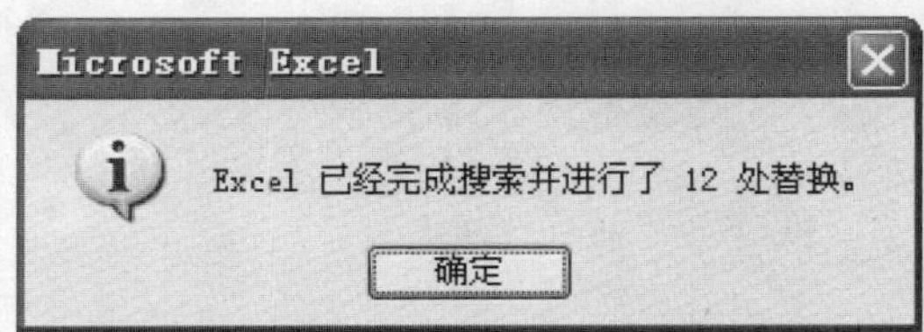

STEP 04 替换数据

单击“确定”按钮，即可将工作表中所有 59 替换为 60。

专家指点

在“查找和替换”对话框中单击“选项”按钮，用户可以根据需要在展开的选项区中设置参数。

5.4 设置批注

在 Excel 2010 中，“批注”是附加在单元格中的一种注释信息，可以起到提醒用户的作用，本节主要介绍编辑与删除批注的操作。

5.4.1 编辑批注

在 Excel 2010 中，编辑批注能为用户提供有效的反馈信息，所以对它的编辑不能忽略，下面介绍编辑批注的操作方法。

素材文件	第 5 章\5-85.xlsx	效果文件	第 5 章\5-89.xlsx

STEP 01 选择单元格

打开一个 Excel 文件，选择需要插入批注的单元格，如下图所示。

	A	B	C	D
1	饮食安排			
2		早餐	中餐	晚餐
3	星期一	酸奶	酸辣鸡丁	西红柿蛋汤
4	星期二	面条	酸辣鸡丁	冬瓜排骨汤
5	星期三	面条	蚂蚁上树	鱼香肉丝
6	星期四	牛奶	麻婆豆腐	辣椒炒蛋
7	星期五	面包	土豆丝炒肉	香辣鱿鱼
8	星期六	包子	酸豆角炒肉	酸辣鸡丁
9	星期日	馒头	香辣鱿鱼	麻婆豆腐

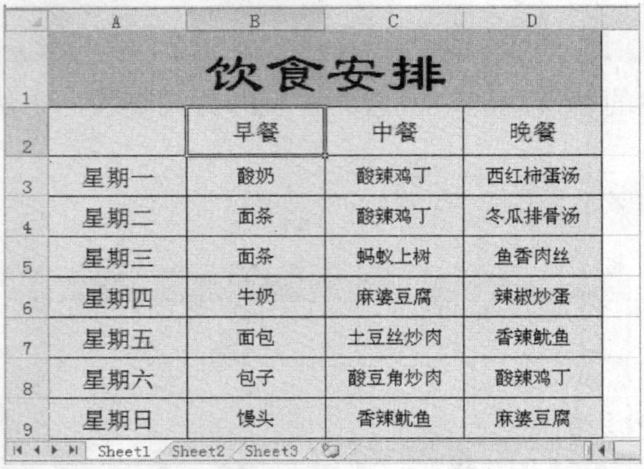

STEP 02 选择“插入批注”选项

单击鼠标右键，在弹出的快捷菜单中选择“插入批注”选项，如下图所示。

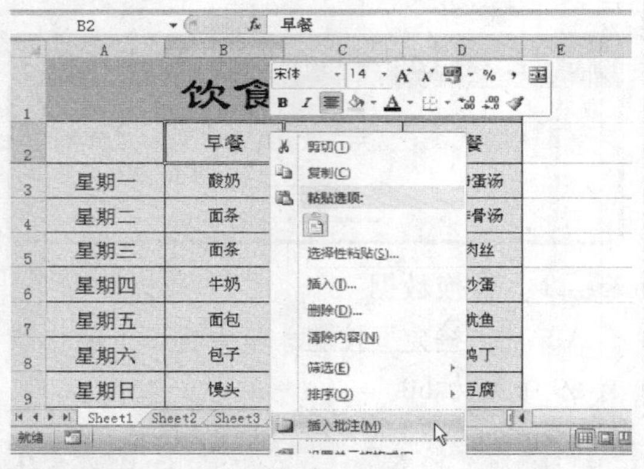

STEP 03 输入批注内容

进入批注编辑状态，在其中输入相应的内容，如下图所示。

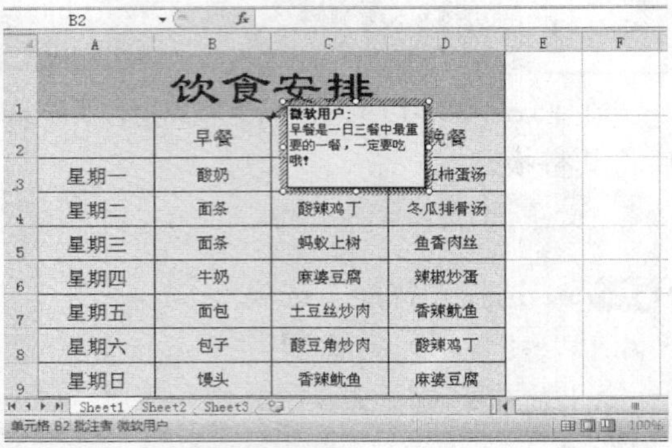

微软用户：
早餐是一日三餐中最重要的一餐，一定要吃哦！

STEP 04 编辑批注

单击批注外的任意单元格，将鼠标指针移至 B2 单元格上，即可显示批注，如下图所示。

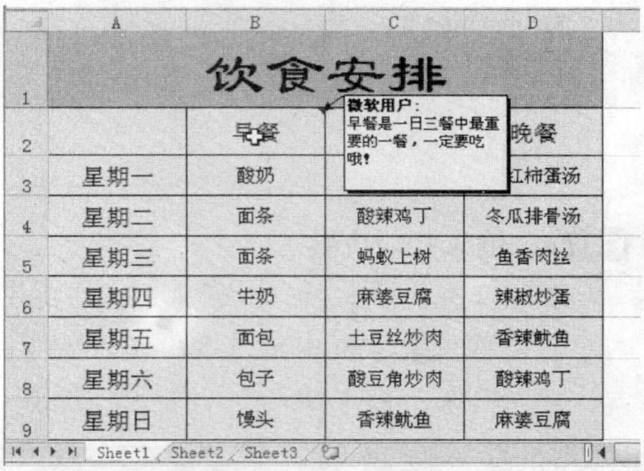

微软用户：
早餐是一日三餐中最重要的一餐，一定要吃哦！

专家指点

在 Excel 2010 中，除了通过上述方法编辑批注外，还可以选择需要插入批注的单元格，单击“审阅”选项卡，进入“审阅”功能面板，在“批注”选项区中单击“新建批注”按钮，进入批注编辑状态，在其中输入相应的内容，也可以编辑批注。

5.4.2 删除批注

在 Excel 2010 中，当用户不需要批注时，可以将其删除。

素材文件	第 5 章\5-89.xlsx	效果文件	第 5 章\5-91.xlsx

STEP 01 选择单元格

打开一个 Excel 文件，选择需要删除批注的单元格，如下图所示。

STEP 02 单击“删除批注”按钮

单击“审阅”功能面板的“批注”选项区中的“删除批注”按钮（如下图所示），即可将批注删除。

专家指点

在 Excel 2010 中，除了通过上述方法删除批注外，还可以选择需要删除批注的单元格，单击鼠标右键，在弹出的快捷菜单中选择“删除批注”选项，将批注删除。

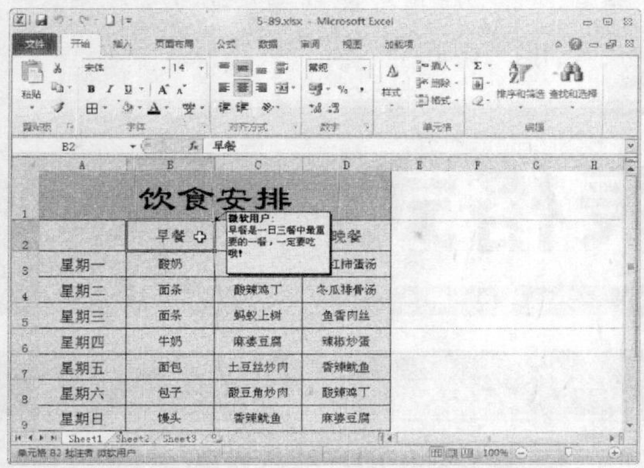

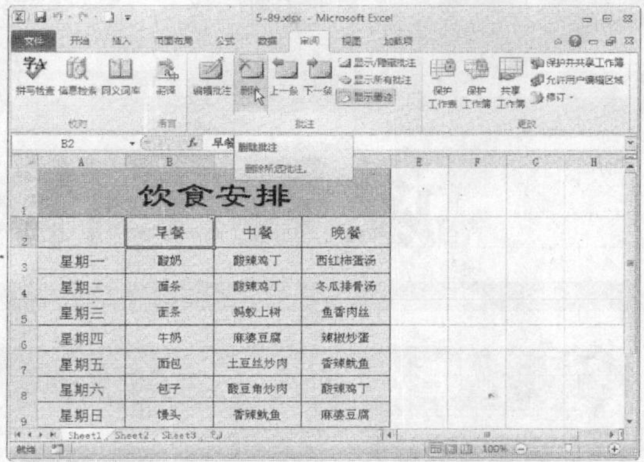

读书笔记

Chapter 06

章前知识导读

创建了工作表之后，不仅需要对工作表中的数据进行处理，而且需要对工作表的格式进行设置。在 Excel 2010 中，系统提供了丰富的格式编排功能，使用这些功能，可以美化工作表，便于用户阅读。

设置工作表格式

重点知识索引

- 设置字体格式
- 设置对齐方式
- 设置边框与背景
- 设置表格的行高与列宽
- 隐藏表格的行与列

效果图片欣赏

年度销售分布表

月份	电视机（万）	洗衣机(万)	电冰箱（万）
1	452	560	462
2	780	732	480
3	920	813	496
4	845	762	512
5	962	653	763
6	785	721	673
7	862	861	634
8	873	763	612
9	643	912	532
10	512	835	732
11	632	751	762
12	810	762	361

设置文本字体

图书借阅表

借阅人	借阅日期	书号	类别	归还日期
李其	11-2-20	105432100	工具书	11-2-21
孙意	11-2-20	105433168	政治类	11-3-9
李其	11-2-21	101003936	政治类	11-2-26
刘清义	11-2-25	105432938	工具书	
李其	11-2-26	104210361	政治类	
向一方	11-3-1	105432132	计算机	11-3-20
王明	11-3-2	105421365	政治类	11-3-15
李其	11-3-5	105400968	外语类	11-3-9
李其	11-3-9	105310140	外语类	11-3-20
孙意	11-3-9	105310568	文学类	
王明	11-3-19	105420076	外语类	
李其	11-3-20	105431076	外语类	

设置单元格内容对齐

销售人员收入核算

2010年12月

销售人员	基本工资	本月销售额	销售提成	应得收入
王瑞	¥1,200.00	¥10,000.00	¥200.00	¥1,400.00
李平	¥1,200.00	¥9,000.00	¥180.00	¥1,380.00
陈杰	¥1,200.00	¥12,000.00	¥240.00	¥1,440.00
黎辉	¥1,200.00	¥14,000.00	¥280.00	¥1,480.00

设置边框样式

数码产品进货表

产品名称	品牌	单价	数量	购买日期	使用时间
电话机	联想	100	30	2010-5-20	2
笔记本电脑	华硕	200	10	2010-7-6	3
传真机	夏普	400	1	2010-8-10	3
复印机	理光	500	2	2010-8-21	2
空调	格力	300	2	2010-1-12	2.5
刻录机	惠普	500	1	2010-3-1	2.5
打印机	联想	150	1	2010-3-25	2.5
台式电脑	三星	250	20	2010-10-2	2
笔记本电脑	东芝	450	5	2010-2-3	1.5
扫描仪	爱普生	650	1	2010-3-16	1.5
复印机	理光	630	1	2010-6-13	2
传真机	三星	720	1	2010-7-21	2
空调	海尔	640	1	2010-2-16	0.5

设置表格的列宽

6.1 设置字体格式

在 Excel 2010 中，为了使表格的标题和数据更加醒目、直观，就需要对工作表中的字体进行相应的设置，本节主要介绍设置字体格式的方法。

6.1.1 设置文本字体

在 Excel 2010 中，用户可以根据需要为单元格中的文本设置不同的字体，使工作表更加美观。

素材文件	第 6 章\6-1.xlsx	效果文件	第 6 章\6-4.xlsx

STEP 01 选择单元格

打开一个 Excel 文件，选择需要设置文本字体的单元格，如下图所示。

年度销售分布表			
月份	电视机（万）	洗衣机(万)	电冰箱（万）
1	452	560	462
2	780	732	480
3	920	813	496
4	845	762	512
5	962	653	763
6	785	721	673
7	862	861	634
8	873	763	612
9	643	912	532
10	512	835	732
11	632	751	762
12	810	762	361

STEP 02 选择"设置单元格格式"选项

单击鼠标右键，在弹出的快捷菜单中选择"设置单元格格式"选项，如下图所示。

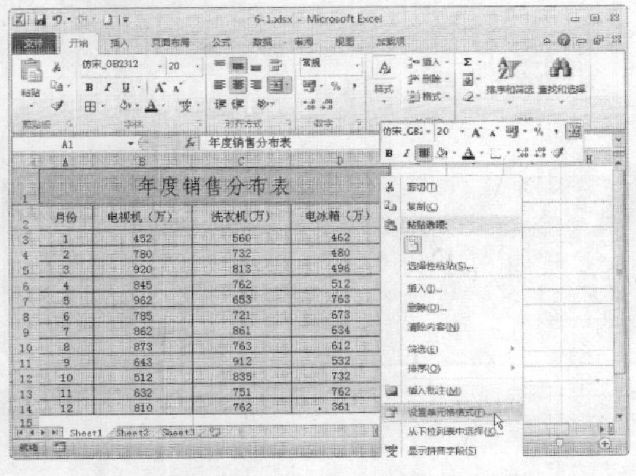

STEP 03 选择"方正综艺简体"选项

弹出"设置单元格格式"对话框，切换至"字体"选项卡，在"字体"列表框中选择"方正综艺简体"选项，如下图所示。

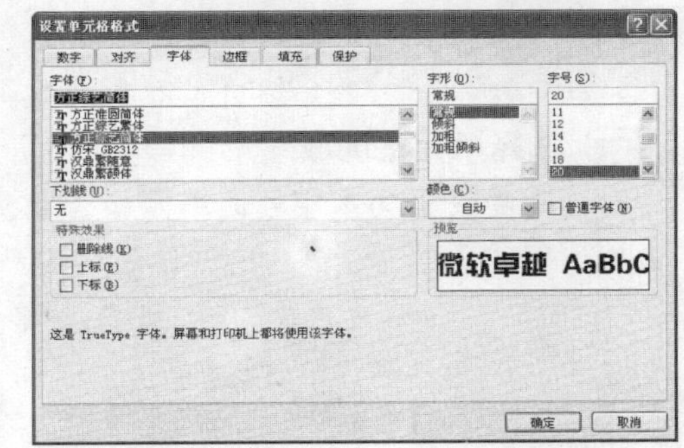

STEP 04 设置文本字体

单击"确定"按钮，即可将所先单元格中的文本字体格式设置为方正综艺简体，如下图所示。

年度销售分布表			
月份	电视机（万）	洗衣机(万)	电冰箱（万）
1	452	560	462
2	780	732	480
3	920	813	496
4	845	762	512
5	962	653	763
6	785	721	673
7	862	861	634
8	873	763	612
9	643	912	532
10	512	835	732
11	632	751	762
12	810	762	361

专家指点

在 Excel 2010 中，还可以通过在"开始"功能面板的"字体"选项区中，单击"字体"右侧的下三角按钮，在弹出的下拉列表中选择需要设置的字体来设置文本字体。

6.1.2 设置文本字号

在 Excel 2010 中，用户可以根据需要为单元格中的文本设置不同的字号。

素材文件	第 6 章\6-5.xlsx	效果文件	第 6 章\6-8.xlsx

STEP 01 打开文件

打开一个 Excel 文件，如下图所示。

公司人员名单					
编号	姓名	性别	年龄	部门	底薪
00001	邓诀	女	21	广告部	800
00002	王大	男	22	销售部	600
00003	刘水	女	25	业务部	600
00004	汪峰	男	26	生产部	600
00005	李新然	女	28	广告部	800
00006	陈祥	男	28	业务部	600
00007	张林	女	25	广告部	800
00008	方移	男	23	业务部	600
00009	李丽丽	女	23	广告部	800

STEP 02 选择单元格区域

选择需要设置文本字号的单元格区域，如下图所示。

公司人员名单					
编号	姓名	性别	年龄	部门	底薪
00001	邓诀	女	21	广告部	800
00002	王大	男	22	销售部	600
00003	刘水	女	25	业务部	600
00004	汪峰	男	26	生产部	600
00005	李新然	女	28	广告部	800
00006	陈祥	男	28	业务部	600
00007	张林	女	25	广告部	800
00008	方移	男	23	业务部	600
00009	李丽丽	女	23	广告部	800

STEP 03 选择相应选项

在“开始”功能面板的“字体”选项区中单击“字号”右侧的下三角按钮，在弹出的下拉列表中选择相应选项，如下图所示。

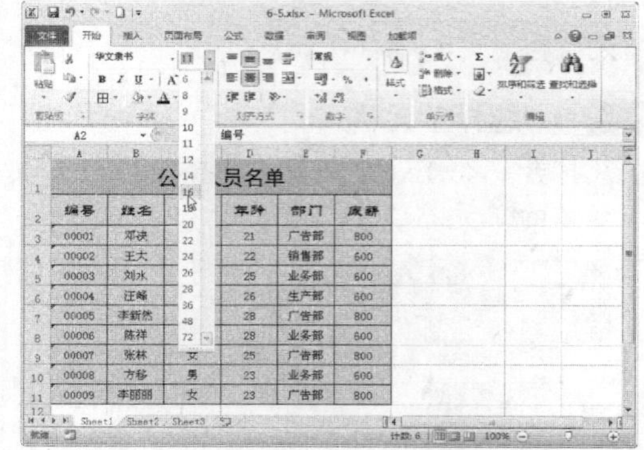

STEP 04 设置文本字号

即可设置文本字号，如下图所示。

公司人员名单					
编号	姓名	性别	年龄	部门	底薪
00001	邓诀	女	21	广告部	800
00002	王大	男	22	销售部	600
00003	刘水	女	25	业务部	600
00004	汪峰	男	26	生产部	600
00005	李新然	女	28	广告部	800
00006	陈祥	男	28	业务部	600
00007	张林	女	25	广告部	800
00008	方移	男	23	业务部	600
00009	李丽丽	女	23	广告部	800

专家指点

在 Excel 2010 中，除了运用以上的方法设置文本字号外，还可以在“字体”选项区中单击右下角的“设置单元格格式：字体”按钮，弹出“设置单元格格式”对话框，在“字体”选项卡的“字号”列表框中选择相应的选项。

6.1.3 设置文本字形

在 Excel 2010 中，字形主要分为常规、倾斜、加粗以及加粗倾斜 4 种，用户可以根据需要选择字形。

素材文件	第 6 章\6-9.xlsx	效果文件	第 6 章\6-12.xlsx

STEP 01　打开文件

打开一个 Excel 文件，在工作表中选择需要设置文本字形的单元格，如下图所示。

	A	B	C	D	E	F
1	课 程 表					
2		星期一	星期二	星期三	星期四	星期五
3	第1节	语文	英语	数学	语文	英语
4	第2节	数学	数学	语文	数学	语文
5	第3节	政治	化学	政治	英语	数学
6	第4节	物理	语文	英语	物理	化学
7	第5节	英语	物理	化学	历史	政治
8	第6节	美术	历史	体育	音乐	自习
9	第7节	自习	自习	自习	自习	自习

高一年级课程表　高一(1)班　高一(2)班

STEP 02　单击相应按钮

在“开始”功能面板的“字体”选项区中单击右下角的“设置单元格格式：字体”按钮，如下图所示。

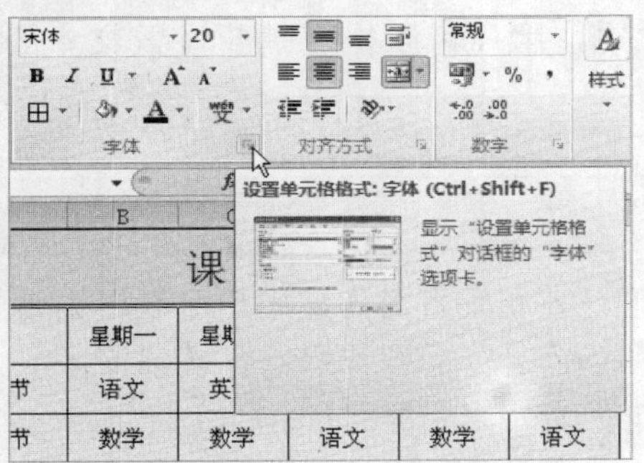

STEP 03　选择“加粗倾斜”选项

弹出“设置单元格格式”对话框，在“字体”选项卡的“字形”列表框中选择“加粗倾斜”选项，如下图所示。

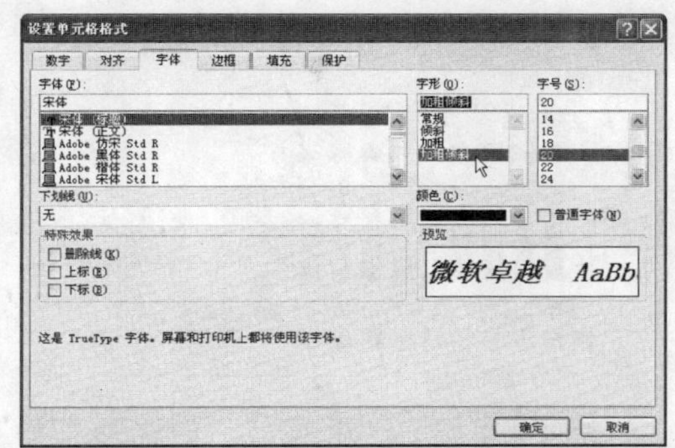

STEP 04　设置文本字形

单击“确定”按钮，即可将选择的文本字形设置为加粗倾斜，如下图所示。

	A	B	C	D	E	F
1	***课 程 表***					
2		星期一	星期二	星期三	星期四	星期五
3	第1节	语文	英语	数学	语文	英语
4	第2节	数学	数学	语文	数学	语文
5	第3节	政治	化学	政治	英语	数学
6	第4节	物理	语文	英语	物理	化学
7	第5节	英语	物理	化学	历史	政治
8	第6节	美术	历史	体育	音乐	自习
9	第7节	自习	自习	自习	自习	自习

高一年级课程表　高一(1)班　高一(2)班

6.1.4 设置文本颜色

在 Excel 2010 中，用户可以根据需要设置文本的颜色，使文本的显示更加突出。

素材文件	第 6 章\6-13.xlsx	效果文件	第 6 章\6-16.xlsx

STEP 01　打开文件

打开一个 Excel 文件，如下图所示。

	A	B	C	D	E
1	员工学历表				
2	姓名	性别	民族	年龄	最高学历
3	李双	男	汉	21	专科
4	王宁	男	汉	22	专科
5	刘丽	女	汉	25	高中
6	汪洋	男	汉	26	研究生
7	朱珍	女	汉	28	硕士
8	陈玲	女	汉	28	初中
9	张依	女	汉	25	本科
10	方林	男	汉	23	本科
11	吕毅	女	汉	23	高中

Sheet1　Sheet2　Sheet3

STEP 02　选择单元格

选择需要设置文本颜色的单元格，如下图所示。

	A	B	C	D	E
1	员工学历表				
2	姓名	性别	民族	年龄	最高学历
3	李双	男	汉	21	专科
4	王宁	男	汉	22	专科
5	刘丽	女	汉	25	高中
6	汪洋	男	汉	26	研究生
7	朱珍	女	汉	28	硕士
8	陈玲	女	汉	28	初中
9	张依	女	汉	25	本科
10	方林	男	汉	23	本科
11	吕毅	女	汉	23	高中

Sheet1　Sheet2　Sheet3

STEP 03 选择红色

在“开始”功能面板的“字体”选项区中单击“字体颜色”右侧的下三角按钮，在弹出的调色板中选择红色，如下图所示。

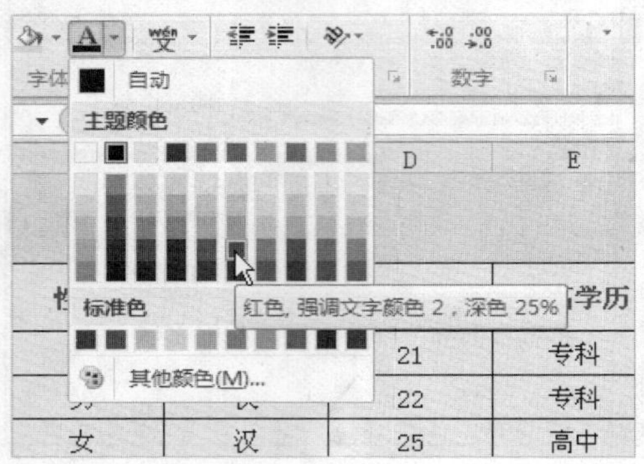

STEP 04 设置文本颜色

执行操作后，即可将选择的单元格中的文本颜色设置为红色，如下图所示。

员工学历表				
姓名	性别	民族	年龄	最高学历
李双	男	汉	21	专科
王宁	男	汉	22	专科
刘丽	女	汉	25	高中
汪洋	男	汉	26	研究生
朱珍	女	汉	28	硕士
陈玲	女	汉	28	初中
张依	女	汉	25	本科
方林	男	汉	23	本科
吕毅	女	汉	23	高中

6.2 设置对齐方式

在 Excel 2010 中，系统提供了很多对齐方式，用户可以根据需要设置文本的对齐方式。

6.2.1 设置单元格内容对齐

在 Excel 2010 中，单元格的对齐方式包括水平对齐和垂直对齐，用户可以根据需要设置单元格的对齐方式。

素材文件	第 6 章\6-17.xlsx	效果文件	第 6 章\6-20.xlsx

STEP 01 打开文件

打开一个 Excel 文件，如下图所示。

图书借阅表				
借阅人	借阅日期	书号	类别	归还日期
李其	11-2-20	105432100	工具书	11-2-21
孙意	11-2-20	105433168	政治类	11-3-9
李其	11-2-21	101003936	政治类	11-2-26
刘清义	11-2-25	105432938	工具书	
李其	11-2-26	104210361	政治类	
向一方	11-3-1	105432132	计算机	11-3-20
王明	11-3-2	105421365	政治类	11-3-15
李其	11-3-5	105400968	外语类	11-3-9
李其	11-3-9	105310140	外语类	11-3-20
孙意	11-3-9	105310568	文学类	
王明	11-3-19	105420076	外语类	
李其	11-3-20	105431076	外语类	

STEP 02 选择单元格区域

选择需要设置内容对齐的单元格区域，如下图所示。

图书借阅表				
借阅人	借阅日期	书号	类别	归还日期
李其	11-2-20	105432100	工具书	11-2-21
孙意	11-2-20	105433168	政治类	11-3-9
李其	11-2-21	101003936	政治类	11-2-26
刘清义	11-2-25	105432938	工具书	
李其	11-2-26	104210361	政治类	
向一方	11-3-1	105432132	计算机	11-3-20
王明	11-3-2	105421365	政治类	11-3-15
李其	11-3-5	105400968	外语类	11-3-9
李其	11-3-9	105310140	外语类	11-3-20
孙意	11-3-9	105310568	文学类	
王明	11-3-19	105420076	外语类	
李其	11-3-20	105431076	外语类	

STEP 03 单击“居中”按钮

在“开始”功能面板的“对齐方式”选项区中单击“居中”按钮，如下图所示。

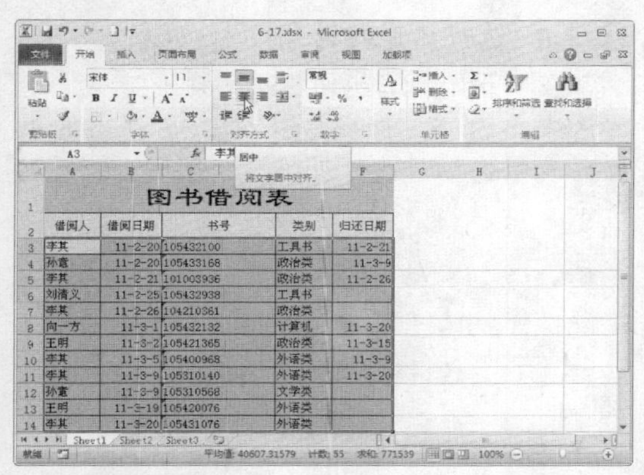

执行操作后，即可将选择的单元格中的文本设置为居中对齐，如下图所示。

图书借阅表				
借阅人	借阅日期	书号	类别	归还日期
李其	11-2-20	105432100	工具书	11-2-21
孙意	11-2-20	105433168	政治类	11-3-9
李其	11-2-21	101003936	政治类	11-2-26
刘清义	11-2-25	105432938	工具书	
李其	11-2-26	104210361	政治类	
向一方	11-3-1	105432132	计算机	11-3-20
王明	11-3-2	105421365	政治类	11-3-15
李其	11-3-5	105400968	外语类	11-3-9
李其	11-3-9	105310140	外语类	11-3-20
孙意	11-3-9	105310568	文学类	
王明	11-3-19	105420076	外语类	
李其	11-3-20	105431076	外语类	

STEP 04 设置对齐方式

在“开始”功能面板的“对齐方式”选项区中单击右下角的“设置单元格格式：对齐方式”按钮，弹出“设置单元格格式”对话框，在“对齐”选项卡中可以查看水平对齐和垂直对齐的类型，下面对这两种对齐方式进行介绍。

- 水平对齐：此下拉列表中包括了常规、靠左（缩进）、居中、靠右（缩进）、填充、两端对齐、跨列居中以及分散对齐（缩进）选项，如下图（左）所示。
- 垂直对齐：此下拉列表中包括了靠上、居中、靠下、两端对齐以及分散对齐选项，如下图（右）所示。

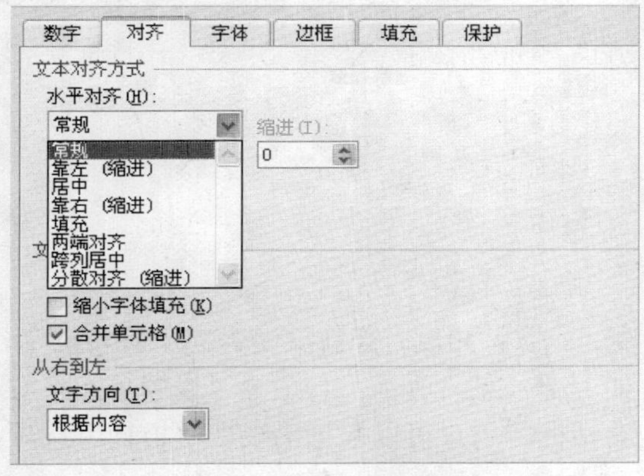

“水平对齐”列表框

“垂直对齐”列表框

专家指点

在 Excel 2010 中，除了运用以上的方法弹出“设置单元格格式”对话框外，还可以在“数字”选项区中单击“设置单元格格式：数字”按钮，弹出“设置单元格格式”对话框。

6.2.2 设置单元格内容排列方向

在 Excel 2010 中，不仅可以设置单元格内容的对齐方式，还可以设置单元格内容的排列方向，简单地说就是设置单元格中内容的旋转角度，下面主要介绍设置单元格内容的排列方向的方法。

素材文件	第 6 章\6-23.xlsx	效果文件	第 6 章\6-26.xlsx

STEP 01 打开文件

打开一个 Excel 文件，如下图所示。

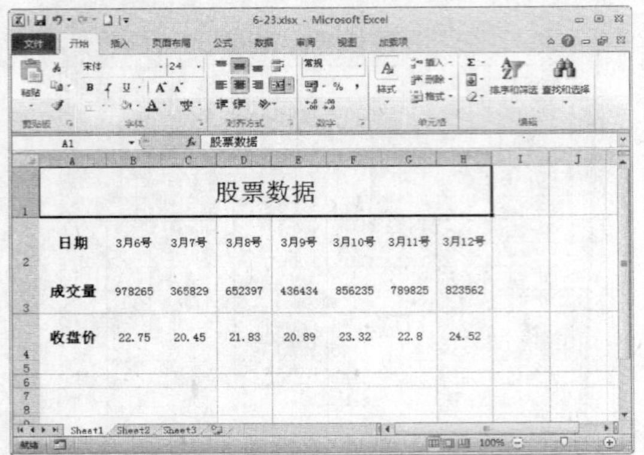

STEP 02 选择单元格区域

选择需要设置内容排列方向的单元格区域，如下图所示。

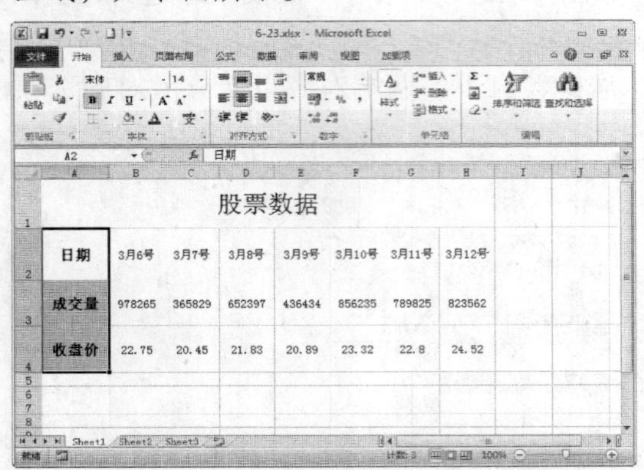

STEP 03 选择"逆时针角度"选项

在"开始"工能面板的"对齐方式"选项区中单击"方向"按钮，在弹出的下拉列表中选择"逆时针角度"选项，如下图所示。

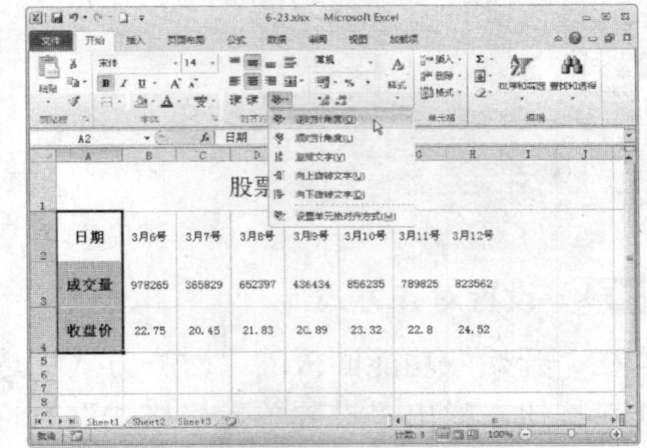

STEP 04 设置排列方向

执行操作后，即可完成单元格内容排列方向的设置，如下图所示。

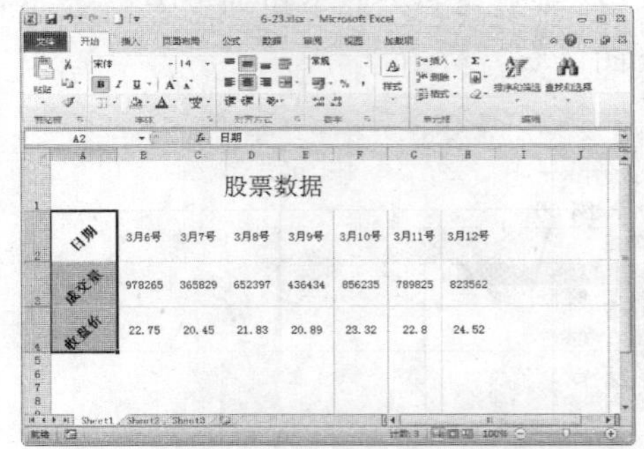

在"方向"下拉列表中，包括了逆时针角度、顺时针角度、竖排文字、向上旋转文字、向下旋转文字以及设置单元格对齐方式选项，如下图（左）所示。若选择"设置单元格对齐方式"选项，则会弹出"设置单元格格式"对话框，用户可以根据需要在"方向"选项区中进行相应的设置，如下图（右）所示。

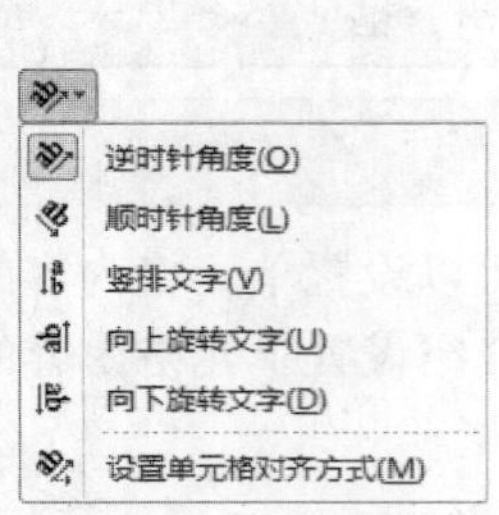

"方向"列表框

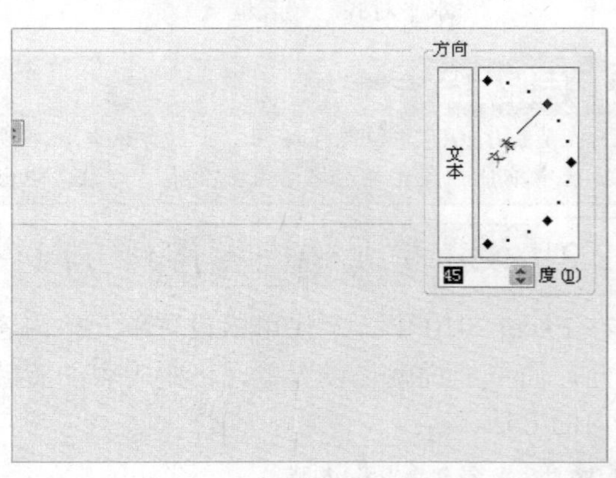

"方向"选项区

6.3 设置边框与背景

在 Excel 2010 中，默认情况下工作区所显示的网格线是打印不出来的，所以，在打印工作表中的内容时，需要设置单元格的边框和背景。

6.3.1 添加边框

在 Excel 2010 中，有时需要为工作表添加边框来增加工作表的美观性，用户可以根据需要为数据区域添加边框。

素材文件	第 6 章\6-29.xlsx	效果文件	第 6 章\6-32.xlsx

STEP 01 打开文件

打开一个 Excel 文件，如下图所示。

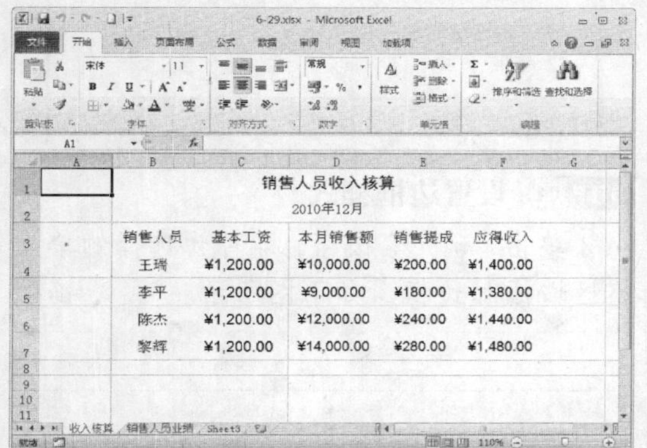

STEP 02 选择单元格

在工作表中选择需要添加边框的单元格，如下图所示。

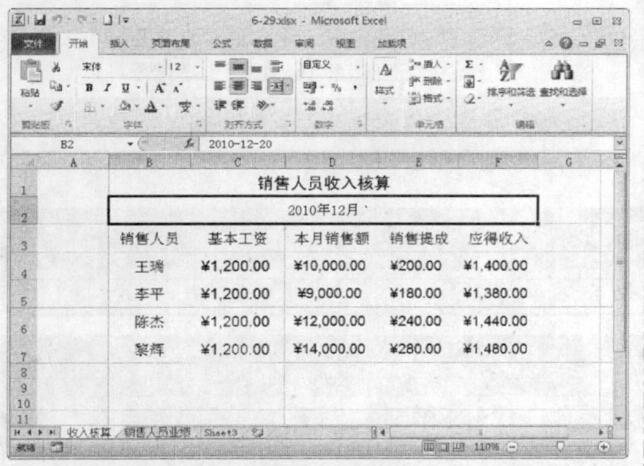

STEP 03 选择"所有框线"选项

在"开始"功能面板的"字体"选项区中单击"无框线"右侧的下三角按钮，在弹出的下拉列表中选择"所有框线"选项，如下图所示。

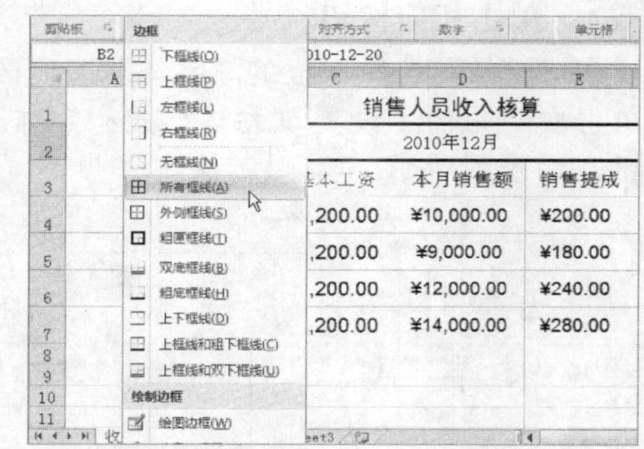

STEP 04 添加边框

即可为单元格添加边框，如下图所示。

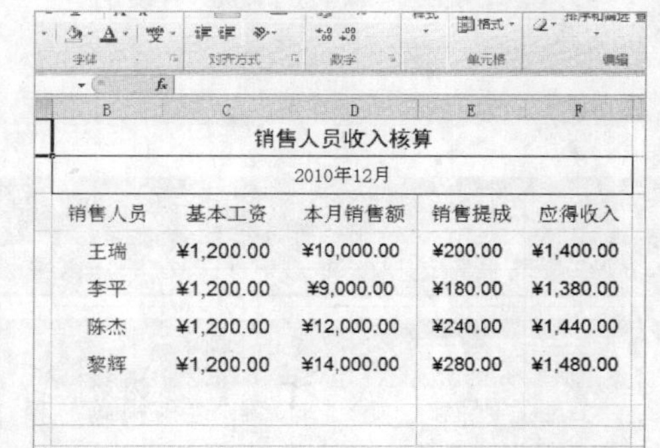

6.3.2 设置边框样式

在 Excel 2010 中，不仅可以为工作表中的数据添加边框，还可以设置不同线型、不同颜色以及不同粗细的边框样式。

素材文件	第 6 章\6-29.xlsx	效果文件	第 6 章\6-36.xlsx

STEP 01 **选择单元格区域**

打开一个 Excel 文件，选择需要设置边框样式的单元格区域，如下图所示。

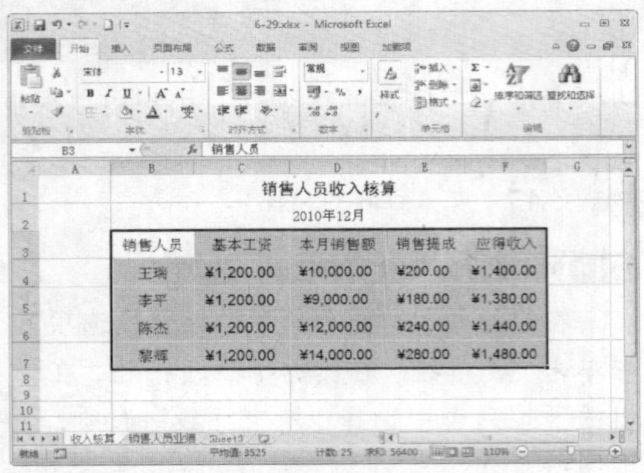

STEP 02 **单击相应按钮**

在“开始”功能面板的“字体”选项区中单击右下角的“设置单元格格式：字体”按钮，如下图所示。

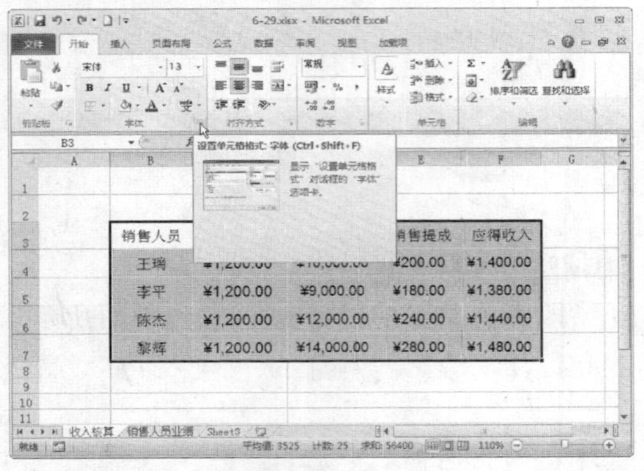

STEP 03 **设置相应选项**

弹出“设置单元格格式”对话框，切换至“边框”选项卡。在“样式”选项区中选择合适的线条，设置“颜色”为红色，在“预置”选项区中单击“外边框”按钮和“内部”按钮，如下图所示。

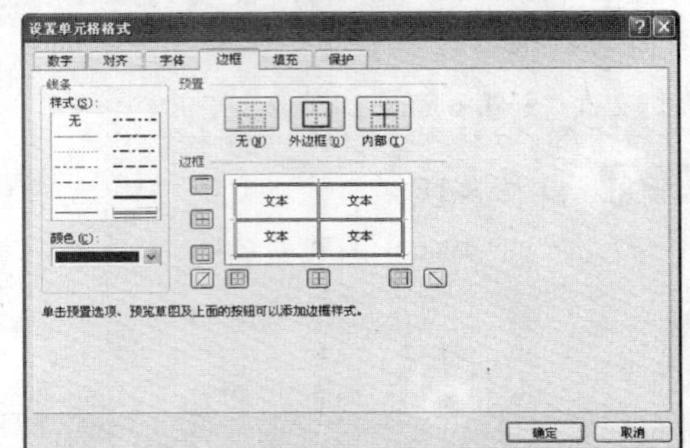

STEP 04 **设置边框样式**

单击“确定”按钮，即可为选择的单元格区域添加边框，如下图所示。

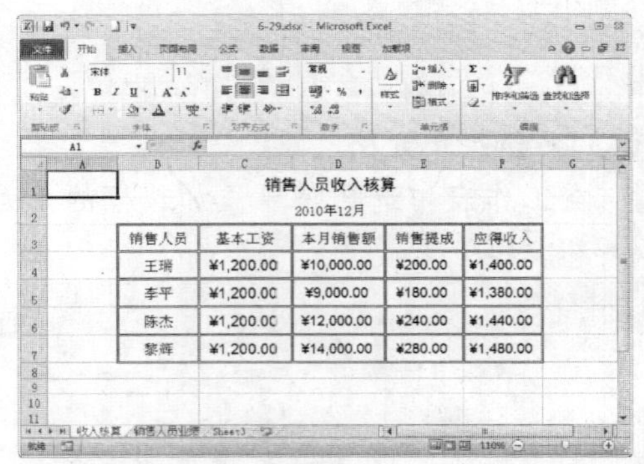

专家指点

在“边框”选项卡中，用户可以根据需要设置边框的属性。

专家指点

在设置边框时，应先选择“边框样式”和“边框颜色”，然后设置“预置”选项，最后在“边框”选项区中设置边框位置。

6.3.3 设置单元格背景

在 Excel 2010 中，用户可以根据需要设置单元格的背景。

素材文件	第 6 章\6-37.xlsx	效果文件	第 6 章\6-40.xlsx

STEP 01 选择单元格

打开一个 Excel 文件，选择需要设置背景的单元格，如下图所示。

会议记录				
日期	时间	工作内容	地点	参与人员
2010-4-1	15:30	供应商来访	第一会议室	采购部经理生产部部长
2010-4-25	8:30	采购部会议	第二会议室	采购部全体人员
2010-4-30	13:30	与铁道部官员会谈	铁道部	董事长、副总裁
2010-5-1	15:30	供应商来访	第一会议室	采购部经理生产部部长
2010-5-25	8:30	采购部会议	第二会议室	采购部全体人员
2010-5-30	13:30	供应商来访	铁道部	董事长、副总裁

STEP 02 选择绿色

在“开始”功能面板的“字体”选项区中单击“填充颜色”右侧的下三角按钮，在弹出的颜色面板中选择绿色，如下图所示。

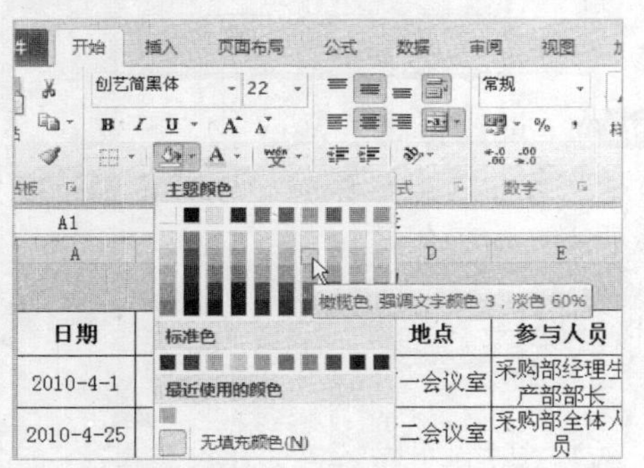

STEP 03 填充单元格

执行操作后，即可将选择的单元格的颜色填充为绿色，如下图所示。

会议记录				
日期	时间	工作内容	地点	参与人员
2010-4-1	15:30	供应商来访	第一会议室	采购部经理生产部部长
2010-4-25	8:30	采购部会议	第二会议室	采购部全体人员
2010-4-30	13:30	与铁道部官员会谈	铁道部	董事长、副总裁
2010-5-1	15:30	供应商来访	第一会议室	采购部经理生产部部长
2010-5-25	8:30	采购部会议	第二会议室	采购部全体人员
2010-5-30	13:30	供应商来访	铁道部	董事长、副总裁

STEP 04 填充其他的单元格

用与上述相同的方法，填充其他的单元格，效果如下图所示。

会议记录				
日期	时间	工作内容	地点	参与人员
2010-4-1	15:30	供应商来访	第一会议室	采购部经理生产部部长
2010-4-25	8:30	采购部会议	第二会议室	采购部全体人员
2010-4-30	13:30	与铁道部官员会谈	铁道部	董事长、副总裁
2010-5-1	15:30	供应商来访	第一会议室	采购部经理生产部部长
2010-5-25	8:30	采购部会议	第二会议室	采购部全体人员
2010-5-30	13:30	供应商来访	铁道部	董事长、副总裁

专家指点

除了用以上的方法设置单元格的背景外，用户还可以在“设置单元格格式”对话框的“填充”选项卡中，设置填充的相应选项。

6.4 设置表格的行高与列宽

通常在单元格中输入文字或数据时会出现这种情况，编辑栏中能显示完整的信息，而单元格中只显示一半文字或只有一串“#”符号，原因是单元格的宽度或高度不够。因此，这种情况下用户应该对单元格的行高或列宽进行调整。

6.4.1 设置表格的行高

在 Excel 2010 中，表格的行高是根据字体的大小自动变化的，但这远远不能满足实际的工作需要，因此就需要对表格的行高进行设置，下面主要介绍设置表格行高的操作方法。

素材文件	第 6 章\6-41.xlsx	效果文件	第 6 章\6-45.xlsx

STEP 01 打开文件

打开一个 Excel 文件，如下图所示。

调查数据表			
	城市A	城市B	城市C
最小值	4	6.5	4
25%分位数	5.5	7.5	6.6
平均值	7.9	10	7.9
50%分位数	7.5	9.3	7.3
75%分位数	9.5	9.5	6.7
最大值	11.5	11.2	7.6

STEP 02 选择第 2 行

将鼠标指针移至第 2 行的序号上，单击鼠标左键选择该行，此时鼠标指针呈➡形状，如下图所示。

调查数据表			
	城市A	城市B	城市C
最小值	4	6.5	4
25%分位数	5.5	7.5	6.6
平均值	7.9	10	7.9
50%分位数	7.5	9.3	7.3
75%分位数	9.5	9.5	6.7
最大值	11.5	11.2	7.6

STEP 03 选择“行高”选项

单击鼠标右键，在弹出的快捷菜单中选择“行高”选项，如下图所示。

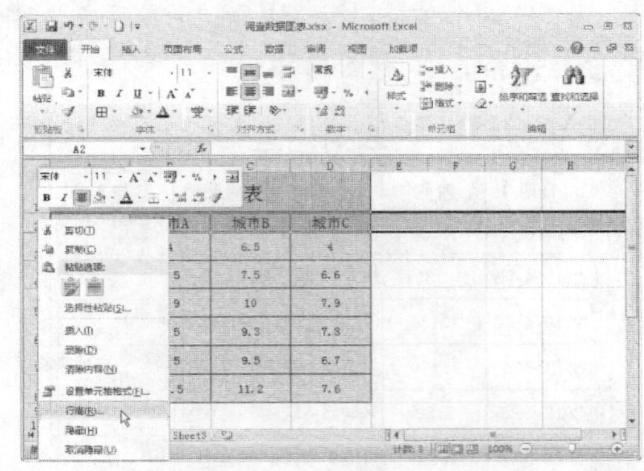

STEP 04 输入数值

弹出“行高”对话框，在“行高”右侧的文本框中输入 35，如下图所示。

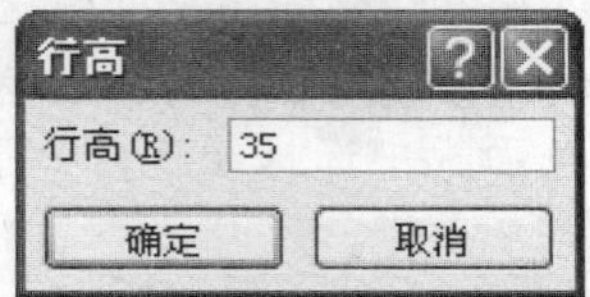

STEP 05 设置行高

单击“确定”按钮，即可设置行高为 35，效果如下图所示。

调查数据表			
	城市A	城市B	城市C
最小值	4	6.5	4
25%分位数	5.5	7.5	6.6
平均值	7.9	10	7.9
50%分位数	7.5	9.3	7.3
75%分位数	9.5	9.5	6.7
最大值	11.5	11.2	7.6

专家指点

除了用以上的方法设置表格的行高外，用户还可以在“开始”功能面板的“单元格”选项区中，单击“格式”按钮，在弹出的下拉列表中选择“行高”选项，在弹出的“行高”对话框中设置表格的行高值。

6.4.2 设置表格的列宽

在 Excel 2010 中，表格的列宽是系统默认的，当在单元格中输入超过列宽范围的数据时，只会显示一部分的数据，如果输入的是数值格式的数据，则会以#号显示，所以常常需要设置表格的列宽，下面主要介绍设置表格列宽的操作方法。

素材文件	第 6 章\6-46.xlsx	效果文件	第 6 章\6-50.xlsx

STEP 01 打开文件

打开一个 Excel 文件，如下图所示。

	A	B	C	D	E	F
1	数码产品进货表					
2	产品名称	品牌	单价	数量	购买日期	使用时间
3	电话机	联想	100	30	########	2
4	笔记本电脑	华硕	200	10	2005-7-6	3
5	传真机	夏普	400	1	########	3
6	复印机	理光	500	2	########	2
7	空调	格力	300	2	########	2.5
8	刻录机	惠普	500	1	2006-3-1	2.5
9	打印机	联想	150	1	########	2.5
10	台式电脑	三星	250	20	########	2
11	笔记本电脑	东芝	450	5	2007-2-3	1.5
12	扫描仪	爱普生	650	1	########	1.5
13	复印机	理光	630	1	########	2
14	传真机	三星	720	1	########	2
15	空调	海尔	640	1	########	0.5
16						
17						

Sheet1 Sheet2 Sheet3

STEP 02 选择列

将鼠标指针移至需要设置列宽的列上，单击鼠标左键选择该列，此时鼠标指针呈⬇形状，如下图所示。

	A	B	C	D	E	F
1	数码产品进货表					
2	产品名称	品牌	单价	数量	购买日期	使用时间
3	电话机	联想	100	30	########	2
4	笔记本电脑	华硕	200	10	2005-7-6	3
5	传真机	夏普	400	1	########	3
6	复印机	理光	500	2	########	2
7	空调	格力	300	2	########	2.5
8	刻录机	惠普	500	1	2006-3-1	2.5
9	打印机	联想	150	1	########	2.5
10	台式电脑	三星	250	20	########	2
11	笔记本电脑	东芝	450	5	2007-2-3	1.5
12	扫描仪	爱普生	650	1	########	1.5
13	复印机	理光	630	1	########	2
14	传真机	三星	720	1	########	2
15	空调	海尔	640	1	########	0.5
16						
17						

Sheet1 Sheet2 Sheet3

STEP 03 选择“列宽”选项

在“开始”功能面板的“单元格”选项区中，单击“格式”按钮，在弹出的下拉列表中选择“列宽”选项，如下图所示。

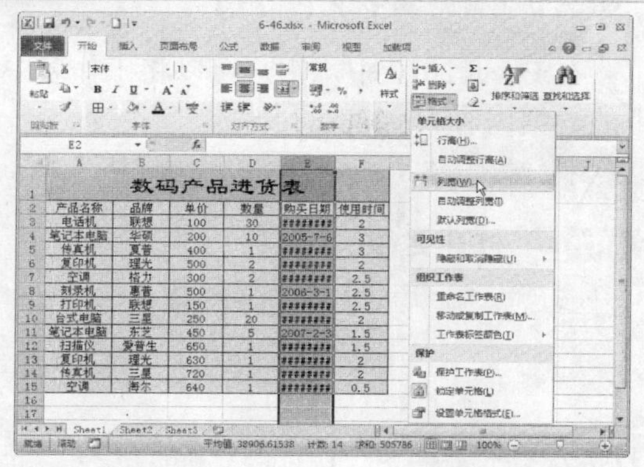

STEP 04 输入数值

弹出“列宽”对话框，在“列宽”右侧的文本框中输入 10，如下图所示。

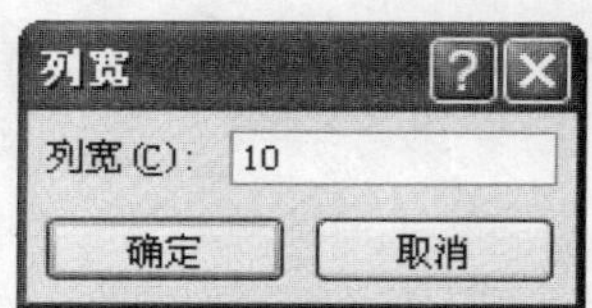

STEP 05 设置行高

单击“确定”按钮，即可设置列宽为 10，效果如下图所示。

	A	B	C	D	E	F
1	数码产品进货表					
2	产品名称	品牌	单价	数量	购买日期	使用时间
3	电话机	联想	100	30	2010-5-20	2
4	笔记本电脑	华硕	200	10	2010-7-6	3
5	传真机	夏普	400	1	2010-8-10	3
6	复印机	理光	500	2	2010-8-21	2
7	空调	格力	300	2	2010-1-12	2.5
8	刻录机	惠普	500	1	2010-3-1	2.5
9	打印机	联想	150	1	2010-3-25	2.5
10	台式电脑	三星	250	20	2010-10-2	2
11	笔记本电脑	东芝	450	5	2010-2-3	1.5
12	扫描仪	爱普生	650	1	2010-3-16	1.5
13	复印机	理光	630	1	2010-6-13	2
14	传真机	三星	720	1	2010-7-21	2
15	空调	海尔	640	1	2010-2-16	0.5
16						
17						

Sheet1 Sheet2 Sheet3

专家指点

除了用以上的方法设置表格的列宽外，用户还可以选择需要设置列宽的列，单击鼠标右键，在弹出的快捷菜单中选择“列宽”选项，在弹出的“列宽”对话框中设置数值。

6.5 隐藏表格的行与列

在编辑工作表的过程中，可以利用 Excel 2010 中的隐藏表格行、列的功能，把不需要修改的表格行或列隐藏起来，以便优化界面。

6.5.1 隐藏表格的行

在 Excel 2010 中，用户可以将工作表中暂时不需要的行隐藏起来，以方便查看其他行中的数据内容。

素材文件	第 6 章\6-51.xlsx	效果文件	第 6 章\6-54.xlsx

STEP 01 打开文件

打开一个 Excel 文件，如下图所示。

	A	B	C	D	E	F
1	GDP数值					
2	年份	GDP（亿元）				
3	1985年	90				
4	1986年	92				
5	1987年	113				
6	1988年	98				
7	1989年	105				
8	1990年	108				
9	1991年	113				
10	1992年	126				
11	1993年	132				
12	1994年	136				
13	1995年	142				
14	1996年	156				
15	1997年	186				
16	1998年	232				
17	1999年	256				
18	2000年	283				

Sheet1 Sheet2 Sheet3

STEP 02 选择行

在工作表中选择需要隐藏的行，如下图所示。

	A	B	C	D	E	F
1	GDP数值					
2	年份	GDP（亿元）				
3	1985年	90				
4	1986年	92				
5	1987年	113				
6	1988年	98				
7	1989年	105				
8	1990年	108				
9	1991年	113				
10	1992年	126				
11	1993年	132				
12	1994年	136				
13	1995年	142				
14	1996年	156				
15	1997年	186				
16	1998年	232				
17	1999年	256				
18	2000年	283				

Sheet1 Sheet2 Sheet3

STEP 03 选择“隐藏行”选项

在“开始”功能面板的“单元格”选项区中，单击“格式”按钮，在弹出的下拉列表中选择“隐藏和取消隐藏”|“隐藏行”选项，如下图所示。

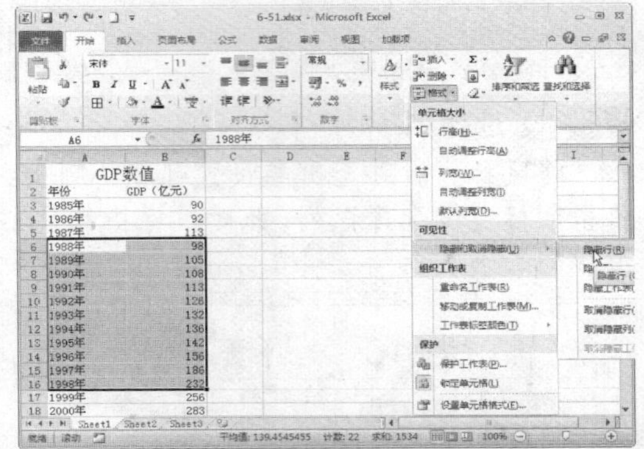

STEP 04 隐藏行

即可将选择的行隐藏，如下图所示。

	A	B	C	D	E	F
1	GDP数值					
2	年份	GDP（亿元）				
3	1985年	90				
4	1986年	92				
5	1987年	113				
17	1999年	256				
18	2000年	283				
19	2001年	298				
20	2002年	339				
21	2003年	356				
22	2004年	380				
23						
24						
25						
26						
27						
28						
29						

Sheet1 Sheet2 Sheet3

6.5.2 隐藏表格的列

在 Excel 2010 中，用户可以将工作表中暂时不需要查看的列隐藏起来，以方便查看其他列中的数据内容。

素材文件	第 6 章\6-55.xlsx	效果文件	第 6 章\6-58.xlsx

STEP 01　打开文件

打开一个 Excel 文件，如下图所示。

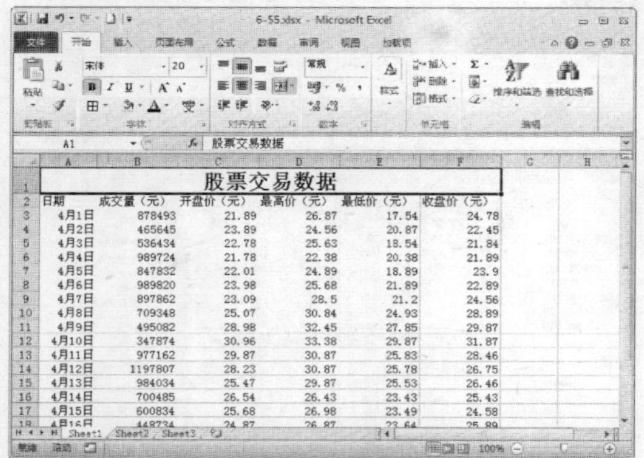

STEP 02　选择列

在工作表中选择需要隐藏的列，如下图所示。

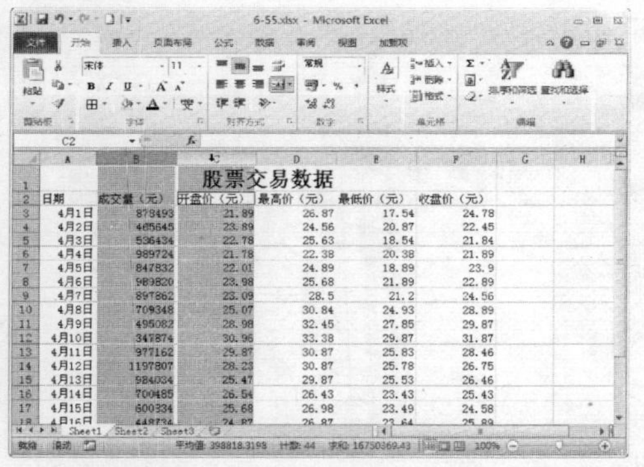

STEP 03　选择“隐藏列”选项

单击“格式”按钮，在弹出的下拉列表中选择“隐藏和取消隐藏”|“隐藏列”选项，如下图所示。

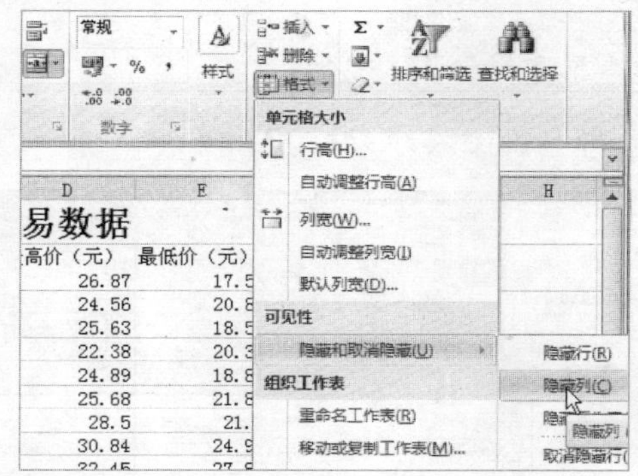

STEP 04　隐藏列

即可隐藏所选的列，结果如下图所示。

	股票交易数据			
2	日期	最高价（元）	最低价（元）	收盘价（元）
3	4月1日	26.87	17.54	24.78
4	4月2日	24.56	20.87	22.45
5	4月3日	25.63	18.54	21.84
6	4月4日	22.38	20.38	21.89
7	4月5日	24.89	18.89	23.9
8	4月6日	25.68	21.89	22.89
9	4月7日	28.5	21.2	24.56
10	4月8日	30.84	24.93	28.89
11	4月9日	32.45	27.85	29.87
12	4月10日	33.38	29.87	31.87
13	4月11日	30.87	25.83	28.46
14	4月12日	30.87	25.78	26.75
15	4月13日	29.87	25.53	26.46
16	4月14日	26.43	23.43	25.43
17	4月15日	26.98	23.49	24.58
18	4月16日	26.87	23.64	25.89

6.5.3　取消隐藏表格的行和列

在 Excel 2010 中，用户可以根据需要取消隐藏表格的行和列，使其显示出来。

素材文件	第 6 章\6-59.xlsx	效果文件	第 6 章\6-68.xlsx

STEP 01　打开文件

打开一个 Excel 文件，如下图所示。

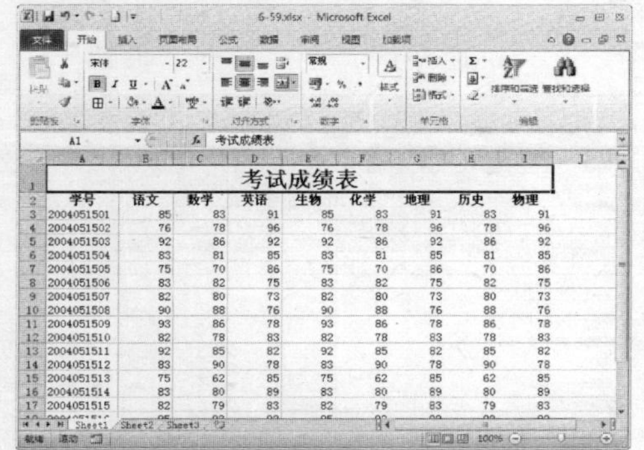

STEP 02　选择行

选择要隐藏的行，如下图所示。

STEP 03 选择"隐藏"选项

单击鼠标右键,在弹出的快捷菜单中选择"隐藏"选项,如下图所示。

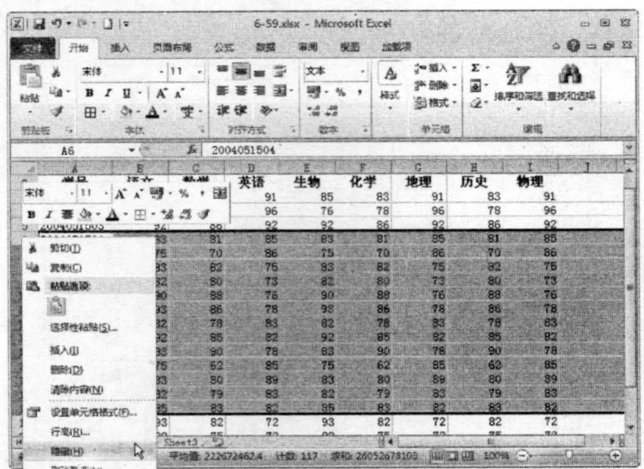

STEP 04 隐藏行

执行操作后,即可将选择的行隐藏,如下图所示。

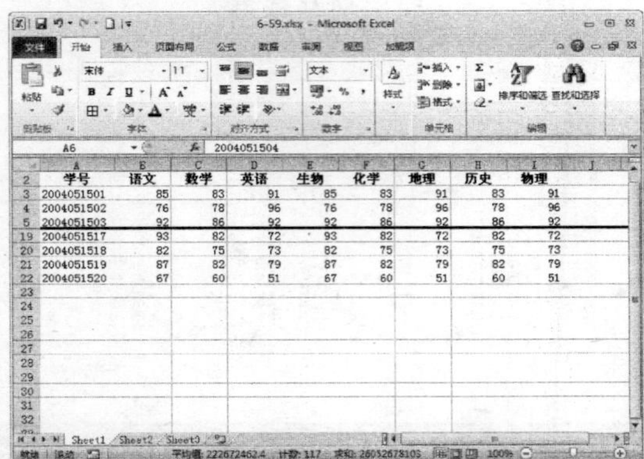

STEP 05 选择列

在工作表中选择需要隐藏的列,如下图所示。

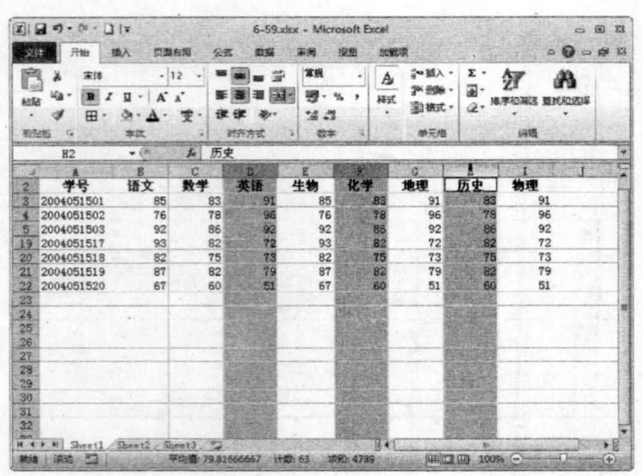

STEP 06 选择"隐藏"选项

单击鼠标右键,在弹出的快捷菜单中选择"隐藏"选项,如下图所示。

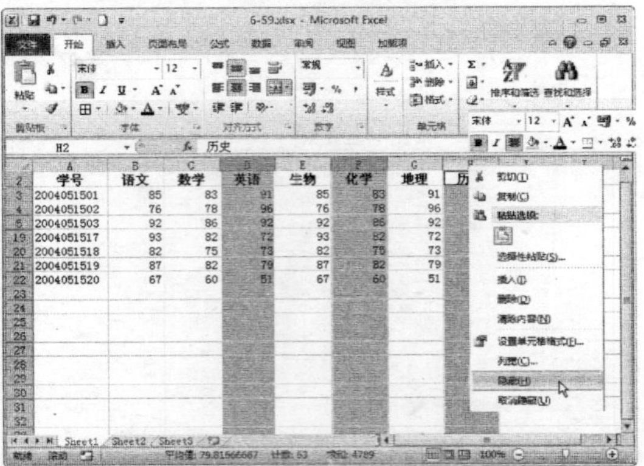

STEP 07 隐藏列

执行操作后,即可将选择的列隐藏,如下图所示。

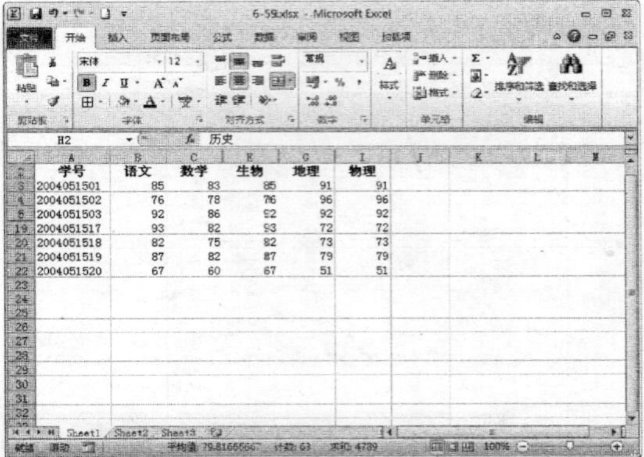

STEP 08 选择"取消隐藏"选项

在工作表中选择其他的行数据,单击鼠标右键,在弹出的快捷菜单中选择"取消隐藏"选项,如下图所示。

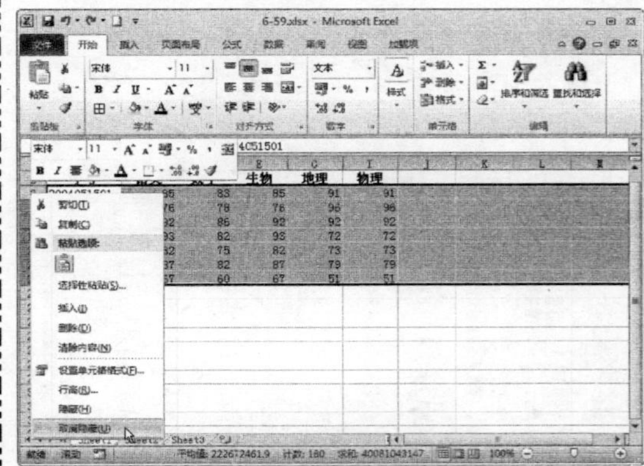

STEP 09 选择"取消隐藏列"选项

在工作表中选择列数据，单击"格式"按钮，在弹出的下拉列表中选择"隐藏和取消隐藏" | "取消隐藏列"选项，如下图所示。

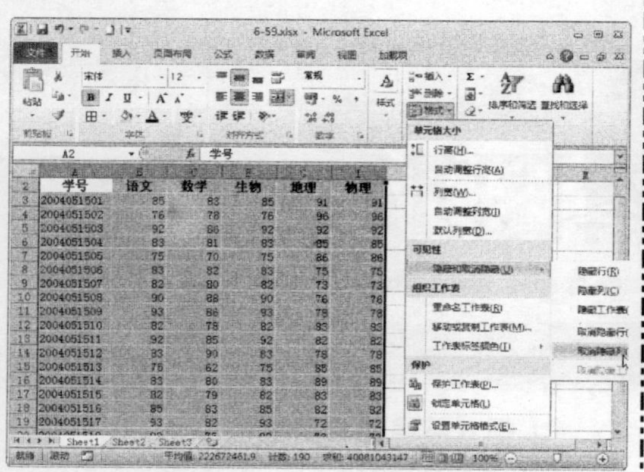

STEP 10 取消隐藏列

执行操作后，即可取消对列的隐藏，如下图所示。

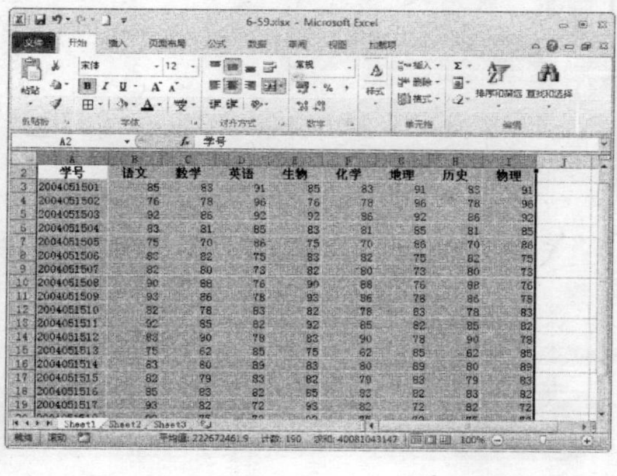

读书笔记

Chapter 07

章前知识导读

在 Excel 2010 中，不仅可以对工作表进行处理，还可以对图形进行处理。本章主要介绍绘制和编辑图形的方法，如图形的绘制与编辑、图片的插入与编辑、艺术字的插入与编辑以及 SmartArt 图形的插入与编辑等。

绘制与编辑图形

重点知识索引

- 绘制图形
- 编辑图形
- 插入与编辑图片
- 插入与编辑艺术字
- 插入与编辑 SmartArt 图形

效果图片欣赏

插入自选图形

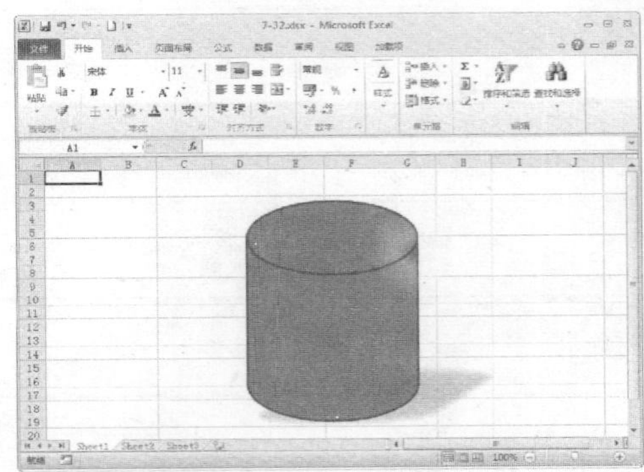
设置图形格式

裁剪图片

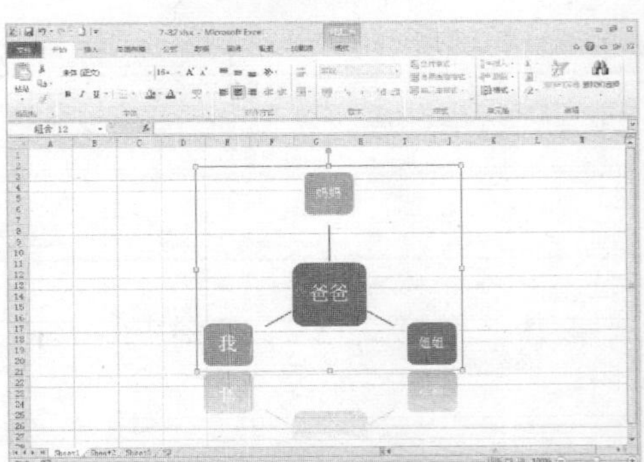

转换 SmartArt 类型

7.1 绘制图形

在 Excel 2010 中，利用“插入”功能面板中的“形状”按钮，用户可以轻松绘制各种所需的形状。

7.1.1 绘制基本图形

在 Excel 2010 中，用户可以轻松绘制各种基本图形，如直线、圆形、矩形等，下面主要介绍绘制基本图形的方法。

素材文件	无	效果文件	第 7 章\7-4.xlsx

STEP 01 进入“插入”面板

创建一个空白工作簿，单击“插入”选项卡，进入“插入”功能面板，如下图所示。

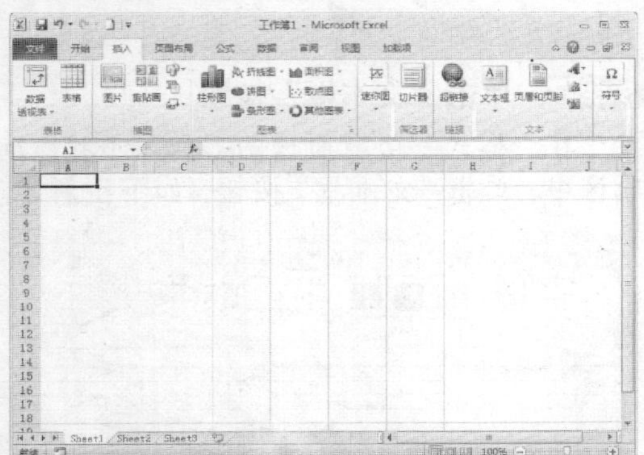

STEP 02 选择“笑脸”选项

在“插图”选项区中，单击“形状”按钮，在弹出的选项板中，选择“笑脸”选项，如下图所示。

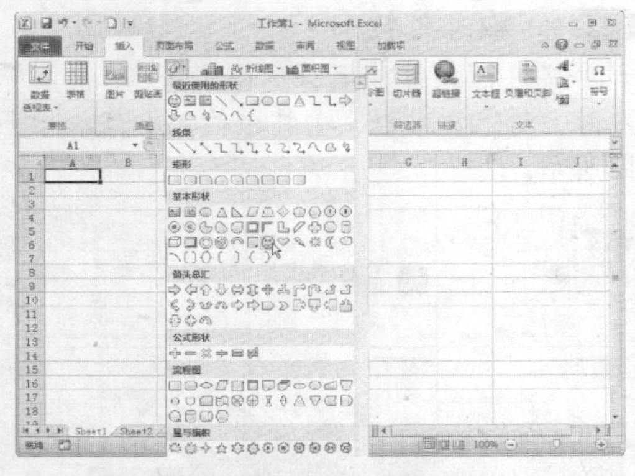

STEP 03 拖曳鼠标

将鼠标指针移至工作表的适当位置，按住鼠标左键并拖曳，如下图所示。

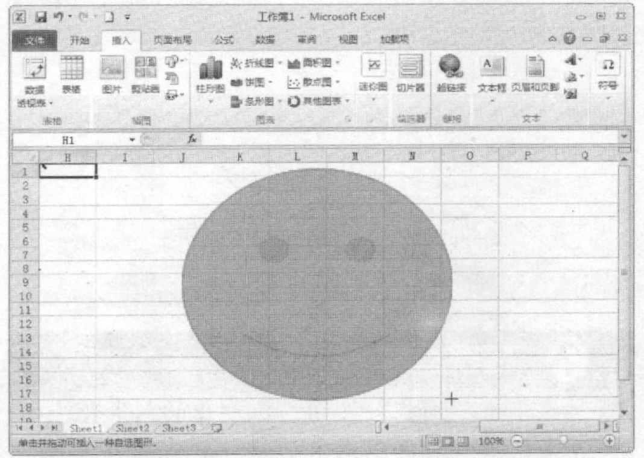

STEP 04 绘制笑脸

至适当位置后，释放鼠标左键，即可绘制一个笑脸图形，如下图所示。

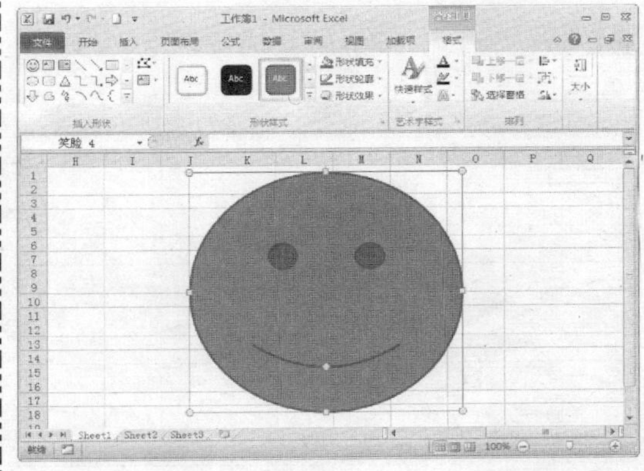

专家指点

在 Excel 2010 中，线条、矩形、基本形状等都属于基本图形，用户可以根据实际需要绘制出满足要求的基本图形。

7.1.2 插入自选图形

在 Excel 2010 中，用户除了可以绘制基本图形外，还可以根据需要插入文本框、箭头、流程图以及标注等自选图形。

素材文件	无	效果文件	第 7 章\7-11.xlsx

STEP 01 选择“爆炸形 2”选项

创建一个空白工作簿，单击“插入”选项卡，进入“插入”功能面板，在“插图”选项区中，单击“形状”按钮，在弹出的选项板中选择“爆炸形 2”选项，如下图所示。

专家指点

单击“形状”按钮，在弹出的列表框中包含了多种自选图形，用户可自行选择。

STEP 02 拖曳鼠标

将鼠标指针移至工作表的适当位置，按住鼠标左键并拖曳，如下图所示。

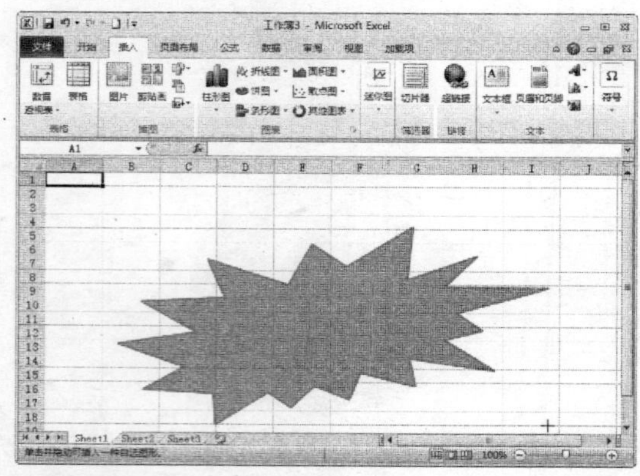

STEP 03 插入一个自选图形

至适当位置后，释放鼠标左键，即可在工作表中插入一个爆炸形的自选图形，如下图所示。

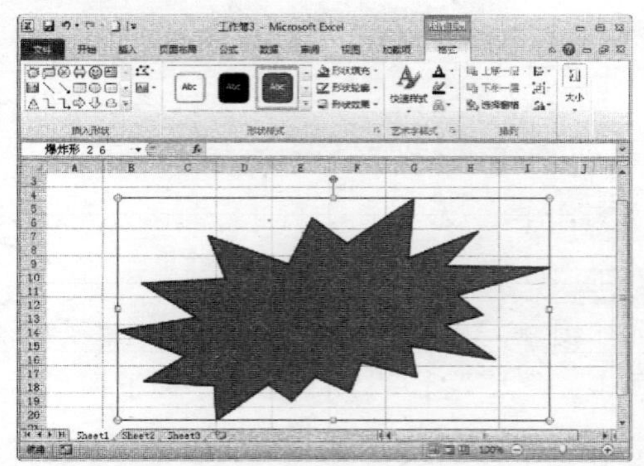

STEP 04 单击“文本框”按钮

在“格式”功能面板的“插入形状”选项区中，单击“文本框”按钮，如下图所示。

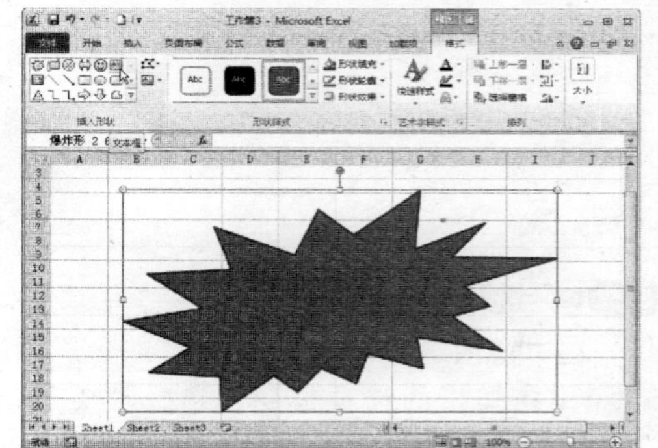

STEP 05 输入文本

将鼠标指针移至自选图形上，单击鼠标左键，调出文本框，在其中输入文本，如下图所示。

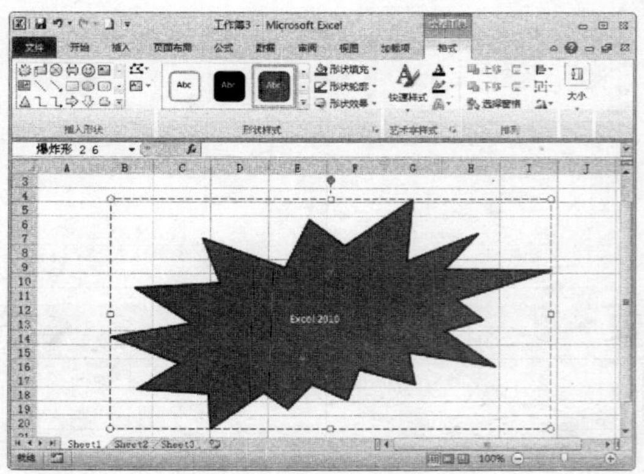

STEP 06 设置文本字号

选择输入的文本，弹出浮动面板，单击“字号”右侧的下三角按钮，在弹出的下拉列表中选择 36，如下图所示。

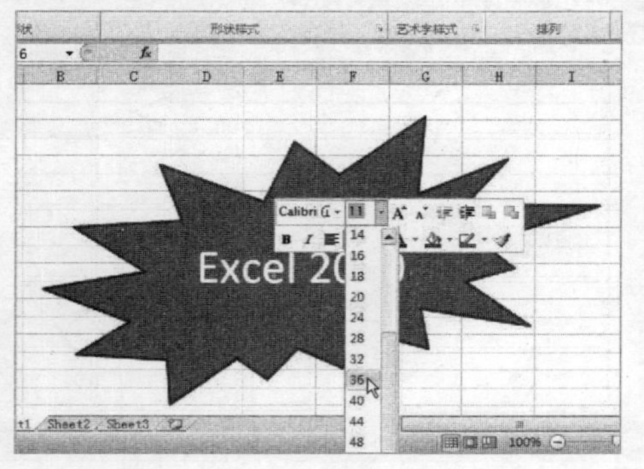

STEP 07 查看效果

执行操作后，即可将选择的文本的字号设置为 36，效果如下图所示。

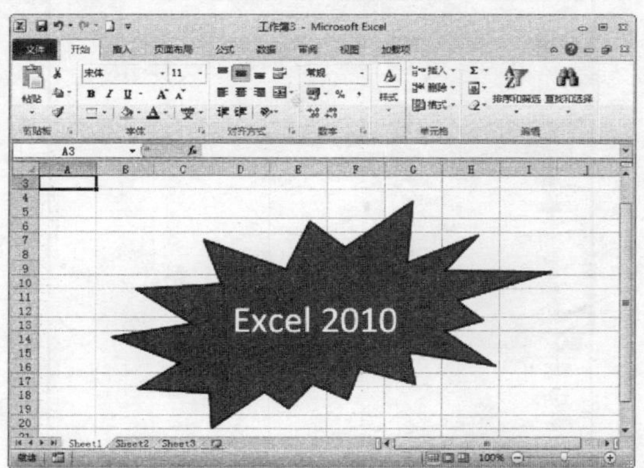

7.2 编辑图形

在 Excel 2010 中，还可以对绘制完成后的图形进行编辑，包括调整图形大小、移动图形位置、旋转图形角度和设置图形格式等。

7.2.1 调整图形大小

在 Excel 2010 中，用户可以根据需要调整绘制的图形的大小，下面介绍两种调整图形大小的方法。

1. 选项

素材文件	第 7 章\7-12.xlsx	效果文件	第 7 章\7-15.xlsx

STEP 01 选择自选图形

打开一个 Excel 文件，选择插入的自选图形，如下图所示。

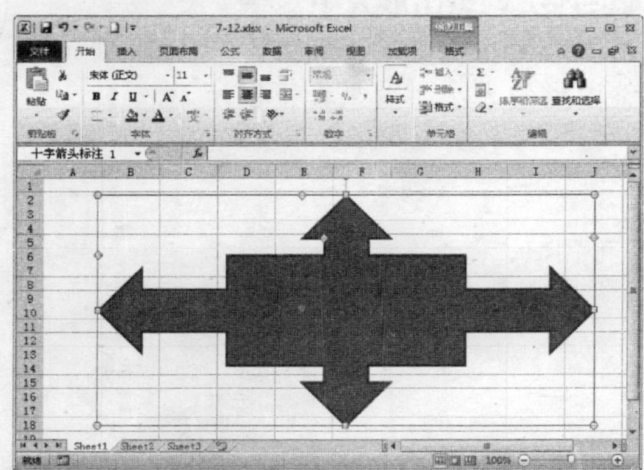

STEP 02 选择“大小和属性”选项

单击鼠标右键，在弹出的快捷菜单中选择“大小和属性”选项，如下图所示。

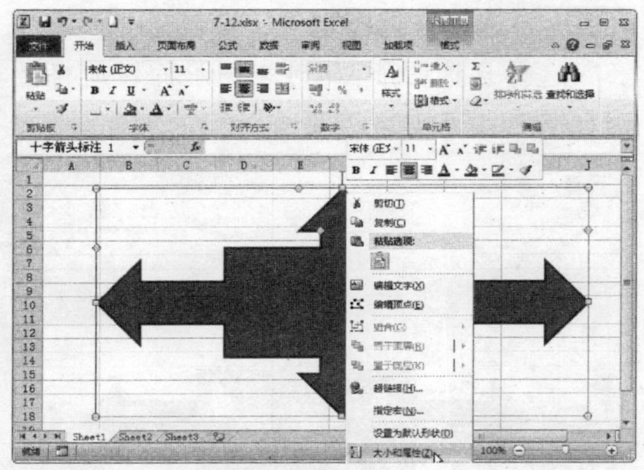

STEP 03 设置相应选项

弹出“设置形状格式”对话框，在其中

选中“锁定纵横比”复选框，设置“高度”为“5 厘米”，如下图所示。

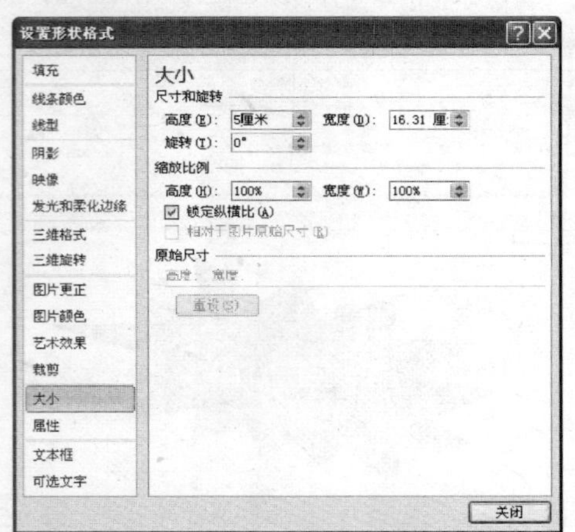

STEP 04 调整图形大小

单击“关闭”按钮，即可调整图形的大小，效果如下图所示。

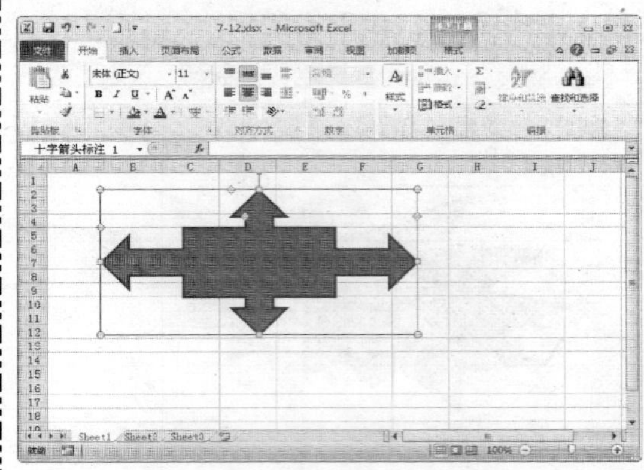

2. 拖曳鼠标

素材文件	第 7 章\7-12.xlsx	效果文件	第 7 章\7-19.xlsx

STEP 01 打开文件

打开一个 Excel 文件，如下图所示。

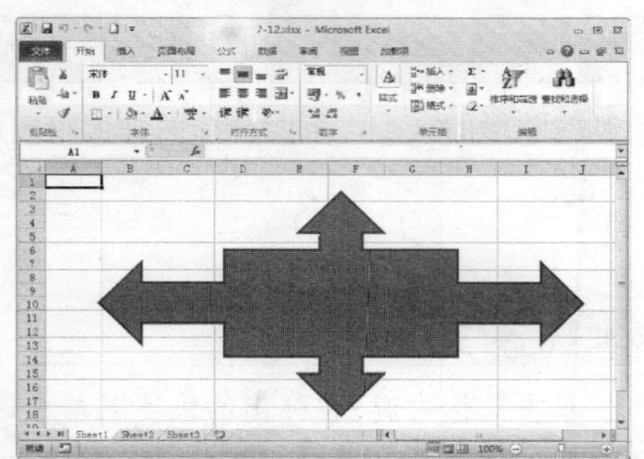

STEP 02 选择自选图形

选择自选图形，此时在图形的四周将显示控制点，如下图所示。

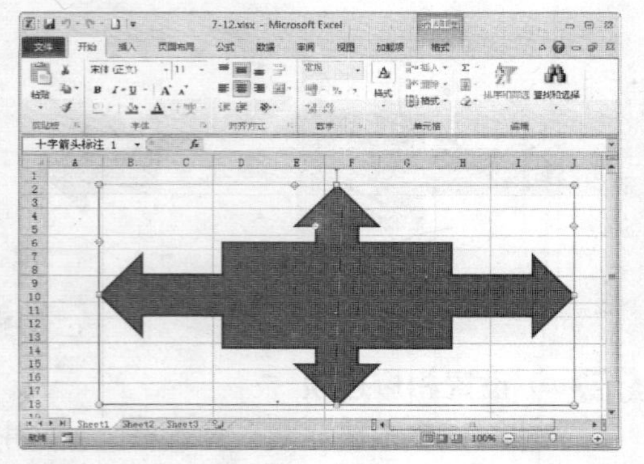

STEP 03 拖曳鼠标

选择左边中间的控制点，按住鼠标左键并向右拖曳，如下图所示。

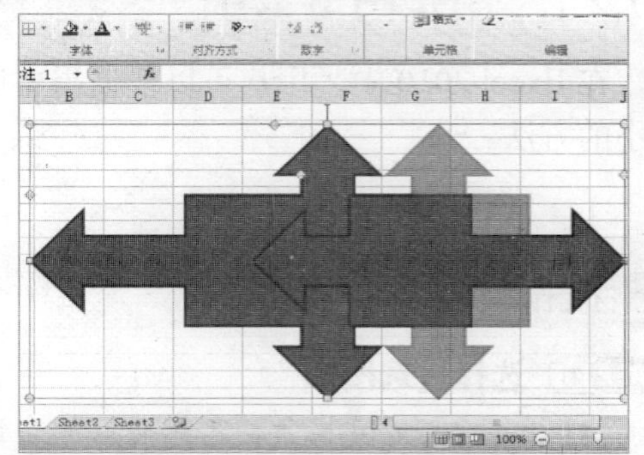

STEP 04 调整图形大小

至适当位置后，释放鼠标左键，即可调整图形的大小，效果如下图所示。

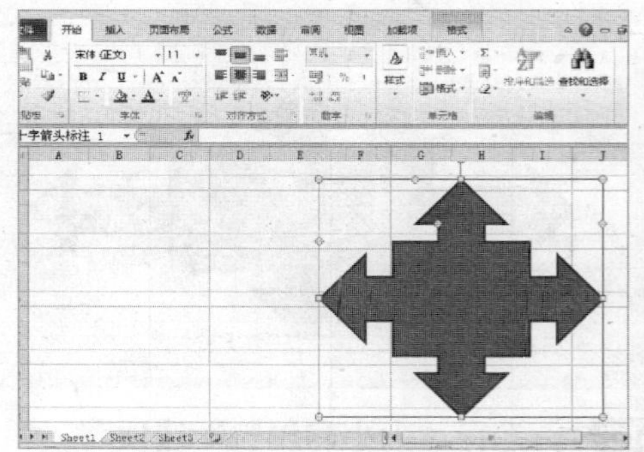

专家指点

在 Excel 2010 中，如果拖曳左上角、左下角、右上角或右下角的控制点，那么图形将以宽或高等比例缩放。

7.2.2 移动图形位置

在 Excel 2010 中，用户可以根据需要移动图形的位置。

素材文件	第 7 章\7-20.xlsx	效果文件	第 7 章\7-23.xlsx

STEP 01 打开文件

打开一个 Excel 文件，如下图所示。

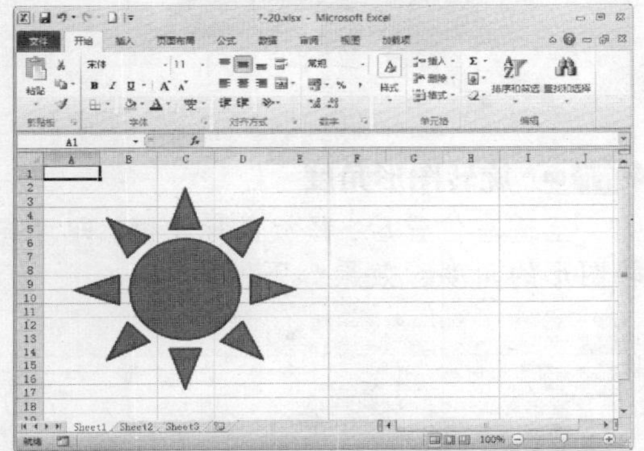

STEP 02 鼠标指针呈形状

在工作表中选择自选图形，将鼠标指针移至自选图形上，此时鼠标指针呈形状，如下图所示。

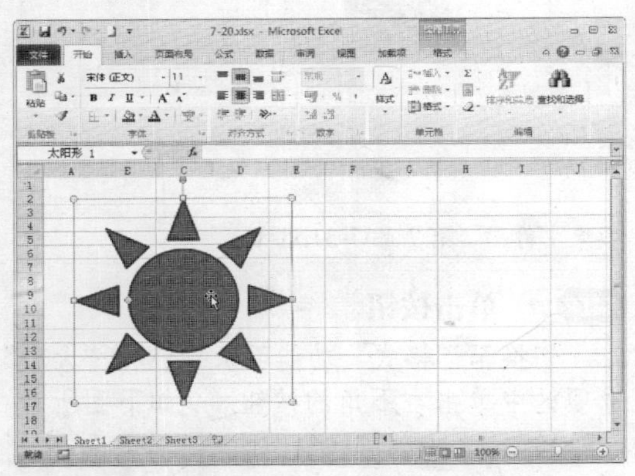

STEP 03 拖曳鼠标

按住鼠标左键并拖曳至适当位置，如下图所示。

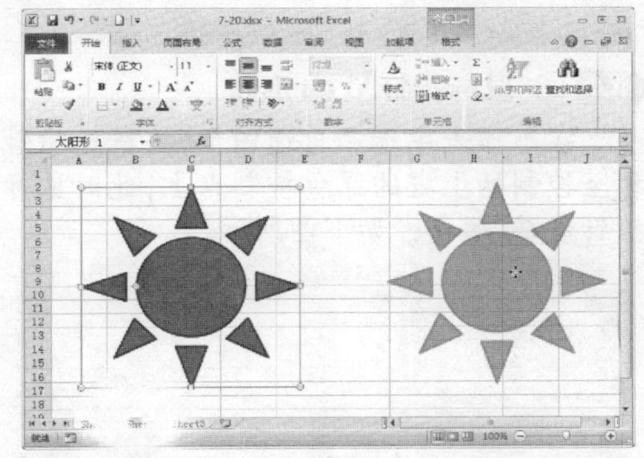

STEP 04 移动图形位置

执行操作后，即可移动图形的位置，如下图所示。

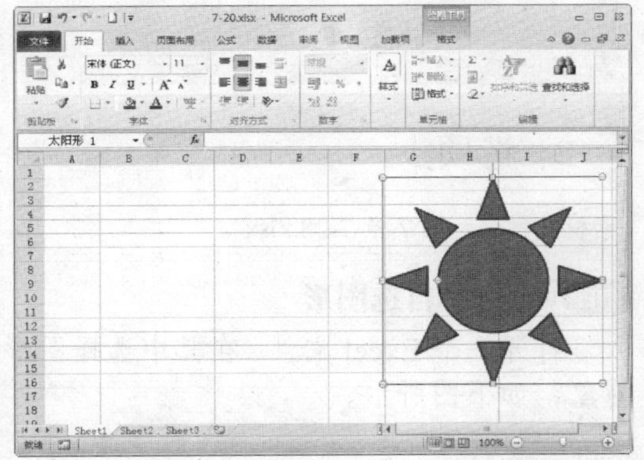

7.2.3 旋转图形角度

在 Excel 2010 中，用户可以根据需要旋转图形的角度，下面介绍两种旋转图形角度的方法。

1. 拖曳鼠标

素材文件	第 7 章\7-24.xlsx	效果文件	第 7 章\7-27.xlsx

STEP 01 **打开文件**

打开一个 Excel 文件，如下图所示。

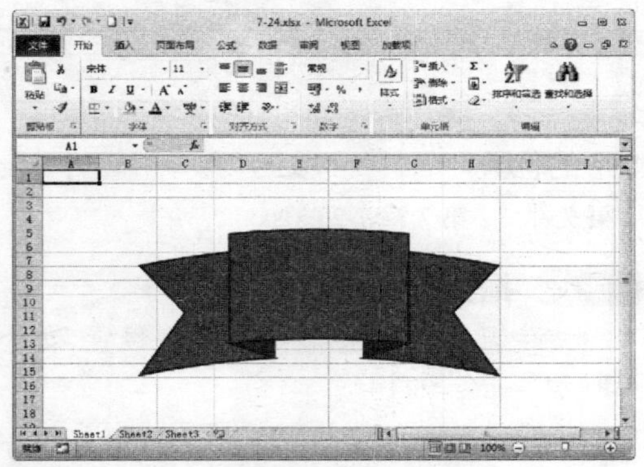

STEP 02 **鼠标指针呈形状**

在工作表中选择自选图形，将鼠标指针移至控制柄上方的绿色控制点上，此时鼠标指针呈形状，如下图所示。

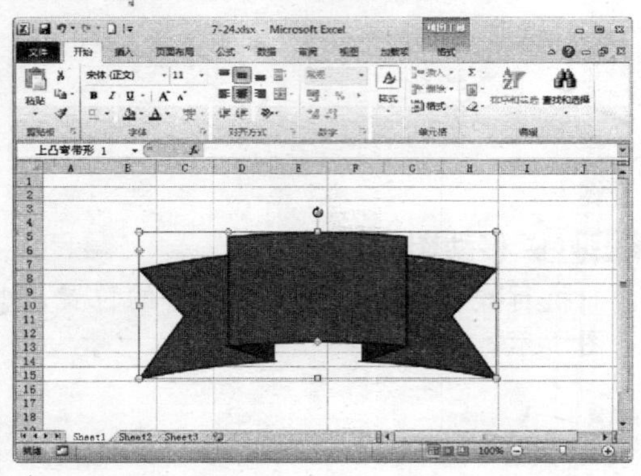

STEP 03 **鼠标指针呈形状**

按住鼠标左键并向左拖曳，此时鼠标指针呈形状，如下图所示。

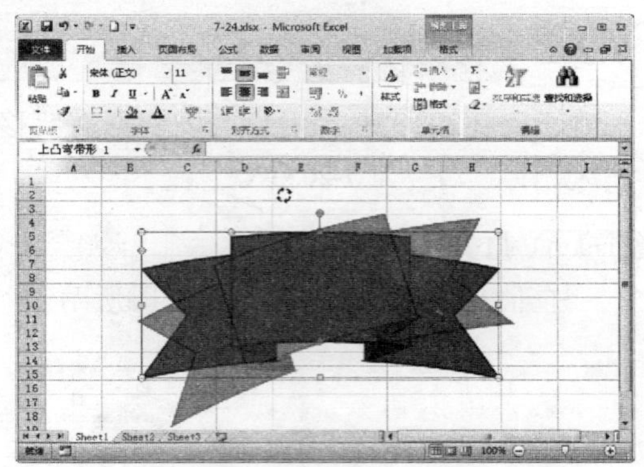

STEP 04 **旋转图形角度**

至适当位置后，释放鼠标左键，即可旋转图形的角度，效果如下图所示。

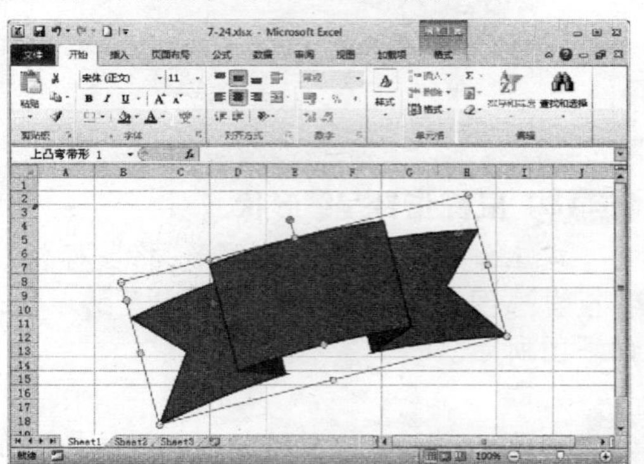

2. 选项

素材文件	第 7 章\7-28.xlsx	效果文件	第 7 章\7-31.xlsx

STEP 01 **选择自选图形**

打开一个 Excel 文件，在其中选择图形对象，如下图所示。

STEP 02 **单击按钮**

切换至“格式”功能面板中，在“大小”选项区中单击右下角的按钮，如下图所示。

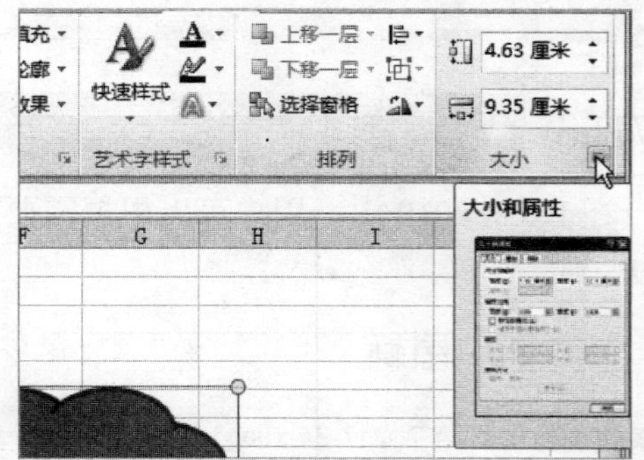

STEP 03 设置旋转角度

弹出“设置形状格式”对话框，设置“旋转”为 340，如下图所示。

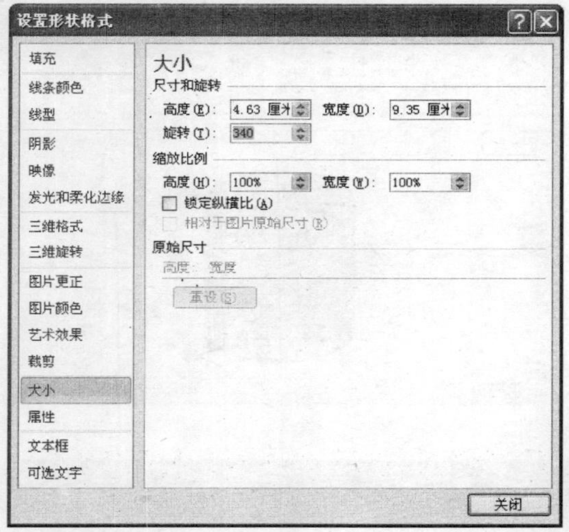

STEP 04 旋转图形角度

单击“关闭”按钮，即可将图形的旋转角度设置为 340°，效果如下图所示。

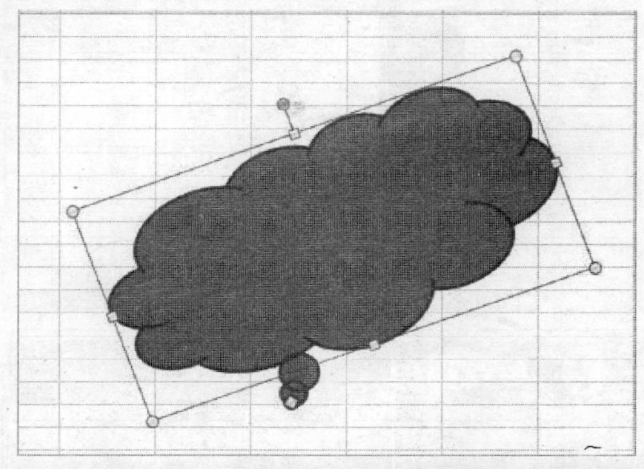

专家指点

在“旋转”右侧的文本框中输入的数值范围为-3600~3600。

专家指点

在 Excel 2010 中，通过在文本框中输入数值来精确地定位旋转的角度，用户可以根据需要自行选择方法来对图形的角度进行旋转。

7.2.4 设置图形格式

在 Excel 2010 中，用户可以根据需要为添加的图形设置格式，包括形状填充、形状轮廓及形状效果等。

素材文件	第 7 章\7-32.xlsx	效果文件	第 7 章\7-35.xlsx

STEP 01 选择图形对象

打开一个 Excel 文件，如下图所示。

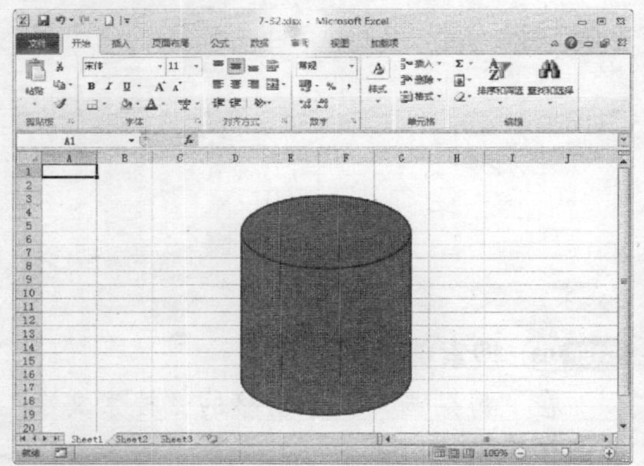

STEP 02 选择图形对象

在工作表中选择自选图形对象，如下图所示。

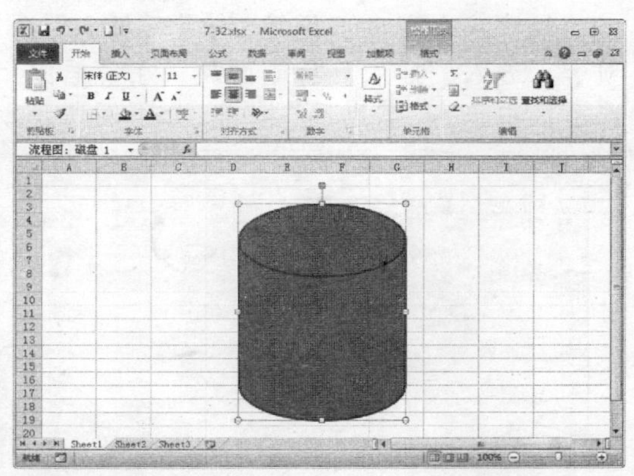

STEP 03 选择“右上对角透视”选项

单击“格式”选项卡，进入“格式”功能面板，在“形状样式”选项区中单击“形状效果”按钮，在弹出的下拉列表中选择“阴影”|“右上对角透视”选项，如下图所示。

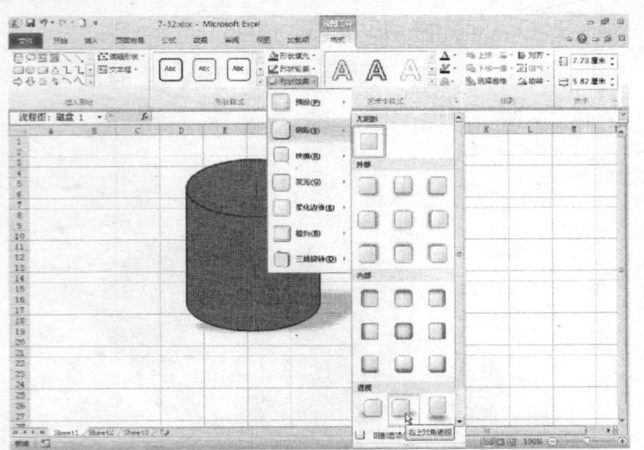

专家指点

在“形状样式”列表框中提供了多种样式的选项，用户可以根据需要自行选择。

STEP 04 设置图形格式

执行操作后，即可设置图形的格式，如下图所示。

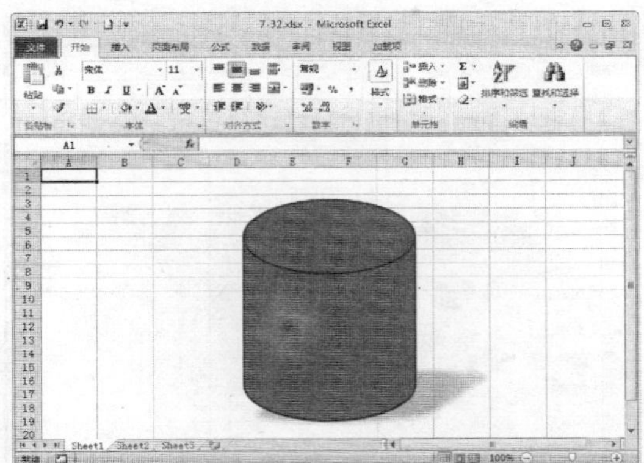

7.3 插入与编辑图片

在 Excel 2010 中，不仅可以绘制简单的图形和自选图形，还可以在工作表中插入图片，并且能够对图片进行编辑操作。

7.3.1 插入剪贴画

在 Excel 2010 中，系统自带了很多剪贴画，在工作表中插入剪贴画，能够轻松达到美化工作表的目的。

素材文件	无	效果文件	第 7 章\7-39.xlsx

STEP 01 单击“剪贴画”按钮

创建一个空白工作簿，单击“插入”选项卡，进入“插入”功能面板，在“插图”选项区中单击“剪贴画”按钮，如下图所示。

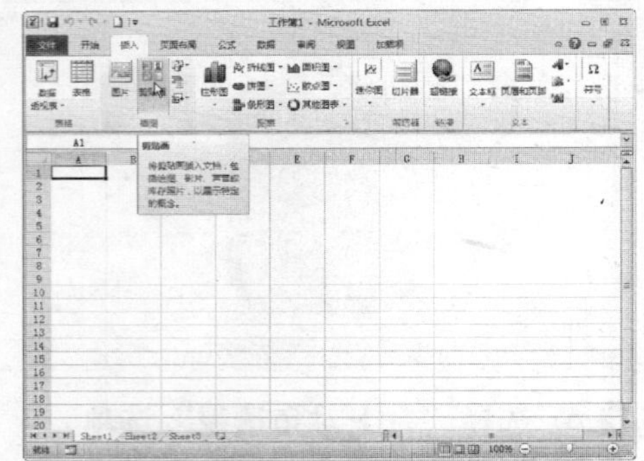

STEP 02 弹出“剪贴画”任务窗格

执行操作后，弹出“剪贴画”任务窗格，如下图所示。

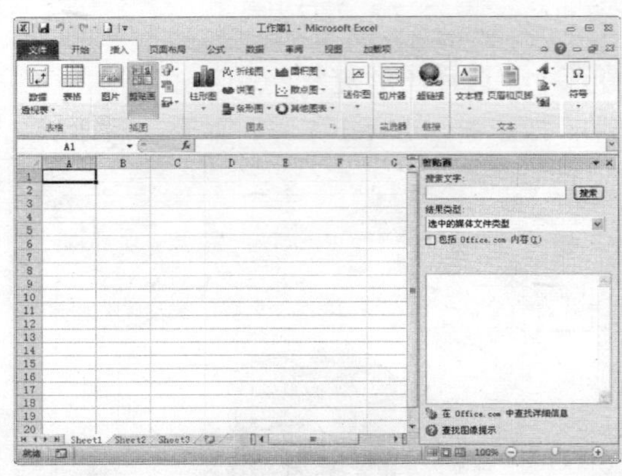

STEP 03 搜索剪贴画

在“剪贴画”任务窗格的“搜索文字”文本框中输入“食物”，设置“结果类型”为“所有媒体文件类型”。单击“搜索”按钮，即可在下方的列表框中显示搜索到的剪贴画，如下图所示。

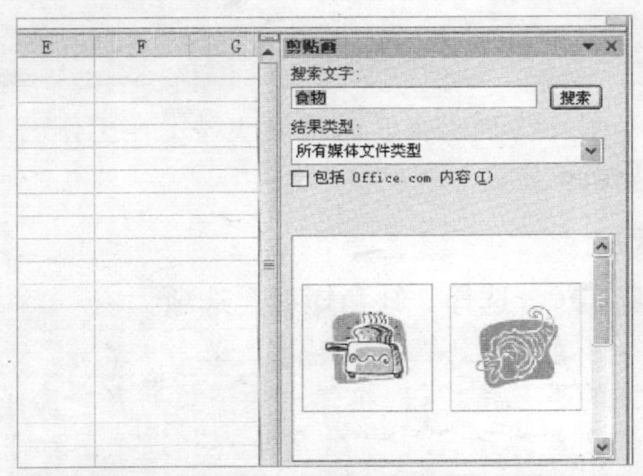

专家指点

在 Excel 2010 中，选择的剪贴画对象将插入至工作表定位的单元格位置。

STEP 04 插入剪贴画

在搜索结果中选择一幅剪贴画，即可在工作表中插入剪贴画，如下图所示。

7.3.2 插入图片

在 Excel 2010 中，不仅可以在工作表中插入剪贴画，还可以在工作表中插入计算机中已有的图片文件，下面介绍插入图片的操作方法。

素材文件	第 7 章\7-41.jpg	效果文件	第 7 章\7-42.xlsx

STEP 01 单击"图片"按钮

创建一个空白工作簿，单击"插入"选项卡，进入"插入"功能面板，在"插图"选项区中单击"图片"按钮，如下图所示。

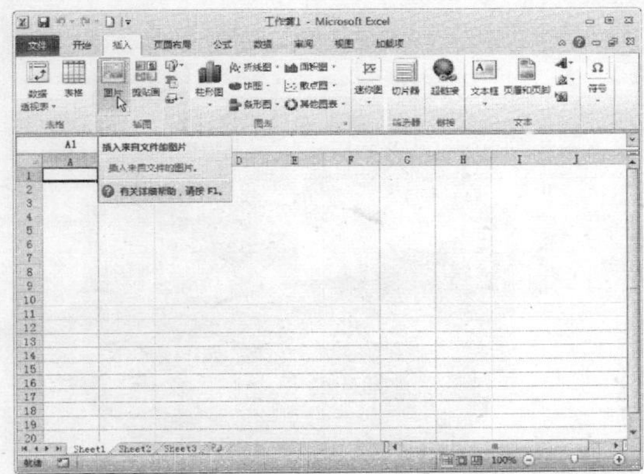

STEP 02 选择需要插入的图片

弹出"插入图片"对话框，在其中选择需要插入的图片，如下图所示。

专家指点

在 Excel 2010 中，用户可以根据需要将多种格式的图片插入至工作表中。

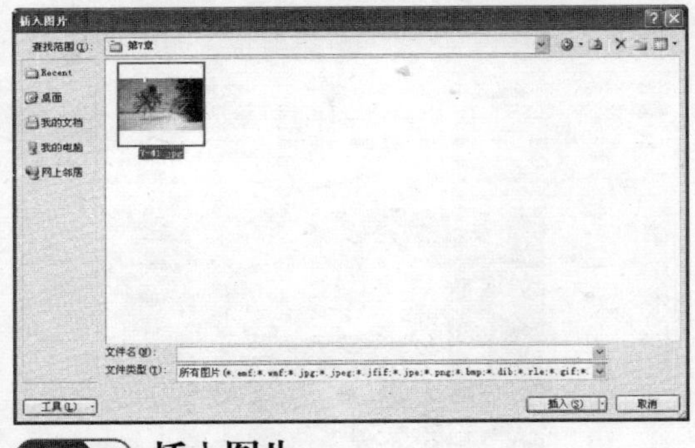

STEP 03 插入图片

单击"插入"按钮，即可将所选图片插入至工作表中，如下图所示。

7.3.3 裁剪图片

在 Excel 2010 中，裁剪图片并不是真正地将图片切割出来，而是修改显示在工作表上的图片的大小，通过裁剪图片可以控制图片的显示范围。

素材文件	第 7 章\7-43.xlsx	效果文件	第 7 章\7-46.xlsx

STEP 01 打开文件

打开一个 Excel 文件，如下图所示。

STEP 02 进入“格式”功能面板

在工作表中选择图片对象，单击“格式”选项卡，进入“格式”功能面板，如下图所示。

专家指点

在 Excel 2010 中，用户还可以通过双击工作表中的图片，进入“格式”功能面板。

STEP 03 选择“缺角矩形”选项

在“大小”选项区中，单击“裁剪”下方的下三角按钮，在弹出的下拉列表中选择“裁剪为形状”|“缺角矩形”选项，如下图所示。

STEP 04 裁剪图片

执行操作后，即可将图片裁剪为缺角矩形形状，效果如下图所示。

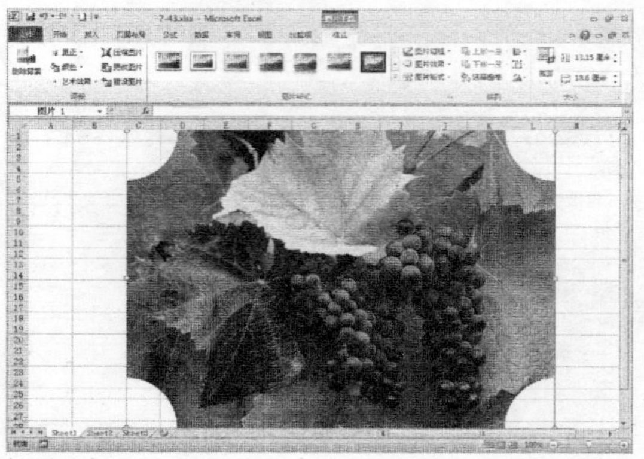

7.3.4 设置图片属性

在 Excel 2010 中，设置图片的属性可以改变工作表中图片的颜色和亮度，并且能为图片添加艺术效果等，从而使图片与周围的文字或表格显得更加协调，下面主要介绍设置图片属性的操作方法。

素材文件	第 7 章\7-47.xlsx	效果文件	第 7 章\7-52.xlsx

STEP 01 打开文件

打开一个Excel文件，如下图所示。

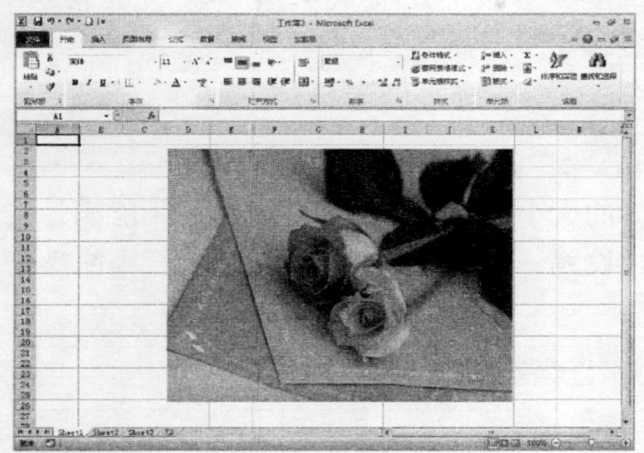

STEP 02 进入“格式”功能面板

在工作表的图片上双击鼠标左键，进入“格式”功能面板，如下图所示。

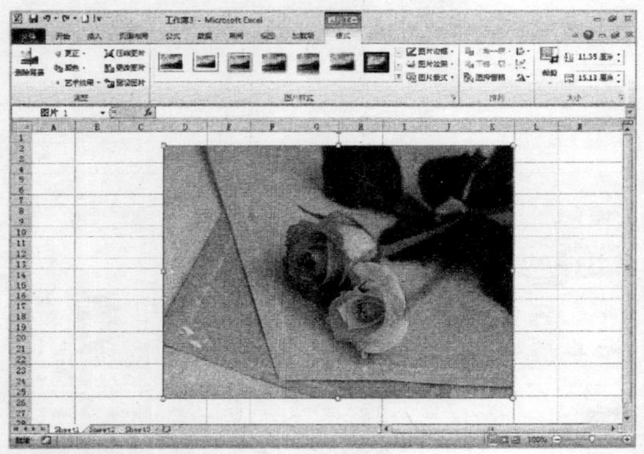

STEP 03 选择需要的选项

在“调整”选项区中，单击“更正”按钮，在弹出的选项板中选择需要的选项，如下图所示。

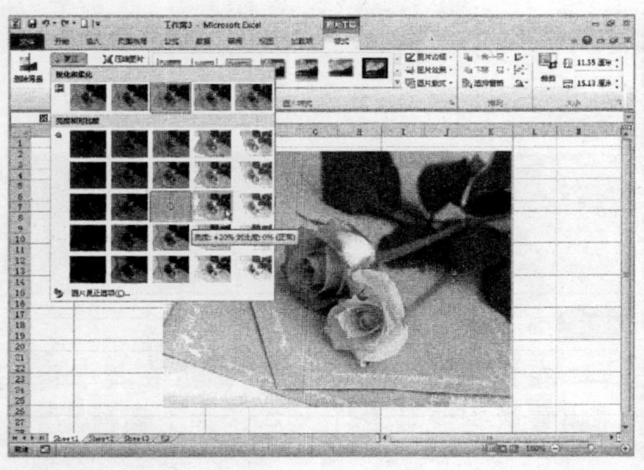

STEP 04 选择“画图刷”选项

在“调整”选项区中，单击“艺术效果”按钮，在弹出的选项板中选择“画图刷”选项，如下图所示。

STEP 05 单击“金属框架”按钮

在“图片样式”选项区中，单击“金属框架”按钮，如下图所示。

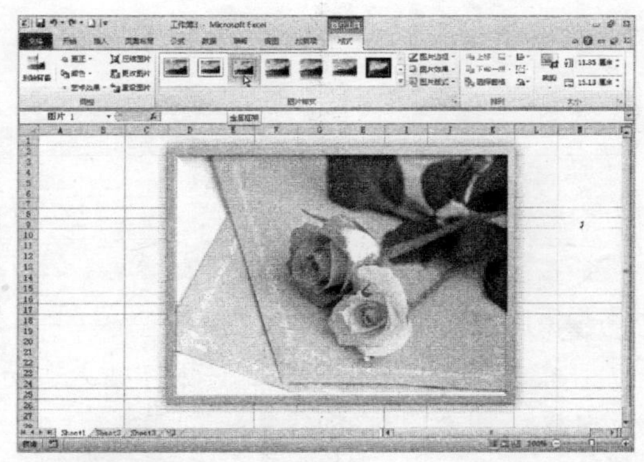

STEP 06 设置图片属性

执行操作后，即可完成对图片属性的设置，效果如下图所示。

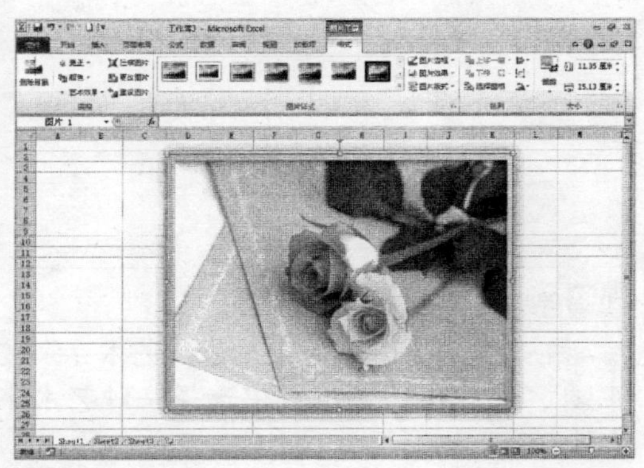

7.4 插入与编辑艺术字

在 Excel 2010 中，艺术字是作为一种图形对象而不是文本对象来处理的。在工作表中插入艺术字，能丰富工作表中的内容。

7.4.1 插入艺术字

在 Excel 2010 中，表格的行高是根据字体的大小自动变化的，但这远远不能满足实际的工作需要，因此就需要对表格的行高进行设置，下面主要介绍设置表格行高的操作方法。

素材文件	第 7 章\7-53.xlsx	效果文件	第 7 章\7-58.xlsx

STEP 01 打开文件

打开一个 Excel 文件，如下图所示。

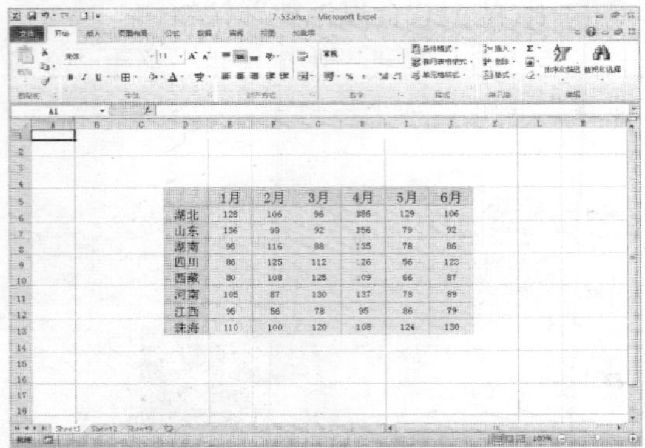

STEP 02 进入"插入"功能面板

单击"插入"选项卡，进入"插入"功能面板，如下图所示。

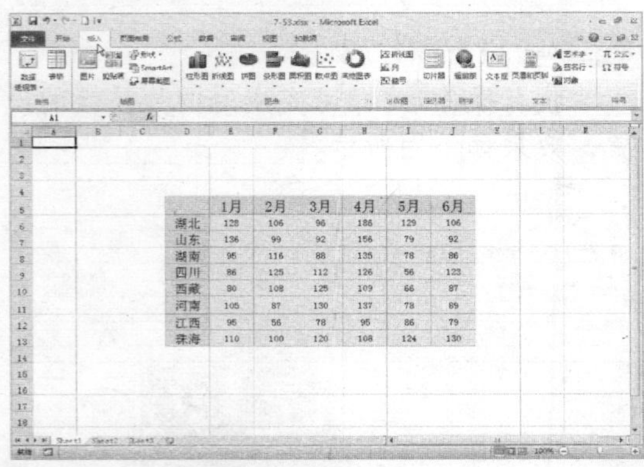

STEP 03 选择艺术字类型

在"文本"选项区中单击"艺术字"按钮，在弹出的选项板中选择一种艺术字类型，如下图所示。

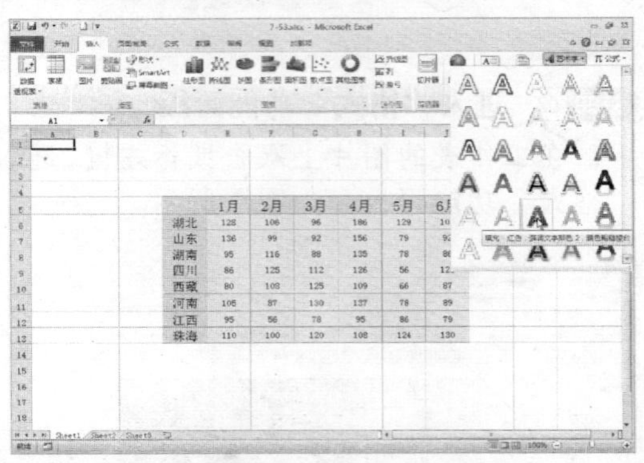

STEP 04 显示相应字样

执行操作后，即可在工作表中显示"请在此放置您的文字"字样，如下图所示。

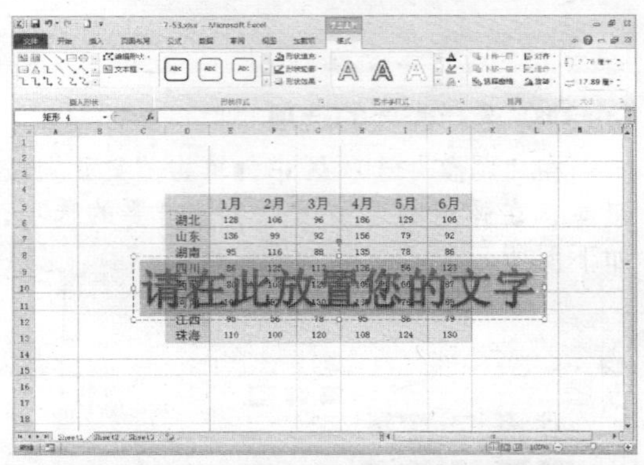

专家指点

在工作表中插入艺术字，默认的位置都是一样的。

STEP 05 输入文本

在文本框中选择字样，然后在其中输入"销售数据统计表"文本，如下图所示。

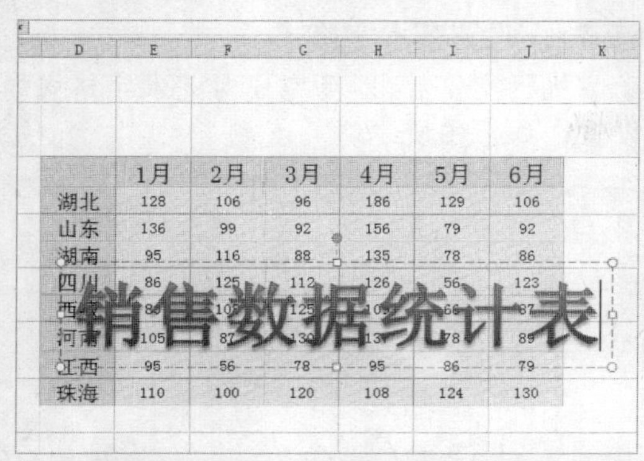

> **专家指点**
>
> 在文本框中输入的艺术字的格式为前面选择的艺术字样式。

STEP 06　调整艺术字的位置

适当地调整艺术字的位置，效果如下图所示。

销售数据统计表

	1月	2月	3月	4月	5月	6月
湖北	128	106	96	186	129	106
山东	136	99	92	156	79	92
湖南	95	116	88	135	78	86
四川	86	125	112	126	56	123
西藏	80	108	125	109	66	87
河南	105	87	130	137	78	89
江西	95	56	78	95	86	79
珠海	110	100	120	108	124	130

7.4.2 设置艺术字格式

在 Excel 2010 中，用户可以根据需要对艺术字的格式进行设置。

素材文件	第 7 章\7-58.xlsx	效果文件	第 7 章\7-64.xlsx

STEP 01　单击“格式”选项卡

打开一个 Excel 文件，选择艺术字，单击“格式”选项卡，如下图所示。

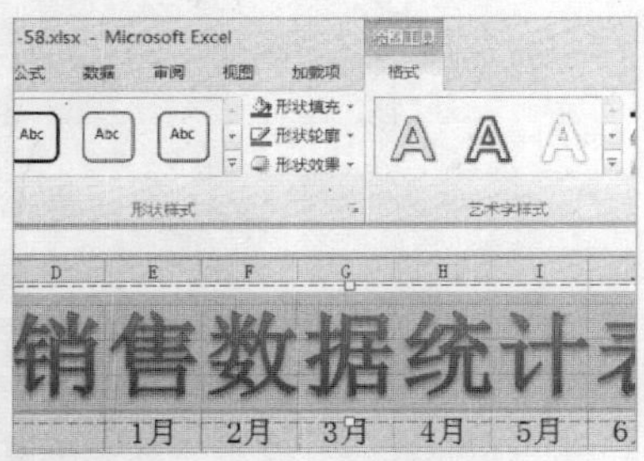

STEP 02　选择“宽松透视”选项

在“形状样式”选项区中单击“形状效果”按钮，在弹出的下拉列表中选择“三维旋转”|“宽松透视”选项，如下图所示。

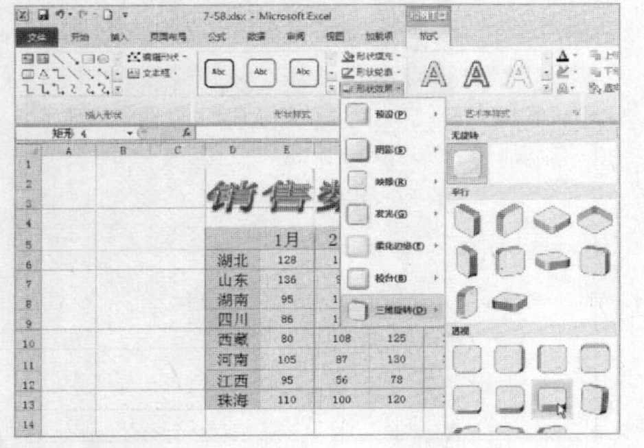

STEP 03　查看艺术字效果

执行操作后，工作表中的艺术字效果如下图所示。

销售数据统计表

	1月	2月	3月	4月	5月	6月
湖北	128	106	96	186	129	106
山东	136	99	92	156	79	92
湖南	95	116	88	135	78	86
四川	86	125	112	126	56	123
西藏	80	108	125	109	66	87
河南	105	87	130	137	78	89
江西	95	56	78	95	86	79
珠海	110	100	120	108	124	130

STEP 04　进入“开始”功能面板

单击“开始”选项卡，进入“开始”功能面板，如下图所示。

STEP 05 选择字号

在“字体”选项区中设置“字号”为48，如下图所示。

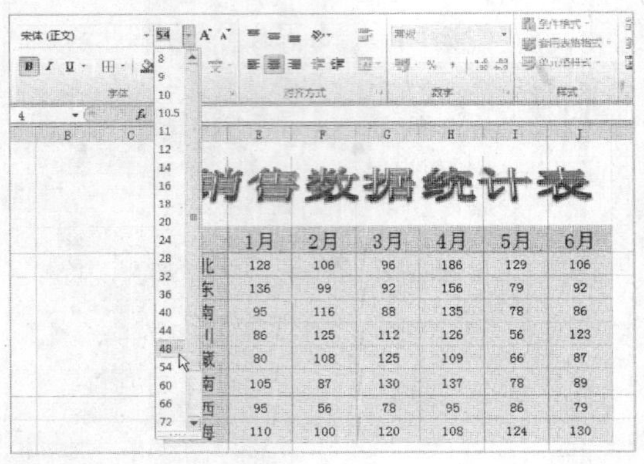

STEP 06 设置艺术字格式

执行操作后，即可完成对艺术字格式的设置，如下图所示。

7.4.3 设置艺术字字符间距

在 Excel 2010 中，若艺术字的字符间距比较小，艺术字就不够突出，此时可以对艺术字的字符间距进行设置。

素材文件	第 7 章\7-65.xlsx	效果文件	第 7 章\7-70.xlsx

STEP 01 打开文件

打开一个 Excel 文件，如下图所示。

STEP 02 选择艺术字

在工作表中选择艺术字，如下图所示。

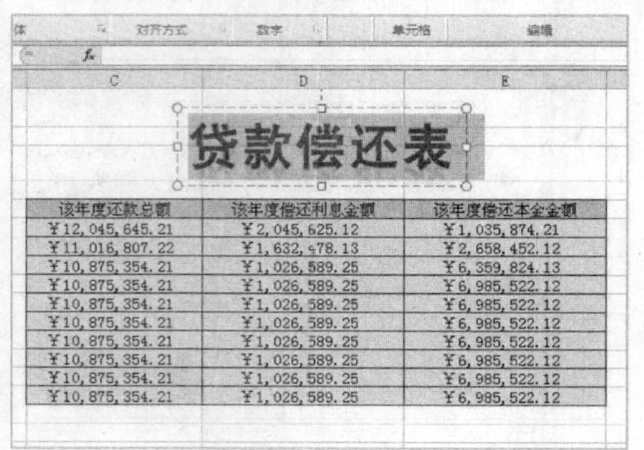

STEP 03 单击相应字体

单击“字体”选项区右下角的“设置单元格格式：字体”按钮，如下图所示。

STEP 04 弹出“字体”对话框

弹出“字体”对话框，如下图所示。

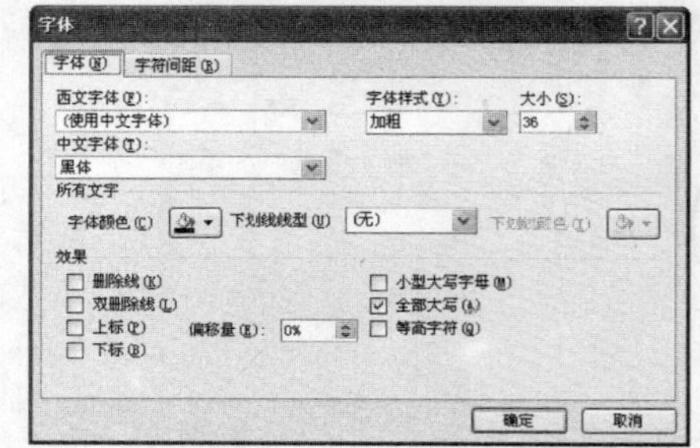

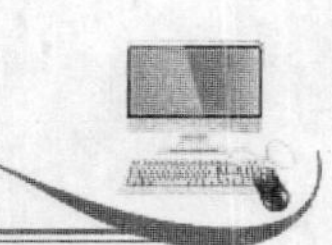

STEP 05 设置相应选项

切换至“字符间距”选项卡，设置“间距”为“加宽”，“度量值”为 20 磅，如下图所示。

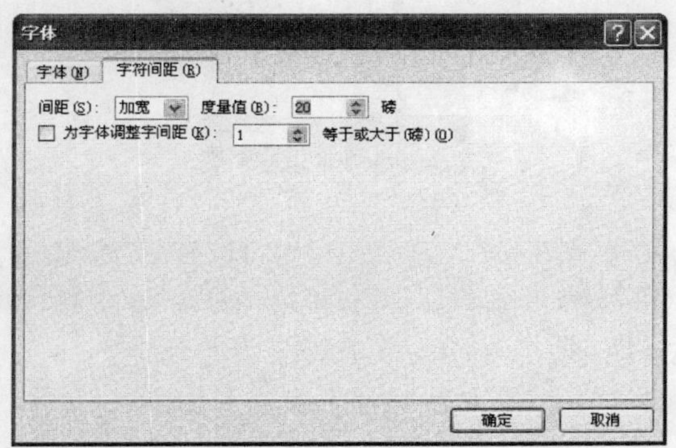

STEP 06 设置字符间距

单击“确定”按钮，在工作表任意位置单击鼠标左键，即可完成设置，如下图所示。

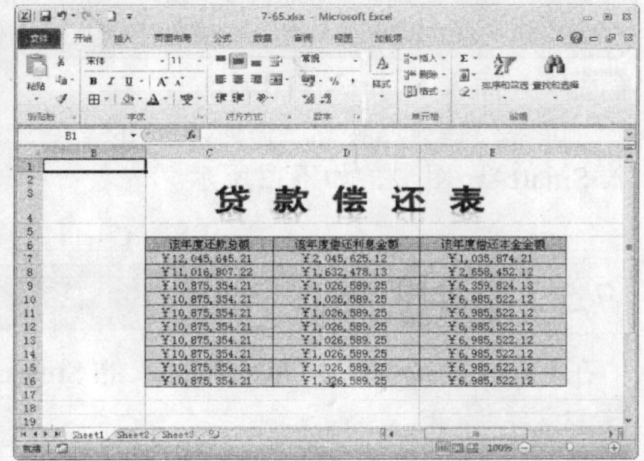

7.5 插入与编辑 SmartArt 图形

Excel 2010 中的 SmartArt 图形功能，可以方便用户在工作表中制作出代表流程、层次结构或者数据关系的图形。

7.5.1 插入 SmartArt 图形

在 Excel 2010 中，用户可以根据需要插入 SmartArt 图形，让工作表中的层次结构更加突出，内容更加醒目。

素材文件	无	效果文件	第 7 章\7-74.xlsx

STEP 01 单击“插入 SmartArt 图形”按钮

创建一个空白工作簿，单击“插入”选项卡，进入“插入”功能面板，在“插图”选项区中单击“插入 SmartArt 图形”按钮，如下图所示。

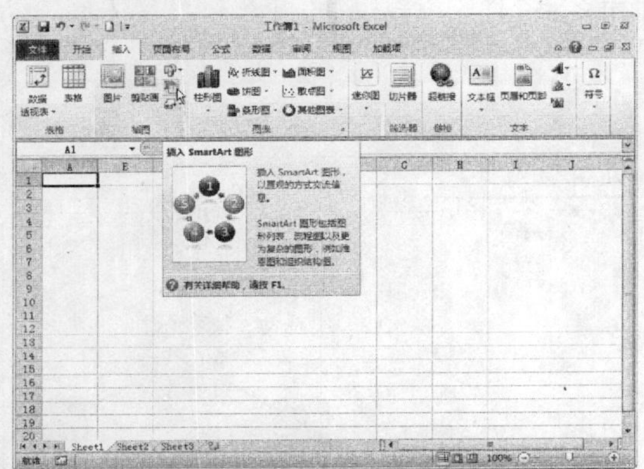

STEP 02 弹出相应对话框

弹出“选择 SmartArt 图形”对话框，如下图所示。

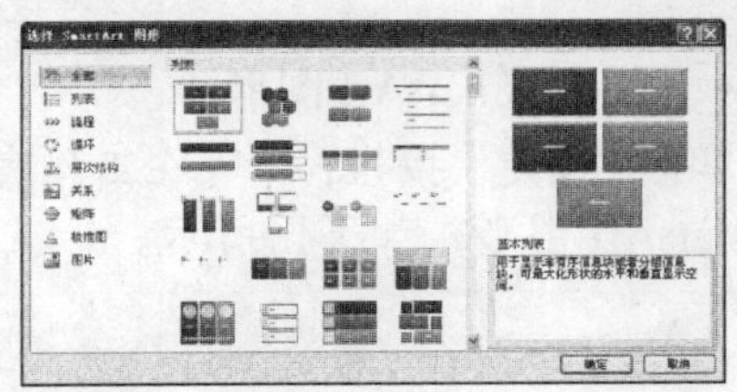

STEP 03 选择循环图形

切换至“循环”选项卡，在右侧的选项板中选择一种循环图形，如下图所示。

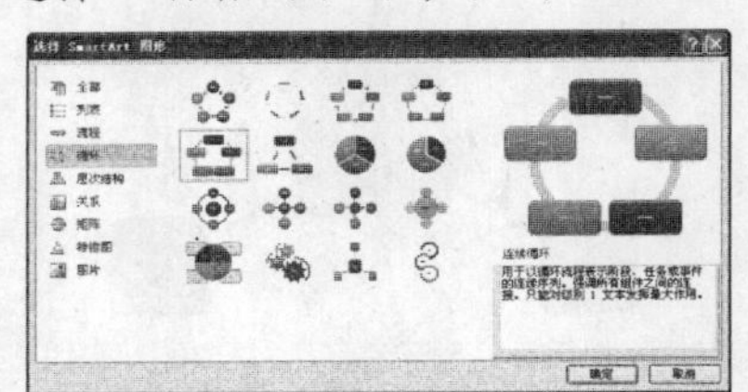

专家指点

在“选择 SmartArt 图形”对话框中，系统提供了多种类型的图形选项，用户可以根据实际情况在其中选择需要的图形选项。

STEP 04 插入 SmartArt 图形

单击“确定”按钮，即可在工作表中插入 SmartArt 图形，如下图所示。

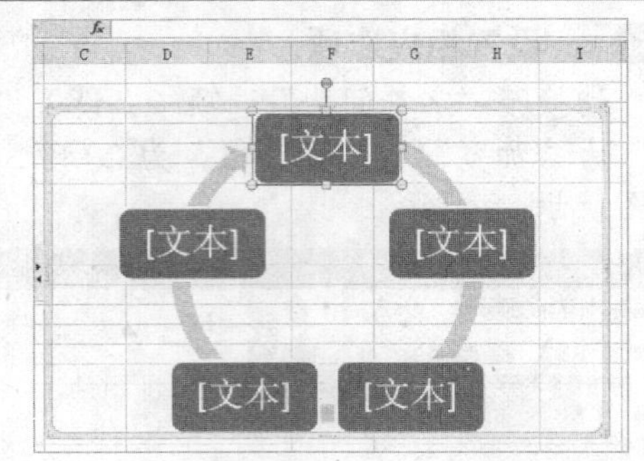

7.5.2 编辑 SmartArt 图形

在 Excel 2010 中，可以编辑插入的 SmartArt 图形。

素材文件	无	效果文件	第 7 章\7-82.xlsx

STEP 01 选择相应选项

创建一个空白工作簿，单击“插入”选项卡，进入“插入”功能面板，在“插图”选项区中单击“插入 SmartArt 图形”按钮，弹出“选择 SmartArt 图形”对话框，在“关系”右侧的选项板中选择所需的选项，如下图所示。

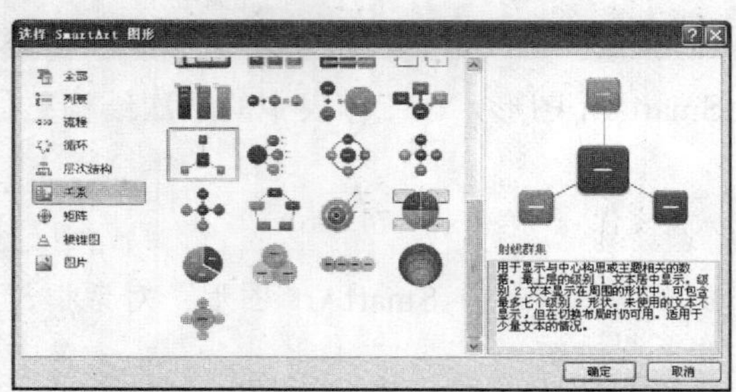

STEP 02 插入 SmartArt 图形

单击“确定”按钮，即可在工作表中插入 SmartArt 图形，如下图所示。

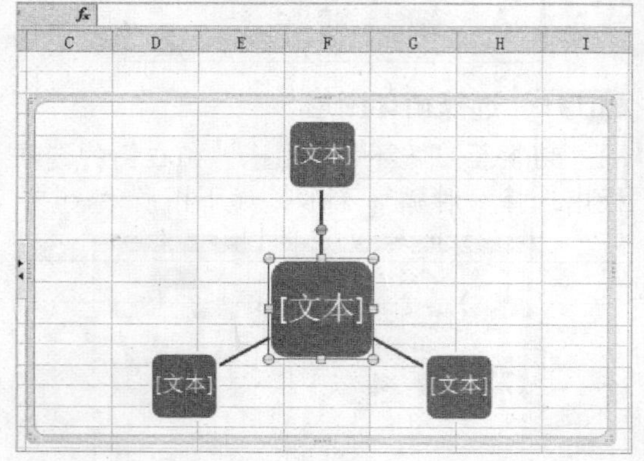

STEP 03 单击相应按钮

单击插入的 SmartArt 图形左侧的按钮，如下图所示。

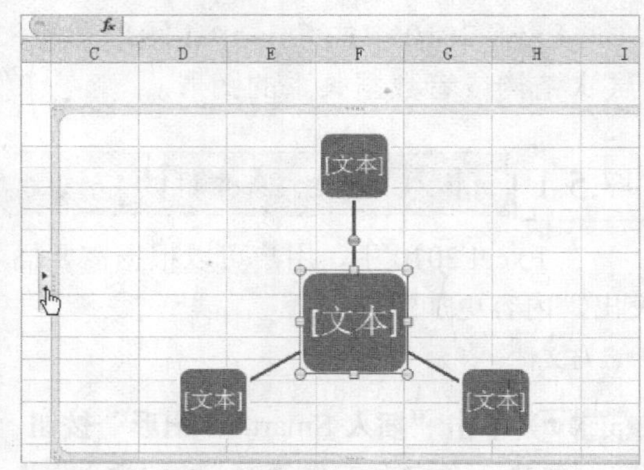

STEP 04 输入文本

执行操作后，即会展开任务窗格，单击第一个文本框，在其中输入“爸爸”，如下图所示。

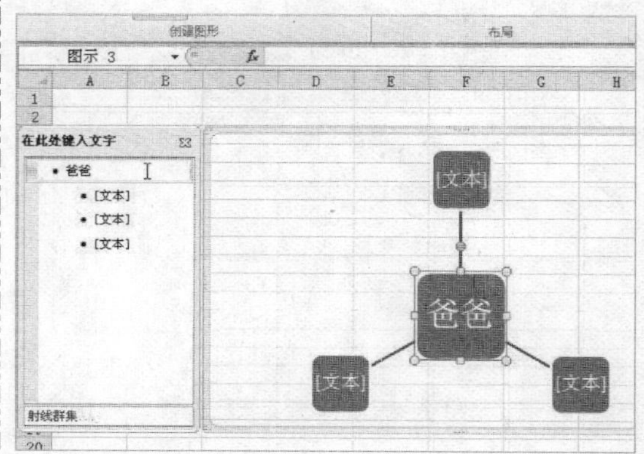

STEP 05　添加其他文本

用与上述相同的方法，为其他的文本框添加相应的文本，如下图所示。

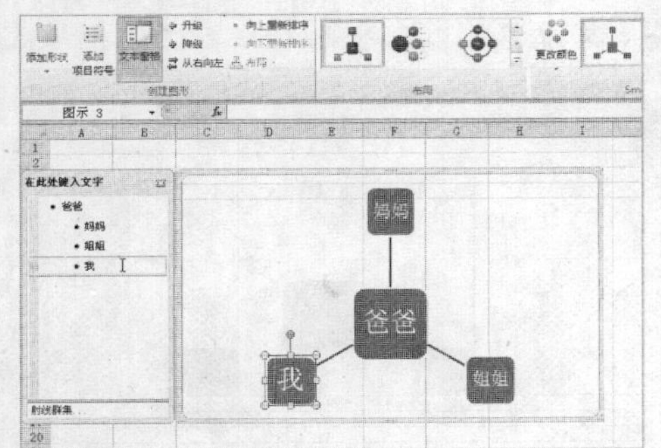

STEP 06　选择颜色

在“设计”功能面板的“SmartArt 样式”选项区中，单击“更改颜色”按钮，在弹出的选项板中选择一种颜色，如下图所示。

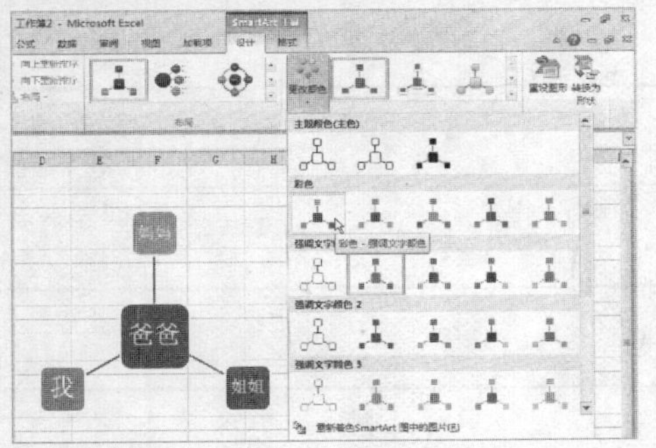

STEP 07　选项相应的选项

切换至“格式”功能面板，在“形状样式”选项区中单击“形状效果”按钮，在弹出的下拉列表中选择相应的选项，如下图所示。

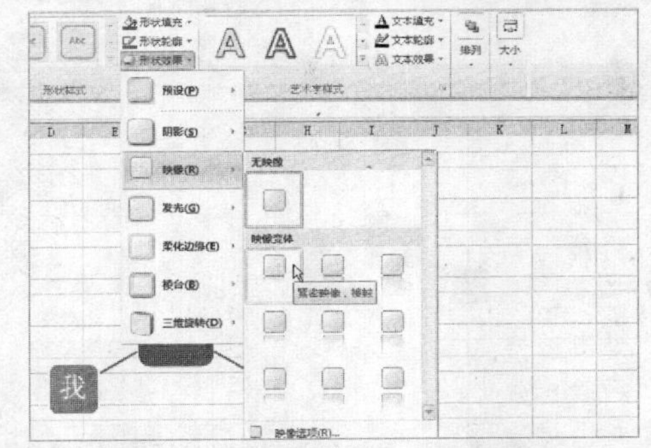

STEP 08　编辑 SmartArt 图形

执行操作后，即可完成对 SmartArt 图形的编辑，如下图所示。

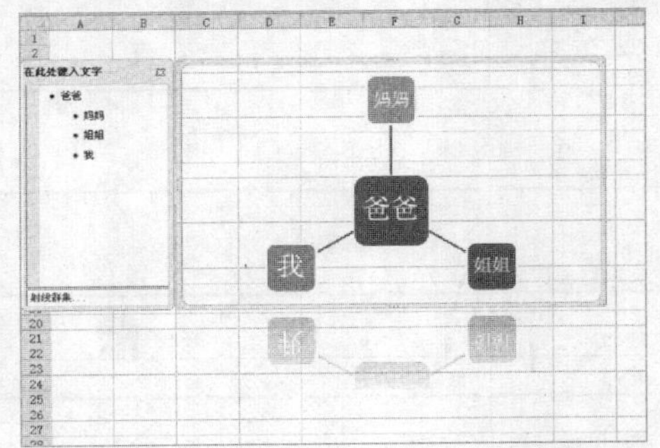

7.5.3 转换 SmartArt 类型

在 Excel 2010 中，可以将编辑后的 SmartArt 图形转换为其他类型。

素材文件	第 7 章\7-82.xlsx	效果文件	第 7 章\7-86.xlsx

STEP 01　选择图形对象

打开一个 Excel 文件，在工作表中选择 SmartArt 图形，如下图所示。

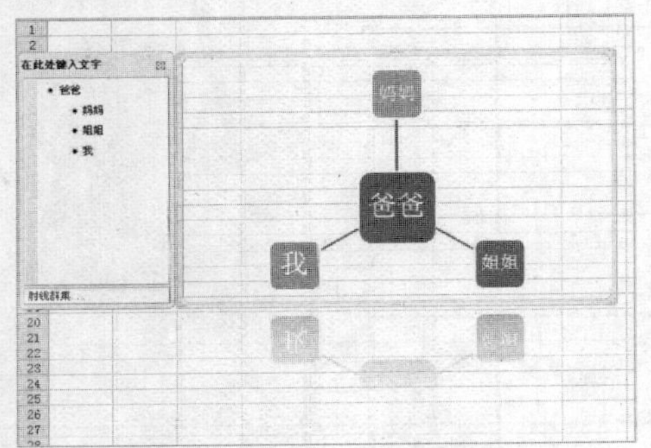

STEP 02　单击“转换为形状”按钮

在“设计”功能面板的“重置”选项区中，单击“转换为形状”按钮，如下图所示。

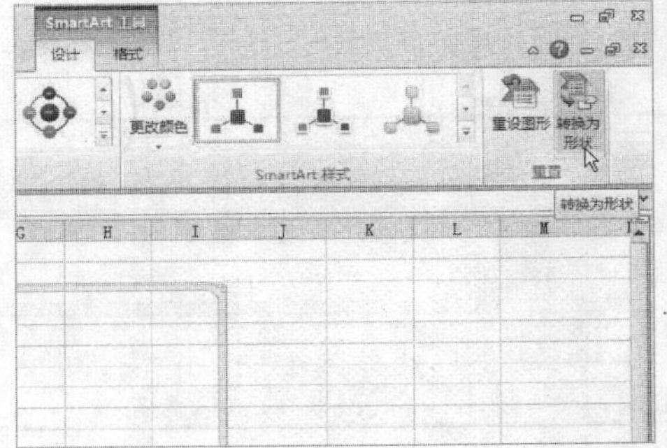

STEP 03 转换 SmartArt 类型

执行操作后，即可将 SmartArt 图形转换为形状，如下图所示。

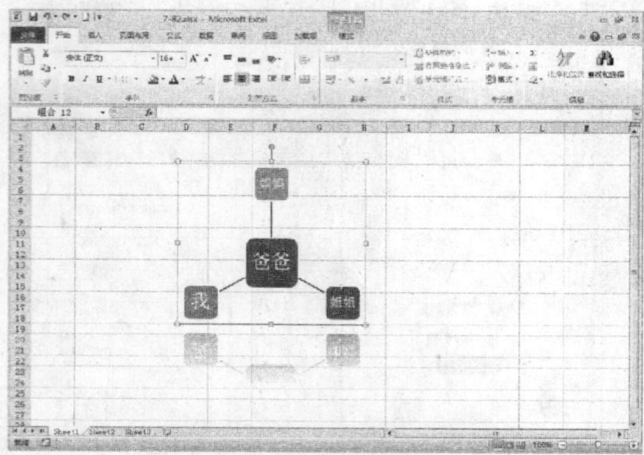

STEP 04 调整形状

适当调整转换后的形状的大小和位置，效果如下图所示。

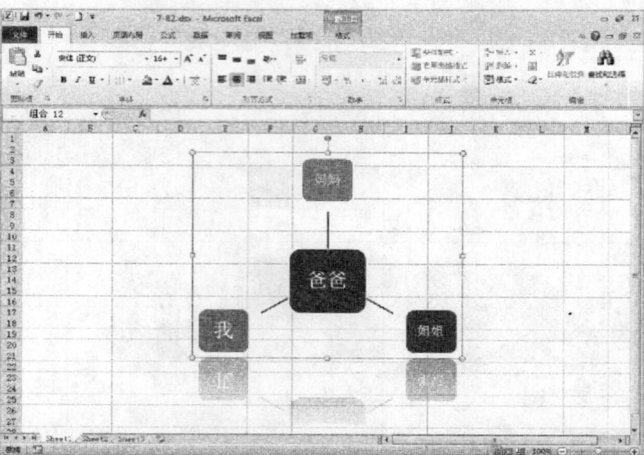

● 读书笔记

Chapter 08

章前知识导读

在办公应用中，在使用 Excel 2010 对工作表中的数据进行计算及统计等操作后，可以将表格中的数据创建成图表，以便能更好地显示出数据的发展趋势和分布状况。

创建与编辑图表

重点知识索引

- 认识图表类型
- 创建图表
- 编辑图表
- 修饰图表

效果图片欣赏

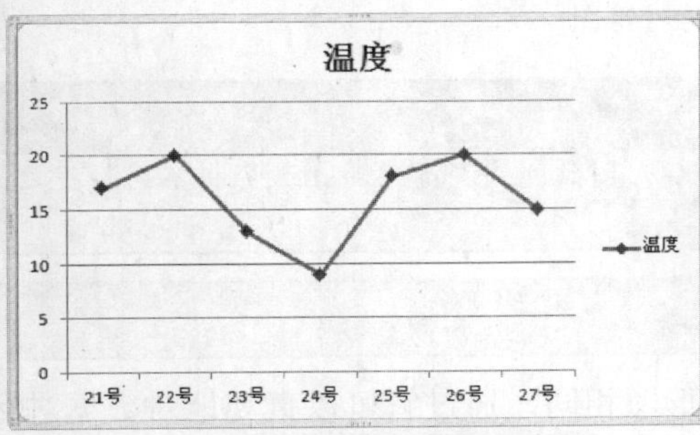

带数据标记的堆积折线图

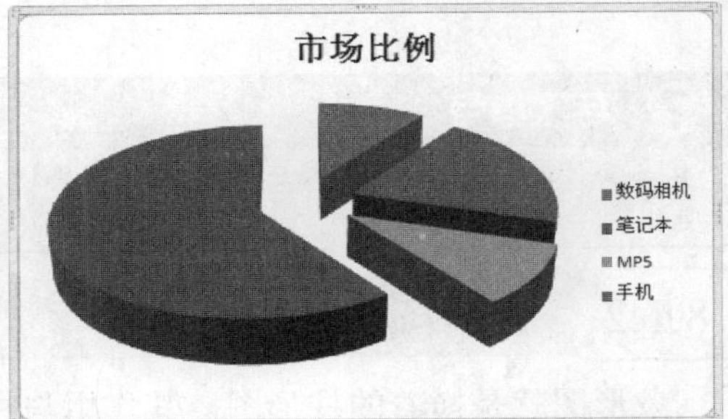

分离型三维饼图

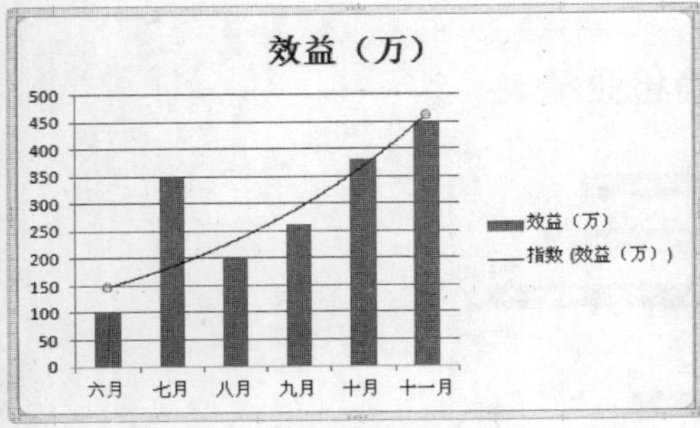

添加趋势线

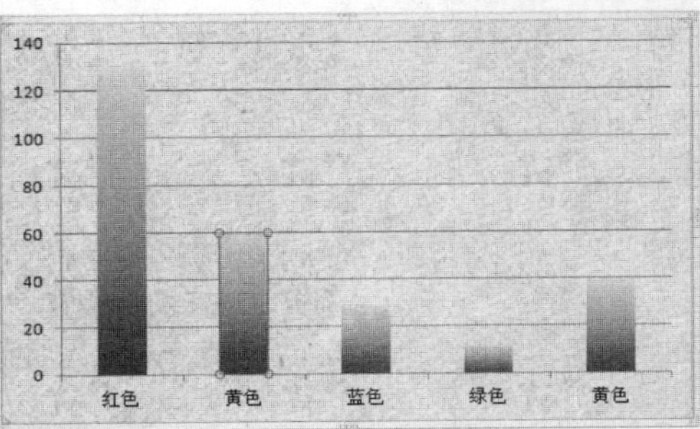

设置图表格式

8.1 认识图表类型

在 Excel 2010 中可以创建多种类型的图表，如柱形图、条形图、折线图、面积图等。它们各有特点，适用于不同的情况。

8.1.1 柱形图

通过柱形图，可以很直观地对数据进行对比分析。在 Excel 2010 中，柱形图又分为二维柱形图、三维柱形图、圆柱图、圆锥图以及棱锥图，下图所示为创建的三维柱形图。

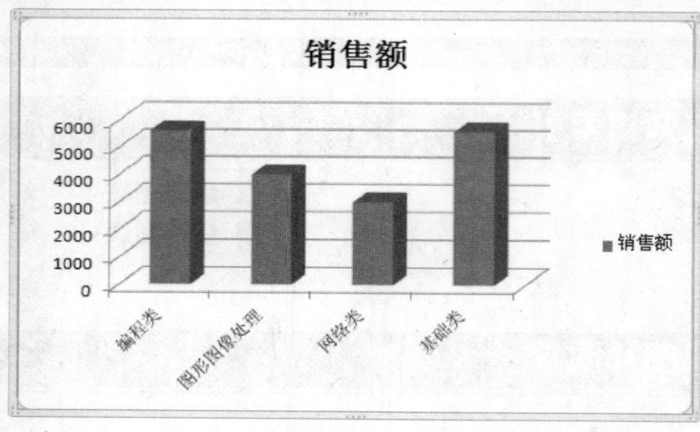

三维柱形图

专家指点

在 Excel 2010 中，用户可以根据需要选择柱形图的样式，通过对比来分析不同数据之间的变化。

8.1.2 条形图

条形图就是横着的柱形图，其作用与柱形图相同，通过它可以直观地对数据进行对比分析。在 Excel 2010 中，条形图又分为二维条形图、三维条形图、圆柱图、圆锥图以及棱锥图，下图所示为制作的条形—圆柱图。

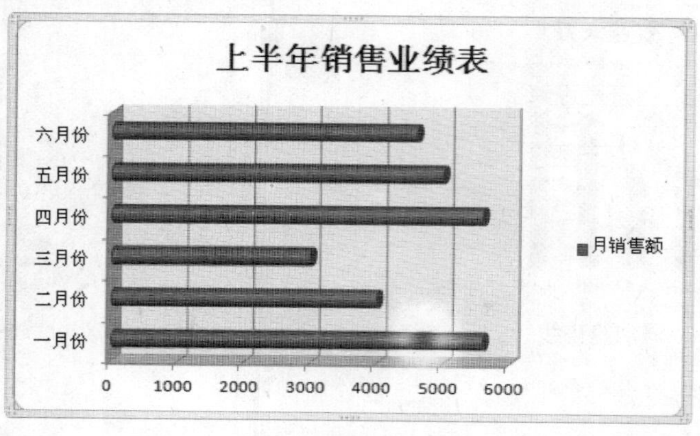

条形—圆柱图

8.1.3 折线图

通过折线图可以直观地查看数据的走势情况。在 Excel 2010 中，折线图又分为二维折线图和三维折线图，二维折线图又分为堆积折线图、百分比堆积折线图、带数据标记的折线图、带数据标记的堆积折线图以及带数据标记的百分比堆积折线图，下图所示为带数据标记的堆积折线图。

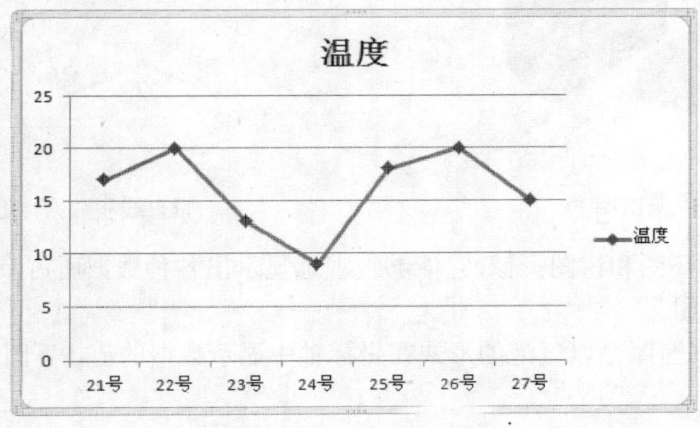

带数据标记的堆积折线图

8.1.4 面积图

面积图能够直观地显示出数据的大小和走势范围，以及数量随时间而变化的程度，面积图还可以显示部分与整体的关系。在 Excel 2010 中，面积图分为面积图、堆积面积图和百分比堆积面积图等，如下图所示为堆积面积图。

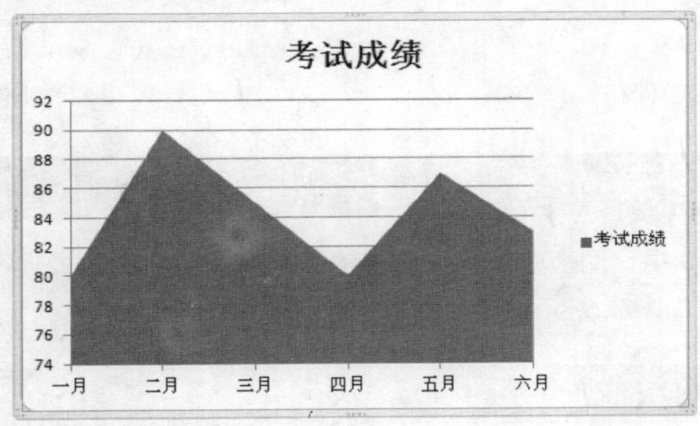

堆积面积图

8.1.5 其他类型图

除了以上介绍的 4 种图表类型外，在 Excel 2010 中还包括了饼图、散点图、圆环图、气泡图等类型的图表，下面将详细地进行介绍。

✿ 饼图：使用饼图能直观地查看数据的比例，下图（左）所示为分离型三维饼图。

❂ 散点图：散点图和折线图类似，通过它能直观地查看数据走势，下图（右）所示为带直线和数据标记的散点图。

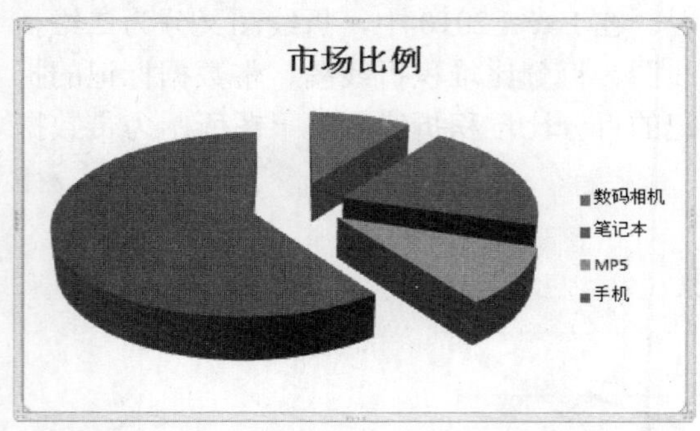

分离型三维饼图

带直线和数据标记的散点图

❂ 圆环图：圆环图和饼图类似，它能够直观地显示出各种数据所占有的比例，下图（左）所示为分离型圆环图。

❂ 气泡图：气泡图是以气泡的形式在坐标轴中显示数据的值，下图（右）所示为三维气泡图。

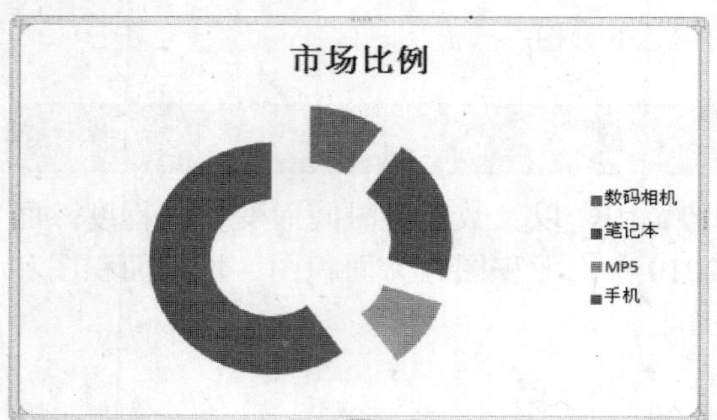

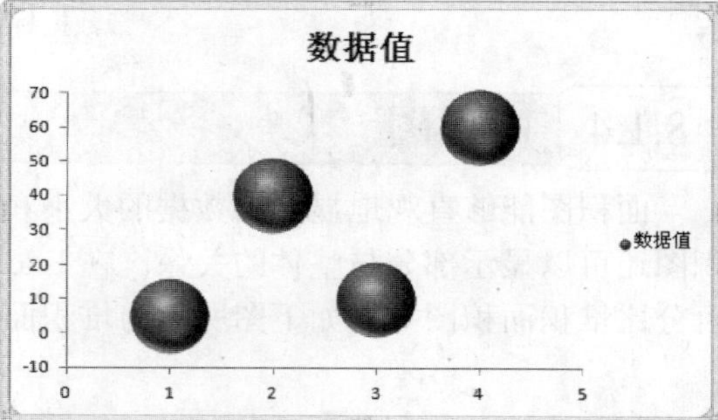

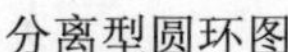
分离型圆环图

三维气泡图

8.2 创建图表

在 Excel 2010 中，图表就是将表格中的数据以图形化的方式进行显示。图表对象是由一个或多个以图形方式显示的数据系列组成的。

8.2.1 图表的组成

在 Excel 2010 中，可以把图表看作一个图形对象，它能够作为工作表的一部分进行保存在创建图表前，应该对图表的组成有所了解，图表的基本结构由以下几个部分组成：图表区、绘图区、坐标轴、图表标题以及图例等。

❂ 图表区：图表的空白位置，单击图表区可以选择整个图表。

❂ 绘图区：图表的整个绘制区域，显示图表中的数据状态。

❂ 坐标轴：用来标记图表中的数据名称。

✿ 图表标题：是图表性质的大致概括和内容总结，它相当于一篇文章的标题，在图表中起到说明性的作用。可以根据需要来定义图表的名称，能够自动与坐标轴对齐或居中于图表的顶端。

✿ 图例：图例是图表中标识的方框，每个图例左边的标识和图表中相应数据的颜色特征一致。

通过以上介绍，用户对图表的组成应该有了大概的了解，图表的基本结构如下图所示。

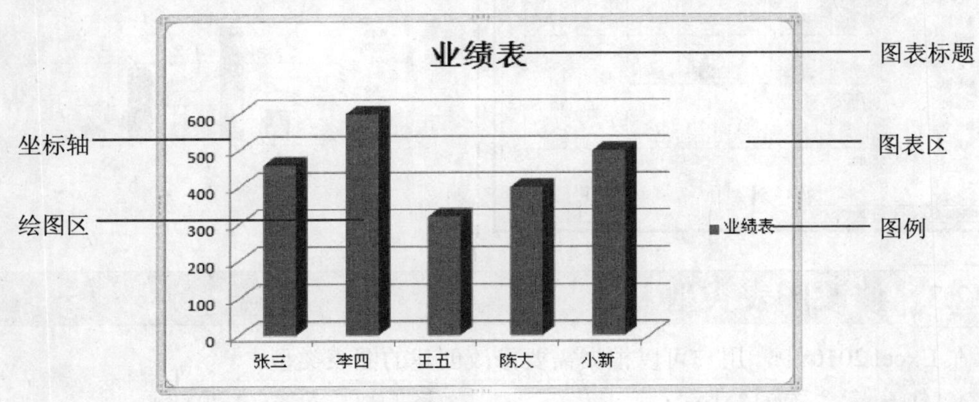

图表的基本结构

8.2.2 创建所需的图表

在 Excel 2010 中，可以用图表将工作表中的数据图形化，使原本枯燥无味的数据信息变得形象生动。

素材文件	第 8 章\8-10.xlsx	效果文件	第 8 章\8-14.xlsx

STEP 01 选择单元格区域

打开一个 Excel 文件，在工作表中选择单元格区域，如下图所示。

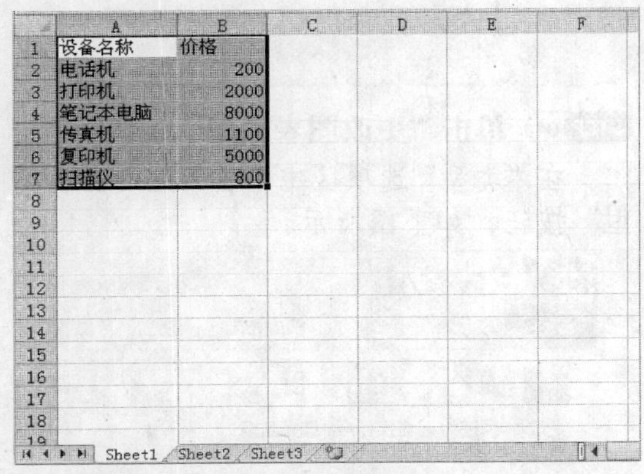

设备名称	价格
电话机	200
打印机	2000
笔记本电脑	8000
传真机	1100
复印机	5000
扫描仪	800

STEP 02 单击“创建图表”按钮

单击“插入”选项卡，进入“插入”功能面板，在“图表”选项区中单击右下角的“创建图表”按钮，如下图所示。

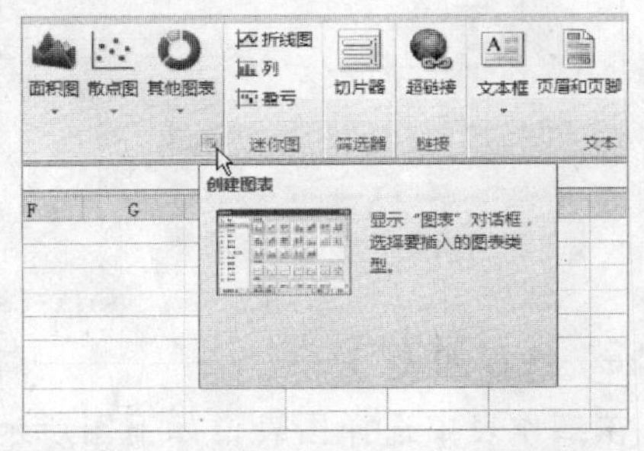

STEP 03 弹出“插入图表”对话框

弹出“插入图表”对话框，如下图所示。

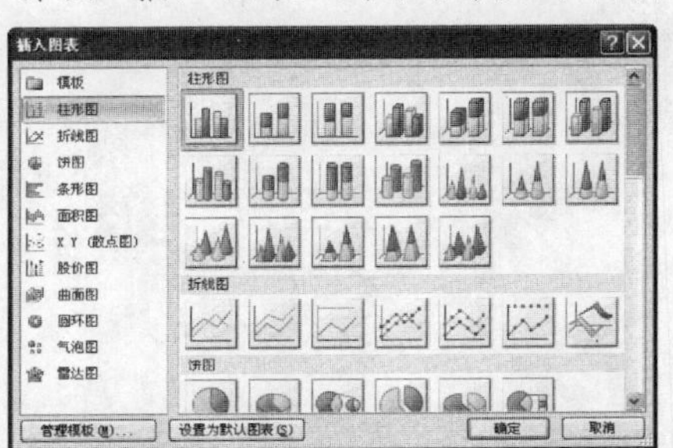

STEP 04 选择“三维堆积柱形图”选项

在“柱形图”选项板中选择“三维堆积柱形图”选项，如下图所示。

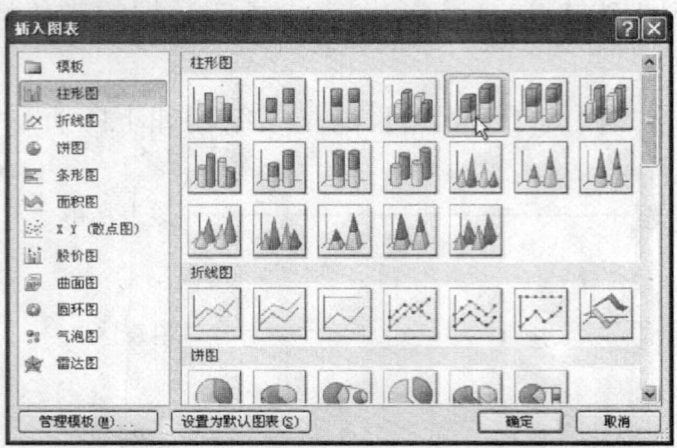

STEP 05 创建图表

单击“确定”按钮，即可在工作表中创建所需的图表，如下图所示。

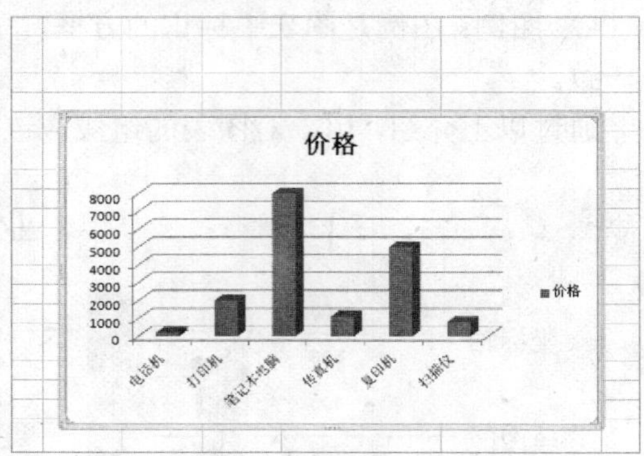

8.2.3 修改图表类型

在 Excel 2010 中，用户可以根据需要修改创建的图表类型。

素材文件	第 8 章\8-14.xlsx	效果文件	第 8 章\8-20.xlsx

STEP 01 打开文件

打开一个 Excel 文件，如下图所示。

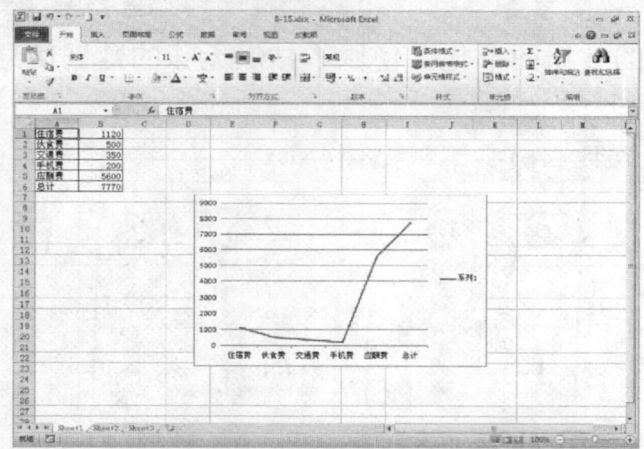

STEP 02 选择图表

在工作表中选择图表，如下图所示。

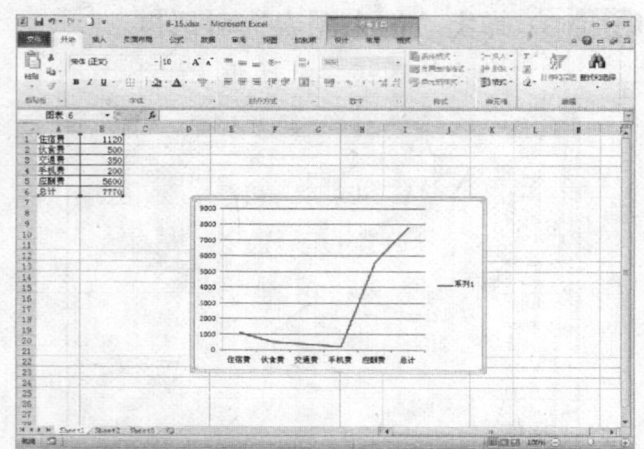

STEP 03 进入“设计”功能面板

在“图表工具”中单击“设计”选项卡，进入“设计”功能面板，如下图所示。

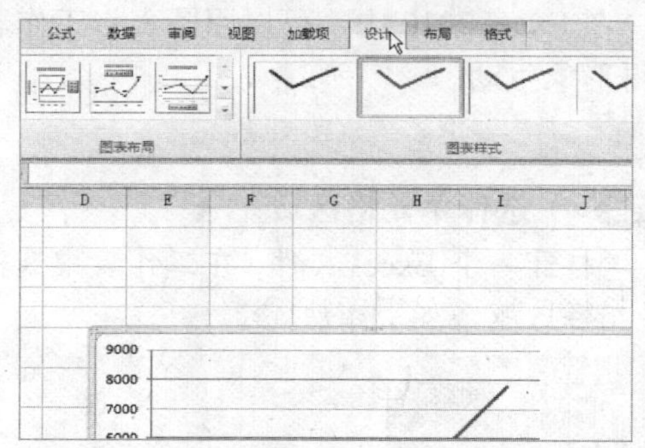

STEP 04 单击“更改图表类型”按钮

在“类型”选项区中单击“更改图表类型”按钮，如下图所示。

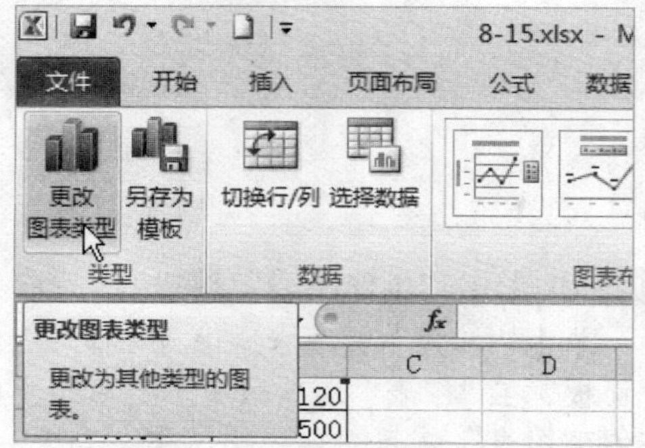

STEP 05 **选择图表类型**

弹出“更改图表类型”对话框，在其中选择图表类型，如下图所示。

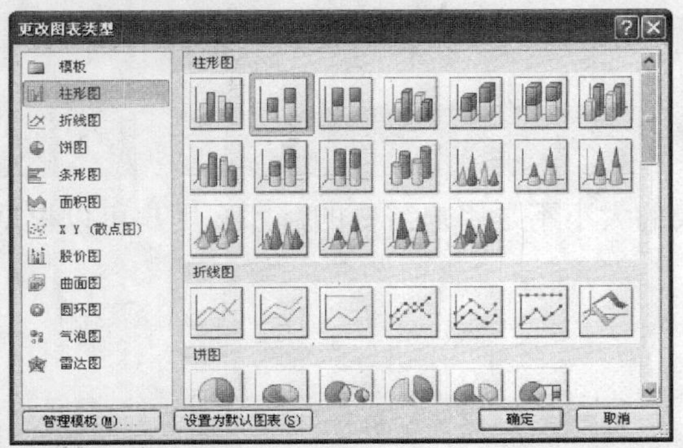

STEP 06 **修改图表类型**

单击“确定”按钮，即可修改图表类型，如下图所示。

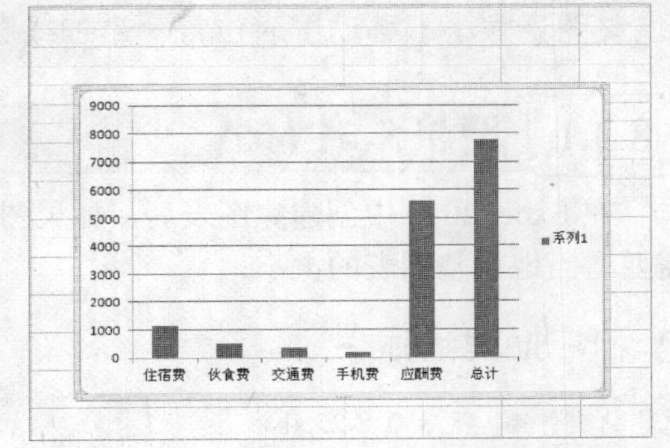

8.2.4 自定义图表

在 Excel 2010 中，用户可以通过“另存为模板”功能自定义图表，将工作表中的图表以文件的形式保存下来。

素材文件	第 8 章\8-20.xlsx	效果文件	第 8 章\8-24.crtx

STEP 01 **选择图表**

打开一个 Excel 文件，在工作表中选择图表，如下图所示。

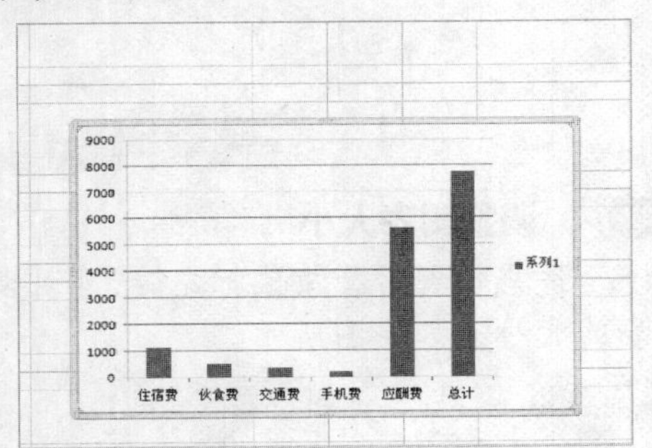

STEP 02 **单击“另存为模板”按钮**

切换至“设计”功能面板，在“类型”选项区中单击“另存为模板”按钮，如下图所示。

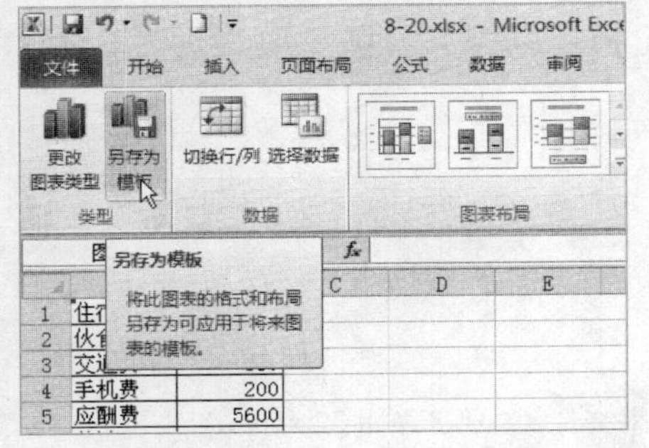

STEP 03 **设置相应选项**

弹出“保存图表模板”对话框，在其中设置保存位置和文件名称，如下图所示。

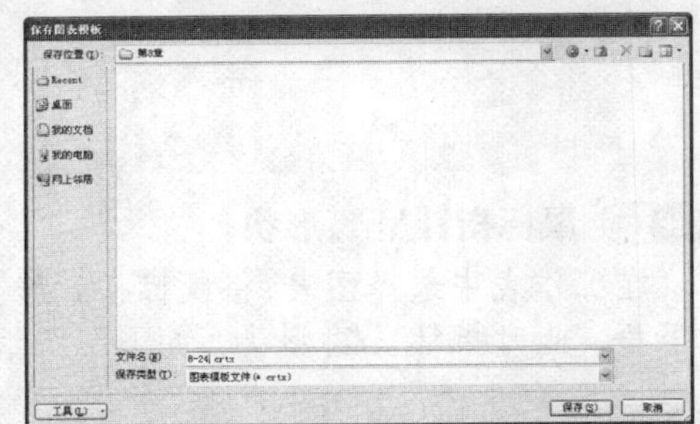

STEP 04 **查看保存文件**

单击“保存”按钮将文件保存至目标位置，在目标位置查看该文件，如下图所示。

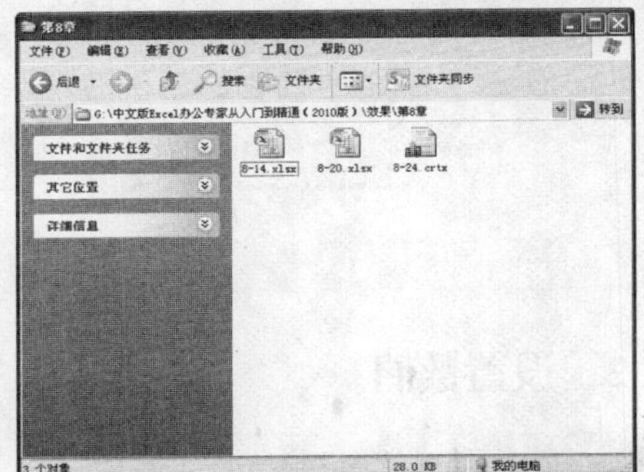

8.3 编辑图表

在 Excel 2010 中，图表创建之后，用户可以根据需要对其进行适当的编辑，如调整图表大小、移动图表位置、添加或删除数据项、修改图表文字等。

8.3.1 调整图表大小

在 Excel 2010 中创建完图表后，如果图表的大小不是用户需要的，那么用户可以根据需要适当地调整图表的大小。

1. 拖曳鼠标

素材文件	第 8 章\8-25.xlsx	效果文件	第 8 章\8-28.xlsx

STEP 01 打开文件

打开一个 Excel 文件，如下图所示。

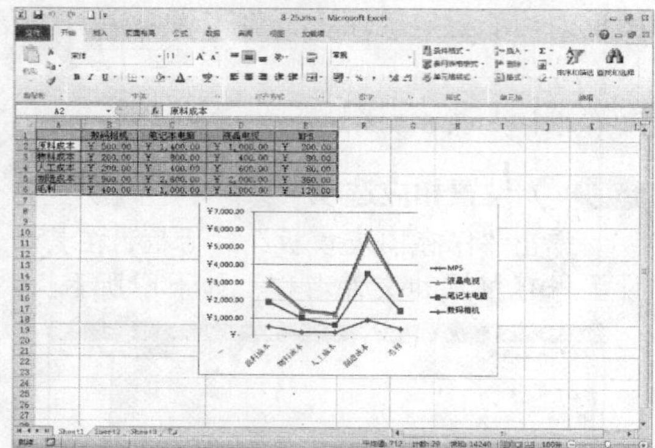

STEP 02 鼠标指针呈↘形状

在工作表中选择图表，将鼠标指针移至右下角，此时指针呈↘形状，如下图所示。

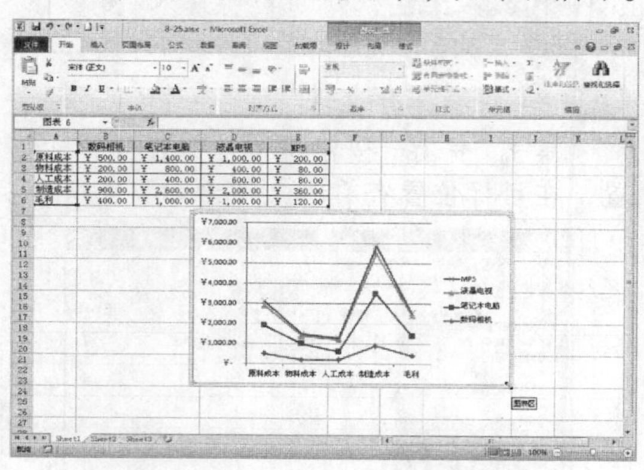

STEP 03 拖曳鼠标

按住鼠标左键并拖曳，如下图所示。

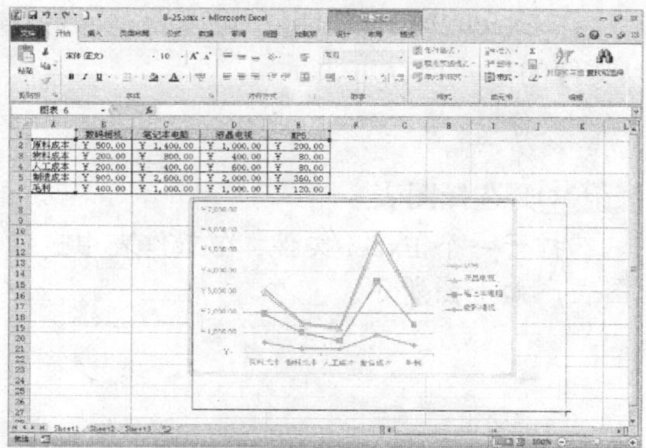

STEP 04 调整图表大小

至适当位置后释放鼠标左键，即可调整图表的大小，如下图所示。

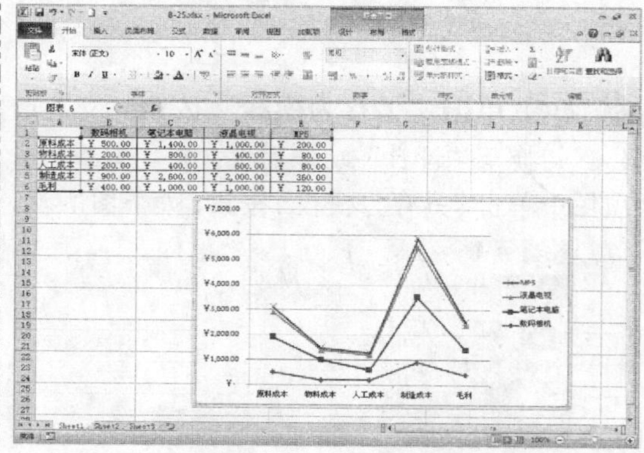

2. 设置数值

素材文件	第 8 章\8-29.xlsx	效果文件	第 8 章\8-32.xlsx

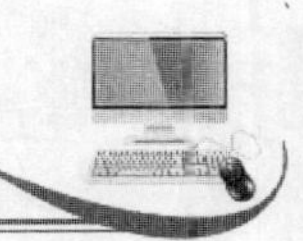

STEP 01 定位鼠标

打开一个 Excel 文件，将鼠标指针移至图表区，如下图所示。

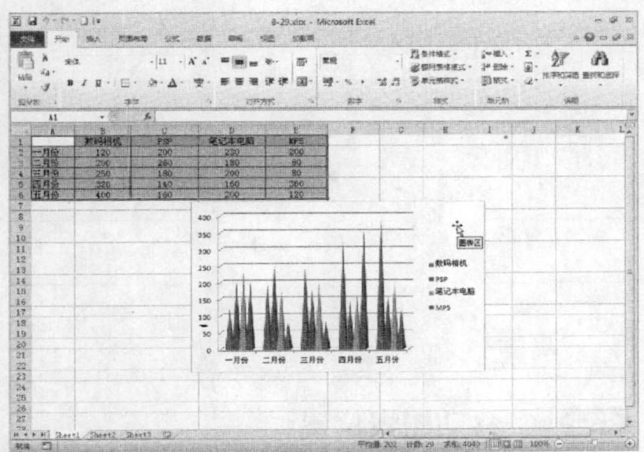

STEP 02 弹出“设置图表区格式”对话框

双击鼠标左键，弹出“设置图表区格式”对话框，如下图所示。

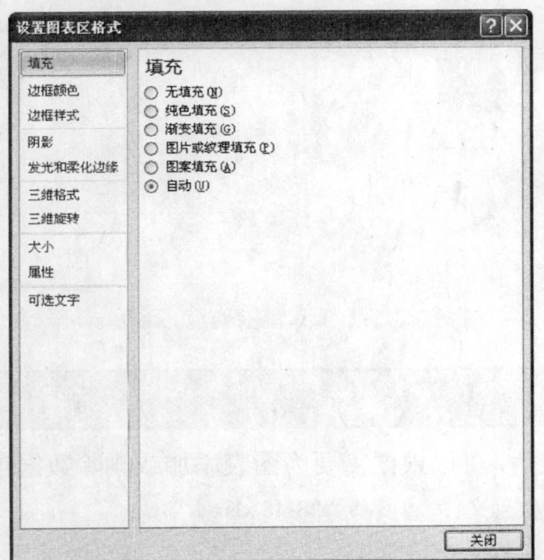

STEP 03 设置相应选项

切换至“大小”选项中，在其中设置“高度”为 10 厘米、“宽度”为 15 厘米，如下图所示。

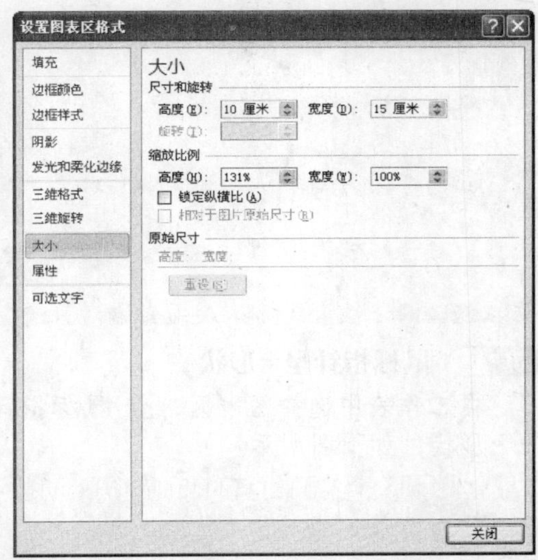

STEP 04 调整图表大小

单击“关闭”按钮，即可调整图表的大小，如下图所示。

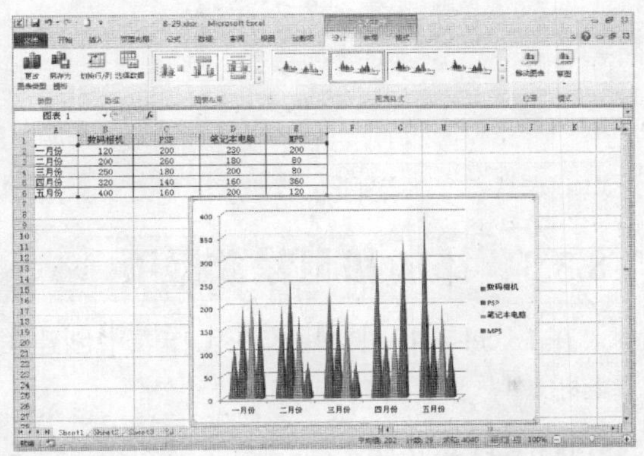

专家指点

在 Excel 2010 中，除了运用上述方法弹出“设置图表区格式”对话框外，在图表区单击鼠标右键，在弹出的快捷菜单中选择“设置图表区域格式”选项，也可以弹出“设置图表区格式”对话框。

8.3.2 移动图表位置

在 Excel 2010 中，用户可以根据需要移动图表的位置。

素材文件	第 8 章\8-33.xlsx	效果文件	第 8 章\8-36.xlsx

STEP 01 打开文件

打开一个 Excel 文件，如下图所示。

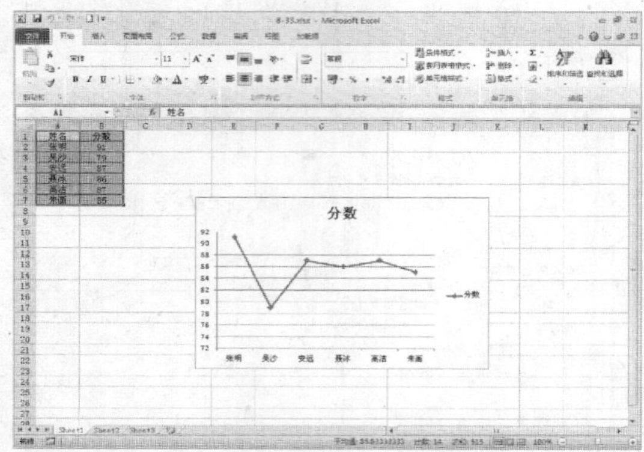

STEP 02 鼠标指针呈✥形状

在工作表中选择图表区，此时鼠标指针呈✥形状，如下图所示。

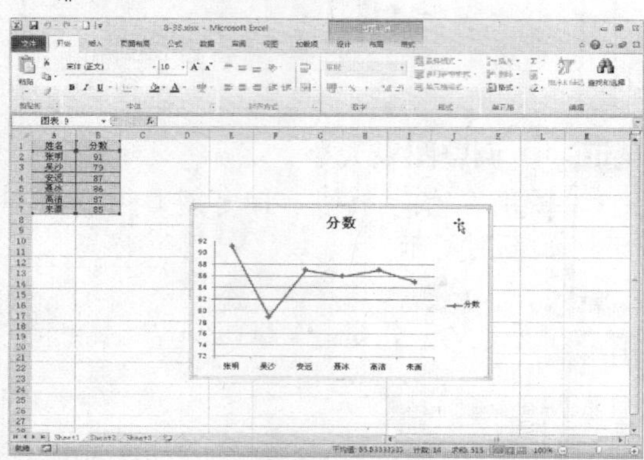

STEP 03 拖曳鼠标

按住鼠标左键并向右拖曳至适当位置，如下图所示。

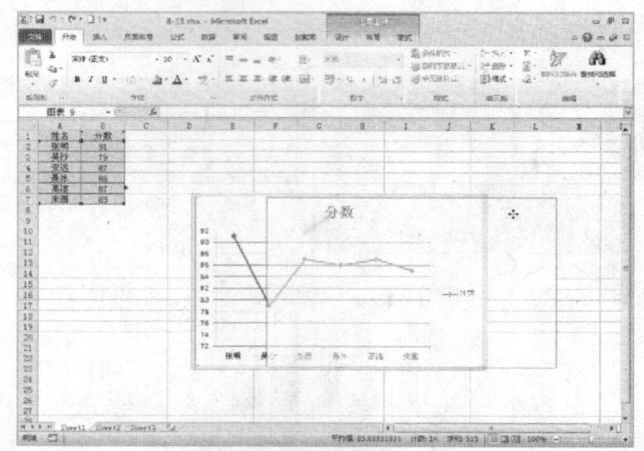

STEP 04 移动图表位置

释放鼠标左键，即可移动图表位置，如下图所示。

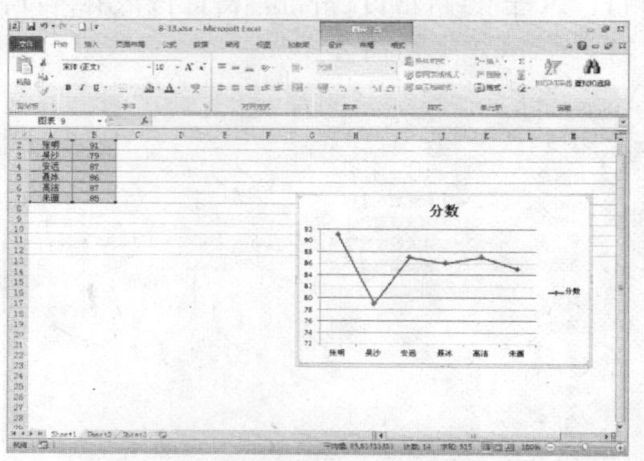

8.3.3 添加和删除数据项

在 Excel 2010 中，用户在工作表中创建图表后，可以根据需要为图表添加或删除数据项。

素材文件	第 8 章\8-37.xlsx	效果文件	第 8 章\8-48.xlsx

STEP 01 打开文件

打开一个 Excel 文件，如下图所示。

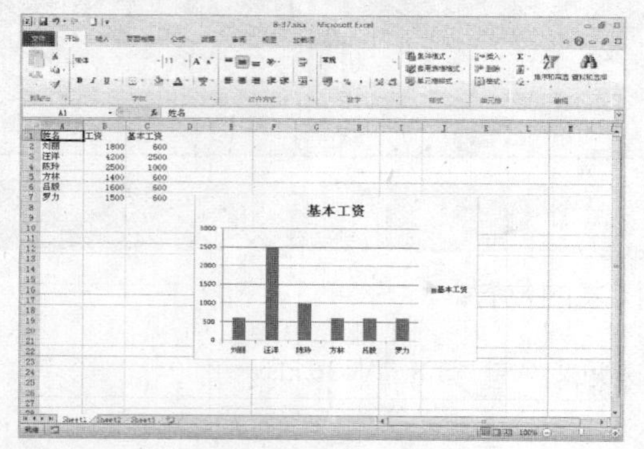

STEP 02 选择图表

在工作表中选择图表，如下图所示。

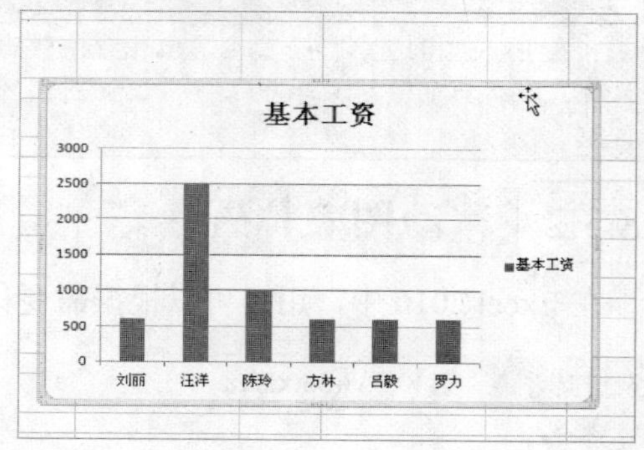

STEP 03　选择"选择数据"选项

单击鼠标右键，在弹出的快捷菜单中选择"选择数据"选项，如下图所示。

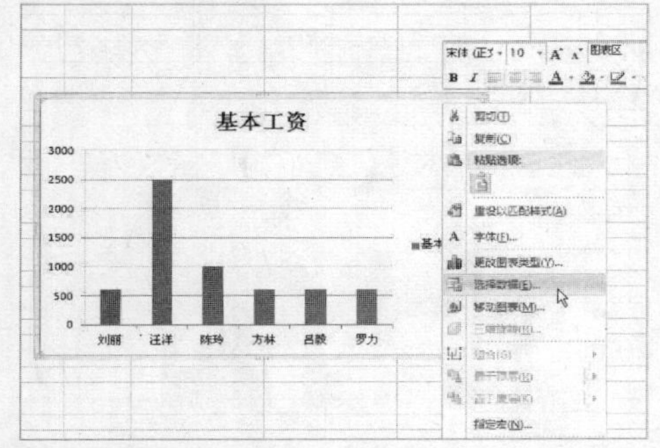

STEP 04　弹出"选择数据源"对话框

即会弹出"选择数据源"对话框，如下图所示。

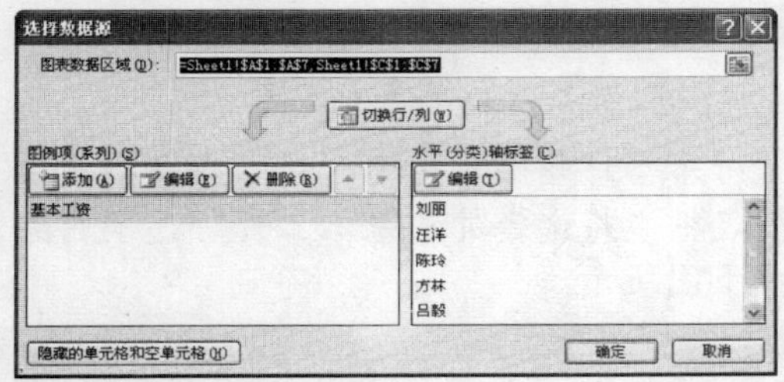

STEP 05　单击"添加"按钮

单击"添加"按钮，如下图所示。

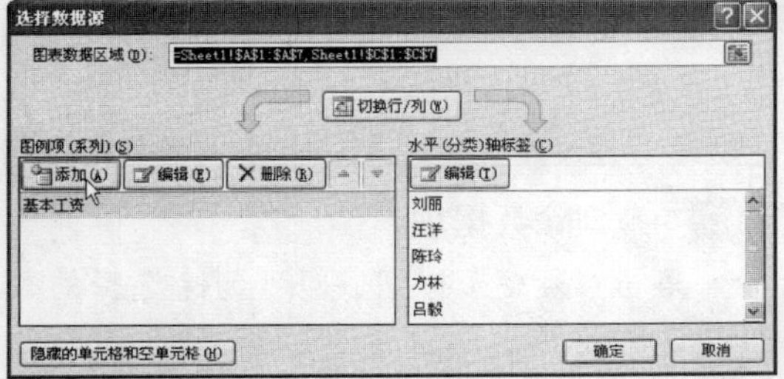

STEP 06　弹出"编辑数据系列"对话框

弹出"编辑数据系列"对话框，如下图所示。

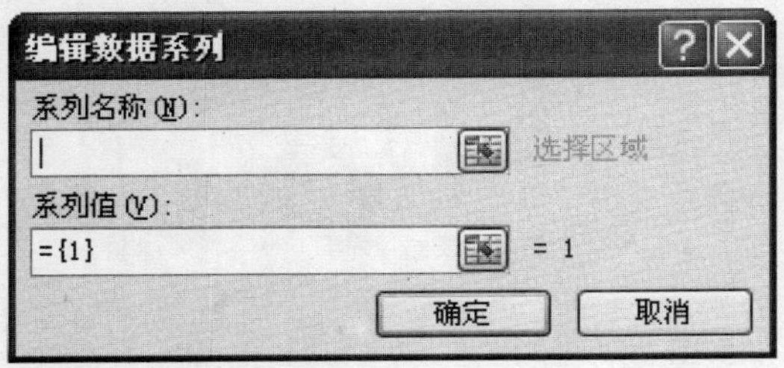

STEP 07　选择数据项名称

单击"系列名称"文本框右侧的引用按钮，弹出"编辑数据系列"对话框，选择数据项所在的单元格，该单元格名称会出现在文本框中，如下图所示。

STEP 08　返回"编辑数据系列"对话框

按【Enter】键确认，返回至"编辑数据系列"对话框，如下图所示。

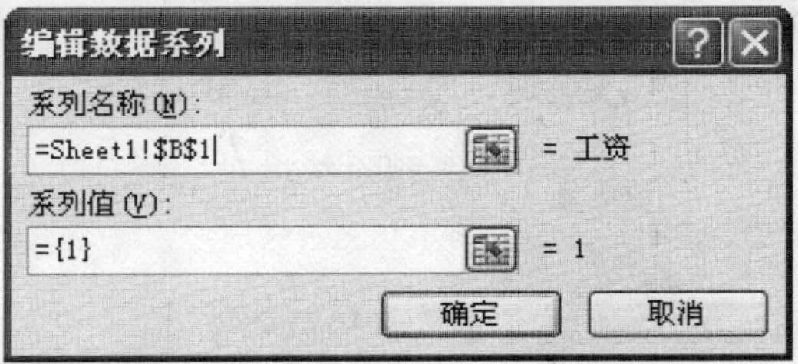

STEP 09　选择区域

单击"系列值"文本框右侧的引用按钮，弹出"编辑数据系列"对话框，选择数据项所在的单元格区域，该区域名称会出现在文本框中，如下图所示。

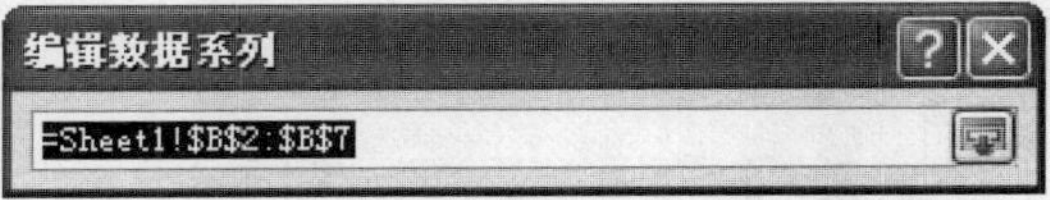

STEP 10　返回"编辑数据系列"对话框

按【Enter】键确认，返回"编辑数据系列"对话框，如下图所示。

编辑数据系列
系列名称(N):
=Sheet1!$B$1　= 工资
系列值(V):
=Sheet1!$B$2:$B$7　= 1800, 4200, 25...
确定　取消

专家指点

用户可以在"编辑数据系列"对话框中，查看添加数据项的基本信息。

STEP 11　返回相应对话框

单击"确定"按钮，即可在"选择数据

源”对话框中显示新添加的数据项，如下图所示。

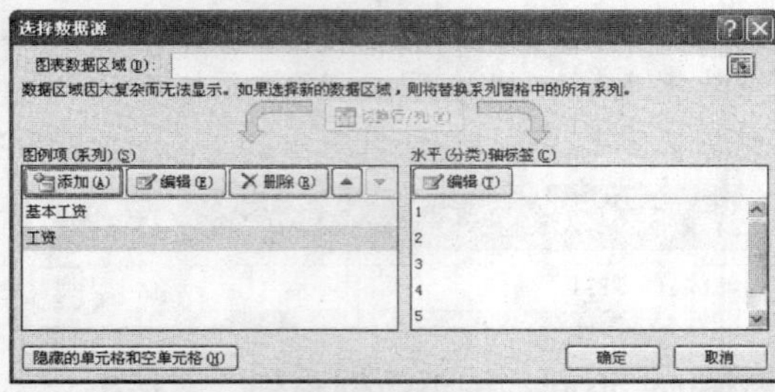

专家指点

用户可以在“图例项”列表框中，查看新添加的数据项。

STEP 12 添加数据项

单击“确定”按钮，即可在图表中添加数据项，如下图所示。

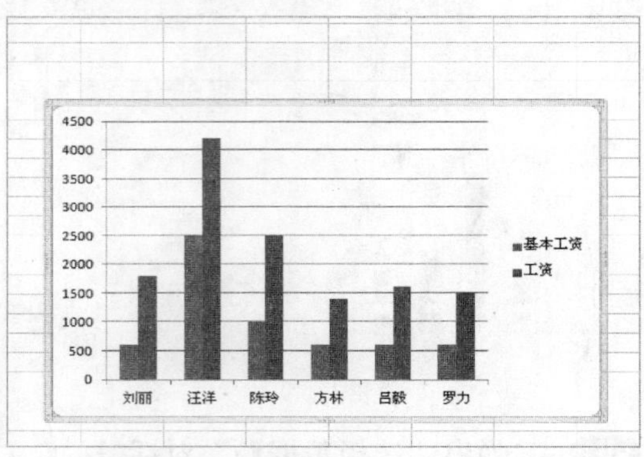

用上面介绍的方法为图表添加数据项后，如果添加的数据项不符合要求，那么用户可以将其删除，下面介绍删除数据项的操作方法：

素材文件	第 8 章\8-48.xlsx	效果文件	第 8 章\8-52.xlsx

STEP 01 选择“选择数据”选项

打开一个 Excel 文件，在图表区单击鼠标右键，在弹出的快捷菜单中选择“选择数据”选项，如下图所示。

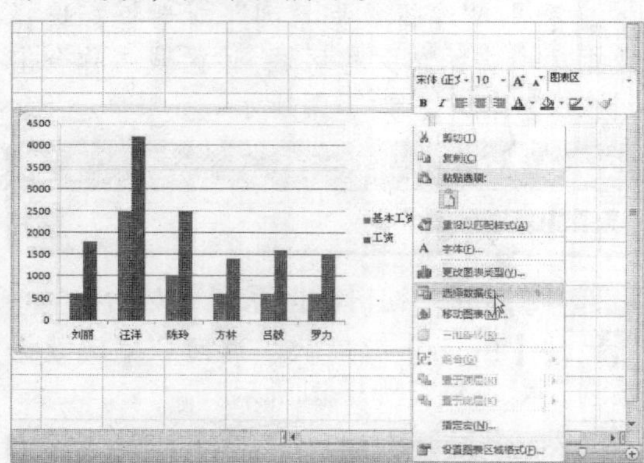

STEP 02 弹出“选择数据源”对话框

即会弹出“选择数据源”对话框，选择需删除的数据项，如下图所示。

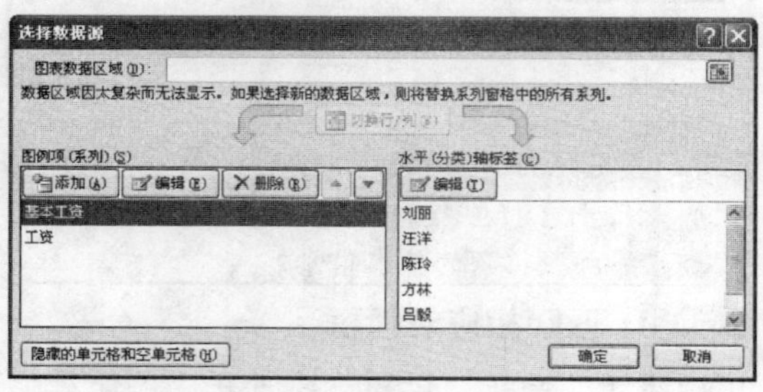

STEP 03 删除选择的选项

单击“删除”按钮，即可在“图例项”列表框中将选择的“基本工资”选项删除，如下图所示。

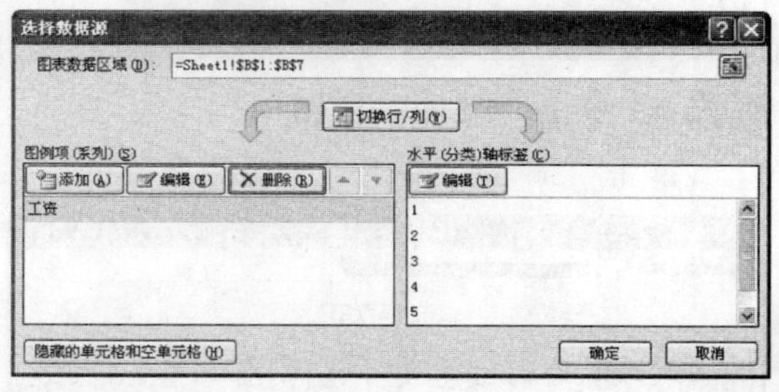

STEP 04 删除数据项

单击“确定”按钮，即可删除选择的数据项，如下图所示。

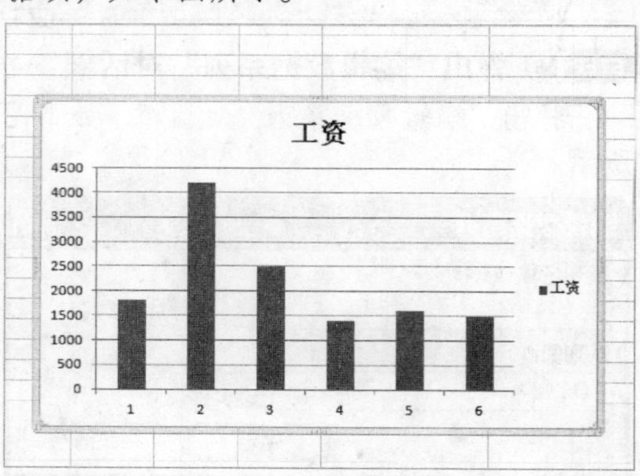

8.3.4 更改图表文字

在 Excel 2010 中，如果用户对图表中自动生成的文字不满意，可以根据自己的需要进行适当的更改。

素材文件	第 8 章\8-53.xlsx	效果文件	第 8 章\8-58.xlsx

STEP 01 打开文件

打开一个 Excel 文件，如下图所示。

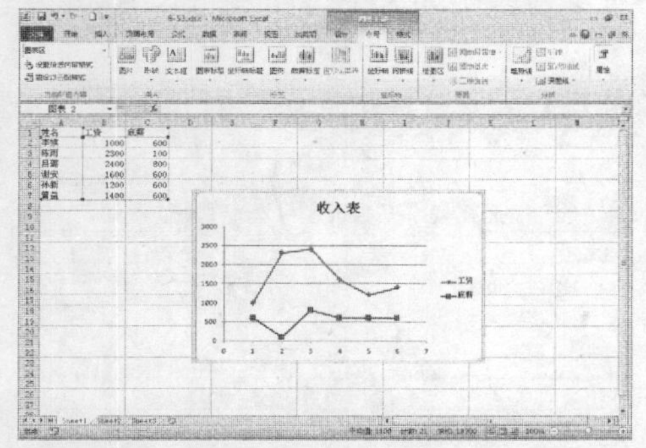

STEP 02 选择“图表标题”

在图表中选择“图表标题”，如下图所示。

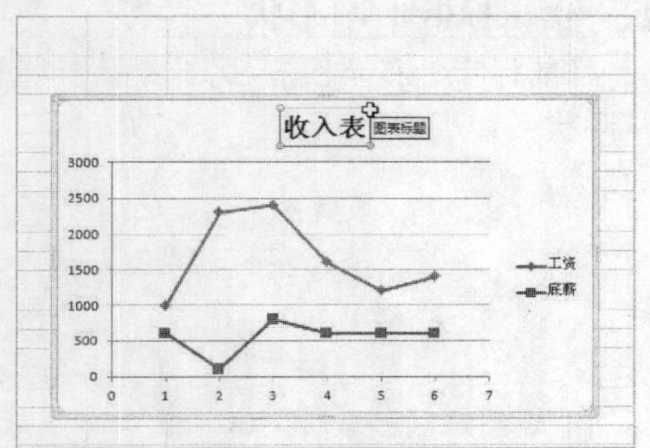

STEP 03 选择“字体”选项

单击鼠标右键，在弹出的快捷菜单中选择“字体”选项，如下图所示。

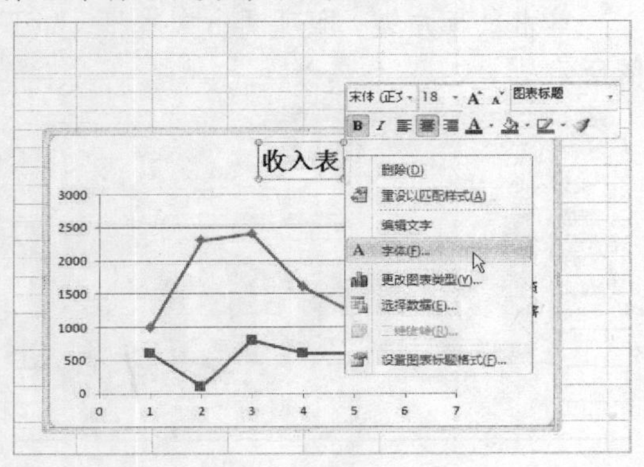

STEP 04 设置相应选项

弹出“字体”对话框，在“字体”选项卡中设置相应选项，如下图所示。

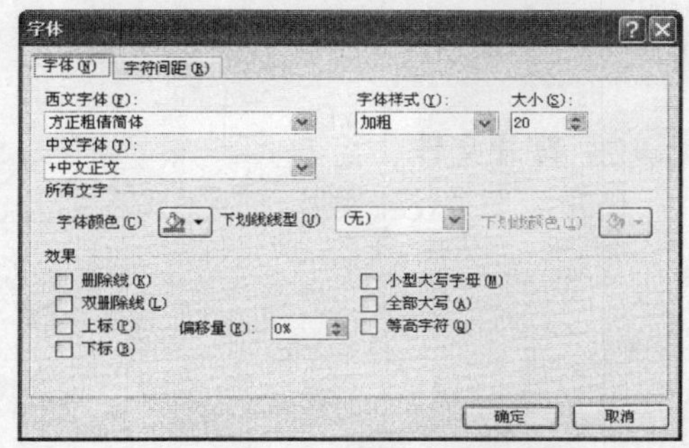

STEP 05 设置相应选项

切换至“字符间距”选项卡，在其中进行相应的设置，如下图所示。

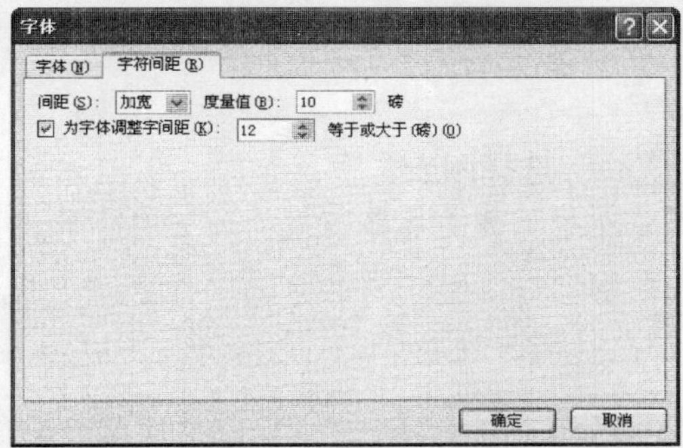

STEP 06 更改图表文字

单击“确定”按钮，即可更改图表文字，如下图所示。

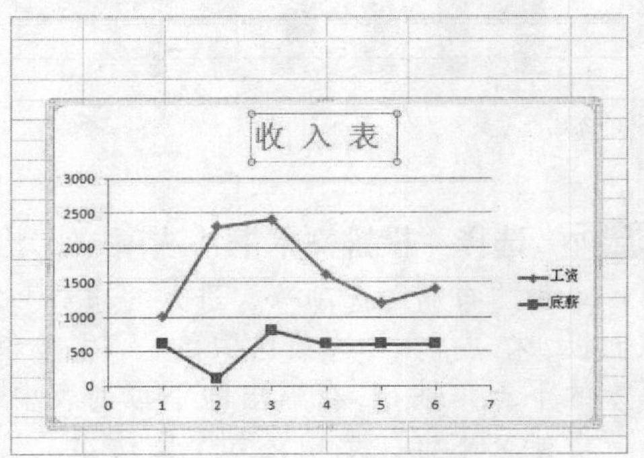

8.4 修饰图表

在 Excel 2010 中，用户还可以适当地修饰图表，如添加文本框、添加数据标签、添加趋势线和误差线、设置坐标轴和网格线以及设置图表格式等。

8.4.1 添加文本框

在 Excel 2010 中，当图表创建完成后，用户可以为其添加文本框，为图表增加一些说明性的文字。

素材文件	第 8 章\8-59.xlsx	效果文件	第 8 章\8-65.xlsx

STEP 01 打开文件

打开一个 Excel 文件，如下图所示。

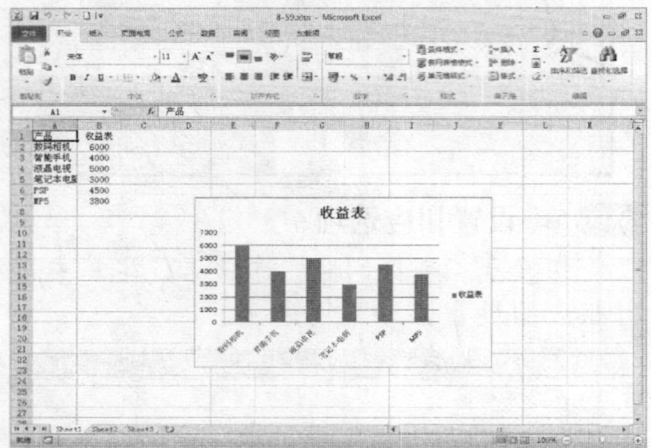

STEP 02 选择图表

在工作表中选择图表，如下图所示。

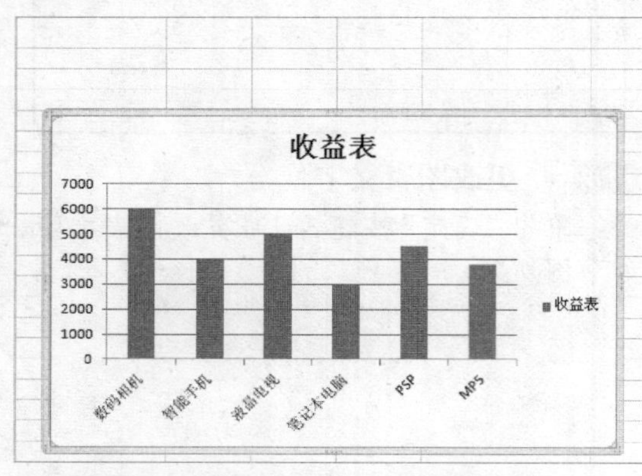

STEP 03 选择"横排文本框"选项

单击"布局"选项卡，进入"布局"功能面板，在"插入"选项区中单击"文本框"下方的下三角按钮，在弹出的下拉列表中选择"横排文本框"选项，如下图所示。

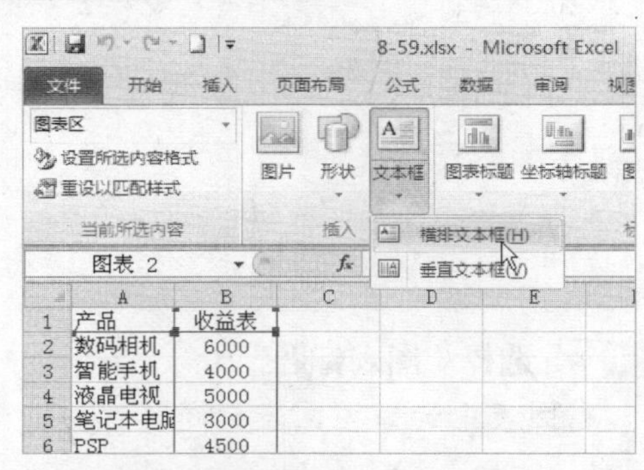

STEP 04 鼠标指针呈↓形状

将鼠标指针移至图表区，此时鼠标指针呈↓形状，如下图所示。

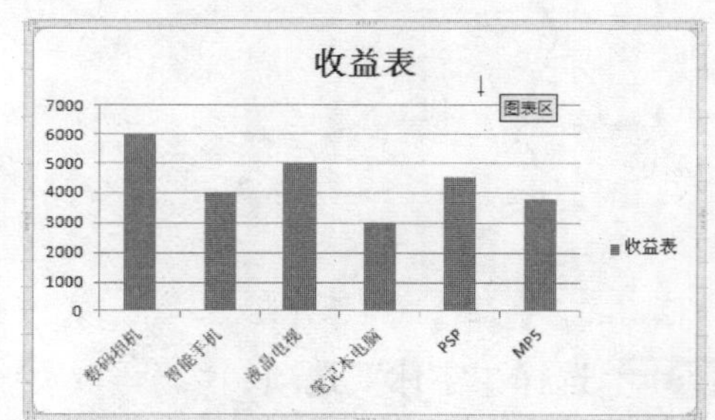

STEP 05 调出文本框

单击鼠标左键，即可调出文本框，如下图所示。

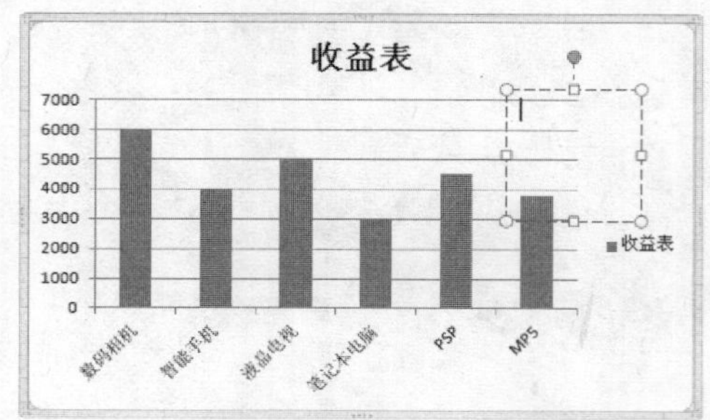

STEP 06 输入文本

在文本框中输入“新新电脑公司”文本，如下图所示。

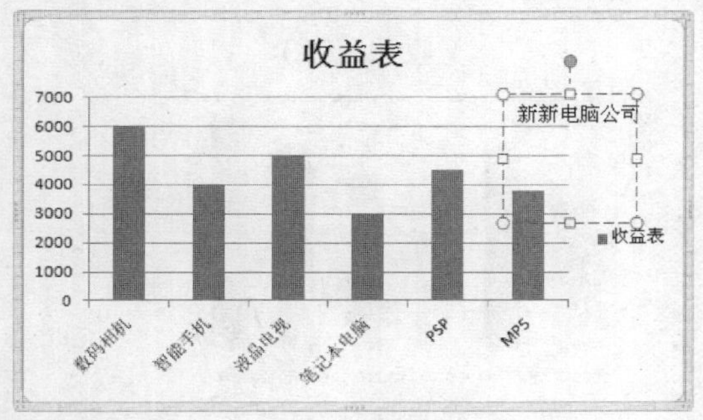

STEP 07 调整文本框的位置

适当地调整文本框的位置，效果如下图所示。

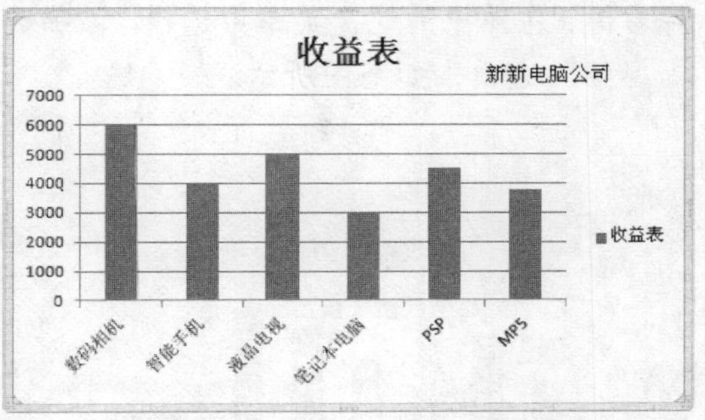

8.4.2 添加数据标签

在 Excel 2010 中，可以通过在图表上添加数据标签来查看图形和数据信息，表明该图要表现的数据信息。

素材文件	第 8 章\8-66.xlsx	效果文件	第 8 章\8-71.xlsx

STEP 01 打开文件

打开一个 Excel 文件，如下图所示。

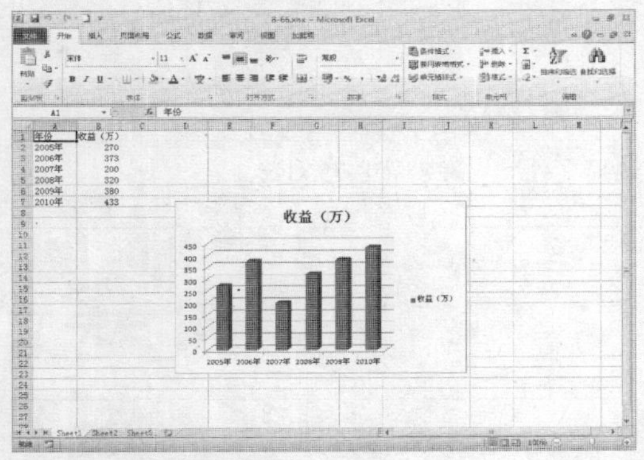

STEP 02 选择图表

在工作表中选择图表，如下图所示。

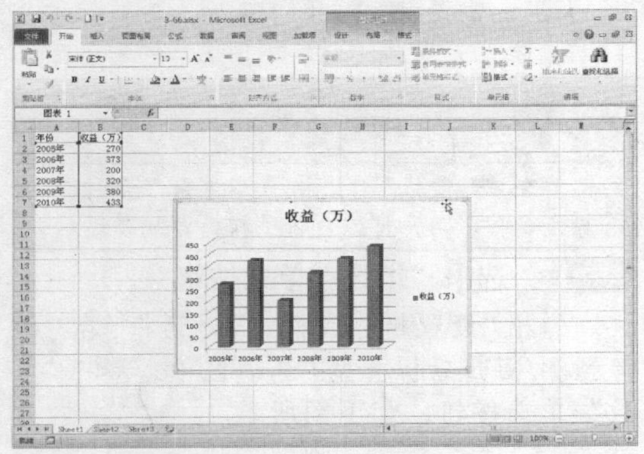

STEP 03 切换至“布局”功能面板

切换至“布局”功能面板，如下图所示。

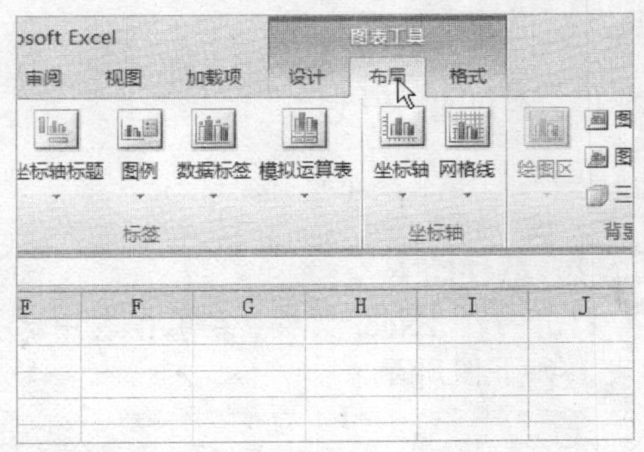

STEP 04 设置相应选项

在“当前所选内容”选项区中，设置“图表元素”为“系列‘收益（万）’”，如下图所示。

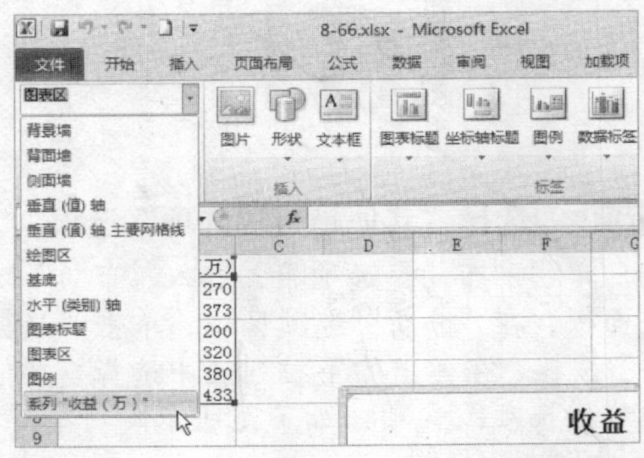

STEP 05 选择“添加数据标签”选项

执行操作后，即可在图表中选择收益数据。将鼠标指针移至选择的数据上，单击鼠标右键，在弹出的快捷菜单中选择“添加数据标签”选项，如下图所示。

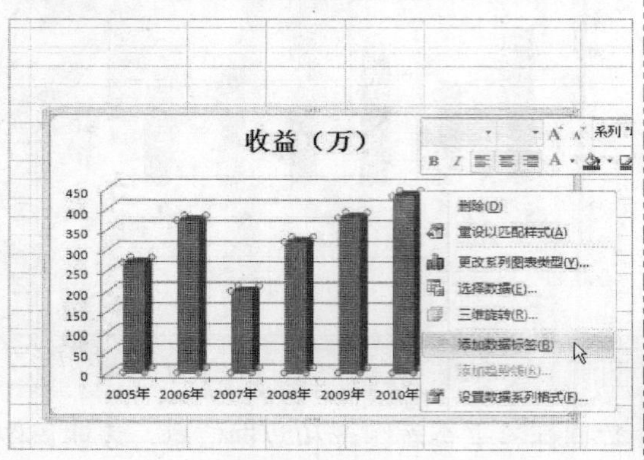

STEP 06 添加数据标签

执行操作后，即可为图表添加数据标签，如下图所示。

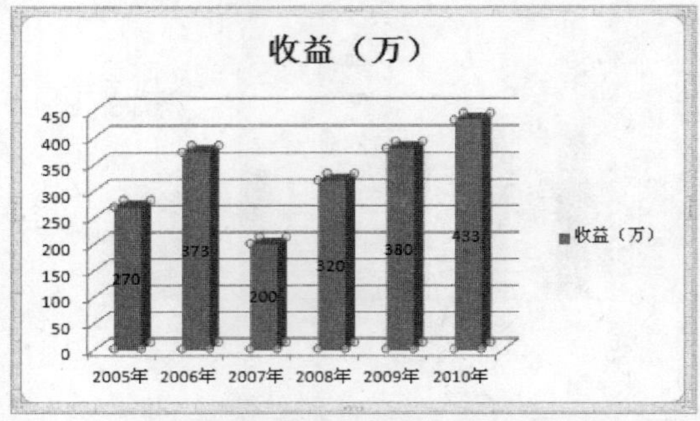

专家指点

如果添加的数据标签太多，会影响图表的简洁性，用户可以根据需要添加标签。

8.4.3 添加趋势线和误差线

趋势线和误差线是 Excel 2010 在进行数据分析操作时常用到的重要工具。趋势线能以图形的方式显示数据系列中数据的变化趋势，误差线则以图形的方式表示出数据系列中每个数据标记的可能误差量。

1. 添加趋势线

素材文件	第 8 章\8-72.xlsx	效果文件	第 8 章\8-75.xlsx

STEP 01 选择图表

打开一个 Excel 文件，在工作表中选择图表，如下图所示。

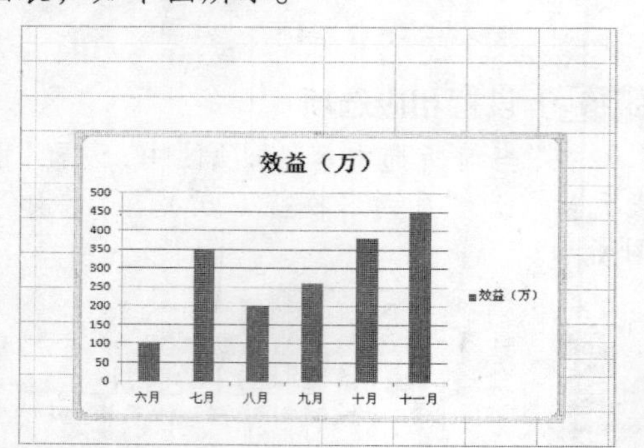

STEP 02 选择“其他趋势线选项”选项

单击“布局”选项卡，进入“布局”功能面板，在“分析”选项区中，单击“趋势线”按钮，在弹出的下拉列表中选择“其他趋势线选项”选项，如下图所示。

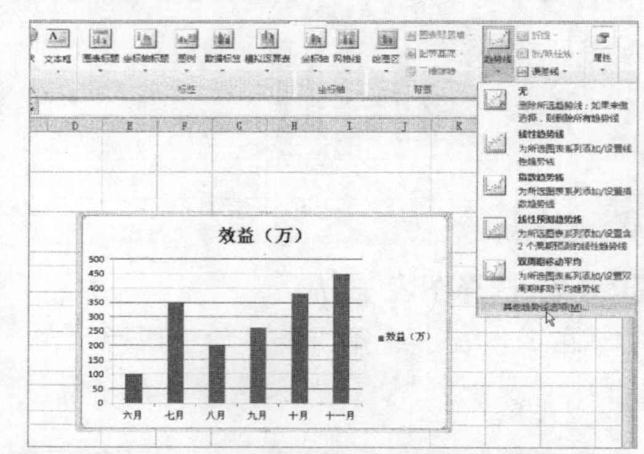

专家指点

在“趋势线”下拉列表中包含了多种趋势线类型，用户可以自行选择需要的类型。

STEP 03 选中“指数”单选按钮

弹出“设置趋势线格式”对话框，在“趋势预测/回归分析类型”选项区中，选中“指数”单选按钮，如下图所示。

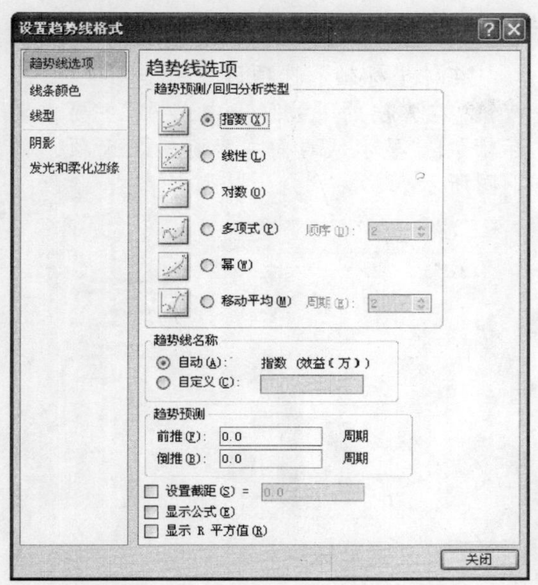

STEP 04　添加趋势线

单击“关闭”按钮，即可为图表添加趋势线，效果如下图所示。

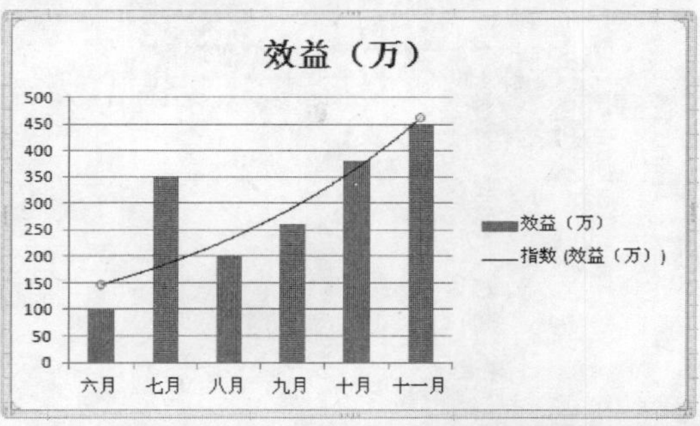

专家指点

为图表添加趋势线后，可以更加明显地看到数据在时间段内的走向。

2. 添加误差线

素材文件	第 8 章\8-72.xlsx	效果文件	第 8 章\8-77.xlsx

STEP 01　选择“百分比误差线”选项

打开一个 Excel 文件，在工作表中选择图表，单击“布局”选项卡，进入“布局”功能面板，在“分析”选项区中单击“误差线”按钮，在弹出的下拉列表中选择“百分比误差线”选项，如下图所示。

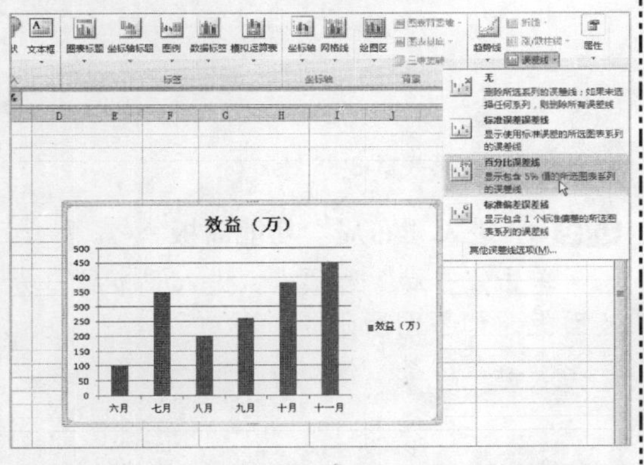

STEP 02　为图表添加误差线

执行操作后，即可为图表添加误差线，如下图所示。

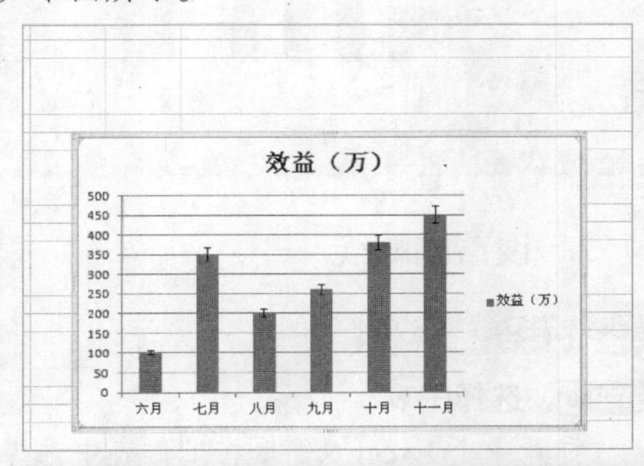

专家指点

为图表添加误差线后，可以更加明显地看到数据之间的变化。

8.4.4　设置坐标轴和网格线

在 Excel 2010 中，设置图表的坐标轴和网格线可以美化图表。

1. 设置坐标轴

素材文件	第 8 章\8-78.xlsx	效果文件	第 8 章\8-81.xlsx

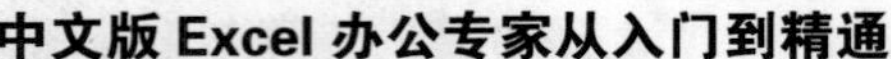

STEP 01 **打开文件**

打开一个 Excel 文件，如下图所示。

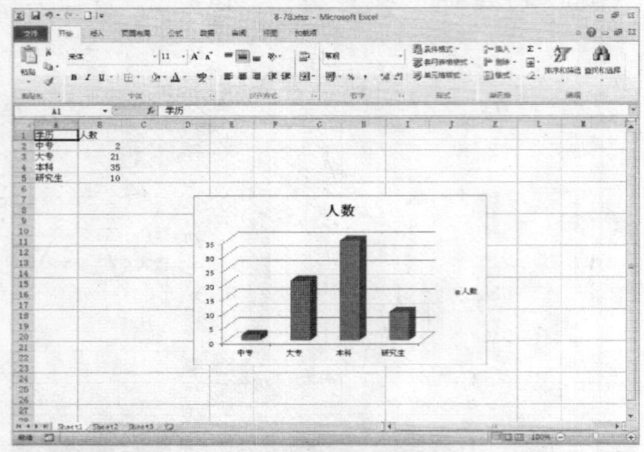

STEP 02 **进入“布局”功能面板**

在工作表中选择图表，单击“布局”选项卡，进入“布局”功能面板，如下图所示。

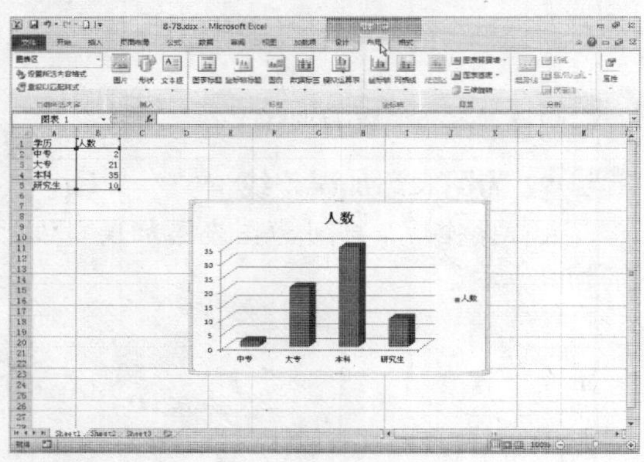

STEP 03 **选择“显示从右向左坐标轴”选项**

在“坐标轴”选项区中单击“坐标轴”按钮，在弹出的下拉列表中选择“主要横坐标轴”|“显示从右向左坐标轴”选项，如下图所示。

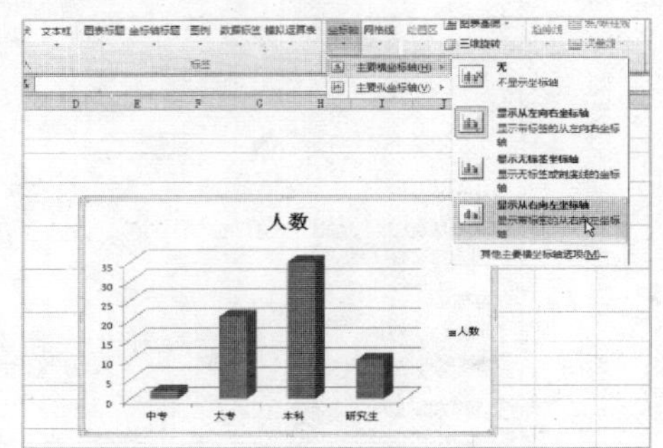

STEP 04 **设置坐标轴**

执行操作后，即可设置坐标轴，如下图所示。

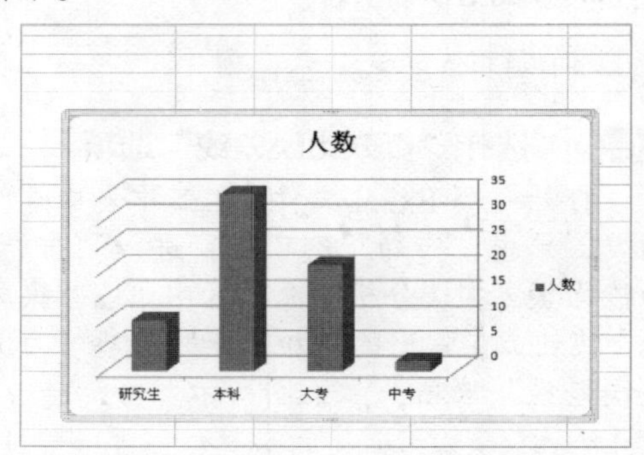

2. 设置网格线

素材文件	第 8 章\8-78.xlsx	效果文件	第 8 章\8-85.xlsx

STEP 01 **选择图表**

打开一个 Excel 文件，在工作表中选择图表，如下图所示。

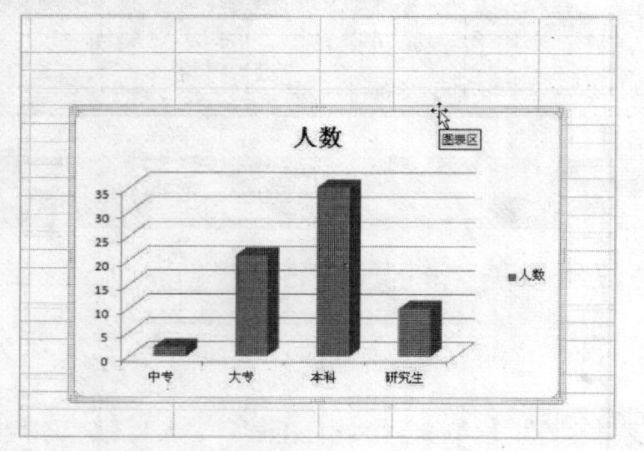

STEP 02 **进入“布局”功能面板**

单击“布局”选项卡，进入“布局”功能面板，如下图所示。

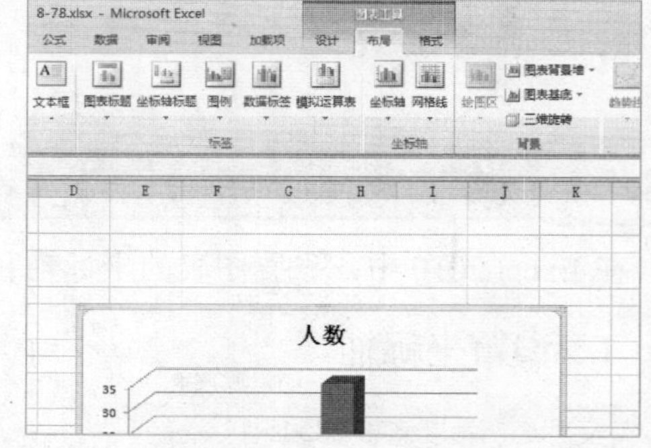

STEP 03　选择“主要网格线”选项

在“坐标轴”选项区中单击“网格线”按钮，在弹出的下拉列表中选择“主要纵网格线”|“主要网格线”选项，如下图所示。

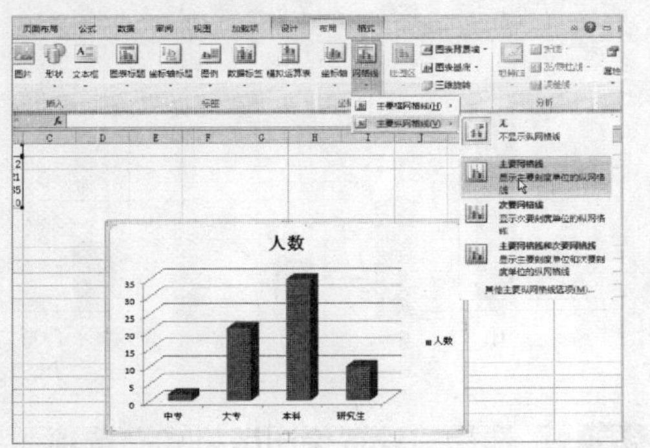

STEP 04　设置网格线

执行操作后，即可完成对网格线的设置，如下图所示。

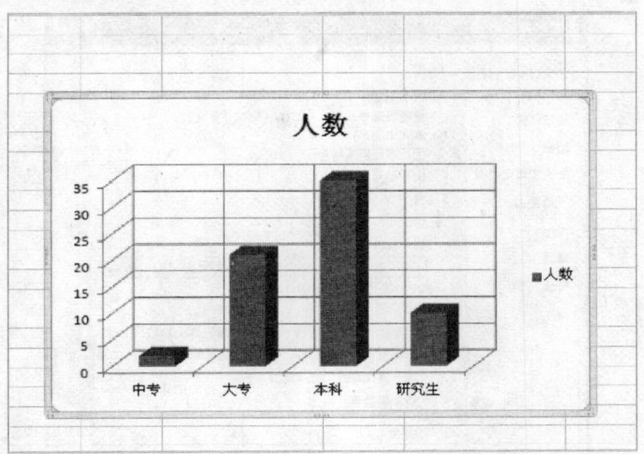

8.4.5　设置图表格式

在 Excel 2010 中，为了使图表更加清晰美观，用户可以根据需要设置图表的格式，包括套用图表样式、设置填充效果以及形状格式等。

素材文件	第 8 章\8-86.xlsx	效果文件	第 8 章\8-99.xlsx

STEP 01　打开文件

打开一个 Excel 文件，如下图所示。

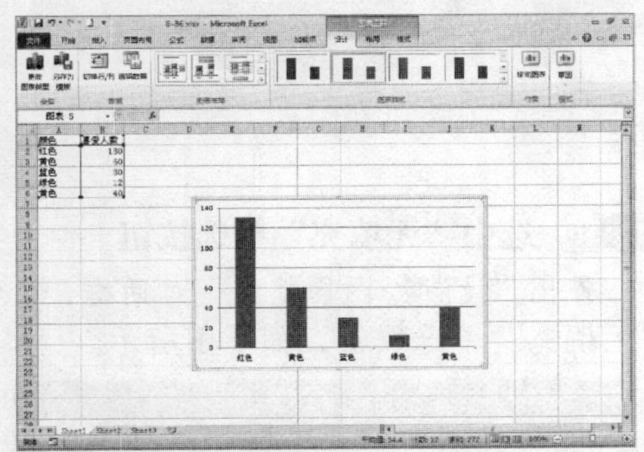

STEP 02　选择图表区

在工作表中选择图表区，如下图所示。

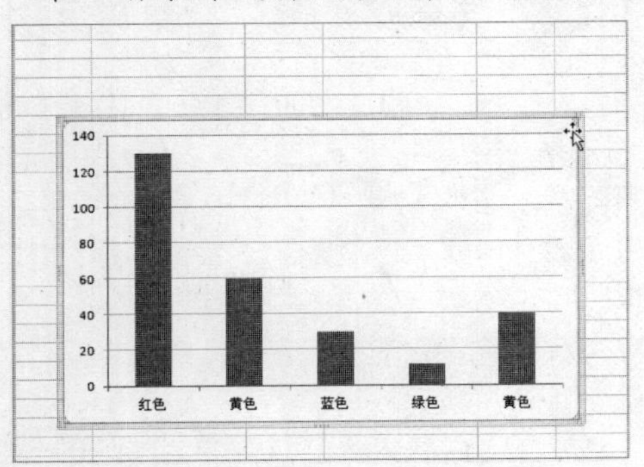

STEP 03　选择“设置图表区域格式”选项

单击鼠标右键，在弹出的快捷菜单中选择“设置图表区域格式”选项，如下图所示。

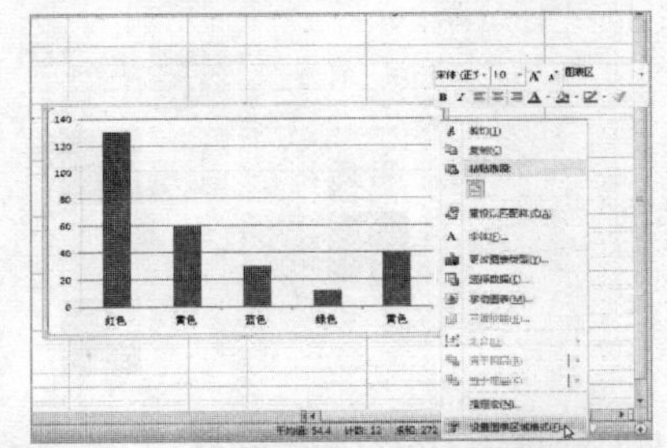

STEP 04　弹出“设置图表区格式”对话框

弹出“设置图表区格式”对话框，如下图所示。

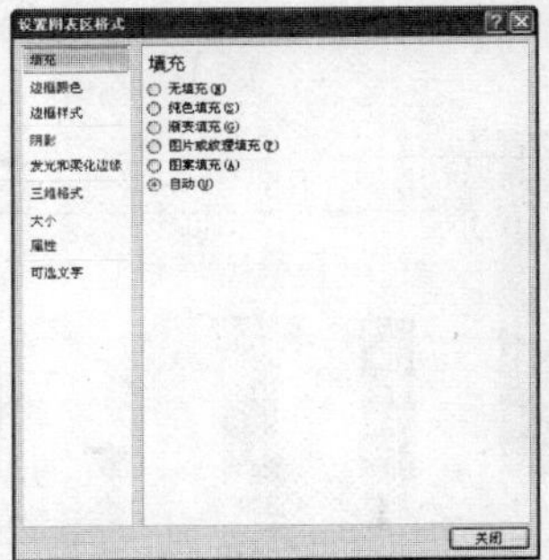

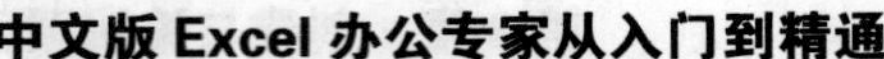

STEP 05 选中相应单选按钮

选中“图片或纹理填充”单选按钮，如下图所示。

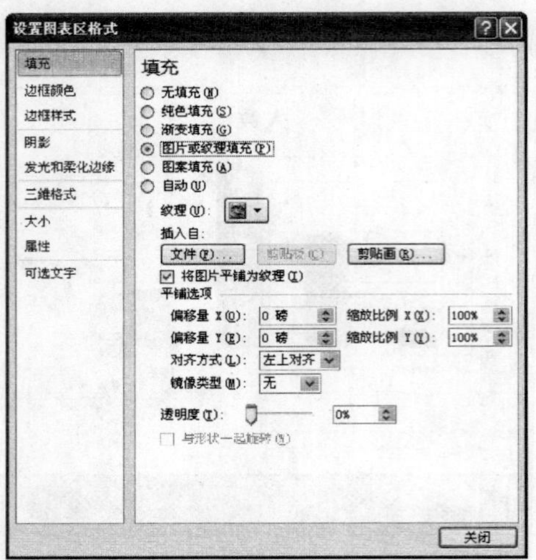

STEP 06 选择相应选项

单击“纹理”右侧的按钮，在弹出的选项板中选择相应的选项，如下图所示。

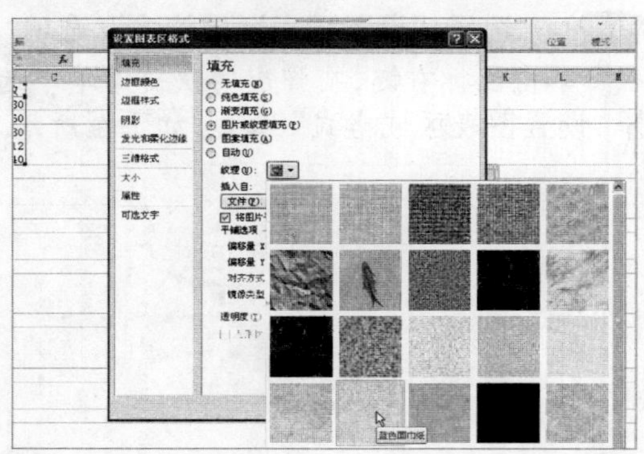

STEP 07 完成对图表区的设置

单击“关闭”按钮，完成对图表区的设置，如下图所示。

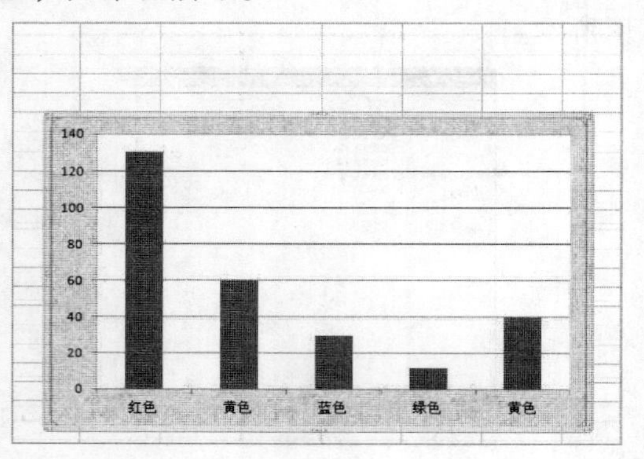

STEP 08 选择绘图区

在图表中选择绘图区，如下图所示。

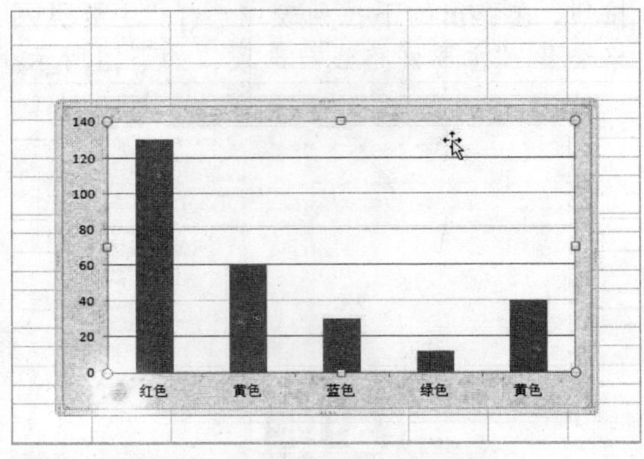

STEP 09 选择“设置绘图区格式”选项

单击鼠标右键，在弹出的快捷菜单中选择“设置绘图区格式”选项，如下图所示。

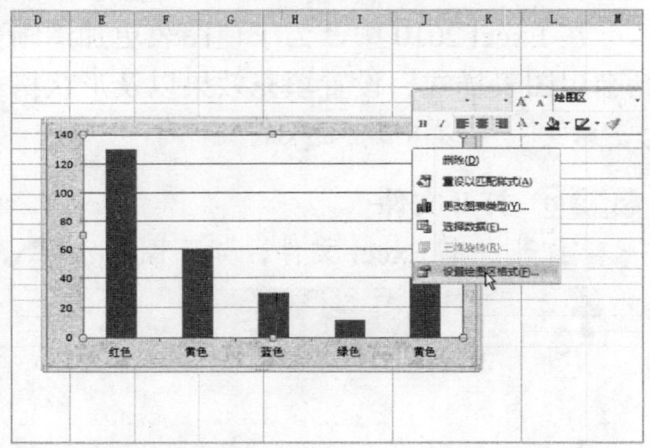

STEP 10 选中“无填充”单选按钮

弹出“设置绘图区格式”对话框，选中“无填充”单选按钮，如下图所示。

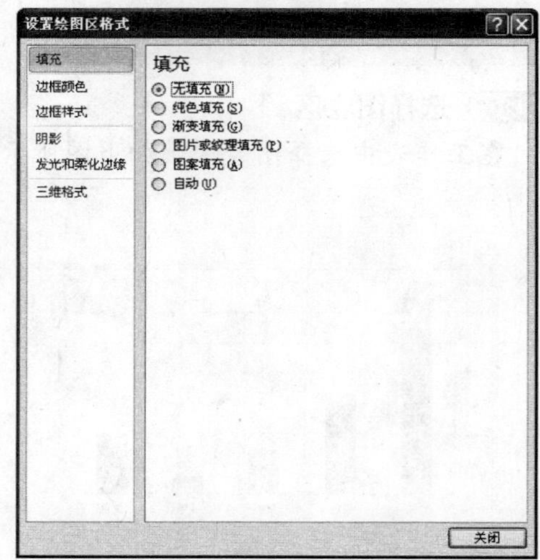

STEP 11 完成对绘图区格式的设置

单击“关闭”按钮，即可完成对绘图区格式的设置，如下图所示。

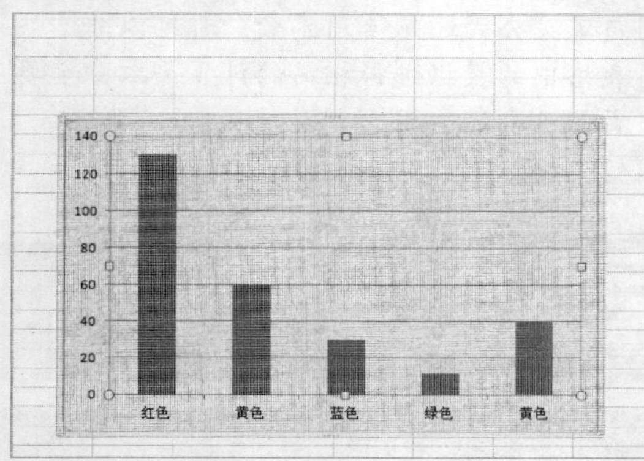

STEP 12 双击相应数据系列

在图表中双击“系列‘喜爱人数’”，如下图所示。

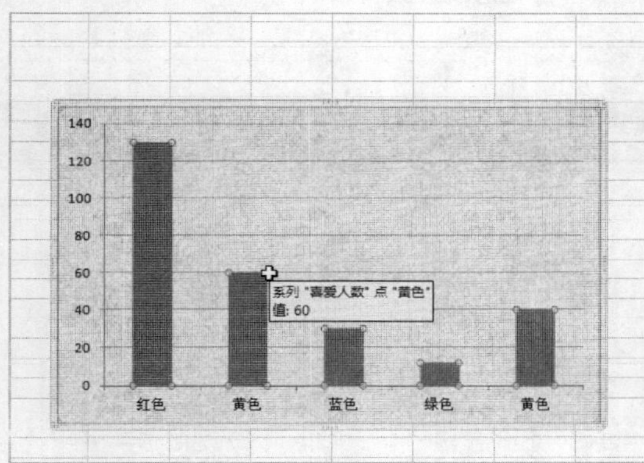

STEP 13 设置相应选项

弹出“设置数据系列格式”对话框，在其中进行相应的设置，如下图所示。

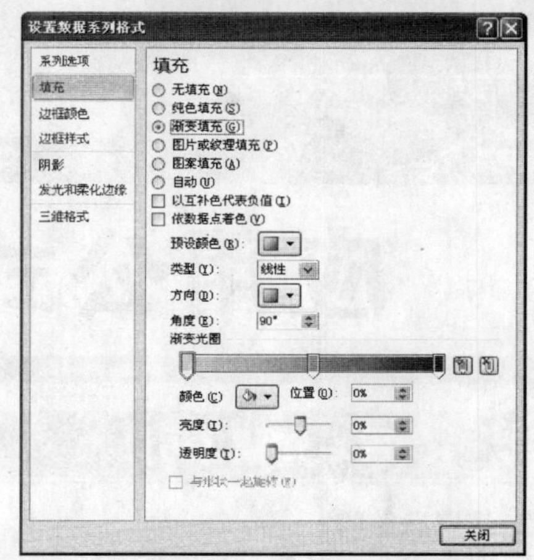

STEP 14 设置图表格式

单击“关闭”按钮，即可完成对图表格式的设置，效果如下图所示。

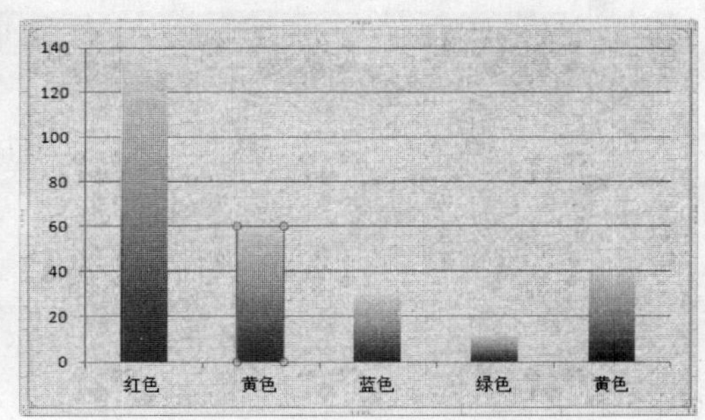

Chapter 09

章前知识导读

分析和处理数据离不开公式和函数。在 Excel 2010 中，系统提供了强大的数据计算功能，无论是使用自定义公式还是使用函数，都可以非常快捷地对表格中的数据进行相关的计算。本章主要介绍公式和函数的应用。

应用公式与函数

重点知识索引

- 认识运算符
- 自定义公式计算
- 引用公式的运算
- 查找公式错误
- 常用函数类型
- 其他函数类型
- 应用函数计算

效果图片欣赏

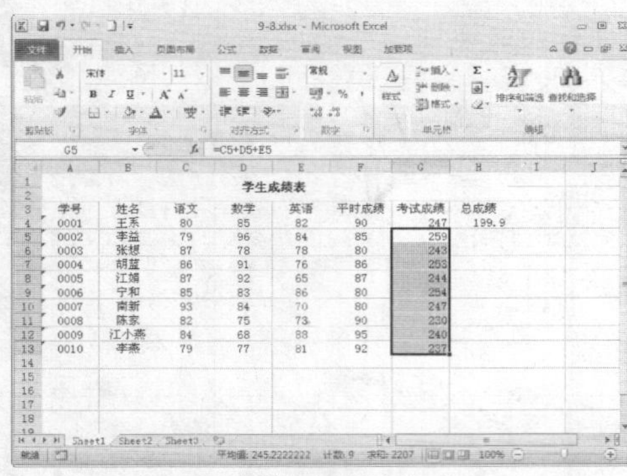

复制和移动公式

显示含有公式的单元格

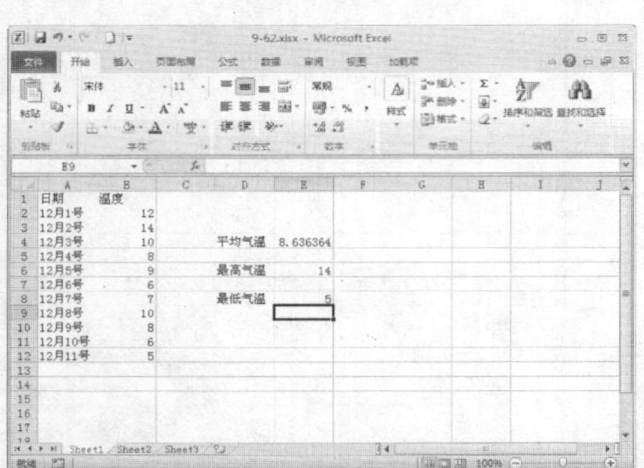

MIN 函数

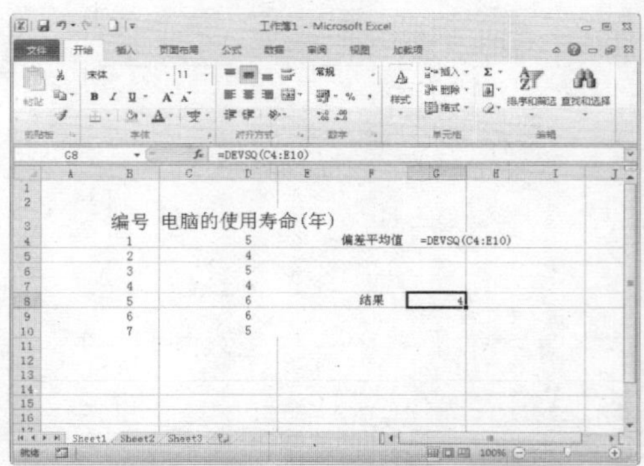

统计函数

9.1 认识运算符

在 Excel 2010 中，运算符连接数据对象，对数据对象进行何种操作进行说明，如“+”是对前后两个数据对象进行加法运算。

9.1.1 运算符的类型

通过运算符可以对公式中的元素进行特定类型的运算。在 Excel 2010 中，包含了 4 种类型的运算符，分别是算术运算符、比较运算符、文本运算符和引用运算符。

1. 算术运算符

算术运算符主要用于基本的数学运算（如加法、减法、乘法和除法），用来连接数据或产生数字结果等，算术运算符的含义如下表所示。

算术运算符

算术符类型	含义	算术符类型	含义
+（加号）	加法运算	-（减号）	减法运算
*（星号）	乘法运算	-（负号）	负号运算
/（正斜线）	除法运算	%（百分号）	百分比
^（插入符号）	乘幂运算		

2. 比较运算符

比较运算符常用来比较两个数值。当用比较运算符比较两个值时，得到的结果是一个逻辑值（不是 TRUE 就是 FALSE），比较运算符的含义如下表所示。

比较运算符

比较运算符	含义	比较运算符	含义
=（等号）	等于	>（大于号）	大于
<（小于号）	小于	>=（大于等于号）	大于或等于
<=（小于等于号）	小于或等于	<>（不等号）	不相等

3. 文本运算符

文本运算符用于加入或连接一个或更多文本字符串以产生一串文本。在 Excel 2010 中，和号（&）就是文本运算符。

4. 引用运算符

引用运算符就是用于表示单元格在工作表上所处位置的坐标集，引用运算符的含义如下表所示。

引用运算符

引用运算符	含义
：（冒号）	区域运算符，产生对包括在两个引用之间的所有单元格的引用

续 表

引用运算符	含义
，（逗号）	联合运算符，将多个引用合并为一个引用
（空格）	交叉运算符，产生对两个引用共有的单元格的引用

9.1.2 比较运算符优先级

在 Excel 2010 中，当运算符里既有加法又有减法、乘法以及除法时，对于同一级运算，按照从等号左边到右边的顺序进行计算，对于不在同一级的运算符，则按照运算符的优先级进行运算，如下表所示。

运算符优先级表（由高至低）

运算符	注释
:	区域运算符
,	联合运算符
空格	交叉运算符
( )	括号
—	表示负数
%	百分号
^	乘方
*/	乘和除
+−	加和减
&	连接两个文本字符串
=，<，>，>=，<=，<>	比较运算符

9.1.3 括号在运算中的应用

在 Excel 2010 中，如果要求更改求值的顺序，可以将公式中需要先计算的部分用括号括起来，例如=2×3+6 公式的结果为 12，因为 Excel 2010 先进行了乘法运算后再进行加法运算。与此相反，如果使用括号改变运算顺序，让原公式变为=2×（3+6），此时就会先计算 3+6 的结果，再乘以 2，结果为 18。

9.2 自定义公式计算

在 Excel 2010 中进行数据表格的计算时，会大量地运用到自定义公式，下面将介绍自定义公式的计算。

9.2.1 输入公式

自定义公式就是指输入一些计算机指令，引导 Excel 进行数据处理。在 Excel 2010 中，自定义公式的格式包括 3 个部分。

- “=”符号：表示用户输入的内容是公式，不是数据。

- 运算符：表示公式执行的运算方式。
- 引用单元格：参与运算的单元格名称。在进行运算时，可以直接输入单元格名称，也可以用鼠标单击选择需要引用的单元格。

9.2.2 自定义公式计算

在 Excel 2010 中，创建公式可以在“编辑栏”中输入，也可以直接在单元格中输入，下面介绍自定义公式计算数据的操作方法。

素材文件	第 9 章\9-1.xlsx	效果文件	第 9 章\9-8.xlsx

STEP 01 打开文件

打开一个 Excel 文件，如下图所示。

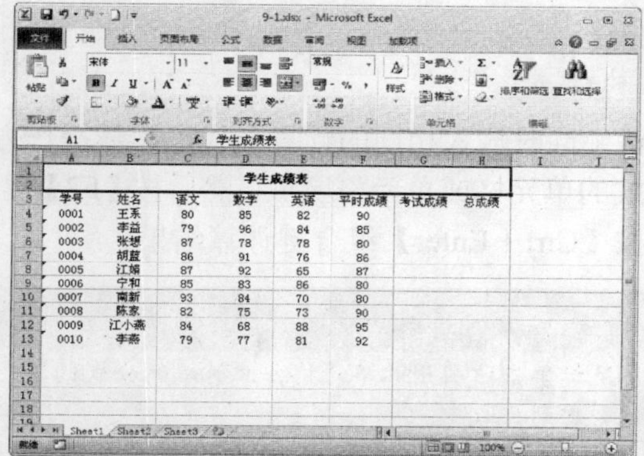

学号	姓名	语文	数学	英语	平时成绩	考试成绩	总成绩
0001	王系	80	85	82	90		
0002	李益	79	96	84	85		
0003	张想	87	78	78	80		
0004	胡蓝	86	91	76	86		
0005	江娟	87	92	65	87		
0006	宁和	85	83	86	80		
0007	南新	93	84	70	80		
0008	陈家	82	75	73	90		
0009	江小燕	84	68	88	95		
0010	李燕	79	77	81	92		

STEP 02 选择单元格

选择 G4 单元格，如下图所示。

学生成绩表

数学	英语	平时成绩	考试成绩	总成绩
85	82	90		
96	84	85		
78	78	80		
91	76	86		
92	65	87		
83	86	80		
84	70	80		
75	73	90		
68	88	95		
77	81	92		

STEP 03 输入自定义公式

在选择的单元格中输入自定义公式“=C4+D4+E4”，如下图所示。

学生成绩表

语文	数学	英语	平时成绩	考试成绩
80	85	82	90	=C4+D4+E4
79	96	84	85	
87	78	78	80	
86	91	76	86	
87	92	65	87	
85	83	86	80	
93	84	70	80	
82	75	73	90	
84	68	88	95	
79	77	81	92	

STEP 04 按【Enter】键确认

按【Enter】键进行确认，即可得到结果，如下图所示。

学生成绩表

语文	数学	英语	平时成绩	考试成绩	总成绩
80	85	82	90	247	
79	96	84	85		
87	78	78	80		
86	91	76	86		
87	92	65	87		
85	83	86	80		
93	84	70	80		
82	75	73	90		
84	68	88	95		
79	77	81	92		

STEP 05 选择单元格

选择 H4 单元格，如下图所示。

学生成绩表

语文	数学	英语	平时成绩	考试成绩	总成绩
80	85	82	90	247	
79	96	84	85		
87	78	78	80		
86	91	76	86		
87	92	65	87		
85	83	86	80		
93	84	70	80		
82	75	73	90		
84	68	88	95		
79	77	81	92		

STEP 06 激活“编辑栏”

单击“编辑栏”，使其成为激活状态，如下图所示。

9-1.xlsx - Microsoft Excel

学生成绩表

学号	姓名	语文	数学	英语	平时成绩
0001	王系	80	85	82	90
0002	李益	79	96	84	85
0003	张想	87	78	78	80
0004	胡蓝	86	91	76	86
0005	江娟	87	92	65	87
0006	宁和	85	83	86	80

STEP 07 输入公式

在“编辑栏”中输入公式“=F4*0.3+G4*0.7”，如下图所示。

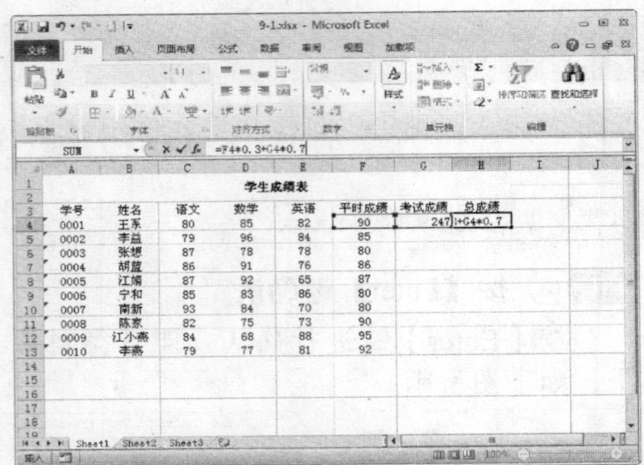

STEP 08 完成自定义公式计算

按【Enter】键进行确认，即可完成自定义公式的计算，如下图所示。

在计算表格数据时，用户可以在多个单元格中同时输入相同的计算公式，具体操作方法是按住【Ctrl】键不放，单击需要输入相同公式的单元格或单元格区域，然后按【F2】键，在“编辑栏”中输入所需的自定义公式，最后按【Ctrl＋Enter】组合键计算结果。

专家指点

在 Excel 2010 中输入自定义公式时，可以直接用鼠标单击所引用的单元格，此时编辑公式的单元格中会出现此单元格，表明该单元格中的数据已被引用到公式中。

9.2.3 复制和移动公式

在 Excel 2010 中建立公式时，难免会遇到复制和移动公式的情况，下面将介绍复制和移动公式的操作方法。

1. 复制公式

素材文件	第 9 章\9-8.xlsx	效果文件	第 9 章\9-14.xlsx

STEP 01 选择单元格

打开一个 Excel 文件，选择单元格，如下图所示。

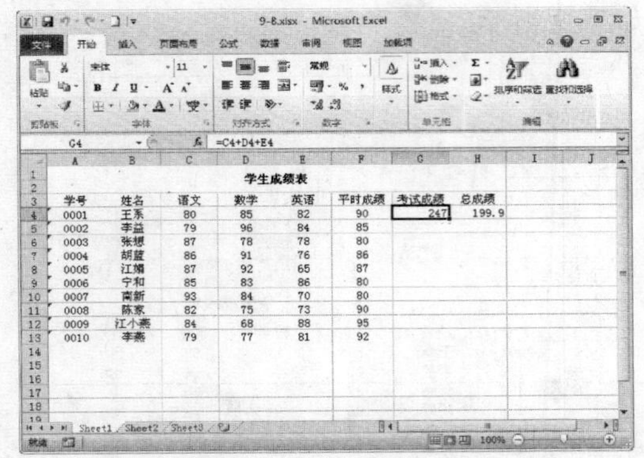

STEP 02 单击“复制”按钮

在“开始”功能面板的“剪贴板”选项区中，单击“复制”按钮，如下图所示。

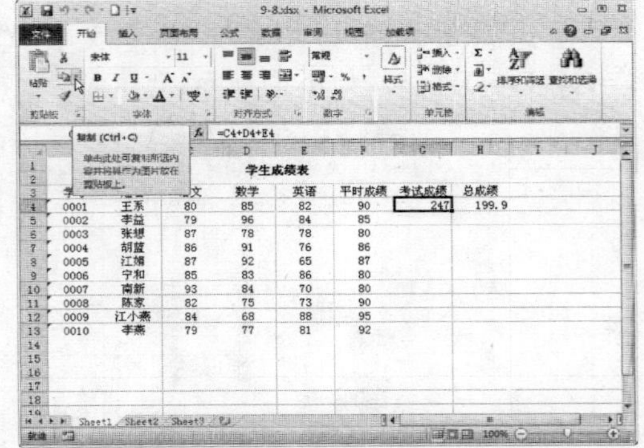

STEP 03 选择其他单元格

在工作表中选择需要复制公式的其他单元格，如下图所示。

学生成绩表				
数学	英语	平时成绩	考试成绩	总成绩
85	82	90	247	199.9
96	84	85		
78	78	80		
91	76	86		
92	65	87		
83	86	80		
84	70	80		
75	73	90		
68	88	95		
77	81	92		

STEP 04 选择“粘贴”选项

在“开始”功能面板的“剪贴板”选项区中，单击“粘贴”下方的下三角按钮，在弹出的选项板中选择“粘贴”选项，如下图所示。

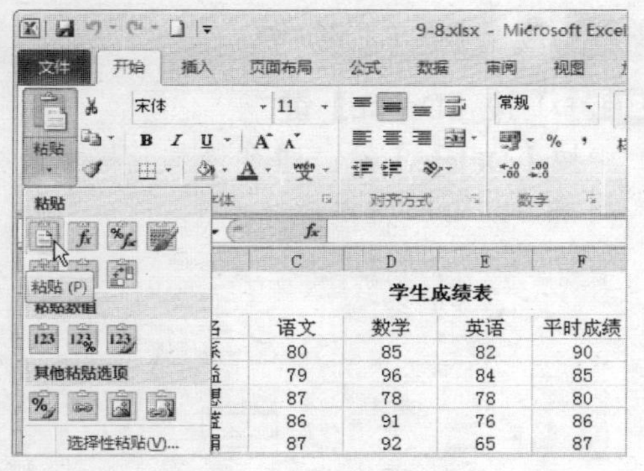

STEP 05 查看工作表

执行操作后，工作表如下图所示。

学生成绩表				
数学	英语	平时成绩	考试成绩	总成绩
85	82	90	247	199.9
96	84	85	259	
78	78	80	243	
91	76	86	253	
92	65	87	244	
83	86	80	254	
84	70	80	247	
75	73	90	230	
68	88	95	240	
77	81	92	237	

(Ctrl)

STEP 06 复制公式

按【Enter】键确认，即可得到复制公式的结果，如下图所示。

学生成绩表				
数学	英语	平时成绩	考试成绩	总成绩
85	82	90	247	199.9
96	84	85	259	
78	78	80	243	
91	76	86	253	
92	65	87	244	
83	86	80	254	
84	70	80	247	
75	73	90	230	
68	88	95	240	
77	81	92	237	

2. 移动公式

素材文件	第 9 章\9-14.xlsx	效果文件	第 9 章\9-18.xlsx

STEP 01 选择单元格

打开一个 Excel 文件，选择单元格，如下图所示。

学生成绩表					
语文	数学	英语	平时成绩	考试成绩	总成绩
80	85	82	90	247	199.9
79	96	84	85	259	
87	78	78	80	243	
86	91	76	86	253	
87	92	65	87	244	
85	83	86	80	254	
93	84	70	80	247	
82	75	73	90	230	
84	68	88	95	240	
79	77	81	92	237	

STEP 02 鼠标指针呈✥形状

将鼠标指针移至单元格区域上，此时鼠标指针呈✥形状，如下图所示。

学生成绩表					
语文	数学	英语	平时成绩	考试成绩	总成绩
80	85	82	90	247	199.9
79	96	84	85	259	
87	78	78	80	243	
86	91	76	86	253	
87	92	65	87	244	
85	83	86	80	254	
93	84	70	80	247	
82	75	73	90	230	
84	68	88	95	240	
79	77	81	92	237	

STEP 03 拖曳至目标单元格

按住鼠标左键并拖曳至 I4 单元格，如下图所示。

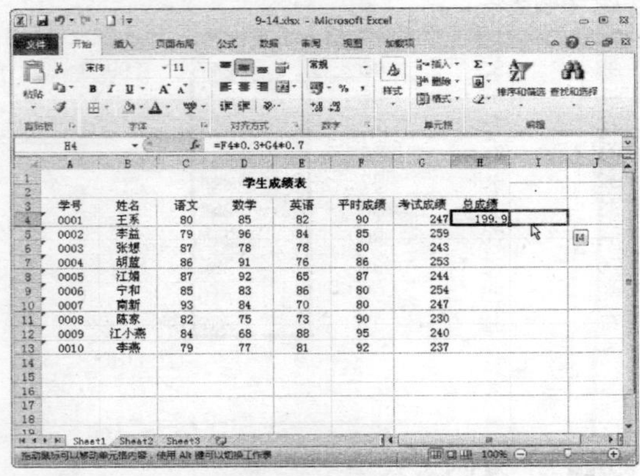

STEP 04 移动公式

释放鼠标左键，即可移动公式，如下图所示。

9.2.4 删除公式

在 Excel 2010 中，用户可以删除不需要的公式。

素材文件	第 9 章\9-19.xlsx	效果文件	第 9 章\9-22.xlsx

STEP 01 打开文件

打开一个 Excel 文件，如下图所示。

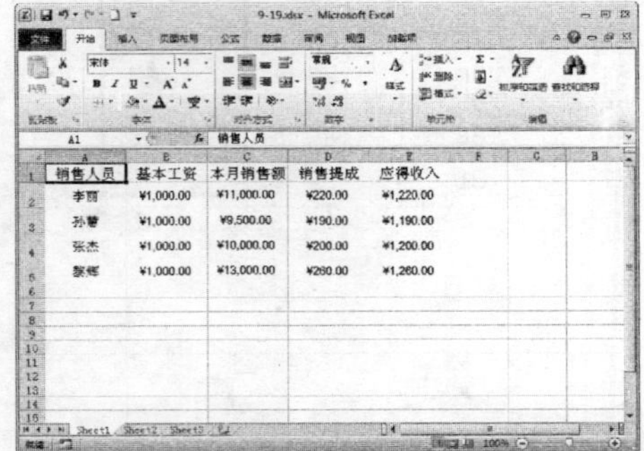

STEP 02 选择单元格

在工作表中选择需要删除公式的单元格，如下图所示。

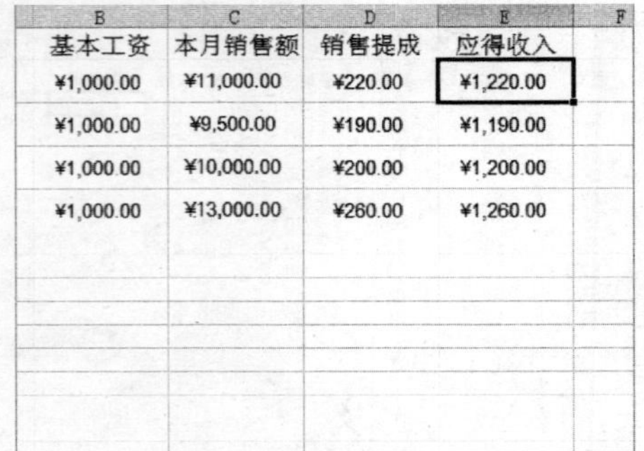

B	C	D	E	F
基本工资	本月销售额	销售提成	应得收入	
¥1,000.00	¥11,000.00	¥220.00	¥1,220.00	
¥1,000.00	¥9,500.00	¥190.00	¥1,190.00	
¥1,000.00	¥10,000.00	¥200.00	¥1,200.00	
¥1,000.00	¥13,000.00	¥260.00	¥1,260.00	

STEP 03 按【Delete】键

按【Delete】键，即可将单元格中的公式删除，如下图所示。

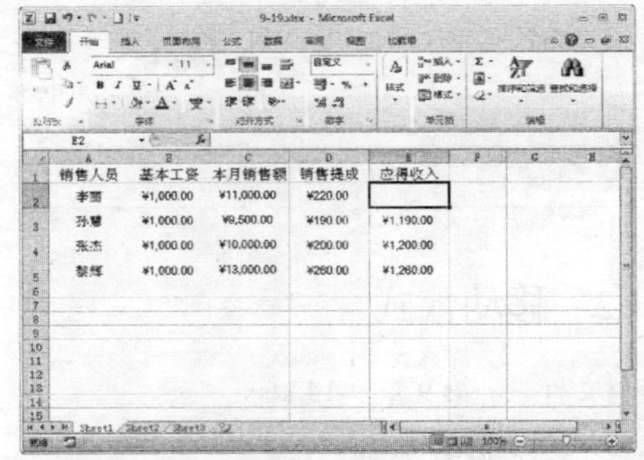

STEP 04 删除公式

按【Enter】键确认删除，如下图所示。

B	C	D	E	F
基本工资	本月销售额	销售提成	应得收入	
¥1,000.00	¥11,000.00	¥220.00		
¥1,000.00	¥9,500.00	¥190.00	¥1,190.00	
¥1,000.00	¥10,000.00	¥200.00	¥1,200.00	
¥1,000.00	¥13,000.00	¥260.00	¥1,260.00	

9.3 引用公式的运用

在 Excel 2010 中，引用公式就是对工作表中的一个或多个单元格进行标识，在其他单元格中应用这些标识。可以在一个公式中使用工作表不同部分的数据，或在几个公式中使用同一单元格的数值。

9.3.1 相对引用

相对引用就是指用单元格所在的列标和行号作为引用。相对引用的特点是将相应的计算公式复制或填充到其他单元格时，其中的单元格引用会自动随着移动的位置发生相应的变化。

素材文件	第 9 章\9-23.xlsx	效果文件	第 9 章\9-26.xlsx

STEP 01 打开文件

打开一个 Excel 文件，如下图所示。

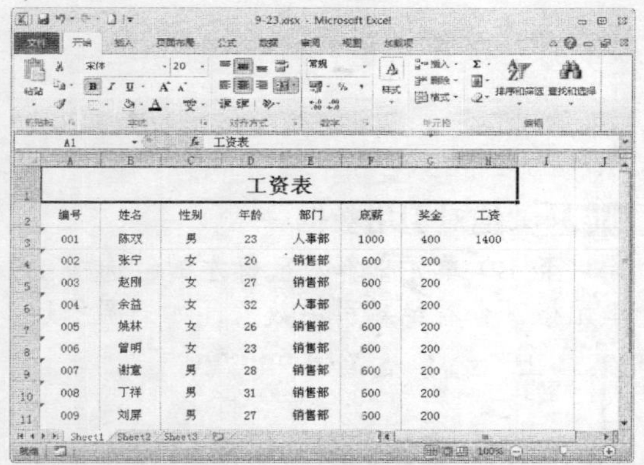

STEP 02 鼠标指针呈✚形状

选择单元格，将鼠标指针移至其右下角，此时鼠标指针呈✚形状，如下图所示。

D	E	F	G	H	I	J
工资表						
年龄	部门	底薪	奖金	工资		
23	人事部	1000	400	1400		
20	销售部	600	200			
27	销售部	600	200			
32	人事部	600	200			
26	销售部	600	200			
23	销售部	600	200			
28	销售部	600	200			
31	销售部	600	200			
27	销售部	600	200			

STEP 03 拖曳鼠标

按住鼠标左键并拖曳，如下图所示。

D	E	F	G	H	I	J
工资表						
年龄	部门	底薪	奖金	工资		
23	人事部	1000	400	1400		
20	销售部	600	200			
27	销售部	600	200			
32	人事部	600	200			
26	销售部	600	200			
23	销售部	600	200			
28	销售部	600	200			
31	销售部	600	200			
27	销售部	600	200			

STEP 04 相对引用数据

至目标位置后释放鼠标左键，即可完成相对引用，如下图所示。

D	E	F	G	H	I	J
工资表						
年龄	部门	底薪	奖金	工资		
23	人事部	1000	400	1400	1800	
20	销售部	600	200			
27	销售部	600	200			
32	人事部	600	200			
26	销售部	600	200			
23	销售部	600	200			
28	销售部	600	200			
31	销售部	600	200			
27	销售部	600	200			

专家指点

在 Excel 2010 中，当处理大量类似的公式时，使用相对引用可以节省很多时间。

9.3.2 绝对引用

与相对引用相对的是绝对引用，绝对引用就是公式中引用的是单元格的绝对地址，与包含公式的单元格的位置无关，它的特点是需要在列标和行号前分别加上美元符号“$”。

素材文件	第 9 章\9-27.xlsx	效果文件	第 9 章\9-30.xlsx

STEP 01 打开文件

打开一个 Excel 文件，如下图所示。

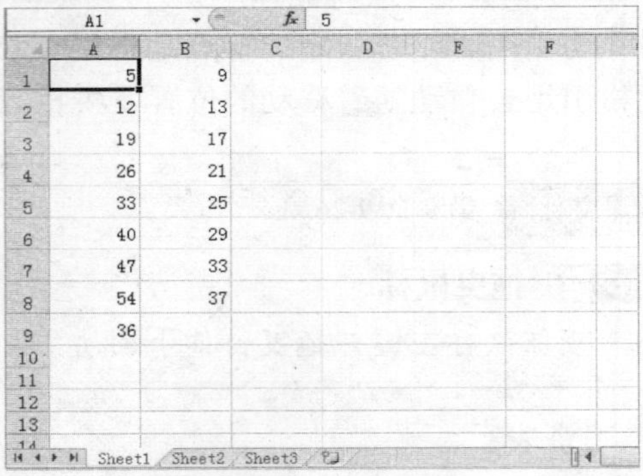

A1 | fx 5

	A	B
1	5	9
2	12	13
3	19	17
4	26	21
5	33	25
6	40	29
7	47	33
8	54	37
9	36	

STEP 02 鼠标指针呈+形状

选择单元格，将鼠标指针移至其右下角，此时鼠标指针呈+形状，如下图所示。

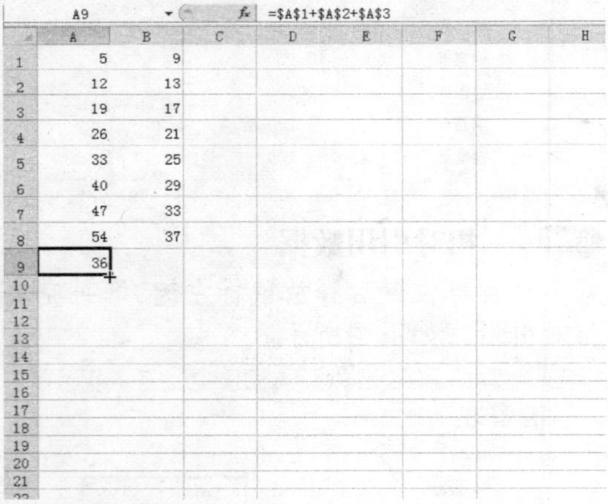

A9 | fx =$A$1+$A$2+$A$3

	A	B
1	5	9
2	12	13
3	19	17
4	26	21
5	33	25
6	40	29
7	47	33
8	54	37
9	36	

STEP 03 拖曳鼠标

按住鼠标左键并拖曳，如下图所示。

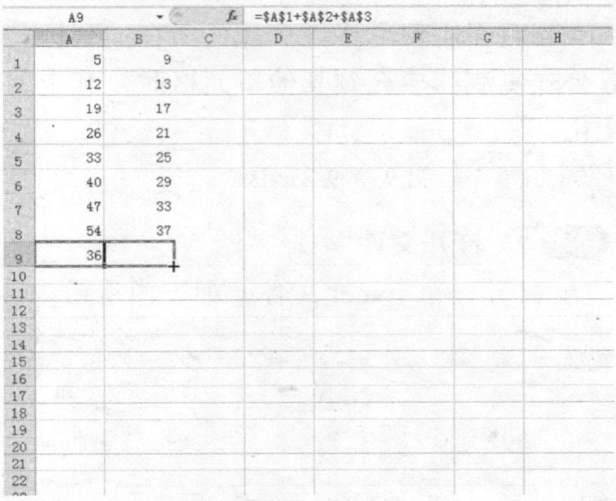

A9 | fx =$A$1+$A$2+$A$3

	A	B
1	5	9
2	12	13
3	19	17
4	26	21
5	33	25
6	40	29
7	47	33
8	54	37
9	36	

STEP 04 绝对引用数据

至 B9 单元格释放鼠标左键，选择 B9 单元格，查看绝对引用数据，如下图所示。

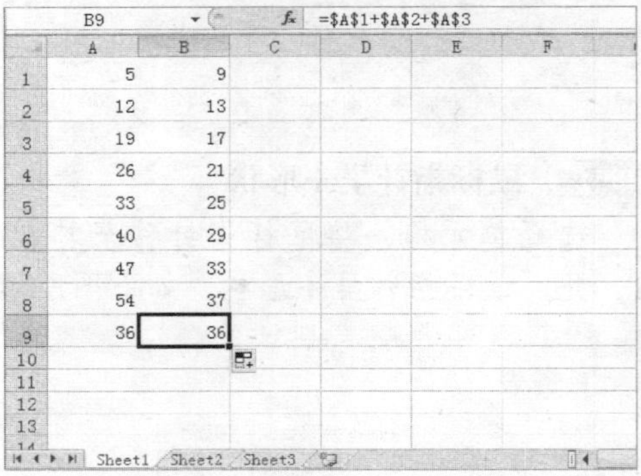

B9 | fx =$A$1+$A$2+$A$3

	A	B
1	5	9
2	12	13
3	19	17
4	26	21
5	33	25
6	40	29
7	47	33
8	54	37
9	36	36

专家指点

从上面的例子可以看出，绝对引用和相对引用的区别是：在引用公式时，如果使用相对引用，单元格中的内容将自动随着移动的位置发生改变。如果使用的是绝对引用，那么单元格中的内容则不会发生改变。

9.3.3 混合引用

混合引用指的是在一个单元格引用中，既包括了相对引用又包括了绝对引用。

素材文件	第 9 章\9-31.xlsx	效果文件	第 9 章\9-34.xlsx

STEP 01 打开文件

打开一个 Excel 文件，如下图所示。

A1　fx　数据1

	A	B	C	D	E	F
1	数据1	数据2				
2	5	7				
3	9	12				
4	13	17				
5	17	22				
6	21	27				
7	25	32				
8	29	37				
9	33	42				
10	37	47				
11	41	52				
12	89					

Sheet1　Sheet2　Sheet3

STEP 02 选择单元格

选择单元格，在"编辑栏"中查看混合引用的计算公式，如下图所示。

A12　fx　=A$3+A$4+A$6+$B2+$B3+$B6

	A	B	C	D	E	F
1	数据1	数据2				
2	5	7				
3	9	12				
4	13	17				
5	17	22				
6	21	27				
7	25	32				
8	29	37				
9	33	42				
10	37	47				
11	41	52				
12	89					

Sheet1　Sheet2　Sheet3

STEP 03 拖曳鼠标

将鼠标指针移至该单元格的右下角，按住鼠标左键并拖曳，如下图所示。

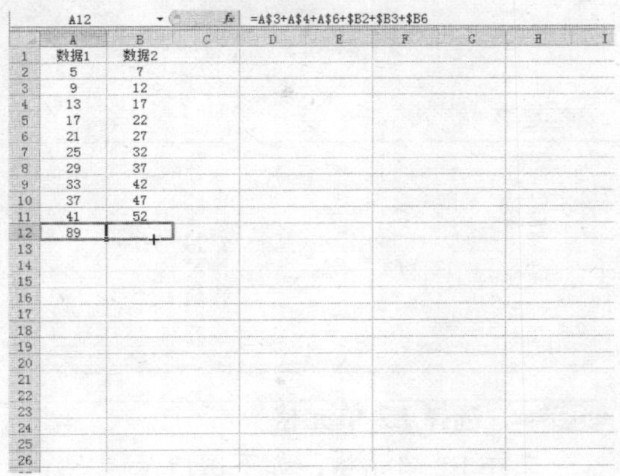

A12　fx　=A$3+A$4+A$6+$B2+$B3+$B6

	A	B
1	数据1	数据2
2	5	7
3	9	12
4	13	17
5	17	22
6	21	27
7	25	32
8	29	37
9	33	42
10	37	47
11	41	52
12	89	

STEP 04 混合引用数据

在"编辑栏"查看混合引用的结果，如下图所示。

B12　fx　=B$3+B$4+B$6+$B2+$B3+$B6

	A	B	C	D	E	F
1	数据1	数据2				
2	5	7				
3	9	12				
4	13	17				
5	17	22				
6	21	27				
7	25	32				
8	29	37				
9	33	42				
10	37	47				
11	41	52				
12	89	102				

Sheet1　Sheet2　Sheet3

专家指点

B12 单元格中的数据结果，B$3 表示"行"不发生变化，但"列"会随着新的拷贝位置发生变化，$B2 表示"列"不发生变化，但"行"会随着新的拷贝位置发生改变。

9.4 查找公式错误

在 Excel 2010 中，用户在使用公式时并不能保证能得到准确的结果，也不能保证能够判断错误的原因，为了能更好地使用公式，可以查找公式中的错误。

9.4.1 在公式中查找错误

在 Excel 2010 中，用户可以随时在工作表中查找公式中的错误，下面主要介绍在公式中查找错误的操作方法。

素材文件	第 9 章\9-35.xlsx	效果文件	第 9 章\9-41.xlsx

STEP 01 **打开文件**

打开一个 Excel 文件，如下图所示。

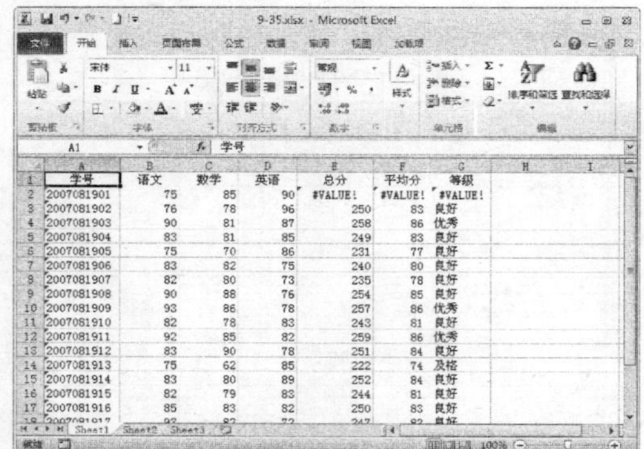

STEP 02 **选择 E2 单元格**

选择 E2 单元格，如下图所示。

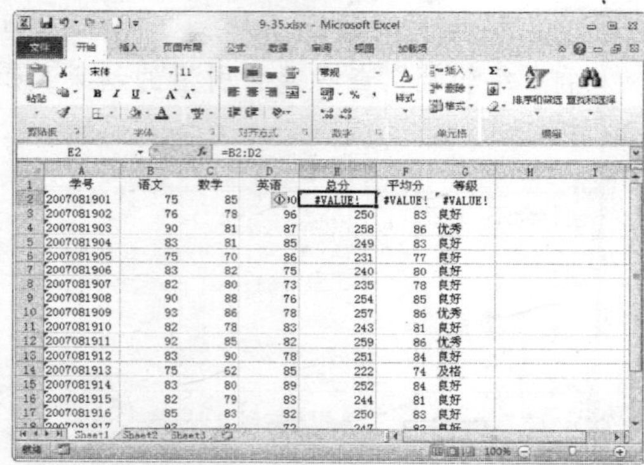

STEP 03 **进入“公式”功能面板**

单击“公式”选项卡，进入“公式”功能面板，如下图所示。

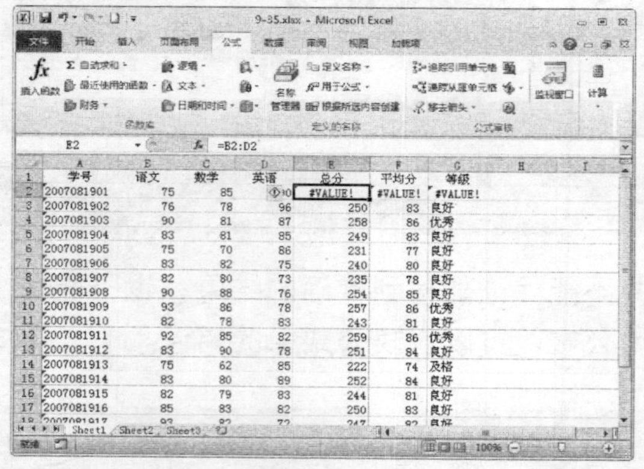

STEP 04 **选择“错误检查”选项**

在“公式审核”选项区中单击“错误检查”右侧的下三角按钮，在弹出的下拉列表中选择“错误检查”选项，如下图所示。

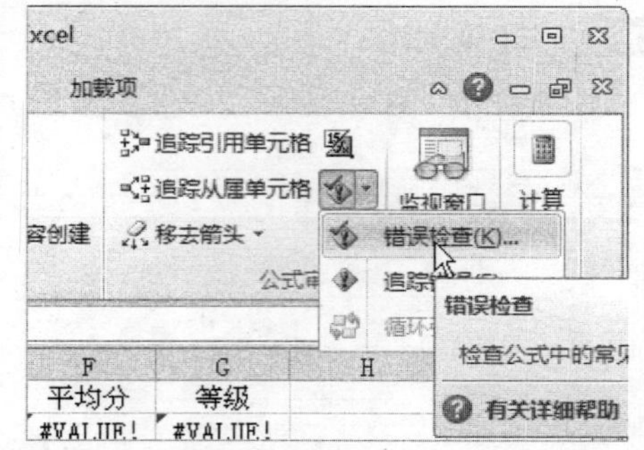

STEP 05 **显示错误信息**

弹出“错误检查”对话框，在其中显示单元格错误的信息，如下图所示。

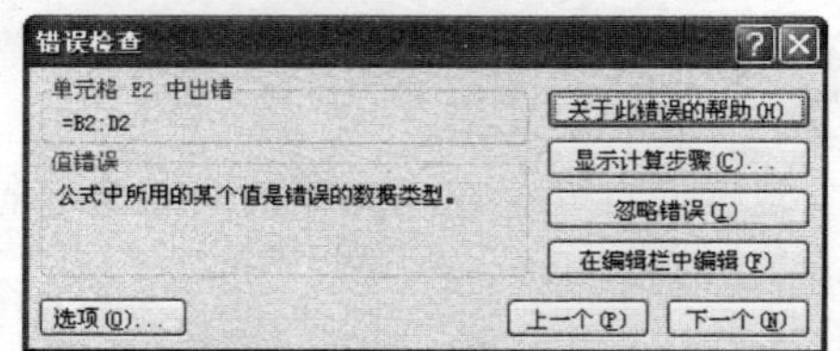

STEP 06 **进入编辑区**

单击“在编辑栏中编辑”按钮，进入工作表编辑区，如下图所示。

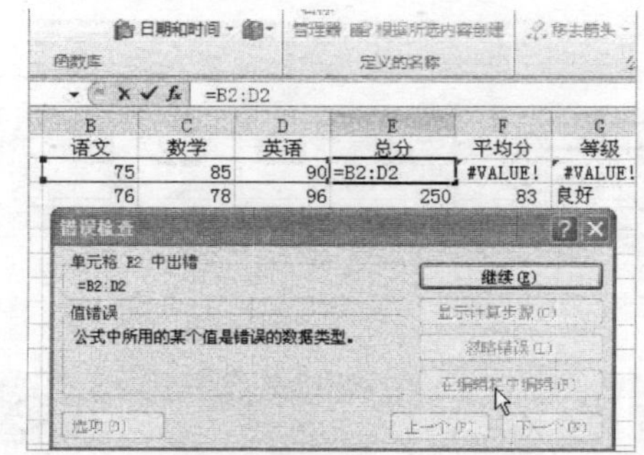

STEP 07 **纠正查找的错误**

在编辑区输入正确的公式，如下图所示，单击“关闭”按钮，按【Enter】键确认，即可纠正查找出的错误。

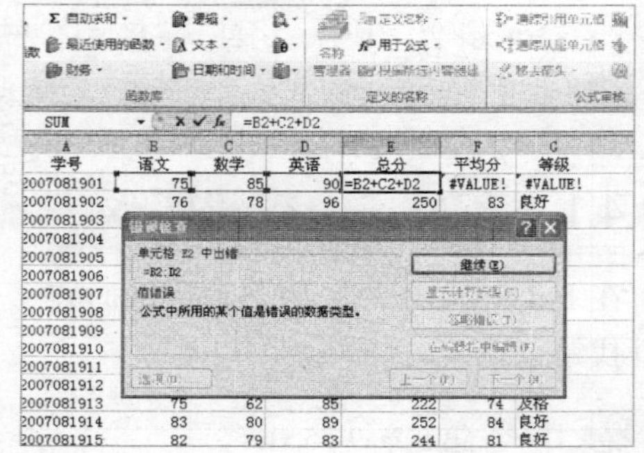

9.4.2 显示含有公式的单元格

在 Excel 2010 中，用户可以根据需要显示含有公式的单元格，下面主要介绍显示含有公式的单元格的操作方法。

素材文件	第 9 章\9-42.xlsx	效果文件	第 9 章\9-45.xlsx

STEP 01 打开文件

打开一个 Excel 文件，如下图所示。

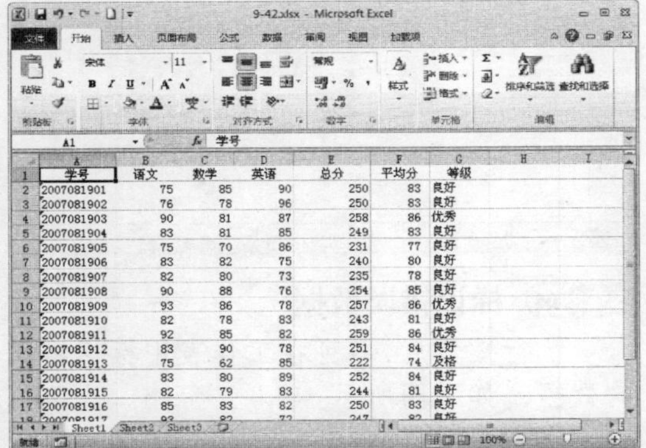

STEP 02 进入“公式”功能面板

单击“公式”选项卡，进入“公式”功能面板，如下图所示。

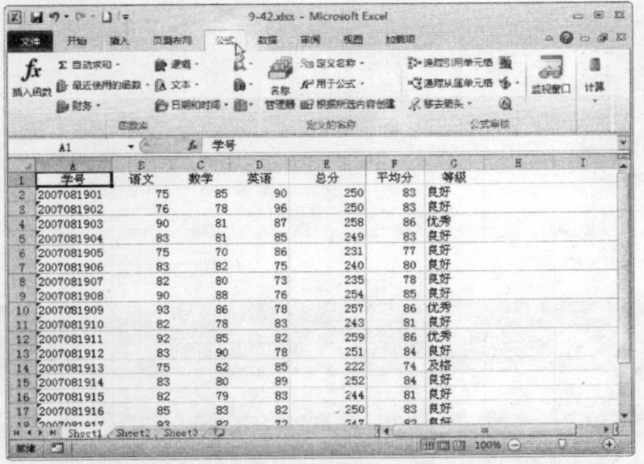

STEP 03 单击“显示公式”按钮

在“公式审核”选项区中单击“显示公式”按钮，如下图所示。

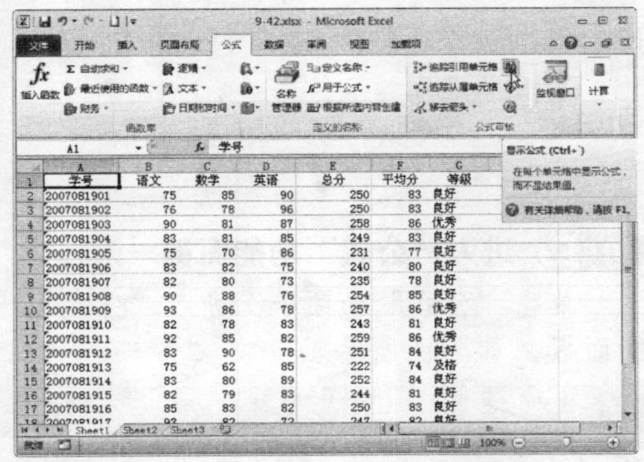

STEP 04 显示单元格

执行操作后，即可显示含有公式的单元格，如下图所示。

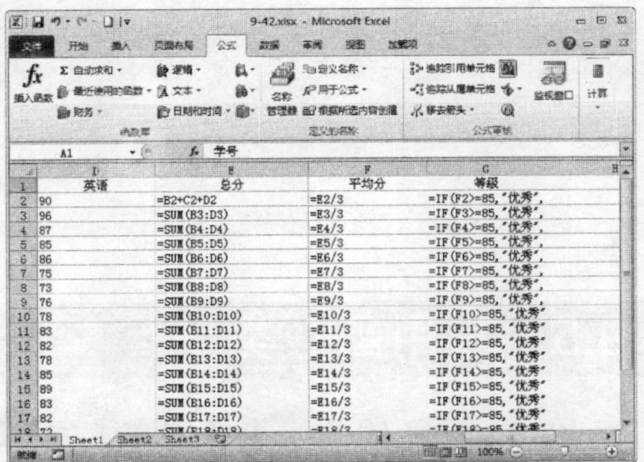

专家指点

在 Excel 2010 中，除了使用上述方法显示含有公式的单元格外，还可以通过按【Ctrl+`】快捷键显示含有公式的单元格。

9.4.3 在工作表中标识错误数据

在 Excel 2010 中，用户可以根据需要追踪错误的单元格，并在工作表中标识出错误的数据。

素材文件	第 9 章\9-46.xlsx	效果文件	第 9 章\9-49.xlsx

STEP 01 选择含有错误公式的单元格

打开一个Excel文件，选择含有错误公式的单元格，如下图所示。

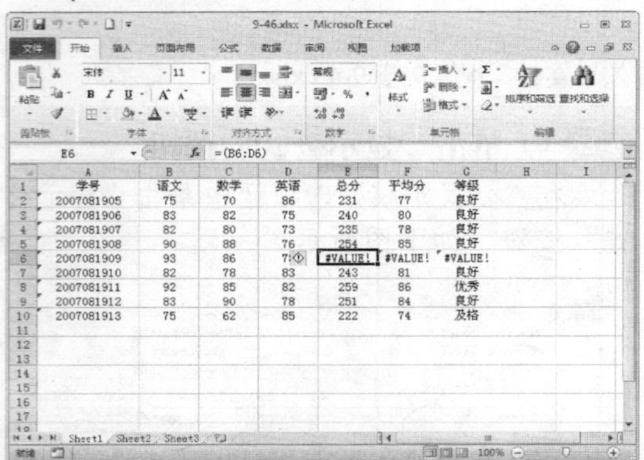

STEP 02 进入“公式”功能面板

单击“公式”选项卡，进入“公式”功能面板，如下图所示。

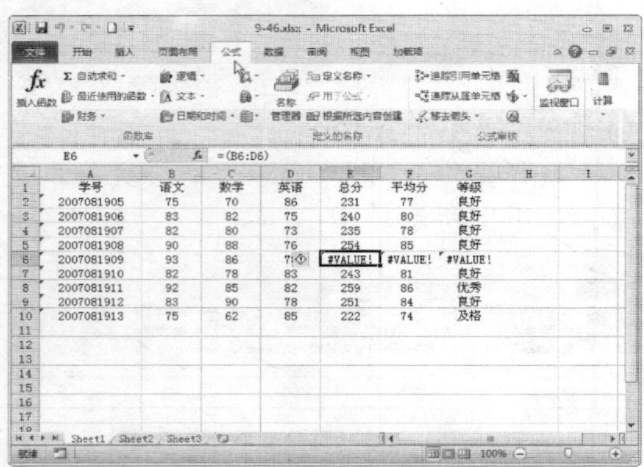

STEP 03 选择“追踪错误”选项

在“公式审核”选项区中单击“错误检查”右侧的下三角按钮，在弹出的下拉列表中选择“追踪错误”选项，如下图所示。

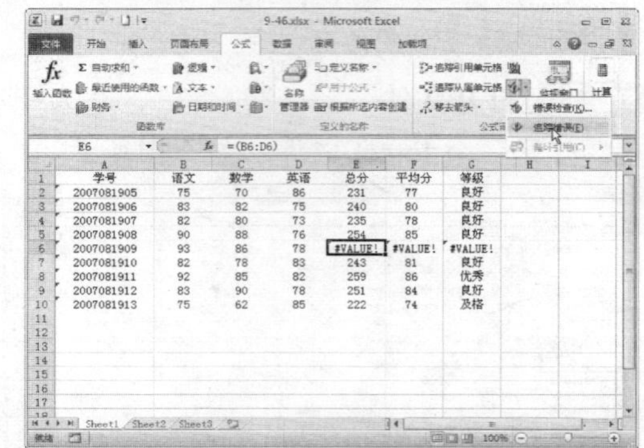

STEP 04 标识错误数据

执行操作后，即可在工作表中标识错误的数据，如下图所示。

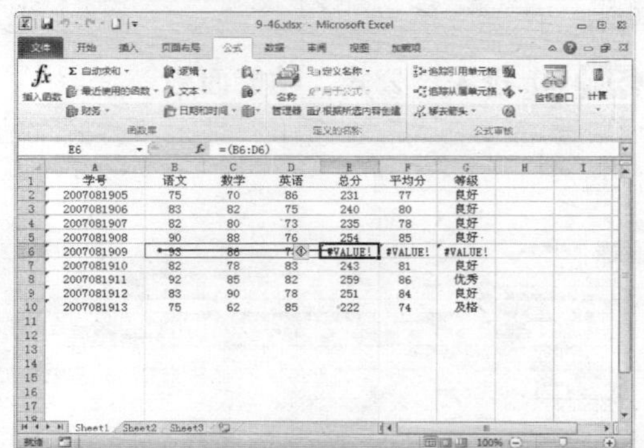

9.5 常用函数类型

在Excel 2010中，系统内置了大量的函数。函数处理数据的方式和公式处理数据的方式是相同的。通过接收参数，并对它所接收的参数进行相关的运算，最后返回运算结果。在大多数的情况下，函数的计算结果返回的是数值，但也可以返回文本、引用、逻辑值、数组或工作表中的信息。

9.5.1 SUM函数

在日常生活中，函数应用得非常广泛，涉及了众多领域，使用这些函数可以轻松地完成相关的数据运算。SUM函数是一个求和汇总函数，可以计算在任何一个单元格区域中的所有数字之和。

素材文件	第9章\9-50.xlsx	效果文件	第9章\9-56.xlsx

STEP 01 打开文件

打开一个 Excel 文件，如下图所示。

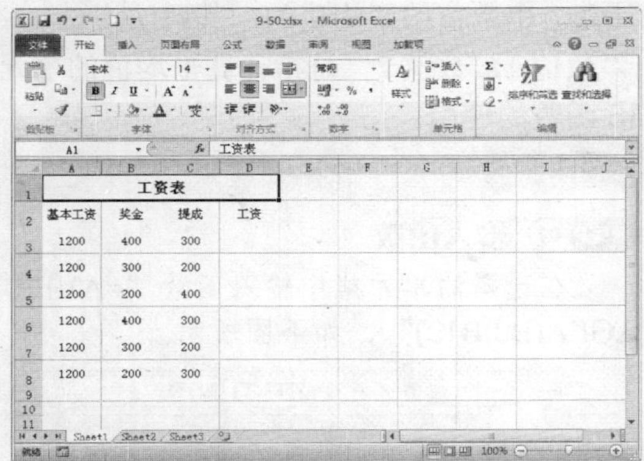

STEP 02 单击“插入函数”按钮

选择 D3 单元格，单击“编辑栏”右侧的“插入函数”按钮 f_x，如下图所示。

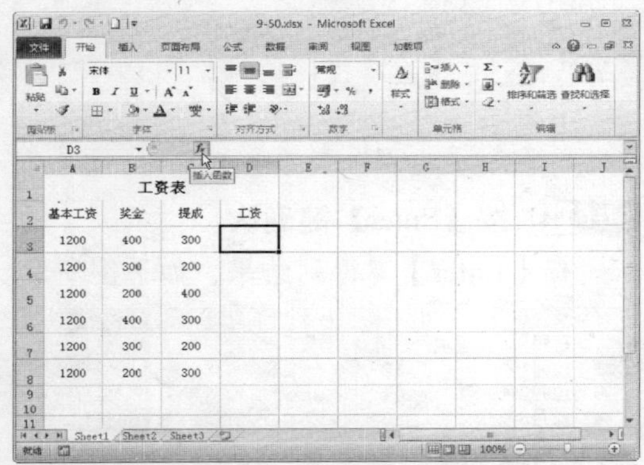

STEP 03 弹出“插入函数”对话框

弹出“插入函数”对话框，如下图所示。

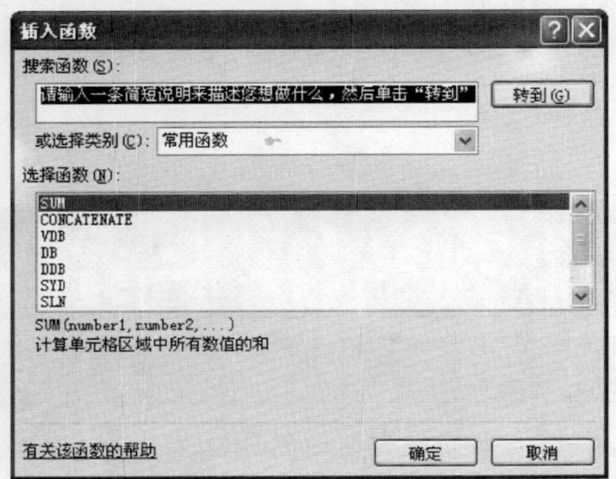

STEP 04 单击引用按钮

选择 SUM 函数，单击“确定”按钮，在弹出的“函数参数”对话框中单击 Number1 右侧的引用按钮，如下图所示。

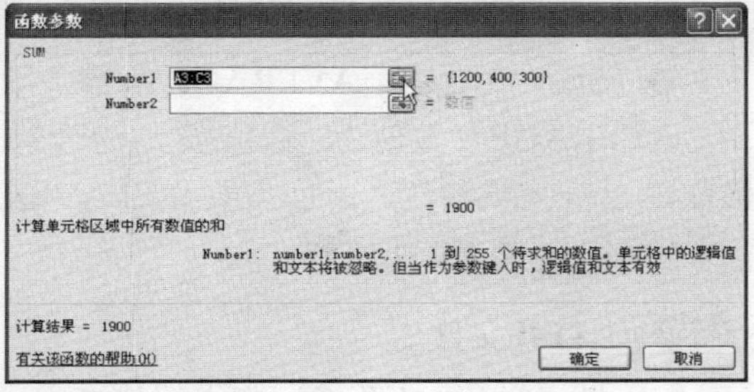

STEP 05 选择引用位置

弹出“函数参数”对话框，在工作表中选择需要引用的位置，如下图所示。

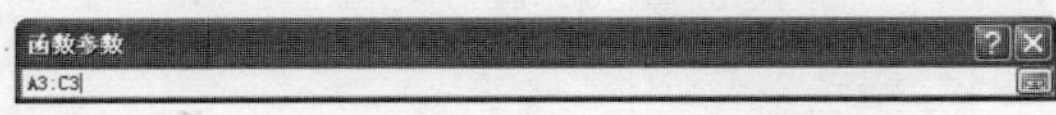

STEP 06 返回“函数参数”对话框

按【Enter】键进行确认，返回“函数参数”对话框中，如下图所示。

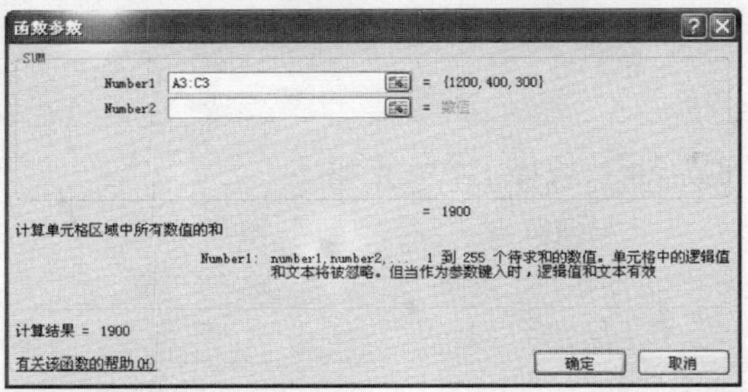

STEP 07 使用 SUM 函数

单击“确定”按钮，即可使用 SUM 函数求和，如下图所示。

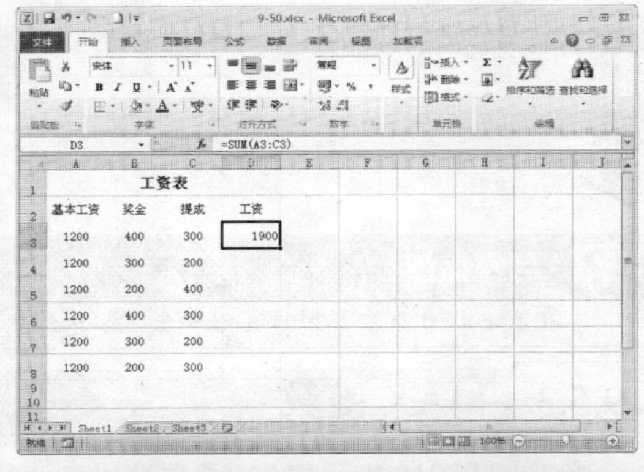

专家指点

如果选择的单元格区域为数组或引用，只有其中的数字将被计算，数组或引用中的空白单元格、逻辑值或文本都将被忽略。

9.5.2 AVERAGE 函数

在 Excel 2010 中，AVERAGE 函数是用来计算一串数值的平均值的，其语法为：

AVERAGE（数值 1，数值 2，…），其中“数值 1，数值 2”是指计算平均值的单元格或单元格区域参数，下面主要介绍 AVERAGE 函数的使用。

素材文件	第 9 章\9-57.xlsx	效果文件	第 9 章\9-60.xlsx

STEP 01 打开文件

打开一个 Excel 文件，如下图所示。

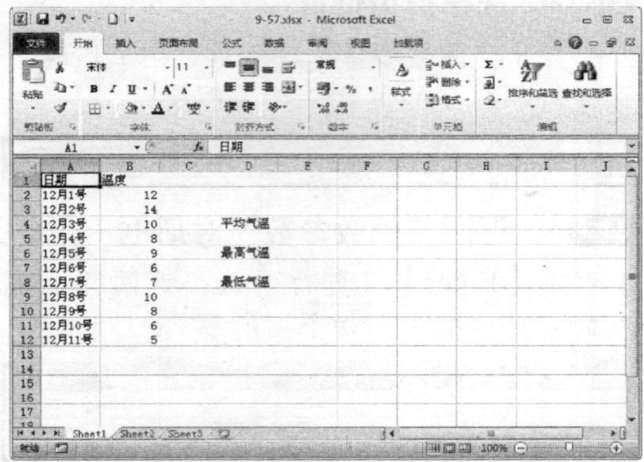

STEP 02 选择 E4 单元格

选择 E4 单元格，如下图所示。

	A	B	C	D	E	F
1	日期	温度				
2	12月1号	12				
3	12月2号	14				
4	12月3号	10		平均气温		
5	12月4号	8				
6	12月5号	9		最高气温		
7	12月6号	6				
8	12月7号	7		最低气温		
9	12月8号	10				
10	12月9号	8				
11	12月10号	6				
12	12月11号	5				
13						
14						
15						
16						
17						

STEP 03 输入函数

在选择的单元格中输入函数“=AVERAGEA(B2:B12)”，如下图所示。

SUM =AVERAGEA(B2:B12)

A	B	C	D	E	F
日期	温度				
12月1号	12				
12月2号	14				
12月3号	10		平均气温	=AVERAGEA(B2:B12)	
12月4号	8				
12月5号	9		最高气温		
12月6号	6				
12月7号	7		最低气温		
12月8号	10				
12月9号	8				
12月10号	6				
12月11号	5				

STEP 04 按【Enter】键确认

按【Enter】键得到结果，如下图所示。

	A	B	C	D	E	F
1	日期	温度				
2	12月1号	12				
3	12月2号	14				
4	12月3号	10		平均气温	8.636364	
5	12月4号	8				
6	12月5号	9		最高气温		
7	12月6号	6				
8	12月7号	7		最低气温		
9	12月8号	10				
10	12月9号	8				
11	12月10号	6				
12	12月11号	5				
13						
14						
15						
16						
17						

专家指点

在 Excel 2010 中，用户可以单击“插入函数”按钮，在弹出的相应菜单中进行设置。

9.5.3 MAX 函数

在 Excel 2010 中，MAX 函数是用来计算一串数值中的最大值，其语法为：

MAX（数值 1，数值 2，…），其中“数值 1，数值 2”是指计算最大值的单元格或单元格区域参数，下面主要介绍 MAX 函数的使用。

素材文件	第 9 章\9-60.xlsx	效果文件	第 9 章\9-62.xlsx

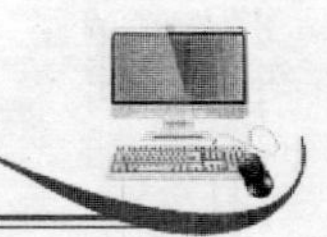

STEP 01　在单元格中输入函数

打开一个 Excel 文件，选择 E6 单元格，在其中输入函数"=MAX（B2:B12）"，如下图所示。

	A	B	C	D	E	F
1	日期	温度				
2	12月1号	12				
3	12月2号	14				
4	12月3号	10		平均气温	8.636364	
5	12月4号	8				
6	12月5号	9		最高气温	=MAX(B2:B12)	
7	12月6号	6				
8	12月7号	7		最低气温		
9	12月8号	10				
10	12月9号	8				
11	12月10号	6				
12	12月11号	5				
13						
14						
15						
16						
17						

STEP 02　按【Enter】键确认

按【Enter】键进行确认，即可求出最高气温，如下图所示。

	A	B	C	D	E	F
1	日期	温度				
2	12月1号	12				
3	12月2号	14				
4	12月3号	10		平均气温	8.636364	
5	12月4号	8				
6	12月5号	9		最高气温	14	
7	12月6号	6				
8	12月7号	7		最低气温		
9	12月8号	10				
10	12月9号	8				
11	12月10号	6				
12	12月11号	5				
13						
14						
15						
16						
17						

9.5.4　MIN 函数

在 Excel 2010 中，MIN 函数是用来计算一串数值中的最小值，其语法为：

MIN（数值 1，数值 2，…），其中"数值 1，数值 2"是指计算最小值的单元格或单元格区域参数，下面主要介绍 MIN 函数的使用。

素材文件	第 9 章\9-62.xlsx	效果文件	第 9 章\9-64.xlsx

STEP 01　在单元格中输入函数

打开一个 Excel 文件，选择 E8 单元格，在其中输入函数"=MIN(B2:B12)"，如下图所示。

	A	B	C	D	E	F
1	日期	温度				
2	12月1号	12				
3	12月2号	14				
4	12月3号	10		平均气温	8.636364	
5	12月4号	8				
6	12月5号	9		最高气温	14	
7	12月6号	6				
8	12月7号	7		最低气温	=MIN(B2:B12)	
9	12月8号	10				
10	12月9号	8				
11	12月10号	6				
12	12月11号	5				
13						
14						
15						
16						
17						

STEP 02　按【Enter】键确认

按【Enter】键进行确认，即可求出最低气温，如下图所示。

	A	B	C	D	E	F
1	日期	温度				
2	12月1号	12				
3	12月2号	14				
4	12月3号	10		平均气温	8.636364	
5	12月4号	8				
6	12月5号	9		最高气温	14	
7	12月6号	6				
8	12月7号	7		最低气温	5	
9	12月8号	10				
10	12月9号	8				
11	12月10号	6				
12	12月11号	5				
13						
14						
15						
16						
17						

9.5.5　IF 函数

在 Excel 2010 中，IF 函数也称为条件函数。它根据参数条件的真假返回不同的结果，可以使用其对数值和公式进行条件检测，其语法为：

IF（logical_test，v1，v2），其中，logical_test 是一个条件表达式，它可以是比较式或逻辑表达式，其结果为逻辑真值（TRUE）或逻辑假值（FALSE）。v1 是 logical_test 测试条件为真时函数的返回值，v2 是 logical_test 测试条件为假时函数的返回值，v1 和 v2 可以是表达式、字符串或常量等。简单地说，当 logical_test 的值成立时，该函数的最后结果就是 v1 表达式的计算结果；当 logical_test 的值不成立时，结果就是 v2。

素材文件	第 9 章\9-65.xlsx	效果文件	第 9 章\9-70.xlsx

STEP 01 打开文件

打开一个 Excel 文件，如下图所示。

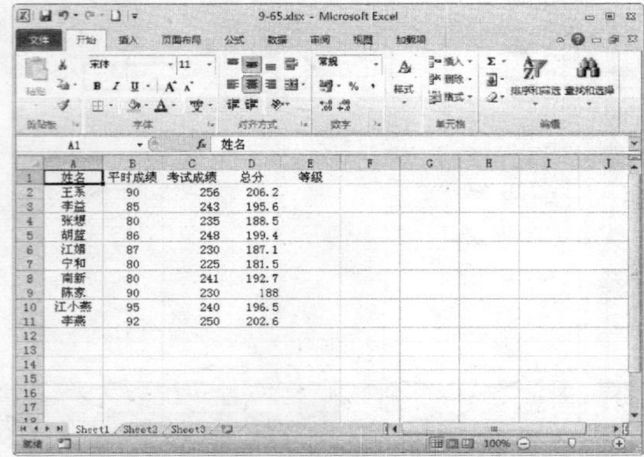

STEP 02 选择单元格

选择 E2 单元格，如下图所示。

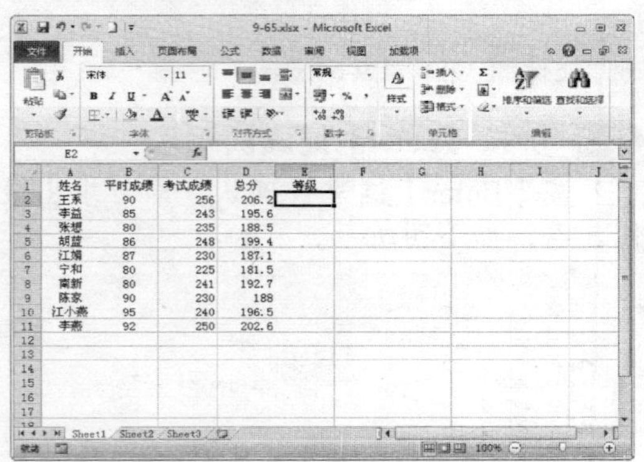

STEP 03 输入函数

在单元格中输入函数“=IF（D2>190,"优",IF（D2>180,"中","差"））”，如下图所示。

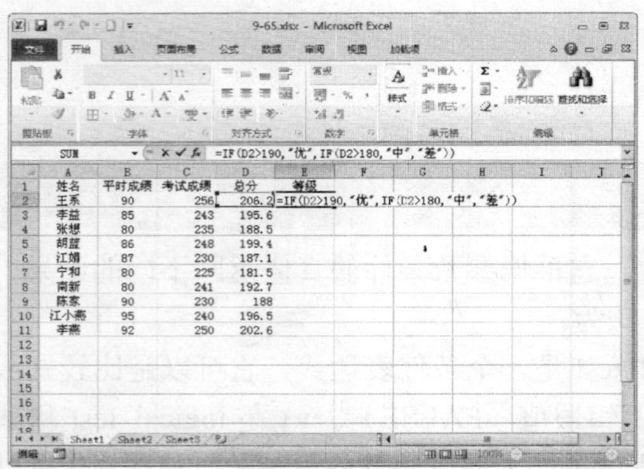

STEP 04 按【Enter】键确认

按【Enter】键得到结果，如下图所示。

	A	B	C	D	E
1	姓名	平时成绩	考试成绩	总分	等级
2	王系	90	256	206.2	优
3	李益	85	243	195.6	
4	张想	80	235	188.5	
5	胡蓝	86	248	199.4	
6	江娟	87	230	187.1	
7	宁和	80	225	181.5	
8	南新	80	241	192.7	
9	陈家	90	230	188	
10	江小燕	95	240	196.5	
11	李燕	92	250	202.6	
12					
13					
14					
15					

STEP 05 填充其他单元格

拖曳鼠标，自动填充其他单元格，如下图所示。

	A	B	C	D	E	F
1	姓名	平时成绩	考试成绩	总分	等级	
2	王系	90	256	206.2	优	
3	李益	85	243	195.6	优	
4	张想	80	235	188.5	中	
5	胡蓝	86	248	199.4	优	
6	江娟	87	230	187.1	中	
7	宁和	80	225	181.5	中	
8	南新	80	241	192.7	优	
9	陈家	90	230	188	中	
10	江小燕	95	240	196.5	优	
11	李燕	92	250	202.6	优	
12						
13						
14						
15						
16						
17						

STEP 06 判断其他单元格

执行操作后，即可判断其他单元格的值，如下图所示。

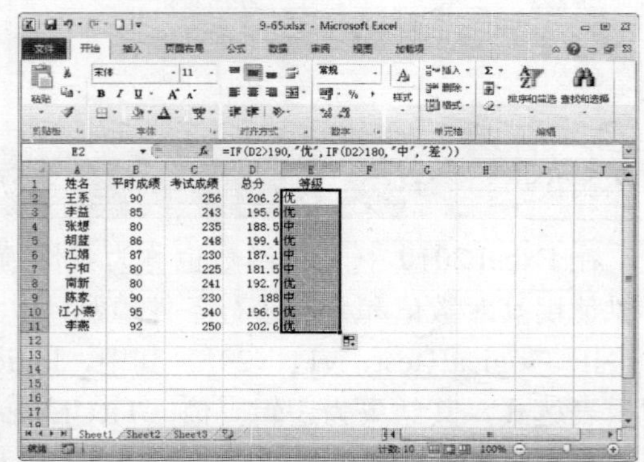

9.6 其他函数类型

在 Excel 2010 中，除了以上介绍的常用函数外，在 Excel 2010 中还有其他的函数类型，包括日期和时间函数、数学和三角函数、统计函数以及查找和引用函数等。

9.6.1 日期和时间函数

在 Excel 2010 中，日期和时间函数主要用于分析和处理日期值和时间值，系统内部的日期和时间函数包括 DATE、DATEVALUE、DAY、HOUR、TODAY 及 YEAR 等，下面主要以 DATE 函数为例来进行介绍。

DATE 函数返回代表特定日期的序列号，如果在输入函数前，单元格的格式设置为“常规”，那么结果将设置为日期格式。它的语法是：

DATE（year，month，day），其中 year 的参数可以是 1~4 位数字，Excel 会根据系统所使用的日期系统来解释 year 的参数；month 代表的是每年中月份的数字，如果输入的月份值大于 12，那么系统将会自动地从指定年份的一月份开始往上计算；day 代表的是月份中的第几天的数字，如果 day 大于该月份的最大天数，系统则将从指定月份的第一天开始往上累加。

9.6.2 数学和三角函数

在 Excel 2010 中，数学和三角函数主要用于各种各样的数学计算，系统提供的数学和三角函数包括 ABS、ASIN、COMBIN、PI 以及 TAN 等，下面以 COMBIN 函数为例来进行介绍。

COMBIN 函数用于计算从给定数目的对象集合中提取若干对象的组合数，它的语法是：

COMBIN(number，number_chosen)，其中参数 number 代表对象的总数量，参数 number_chosen 为每一组合中对象的数量。在统计中经常遇到关于组合数的计算，可以用此函数来解决，如下图所示。

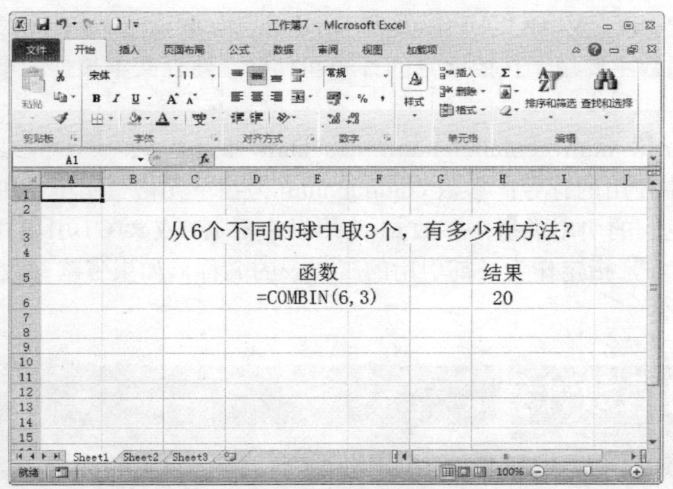

使用 COMBIN 函数

9.6.3 统计函数

在 Excel 2010 中，统计函数的功能是对数据进行统计分析，统计函数可以分为基本统计量（数据的平均值、方差等）计算函数，检验函数（t 检验、区间估计等）和各种概率分布（正态分布、Beta 分布等）函数，下面主要以 DEVSQ 函数为例来进行介绍。

DEVSQ 函数用于计算数据点与各自样本平均值偏差的平方和，它的语法为：

DEVSQ（number1，number2,...），其中参数 number1、number2……为 1～30 个需要计算偏差平方和的参数，也可以不使用这种用逗号分隔参数的形式，而用单个数组或对数组的引用，如下图所示。

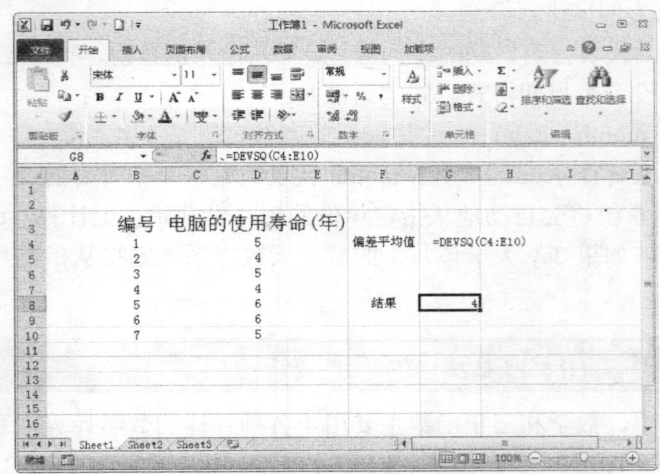

使用 DEVSQ 函数

9.6.4 查找和引用函数

在 Excel 2010 中，查询和引用函数是在数据清单中查找特定数据，或者需要查找某个单元格引用的函数。系统提供的查找和引用函数包括 ADDRESS、AREAS、COLUMN、ROWS、TRANSPOSE、VLOOKUP 以及 INDEX 等，下面以 ADDRESS 为例来进行介绍。

ADDRESS 函数主要用于按照给定的行号和列标，建立文本类型的单元格地址，它的语法为：

ADDRESS（row_num，column_num，abs_num，a1，sheet_text），其中参数 row_num 为在单元格引用中使用的行号；参数 column_num 为在单元格引用中使用的列标；参数 abs_num 为指定返回的引用类型；参数 a1 为用以指定 A1 或 R1C1 引用样式的逻辑值；参数 sheet_text 为文本，指定作为外部引用的工作表的名称，如果省略参数 sheet_text，则不使用任何工作表名。

9.7 应用函数计算

在 Excel 2010 中，根据函数的应用领域不同，可以将函数分为数据库函数、逻辑函数、信息函数、财务函数以及工程函数等类型。

9.7.1 函数式结构

在 Excel 2010 中，用户可以自定义函数的类型，在调用函数时要遵守函数的结构才不会出现错误，下面对函数的结构进行介绍。

函数的结构大致可分为函数名和参数表两部分，如下所示：

函数名（参数 1，参数 2，参数 3，…）。其中，函数名是说明函数要执行的运算，函数名后用括号括起来的是参数表，参数表是指函数使用的单元格数值，可以是数字、文本、类似于 TRUE 或 FALSE 的逻辑值以及数组等，给定的参数必须能产生有效的值。在 Excel 中输入函数时，要用圆括号把参数括起来，左括号标记参数必须跟在函数名后面。

9.7.2 输入函数式

在 Excel 的公式或表达式中调用函数，首先要输入函数。输入函数要遵守前面介绍的函数结构，可以在单元格中直接输入，也可以在“编辑栏”中输入。

若对函数名和函数的参数非常了解，那么可以在公式或表达式中直接输入函数，这是最常用的一种输入函数的方法，也是最快捷的输入方法。

若对函数名和函数的参数不是非常了解，那么可以使用函数向导来完成输入。通过函数向导，可以很方便地知道函数所需要的各种参数及参数的类型。

9.7.3 嵌套函数式

在 Excel 中函数的参数也可以是常量、公式或其他函数。当函数的参数表中又包含了其他的函数时，就称该函数为嵌套函数。不同的函数所需要的参数个数是不相同的，有的函数需要一个参数，有的函数需要两个参数，有的函数需要多达 30 个参数，也有的函数不需要参数，没有参数的函数称为无参函数，无参函数的形式为：函数名（）。

9.7.4 修改函数式

在 Excel 2010 中，如果用户在输入函数的过程中出现了错误，可以对函数的内容进行修改。

素材文件	第 9 章\9-73.xlsx	效果文件	第 9 章\9-78.xlsx

STEP 01 打开文件

打开一个 Excel 文件，如下图所示。

B	C	D	E	F
		学生成绩表		
姓名	语文	数学	英语	平均成绩
王系	80	85	82	#NAME?
李益	79	96	84	
张想	87	78	78	
胡蓝	86	91	76	
江娟	87	92	65	
宁和	85	83	86	
南新	93	84	70	
陈家	82	75	73	
江小燕	84	68	88	
李燕	79	77	81	

STEP 02 选择单元格

在工作表中选择单元格，如下图所示。

B	C	D	E	F
		学生成绩表		
姓名	语文	数学	英语	平均成绩
王系	80	85	8:	#NAME?
李益	79	96	84	
张想	87	78	78	
胡蓝	86	91	76	
江娟	87	92	65	
宁和	85	83	86	
南新	93	84	70	
陈家	82	75	73	
江小燕	84	68	88	
李燕	79	77	81	

STEP 03 激活编辑栏

单击“编辑栏”，即可激活编辑栏，如下图所示。

=AVERAGEE(C4:E4)

B	C	D	E	F
学生成绩表				
姓名	语文	数学	英语	平均成绩
王系	80	85	82	=AVERAGEE
李益	79	96	84	
张想	87	78	78	
胡蓝	86	91	76	
江娟	87	92	65	
宁和	85	83	86	
南新	93	84	70	
陈家	82	75	73	
江小燕	84	68	88	
李燕	79	77	81	

STEP 04 单击单元格

单击错误函数的单元格，如下图所示。

=AVERAGEE(C4:E4)

B	C	D	E	F
学生成绩表				
姓名	语文	数学	英语	平均成绩
王系	80	85		=AVERAGEE(C4:E4)
李益	79	96	84	
张想	87	78	78	
胡蓝	86	91	76	
江娟	87	92	65	
宁和	85	83	86	
南新	93	84	70	
陈家	82	75	73	
江小燕	84	68	88	
李燕	79	77	81	

STEP 05 输入正确的函数

在其中输入正确的函数，如下图所示。

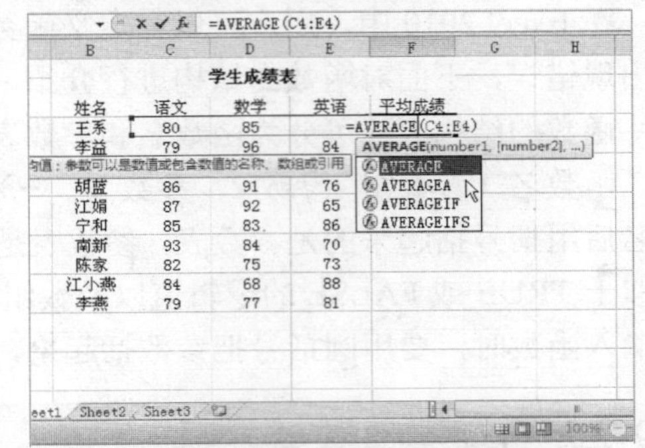

=AVERAGE(C4:E4)

B	C	D	E	F
学生成绩表				
姓名	语文	数学	英语	平均成绩
王系	80	85		=AVERAGE(C4:E4)
李益	79	96	84	
胡蓝	86	91	76	
江娟	87	92	65	
宁和	85	83	86	
南新	93	84	70	
陈家	82	75	73	
江小燕	84	68	88	
李燕	79	77	81	

STEP 06 修改函数式

按【Enter】键进行确认，即可修改函数式，得到计算结果，如下图所示。

B	C	D	E	F
学生成绩表				
姓名	语文	数学	英语	平均成绩
王系	80	85	82	82
李益	79	96	84	
张想	87	78	78	
胡蓝	86	91	76	
江娟	87	92	65	
宁和	85	83	86	
南新	93	84	70	
陈家	82	75	73	
江小燕	84	68	88	
李燕	79	77	81	

9.7.5 复制函数

在编辑工作表的过程中，适当地利用复制功能可以提高工作效率。

素材文件	第 9 章\9-78.xlsx	效果文件	第 9 章\9-80.xlsx

STEP 01 复制函数

打开一个 Excel 文件并选择单元格，按【Ctrl+C】组合键复制，如下图所示。

学生成绩表				
姓名	语文	数学	英语	平均成绩
王系	80	85	82	82
李益	79	96	84	
张想	87	78	78	
胡蓝	86	91	76	
江娟	87	92	65	
宁和	85	83	86	
南新	93	84	70	
陈家	82	75	73	
江小燕	84	68	88	
李燕	79	77	81	

STEP 02 按【Enter】键确认

选择目标单元格，按【Ctrl+V】组合键粘贴，按【Enter】键确认，如下图所示。

B	C	D	E	F
学生成绩表				
姓名	语文	数学	英语	平均成绩
王系	80	85	82	82
李益	79	96	84	86
张想	87	78	78	
胡蓝	86	91	76	
江娟	87	92	65	
宁和	85	83	86	
南新	93	84	70	
陈家	82	75	73	
江小燕	84	68	88	
李燕	79	77	81	

9.7.6 搜索函数

在编辑工作表的过程中，如果用户不知道使用什么函数进行编辑，可以利用搜索函数功能来进行查询。

素材文件	第 9 章\9-80.xlsx	效果文件	无

STEP 01 单击“插入函数”按钮

打开一个 Excel 文件并选择单元格，在“编辑栏”左侧单击“插入函数”按钮，如下图所示。

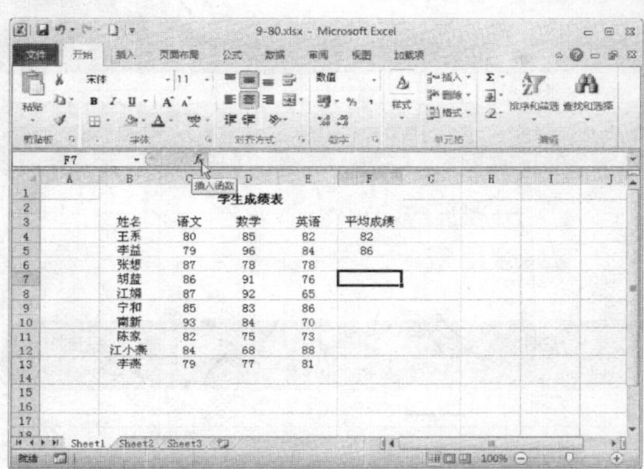

STEP 02 弹出“插入函数”对话框

执行操作后，即会弹出“插入函数”对话框，如下图所示。

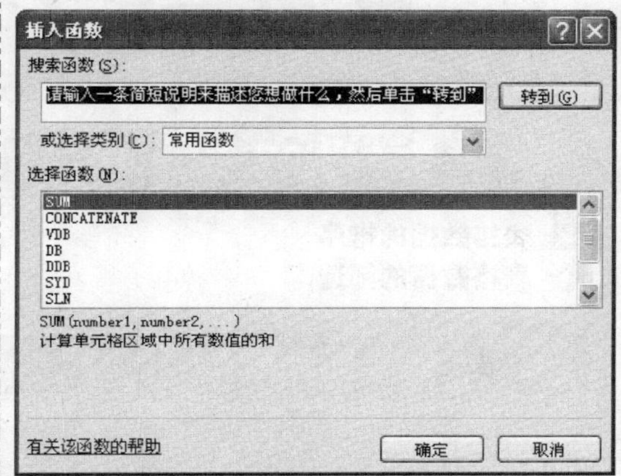

专家指点

在“插入函数”对话框的“选择函数”下拉列表中，用户可以选择需要的函数。

读书笔记

Chapter 10

章前知识导读

在 Excel 2010 中，系统提供了强大的数据筛选、排列和汇总的功能。利用这些功能可以很方便地从数据清单中获取有效的数据，并重新进行整理，还可以从不同的角度观察和分析数据。

管理与分析数据

重点知识索引

- 表格数据的排序
- 表格数据的筛选
- 分类汇总
- 应用宏

效果图片欣赏

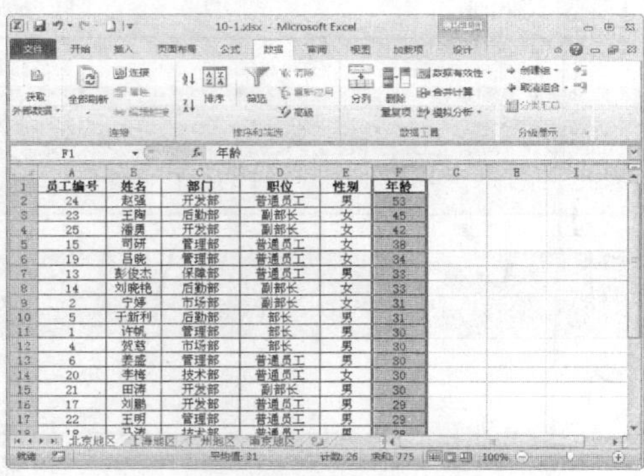

快速排序

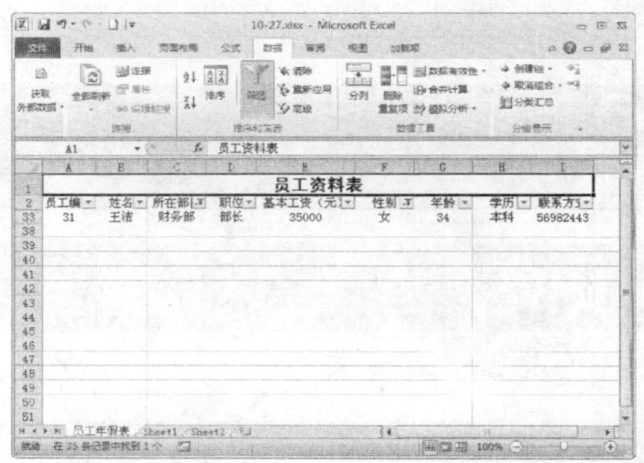

自动筛选

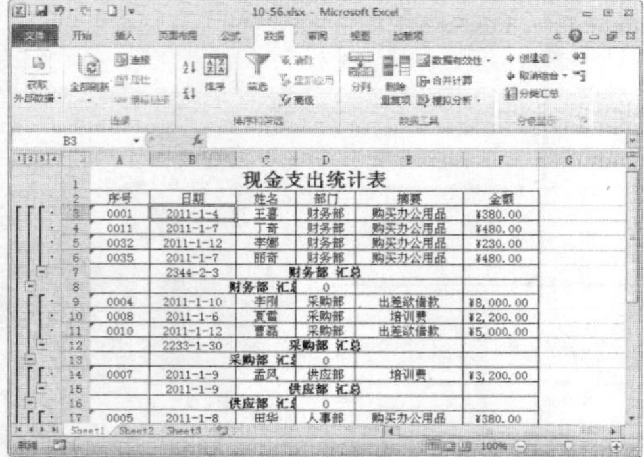

嵌套分类汇总

执行宏

10.1 表格数据的排序

在 Excel 2010 中，一般是按照数据的输入顺序进行排列的。这样的排列缺乏应用的条理性，不利于用户直接查找和浏览所需的数据。所以，为了使数据清单的管理更为方便，可对工作表中的数据进行重新排序。

10.1.1 排序规则

数据的排序是依据表格中的相关字段名，将表格中的记录按升序或降序的方式进行排列。在 Excel 2010 中，排序主要分为升序和降序两种，对于数字，升序就是按数值从小到大进行排列；对于字母，升序是指从 A 到 Z 进行排列。Excel 排序规则具体如下表所示。

排序规则表

符号	排序规则（升序）
数字	数字从最小的负数到最大的正数排列
字母	按字母先后顺序排序。在按字母先后顺序对文本项进行排序时，若左边第一个字符相同，Excel 从左往右一个字符接一个字符地进行比较。
文本（可以包含数字）	0 1 2 3 4 5 6 7 8 9（空格）! ” # $ % & * , . / : ; ? @ [\ ] ^ _ ` { | } ~ + < = > A B C D E F G H I J K L M N O P Q R S T U V W X Y Z
逻辑值	在逻辑值中,FALSE 排在 TRUE 之前
错误值	所有错误的优选项级相同
空格	空格始终排在最后

10.1.2 快速排序

快速排序就是针对单列数据，即按一个关键字段进行排序。

素材文件	第 10 章\10-1.xlsx	效果文件	第 10 章\10-6.xlsx

STEP 01 打开文件

打开一个 Excel 文件，如下图所示。

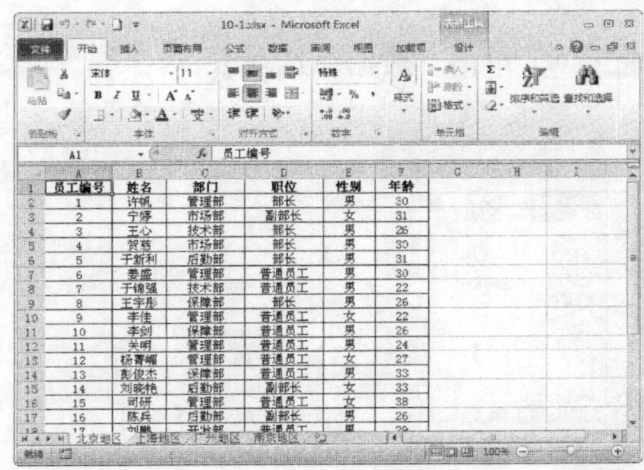

STEP 02 选择列

选择需要排序的列，如下图所示。

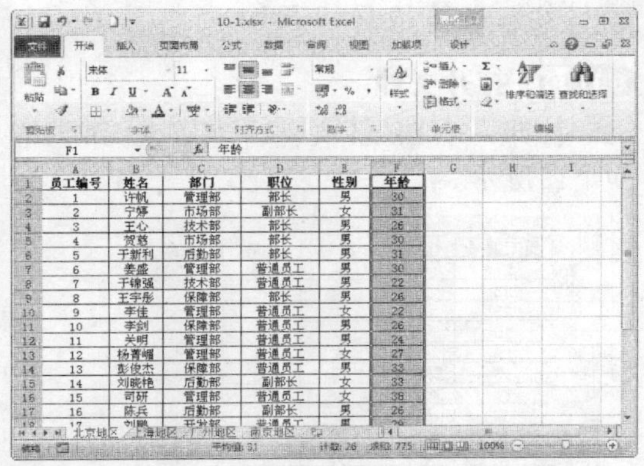

STEP 03 进入"数据"功能面板

单击"数据"选项卡，进入"数据"功能面板，如下图所示。

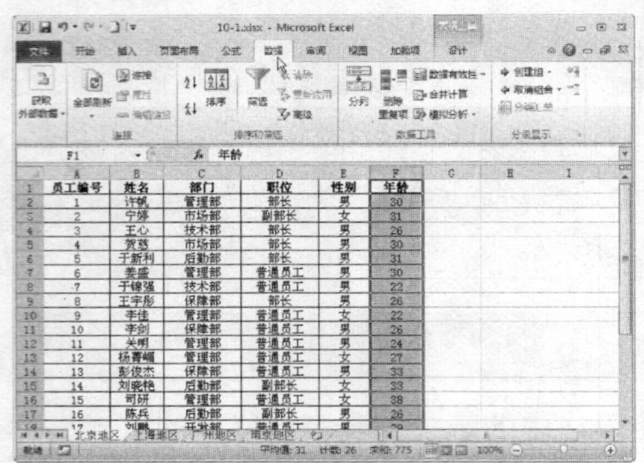

STEP 04 单击“升序”按钮 A↓Z

在“排序和筛选”选项区中单击“升序”按钮 A↓Z，如下图所示。

STEP 05 快速排序

执行操作后，选择的单列数据即可按从低到高的顺序排列，如下图所示。

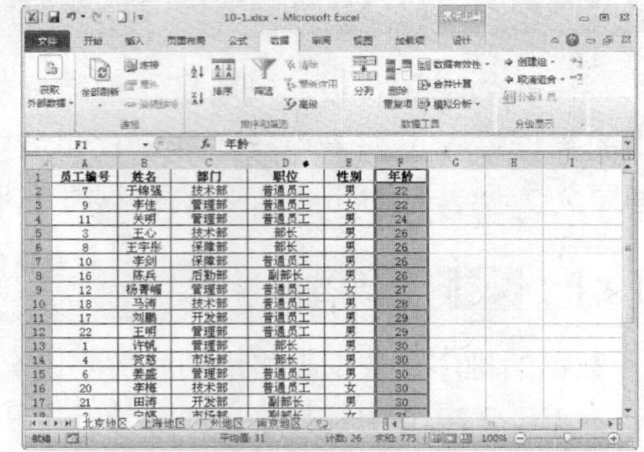

STEP 06 快速排序

若单击“降序”按钮 Z↓A，则选择的单列数据会从高到低排列，如下图所示。

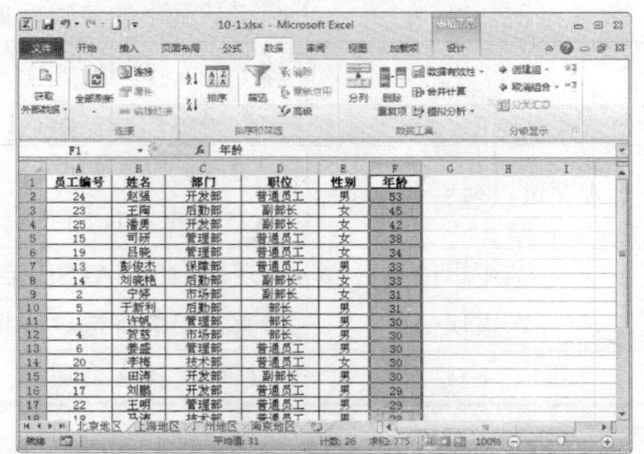

10.1.3 高级排序

高级排序是指对数据表格中的多列数据，按多个关键字段进行多重排序。先按某一个关键字进行排序，然后将此关键字相同的记录再按第二个关键字进行排序，以此类推。

素材文件	第 10 章\10-7.xlsx	效果文件	第 10 章\10-16.xlsx

STEP 01 打开文件

打开一个 Excel 文件，选择 A1 单元格如下图所示。

员工编号	姓名	性别	年龄	业绩
24	赵强	男	53	50000
23	王陶	女	45	49520
25	潘勇	女	42	46000
15	司研	女	38	48000
19	吕晓	女	34	47520
13	彭俊杰	男	33	48000
14	刘晓艳	女	33	48500
2	宁婷	女	31	48000
5	于新利	男	31	47500
1	许帆	男	30	46000
4	贺慈	男	30	49000
6	姜盛	男	30	50000
20	李梅	女	30	50000
21	田涛	男	30	49520
17	刘鹏	男	29	46000
22	王明	男	29	48000

STEP 02 单击“数据”选项卡

单击“数据”选项卡，如下图所示。

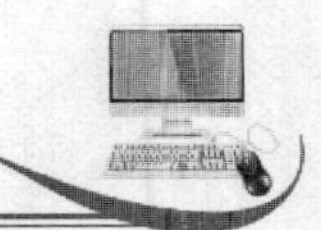

STEP 03 单击“排序”按钮

即可进入“数据”功能面板，在“排序和筛选”选项区中单击“排序”按钮，如下图所示。

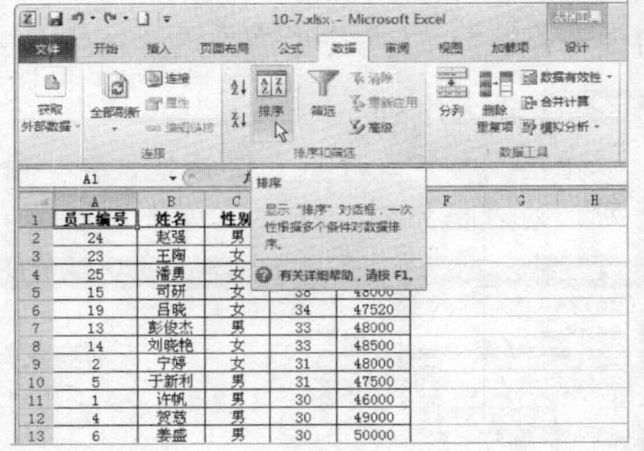

STEP 04 弹出“排序”对话框

弹出“排序”对话框，如下图所示。

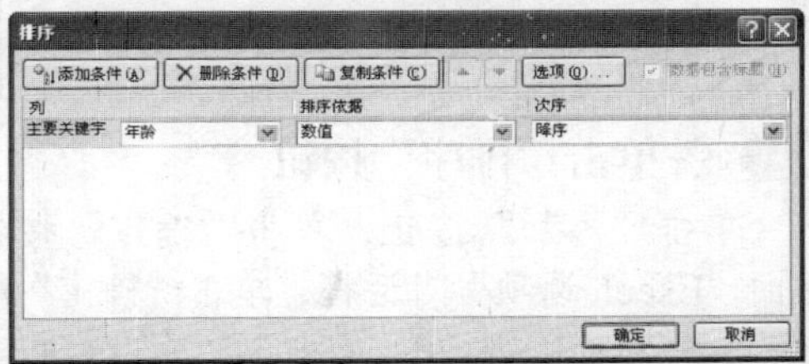

STEP 05 选择“业绩”选项

单击“主要关键字”右侧的下三角按钮，在弹出的下拉列表中选择“业绩”选项，如下图所示。

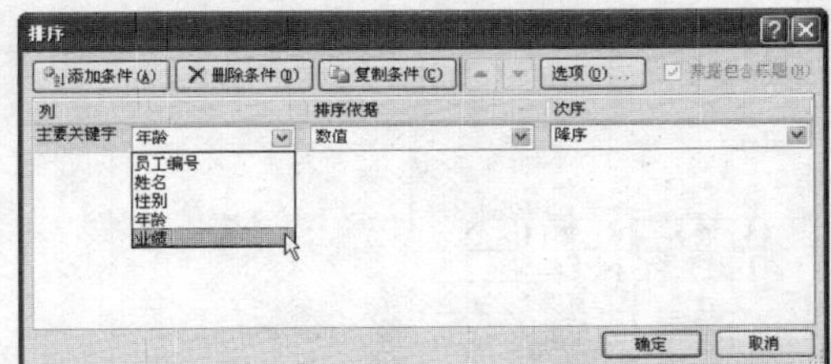

STEP 06 设置排序依据

设置“排序依据”为“数值”，如下图所示。

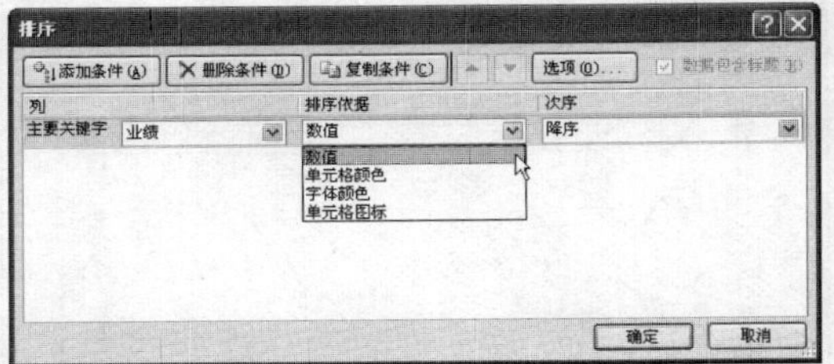

STEP 07 设置次序

设置“次序”为“降序”，如下图所示。

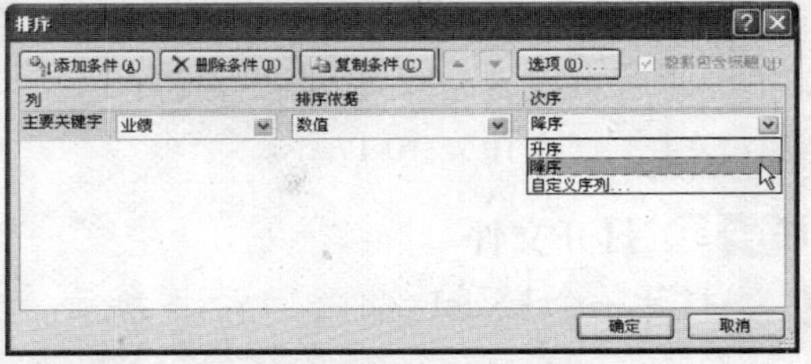

STEP 08 单击“添加条件”按钮

单击“添加条件”按钮，如下图所示。

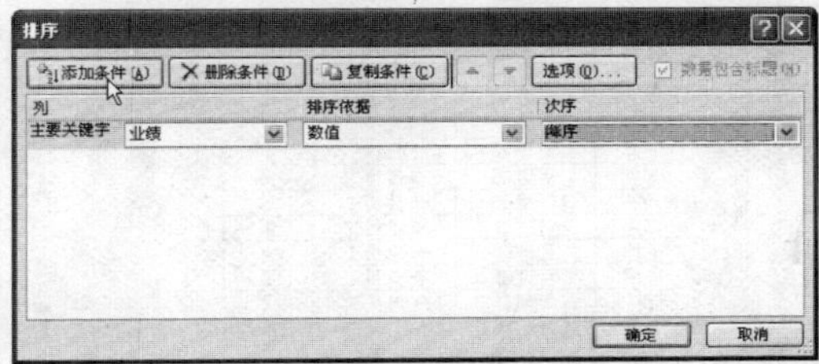

STEP 09 设置“次要关键字”选项

增加“次要关键字”选项，设置“次要关键字”为“年龄”，如下图所示。

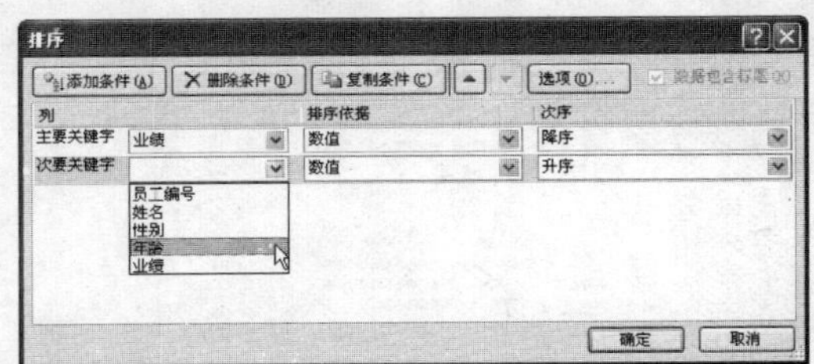

STEP 10 高级排序

单击“确定”按钮，即可完成高级排序，此时表格中的数据记录以“业绩”从高到低排列，业绩相同的按年龄从低到高排列，如下图所示。

	A	B	C	D	E	F
1	员工编号	姓名	性别	年龄	业绩	
2	7	于锦强	男	22	50000	
3	6	姜盛	男	30	50000	
4	20	李梅	女	30	50000	
5	24	赵强	男	53	50000	
6	21	田涛	男	30	49520	
7	23	王陶	女	45	49520	
8	11	关明	男	24	49000	
9	4	贺慈	男	30	49000	
10	3	王心	男	26	48500	
11	14	刘晓艳	女	33	48500	
12	8	王宇彤	男	26	48000	
13	12	杨菁嵋	女	27	48000	
14	22	王明	男	29	48000	
15	2	宁婷	女	31	48000	
16	13	彭俊杰	男	33	48000	
17	15	司研	女	38	48000	

10.1.4 自定义排序

在 Excel 2010 中管理和分析数据时，若需要将表格中的数据记录按指定字段序列进行排序，此时可以自定义序列进行排序。

素材文件	第 10 章\10-17.xlsx	效果文件	第 10 章\10-26.xlsx

STEP 01 打开文件

打开一个 Excel 文件，如下图所示。

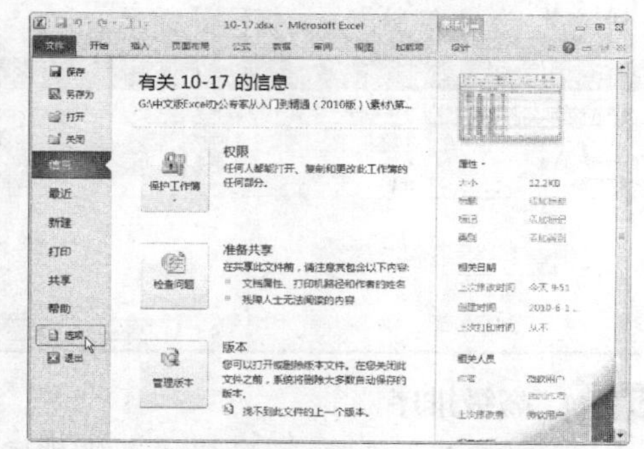

	A	B	C	D
1	姓名	部门	职位	性别
2	王宇彤	保障部	部长	男
3	许帆	管理部	部长	男
4	于新利	后勤部	部长	男
5	王心	技术部	部长	男
6	贺慈	市场部	部长	男
7	刘晓艳	后勤部	副部长	女
8	陈兵	后勤部	副部长	男
9	王陶	后勤部	副部长	女
10	田涛	开发部	副部长	男
11	潘勇	开发部	副部长	女
12	宁婷	市场部	副部长	女
13	李剑	保障部	普通员工	男
14	彭俊杰	保障部	普通员工	男
15	姜盛	管理部	普通员工	男
16	李佳	管理部	普通员工	女
17	关明	管理部	普通员工	男

STEP 02 单击“选项”按钮

单击“文件”选项卡，在“文件”菜单中单击“选项”按钮，如下图所示。

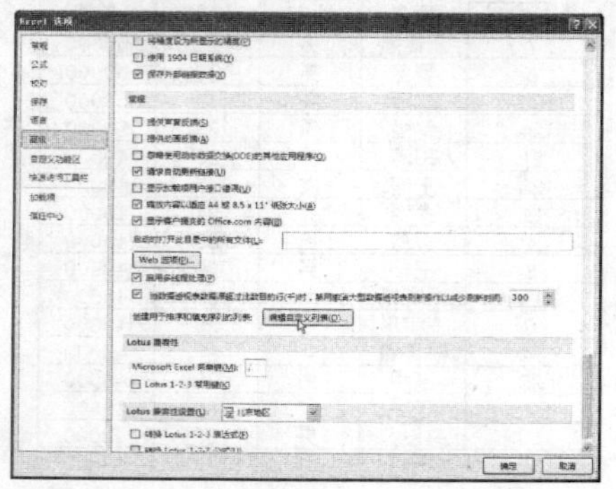

STEP 03 单击“编辑自定义列表”按钮

弹出“Excel 选项”对话框，切换至“高级”选项卡，单击“编辑自定义列表”按钮，如下图所示。

STEP 04 输入序列

弹出“自定义序列”对话框，在“输入序列”列表框中输入序列，如下图所示。

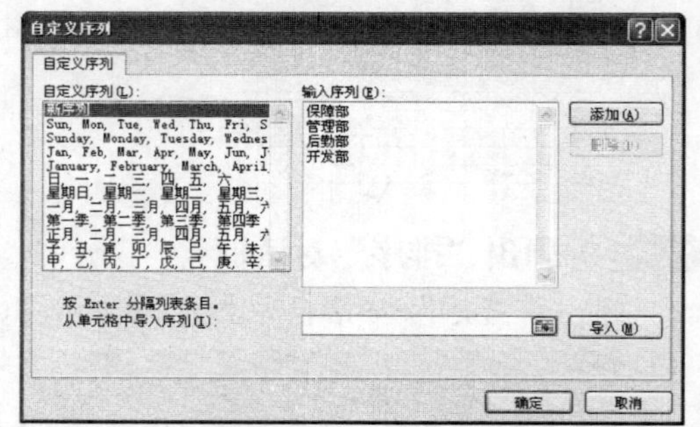

STEP 05 单击“排序”按钮

单击“添加”按钮，单击“确定”按钮返回“Excel 选项”对话框，单击“确定”按钮，返回 Excel 文档中。单击“数据”选项卡，进入“数据”功能面板，在“排序和筛选”选项区中单击“排序”按钮，如下图所示。

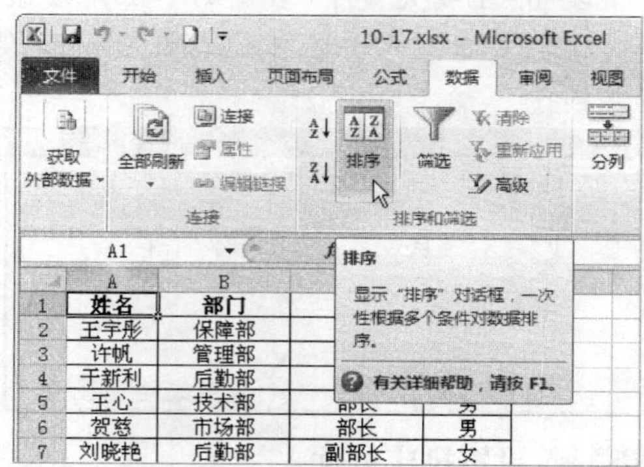

STEP 06 弹出“排序”对话框

弹出“排序”对话框，如下图所示。

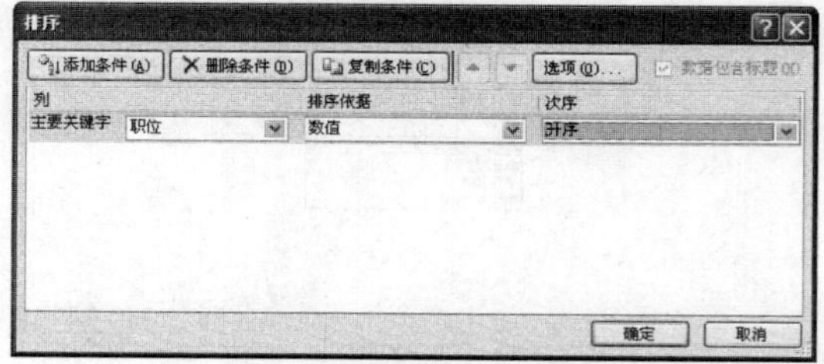

STEP 07 选择“自定义序列”选项

在“排序”对话框中单击“次序”下方右侧的下三角按钮，在弹出的下拉列表中选择“自定义序列”选项，如下图所示。

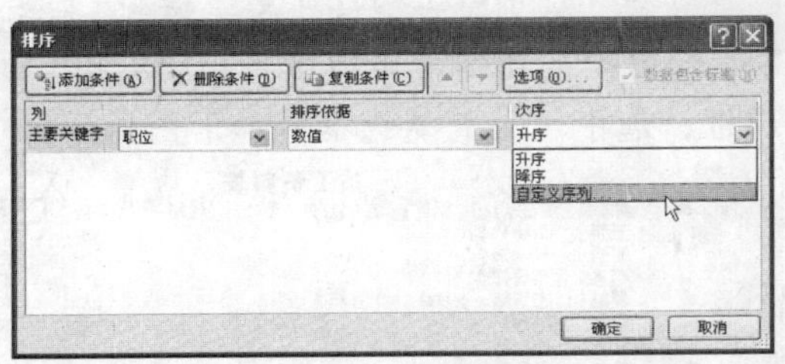

STEP 08 选择自定义序列选项

弹出“自定义序列”对话框，在“自定义序列”列表框中选择需要的自定义序列选项，如下图所示。

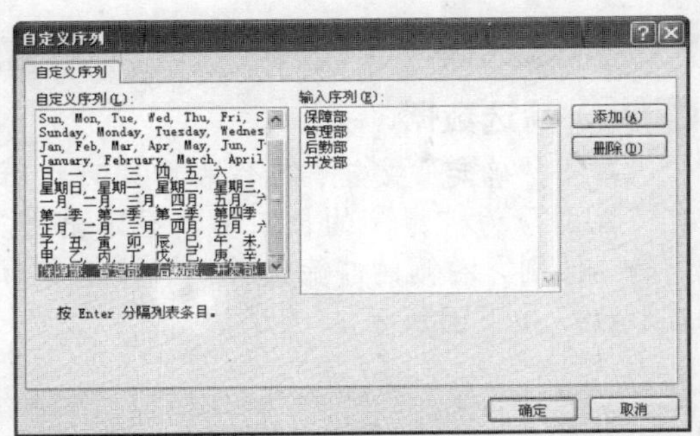

STEP 09 返回“排序”对话框

单击“确定”按钮，返回至“排序”对话框，如下图所示。

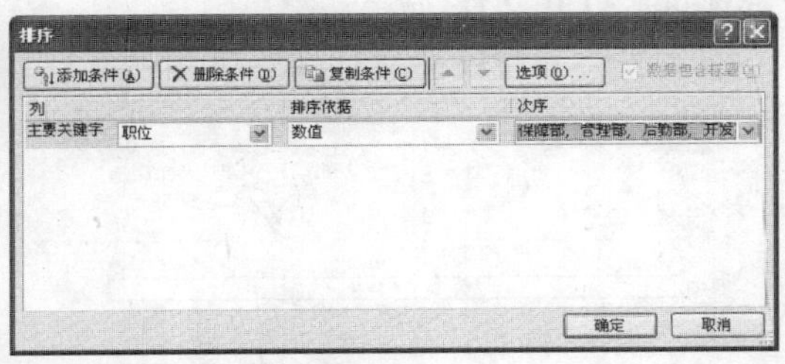

STEP 10 完成自定义排序

单击“确定”按钮，即可完成自定义排序，如下图所示。

	A	B	C	D	E
1	姓名	部门	职位	性别	
2	李剑	保障部	普通员工	男	
3	彭俊杰	保障部	普通员工	男	
4	姜盛	管理部	普通员工	男	
5	李佳	管理部	普通员工	女	
6	关明	管理部	普通员工	男	
7	杨菁嵋	管理部	普通员工	女	
8	司研	管理部	普通员工	女	
9	吕晓	管理部	普通员工	女	
10	王明	管理部	普通员工	男	
11	于锦强	技术部	普通员工	男	
12	马涛	技术部	普通员工	男	
13	李梅	技术部	普通员工	女	
14	刘鹏	开发部	普通员工	男	
15	赵强	开发部	普通员工	男	
16	刘晓艳	后勤部	副部长	女	
17	陈兵	后勤部	副部长	男	

专家指点

在 Excel 2010 中，在对表格进行自定义序列排序时，必须先建立需要排序的自定义序列项目，然后才能根据设置的自定义序列对表格进行排序。

10.2 表格数据的筛选

在 Excel 2010 中，表格数据的筛选就是将满足条件的记录显示在页面中，将不满足条件的记录隐藏起来，筛选的关键字可以是文本类型的字段，也可以是数值类型的字段，本节主要介绍常用的 3 种筛选方法，包括自动筛选、自定义筛选以及高级筛选等。

10.2.1 自动筛选

通过自动筛选功能可以快速地查找到符合条件的记录。在 Excel 2010 中，自动筛选根据筛选条件的多少，可以分为单条件自动筛选和多条件自动筛选。一般情况下，使用自动筛选功能就可以满足基本的筛选要求。

1. 单条件筛选

素材文件	第 10 章\10-27.xlsx	效果文件	第 10 章\10-31.xlsx

STEP 01 打开文件

打开一个 Excel 文件，如下图所示。

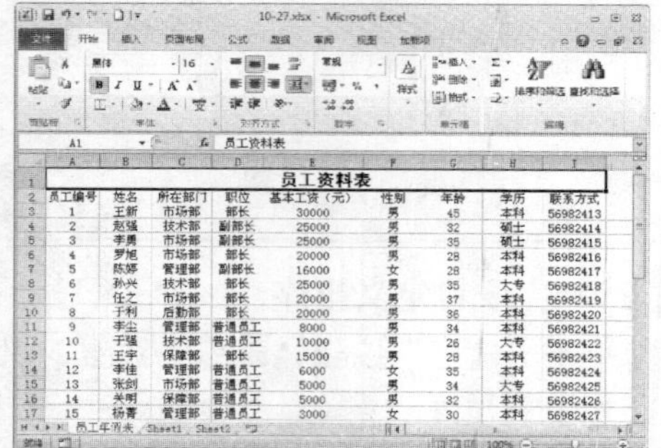

STEP 02 单击“筛选”按钮

单击“数据”选项卡，进入“数据”功能面板，在“排序和筛选”选项区中单击“筛选”按钮，如下图所示。

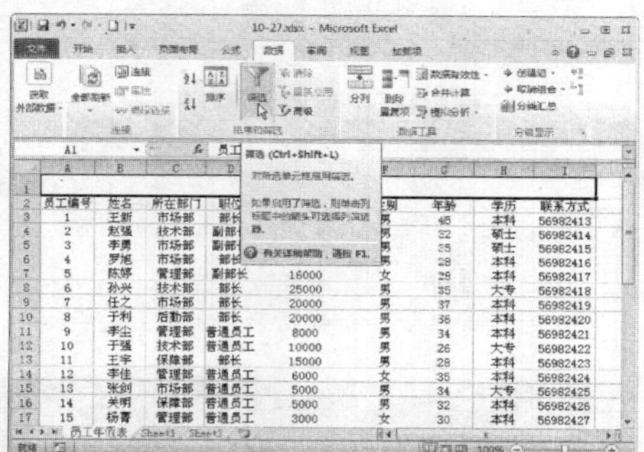

STEP 03 表格呈筛选状态

即可使表格呈筛选状态，如下图所示。

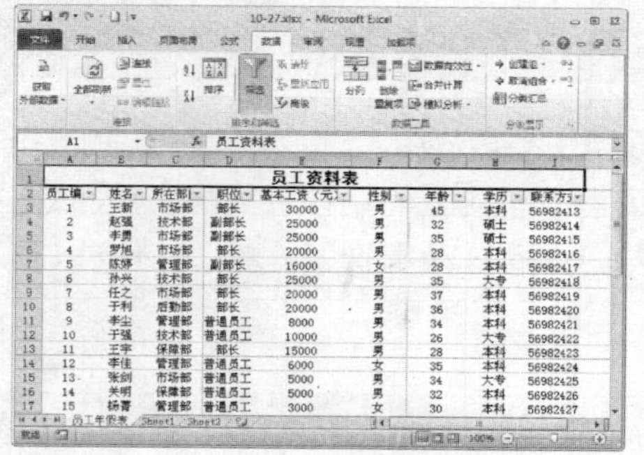

STEP 04 选中“男”复选框

单击“性别”右侧的“筛选控制”按钮，在弹出的选项板中取消选中“全选”复选框，选中“男”复选框，如下图所示。

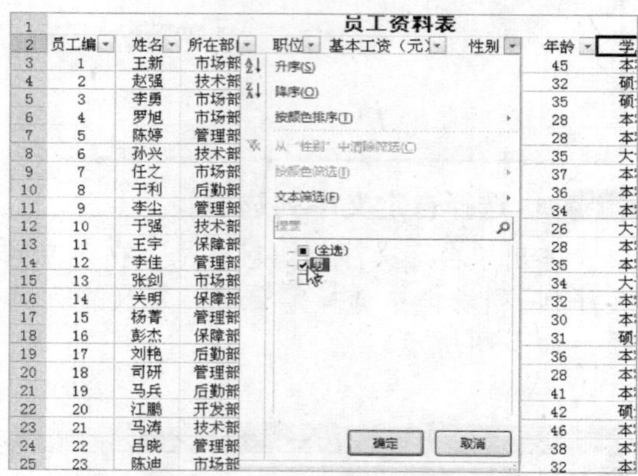

STEP 05 筛选数据

单击“确定”按钮，工作表中即可将所有“性别”为“男”的员工资料显示出来。此时“性别”右侧的“筛选控制”按钮变为形状，如下图所示。

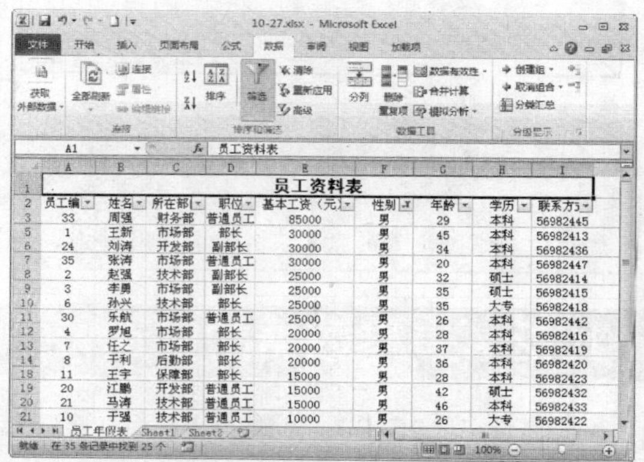

专家指点

在 Excel 2010 中，当单击“排序和筛选”选项区中的“筛选”按钮后，在工作表的每个字段右侧会自动出现一个“筛选控制”按钮。

2. 多条件筛选

素材文件	第 10 章\10-27.xlsx	效果文件	第 10 章\10-37.xlsx

STEP 01 单击“筛选”按钮

打开一个 Excel 文件，单击“数据”选项卡，进入“数据”功能面板，在“排序和筛选”选项区中单击“筛选”按钮，如下图所示。

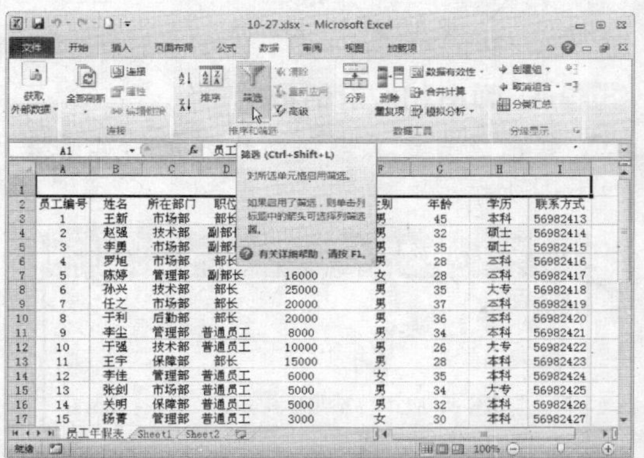

STEP 02 表格呈筛选状态

即可使表格呈筛选状态，如下图所示。

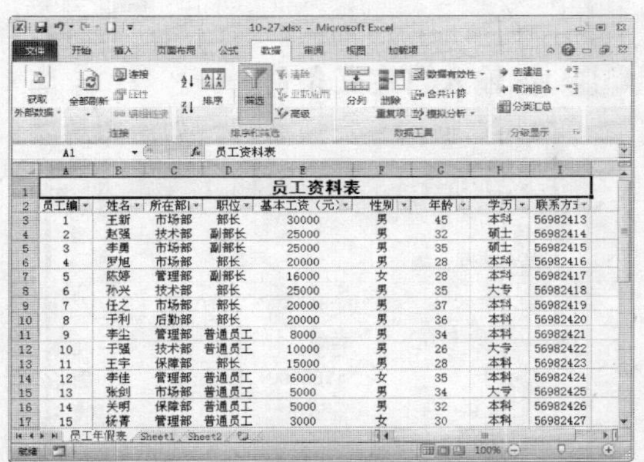

STEP 03 选中“财务部”复选框

单击“所在部门”右侧的“筛选控制”按钮▼，在弹出的选项板中取消选中“全选”复选框，选中“财务部”复选框，如下图所示。

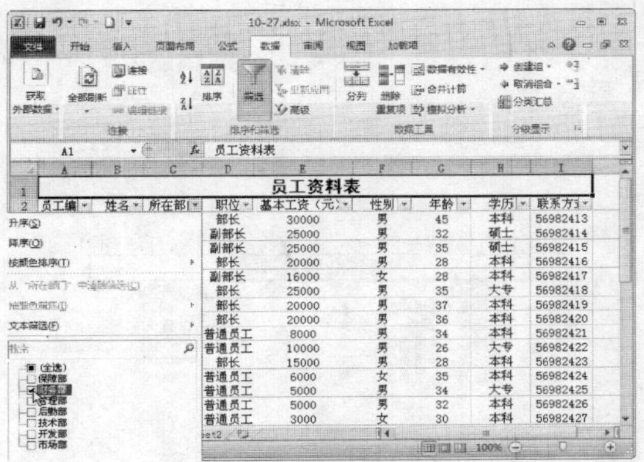

STEP 04 筛选数据

单击“确定”按钮，即可筛选出财务部的人员名单，如下图所示。

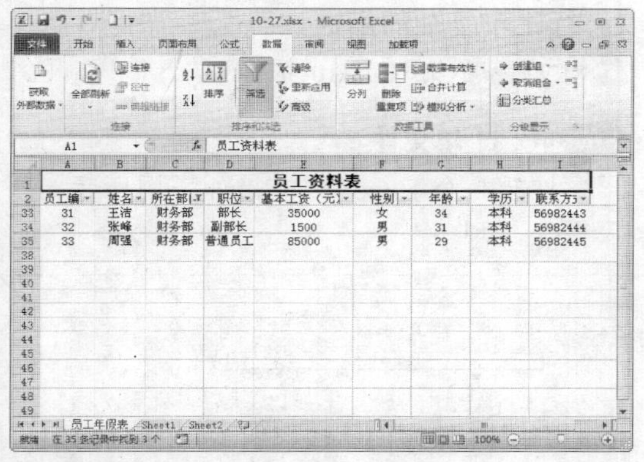

STEP 05 选中“女”复选框

单击“性别”右侧的“筛选控制”按钮▼，在弹出选项板中取消选中“全选”复选框，选中“女”复选框，如下图所示。

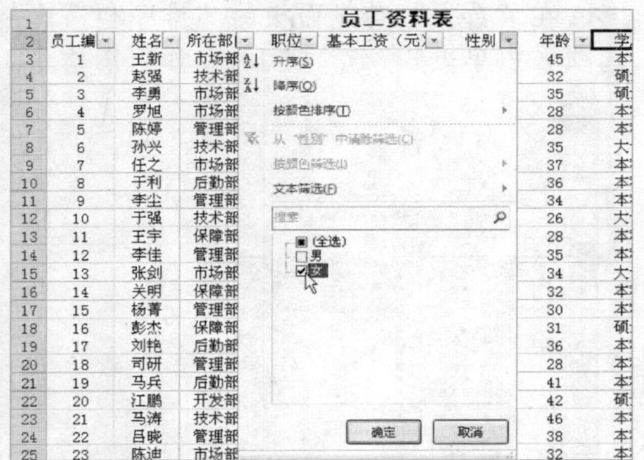

STEP 06 筛选数据

单击“确定”按钮，即可将财务部的女员工名单筛选出来，如下图所示。

10.2.2 自定义筛选

自定义筛选是指自定义筛选的条件，自定义筛选在筛选数据时具有很高的灵活性，可以进行比较复杂的筛选。

素材文件	第 10 章\10-38.xlsx	效果文件	第 10 章\10-43.xlsx

STEP 01 打开文件

打开一个 Excel 文件，如下图所示。

STEP 02 单击“筛选”按钮

在“数据”功能面板的“排序和筛选”选项区中单击“筛选”按钮，如下图所示。

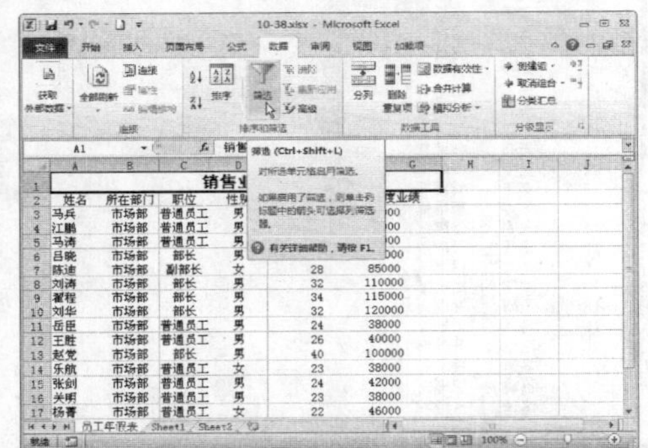

STEP 03 选择“自定义筛选”选项

单击“第一季度业绩”右侧的“筛选控制”按钮，在弹出的选项板中选择“数字筛选”|“自定义筛选”选项，如下图所示。

STEP 04 弹出相应对话框

弹出“自定义自动筛选方式”对话框，如下图所示。

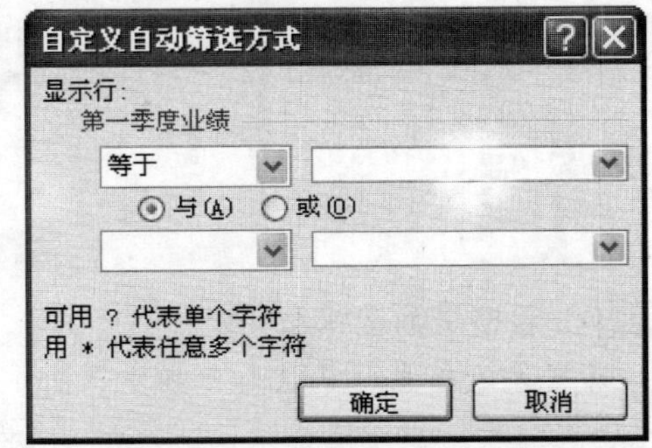

STEP 05 输入自定义条件

在其中输入自定义条件，如下图所示。

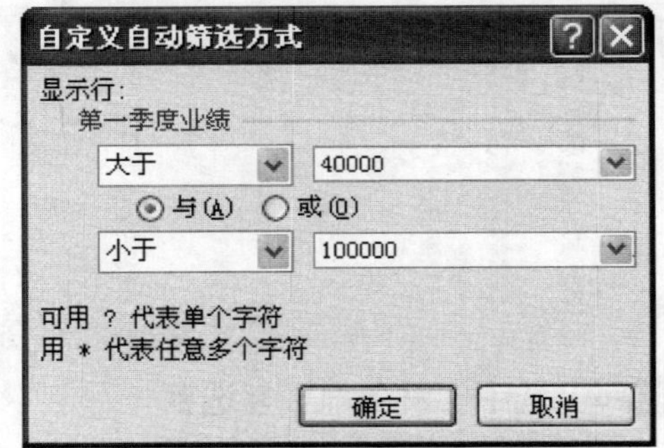

STEP 06 筛选数据结果

单击“确定”按钮，得到筛选结果，如下图所示。

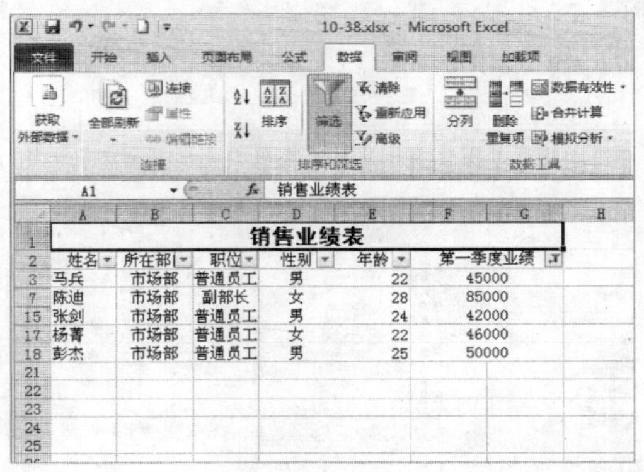

10.2.3 高级筛选

一般情况下，如果需要筛选的数据列表中有多个关键字，且筛选的条件比较复杂时，就可以使用高级筛选功能。

素材文件	第 10 章\10-44.xlsx	效果文件	第 10 章\10-49.xlsx

STEP 01 打开文件

打开一个 Excel 文件，如下图所示。

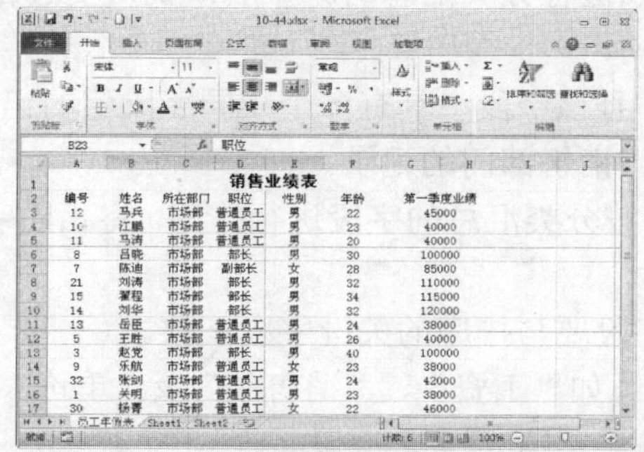

STEP 02 输入相关条件

在数据区域下方选择单元格，输入高级筛选的相关条件，如下图所示。

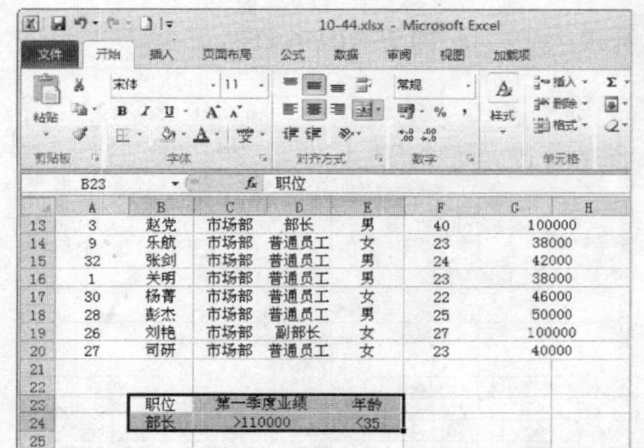

STEP 03 单击“高级”按钮

在“数据”功能面板的“排列和筛选”选项区中单击“高级”按钮，如下图所示。

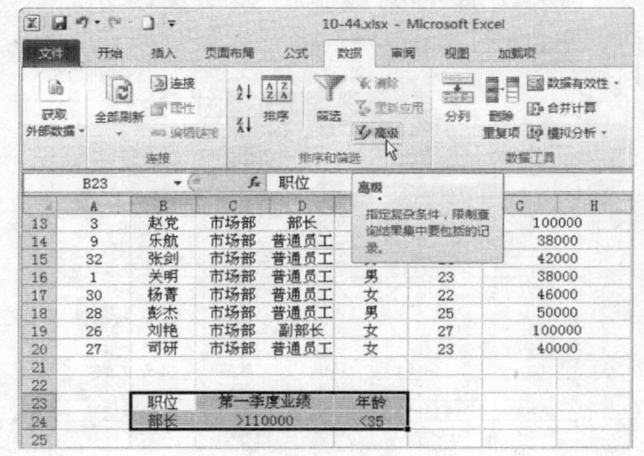

STEP 04 弹出相应对话框

弹出“高级筛选”对话框，如下图所示。

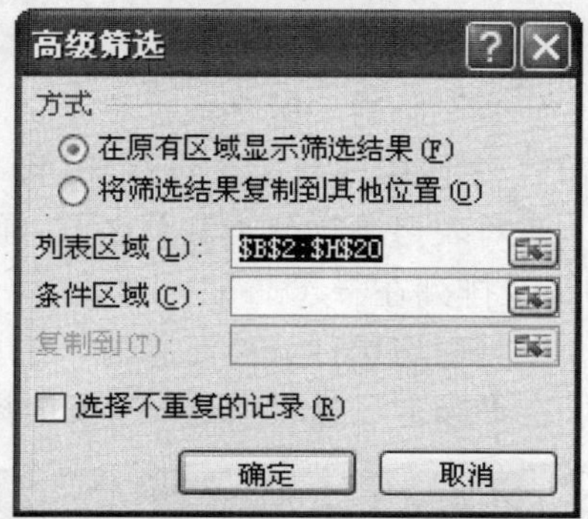

STEP 05 设置“条件区域”

设置“条件区域”数值，如下图所示。

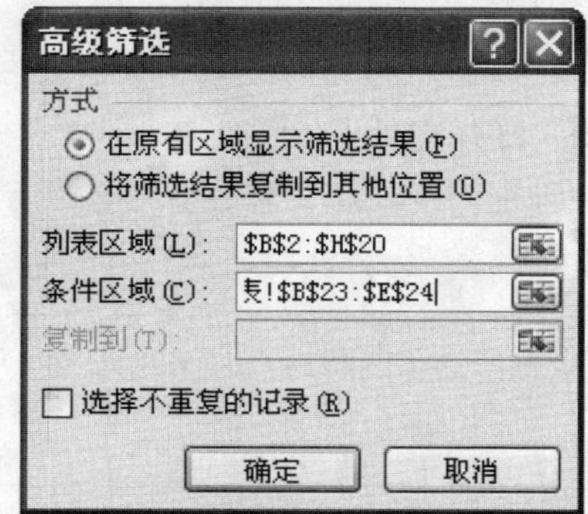

STEP 06 高级筛选数据

单击“确定”按钮，即可得到高级筛选的结果，如下图所示。

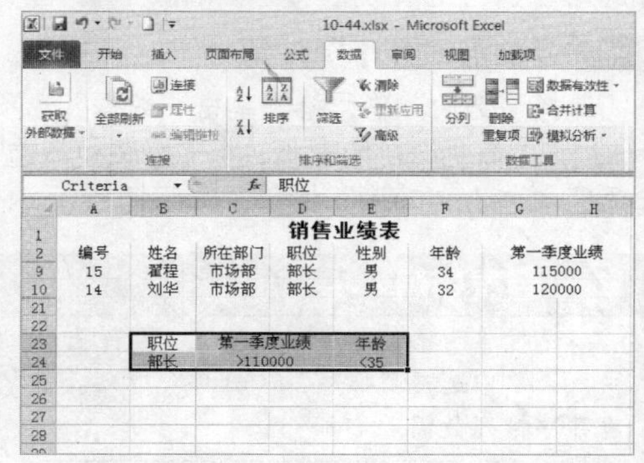

10.3 分类汇总

在 Excel 2010 中，分类汇总是对数据进行数据分析的一种方式，分类汇总对数据中指定的字段进行分类，然后进行相关的数据汇总。

10.3.1 分类汇总规则

在 Excel 2010 中，不是所有的数据表格都可以进行分类汇总的。一般来说，要进行分类汇总的数据表格应该满足以下 4 个条件。

- 分类汇总的关键字段一般是文本字段，并且该字段中具有多个相同字段值的记录，如“部门”字段中就有多个设计部门、市场部门、销售部门的记录。
- 在对表格进行分类汇总之前，必须将表格按分类汇总的字段进行排序，将相同字段类型的记录排列在一起。
- 在对表格进行分类汇总时，汇总的关键字段要与排序的关键字段一致。
- 在“选定汇总项”时，一般选择数值字段，如“工资”、“销售额”及“单价”等。

10.3.2 创建分类汇总

在 Excel 2010 中，创建分类汇总就是对数据表格中的字段进行一种计算方式的汇总，下面介绍创建分类汇总的操作方法。

素材文件	第 10 章\10-50.xlsx	效果文件	第 10 章\10-56.xlsx

STEP 01 打开文件

打开一个 Excel 文件，如下图所示。

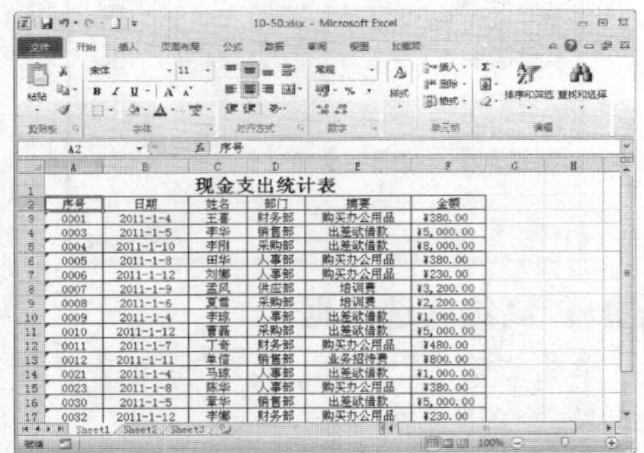

STEP 02 单击“升序”按钮

选择“部门”单元格，单击“数据”选项卡，进入“数据”功能面板，在“排序和筛选”选项区中单击“升序”按钮，如下图所示。

专家指点

选择单元格，单击鼠标右键，在弹出的快捷菜单中选择“排序”|“升序”选项，也可升序排列数据。

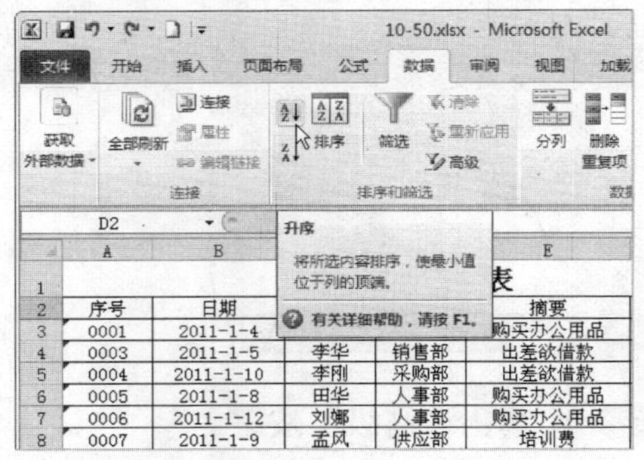

STEP 03 升序排列数据

即可升序排列数据，如下图所示。

	A	B	C	D	E
1	现金支出统计表				
2	序号	日期	姓名	部门	摘要
3	0001	2011-1-4	王喜	财务部	购买办公用品
4	0011	2011-1-7	丁奇	财务部	购买办公用品
5	0032	2011-1-12	李娜	财务部	购买办公用品
6	0035	2011-1-7	丽奇	财务部	购买办公用品
7	0004	2011-1-10	李刚	采购部	出差欲借款
8	0008	2011-1-6	夏雪	采购部	培训费
9	0010	2011-1-12	曹磊	采购部	出差欲借款
10	0007	2011-1-9	孟风	供应部	培训费
11	0005	2011-1-8	田华	人事部	购买办公用品
12	0006	2011-1-12	刘娜	人事部	购买办公用品
13	0009	2011-1-4	李琼	人事部	出差欲借款
14	0021	2011-1-4	马琼	人事部	出差欲借款
15	0023	2011-1-8	陈华	人事部	购买办公用品
16	0003	2011-1-5	李华	销售部	出差欲借款
17	0012	2011-1-11	单信	销售部	业务招待费

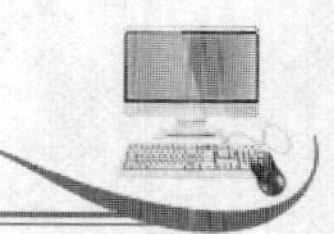

STEP 04 **单击“分类汇总”按钮**

在“分级显示”选项区中单击“分类汇总”按钮，如下图所示。

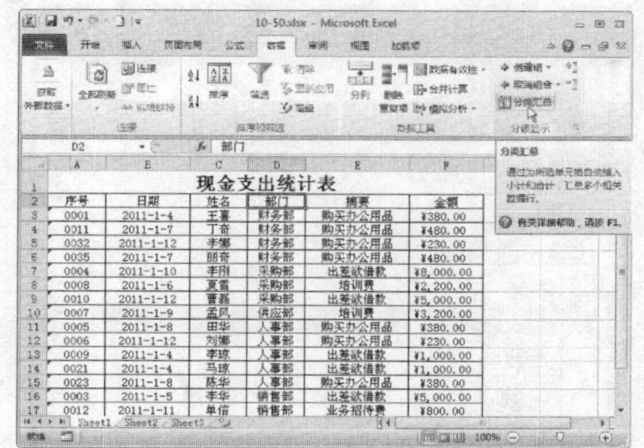

STEP 05 **弹出“分类汇总”对话框**

弹出“分类汇总”对话框，如下图所示。

STEP 06 **设置相应的选项**

在该对话框中设置所需的条件选项，如下图所示。

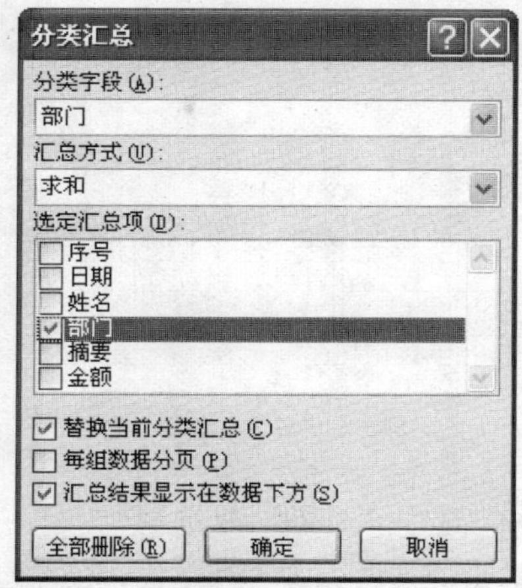

STEP 07 **分类汇总数据**

单击“确定”按钮，即可完成分类汇总，如下图所示。

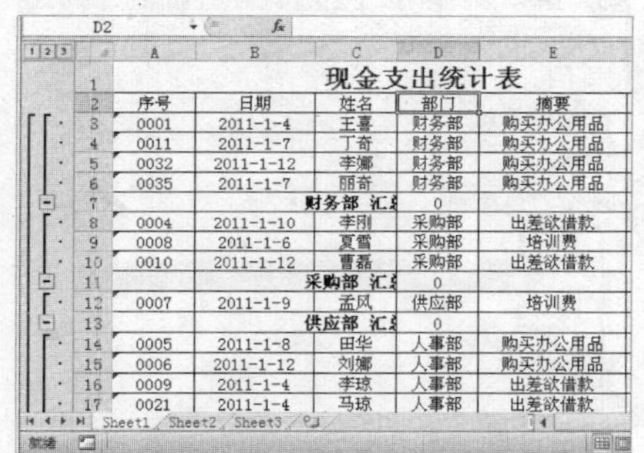

10.3.3 嵌套分类汇总

在 Excel 2010 中，嵌套汇总可以对表格中的某一关键字段进行不同汇总方式的汇总。

素材文件	第 10 章\10-56.xlsx	效果文件	第 10 章\10-62.xlsx

STEP 01 **打开文件**

打开一个 Excel 文件，如下图所示。

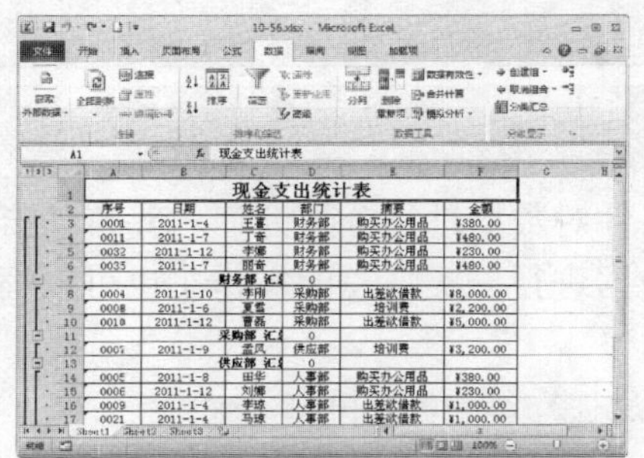

STEP 02 **选择单元格**

选择任意一个单元格，如下图所示。

STEP 03 单击“分类汇总”按钮

在“分级显示”选项区中单击“分类汇总”按钮，如下图所示。

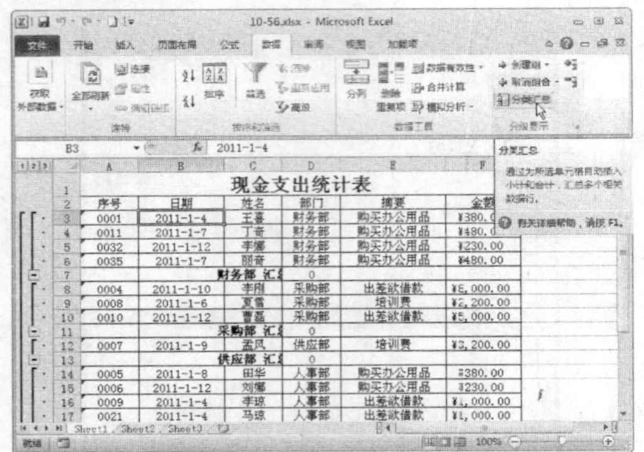

STEP 04 选中“日期”复选框

弹出“分类汇总”对话框，在“选定汇总项”列表框中选中“日期”复选框，如下图所示。

STEP 05 取消选择相应复选框

取消选择“替换当前分类汇总”复选框，如下图所示。

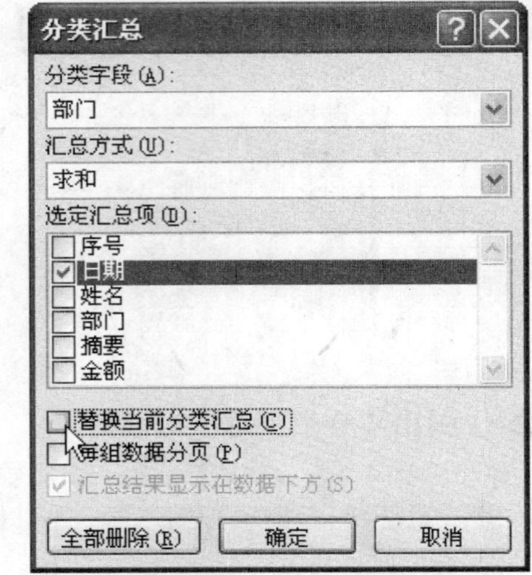

STEP 06 嵌套汇总数据

单击“确定”按钮，即可得到嵌套汇总的结果，如下图所示。

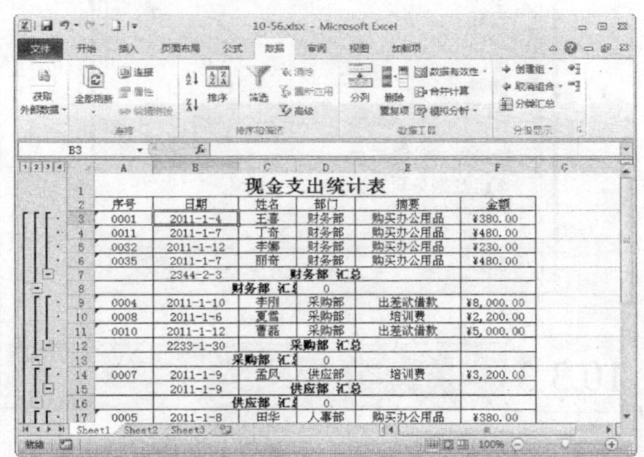

专家指点

在 Excel 2010 中，用户还可以多次对工作表进行不同汇总方式的嵌套分类汇总，但必须在“分类汇总”对话框中取消选中“替换当前分类汇总”复选框，如果不取消选中该复选框，则每次分类汇总只能在表格中显示一种汇总方式。

10.3.4 分级显示数据

在进行分类汇总后，系统将按照分类汇总的条件对数据进行分组处理，并自动给数据添加分级显示标志。在 Excel 2010 中，即使不对数据进行分类汇总的操作，也可以根据需要对数据进行分组处理，使其分级显示。

素材文件	第 10 章\10-63.xlsx	效果文件	第 10 章\10-68.xlsx

STEP 01 打开文件

打开一个 Excel 文件，如下图所示。

STEP 02 选择数据区域

在工作表中选择需要分级显示的数据区域，如下图所示。

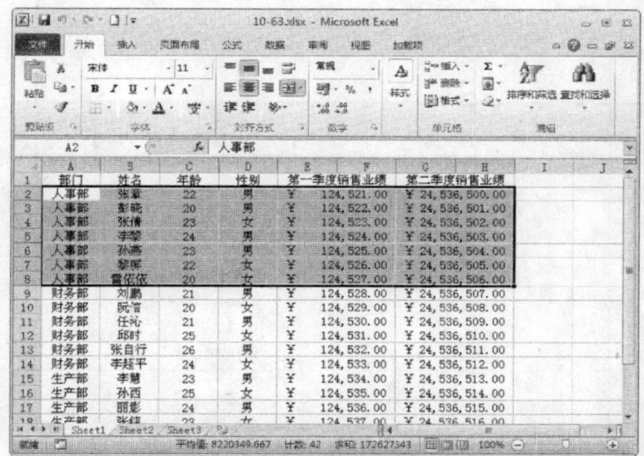

STEP 03 选择“创建组”选项

单击“数据”选项卡，进入“数据”功能面板，在“分级显示”选项区中单击“创建组”下方的下三角按钮，在弹出的下拉列表中选择“创建组”选项，如下图所示。

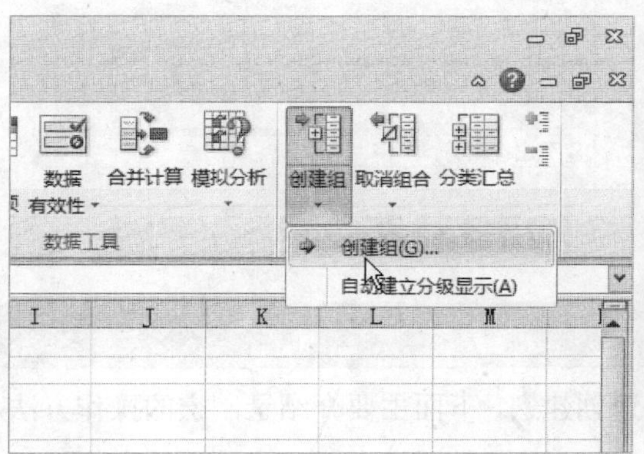

STEP 04 选中“行”单选按钮

弹出“创建组”对话框，选中“行”单选按钮，如下图所示。

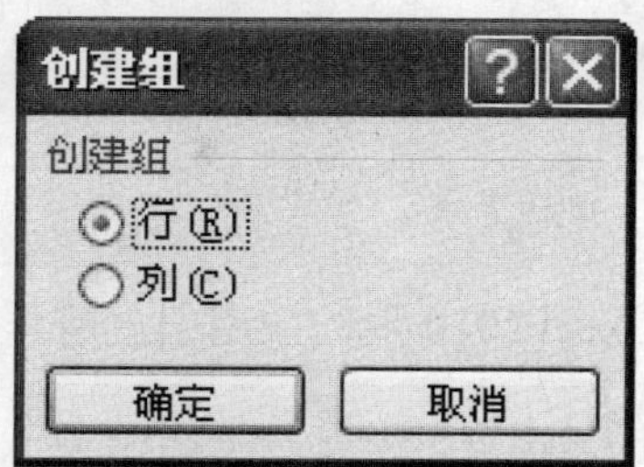

STEP 05 创建组对象

单击“确定”按钮，即可将选择的数据区域创建组，如下图所示。

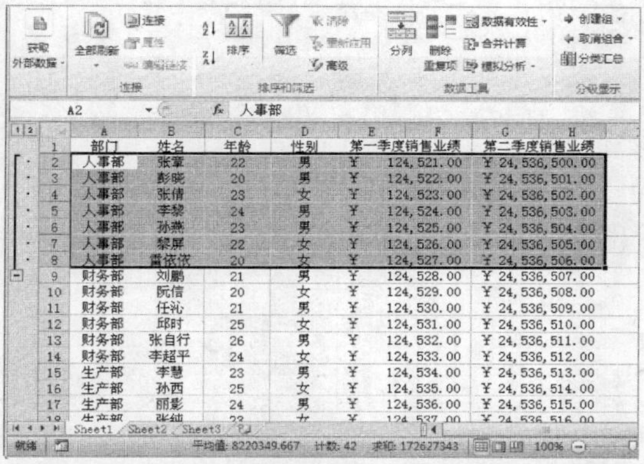

专家指点

在 Excel 2010 中，按【Shift + Alt + 向右键】组合键，也可以对选择的单元格数据进行组合。

STEP 06 隐藏数据区域

单击工作表左侧的分级显示按钮 - ，即可将组合的数据区域隐藏，如下图所示。

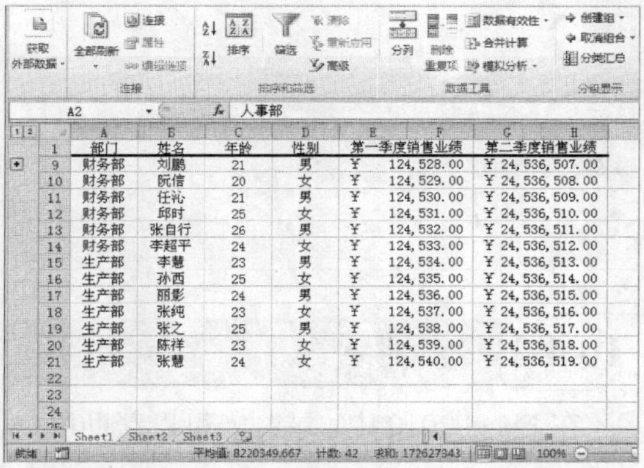

10.4 应用宏

宏是指将一系列的命令组合在一起执行的命令。应用宏可以使任务自动化，使日常繁琐的工作变得简单快捷，本节将以一个实例介绍应用宏的操作方法。

10.4.1 设置宏

在 Excel 2010 中，应用宏之前，首先要对 Excel 工作表进行相应的设置，下面介绍设置宏的操作方法。

素材文件	第 10 章\10-69.xlsx	效果文件	无

STEP 01 打开文件

打开一个 Excel 文件，如下图所示。

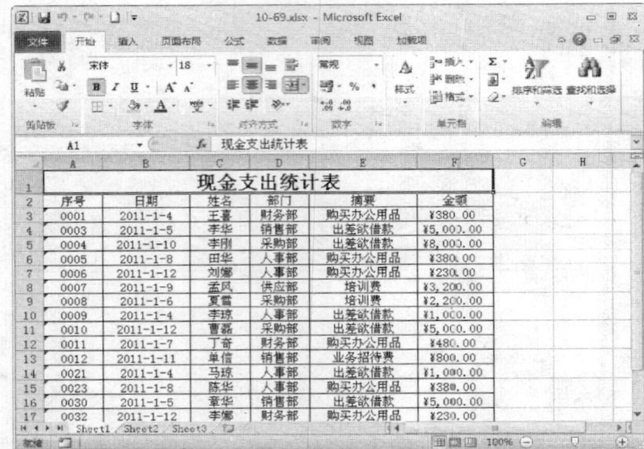

STEP 02 单击“选项”按钮

单击“文件”选项卡，在“文件”菜单中单击“选项”按钮，如下图所示。

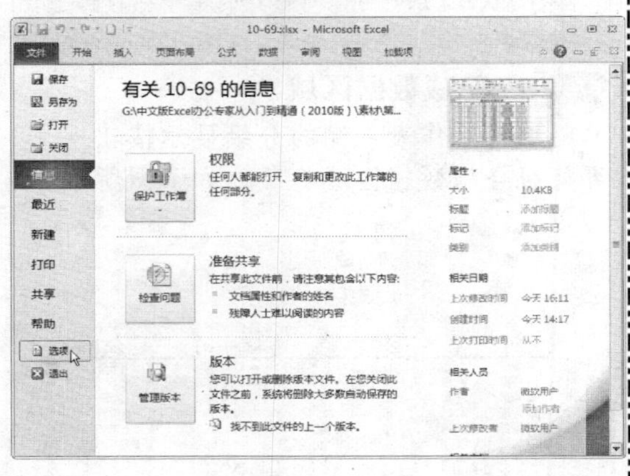

STEP 03 选中“开发工具”复选框

弹出“Excel 选项”对话框，切换至“自定义功能区”选项卡，在“主选项卡”列表框中选中“开发工具”复选框，如下图所示。

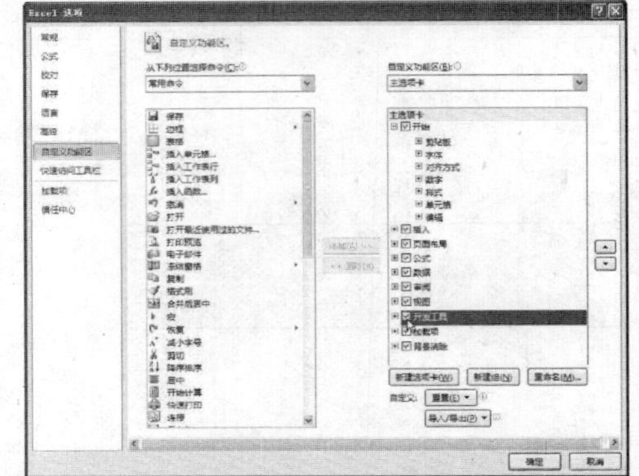

STEP 04 显示“开发工具”标签

单击“确定”按钮，即可在功能面板中显示“开发工具”选项卡，如下图所示。

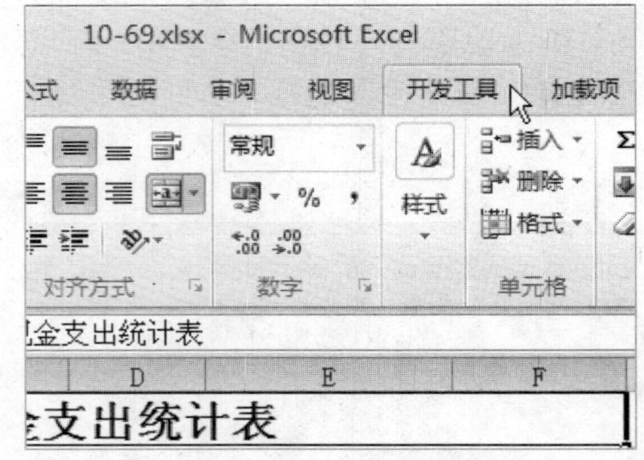

10.4.2 录制宏

在 Excel 2010 中，录制宏可以帮助用户快速创建宏，下面主要介绍录制宏的操作方法。

STEP 01　单击“录制宏”按钮

单击“开发工具”选项卡，进入“开发工具”功能面板，在“代码”选项区中单击“录制宏”按钮，如下图所示。

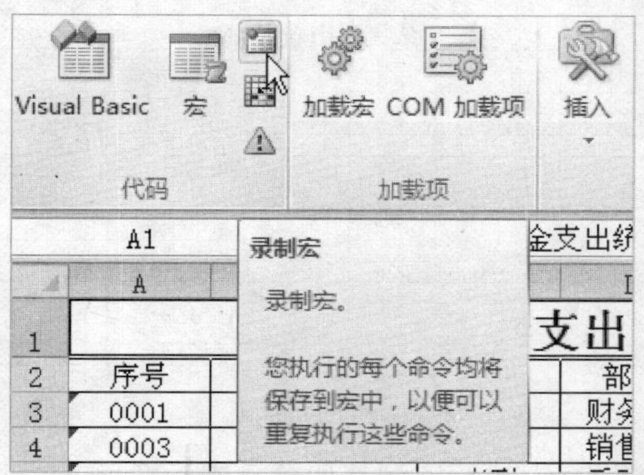

STEP 02　弹出“录制新宏”对话框

即可弹出“录制新宏”对话框，如下图所示。

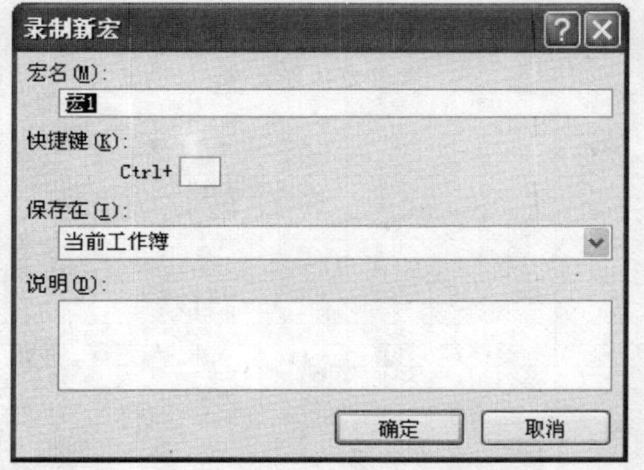

STEP 03　设置相应选项

在其中设置“宏名”为“人事部”、“快捷键”为 Ctrl + p，如下图所示。

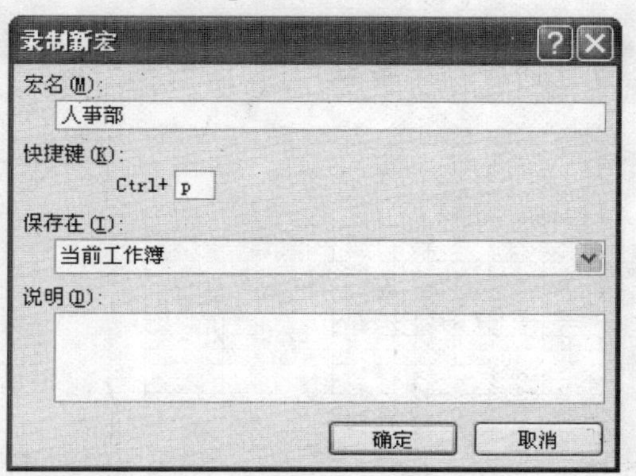

STEP 04　单击“停止录制”按钮

单击“确定”按钮，即可开始录制宏，录制完成后，单击“停止录制”按钮（如下图所示），即可完成对宏的录制。

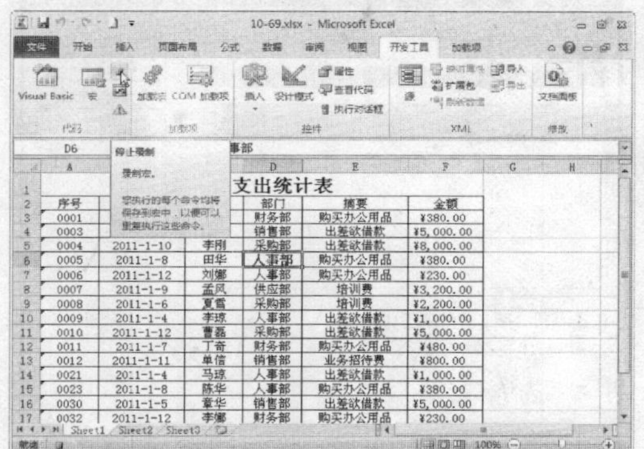

10.4.3　执行宏

在 Excel 2010 中，录制完宏后，用户可以根据需要将宏执行到其他的单元格。

STEP 01　选择单元格

选择单元格，如下图所示。

STEP 02　单击“开发工具”标签

单击“开发工具”选项卡，如下图所示。

STEP 03 单击“宏”按钮

进入“开发工具”功能面板，在“代码”选项区中单击“宏”按钮，如下图所示。

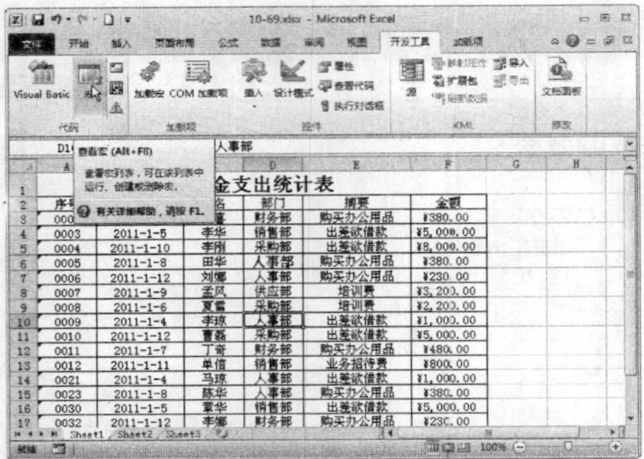

STEP 04 单击“执行”按钮

弹出“宏”对话框，单击“执行”按钮，如下图所示。

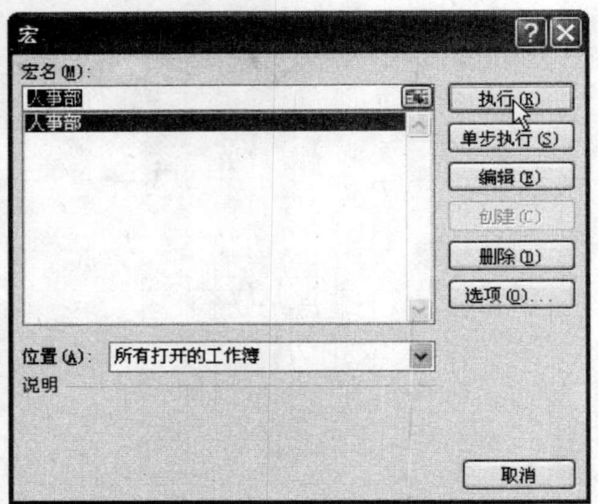

STEP 05 执行宏

执行操作后，即可将宏运用到选择的单元格中，如下图所示。

D10 fx 人事部

现金支出统计表

序号	日期	姓名	部门	摘要	金额
0001	2011-1-4	王喜	财务部	购买办公用品	¥380.00
0003	2011-1-5	李华	销售部	出差欲借款	¥5,000.00
0004	2011-1-10	李刚	采购部	出差欲借款	¥8,000.00
0005	2011-1-8	田华	人事部	购买办公用品	¥380.00
0006	2011-1-12	刘娜	人事部	购买办公用品	¥230.00
0007	2011-1-9	孟风	供应部	培训费	¥3,200.00
0008	2011-1-6	夏雪	采购部	培训费	¥2,200.00
0009	2011-1-4	李琼	人事部	出差欲借款	¥1,000.00
0010	2011-1-12	曹磊	采购部	出差欲借款	¥5,000.00
0011	2011-1-7	丁奇	财务部	购买办公用品	¥480.00
0012	2011-1-11	单信	销售部	业务招待费	¥800.00
0021	2011-1-4	马琼	人事部	出差欲借款	¥1,000.00
0023	2011-1-8	陈华	人事部	购买办公用品	¥380.00
0030	2011-1-5	章华	销售部	出差欲借款	¥5,000.00
0032	2011-1-12	李娜	财务部	购买办公用品	¥230.00

Sheet1 Sheet2 Sheet3

STEP 06 执行宏到其他单元格

用与上述相同的方法，将宏应用到其他名称为“人事部”的单元格中，效果如下图所示。

D15 fx 人事部

现金支出统计表

序号	日期	姓名	部门	摘要	金额
0001	2011-1-4	王喜	财务部	购买办公用品	¥380.00
0003	2011-1-5	李华	销售部	出差欲借款	¥5,000.00
0004	2011-1-10	李刚	采购部	出差欲借款	¥8,000.00
0005	2011-1-8	田华	人事部	购买办公用品	¥380.00
0006	2011-1-12	刘娜	人事部	购买办公用品	¥230.00
0007	2011-1-9	孟风	供应部	培训费	¥3,200.00
0008	2011-1-6	夏雪	采购部	培训费	¥2,200.00
0009	2011-1-4	李琼	人事部	出差欲借款	¥1,000.00
0010	2011-1-12	曹磊	采购部	出差欲借款	¥5,000.00
0011	2011-1-7	丁奇	财务部	购买办公用品	¥480.00
0012	2011-1-11	单信	销售部	业务招待费	¥800.00
0021	2011-1-4	马琼	人事部	出差欲借款	¥1,000.00
0023	2011-1-8	陈华	人事部	购买办公用品	¥380.00
0030	2011-1-5	章华	销售部	出差欲借款	¥5,000.00
0032	2011-1-12	李娜	财务部	购买办公用品	¥230.00

Sheet1 Sheet2 Sheet3

专家指点

在 Excel 2010 中，用户除了可以通过单击“宏”对话框中的“执行”按钮来执行宏外，还可以使用设置的快捷键【Ctrl+p】来快速执行宏。

10.4.4 编辑宏

宏的使用方便了工作表的编辑工作，Excel 2010 允许用户对宏进行修改和删除，并且还能使用 VBA 语言对其进行编辑。

录制的宏实际上是一段 VBA 代码。许多复杂的宏，如用到循环语句的宏便无法录制，为了提高录制宏的功能，就需要修改录制到模板中的宏的代码。在使用 VBA 语言编辑宏代码时，需要了解一些 VBA 的基本语言，在编辑时才不会出错，下面主要介绍编辑宏的操作方法。

素材文件	无	效果文件	第 10 章\10-84.xlsx

STEP 01 弹出“宏”对话框

按【Alt+F8】组合键，弹出“宏”对话框，单击“编辑”按钮，如下图所示。

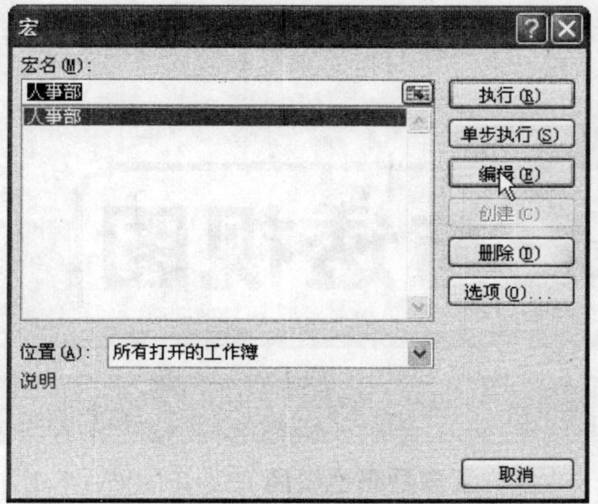

STEP 02 单击“开发工具”标签

即会弹出 Microsoft Visual Basic for Applications 对话框，如下图所示，用户可以在该对话框中对录制的宏的代码进行相应的编辑。

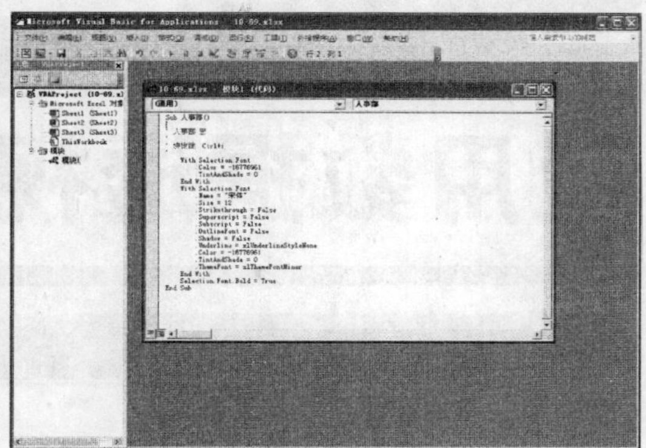

读书笔记

Chapter 11

章前知识导读

在Excel 2010中，系统为用户提供了一种极为简单且实用的数据分析工具，即数据透视图表。用户通过该图表能够方便地查看工作表中的数据信息，更好地对表格数据进行分析和管理。

使用数据透视表与透视图

重点知识索引

- 了解数据透视表的基本概念
- 创建数据透视表
- 编辑数据透视表
- 创建数据透视图
- 编辑数据透视图

效果图片欣赏

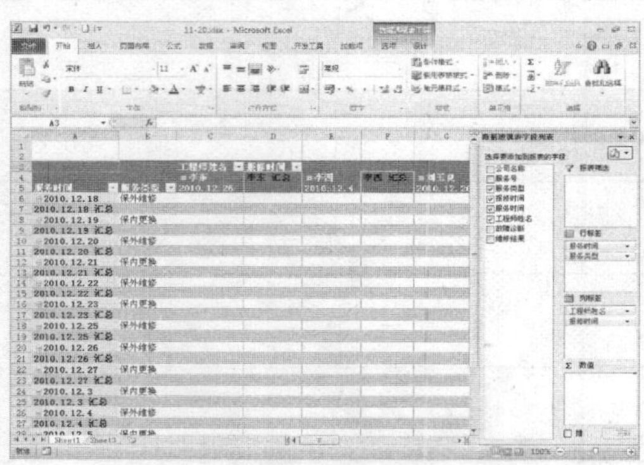

调整透视表排序

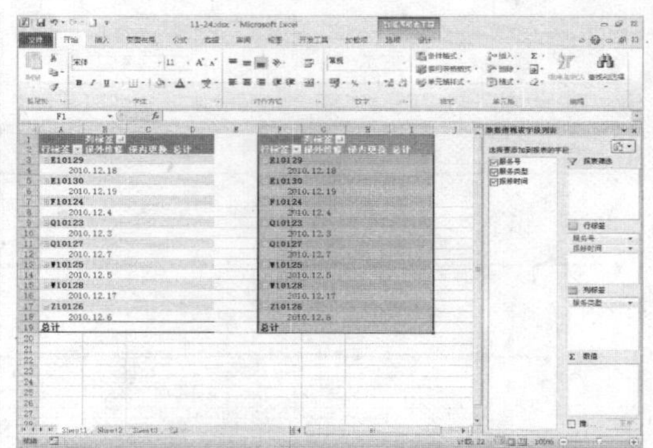

复制数据透视表

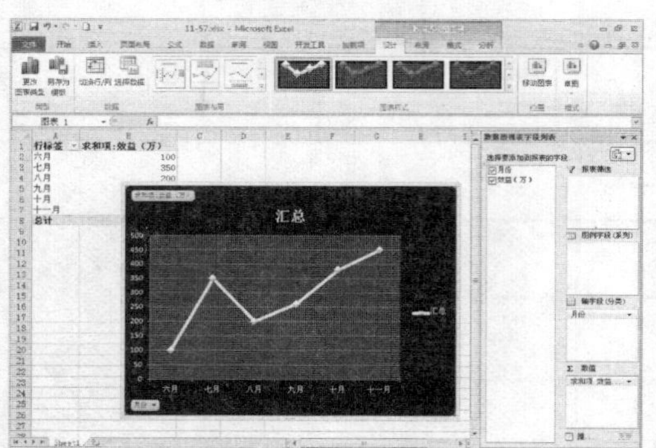

更改数据透视图类型

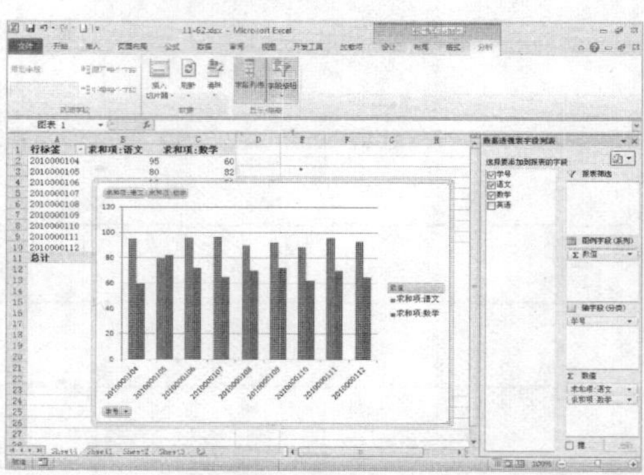

刷新数据透视图

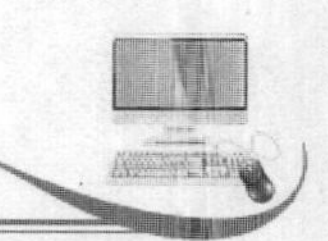

11.1 了解数据透视表的基本概念

在 Excel 2010 中，数据透视表是一种交互式的数据报表，通过它可以快速比较、汇总大量的数据，同时还可以通过筛选其中的页、行与列中的不同数据元素，来查看源数据的不同统计结果。

数据透视表是在表格中已有数据的基础上创建的，在学习数据透视表的创建与编辑之前，有必要先了解数据透视表的一些基本概念。

- 源数据：源数据为数据透视表提供数据的基础行或数据库记录，可以从 Excel 的数据清单、外部工作表或其他数据透视表来创建数据透视表。
- 字段：字段是从源列表或数据库中的字段衍生的数据的分类。
- 汇总函数：汇总函数是用来对数据字段中的值进行合并的函数类型，数据透视表通常为包含数字的数据字段使用 SUM 函数，而为包含文本的数据字段使用 COUNT 函数，也可以选择其他汇总函数，如 AVERAGE、MAX、PRODUCT 等。
- 刷新：刷新是使用源列表或数据库的最新数据来更新当前数据透视表的操作。
- 字段列表：在字段列表中，列出源数据中可以提供数据透视表使用的所有字段，将字段列表中的字段拖动到相应的区域，即可在数据透视表中显示该字段的数据。
- 字段下拉列表：在字段下拉列表中显示可以选择的项，如果字段按明细数据的级别组织，可单击“＋”或“－”以显示不同的级别。

11.2 创建数据透视表

数据透视表是一种使用范围很广的分析性报告工具，它能对大量数据进行快速汇总并建立交叉列表，使用数据透视表可以汇总、分析、浏览和提供摘要数据。

11.2.1 使用向导创建数据透视表

在 Excel 2010 中，可以使用向导创建数据透视表。

素材文件	第 11 章\11-1.xlsx	效果文件	第 11 章\11-7.xlsx

STEP 01 打开文件

打开一个 Excel 文件，如下图所示。

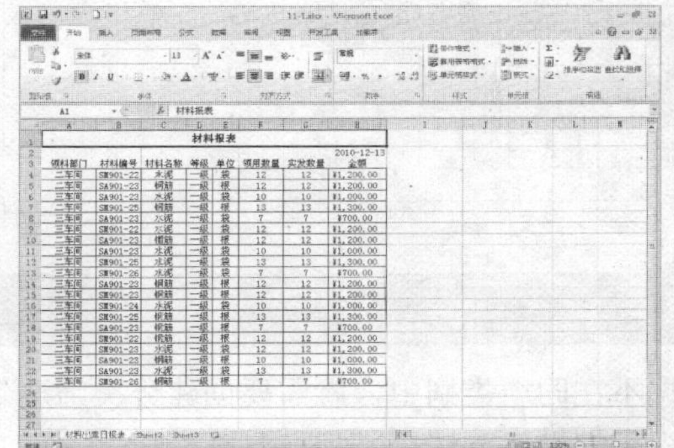

STEP 02 选择单元格

在工作表中选择单元格，如下图所示。

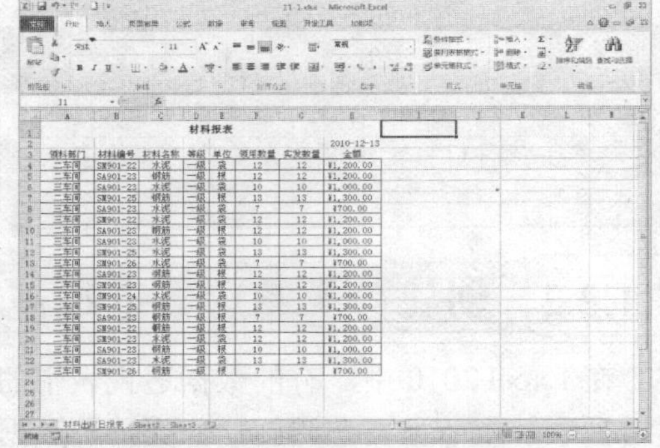

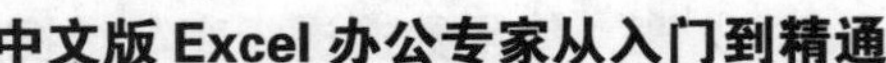

STEP 03 选择“数据透视表”选项

单击“插入”选项卡，进入“插入”功能面板，在“表格”选项区中单击“数据透视表”右下角的下三角按钮，在弹出的下拉列表中选择“数据透视表”选项，如下图所示。

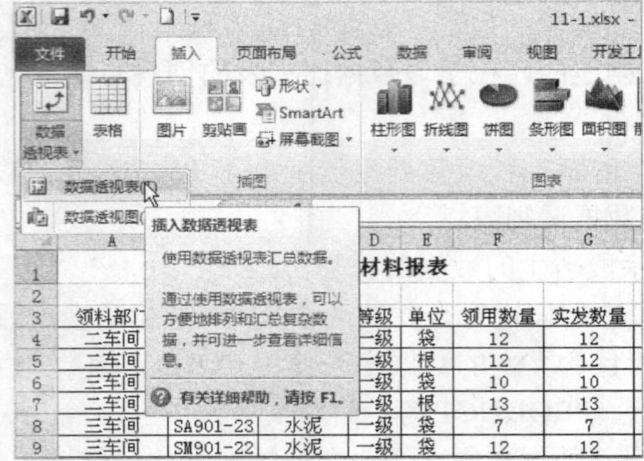

STEP 04 弹出相应对话框

即会弹出“创建数据透视表”对话框，如下图所示。

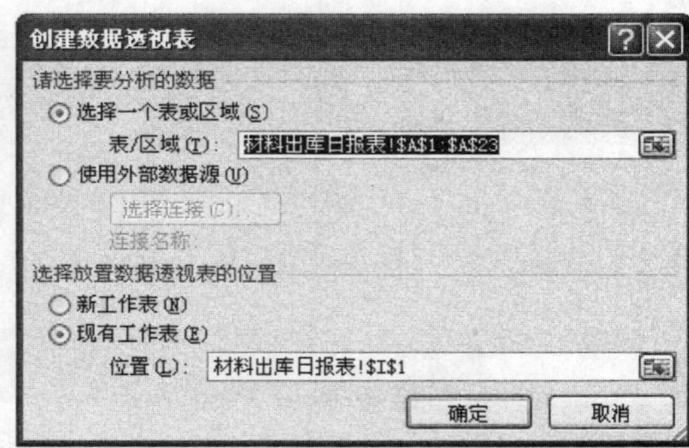

STEP 05 输入数据区域

在“选择一个表或区域”单选按钮下方的“表/区域”文本框中输入数据区域，如下图所示。

专家指点

除了在文本框中输入数据区域外，还可以单击“引用”按钮，在工作表中选择数据区域。

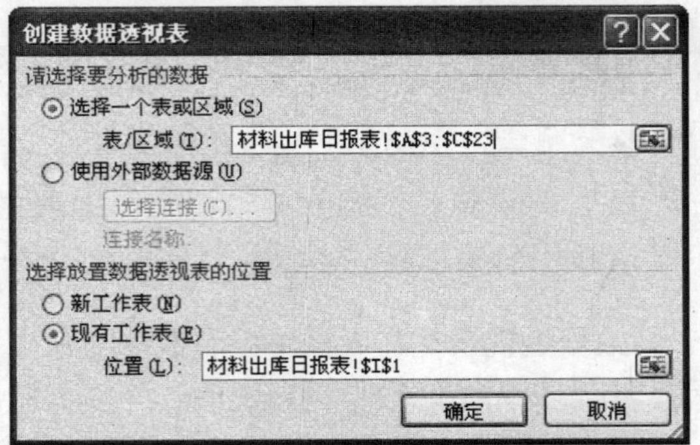

STEP 06 创建数据透视表

单击“确定”按钮，即可创建数据透视表，如下图所示。

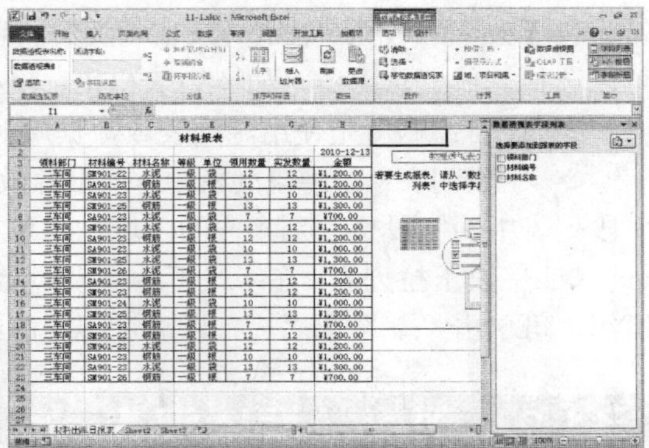

STEP 07 创建相关数据的透视表

在“数据透视表字段列表”中选中相应的复选框（如下图所示），创建相关数据的透视表。

11.2.2 创建分类筛选数据透视表

在 Excel 2010 中，有的数据透视表中的数据不在同一类别中，就需要创建分类筛选数据透视表，本节主要介绍创建分类筛选数据透视表的操作方法。

素材文件	第 11 章\11-7.xlsx	效果文件	第 11 章\11-11.xlsx

STEP 01 单击下三角按钮

打开一个 Excel 文件，单击数据透视表中“行标签”右侧的下三角按钮，如下图所示。

STEP 02 取消选中“全选”复选框

在弹出的选项板中取消选中“全选”复选框，如下图所示。

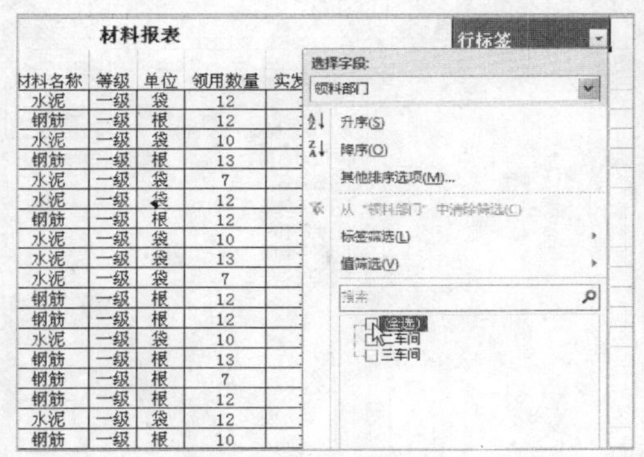

STEP 03 选中“三车间”复选框

选中“三车间”复选框，如下图所示。

STEP 04 创建分类数据透视表

单击“确定”按钮，即可创建分类筛选数据透视表，如下图所示。

F	G	H	I
			行标签
		2010-12-13	⊟三车间
领用数量	实发数量	金额	⊟SA901-23
12	12	¥1,200.00	钢筋
12	12	¥1,200.00	水泥
10	10	¥1,000.00	⊟SM901-22
13	13	¥1,300.00	水泥
7	7	¥700.00	⊟SM901-24
12	12	¥1,200.00	水泥
12	12	¥1,200.00	⊟SM901-26
10	10	¥1,000.00	钢筋
13	13	¥1,300.00	水泥
7	7	¥700.00	总计
12	12	¥1,200.00	
12	12	¥1,200.00	

专家指点

在 Excel 2010 中，用户可以根据需要同时创建多个分类筛选数据透视表，其方法与创建向导数据透视表的方法基本相同。

11.3 编辑数据透视表

在创建好的数据透视表中还可以根据实际需要修改数据透视表，从而编辑出更符合实际需求的数据透视表。

11.3.1 更改数据透视表布局

在 Excel 2010 中更改数据透视表的布局，可以通过拖动字段按钮或字段标题，直接更改数据透视表的布局，也可以使用数据透视表向导来更改布局，下面主要介绍更改数据透视表布局的操作方法。

素材文件	第 11 章\11-12.xlsx	效果文件	第 11 章\11-19.xlsx

STEP 01 进入“插入”功能面板

打开一个 Excel 文件，选择需要插入数据透视表的单元格，单击“插入”选项卡，进入“插入”功能面板，如下图所示。

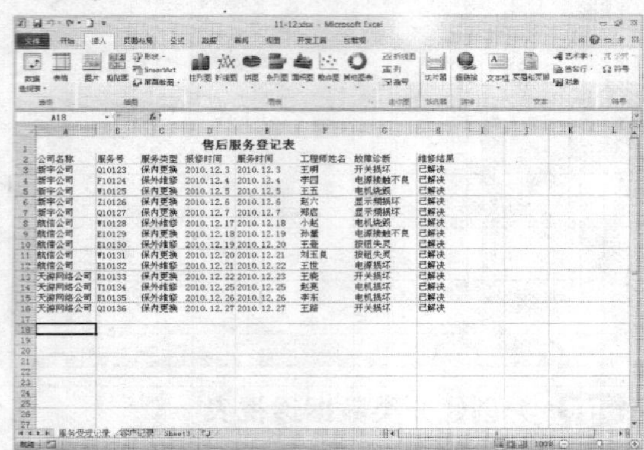

STEP 02 选择“数据透视表”选项

在“表格”选项区中单击“数据透视表”右下角的下三角按钮，弹出的下拉列表，选择“数据透视表”选项，如下图所示。

STEP 03 设置相应参数

在弹出“创建数据透视表”对话框中设置所需的参数，如下图所示。

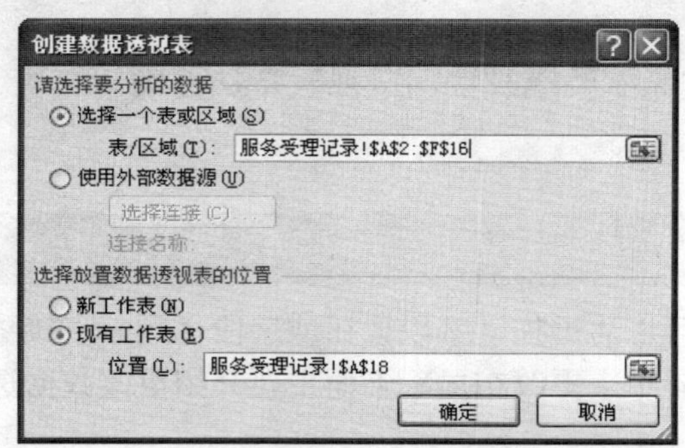

STEP 04 插入数据透视表

单击“确定”按钮，即可在选择的单元格位置插入数据透视表，如下图所示。

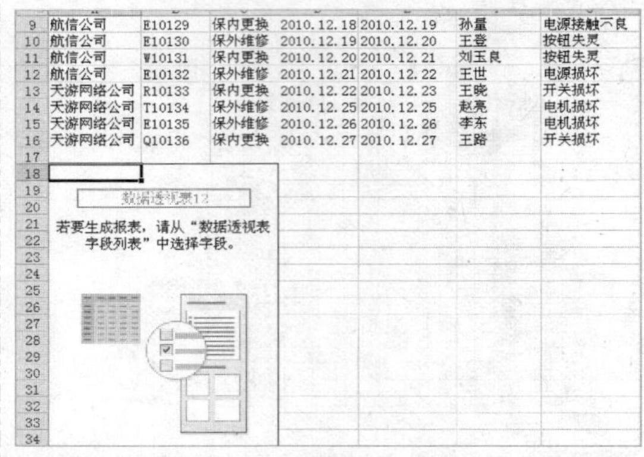

STEP 05 选中相应复选框

在“数据透视表字段列表”中，选中相应的复选框，如下图所示。

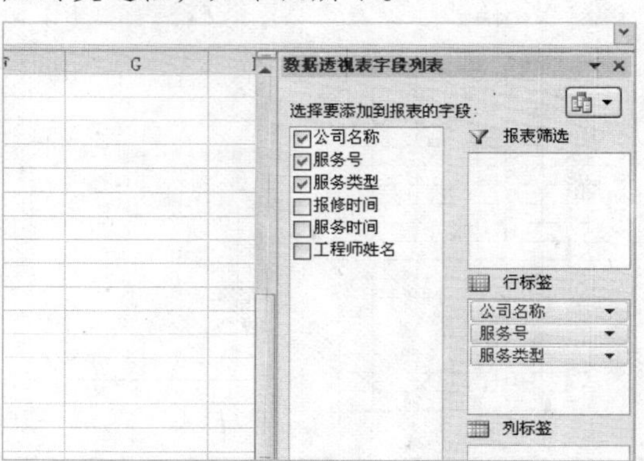

STEP 06 进入“设计”功能面板

在“数据透视表工具”中单击“设计”选项卡，进入“设计”功能面板，如下图所示。

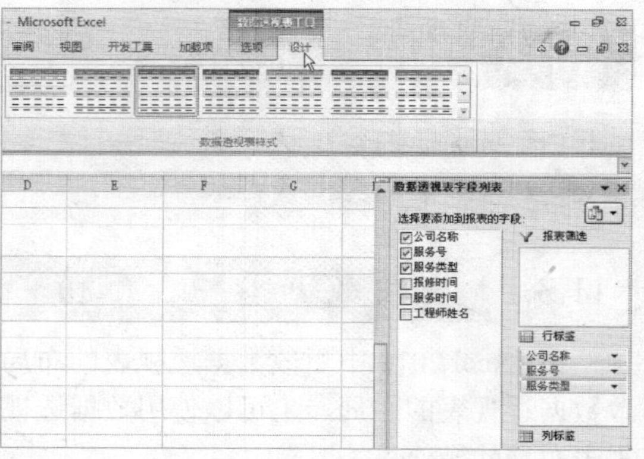

STEP 07 **设置相应选项**

在“布局”选项区中设置“报表布局”为“以表格形式显示”，如下图所示。

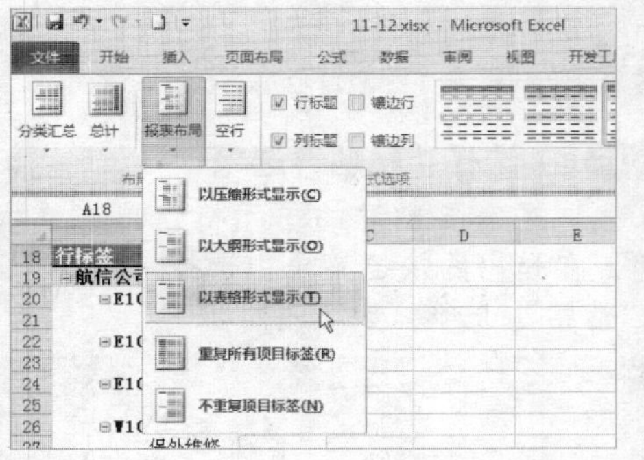

STEP 08 **更改数据透视表的布局**

执行操作后，即可更改数据透视表的布局，如下图所示。

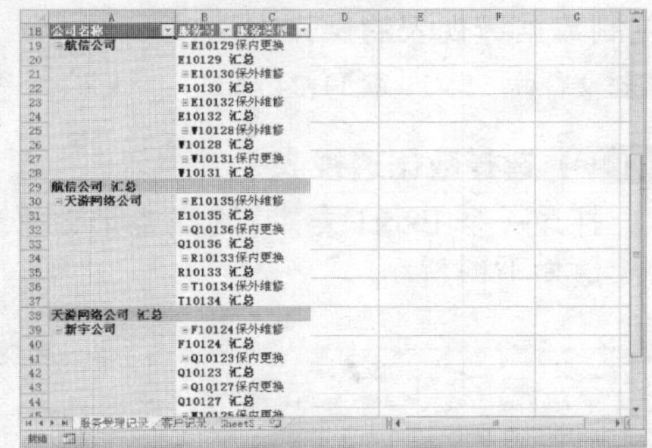

11.3.2 调整透视表排序

在 Excel 2010 中，数据透视表自动创建的顺序有时并不能满足实际需求，此时可以调整透视表的排序。

素材文件	第 11 章\11-20.xlsx	效果文件	第 11 章\11-23.xlsx

STEP 01 **打开文件**

打开一个 Excel 文件，如下图所示。

STEP 02 **选择数据透视表**

选择数据透视表，如下图所示。

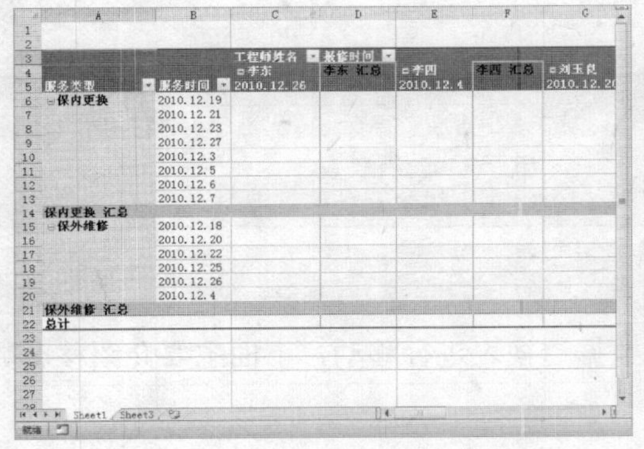

STEP 03 **选择“下移”选项**

在“数据透视表字段列表”的“行标签”列表中单击“服务类型”按钮，在弹出的下拉列表中选择“下移”选项，如下图所示。

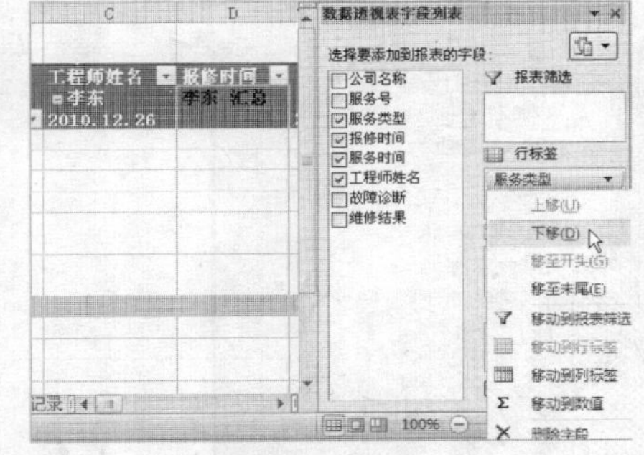

STEP 04 **调整透视表的排序**

即可调整透视表的排序，如下图所示。

11.3.3 复制数据透视表

在 Excel 2010 中编辑数据透视表时，常常要对数据透视表进行复制操作，下面主要介绍复制数据透视表的操作方法。

素材文件	第 11 章\11-24.xlsx	效果文件	第 11 章\11-27.xlsx

STEP 01 选择数据透视表

打开一个 Excel 文件，选择整个数据透视表，如下图所示。

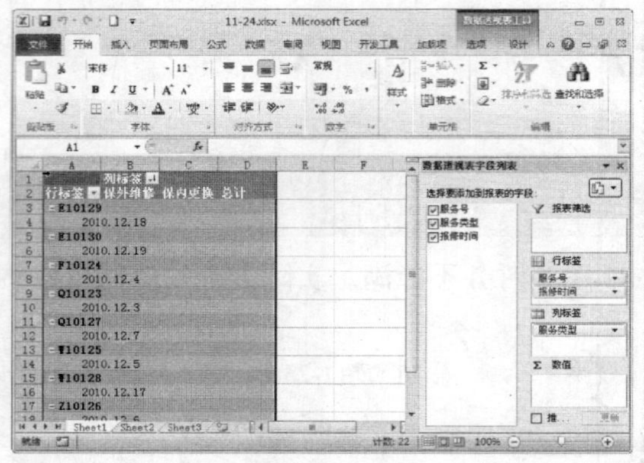

STEP 02 选择“复制”选项

单击鼠标右键，在弹出的快捷菜单中选择“复制”选项，如下图所示。

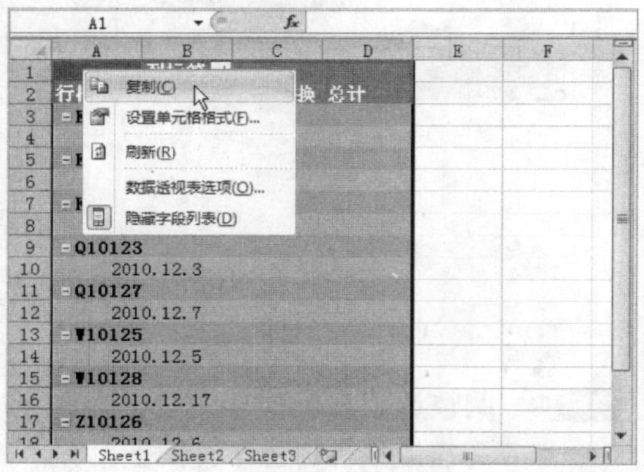

STEP 03 选择“粘贴”选项

选择需要粘贴的单元格，单击鼠标右键，在弹出的快捷菜单中选择“粘贴选项”|“粘贴”选项，如下图所示。

STEP 04 复制数据透视表

按【Enter】键确认，即可完成对数据表透视表的复制，如下图所示。

专家指点

在 Excel 2010 中，除了使用上述方法复制数据透视表外，还可以选择需要复制的数据透视表，按【Ctrl＋C】组合键复制，然后选择目标单元格，按【Ctrl＋V】组合键粘贴。

11.3.4 移动数据透视表

在 Excel 2010 中，用户还可以根据需要对数据透视表进行移动，下面主要介绍移动数据透视表的操作方法。

素材文件	第 11 章\11-28.xlsx	效果文件	第 11 章\11-33.xlsx

STEP 01 打开文件

打开一个 Excel 文件，如下图所示。

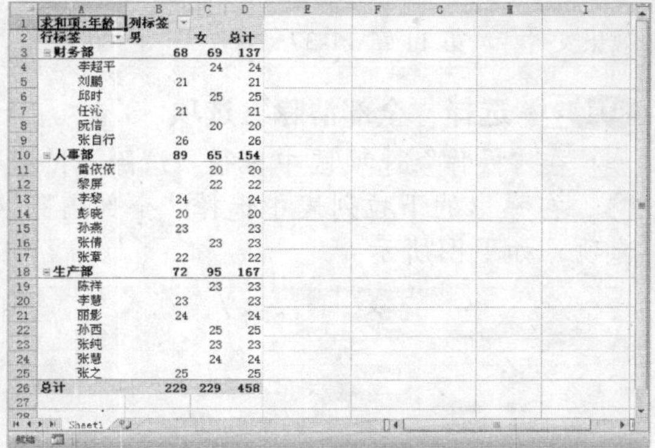

求和项:年龄	列标签		
行标签	男	女	总计
财务部	68	69	137
李超平		24	24
刘鹏	21		21
邱时		25	25
任沁	21		21
阮倩		20	20
张自行	26		26
人事部	89	65	154
雷依依		20	20
黎屏		22	22
李黎	24		24
彭晓	20		20
孙燕	23		23
张倩		23	23
张蕈	22		22
生产部	72	95	167
陈祥		23	23
李慧	23		23
丽影	24		24
孙西		25	25
张纯		23	23
张慧		24	24
张之	25		25
总计	229	229	458

STEP 02 选择数据透视表

选择整个数据透视表，如下图所示。

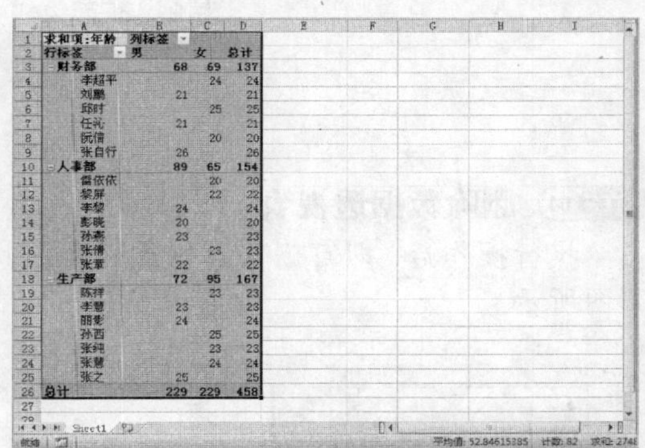

STEP 03 进入“选项”功能面板

在“数据透视表工具”中单击“选项”选项卡，进入“选项”功能面板，如下图所示。

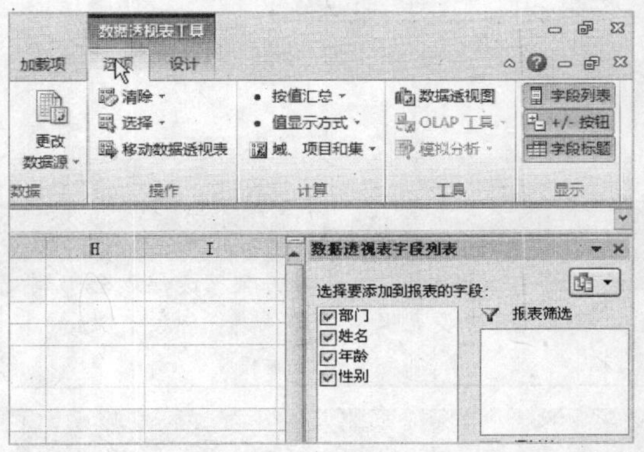

STEP 04 单击“移动数据透视表”按钮

在“操作”选项区中单击“移动数据透视表”按钮，如下图所示。

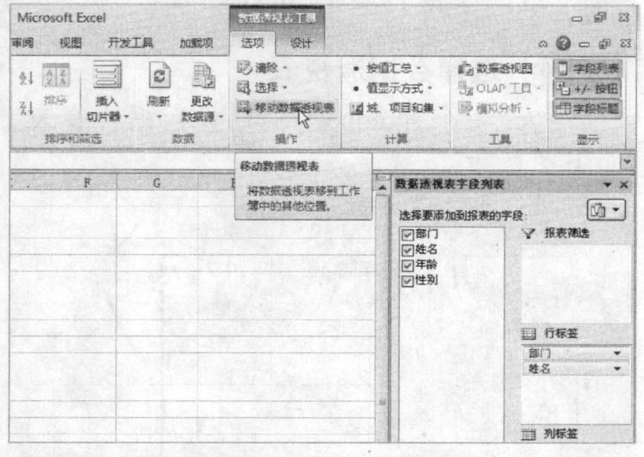

STEP 05 输入单元格数据

弹出“移动数据透视表”对话框，在“位置”后的文本框中输入目标位置的单元格地址，如下图所示。

STEP 06 移动数据透视表

输入完成后，单击“确定”按钮，即可将选择的数据透视表移动至目标单元格位置，如下图所示。

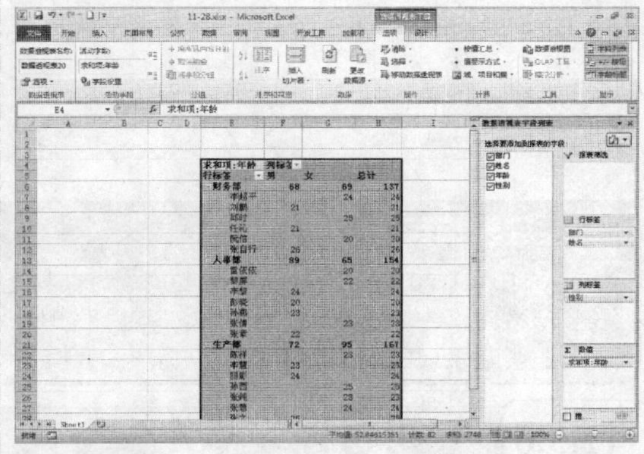

专家指点

在“移动数据透视表”对话框中选中“新工作表”单选按钮，可将数据透视表移至新工作表中。

11.3.5 删除数据透视表

在 Excel 2010 中，用户还可以删除不需要的数据透视表，下面主要介绍删除数据透视表的操作方法。

素材文件	第 11 章\11-34.xlsx	效果文件	第 11 章\11-37.xlsx

STEP 01 选择数据透视表

打开一个 Excel 文件，选择数据透视表，如下图所示。

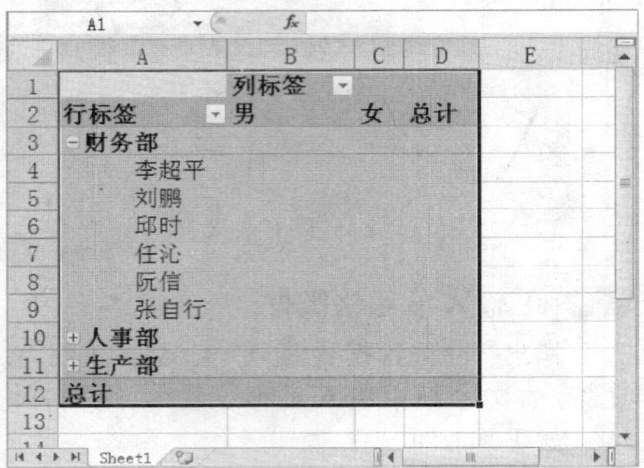

STEP 02 进入"选项"功能面板

在"数据透视表工具"中单击"选项"选项卡，进入"选项"功能面板，如下图所示。

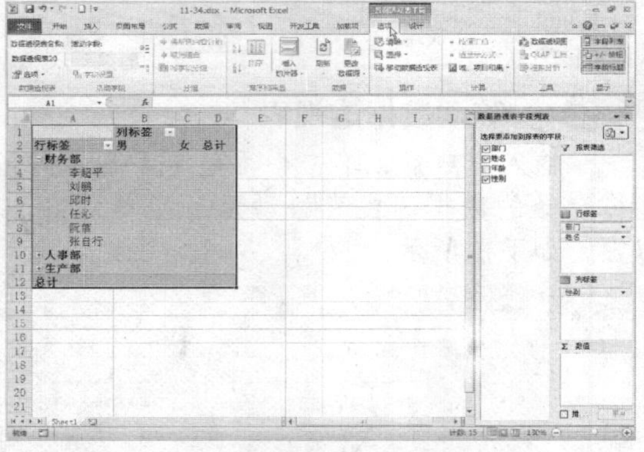

STEP 03 选择"全部清除"选项

在"操作"选项区中单击"清除"按钮，在弹出的下拉列表中选择"全部清除"选项，如下图所示。

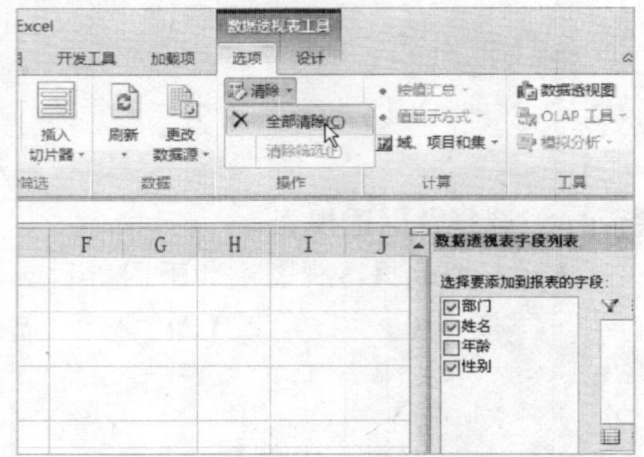

STEP 04 删除数据透视表

执行操作后，即可删除数据透视表，如下图所示。

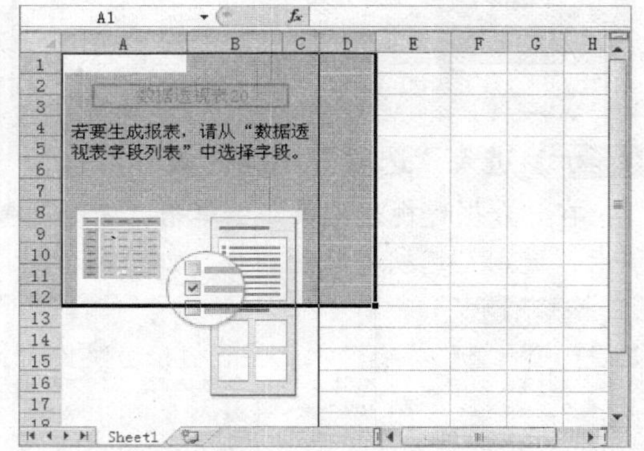

> **专家指点**
>
> 在 Excel 2010 中，若选择需要删除的数据透视表，按【Delete】键，即可将数据透视表全部删除，结果与单击"清除"按钮不同。单击"清除"按钮后，数据透视表保留初始状态，但按【Delete】键后，会将数据透视表彻底删除。

11.3.6 套用透视表样式

在 Excel 2010 中，创建数据透视表默认的样式有时并不能满足实际的工作需要，此时用户可以套用其他的透视表样式，下面主要介绍套用数据透视表样式的操作方法。

素材文件	第 11 章\11-38.xlsx	效果文件	第 11 章\11-43.xlsx

STEP 01　打开文件

打开一个 Excel 文件，如下图所示。

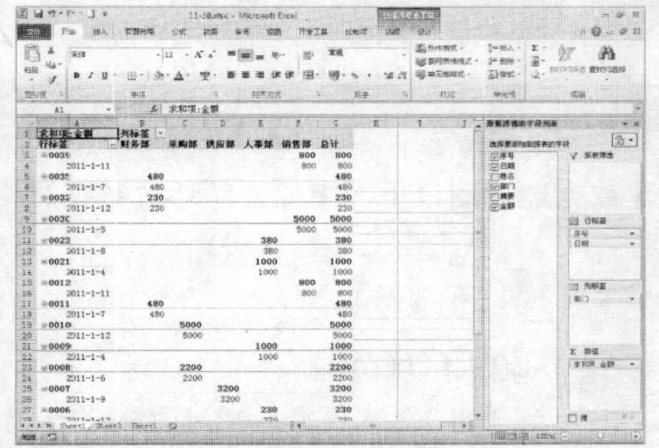

STEP 02　选择数据透视表

选择数据透视表，如下图所示。

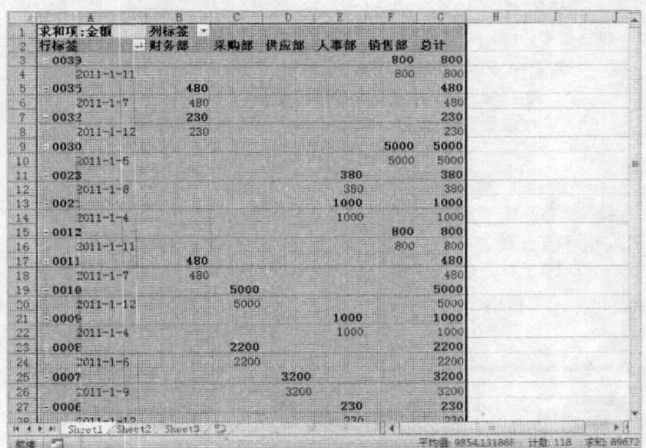

STEP 03　进入“设计”功能面板

在“数据透视表工具”中单击“设计”选项卡，进入“设计”功能面板，如下图所示。

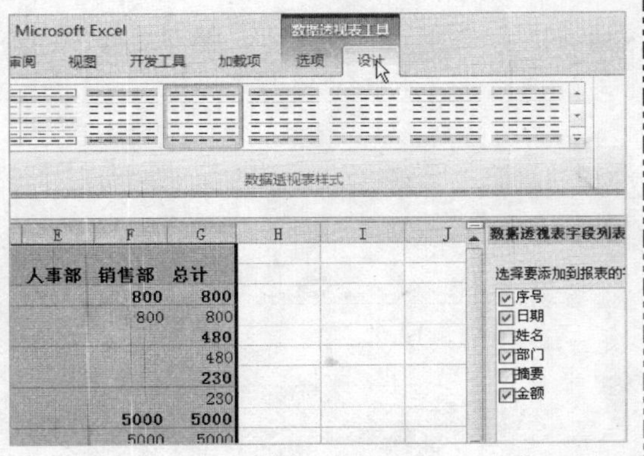

STEP 04　选择样式

在“数据透视表样式”选项区中单击“其他”按钮，在弹出的选项板中选择一种样式，如下图所示。

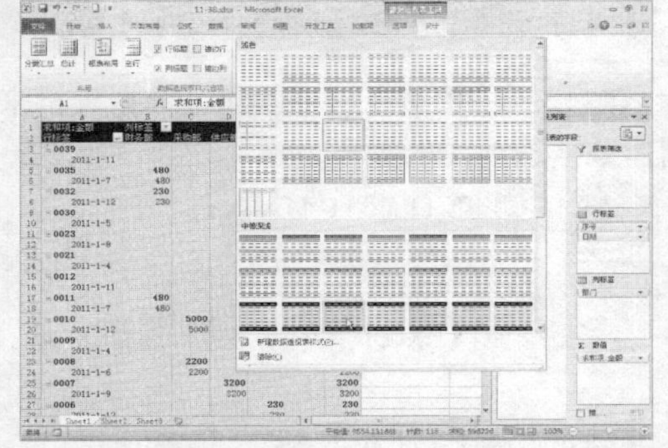

STEP 05　套用透视表样式

即可套用透视表样式，如下图所示。

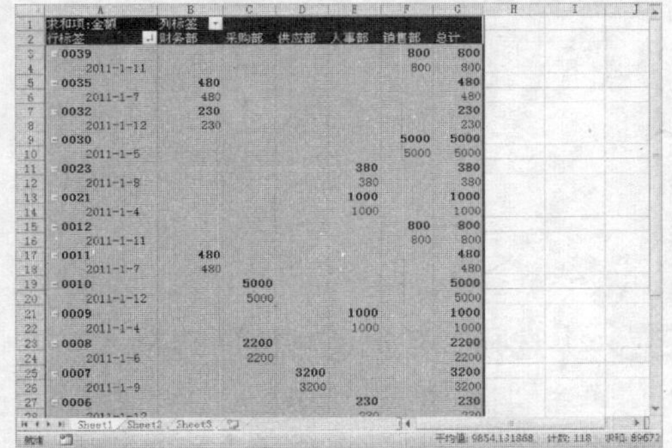

STEP 06　查看套用的数据透视表样式

单击其他单元格，即可查看套用的数据透视表样式，如下图所示。

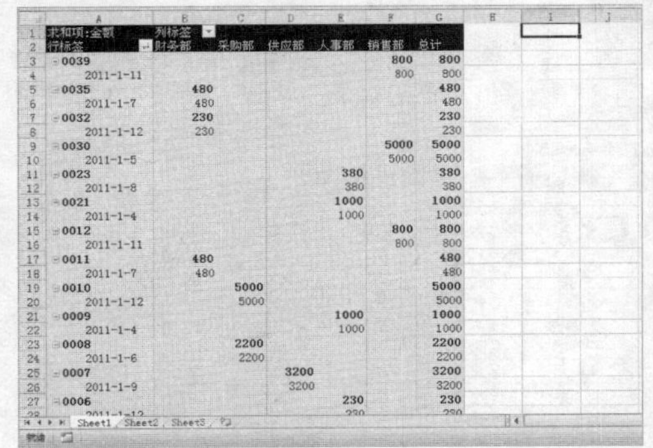

专家指点

在 Excel 2010 中，系统为用户提供了许多数据透视表样式，用户可以根据需要自行选择。

11.4 创建数据透视图

在 Excel 2010 中，数据透视图是数据表格的另外一种统计汇总的表现形式，它是数据透视表和图表的结合，以图形的形式表示数据透视表中的数据。

11.4.1 通过数据表格创建数据透视图

在 Excel 2010 中，可以通过数据表格来创建数据透视图，下面主要介绍通过数据表格创建数据透视图的操作方法。

素材文件	第 11 章\11-44.xlsx	效果文件	第 11 章\11-47.xlsx

STEP 01 打开文件

打开一个 Excel 文件，如下图所示。

	A	B	C	D	E
1	姓名	部门	性别	年龄	业绩
2	王心	技术部	男	26	200000
3	贺慈	市场部	男	30	190000
4	于新利	后勤部	男	31	160000
5	于锦强	技术部	男	22	210000
6	王宇彤	保障部	男	26	180000
7	李剑	保障部	男	26	200000
8	关明	管理部	男	24	150000
9	彭俊杰	保障部	男	33	165000
10	刘晓艳	后勤部	女	33	200000

STEP 02 选择"数据透视图"选项

单击"插入"选项卡，进入"插入"功能面板，在"表格"选项区中单击"数据透视表"按钮，在弹出的下拉列表中选择"数据透视图"选项，如下图所示。

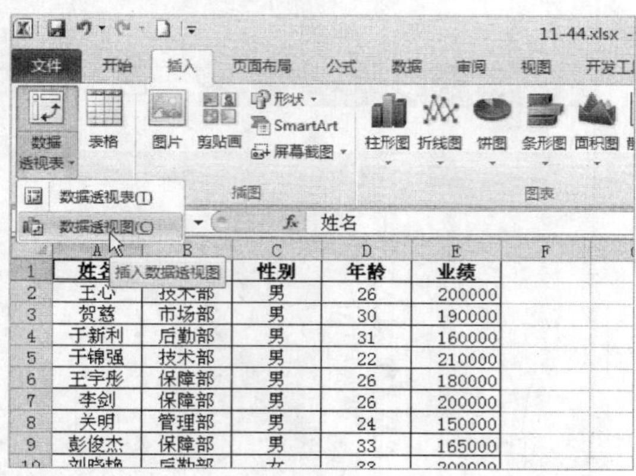

STEP 03 输入区域范围

即会弹出"创建数据透视表及数据透视图"对话框，在"表/区域"后的文本框中输入数据区域，如下图所示。

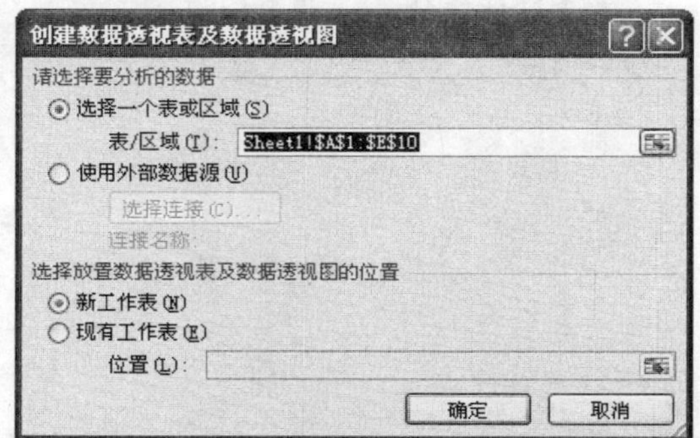

STEP 04 创建数据透视图

单击"确定"按钮，即可在工作表中创建数据透视表和数据透视图，在"数据透视表字段列表"中选中相应的复选框，即可完成对数据透视图的创建，如下图所示。

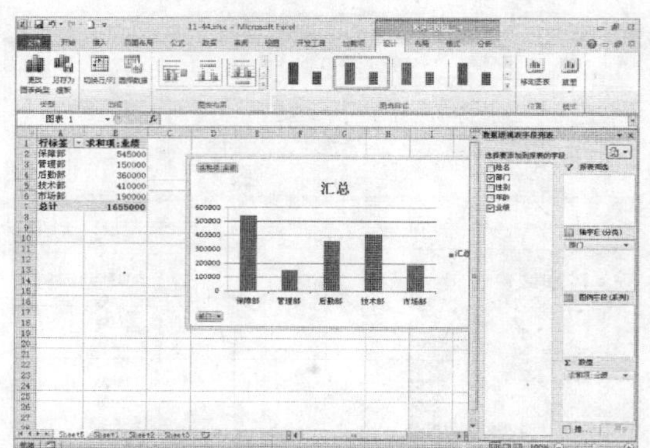

专家指点

在 Excel 2010 中，依次按【Alt】、【D】、【P】键，可以快速启动数据透视图向导。

11.4.2 通过数据透视表创建数据透视图

在 Excel 2010 中，用户可以直接通过数据透视表创建数据透视图。

素材文件	第 11 章\11-48.xlsx	效果文件	第 11 章\11-53.xlsx

STEP 01 打开文件

打开一个 Excel 文件，如下图所示。

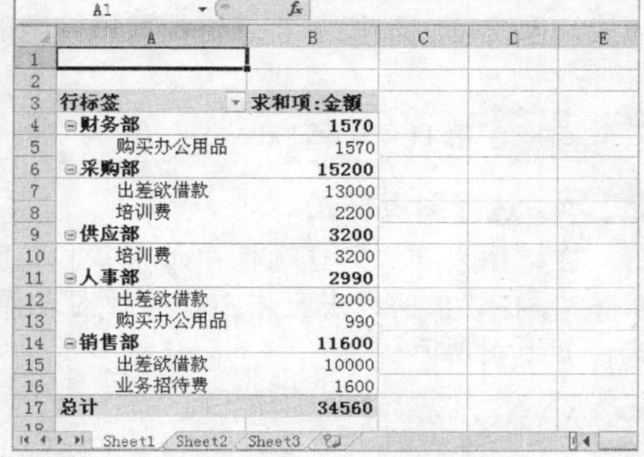

STEP 02 选择数据透视表

选择数据透视表，如下图所示。

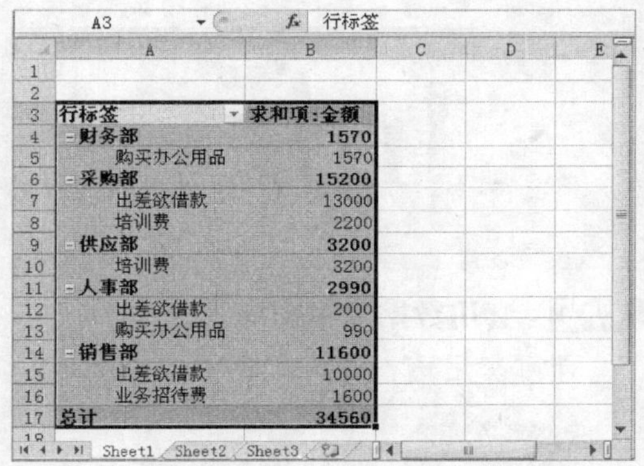

STEP 03 进入“选项”功能面板

在“数据透视表工具”中单击“选项”选项卡，进入“选项”功能面板，如下图所示。

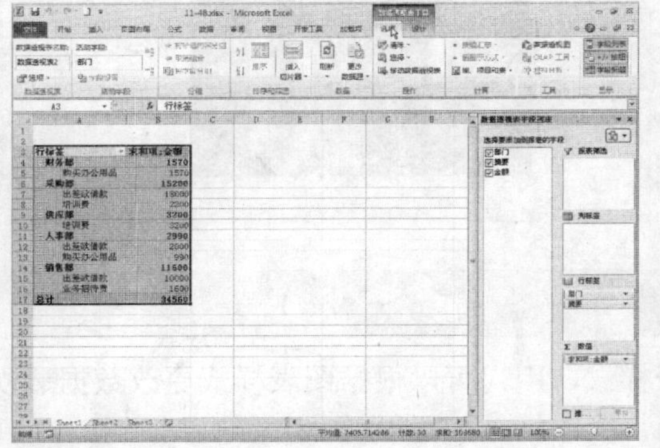

STEP 04 单击“数据透视图”按钮

在“工具”选项区中单击“数据透视图”按钮，如下图所示。

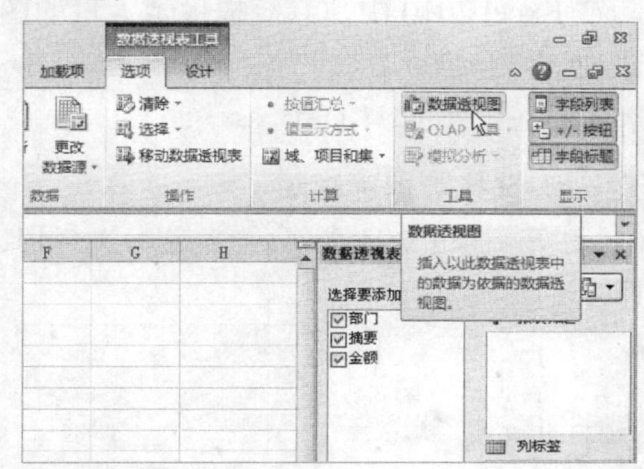

STEP 05 选择图表样式

在弹出的“插入图表”对话框中选择一种图表样式，如下图所示。

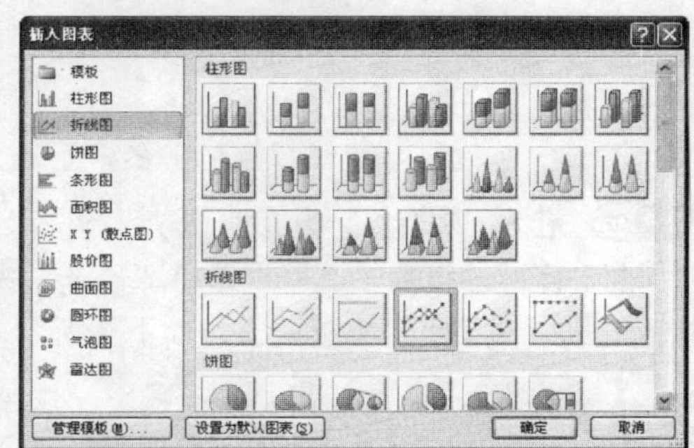

STEP 06 创建数据透视图

单击“确定”按钮，即可通过数据透视表创建数据透视图，如下图所示。

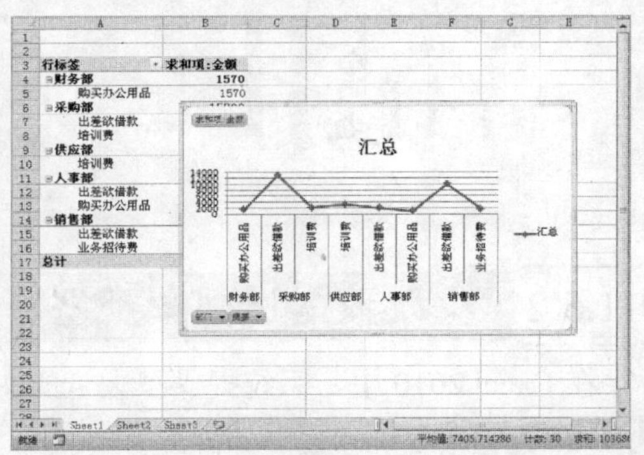

11.5 编辑数据透视图

在 Excel 2010 中，数据透视图的编辑与图表的编辑类似，本节主要介绍编辑数据透视图的操作方法。

11.5.1 套用数据透视图样式

在 Excel 2010 中，系统提供了大量的图表样式，用户可以根据需要套用数据透视图的样式。

素材文件	第 11 章\11-54.xlsx	效果文件	第 11 章\11-57.xlsx

STEP 01 选择数据透视图

打开一个 Excel 文件，选择数据透视图，如下图所示。

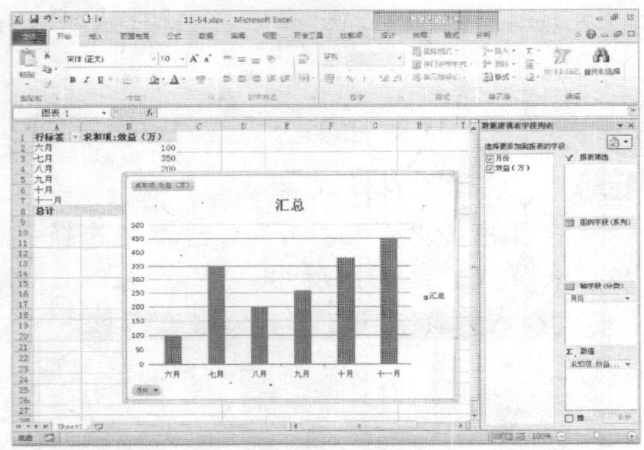

STEP 02 进入“设计”功能面板

在“数据透视图工具”中单击“设计”选项卡，进入“设计”功能面板，如下图所示。

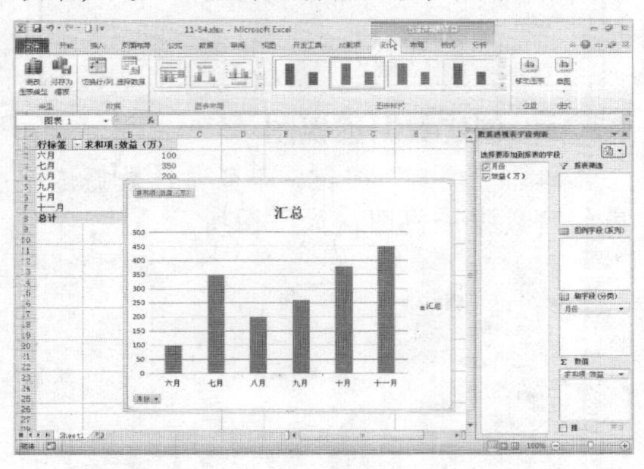

STEP 03 选择图表样式

在“图表样式”选项区中单击“其他”按钮，在弹出的列表框中选择一种图表样式，如下图所示。

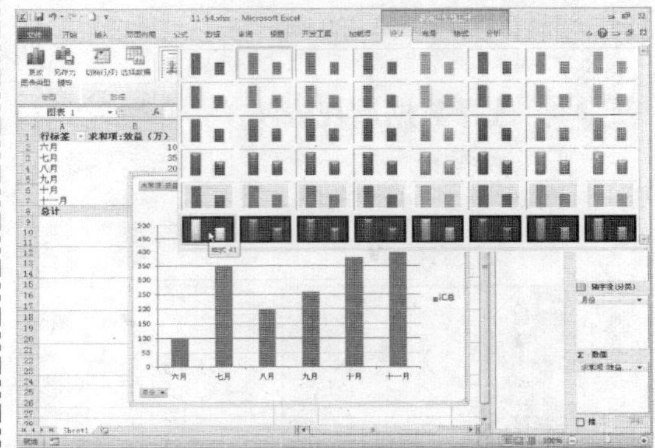

STEP 04 套用数据透视图样式

即可套用透视图样式，如下图所示。

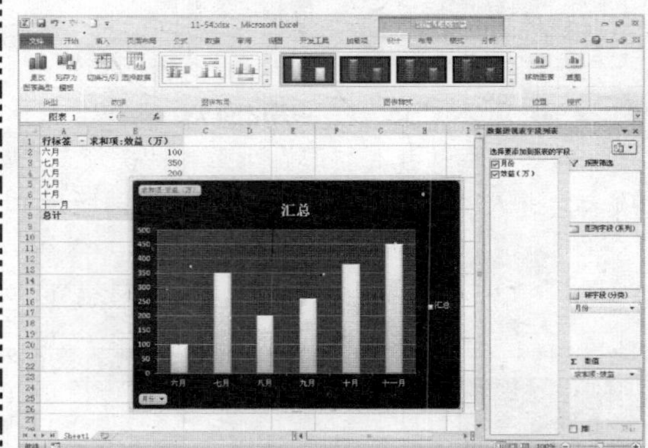

11.5.2 更改数据透视图类型

在 Excel 2010 中，系统提供了大量的图表样式，用户可以根据图表样式更改数据透视图的样式。

素材文件	第 11 章\11-57.xlsx	效果文件	第 11 章\11-61.xlsx

STEP 01　选择数据透视图

打开一个 Excel 文件，选择数据透视图，如下图所示。

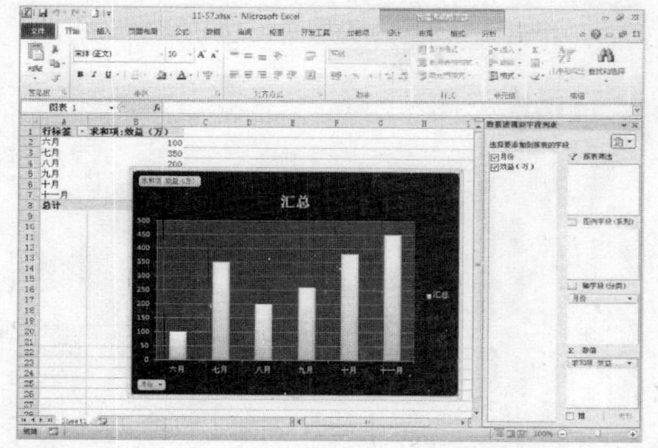

STEP 02　单击“更改图表类型”按钮

在“设计”功能面板的“类型”选项区中单击“更改图表类型”按钮，如下图所示。

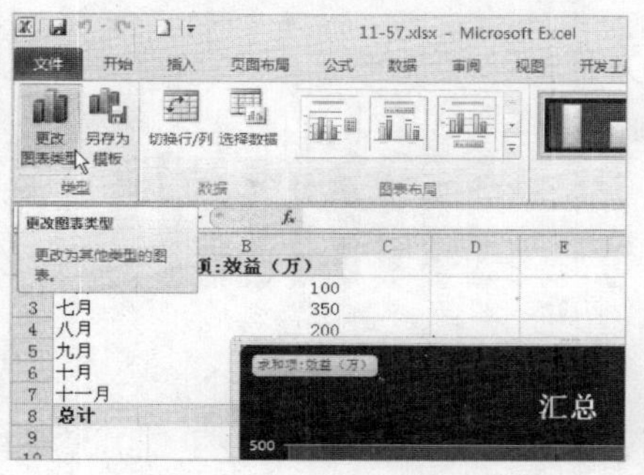

STEP 03　选择图表

弹出“更改图表类型”对话框，单击“折线图”选项卡，在右侧的折线图选项区中选择图表，如下图所示。

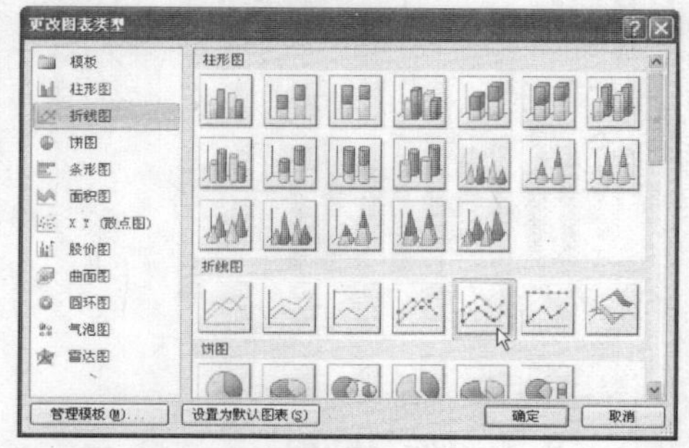

STEP 04　更改图表类型

单击“确定”按钮，即可更改图表类型，如下图所示。

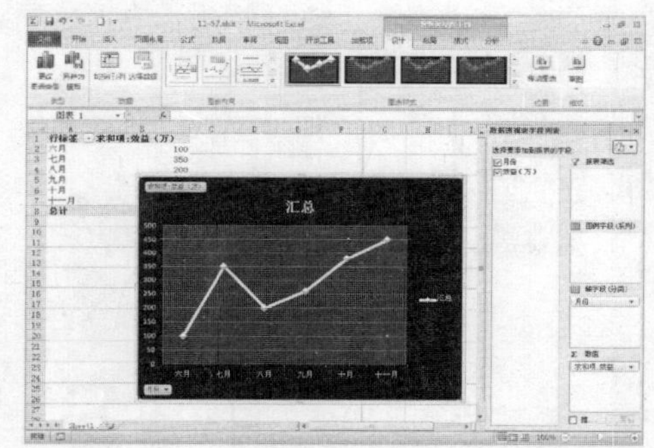

11.5.3　刷新数据透视图

在 Excel 2010 中，当数据透视图所引用的数据源信息被修改时，用户可以通过刷新数据透视图来更新数据透视图。

素材文件	第 11 章\11-62.xlsx	效果文件	第 11 章\11-67.xlsx

STEP 01　打开文件

打开一个 Excel 文件，如下图所示。

学号	语文	数学	英语
2010000104	60	60	86
2010000105	82	82	75
2010000106	72	72	73
2010000107	65	65	76
2010000108	70	70	78
2010000109	72	72	83
2010000110	62	62	82
2010000111	70	70	78
2010000112	65	65	85

STEP 02　选择数据区域

选择数据区域，如下图所示。

学号	语文	数学	英语
2010000104	60	60	86
2010000105	82	82	75
2010000106	72	72	73
2010000107	65	65	76
2010000108	70	70	78
2010000109	72	72	83
2010000110	62	62	82
2010000111	70	70	78
2010000112	65	65	85

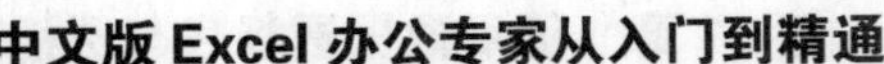

STEP 03 创建数据透视图

为数据区域创建数据透视图，如下图所示。

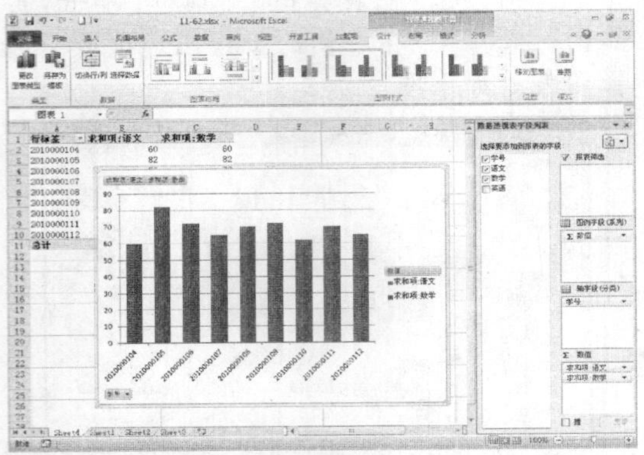

STEP 04 更改工作表数据

切换至 Sheet1 工作表，更改“语文”列中的数据，如下图所示。

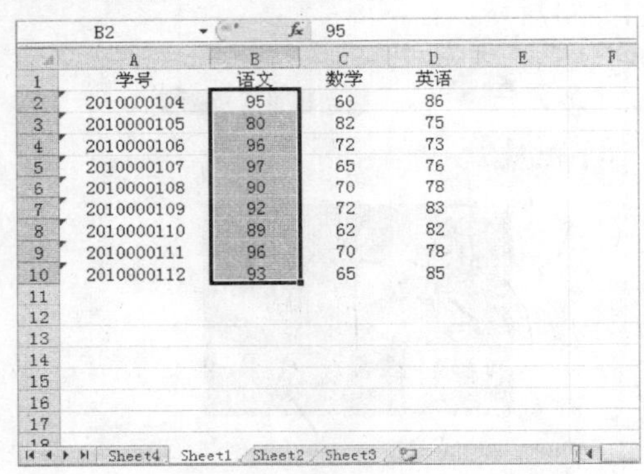

STEP 05 单击“刷新”按钮

切换至 Sheet4 工作表，在“分析”功能面板的“数据”选项区中单击“刷新”按钮，如下图所示。

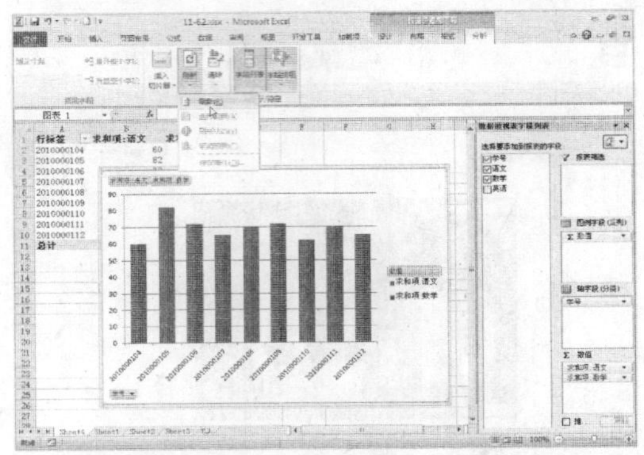

STEP 06 刷新数据透视图

即可刷新数据透视图，如下图所示。

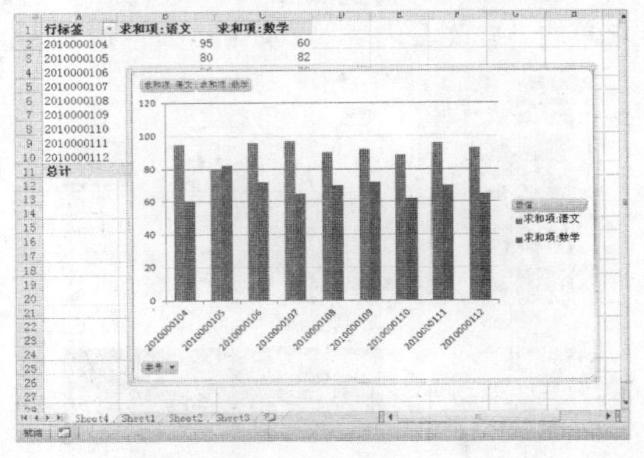

11.5.4 隐藏数据字段列表

如果工作表中的数据透视图筛选窗格覆盖了单元格中的数据，用户可将其隐藏。

素材文件	第 11 章\11-68.xlsx	效果文件	第 11 章\11-71.xlsx

STEP 01 打开文件

打开一个 Excel 文件，如下图所示。

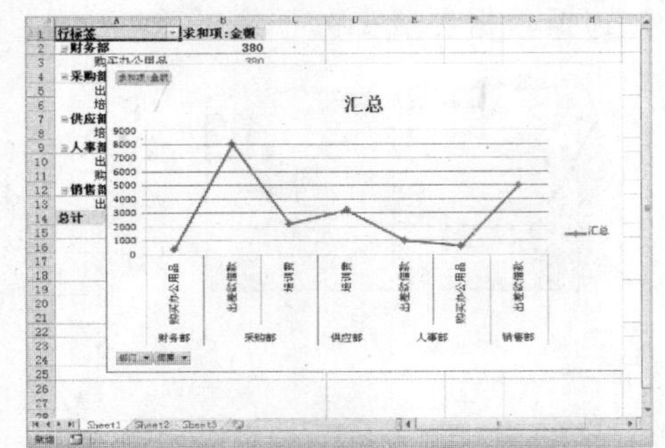

STEP 02 选择数据透视图

选择数据透视图，如下图所示。

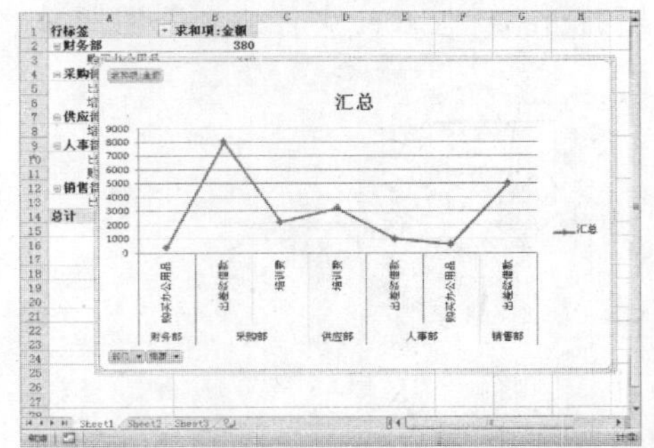

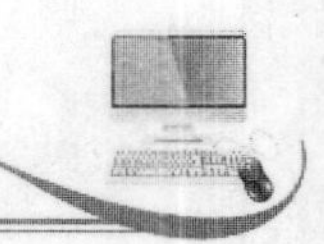

STEP 03 单击“字段列表”按钮

在“数据透视图工具”中单击“分析”选项卡，在“分析”功能面板的“显示/隐藏”选项区中单击“字段列表”按钮，如下图所示。

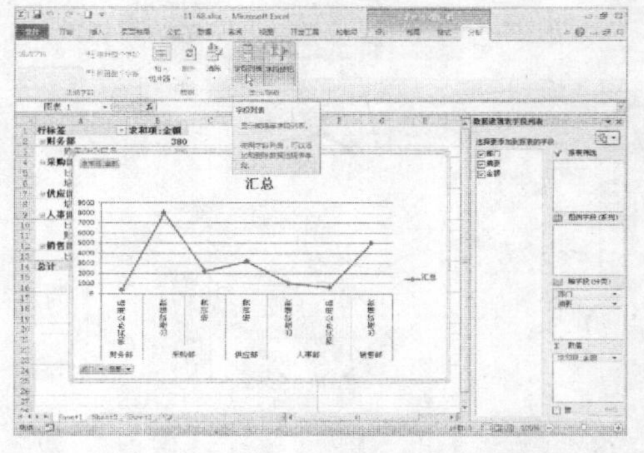

STEP 04 隐藏数据字段列表

执行操作后，即可将右侧的“数据透视表字段列表”隐藏，如下图所示。

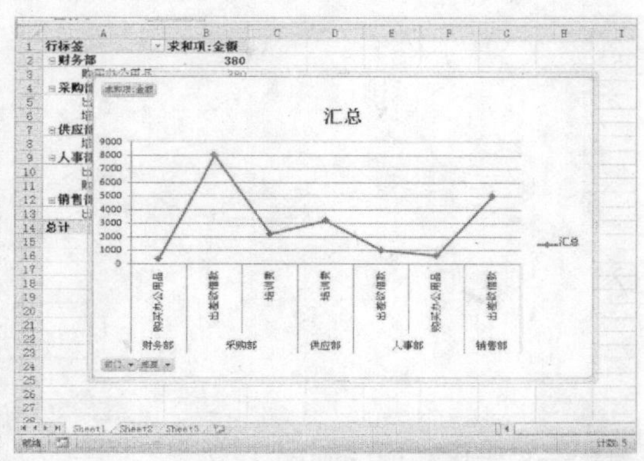

专家指点

在 Excel 2010 中，若想将隐藏的“数据透视表字段列表”显示出来，只需要再次单击“显示/隐藏”选项区中的“字段列表”按钮即可。

11.5.5 删除数据透视图

在 Excel 2010 中，当用户不再需要数据透视图时，可以将其删除，下面主要介绍删除数据透视图的操作方法。

素材文件	第 11 章\11-72.xlsx	效果文件	第 11 章\11-73.xlsx

STEP 01 选择数据透视图

打开一个 Excel 文件，选择数据透视图，如下图所示。

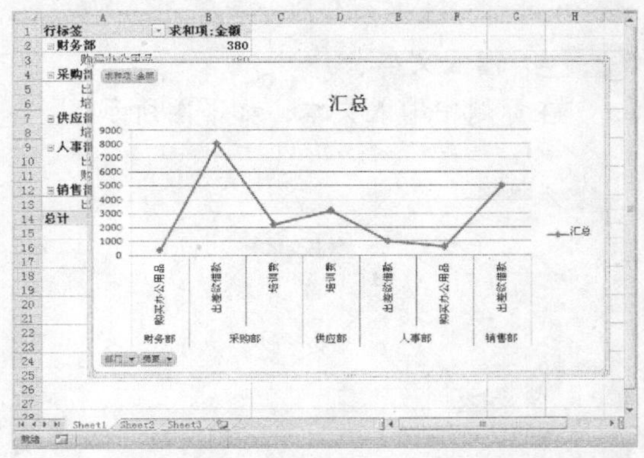

STEP 02 删除数据透视图

按【Delete】键，即可将其删除，如下图所示。

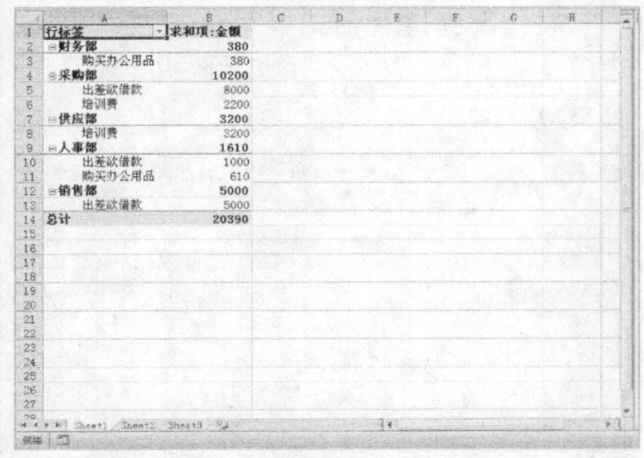

行标签	求和项:金额
财务部	380
购买办公用品	380
采购部	10200
出差欲借款	8000
培训费	2200
供应部	3200
培训费	3200
人事部	1610
出差欲借款	1000
购买办公用品	610
销售部	5000
出差欲借款	5000
总计	20390

11.5.6 添加数据透视图标题

在 Excel 2010 中，系统会自动为数据透视图添加标题，用户也可以根据需要自行为数据透视图添加标题。

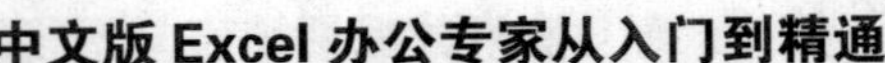

素材文件	第 11 章\11-74.xlsx	效果文件	第 11 章\11-79.xlsx

STEP 01 **打开文件**

打开一个 Excel 文件，如下图所示。

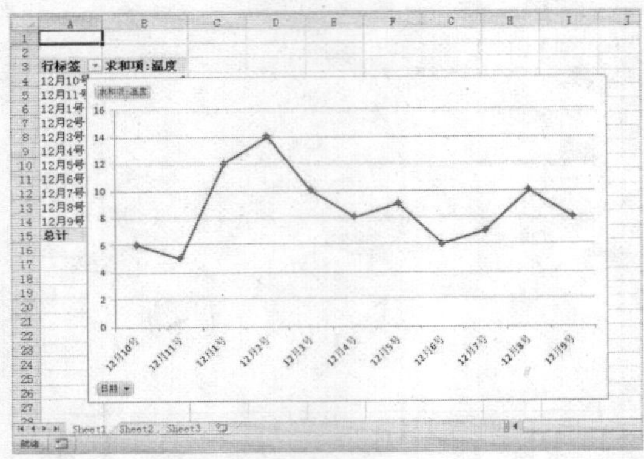

STEP 02 **选择数据透视图**

选择数据透视图，如下图所示。

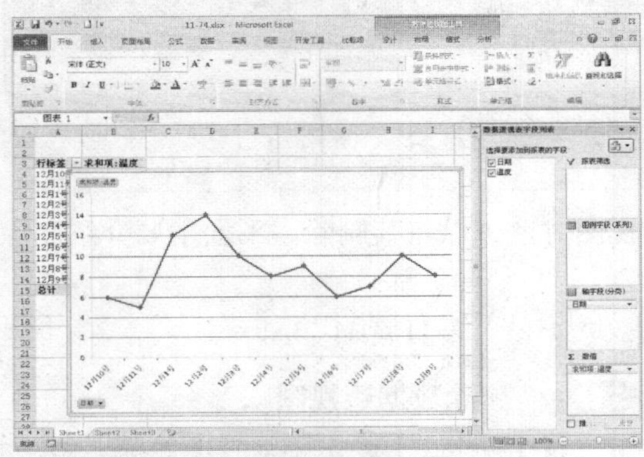

STEP 03 **进入"布局"面板**

在"数据透视图工具"中单击"布局"选项卡，进入"布局"功能面板，如下图所示。

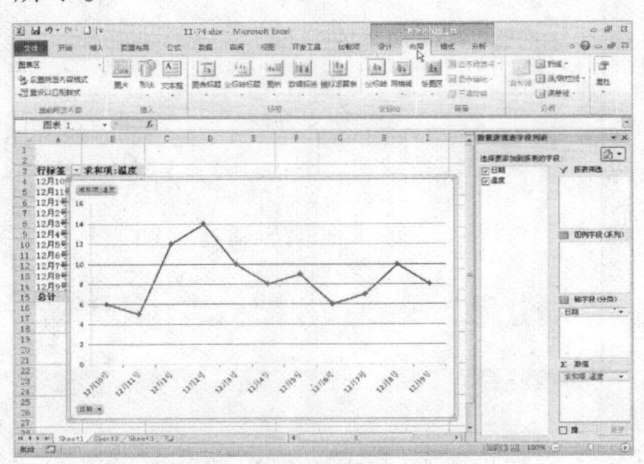

STEP 04 **设置相应选项**

在"标签"选项区中设置"图表标题"为"图表上方"，如下图所示。

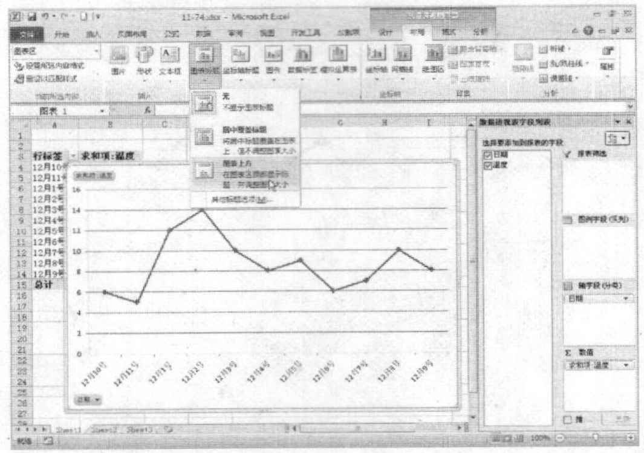

STEP 05 **添加标题**

即可在数据透视图中添加标题，如下图所示。

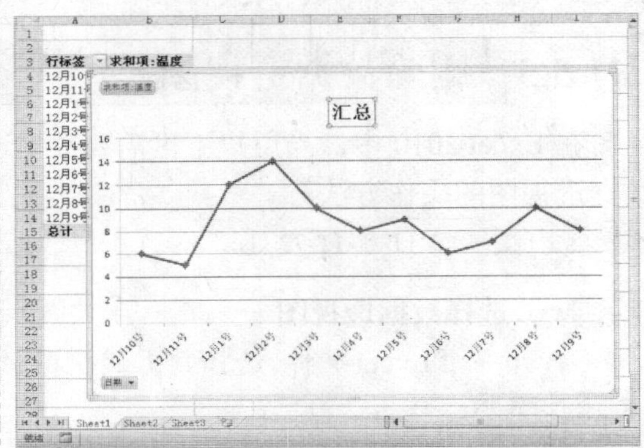

STEP 06 **输入文本**

在标题中输入文本，如下图所示。

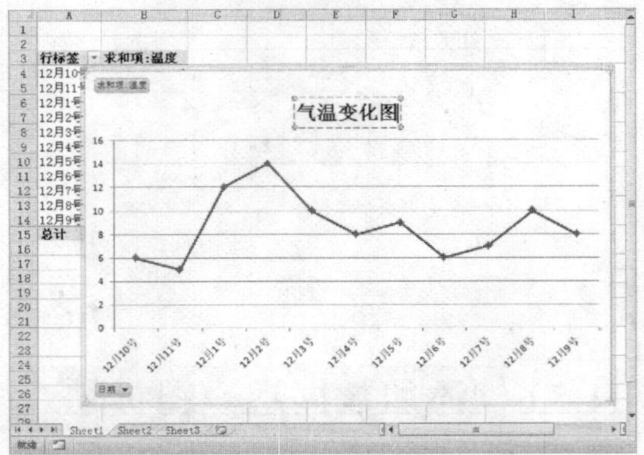

Chapter 12

章前知识导读

在办公应用中，当完成了电子表格或统计图表的编辑之后，有时需要将它们打印出来。在 Excel 2010 中，用户可以利用各种打印功能，轻松地完成工作表的打印。

打印与共享工作表

重点知识索引

- 添加打印机
- 设置打印页面
- 设置分页符
- 打印文件
- 共享工作簿

效果图片欣赏

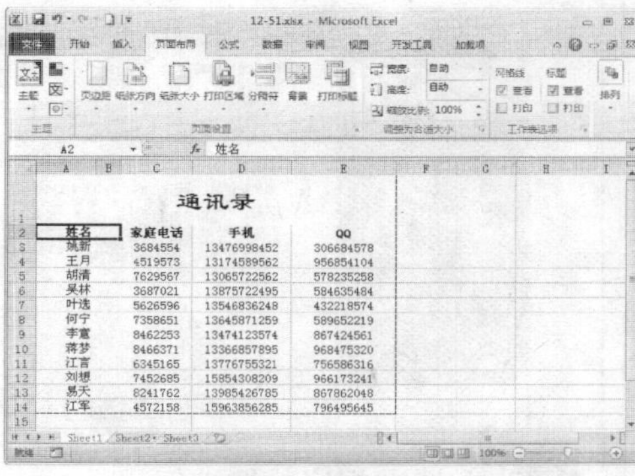

设置打印区域

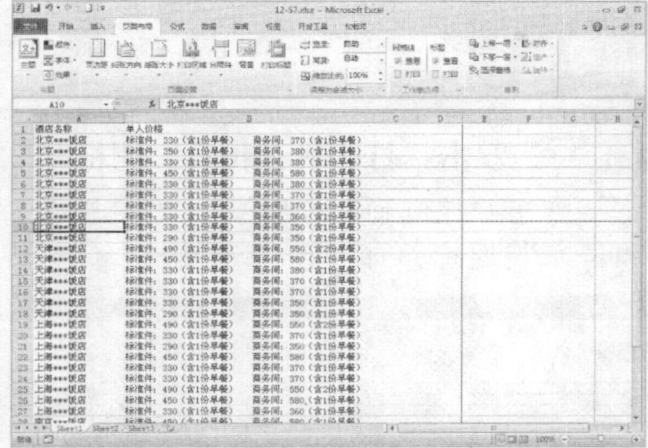

插入分页符

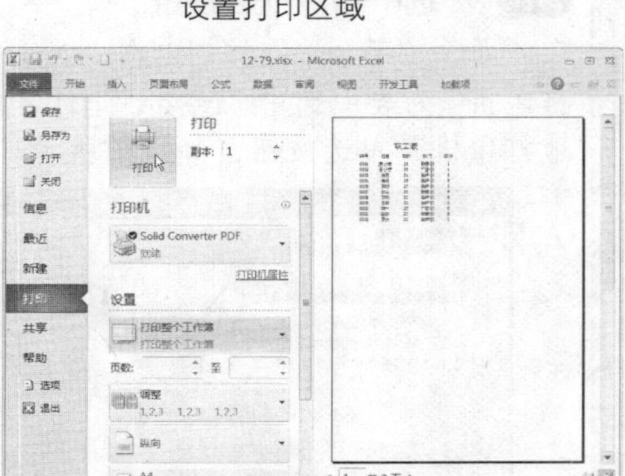

打印工作簿

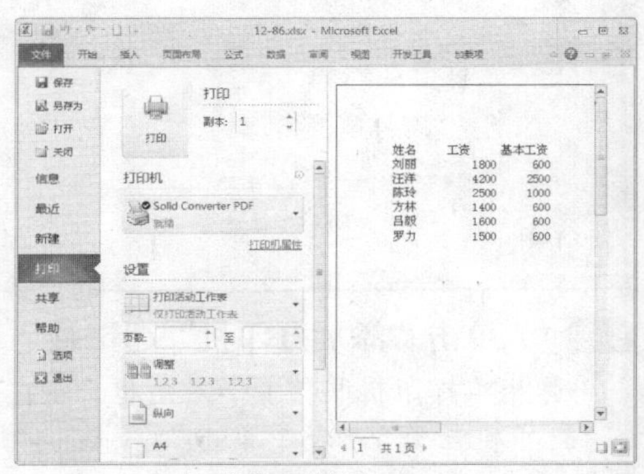

预览打印效果

12.1 添加打印机

要完成工作表的打印，首先需要为计算机添加一台打印机，一般可以通过安装本地打印机和安装网络打印机两种方式来实现。

12.1.1 安装本地打印机

下面主要介绍安装本地打印机的方法。

STEP 01 单击“控制面板”超链接

打开“我的电脑”窗口，在“其他位置”选项区中单击“控制面板”超链接，如下图所示。

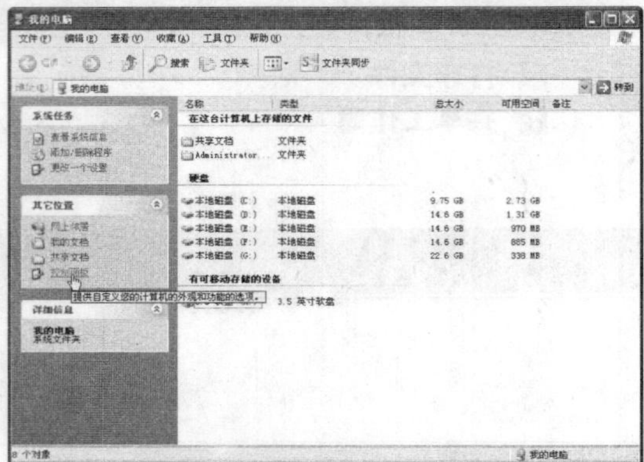

STEP 02 双击“打印机和传真”图标

弹出“控制面板”窗口，双击“打印机和传真”图标，如下图所示。

STEP 03 单击“添加打印机”超链接

弹出“打印机和传真”对话框，在左边的“打印机任务”列表中单击“添加打印机”超链接，如下图所示。

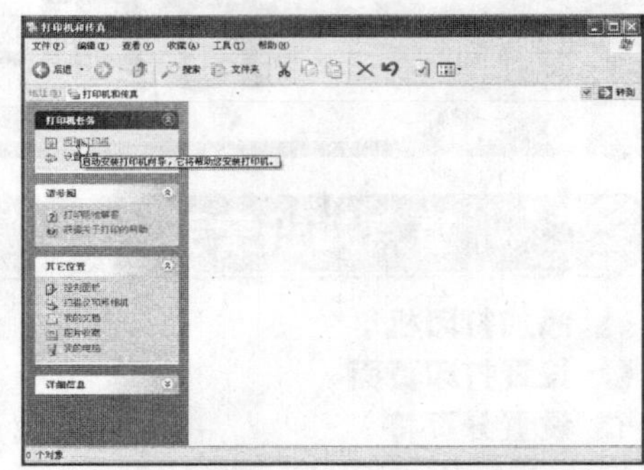

STEP 04 弹出“添加打印机向导”对话框

弹出“添加打印机向导”对话框，如下图所示。

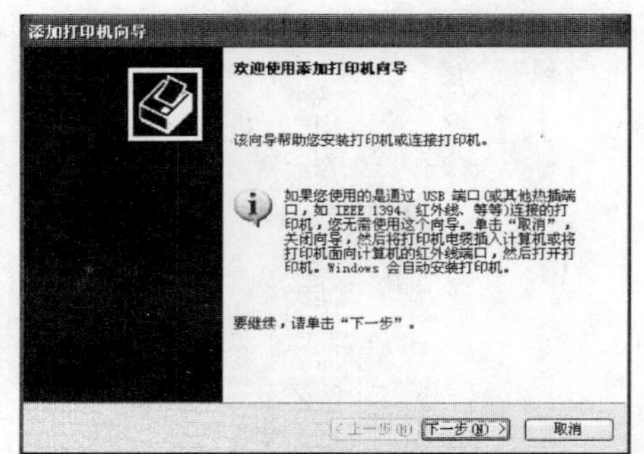

STEP 05 选中相应单选按钮

单击“下一步”按钮，在“本地或网络打印机”列表中选中“连接到此计算机的本地打印机”单选按钮，如下图所示。

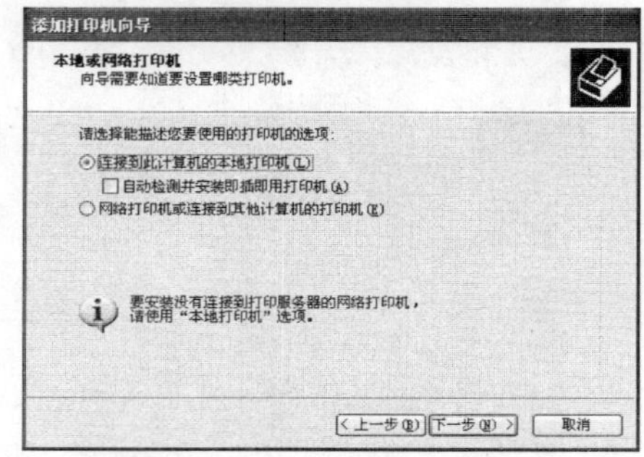

STEP 06 选中“使用以下端口”单选按钮

单击“下一步”按钮，在“选择打印机端口”选项区中选中“使用以下端口”单选按钮，如下图所示。

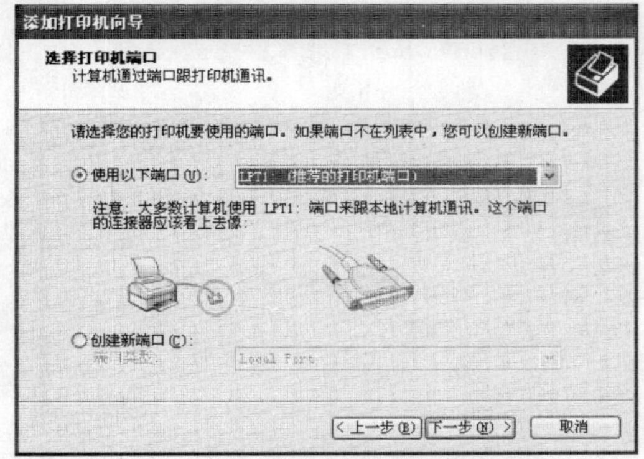

STEP 07 选择相应的选项

单击“下一步”按钮，在“安装打印机软件”选项区的“厂商”和“打印机”列表框中，分别选择相应的选项，如下图所示。

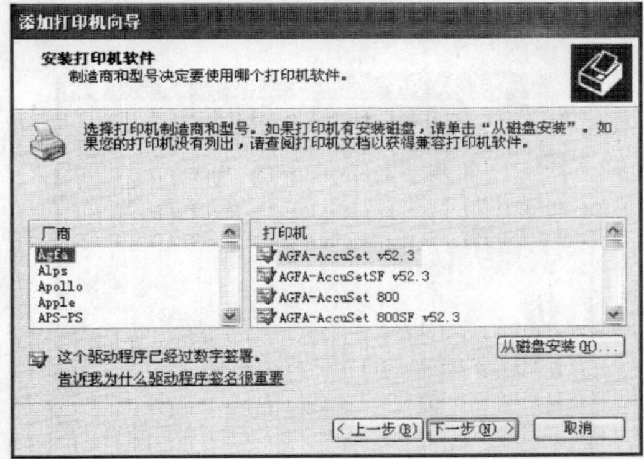

STEP 08 输入打印机的名称

单击“下一步”按钮，在“打印机名”文本框中输入打印机的名称，如下图所示。

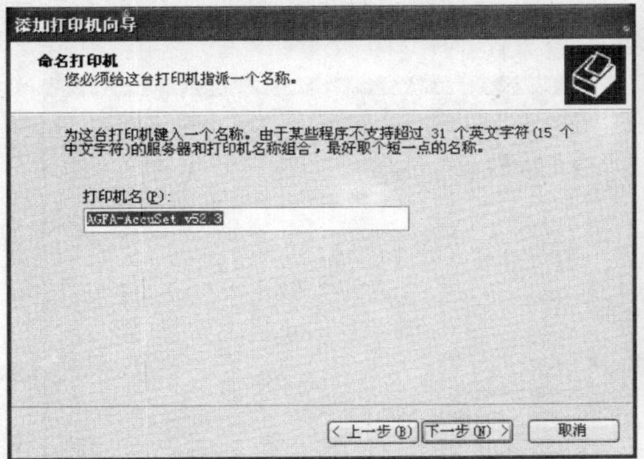

STEP 09 选中相应单选按钮

单击“下一步”按钮，在“打印机共享”选项区中选中“不共享这台打印机”单选按钮，如下图所示。

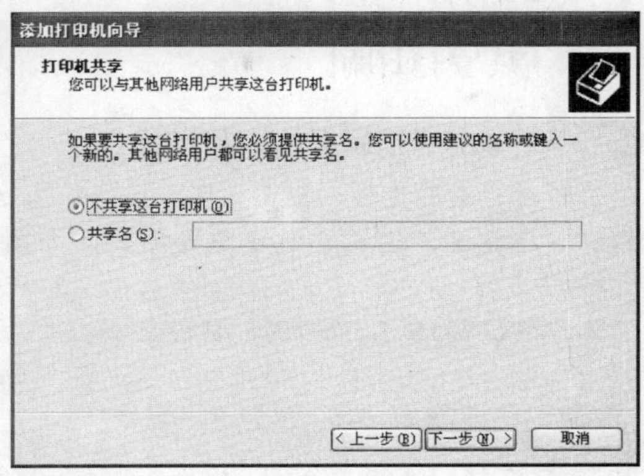

STEP 10 选中“是”单选按钮

单击“下一步”按钮，在“打印测试页”选项区中选中“是”单选按钮，如下图所示。

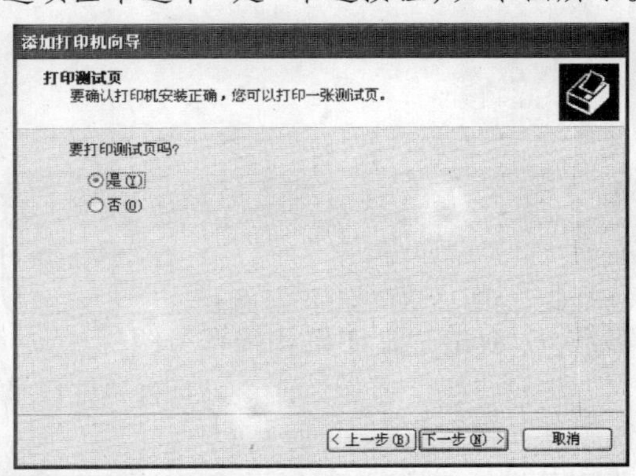

STEP 11 添加打印机

单击“下一步”按钮，对话框提示完成（如下图所示），单击“完成”按钮，完成打印机的添加。

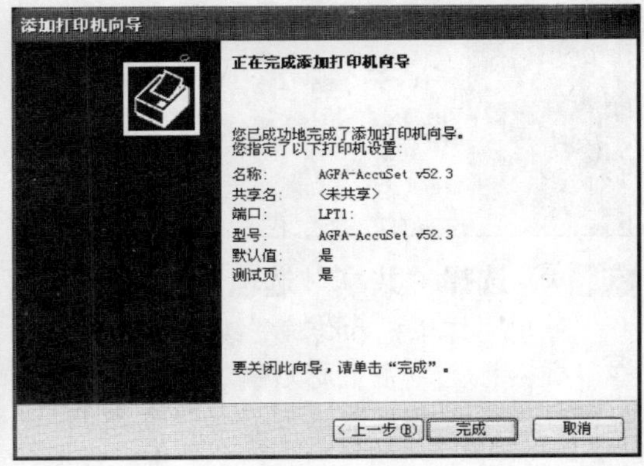

12.1.2 安装网络打印机

网络打印机的安装和本地打印机的安装有所不同，网络打印机的安装先要将打印机共享，才能添加网络打印机。

1. 共享打印机

STEP 01 单击“控制面板”超链接

打开“我的电脑”窗口，在“其他位置”选项区中单击“控制面板”超链接，如下图所示。

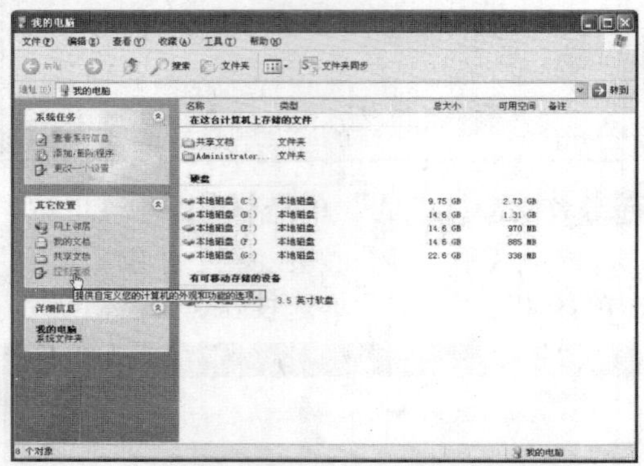

专家指点

用户还可以通过单击“开始”|“控制面板”命令，打开“控制面板”窗口。

STEP 02 双击“打印机和传真”图标

弹出“控制面板”窗口，双击“打印机和传真”图标，如下图所示。

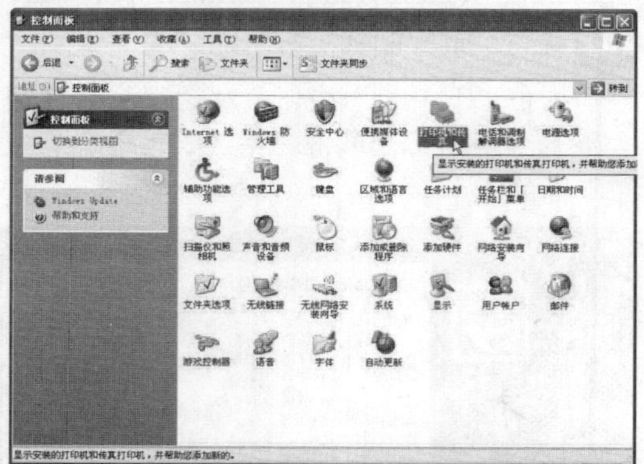

STEP 03 选择“共享”选项

弹出“打印机和传真”窗口，在所需的打印机图标上单击鼠标右键，在弹出的快捷菜单中选择“共享”选项，如下图所示。

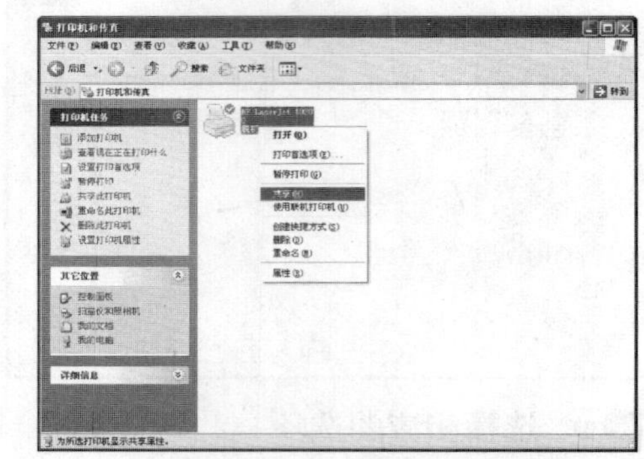

STEP 04 选中“共享这台打印机”单选按钮

弹出相应的打印机属性对话框，在“共享”选项卡中选中“共享这台打印机”单选按钮，如下图所示。

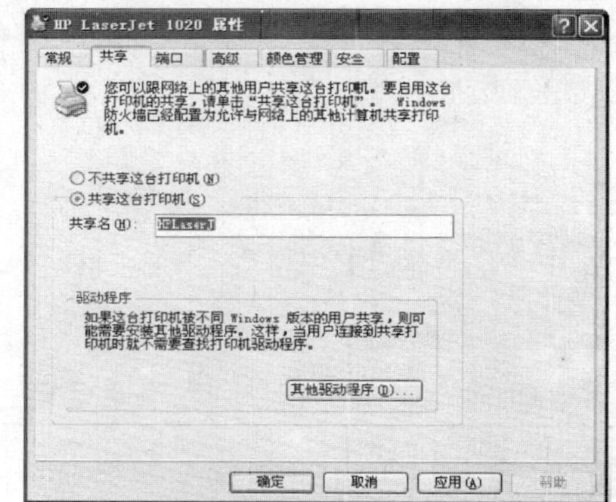

STEP 05 共享打印机

单击“确定”按钮，即可在网络上共享该打印机，如下图所示。

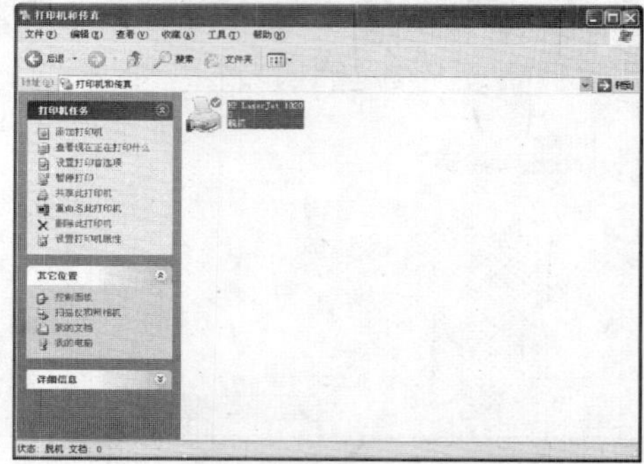

专家指点

添加网络打印机的计算机不需要再安装本地打印机，但在局域网中至少应有一台计算机安装了本地打印机，并设置该打印机共享。

2. 安装网络打印机

STEP 01 单击“控制面板”超链接

打开“我的电脑”窗口，在“其他位置”选项区中单击“控制面板”超链接，如下图所示。

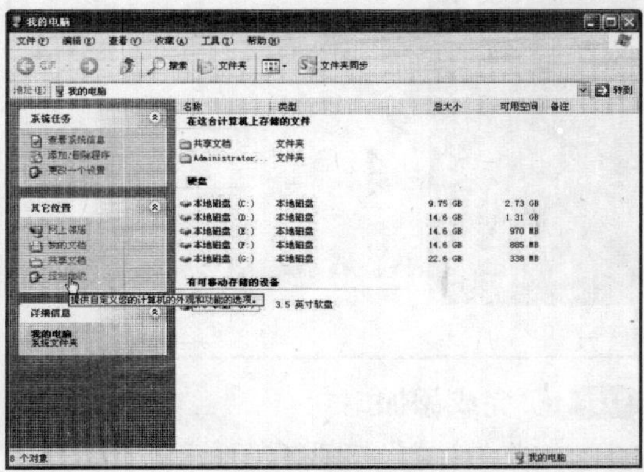

STEP 02 双击“打印机和传真”图标

弹出“控制面板”窗口，双击“打印机和传真”图标，如下图所示。

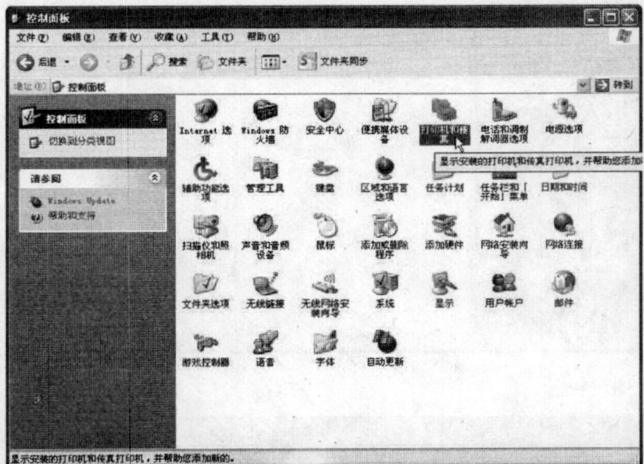

专家指点

选择“打印机和传真”图标，单击鼠标右键，在弹出的快捷菜单中选择“打开”选项，也会打开“打印机和传真”对话框。

STEP 03 单击“添加打印机”超链接

弹出“打印机和传真”对话框，在左边的“打印机任务”列表中单击“添加打印机”超链接，如下图所示。

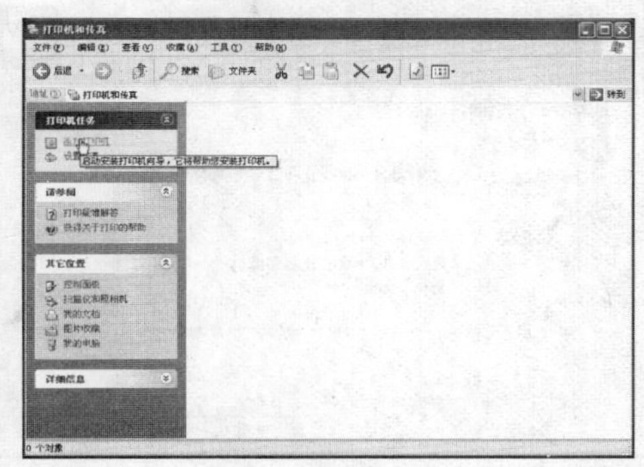

STEP 04 弹出“添加打印机向导”对话框

弹出“添加打印机向导”对话框，如下图所示。

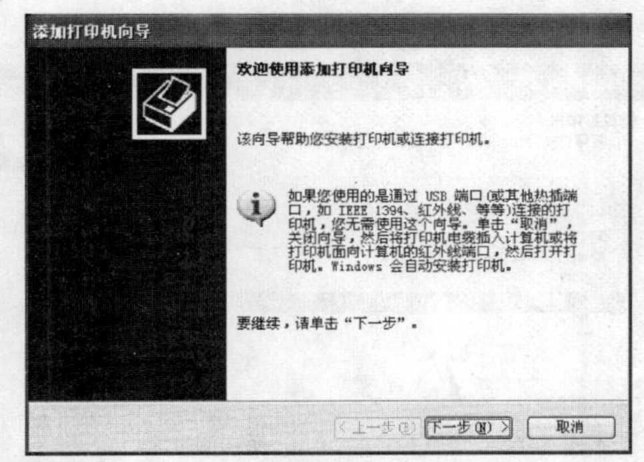

STEP 05 选中相应单选按钮

单击“下一步”按钮，在“本地或网络打印机”选项区中选中“网络打印机或连接到其他计算机的打印机”单选按钮，如下图所示。

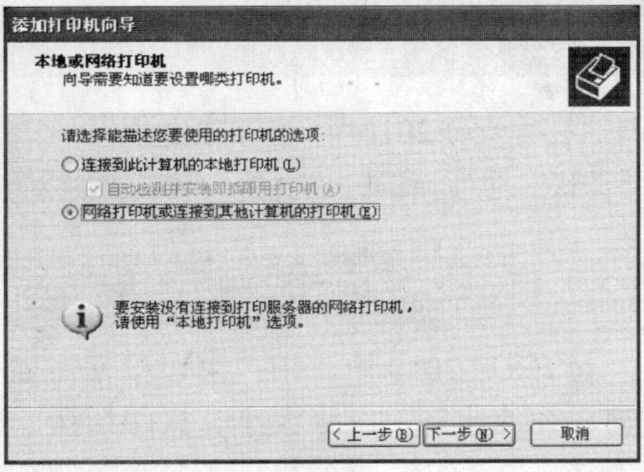

STEP 06 选中相应单选按钮

单击“下一步”按钮，在“指定打印机”选项区中选中“连接到这台打印机”单选按钮，如下图所示。

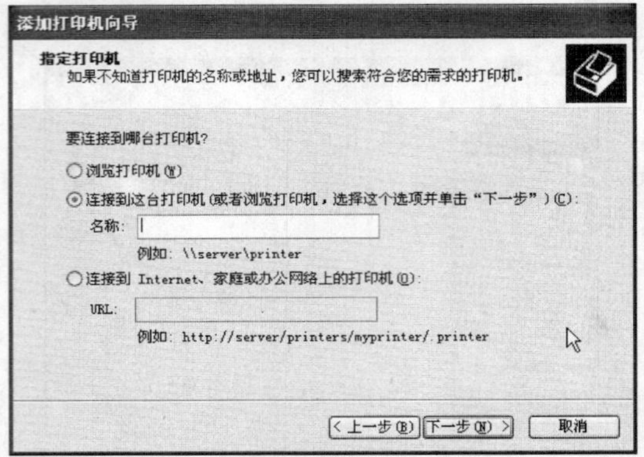

STEP 07 选择需要的共享打印机

单击“下一步”按钮，在“共享打印机”列表中选择所需要的共享打印机，如下图所示。

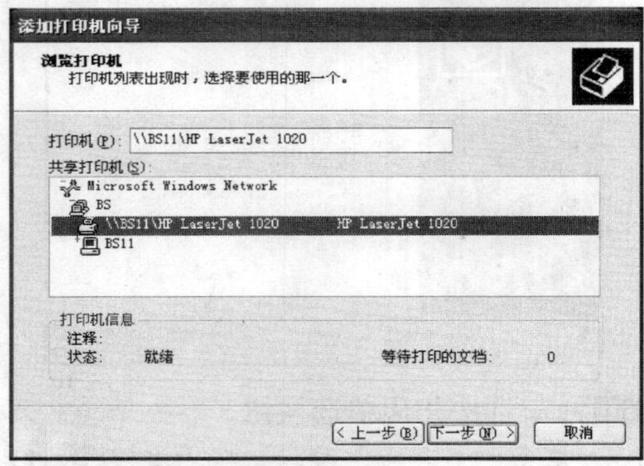

STEP 08 弹出提示信息框

单击“下一步”按钮，弹出“连接到打印机”提示信息框，如下图所示。

STEP 09 弹出“添加到打印机向导”对话框

单击“是”按钮，对话框提示完成如下图所示。

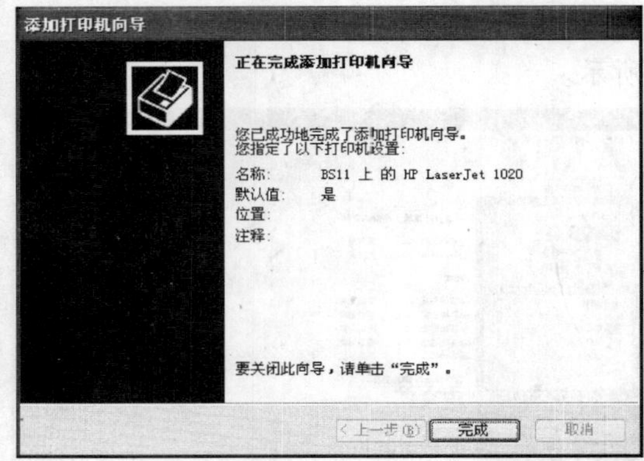

STEP 10 完成添加

单击“完成”按钮，即可完成网络打印机的添加，如下图所示。

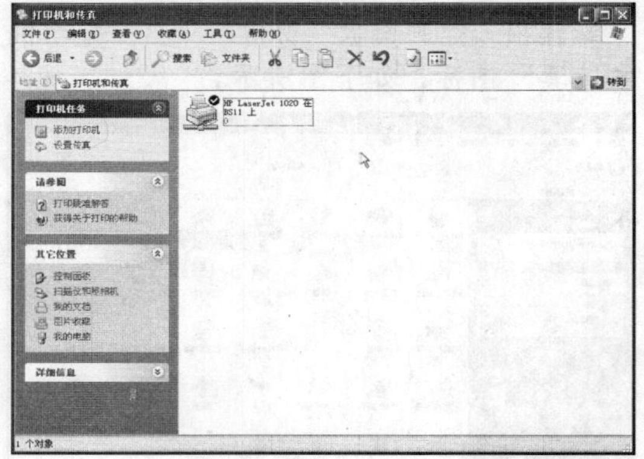

12.2 设置打印页面

在 Excel 2010 中进行打印预览后，用户可以对工作表进行调整，如设置页面、页边距、页眉和页脚以及设置打印主题等。

12.2.1 设置页面

在 Excel 2010 中，用户可以根据需要在“页面设置”对话框中设置打印页面的页面方向、缩放比例、纸张大小、打印质量、起始页码等属性。下面主要介绍设置页面的操作方法。

素材文件	第 12 章\12-27.xlsx	效果文件	第 12 章\12-32.xlsx

STEP 01 打开文件

打开一个 Excel 文件，如下图所示。

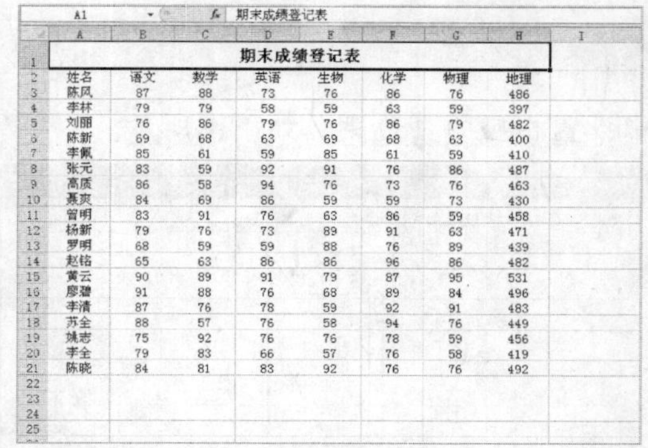

STEP 02 单击“页面设置”按钮

单击“页面布局”选项卡，进入“页面布局”功能面板，在“页面设置”选项区中单击右下角的“页面设置”按钮，如下图所示。

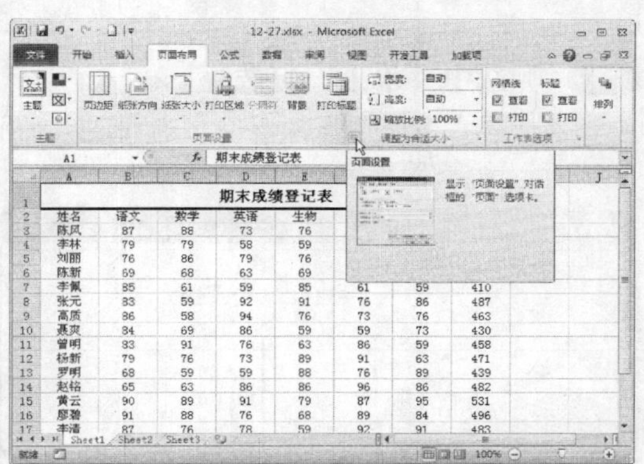

STEP 03 选中“横向”单选按钮

弹出“页面设置”对话框，选中“横向”单选按钮，如下图所示。

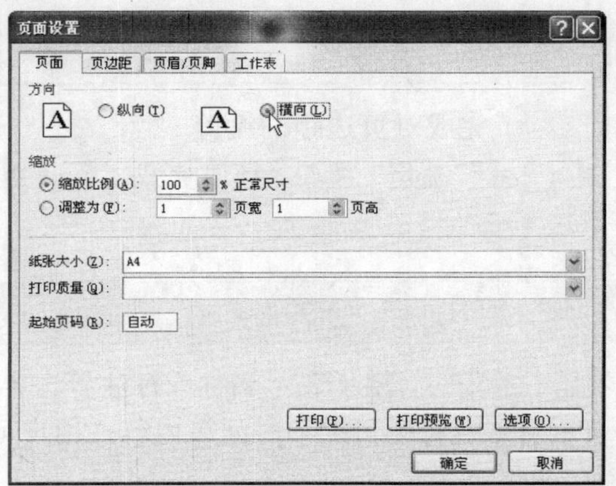

STEP 04 设置“缩放比例”

设置“缩放比例”为 110%，如下图所示。

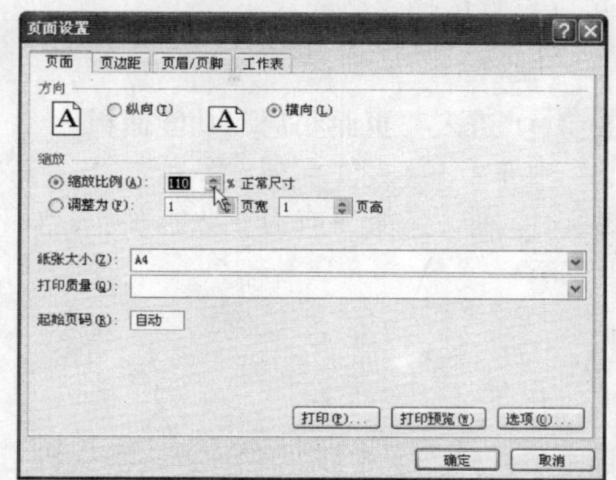

STEP 05 选择 A5 选项

单击“纸张大小”文本框右侧的下三角按钮，在弹出的下拉列表框中选择 A5 选项，如下图所示。

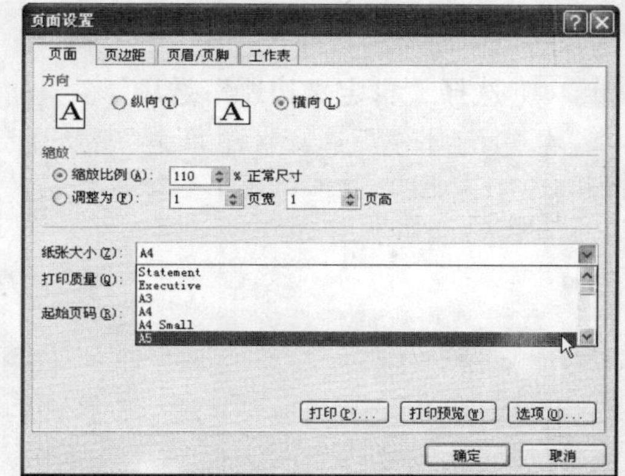

STEP 06 完成对页面的设置

单击“确定”按钮，即可完成对页面的设置，如下图所示。

12.2.2 设置页边距

在 Excel 2010 中，页边距用于调整打印数据的上、下、左、右到页边距的距离，另外，还可以设置选择表格的居中方式。

素材文件	第 12 章\12-27.xlsx	效果文件	无

STEP 01 进入“页面布局”功能面板

打开一个 Excel 文件，单击“页面布局”选项卡，进入“页面布局”功能面板，如下图所示。

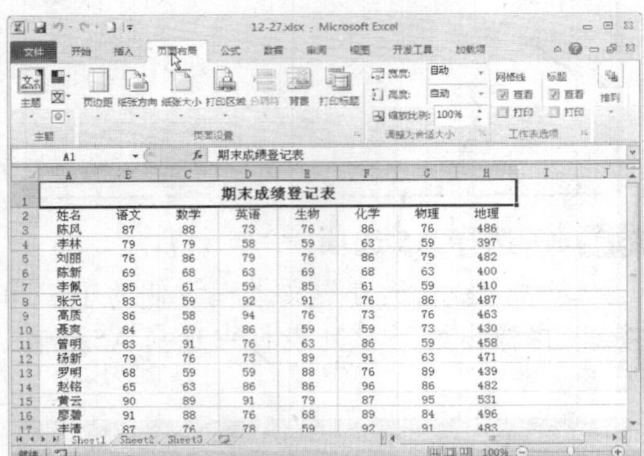

STEP 02 选择“自定义边距”选项

在“页面设置”选项区中单击“页边距”按钮，在弹出的下拉列表中选择“自定义边距”选项，如下图所示。

STEP 03 设置相应的页边距

弹出“页面设置”对话框，在该对话框中设置相应的页边距，如下图所示。

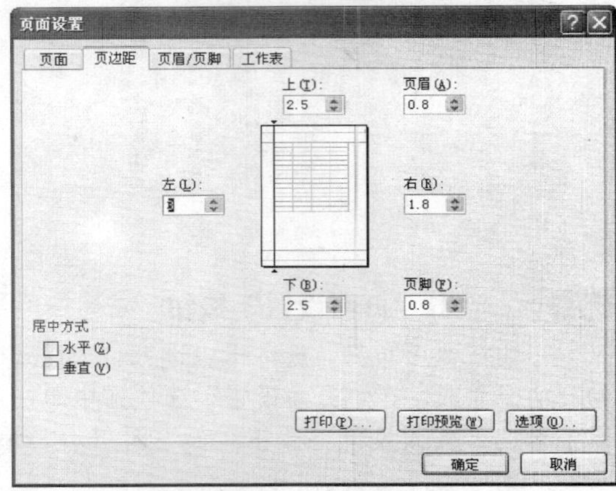

STEP 04 选中“水平”复选框

在“居中方式”选项区中，选中“水平”复选框，如下图所示。

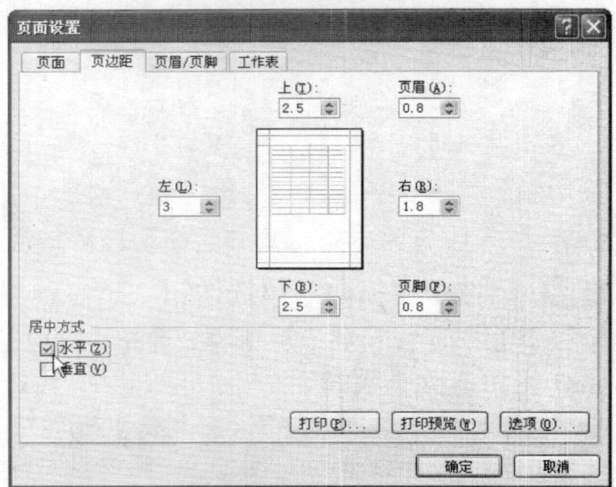

STEP 05 完成对页边距的设置

单击“确定”按钮，即可完成对页边距的设置。

12.2.3 设置页眉和页脚

在 Excel 2010 中，页眉是第一打印页顶部所显示的信息，用于表示名称或标注等内容；页脚是第一打印页最底端所显示的信息，用于表示页号、打印日期和时间等内容，用户可以根据需要设置打印页面的页眉和页脚。

素材文件	第 12 章\12-37.xlsx	效果文件	无

STEP 01　进入“页面布局”功能面板

打开一个 Excel 文件，单击“页面布局”选项卡，进入“页面布局”功能面板，如下图所示。

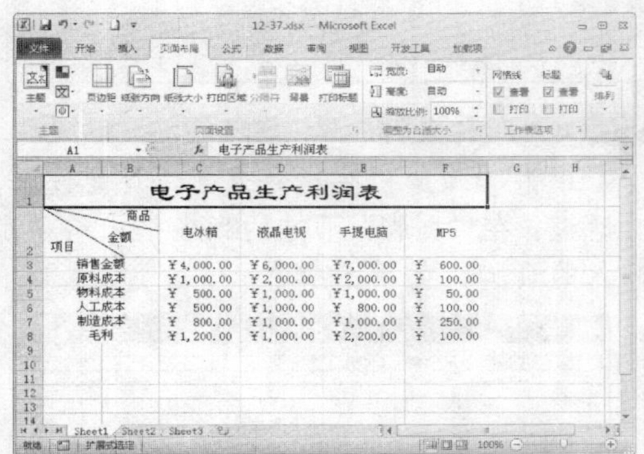

STEP 02　单击“页面设置”按钮

在“页面设置”选项区中单击右下角的“页面设置”按钮，如下图所示。

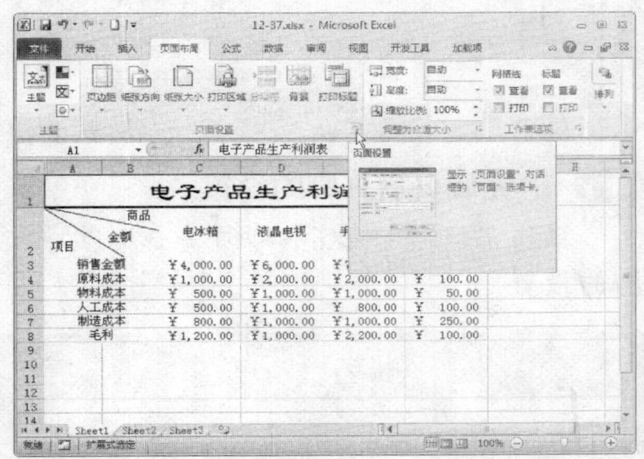

STEP 03　切换至“页眉/页脚”选项卡

弹出“页面设置”对话框，切换至“页眉/页脚”选项卡，如下图所示。

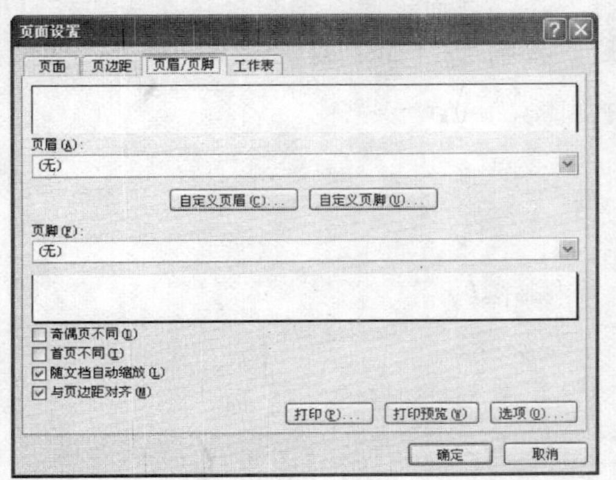

STEP 04　单击“自定义页眉”按钮

单击“自定义页眉”按钮，如下图所示。

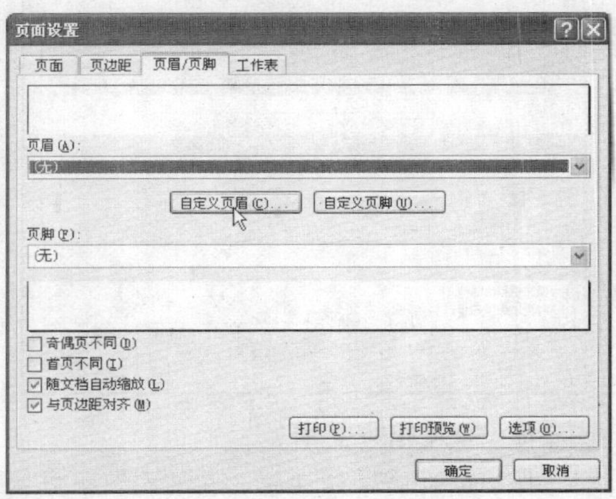

STEP 05　单击“插入日期”按钮

弹出“页眉”对话框，单击“插入日期”按钮，即可在“左”下方的文本框中显示插入的日期，如下图所示。

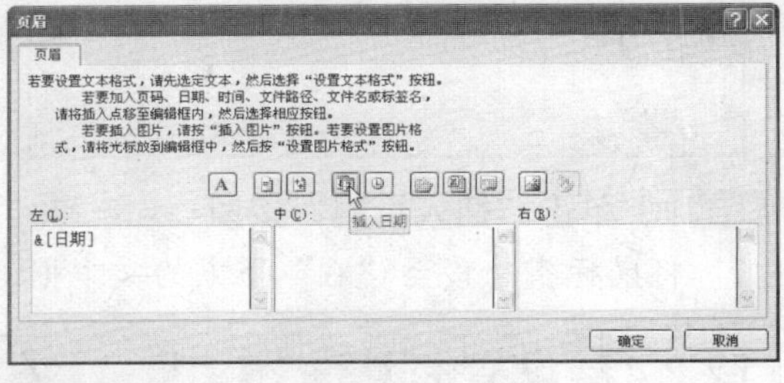

STEP 06　显示日期

单击“确定”按钮，返回至“页面设置”对话框，在“页眉”上方的文本框中即可显示日期，如下图所示。

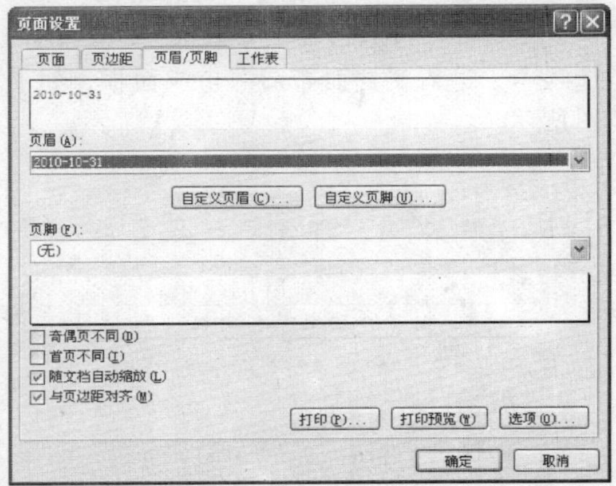

STEP 07 单击“自定义页脚”按钮

单击“自定义页脚”按钮，如下图所示。

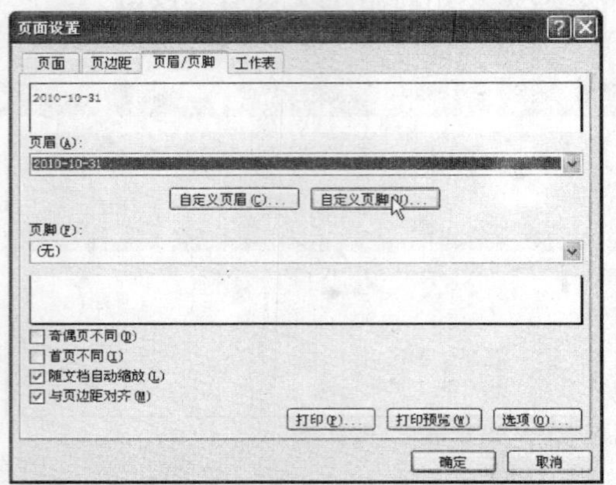

STEP 08 输入相应文本

弹出“页脚”对话框，在“左”下方的文本框中输入相应文本，如下图所示。

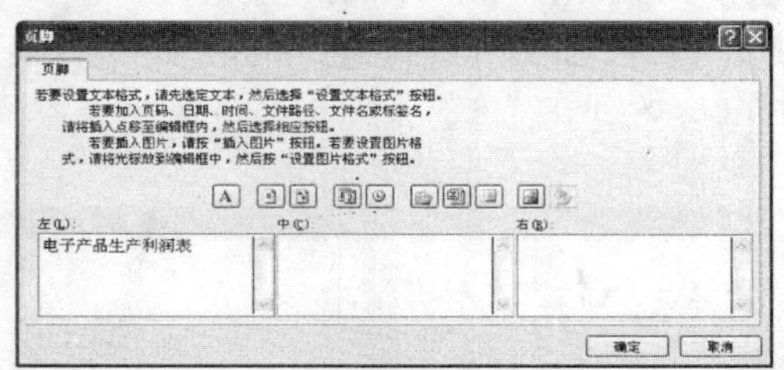

STEP 09 单击“插入页码”按钮

将鼠标指针移至“右”下方的文本框，单击“插入页码”按钮，如下图所示。

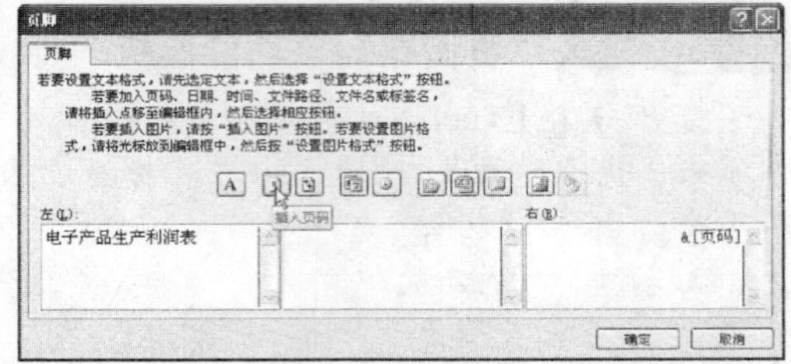

STEP 10 查看页脚

单击“确定”按钮，返回“页面设置”对话框，在“页脚”下方的列表框中将显示插入的页脚，如下图所示。

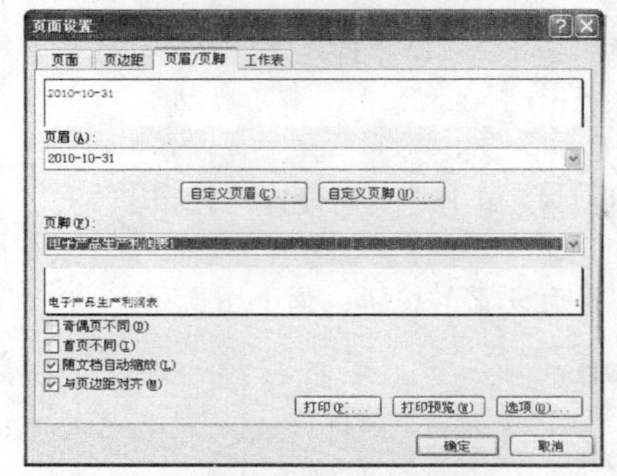

STEP 11 完成页眉页脚的设置

单击“确定”按钮，即可完成对页眉页脚的设置。

12.2.4 设置打印主题

在 Excel 2010 中，用户可以根据需要设置打印主题。

素材文件	第 12 章\12-37.xlsx	效果文件	无

STEP 01 进入“页面布局”功能面板

打开一个 Excel 文件，单击“页面布局”选项卡，进入“页面布局”功能面板，如下图所示。

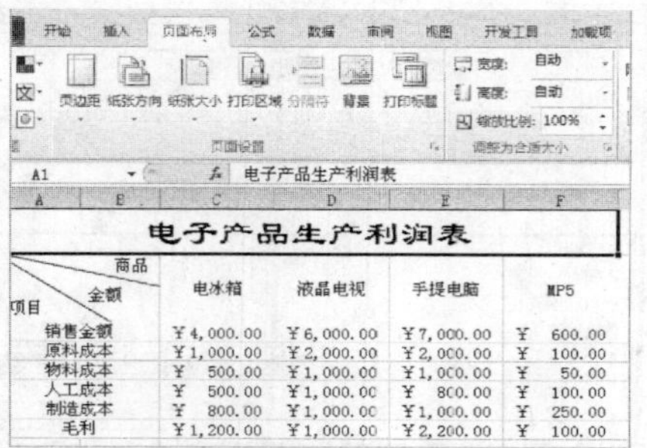

STEP 02 单击“打印标题”按钮

在“页面设置”选项区中单击“打印标题”按钮，如下图所示。

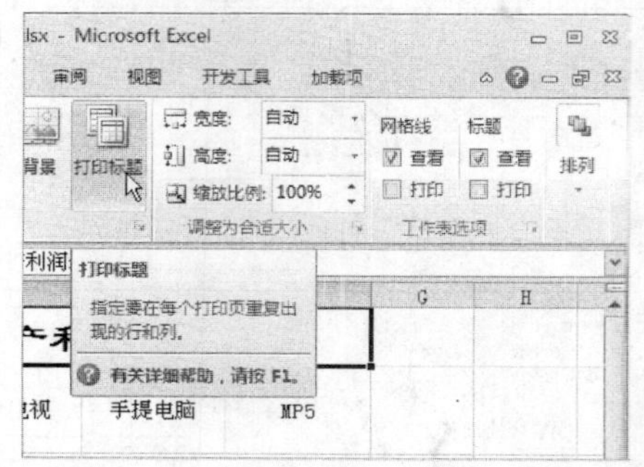

STEP 03　输入区域

弹出“页面设置”对话框，在“打印标题”选项区中的“顶端标题行”右侧的文本框中输入区域，如下图所示。

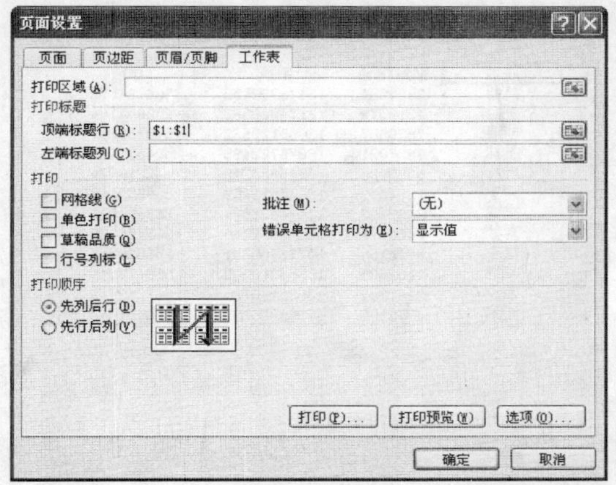

STEP 04　输入区域

在“左端标题列”右侧的文本框中输入标题区域，如下图所示。

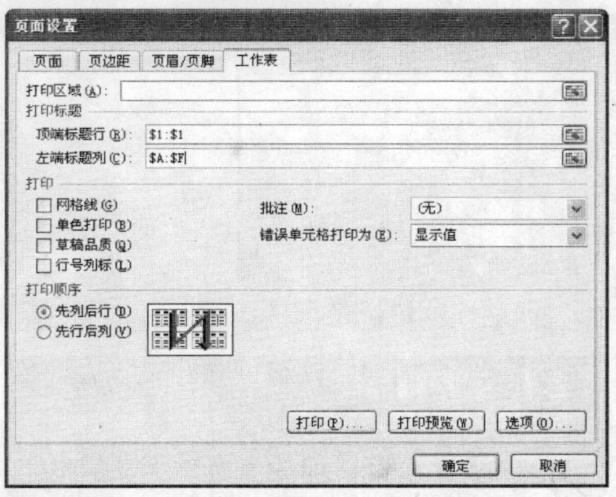

STEP 05　设置打印主题

单击“确定”按钮，即可完成对打印主题的设置。

专家指点

除了可以在“打印标题”选项区中的两个文本框中输入打印区域的单元格引用和名称外，还可以用鼠标在工作表中选择要打印的标题所在的单元格，来设置打印标题。

12.2.5　设置打印区域

在 Excel 2010 中，用户可以根据需要设置工作表的打印区域。

素材文件	第 12 章\12-51.xlsx	效果文件	无

STEP 01　进入“页面布局”功能面板

打开一个 Excel 文件，单击“页面布局”选项卡，进入“页面布局”功能面板，如下图所示。

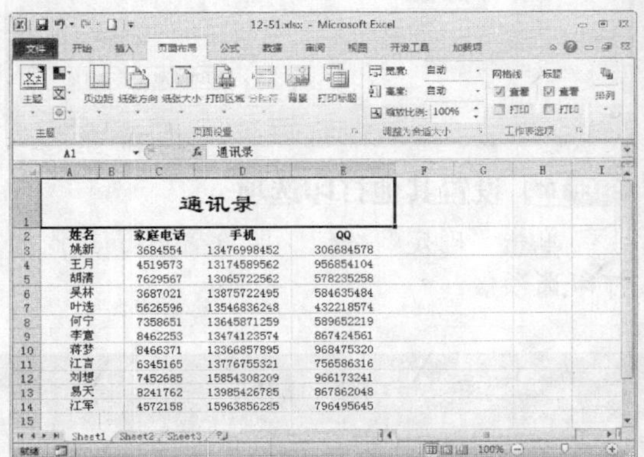

STEP 02　选择需要打印的区域

在工作表中选择需要打印的区域，如下图所示。

STEP 03　选择“设置打印区域”选项

在“页面设置”选项区中单击“打印区域”按钮，在弹出的下拉列表中选择“设置打印区域”选项，如下图所示。

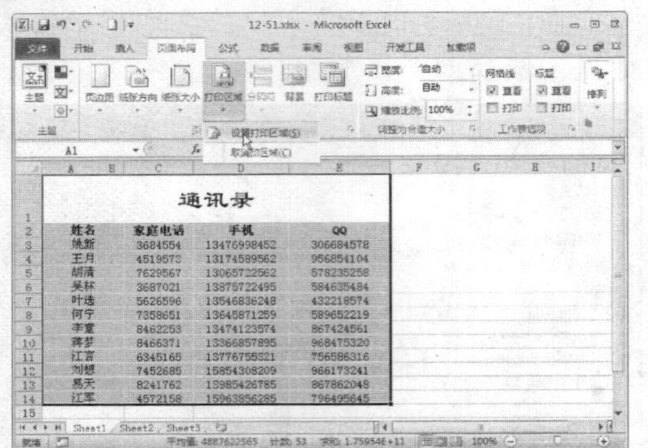

专家指点

若选择单个单元格作为打印区域，执行此操作将弹出警告提示信息框。

STEP 04 设置打印区域

执行操作后，即设置好了打印区域，如下图所示。

	A	B	C	D	E
1	通讯录				
2	姓名		家庭电话	手机	QQ
3	姚新		3684554	13476998452	306684578
4	王月		4519573	13174589562	956854104
5	胡清		7629567	13065722562	578235258
6	吴林		3687021	13875722495	584635484
7	叶选		5626596	13546836248	432218574
8	何宁		7358651	13645871259	589652219
9	李意		8462253	13474123574	867424561
10	蒋梦		8466371	13366857895	968475320
11	江言		6345165	13776755321	756586316
12	刘想		7452685	15854308209	966173241
13	易天		8241762	13985426785	867862048
14	江军		4572158	15963856285	796495645
15					

12.2.6 设置其他打印选项

在 Excel 2010 中，用户可以根据需要设置其他的打印选项。

素材文件	第 12 章\12-51.xlsx	效果文件	无

STEP 01 单击“页面设置”按钮

打开一个 Excel 文件，单击“页面布局”选项卡，进入“页面布局”功能面板，在“页面设置”选项区中单击右下角的“页面设置”按钮，如下图所示。

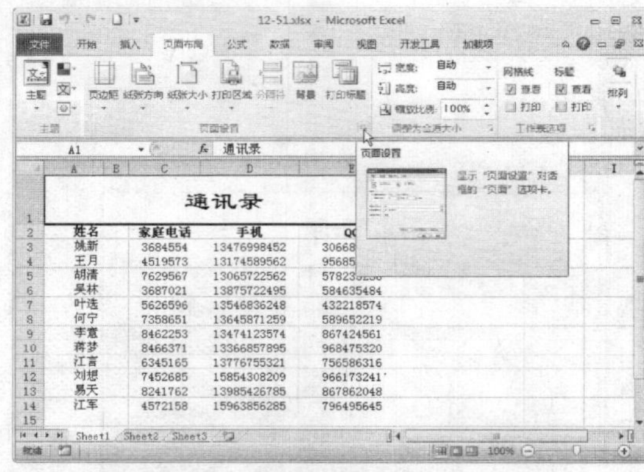

STEP 02 选中相应复选框

弹出“页面设置”对话框，切换至“工作表”选项卡，在“打印”选项区中选中“网格线”、“单色打印”复选框，如下图所示。

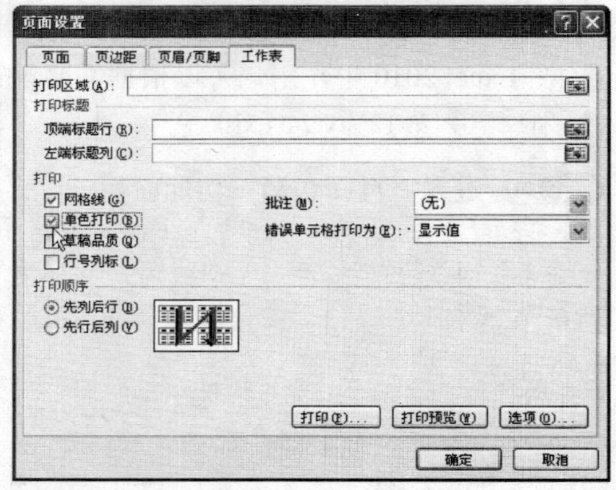

STEP 03 设置其他打印选项

单击“确定”按钮，即设置好了其他的打印选项。

12.3 设置分页符

在 Excel 2010 中，在对工作表进行打印时，如果工作表中的内容超过一页，Excel 将自动对工作表进行分页，并在分页处添加分页符。

12.3.1 插入分页符

分页符包括水平分页符和垂直分页符，水平分页符用于改变页面上数据行的数量，垂直分页符用于改变页面上数据列的数量。

素材文件	第 12 章\12-57.xlsx	效果文件	第 12 章\12-60.xlsx

STEP 01 进入“页面布局”功能面板

打开一个 Excel 文件，单击“页面布局”选项卡，进入“页面布局”功能面板，如下图所示。

STEP 02 选择单元格

选择需要插入分页符的单元格位置，如下图所示。

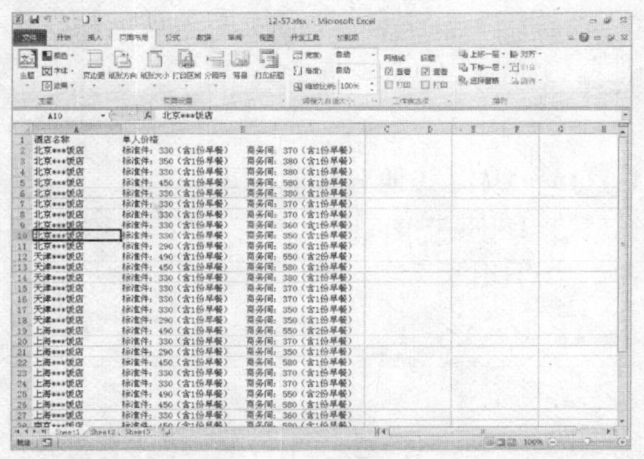

STEP 03 选择“插入分页符”选项

在“页面设置”选项区中单击“分隔符”按钮，在弹出的下拉列表中选择“插入分页符”选项，如下图所示。

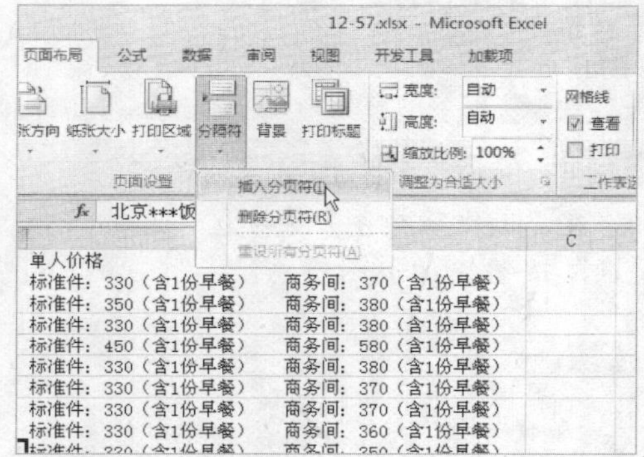

STEP 04 插入分页符

执行操作后，即可插入分页符，如下图所示。

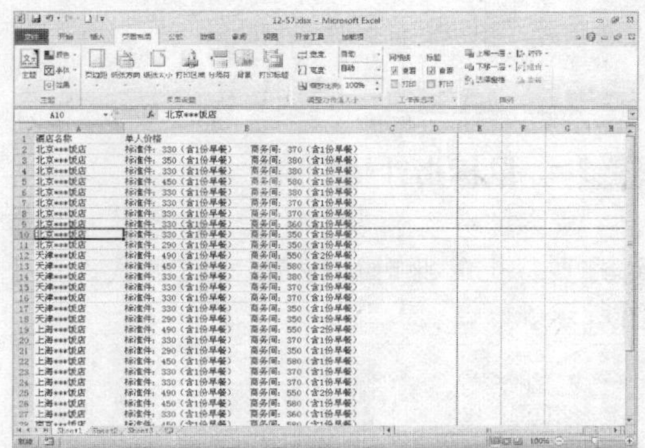

专家指点

在 Excel 2010 中，用分页预览视图查看工作表时，手动插入的分页符以实线显示，而系统自动添加的分页符则以虚线显示。

12.3.2 编辑分页符

在工作表中插入分页符后，用户可以根据需要对插入的分页符进行编辑，下面主要介绍编辑分页符的操作方法。

素材文件	第 12 章\12-60.xlsx	效果文件	第 12 章\12-66.xlsx

STEP 01 **进入“视图”功能面板**

打开一个Excel文件，单击“视图”选项卡，进入“视图”功能面板，如下图所示。

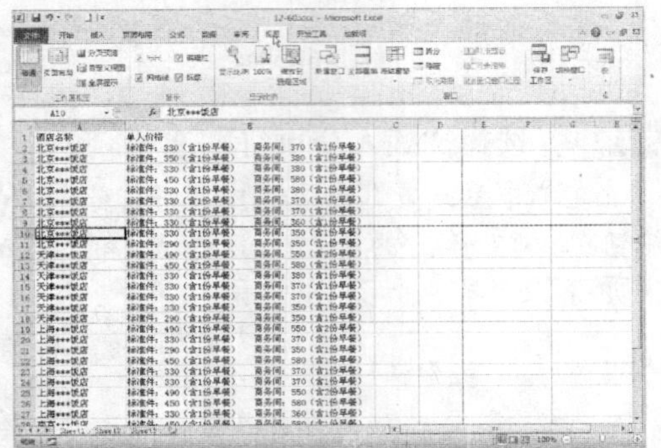

STEP 02 **单击“分页预览”按钮**

在“工作簿视图”选项区中单击“分页预览”按钮，如下图所示。

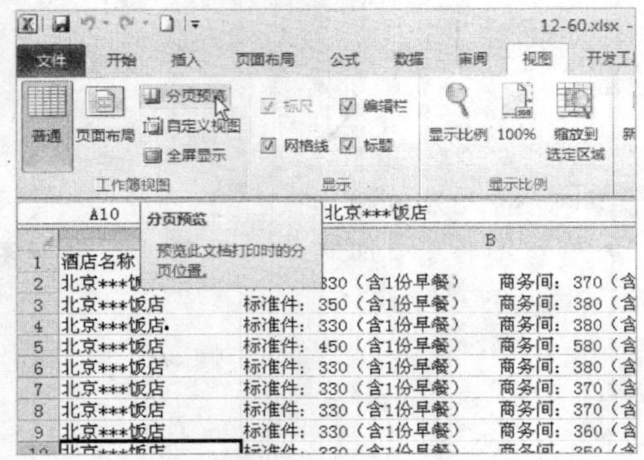

STEP 03 **鼠标指针呈↕形状**

进入“分页预览”模式，将鼠标指针移到分页符上，此时鼠标指针呈↕形状，如下图所示。

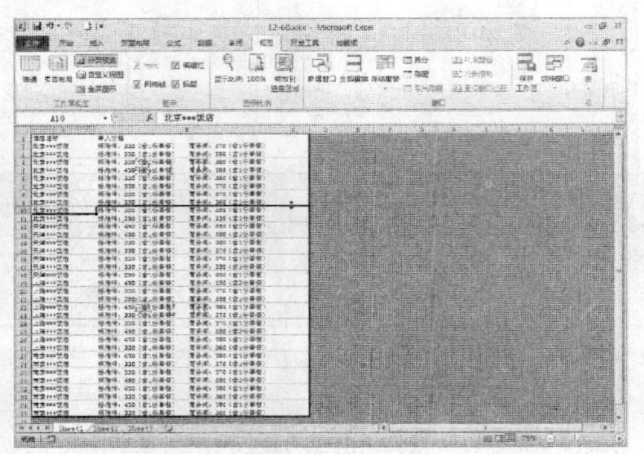

STEP 04 **拖曳鼠标**

按住鼠标左键并拖曳，如下图所示。

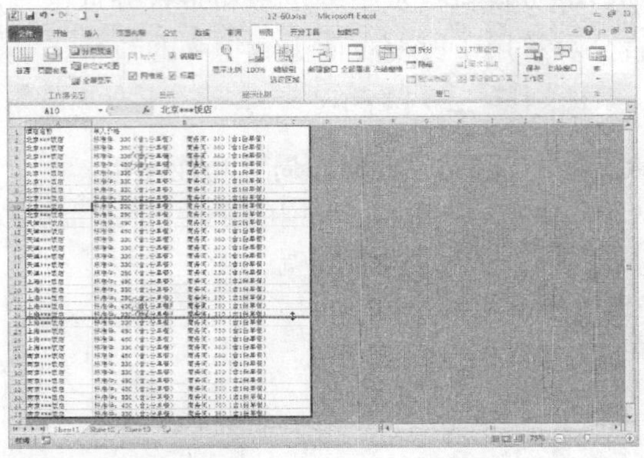

STEP 05 **编辑分页符**

至适当位置后，释放鼠标左键，即可编辑分页符，如下图所示。

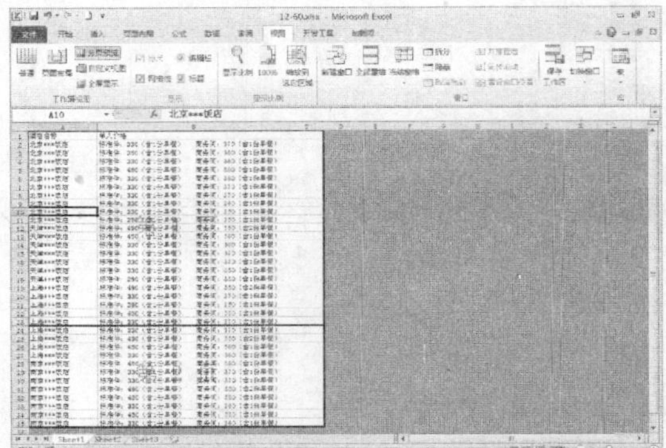

STEP 06 **编辑其他分页符**

用与上述相同的方法，编辑其他分页符，如下图所示。

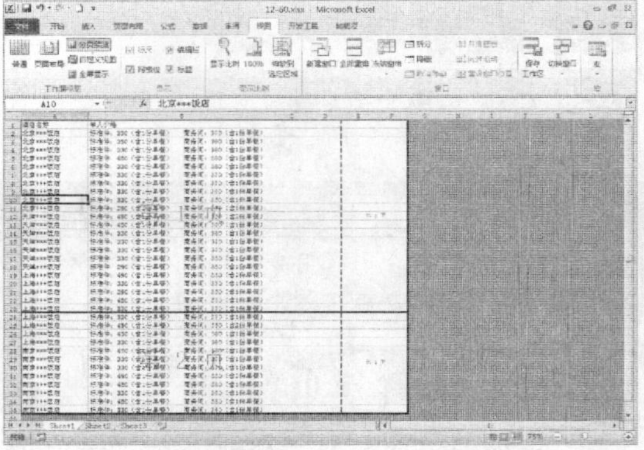

专家指点

在“分页预览”视图中，插入的分页符为蓝色实线。

12.3.3 删除分页符

在 Excel 2010 中，如果不再需要分页符，可以将其删除。

素材文件	第 12 章\12-60.xlsx	效果文件	第 12 章\12-70.xlsx

STEP 01 进入“页面布局”功能面板

打开一个 Excel 文件，单击“页面布局”选项卡，进入“页面布局”功能面板，如下图所示。

STEP 02 选择单元格

选择插入分页符的单元格位置，如下图所示。

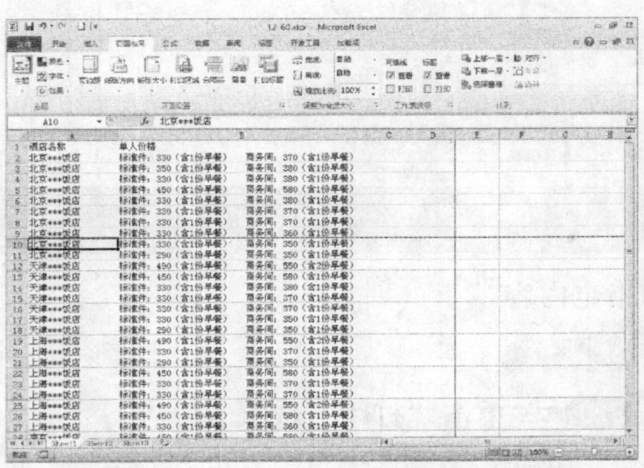

STEP 03 选择“删除分页符”选项

在“页面设置”选项区中单击“分隔符”按钮，在弹出的下拉列表中选择“删除分页符”选项，如下图所示。

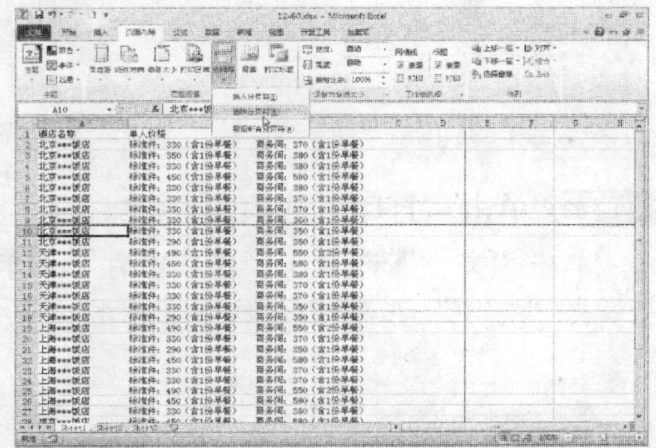

STEP 04 删除分页符

执行操作后，即可删除分页符，如下图所示。

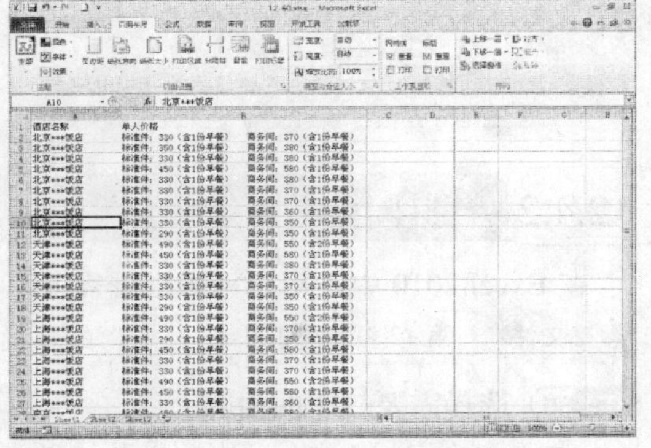

12.4 打印文件

在 Excel 2010 中，对工作表的打印设置完成以后，若对打印预览的效果满意，就可以开始打印文件了。

12.4.1 打印工作表

工作表中数据很多，但有时只需打印其中一部分数据，或是只需打印多页工作表中的某一页，因此工作表的打印可以分为对当前工作表、指定区域和指定页码的打印。

素材文件	第 12 章\12-71.xlsx	效果文件	无

STEP 01 打开文件

打开一个 Excel 文件，如下图所示。

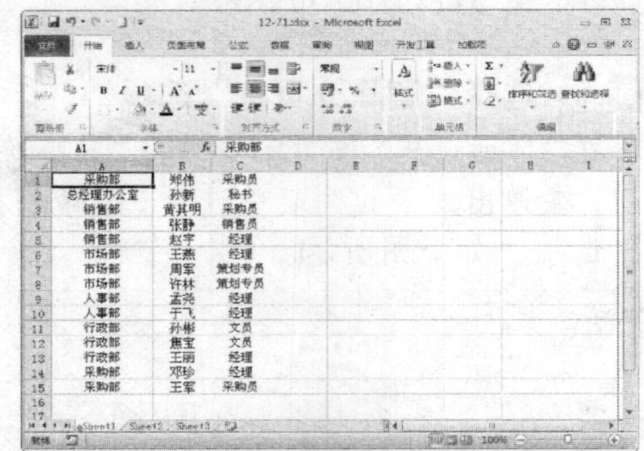

STEP 02 单击“打印”选项卡

单击“文件”选项卡，在“文件”菜单中单击“打印”选项卡，如下图所示。

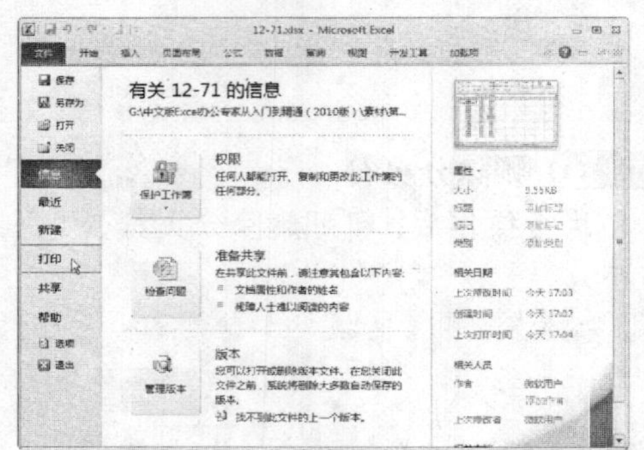

STEP 03 设置相应选项

设置“设置”为“打印活动工作表”，如下图所示。

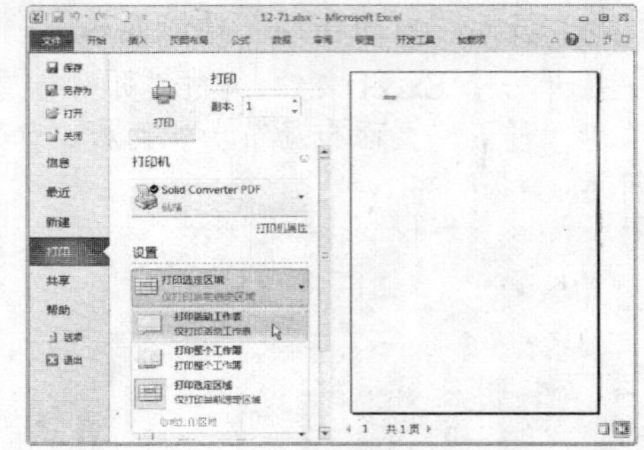

STEP 04 单击“打印”按钮

单击“打印”按钮，如下图所示，即可打印活动工作表。

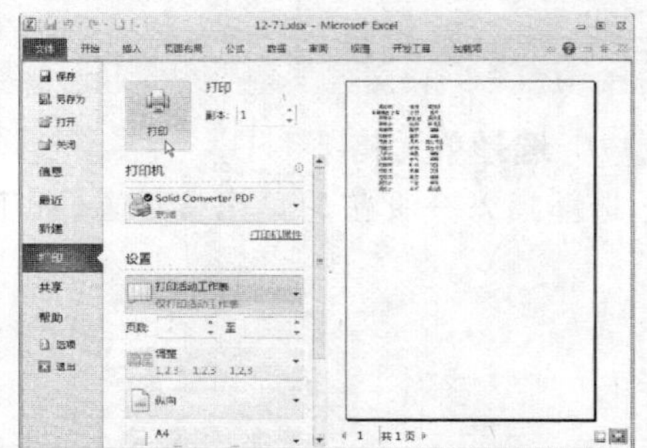

12.4.2 打印指定内容

在 Excel 2010 中，用户可以根据需要打印指定内容。

素材文件	第 12 章\12-71.xlsx	效果文件	无

STEP 01 选择需要打印的内容

打开一个 Excel 文件，选择需要打印的内容，如下图所示。

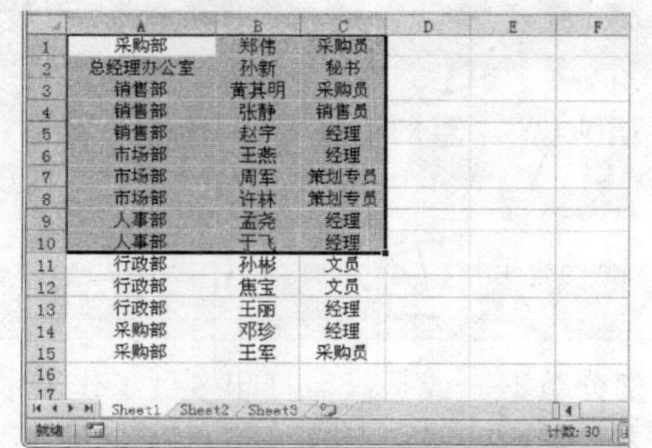

STEP 02 单击“打印”选项卡

单击“文件”选项卡，在“文件”菜单中单击“打印”选项卡，如下图所示。

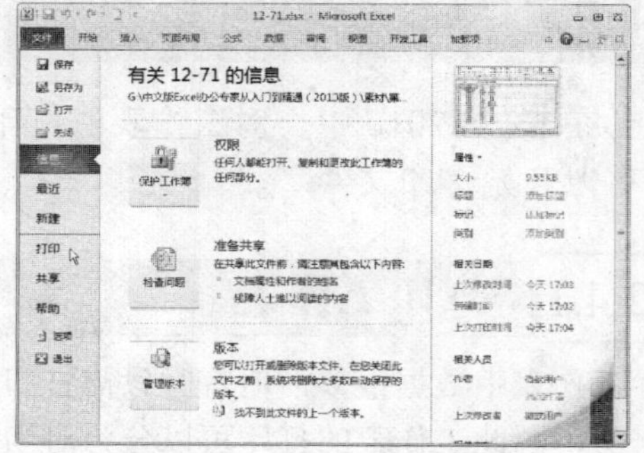

STEP 03　选择“打印选定区域”选项

单击“设置”下方的文本框右侧的下三角按钮，在弹出的下拉列表中选择“打印选定区域”选项，如下图所示。

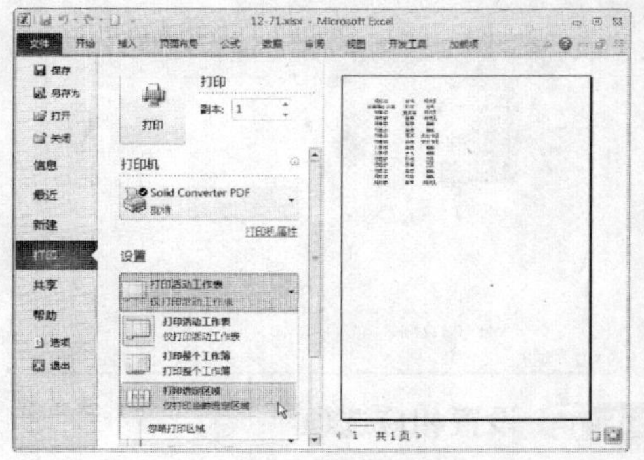

STEP 04　单击“打印”按钮

单击“打印”按钮（如下图所示），即可打印选定内容。

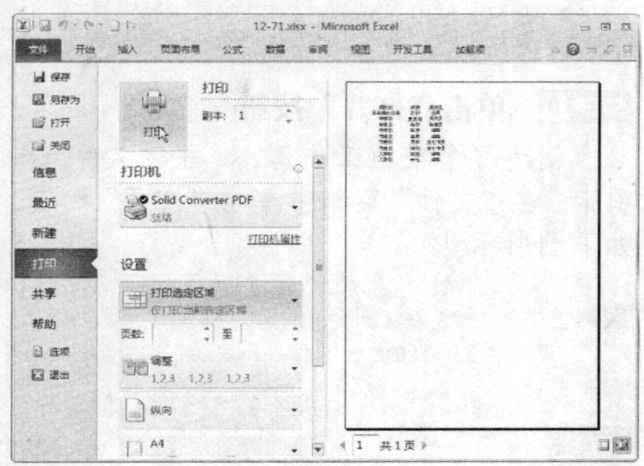

12.4.3　打印工作簿

在 Excel 2010 中，用户可以根据需要打印工作簿。

素材文件	第 12 章\12-79.xlsx	效果文件	无

STEP 01　打开文件

打开一个 Excel 文件，如下图所示。

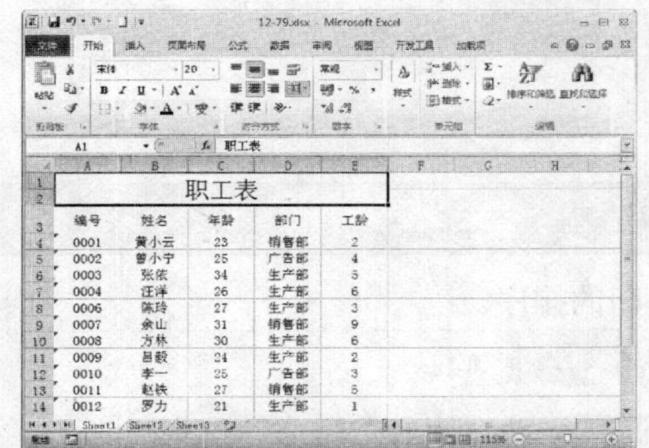

STEP 02　单击“打印”选项卡

单击“文件”选项卡，在“文件”菜单中单击“打印”选项卡，如下图所示。

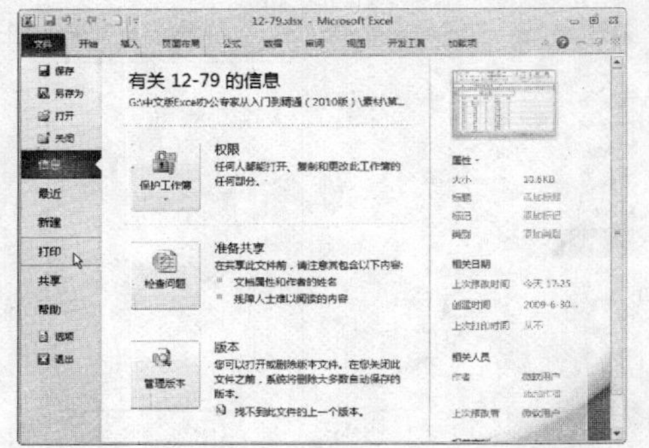

STEP 03　选择“打印整个工作簿”选项

单击“设置”下方的文本框右侧的下三角按钮，在弹出的下拉列表中选择“打印整个工作簿”选项，如下图所示。

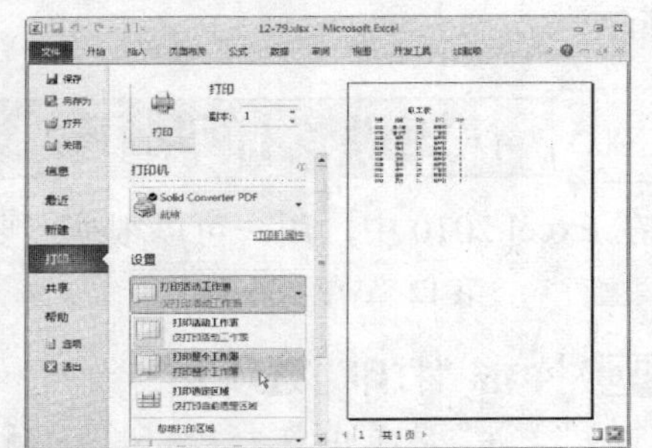

STEP 04　单击“打印”按钮

单击“打印”按钮，如下图所示，即可打印整个工作簿。

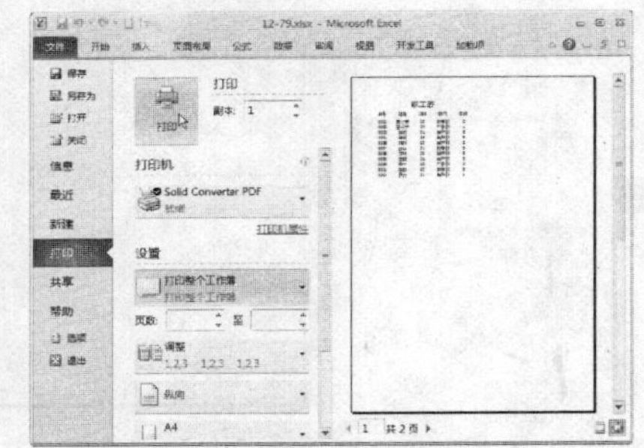

12.4.4 打印多个工作簿

在 Excel 2010 中，用户可以打印多个工作簿。

素材文件	第 12 章\12-83（a）、12-83（b）.xlsx	效果文件	无

STEP 01 单击“打开”按钮

创建一个空白工作簿，单击“文件”选项卡，在“文件”菜单中单击“打开”按钮，如下图所示。

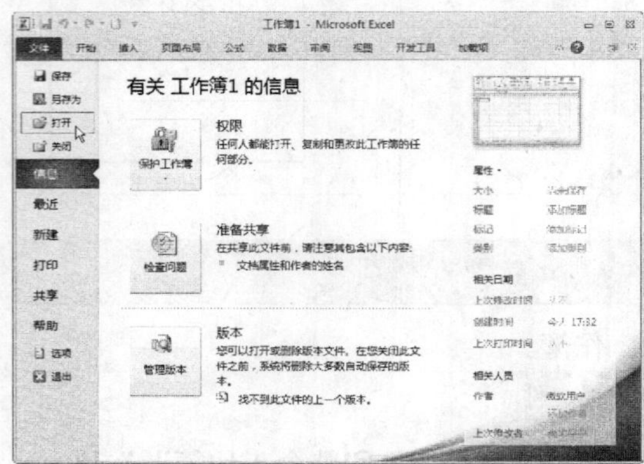

STEP 02 选择相应工作簿

即会弹出“打开”对话框，在其中选择12-83（a）.xlsx、12-83（b）.xlsx 工作簿，如下图所示。

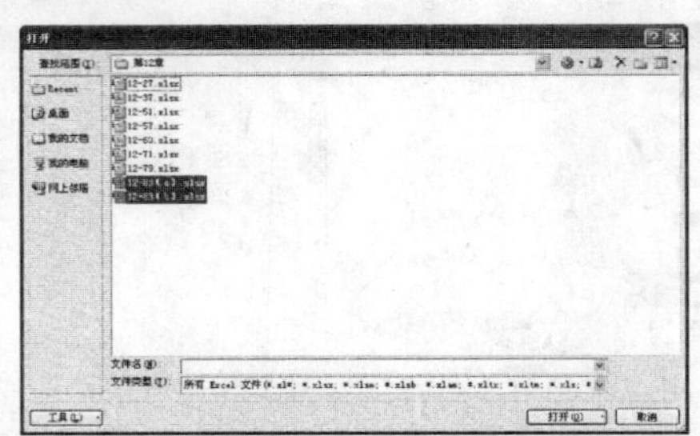

STEP 03 设置相应选项

设置“工具”为“打印”（如下图所示），即可打印多个工作簿。

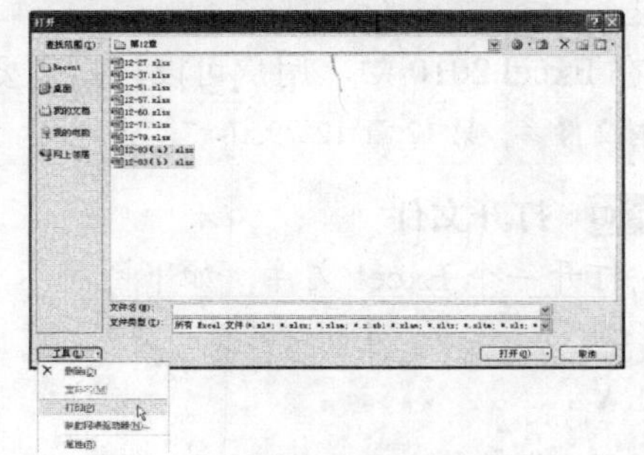

12.4.5 快速设置打印顺序

在 Excel 2010 中，用户可以根据需要设置打印的排序。

素材文件	第 12 章\12-86.xlsx	效果文件	无

STEP 01 单击“打印”选项卡

在“文件”菜单中单击“打印”选项卡，如下图所示。

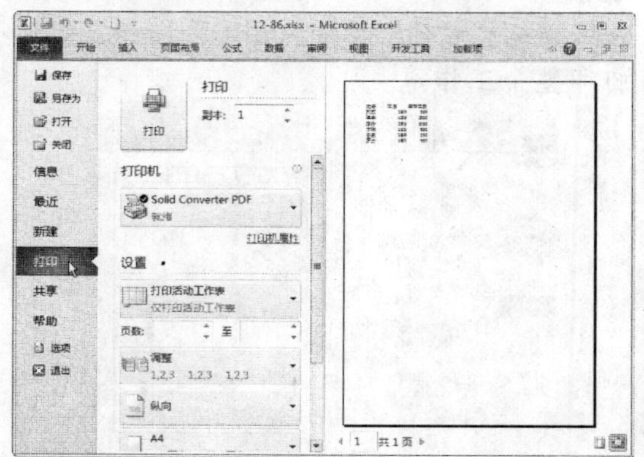

STEP 02 选择“取消排序”选项

单击“调整”右侧的下三角按钮，在弹出的下拉列表中选择“取消排序”选项（如下图所示），即可设置打印顺序。

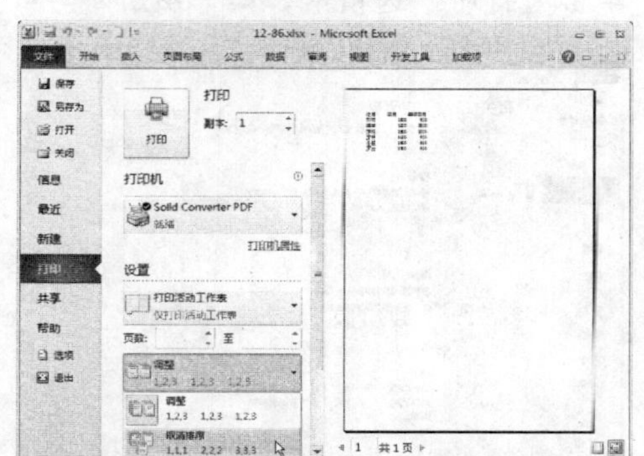

12.4.6　预览打印效果

在进行打印操作前，应该先进行打印预览，下面主要介绍预览打印效果的操作方法。

素材文件	第 12 章\12-86.xlsx	效果文件	无

STEP 01　单击"缩放到页面"按钮

在"文件"菜单中单击"打印"选项卡，单击右下角的"缩放到页面"按钮，如下图所示。

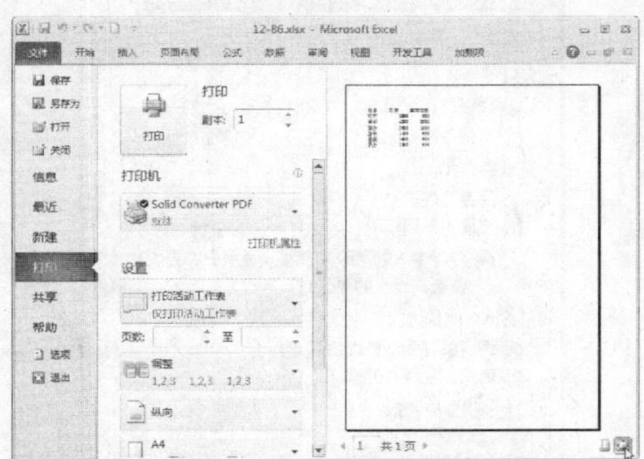

STEP 02　预览打印效果

执行操作后，即可预览打印效果，如下图所示。

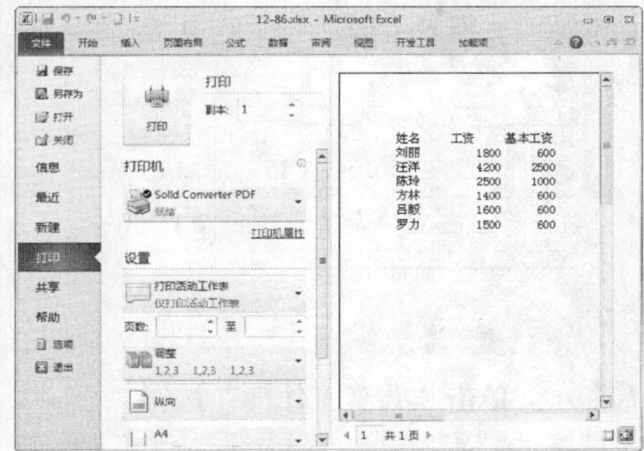

12.5　共享工作簿

在 Excel 2010 中，系统提供了共享工作簿的功能，若用户的计算机已经连接到网络中，即可使用该功能来共享工作簿。

12.5.1　在网络上打开工作簿

在 Excel 2010 中，如果用户的计算机已经连接到一个网络中，则可以打开保存在网络共享文件夹中的工作簿文件。

素材文件	第 12 章\12-90.xlsx	效果文件	无

STEP 01　选择"网上邻居"选项

在"文件"菜单中单击"打开"按钮，弹出"打开"对话框，在"查找范围"列表框中选择"网上邻居"选项，如下图所示。

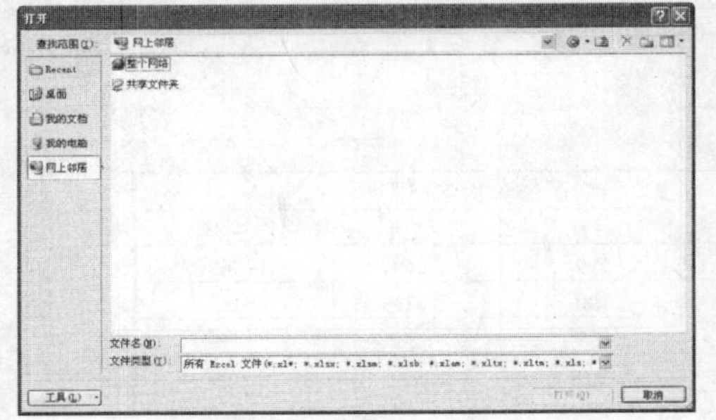

STEP 02　选择工作簿

在共享文件夹中选择需要打开的工作簿，如下图所示。

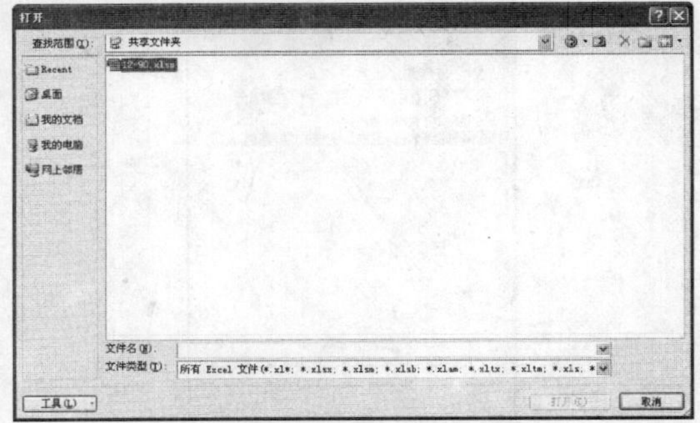

12.5.2 设置共享工作簿

在 Excel 2010 中，可以将工作簿设置为共享。

素材文件	第 12 章\12-92.xlsx	效果文件	第 12 章\12-97.xlsx

STEP 01 打开文件

打开一个 Excel 文件，如下图所示。

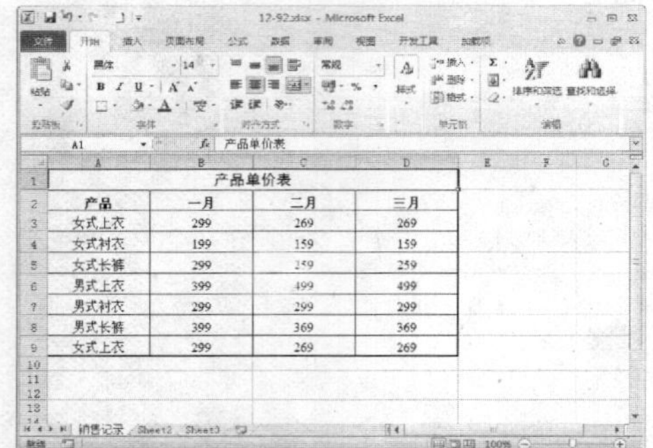

STEP 02 单击“共享工作簿”按钮

单击“审阅”选项卡，进入“审阅”功能面板，在“更改”选项区中，单击“共享工作簿”按钮，如下图所示。

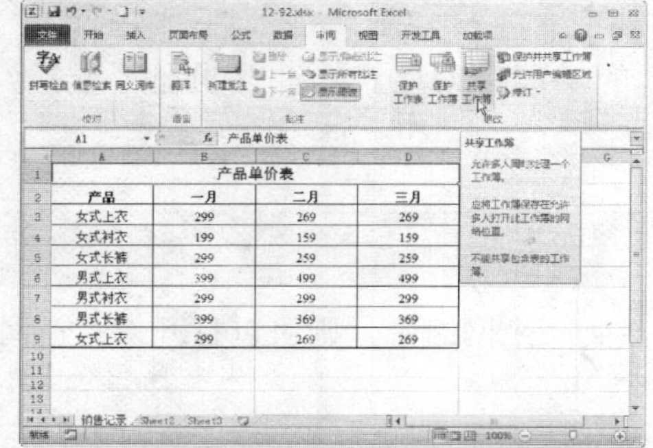

STEP 03 选中相应复选框

弹出“共享工作簿”对话框，选中“允许多用户同时编辑，同时允许工作簿合并”复选框，如下图所示。

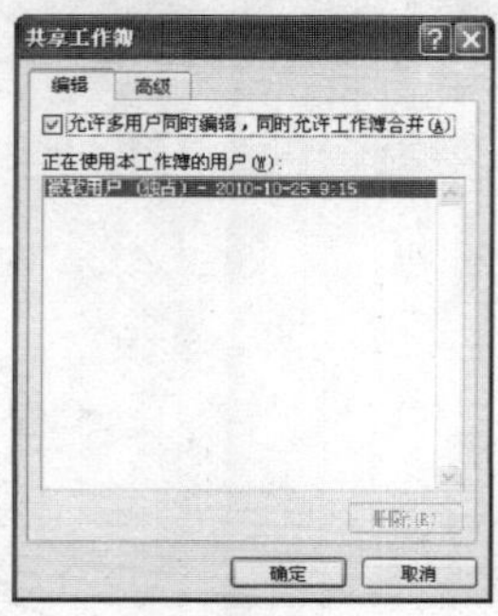

STEP 04 选中相应单选按钮

切换至“高级”选项卡，选中“自动更新间隔”单选按钮，如下图所示。

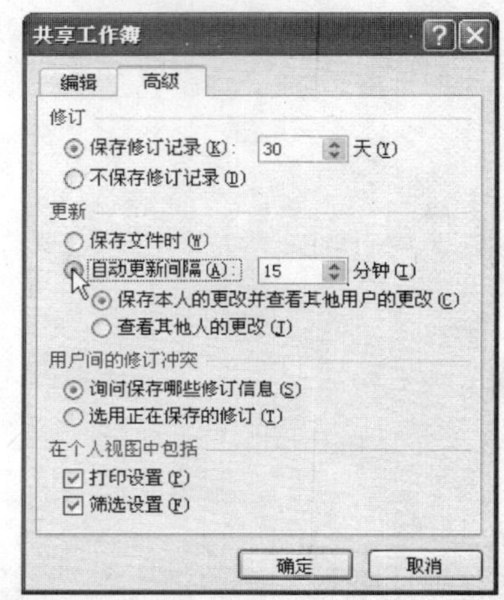

STEP 05 弹出提示信息框

单击“确定”按钮，弹出提示信息框，如下图所示。

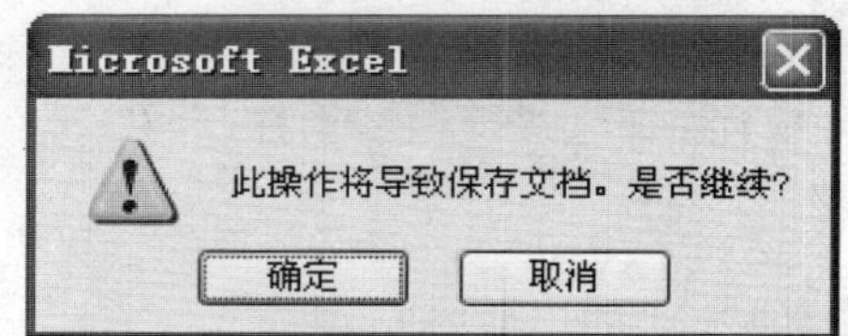

STEP 06 共享工作簿

单击“确定”按钮，即可共享工作簿，如下图所示。

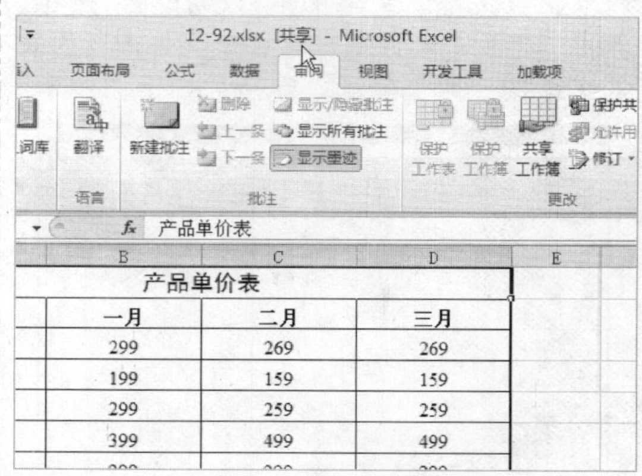

12.5.3 保护共享工作簿

在 Excel 2010 中，任何能够访问共享工作簿的用户都具有和创建者相同的权限，为了防止共享工作簿的共享状态被修改，需要对共享的工作簿进行保护。

素材文件	第 12 章\12-97.xlsx	效果文件	无

STEP 01 单击相应按钮

打开一个 Excel 文件，单击“审阅”选项卡，进入“审阅”功能面板，在“更改”选项区中单击“保护共享工作簿”按钮，如下图所示。

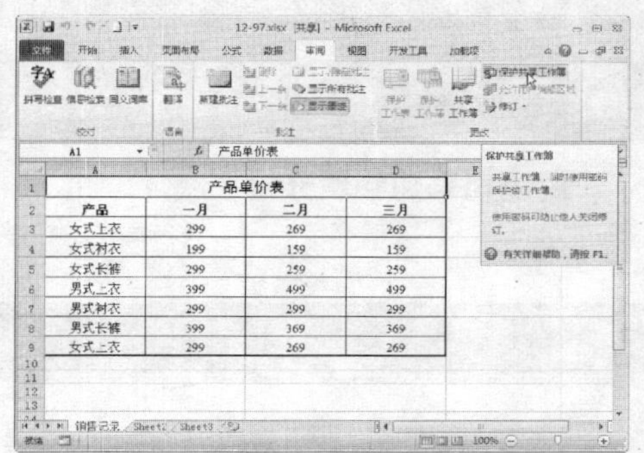

STEP 02 选中相应复选框

弹出“保护共享工作簿”对话框，在其中选中“以跟踪修订方式共享”复选框，如下图所示。

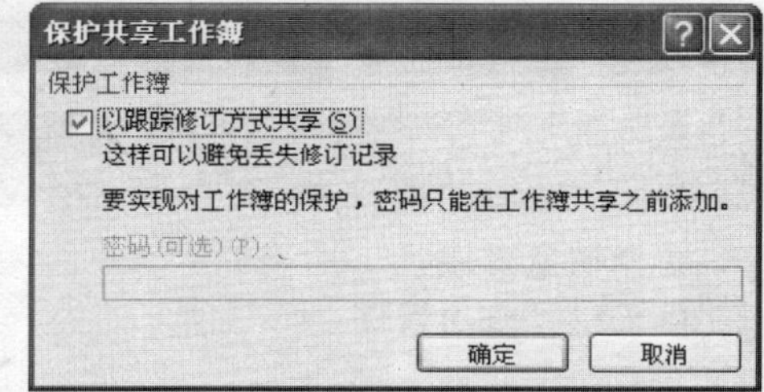

STEP 03 保护共享工作簿

单击“确定”按钮，即可保护共享的工作簿。

12.5.4 撤销工作簿的共享状态

在 Excel 2010 中，如果不再需要共享工作簿，则可以撤销该工作簿的共享状态。

素材文件	第 12 章\12-97.xlsx	效果文件	无

STEP 01 单击“共享工作簿”

打开一个 Excel 文件，单击“审阅”选项卡，进入“审阅”功能面板，在“更改”选项区中单击“共享工作簿”按钮，如下图所示。

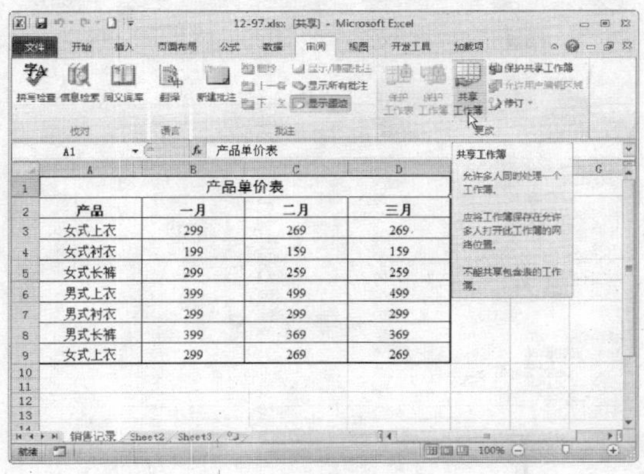

STEP 02 取消选择相应复选框

弹出“共享工作簿”对话框，在其中取消选择“允许多用户同时编辑，同时允许工作簿合并”复选框，如下图所示。

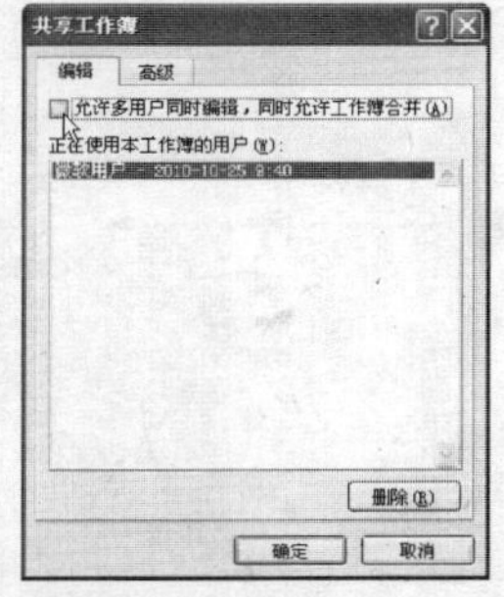

STEP 03 撤销工作簿的共享状态

单击“确定”按钮，弹出提示信息框，单击“是”按钮，撤销工作簿的共享状态。

Chapter 13

章前知识导读

在行政与文秘工作中，常常需要制作各种各样的数据表格清单，用来进行数据运算、数据统计以及结果分析。使用 Excel 2010 可以使这些处理工作变得十分简单。

行政与文秘案例实战

重点知识索引

- 客户信息管理
- 员工出差支出管理
- 公司采购管理分析

效果图片欣赏

编号	姓名	性别	出生年月	所在公司	所在职位	联系方式	Email	联系地址
wz01	陈晓	男	1979-12-1	晨晖公司	部门经理	13552349756	cfwz163@.com	长沙五一大道59号
wz02	张志	男	1976-10-15	诚志网络	部门经理	13274559562	zlwz163@.com	长沙八一路75号
wz03	宁南	女	1972-4-6	晨晖公司	秘书	15116364235	zzwz163@.com	长沙芙蓉台137号
wz04	[illegible]	男	1972-5-15	晨晖公司	市场部经理	13776522495	lxrwzyahoo@.com	长沙八一路36号
wz05	陈旭	男	1977-12-5	晨晖公司	销售部经理	13724512345	cxwzyahoo@.com	长沙芙蓉台221号
wz06	[illegible]	男	1976-12-9	深度创意	设计师	13698351259	szrwzyahoo@.com	长沙芙蓉台47号
wz07	[illegible]	女	1982-12-10	深度创意	设计师	15523125876	zjwzyahoo@.com	长沙芙蓉台78号
wz08	[illegible]	男	1980-7-11	诚志网络	程序员	15262488495	wxnwzyahoo@.com	长沙人民路168号
wz09	[illegible]	男	1985-11-12	深度创意	设计师	13763095321	cxwzqq@.com	长沙[illegible]56号
wz10	[illegible]	女	1983-12-23	深度创意	设计师	15954368259	gxwzyahoo@.com	长沙五一路76号
wz11	[illegible]	男	1986-7-14	[illegible]	助理	13935426213	zmwzyahoo@.com	长沙[illegible]241号
wz12	[illegible]	女	1982-8-7	诚志网络	前台	15963211485	yxxwzyahoo@.com	长沙五一路39号
wz13	[illegible]	男	1985-12-16	零度技术	软件测试师	13476595452	hzmwzyahoo@.com	长沙[illegible]26号
wz14	[illegible]	女	1982-7-17	爱梦婚纱	摄影师	13174559562	lyywzyahoo@.com	长沙[illegible]75号
wz15	[illegible]	男	1984-9-13	晨晖公司	程序员	13056422351	jlwzqq@.com	长沙人民路145号
wz16	江平	男	1986-12-19	零度技术	特效设计师	13876522495	jpwzqq@.com	长沙东塘120号
wz17	刘伟	女	1981-10-20	[illegible]	后期编辑师	13542156245	lwz163@.com	长沙[illegible]126号
wz18	[illegible]	女	1982-7-21	[illegible]	员工	13645701259	zmwz163@.com	长沙东塘123号
wz19	[illegible]	女	1983-6-12	[illegible]	销售总监	13473125876	jzhwz163@.com	长沙芙蓉台125号
wz20	[illegible]	男	1987-12-23	爱梦婚纱	员工	13362455495	zzwzyahoo@.com	长沙[illegible]26号
wz21	[illegible]	男	1974-12-3	深度创意	剧本编辑师	13774655321	zrwzqq@.com	长沙[illegible]145号
wz22	[illegible]	女	1983-10-25	零度技术	网络维护员	15873648259	dxwzqq@.com	长沙[illegible]120号
wz23	[illegible]	男	1979-9-26	[illegible]	设计师	13185423352	lfwzqq@.com	长沙[illegible]126号
wz24	刘峰	男	1979-12-27	爱梦婚纱	设计师	15163211455	zxwz163@.com	长沙东塘东124号
wz25	[illegible]	女	1983-6-23	诚志网络	设计师	13735426214	cfwz139@.com	长沙芙蓉台321号
wz26	[illegible]	男	1976-12-12	爱梦婚纱	销售部经理	18926453272	zlwz11qq@.com	长沙[illegible]162号

客户信息管理表

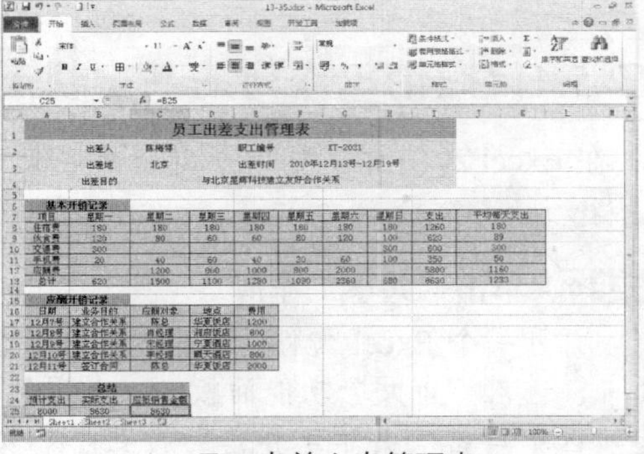

员工出差支出管理表

公司采购管理分析

厂商编号	WZX-078962	账单编号	WZX-165982
厂商名称	湖南省长沙市	登记日期	2010-12-29
公司地址	五一广场212号	联络电话	1.587E+10
账单总额	￥30,000.00	采购编号	PC系列

进货日期	产品编号	产品名称	规格	数量	单价	小计	备注
40494	PC-022	商用软件	双CD附书	150	8	1200	
40456	PC-022	商用软件	双CD附书	100	8	800	
40520	PC-021	杂志刊物	17寸	700	6.8	4760	
40494	PC-021	杂志刊物	17寸	600	6.8	4080	
40456	PC-021	杂志刊物	17寸	800	6.8	5440	
40520	PC-016	语言类图书	15寸	200	38.8	7760	
40494	PC-016	语言类图书	15寸	60	38.8	2328	
40456	PC-016	语言类图书	15寸	40	38.8	1552	
40520	PC-012	绘图板	4*6	100	700	70000	
40494	PC-012	绘图板	4*6	100	700	70000	
40456	PC-012	绘图板	4*6	60	700	42000	
40520	PC-001	计算机图书	15寸	550	58.9	32395	
40494	PC-001	计算机图书	15寸	300	58.9	17670	
40456	PC-001	计算机图书	15寸	400	58.9	23560	
40494	PC-016	语言类图书	15寸	300	58.9	17670	
40456	PC-001	计算机图书	15寸	400	58.9	23560	

行标签	求和项：数量	求和项：单价	求和项：小计	计数项：进货日期
PC-001	1650	235.6	97185	4
计算机图书	1650	235.6	97185	4
15寸	1650	235.6	97185	4
(空白)	1650	235.6	97185	4
PC-012	260	2100	182000	3
绘图板	260	2100	182000	3
4*6	260	2100	182000	3
(空白)	260	2100	182000	3
PC-016	600	175.3	29310	4
语言类图书	600	175.3	29310	4
15寸	600	175.3	29310	4
(空白)	600	175.3	29310	4
PC-021	2100	20.4	14280	3
杂志刊物	2100	20.4	14280	3
17寸	2100	20.4	14280	3
(空白)	2100	20.4	14280	3
PC-022	250	16	2000	2
商用软件	250	16	2000	2
双CD附书	250	16	2000	2
(空白)	250	16	2000	2
总计	4860	2547.3	324775	16

公司采购管理分析表

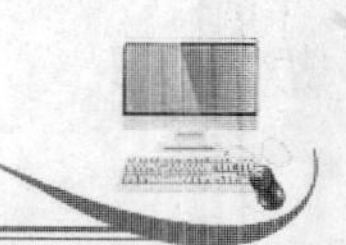

13.1 客户信息管理

本案例介绍制作客户信息管理表，效果如下图所示。

客户信息管理								
编号	姓名	性别	出生年月	所在公司	所在职位	联系方式	Email	联系地址
wz01	陈峰	男	1979-12-4	星辉公司	部门经理	13582349756	cfwz163@.com	长沙五一大道89号
wz02	张志	男	1976-10-15	诚志网络	部门经理	13274589562	zlwz163@.com	长沙八一路78号
wz03	宁南	女	1972-4-6	星辉公司	秘书	15116364235	zzwz163@.com	长沙定王台137号
wz04	李鑫如	男	1972-5-15	星辉公司	市场部经理	13776522495	lxrwzyahoo@.com	长沙八一路96号
wz05	陈旭	男	1977-12-8	星辉公司	销售部经理	13724812348	cxwzyahoo@.com	长沙定王台221号
wz06	孙志明	男	1976-12-9	深度创意	设计师	13698361259	szzwzyahoo@.com	长沙定王台47号
wz07	张洁	女	1982-12-10	深度创意	设计师	15523125876	zjwzyahoo@.com	长沙定王台78号
wz08	王新南	男	1980-7-11	诚志网络	程序员	15262488495	wxnwzyahoo@.com	长沙人民路168号
wz09	周治平	男	1985-11-12	深度创意	设计师	13763095321	cxwzqq@.com	长沙芙蓉路56号
wz10	古钱	女	1983-12-23	深度创意	设计师	15954308259	gxwzyahoo@.com	长沙五一路76号
wz11	曾梅	男	1988-7-14	摩旅科技	助理	13985426213	zmwzyahoo@.com	长沙白沙路241号
wz12	叶晓新	女	1982-8-7	诚志网络	前台	15963211485	yxxwzyahoo@.com	长沙五一路89号
wz13	何志明	男	1985-12-16	零度技术	软件测试师	13476598452	hzmwzyahoo@.com	长沙书院路26号
wz14	李依依	女	1982-7-17	爱梦婚纱	摄影师	13174589562	lyywzyahoo@.com	长沙书院路75号
wz15	蒋磊	男	1984-9-18	星辉公司	程序员	13056422351	jlwzqq@.com	长沙人民路145号
wz16	江平	男	1986-12-19	零度技术	动漫设计师	13876522495	jpwzqq@.com	长沙东塘120号
wz17	刘伟	女	1981-10-20	摩旅科技	后期编辑师	13542136248	lwwz163@.com	长沙书院路126号
wz18	周梅	女	1982-7-21	志远科技	美工	13645701259	zmwz163@.com	长沙东塘123号
wz19	江枝慧	女	1983-6-12	旺旺食品	销售总监	13473125876	jzhwz163@.com	长沙定王台125号
wz20	张丰	男	1987-12-23	爱梦婚纱	美工	13362488495	zzwzyahoo@.com	长沙马王堆26号
wz21	李冉如	男	1974-12-3	深度创意	剧本编辑师	13774655321	zrrwzqq@.com	长沙远大路145号
wz22	邓雯喜	女	1983-10-25	零度技术	网络维护员	15873648259	dwxwzqq@.com	长沙新民路120号

客户信息管理表

素材文件	无	效果文件	第 13 章\13-34.xlsx

13.1.1 添加表格内容

添加表格内容的具体操作步骤如下：

STEP 01 新建文档

新建一个 Excel 空白工作簿，如下图所示。

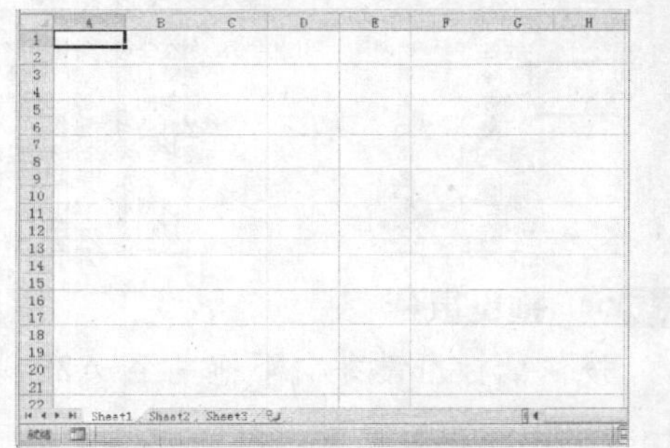

STEP 02 输入相应内容

在单元格中输入“客户信息管理”，如下图所示。

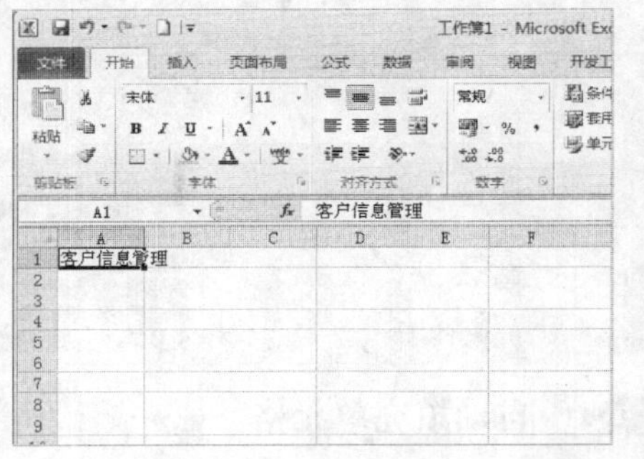

STEP 03 选择单元格

选择 A2 单元格，如下图所示。

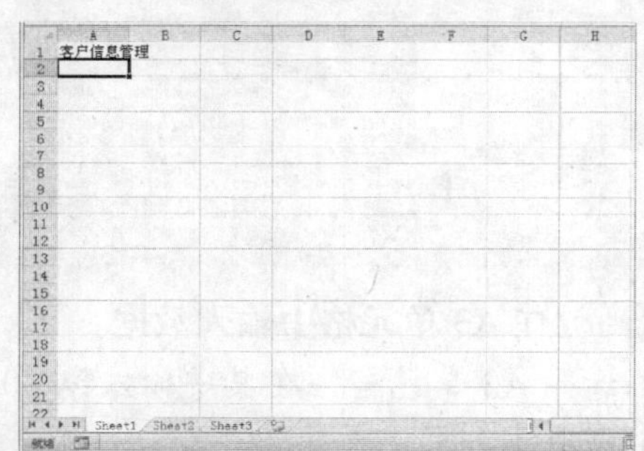

STEP 04 定位单元格

在单元格中输入“编号”，按方向键“→”将鼠标指针定位到 B2 单元格，如下图所示。

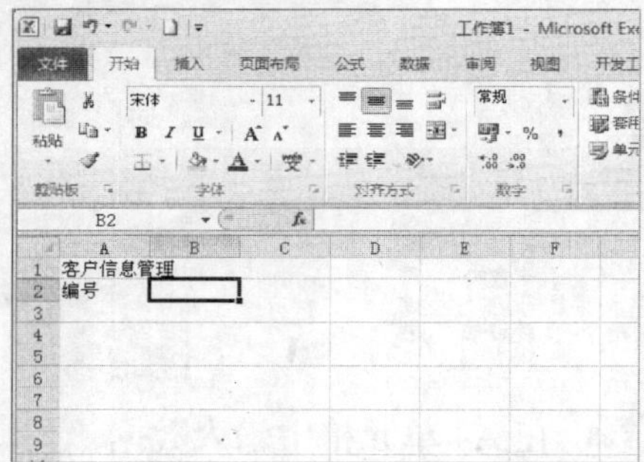

STEP 05 添加内容

用与上述相同的方法，为第 2 行单元格添加内容，如下图所示。

STEP 06 输入数据

在其他相应单元格中输入数据，如下图所示。

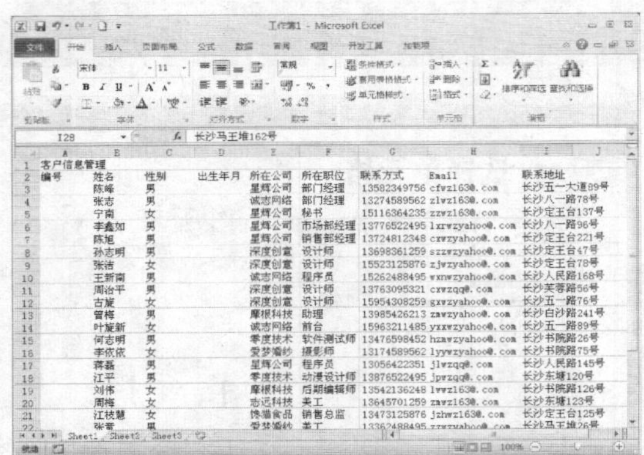

STEP 07 在 A3 单元格中输入数据

选择 A3 单元格，在其中输入 WZ01，如下图所示。

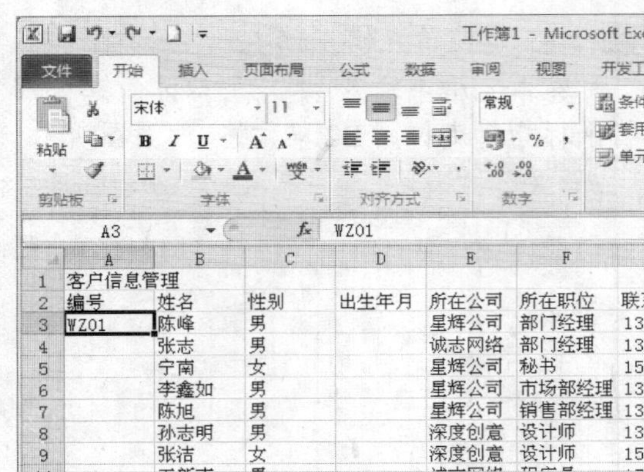

STEP 08 在 A4 单元格中输入数据

按【Enter】键确认，在 A4 单元格中输入 WZ02，如下图所示。

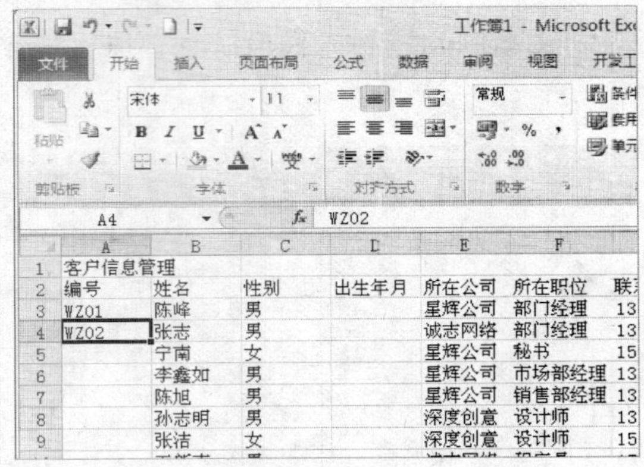

STEP 09 鼠标指针呈+形状

选择 A3、A4 单元格区域，将鼠标指针移至 A4 单元格右下角，此时鼠标指针呈+形状，如下图所示。

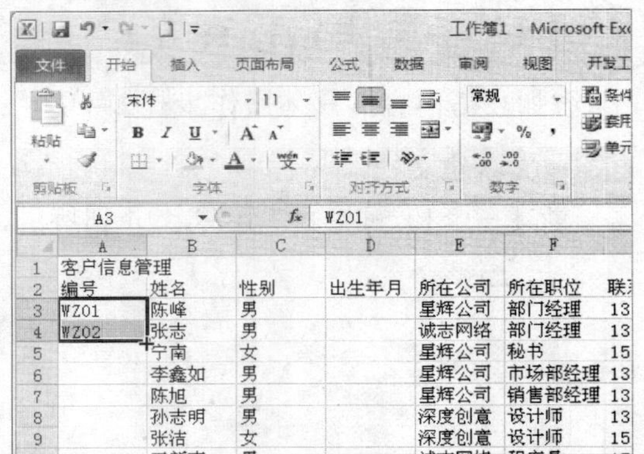

STEP 10 拖曳鼠标

按住鼠标左键并向下拖曳至 A28 单元格，如下图所示。

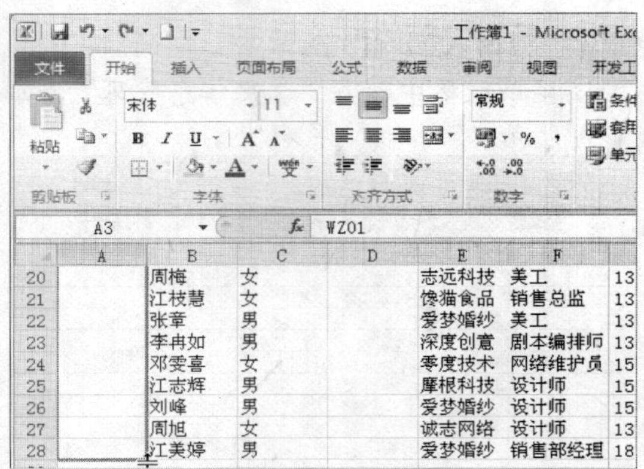

STEP 11 自动填充单元格

释放鼠标左键，即可自动填充单元格，如下图所示。

	A	B	C	D	E	F	G
2	编号	姓名	性别	出生年月	所在公司	所在职位	联系方式
3	WZ01	陈峰	男		星辉公司	部门经理	1358234975
4	WZ02	张志	男		诚志网络	部门经理	1327458956
5	WZ03	宁南	女		星辉公司	秘书	1511636423
6	WZ04	李鑫如	男		星辉公司	市场部经理	1377652249
7	WZ05	陈旭	男		星辉公司	销售部经理	1372481234
8	WZ06	孙志明	男		深度创意	设计师	1369836125
9	WZ07	张洁	女		深度创意	设计师	1552312587
10	WZ08	王新南	男		诚志网络	程序员	1526248849
11	WZ09	周治平	男		深度创意	设计师	1376309532
12	WZ10	古旋	女		深度创意	设计师	1595430825
13	WZ11	曾梅	男		摩根科技	助理	1398542621
14	WZ12	叶旋新	女		诚志网络	前台	1596321148
15	WZ13	何志明	男		零度技术	软件测试师	1347659845
16	WZ14	李依依	女		爱梦婚纱	摄影师	1317458956
17	WZ15	蒋磊	男		星辉公司	程序员	1305642235
18	WZ16	江平	男		零度技术	动漫设计师	1387652249
19	WZ17	刘伟	女		摩根科技	后期编辑师	1354213624
20	WZ18	周梅	女		志远科技	美工	1364570125
21	WZ19	江枝慧	女		馋猫食品	销售总监	1347312587
22	WZ20	张章	男		爱梦婚纱	美工	1336248849
23	WZ21	李典如			深度创意	剧本编排师	1377465532

STEP 12 选择单元格

在工作表中选择 D3 至 D28 单元格区域，如下图所示。

	A	B	C	D	E	F	G
1	客户信息管理						
2	编号	姓名	性别	出生年月	所在公司	所在职位	联系方式
3	WZ01	陈峰	男		星辉公司	部门经理	1358234975
4	WZ02	张志	男		诚志网络	部门经理	1327458956
5	WZ03	宁南	女		星辉公司	秘书	1511636423
6	WZ04	李鑫如	男		星辉公司	市场部经理	1377652249
7	WZ05	陈旭	男		星辉公司	销售部经理	1372481234
8	WZ06	孙志明	男		深度创意	设计师	1369836125
9	WZ07	张洁	女		深度创意	设计师	1552312587
10	WZ08	王新南	男		诚志网络	程序员	1526248849
11	WZ09	周治平	男		深度创意	设计师	1376309532
12	WZ10	古旋	女		深度创意	设计师	1595430825
13	WZ11	曾梅	男		摩根科技	助理	1398542621
14	WZ12	叶旋新	女		诚志网络	前台	1596321148
15	WZ13	何志明	男		零度技术	软件测试师	1347659845
16	WZ14	李依依	女		爱梦婚纱	摄影师	1317458956
17	WZ15	蒋磊	男		星辉公司	程序员	1305642235
18	WZ16	江平	男		零度技术	动漫设计师	1387652249
19	WZ17	刘伟	女		摩根科技	后期编辑师	1354213624
20	WZ18	周梅	女		志远科技	美工	1364570125
21	WZ19	江枝慧	女		馋猫食品	销售总监	1347312587

STEP 13 选择"短日期"选项

在"开始"功能面板的"数字"选项区中单击"数字格式"右侧的下三角按钮，在弹出的下拉列表中选择"短日期"选项，如下图所示。

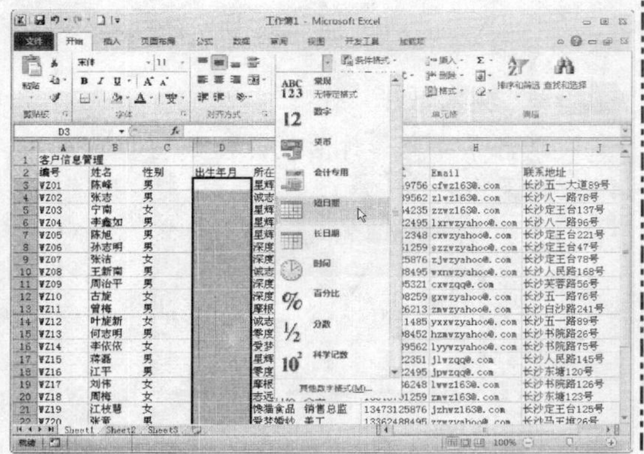

STEP 14 输入日期数据

选择 D3 单元格，在其中输入所需的数据，如下图所示。

D3 79-12-4

	A	B	C	D	E	F
1	客户信息管理					
2	编号	姓名	性别	出生年月	所在公司	所在职位
3	WZ01	陈峰	男	79-12-4	星辉公司	部门经理
4	WZ02	张志	男		诚志网络	部门经理
5	WZ03	宁南	女		星辉公司	秘书
6	WZ04	李鑫如	男		星辉公司	市场部经理
7	WZ05	陈旭	男		星辉公司	销售部经理
8	WZ06	孙志明	男		深度创意	设计师
9	WZ07	张洁	女		深度创意	设计师

STEP 15 按【Enter】键确认

按【Enter】键进行确认，即可将输入的数据值转换为设置的短日期格式，如下图所示。

	A	B	C	D	E	F
1	客户信息管理					
2	编号	姓名	性别	出生年月	所在公司	所在职位
3	WZ01	陈峰	男	1979-12-4	星辉公司	部门经理
4	WZ02	张志	男		诚志网络	部门经理
5	WZ03	宁南	女		星辉公司	秘书
6	WZ04	李鑫如	男		星辉公司	市场部经理
7	WZ05	陈旭	男		星辉公司	销售部经理
8	WZ06	孙志明	男		深度创意	设计师
9	WZ07	张洁	女		深度创意	设计师

STEP 16 为其他单元格添加数据

用与上述相同的方法，为其他单元格添加数据，如下图所示。

D28 1976-12-12

	A	B	C	D	E	F	G	H	I
1	客户信息管理								
2	编号	姓名	性别	出生年月	所在公司	所在职位	联系方式	Email	联系地址
3	WZ01	陈峰	男	1979-12-4	星辉公司	部门经理	13582349756	cfwz163@.com	长沙五一大道89号
4	WZ02	张志	男	1976-10-15	诚志网络	部门经理	13274589562	zlwz163@.com	长沙八一路78号
5	WZ03	宁南	女	1972-4-6	星辉公司	秘书	15116364235	zzwz163@.com	长沙定王台137号
6	WZ04	李鑫如	男	1972-5-15	星辉公司	市场部经理	13776522495	lxrwzyahoo@.com	长沙八一路96号
7	WZ05	陈旭	男	1977-12-8	星辉公司	销售部经理	13724812348	cxwzyahoo@.com	长沙定王台221号
8	WZ06	孙志明	男	1976-12-9	深度创意	设计师	13698361259	szzwzyahoo@.com	长沙定王台47号
9	WZ07	张洁	女	1982-12-10	深度创意	设计师	15523125876	zjwzyahoo@.com	长沙定王台78号
10	WZ08	王新南	男	1980-7-11	诚志网络	程序员	15262488495	wxnwzyahoo@.com	长沙人民路168号
11	WZ09	周治平	男	1985-11-12	深度创意	设计师	13763095321	cxwzqq@.com	长沙芙蓉路56号
12	WZ10	古旋	女	1983-12-23	深度创意	设计师	15954308259	gxwzyahoo@.com	长沙五一路76号
13	WZ11	曾梅	男	1986-7-14	摩根科技	助理	13985426213	zmwzyahoo@.com	长沙白沙路241号
14	WZ12	叶旋新	女	1982-8-7	诚志网络	前台	15963211485	yxxwzyahoo@.com	长沙五一路89号
15	WZ13	何志明	男	1985-12-16	零度技术	软件测试师	13476598452	hzmwzyahoo@.com	长沙书院路26号
16	WZ14	李依依	女	1982-7-17	爱梦婚纱	摄影师	13174589562	lyywzyahoo@.com	长沙书院路75号
17	WZ15	蒋磊	男	1984-9-18	星辉公司	程序员	13056422351	jlwzqq@.com	长沙人民路145号
18	WZ16	江平	男	1986-12-19	零度技术	动漫设计师	13876522495	jpwzqq@.com	长沙东塘120号
19	WZ17	刘伟	女	1981-10-20	摩根科技	后期编辑师	13542136248	lwwz163@.com	长沙书院路126号
20	WZ18	周梅	女	1982-7-21	志远科技	美工	13645701259	zmwz163@.com	长沙东塘123号
21	WZ19	江枝慧	女	1983-6-12	馋猫食品	销售总监	13473125876	jzhwz163@.com	长沙定王台125号

13.1.2 设置数据格式

设置数据格式的具体操作步骤如下：

STEP 01 选择单元格

在工作表中，选择 A1:I1 单元格区域，如下图所示。

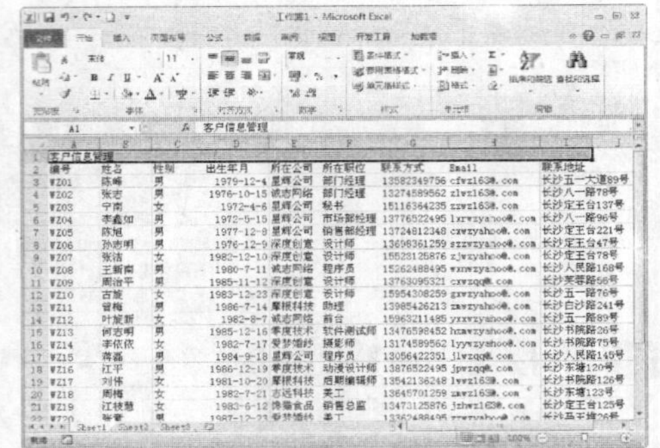

STEP 02 选择“合并后居中”选项

在“对齐方式”选项区中，单击“合并后居中”右侧的下三角按钮，在弹出的下拉列表中选择“合并后居中”选项，如下图所示。

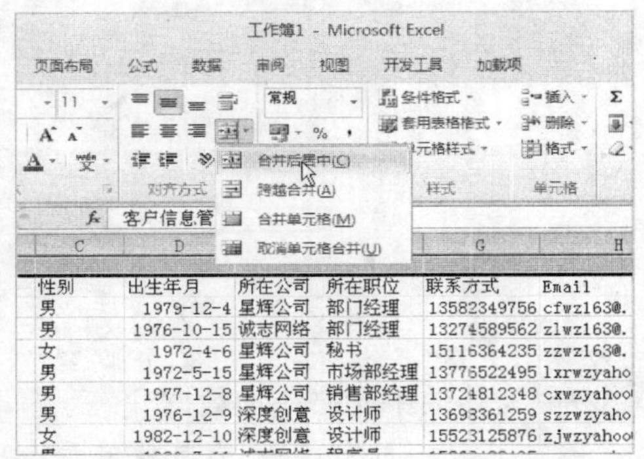

STEP 03 合并单元格

执行操作后，即可合并单元格，并将内容居中，如下图所示。

STEP 04 设置字体格式

在“字体”选项区中设置“字体”为“创艺简隶书”、“字号”为 28，如下图所示。

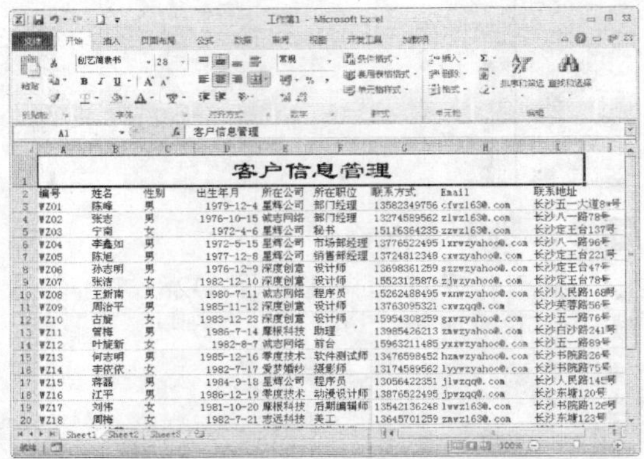

STEP 05 选择“行高”选项

选择标题所在的行，单击鼠标右键，在弹出的快捷菜单中选择“行高”选项，如下图所示。

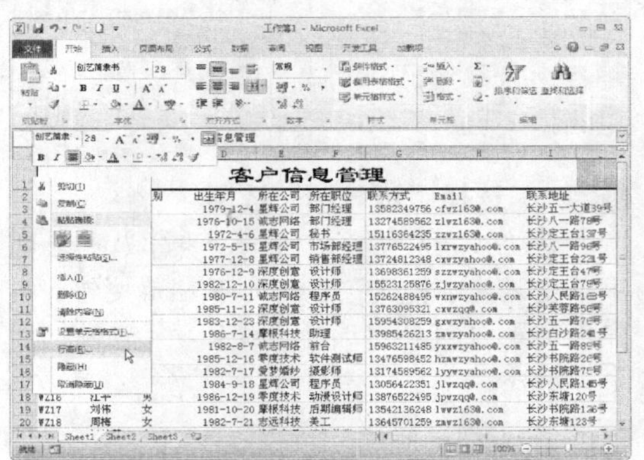

STEP 06 输入数值

弹出“行高”对话框，在数值框中输入 45，如下图所示。

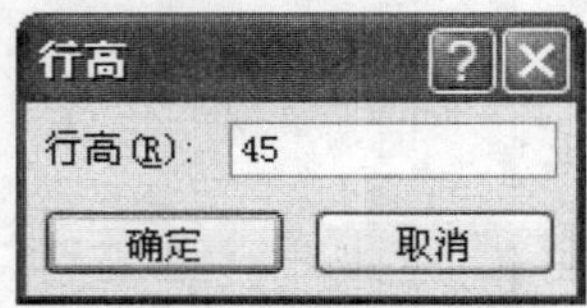

STEP 07 设置行高

单击“确定”按钮，即可将选择的标题

行的行高设置为 45，如下图所示。

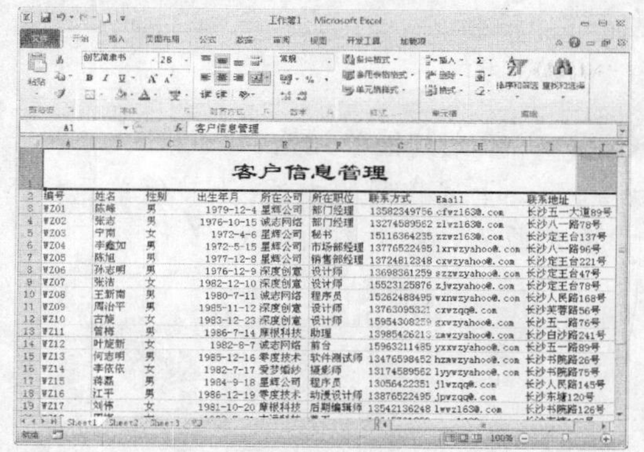

STEP 08 设置相应格式

用与上述相同的方法，选择第 2 行，在“字体”选项区中设置其字体格式，并设置其行高和对齐方式，如下图所示。

STEP 09 设置列宽

选择 B 列单元格区域，单击鼠标右键，在弹出的快捷菜单中选择“列宽”选项，在弹出的“列宽”对话框中输入 8.75，单击“确定”按钮设置列宽，效果如下图所示。

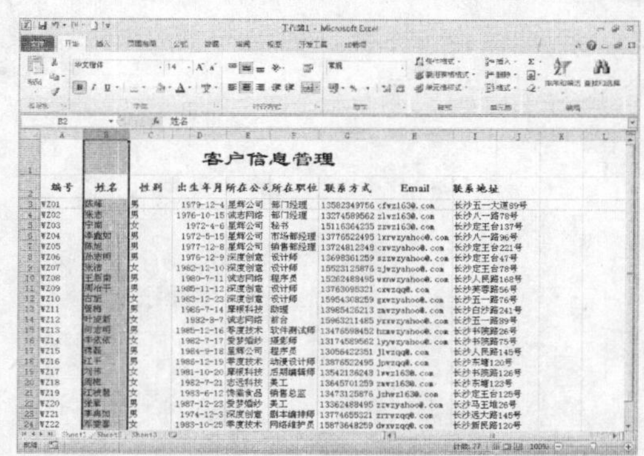

STEP 10 设置其他列的列宽

用与上述相同的方法，设置其他列的列宽，如下图所示。

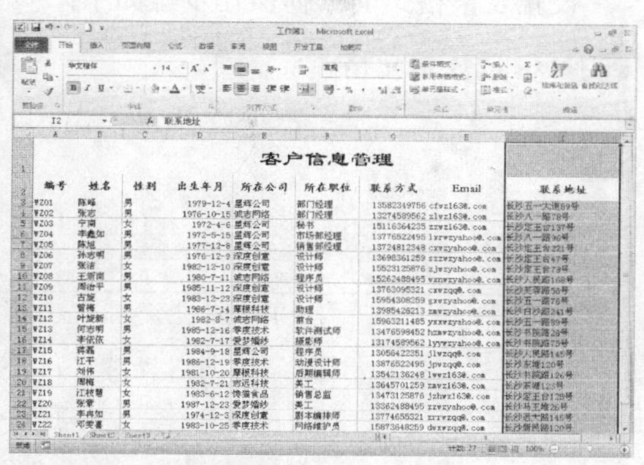

STEP 11 选项单元格区域

在工作表中选择 A3：I28 单元格区域，如下图所示。

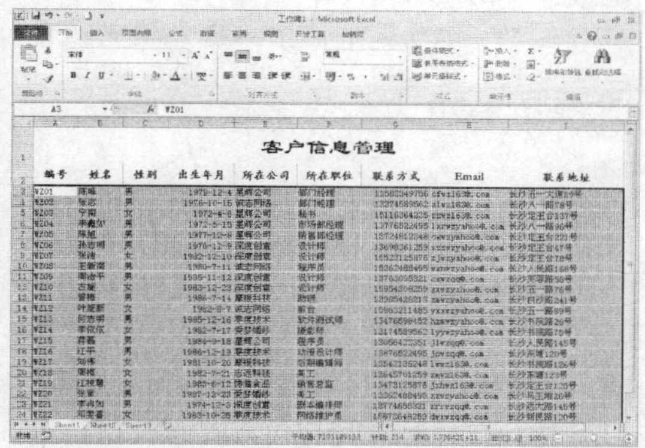

STEP 12 设置字体格式

在“字体”选项区中设置“字体”为“华康简楷”，在“对齐方式”选项区中单击“居中”按钮，即可设置单元格区域中字体的格式，如下图所示。

13.1.3 设置表格格式

设置表格格式的具体操作步骤如下：

STEP 01 选择单元格

选择A1单元格，如下图所示。

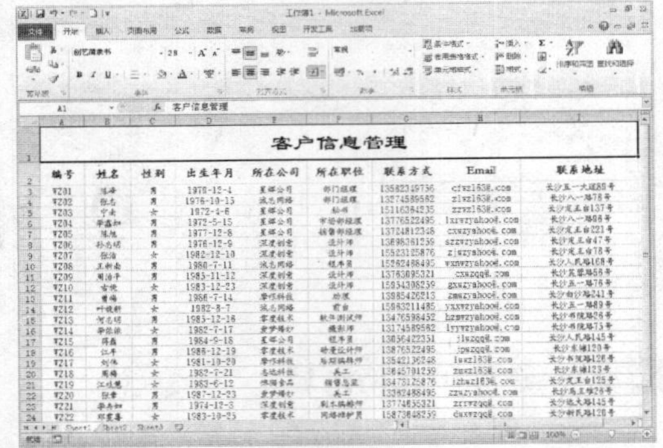

STEP 02 选择填充颜色

在“字体”选项区中单击“填充颜色”右侧的下三角按钮，在弹出的调色板中，选择所需的颜色，如下图所示。

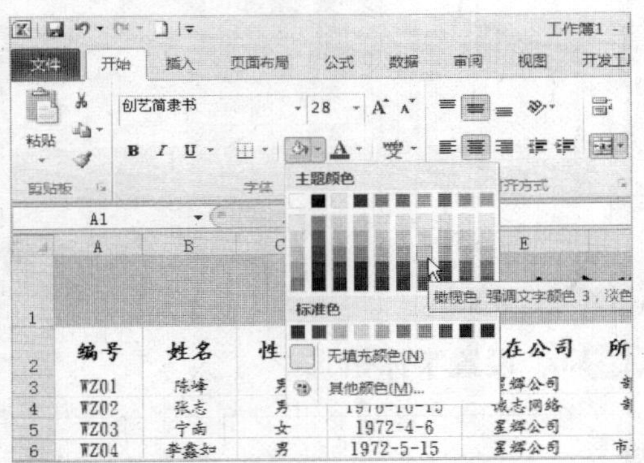

STEP 03 填充行

用与上述相同的方法，为第2行数据添加填充颜色，如下图所示。

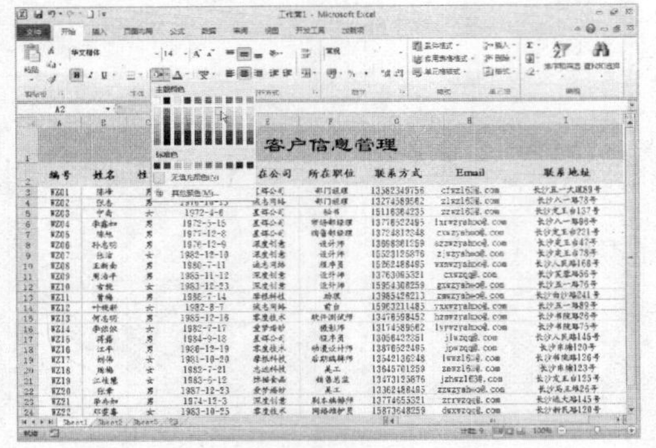

STEP 04 填充其他单元格

用与上述相同的方法，为其他单元格添加填充颜色，如下图所示。

STEP 05 选择“所有框线”选项

选择数据区域，在“字体”选项区中单击“无框线”右侧的下三角按钮，在弹出的下拉列表中选择“所有框线”选项，如下图所示。

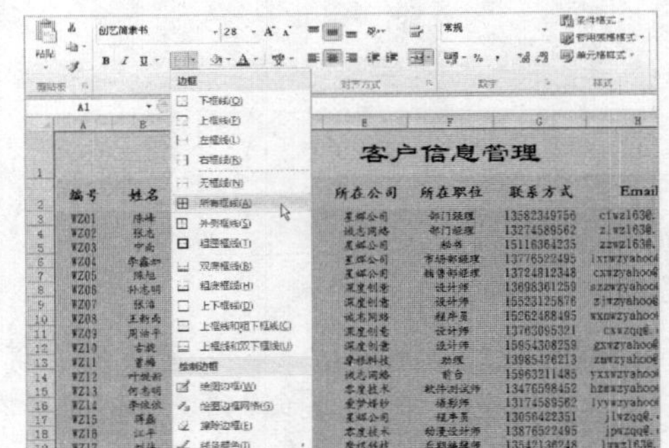

STEP 06 添加框线

执行操作后，即可为表格添加框线，最终效果如下图所示。

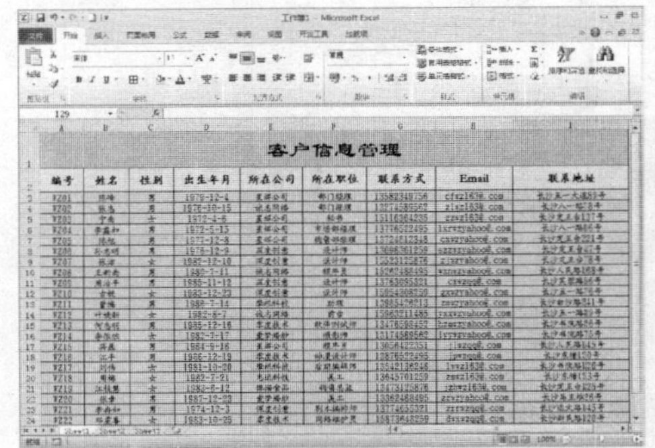

13.2 员工出差支出管理

本案例介绍制作员工出差支出管理表，效果如下图所示。

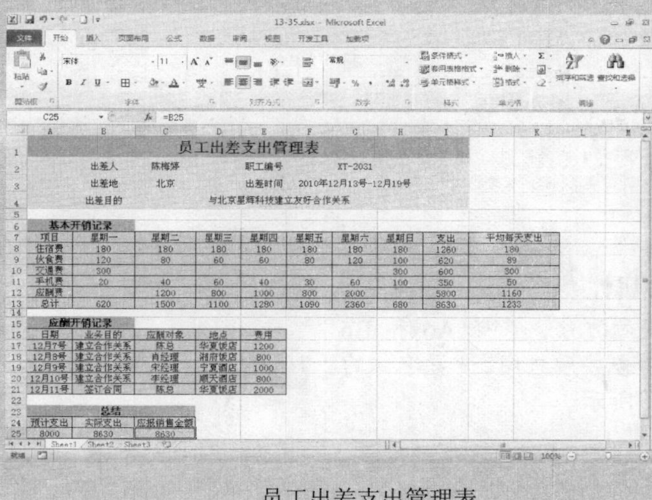

员工出差支出管理表

素材文件	第 13 章\13-35.xlsx	效果文件	第 13 章\13-72.xlsx

13.2.1 设置单元格

设置单元格的具体操作步骤如下：

STEP 01 打开文件

打开一个 Excel 文件，如下图所示。

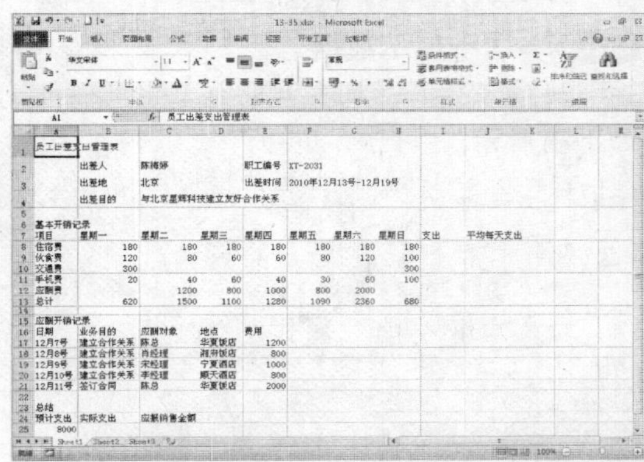

STEP 02 选择“合并后居中”选项

在工作表中选择 A1 至 I1 单元格区域，在“开始”功能面板的“对齐方式”选项区中单击“合并后居中”右侧的下三角按钮，在弹出的下拉列表中选择“合并后居中”选项，如下图所示。

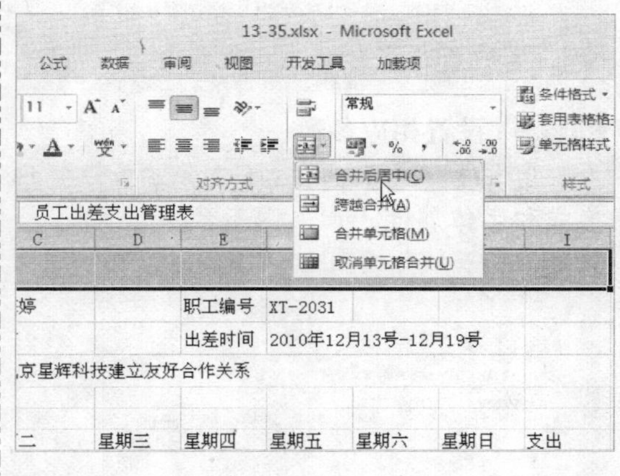

专家指点

当选择一种选项时，系统显示提示信息来说明该选项的作用。

STEP 03 设置字体格式

在“开始”功能面板的“字体”选项区中设置“字体”为“华文宋体”，“字号”为 18，如下图所示。

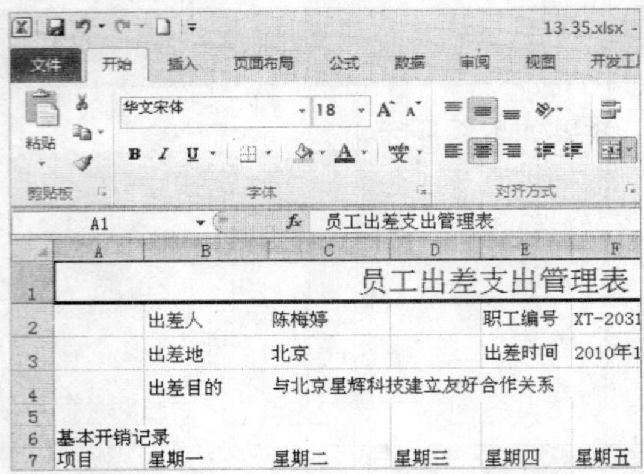

STEP 04 设置相应属性

用与上述相同的方法，选择 A6 和 B6 单元格区域并将其合并后居中，设置字体的相应属性，如下图所示。

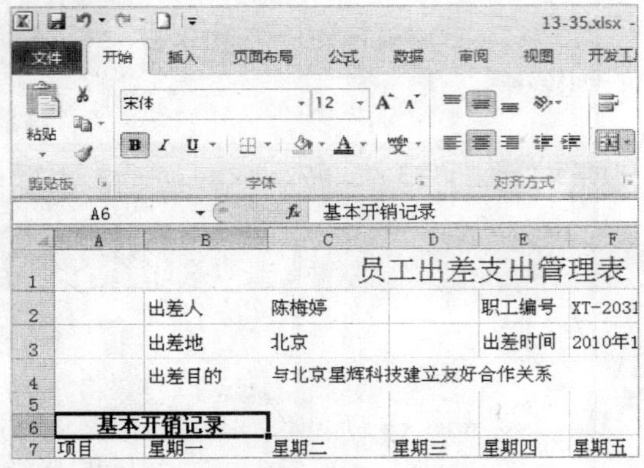

STEP 05 设置相应参数

用与上述相同的方法，设置其他单元格格式和字体属性，如下图所示。

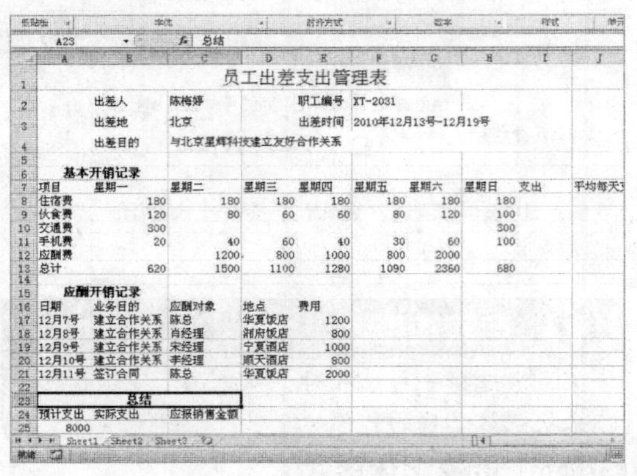

STEP 06 选择数据区域

在工作表中选择其他的数据区域，如下图所示。

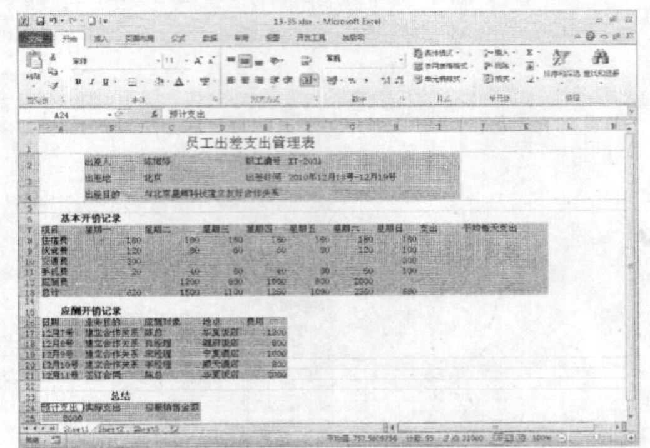

STEP 07 单击“居中”按钮

在“对齐方式”选项区中单击“居中”按钮，如下图所示。

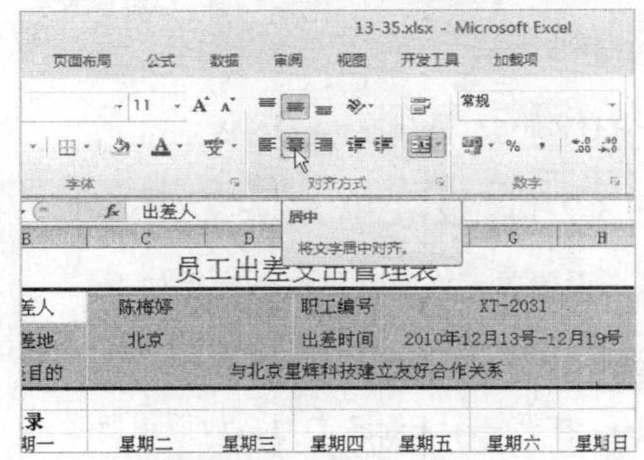

STEP 08 居中显示数据

执行操作后，即可将选择的数据居中，如下图所示。

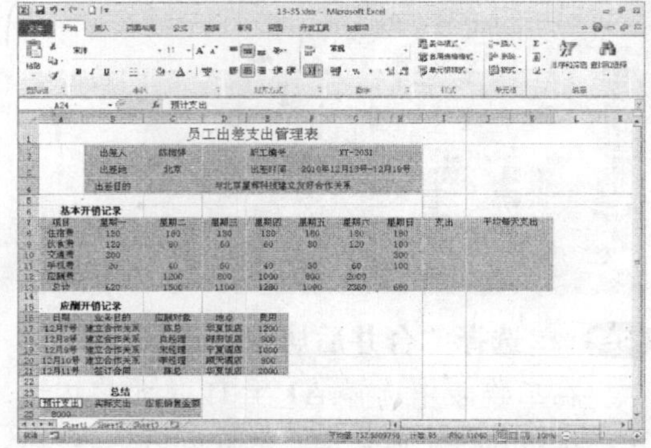

13.2.2 设置表格格式

设置表格格式的具体操作步骤如下：

STEP 01 选择颜色

选择 A1 单元格，在“字体”选项区中单击“加粗”按钮，单击“填充颜色”右侧的下三角按钮，在弹出的调色板中选择需要的颜色，如下图所示。

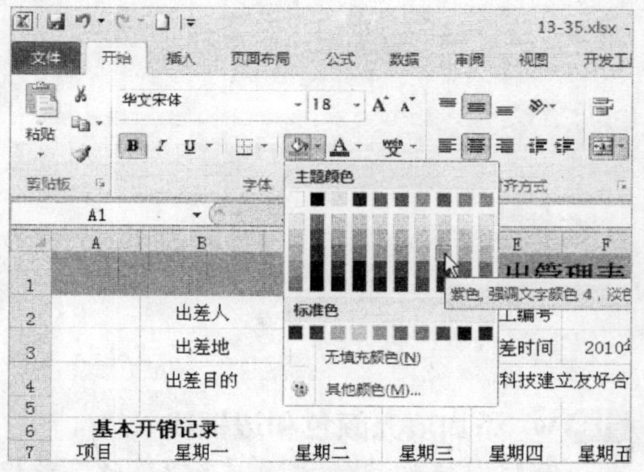

STEP 02 查看设置后的效果

执行操作后，即可查看设置后的效果，如下图所示。

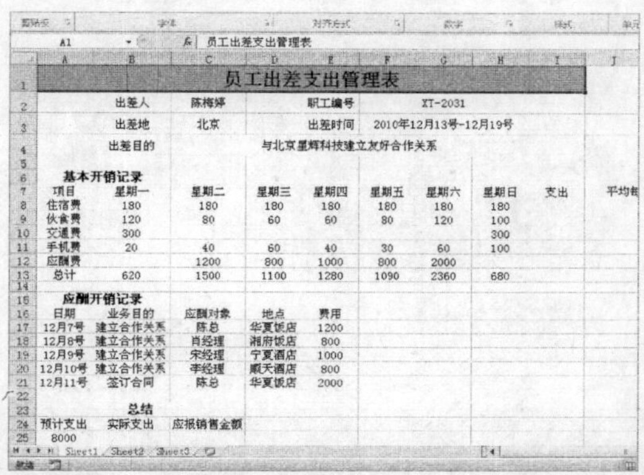

STEP 03 设置填充颜色

选择其他单元格区域，用同样的方法设置其填充颜色，如下图所示。

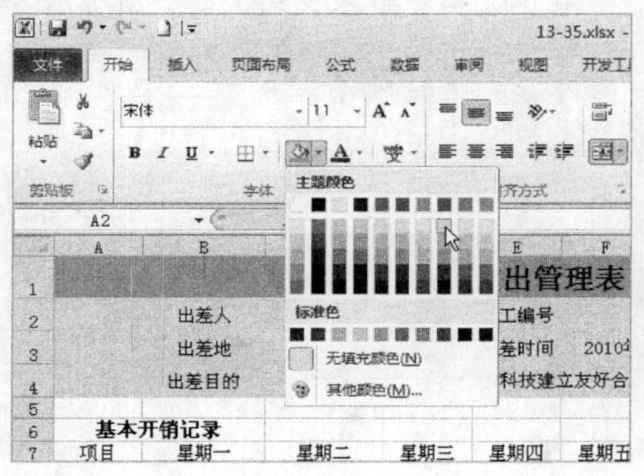

STEP 04 查看设置后的效果

执行操作后，即可查看设置后的效果，如下图所示。

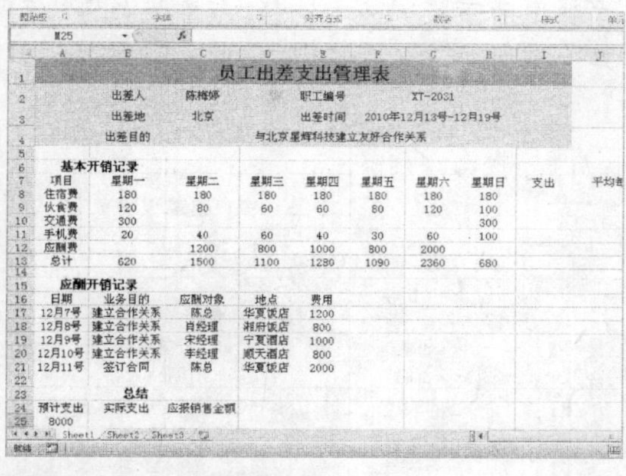

STEP 05 设置填充颜色

选择 A6 单元格，设置其所需的填充颜色，如下图所示。

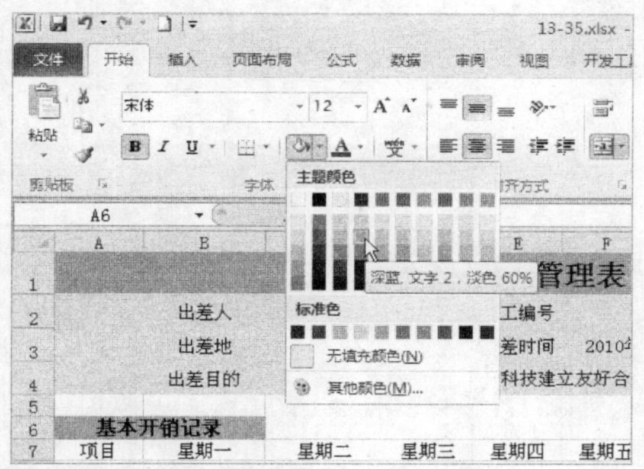

STEP 06 设置填充颜色

用与上述相同的方法，为“基本开销记录”下方的数据区域设置所需的填充颜色，如下图所示。

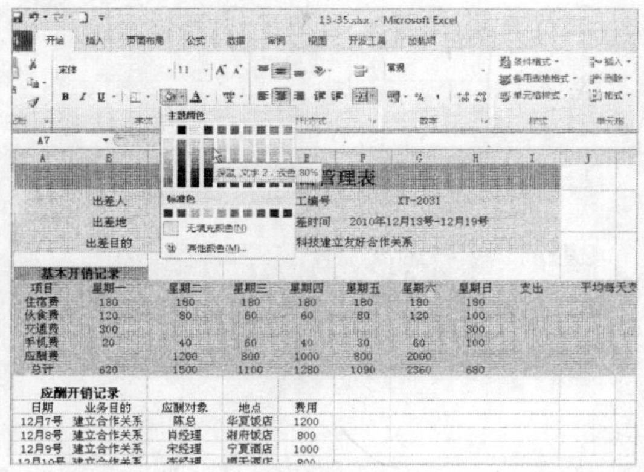

STEP 07 **选择“所有框线”选项**

选择 A7 至 J13 单元格区域，在“字体”选项区中单击“无框线”右侧的下三角按钮，在弹出的下拉列表中选择“所有框线”选项，如下图所示。

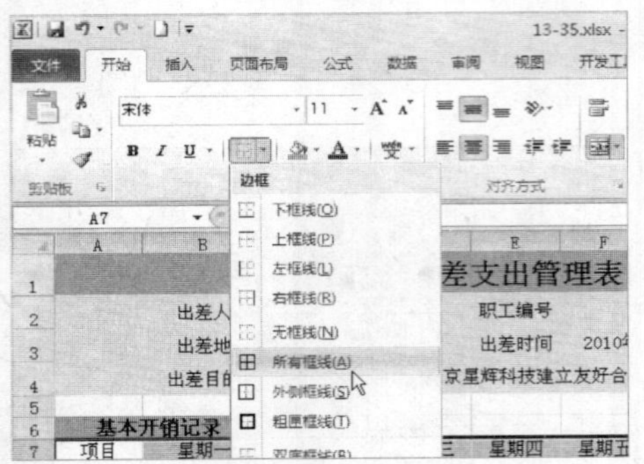

STEP 08 **添加框线**

执行操作后，即可为选择的数据区域添加框线，如下图所示。

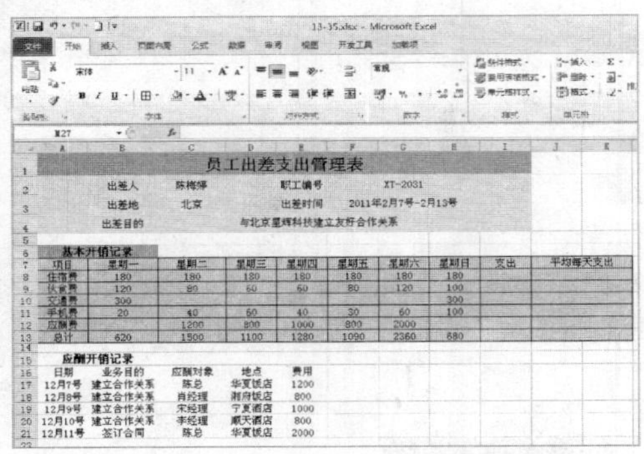

STEP 09 **添加填充颜色和边框线**

用与上述相同的方法，为“应酬开销记录”数据添加填充颜色和边框线，如下图所示。

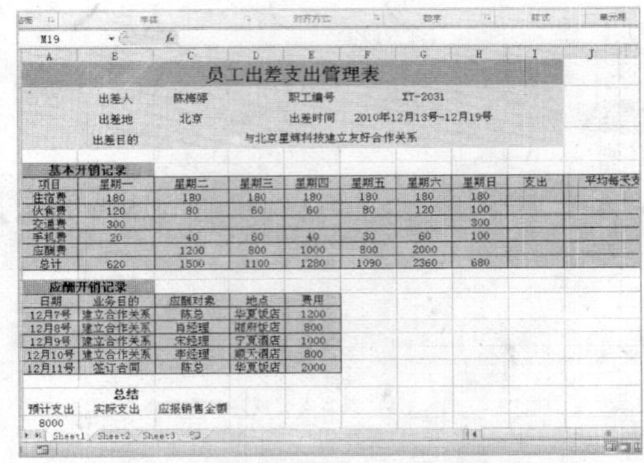

STEP 10 **添加填充颜色和边框线**

用与上述相同的方法，为“总结”数据区域添加填充颜色和边框线，如下图所示。

13.2.3 函数运算数据

函数运算数据的具体操作步骤如下：

STEP 01 **选择单元格**

选择 I8 单元格，如下图所示。

F	G	H	I	J	K	L
理表						
	XT-2031					
2010年12月13号-12月19号						
立友好合作关系						
星期五	星期六	星期日	支出	平均每天支出		
180	180	180				
80	120	100				
		300				
30	60	100				
800	2000					
1090	2360	680				

STEP 02 **输入公式**

在单元格中输入公式，如下图所示。

F	G	H	I	J	K	L
理表						
	XT-2031					
2010年12月13号-12月19号						
立友好合作关系						
星期五	星期六	星期日	支出	平均每天支出		
180	180	=B8+C8+D8+E8+F8+G8+H8				
80	120	100				
		300				
30	60	100				
800	2000					
1090	2360	680				

STEP 03 得到计算结果

按【Enter】键进行确认，得到计算结果，如下图所示。

理表

XT-2031

2010年12月13号-12月19号

立友好合作关系

星期五	星期六	星期日	支出	平均每天支出
180	180	180	1260	
80	120	100		
		300		
30	60	100		
800	2000			
1090	2360	680		

STEP 04 鼠标指针呈✚形状

选择 I8 单元格，将鼠标指针移至右下角，此时鼠标指针呈✚形状，如下图所示。

理表

XT-2031

2010年12月13号-12月19号

立友好合作关系

星期五	星期六	星期日	支出	平均每天支出
180	180	180	1260	
80	120	100		
		300		
30	60	100		
800	2000			
1090	2360	680		

STEP 05 拖曳鼠标

按住鼠标左键并向下拖曳至适当位置，如下图所示。

理表

XT-2031

2010年12月13号-12月19号

立友好合作关系

星期五	星期六	星期日	支出	平均每天支出
180	180	180	1260	
80	120	100		
		300		
30	60	100		
800	2000			
1090	2360	680		

STEP 06 填充其他单元格

释放鼠标左键，即可填充其他的单元格，如下图所示。

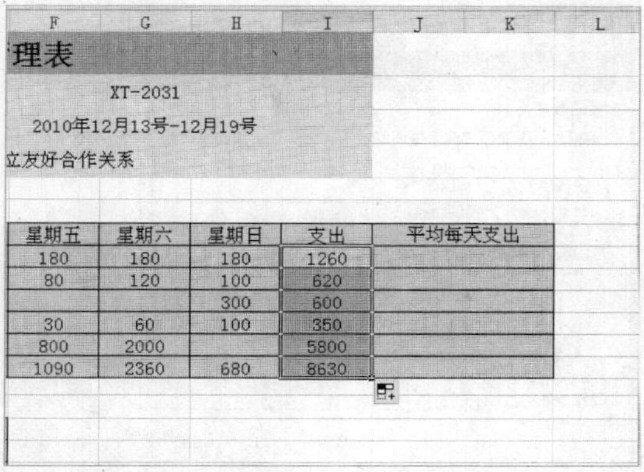

理表

XT-2031

2010年12月13号-12月19号

立友好合作关系

星期五	星期六	星期日	支出	平均每天支出
180	180	180	1260	
80	120	100	620	
		300	600	
30	60	100	350	
800	2000		5800	
1090	2360	680	8630	

STEP 07 单击“插入函数”按钮

选择 J8 单元格，在编辑栏右侧单击“插入函数”按钮 *fx*，如下图所示。

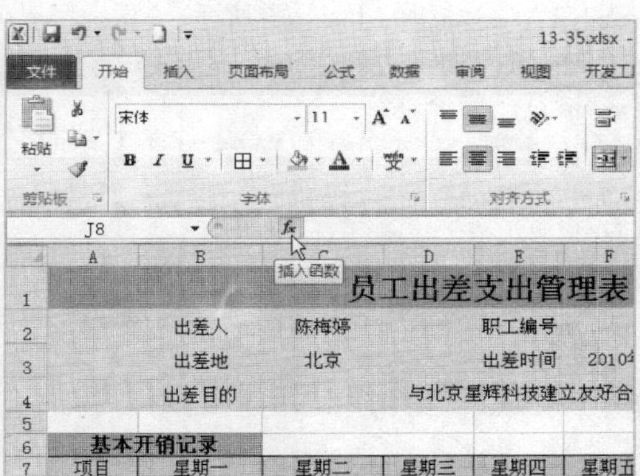

STEP 08 弹出“插入函数”对话框

即会弹出“插入函数”对话框，如下图所示。

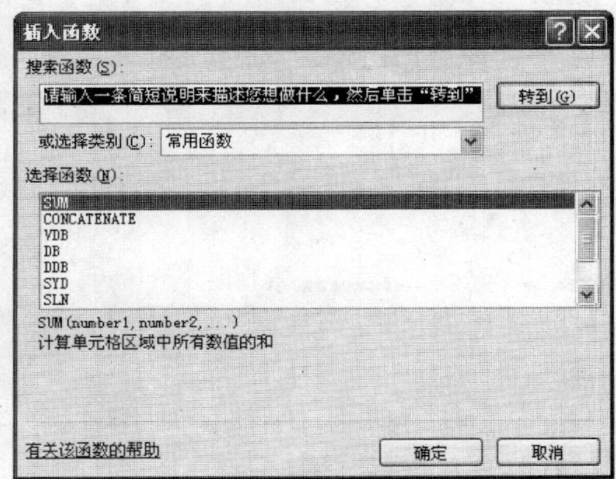

STEP 09 选择“统计”选项

单击“或选择类别”右侧的下三角按钮，在弹出的下拉列表中选择“统计”选项，如下图所示。

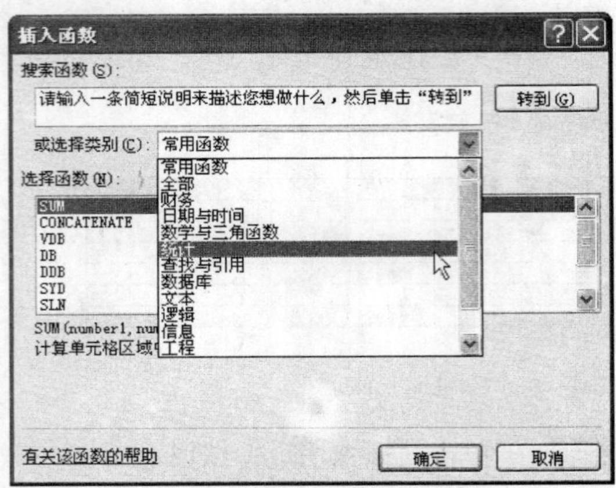

STEP 10 选择 AVERAGE 选项

在弹出的“统计”列表框中选择 AVERAGE 选项，如下图所示。

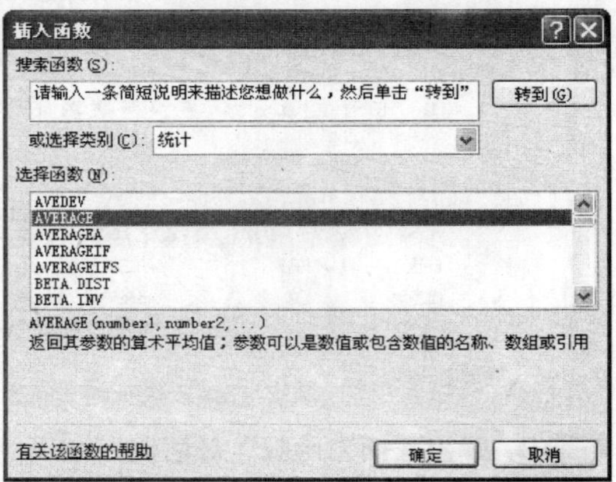

STEP 11 弹出“函数参数”对话框

单击“确定”按钮，弹出“函数参数”对话框，如下图所示。

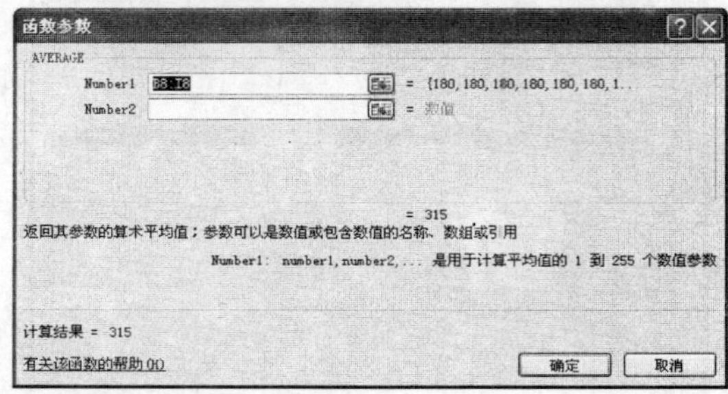

STEP 12 输入数据区域

在 Number1 后的文本框中输入数据区域地址，如下图所示。

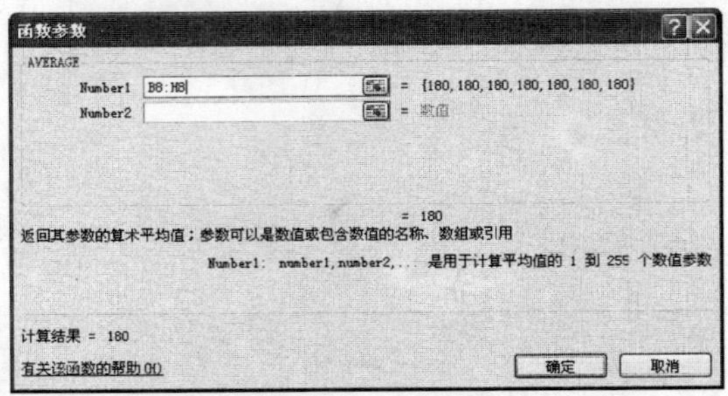

STEP 13 得到计算结果

单击“确定”按钮，即可得到计算结昊，如下图所示。

XT-2031
年12月13号-12月19号
作关系

星期六	星期日	支出	平均每天支出
180	180	1260	180
120	100	620	
	300	600	
60	100	350	
2000		5800	
2360	680	8630	

STEP 14 填充其他单元格

选择 J8 单元格，自动填充其他单元格，如下图所示。

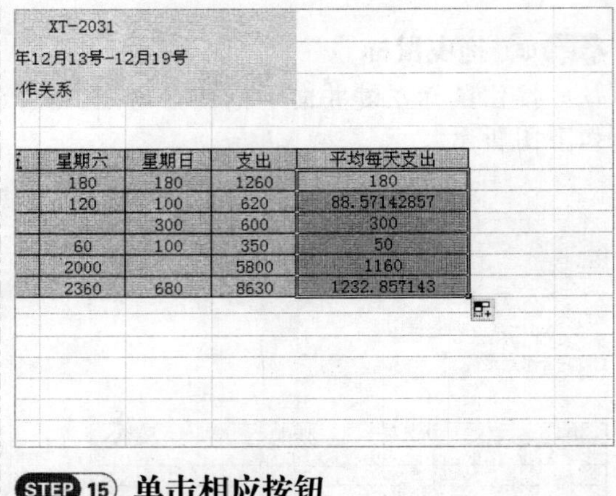

XT-2031
年12月13号-12月19号
作关系

星期六	星期日	支出	平均每天支出
180	180	1260	180
120	100	620	88.57142857
	300	600	300
60	100	350	50
2000		5800	1160
2360	680	8630	1232.857143

STEP 15 单击相应按钮

在“开始”功能面板的“字体”选项区中单击右下角的“设置单元格格式：字体”按钮，如下图所示。

STEP 16　切换至“数字”选项卡

弹出“设置单元格格式”对话框，切换至“数字”选项卡，如下图所示。

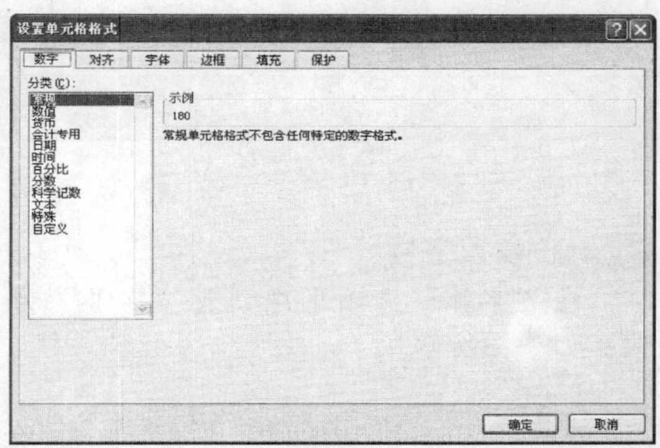

STEP 17　设置“小数位数”

在“分类”列表框中选择“数值”选项卡，在右侧的选项区中设置“小数位数”为0，如下图所示。

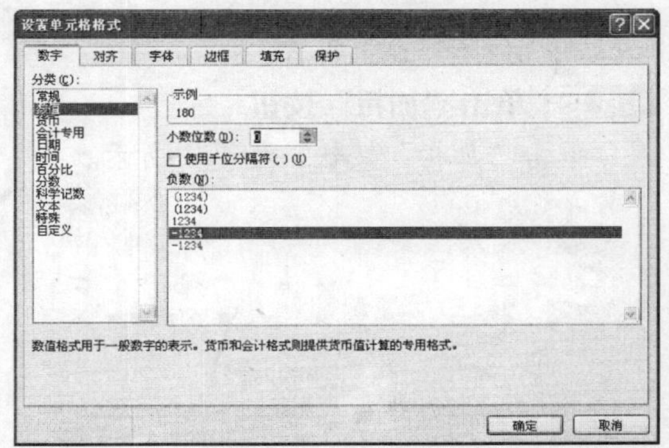

STEP 18　设置单元格数值格式为整数

单击“确定”按钮，即可将单元格数值格式设置为整数，效果如下图所示。

XT-2031

年12月13号-12月19号

作关系

星期六	星期日	支出	平均每天支出
180	180	1260	180
120	100	620	89
	300	600	300
60	100	350	50
2000		5800	1160
2360	680	8630	1233

STEP 19　输入公式

选择 B25 单元格，在其中输入所需的公式，如下图所示。

7	项目	星期一	星期二	星期三	星期四	星期五
8	住宿费	180	180	180	180	180
9	伙食费	120	80	60	60	80
10	交通费	300				
11	手机费	20	40	60	40	30
12	应酬费		1200	800	1000	800
13	总计	620	1500	1100	1280	1090
14						
15	应酬开销记录					
16	日期	业务目的	应酬对象	地点	费用	
17	12月7号	建立合作关系	陈总	华夏饭店	1200	
18	12月8号	建立合作关系	肖经理	湘府饭店	800	
19	12月9号	建立合作关系	宋经理	宁夏酒店	1000	
20	12月10号	建立合作关系	李经理	顺天酒店	800	
21	12月11号	签订合同	陈总	华夏饭店	2000	
22						
23	总结					
24	预计支出	实际支出	应报销售金额			
25	8000	=I13				

Sheet1 Sheet2 Sheet3

STEP 20　最终效果

按【Enter】键进行确认，即可计算实际支出的数值。用与上述相同的方法，在C25 单元格中输入所需的公式，计算出应报销金额的数值，如下图所示。

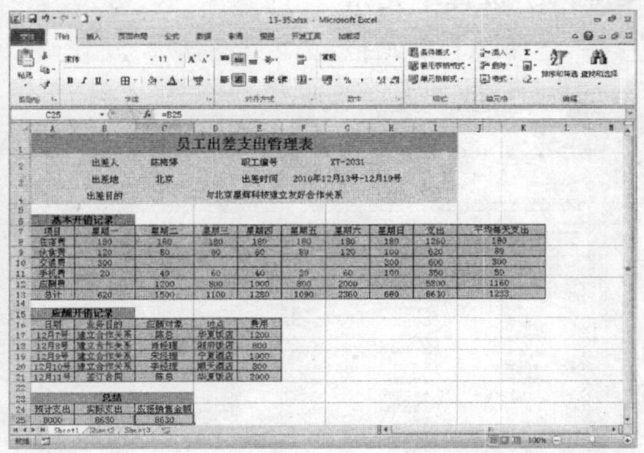

13.3 公司采购管理分析

本案例介绍制作公司采购管理分析表，效果如下图所示。

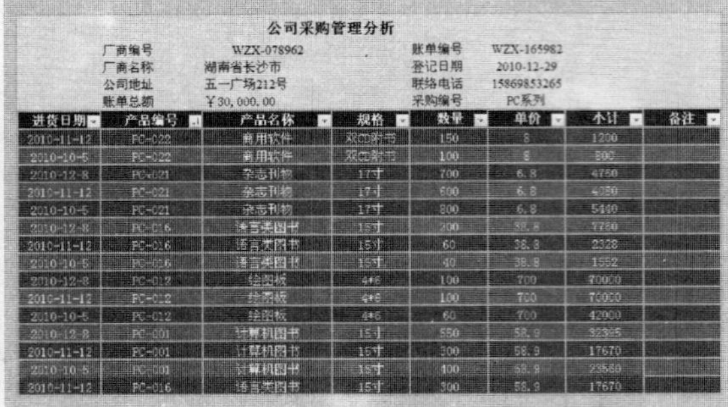

公司采购管理分析表

素材文件	第 13 章\13-73.xlsx	效果文件	第 13 章\13-112.xlsx

13.3.1 设置单元格

设置单元格的具体操作步骤如下：

STEP 01 打开文件

打开一个 Excel 文件，如下图所示。

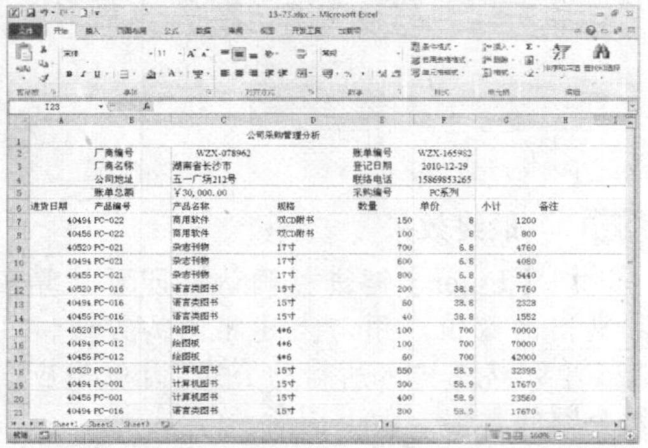

STEP 02 选择单元格

选择 A1 单元格，如下图所示。

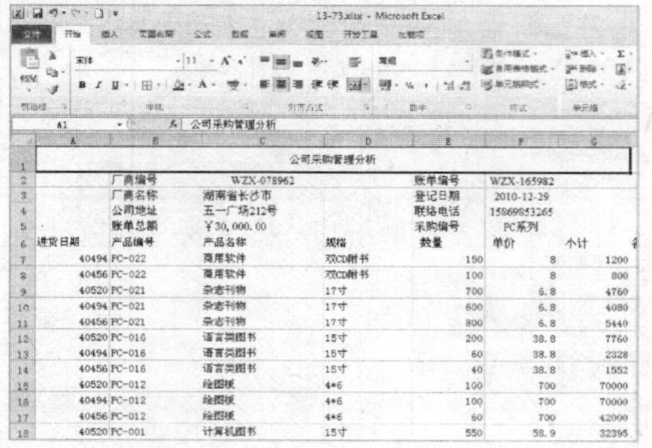

STEP 03 设置字号

在“字体”选项区中设置“字号”为 14，如下图所示。

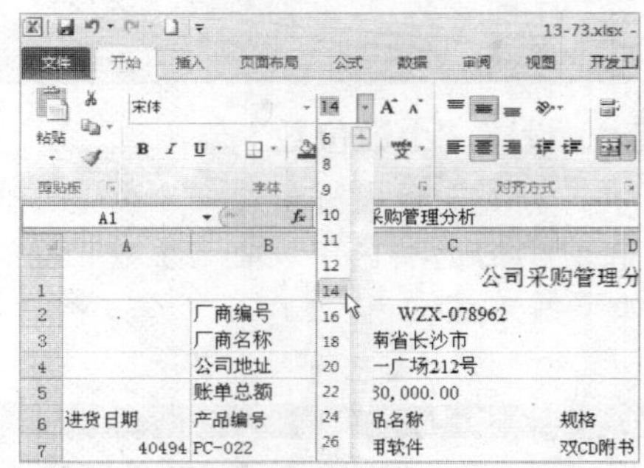

STEP 04 单击“加粗”按钮

单击“加粗”按钮，如下图所示。

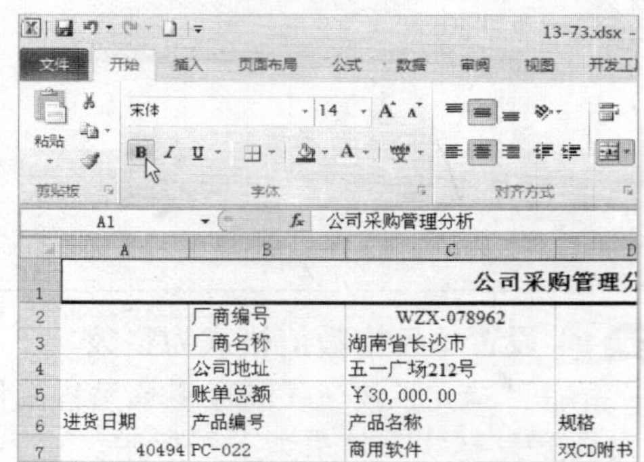

STEP 05 选择单元格区域

在工作表中选择 A2:H22 的单元格区域，如下图所示。

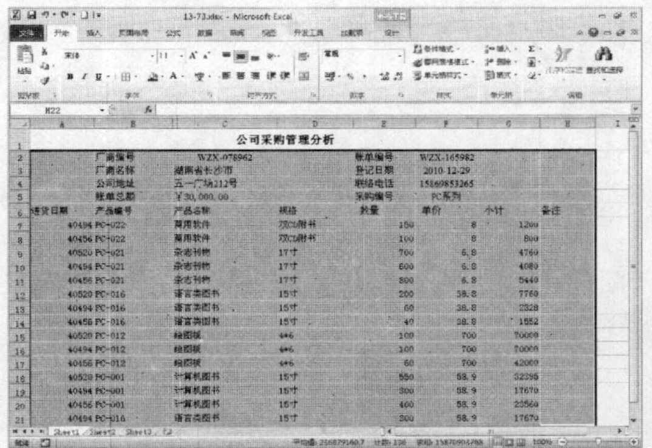

STEP 06 设置“字号”大小

在“字体”选项区中设置“字号”为 12，如下图所示。

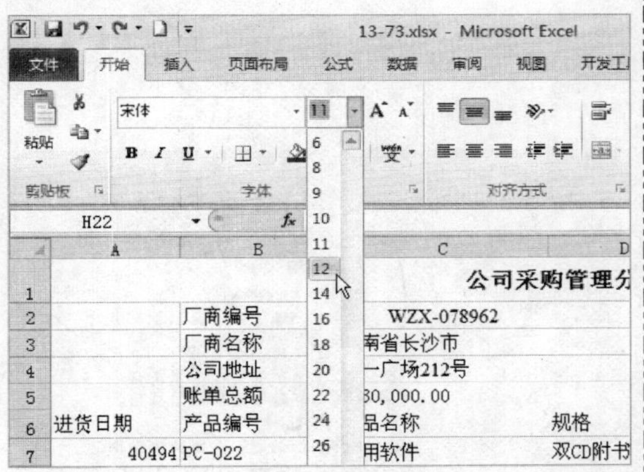

STEP 07 单击“居中”按钮

在“对齐方式”选项区中单击“居中”按钮，如下图所示。

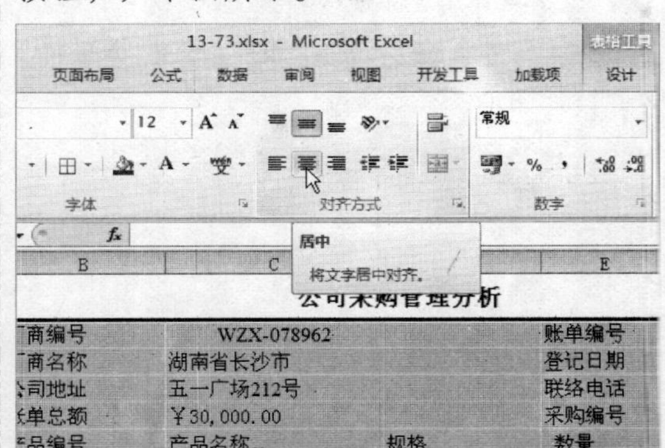

STEP 08 居中对齐

执行操作后，即可将选择的单元格区域的内容居中对齐，如下图所示。

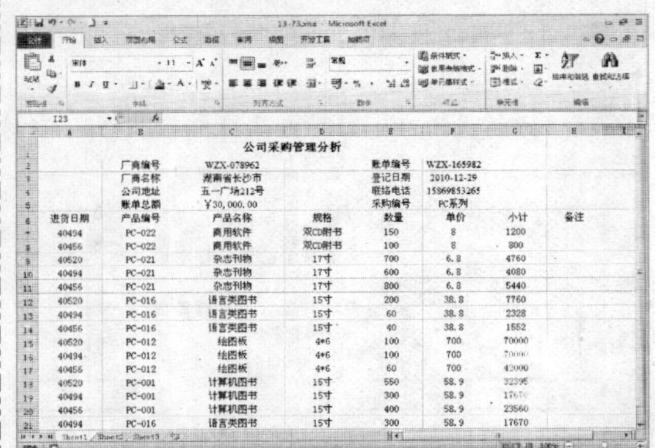

13.3.2 设置表格样式

设置表格样式的具体操作步骤如下：

STEP 01 选择数据区域

选择数据区域，如下图所示。

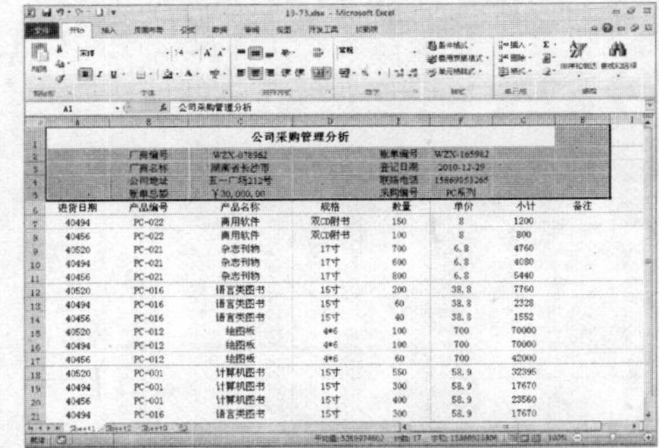

STEP 02 选择相应的颜色

在“字体”选项区中单击“填充颜色”右侧的下三角按钮，在弹出的调色板中选择相应的颜色，如下图所示。

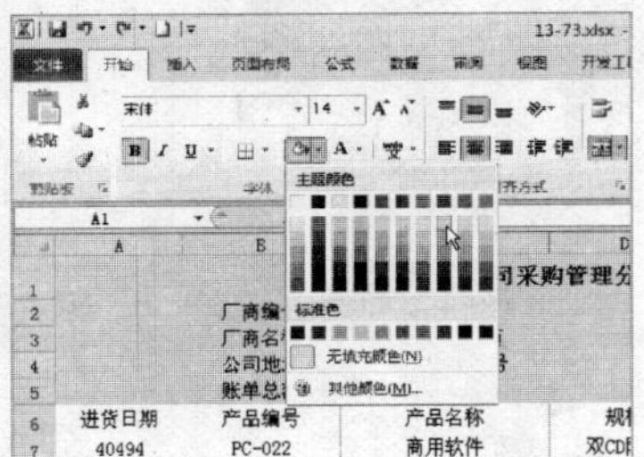

STEP 03 选择单元格

选择 A6:H6 单元格区域，如下图所示。

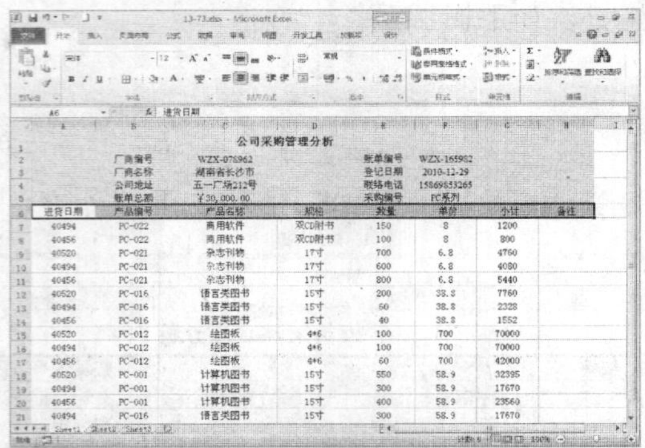

STEP 04 选择“其他颜色”选项

在“字体”选项区中单击“填充颜色”右侧的下三角按钮，在弹出的调色板中选择“其他颜色”选项，如下图所示。

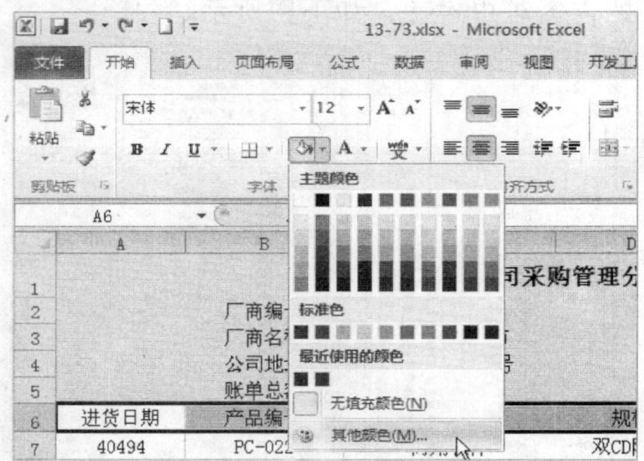

STEP 05 选择颜色

弹出“颜色”对话框，在“标准”选项卡中选择一种颜色，如下图所示。

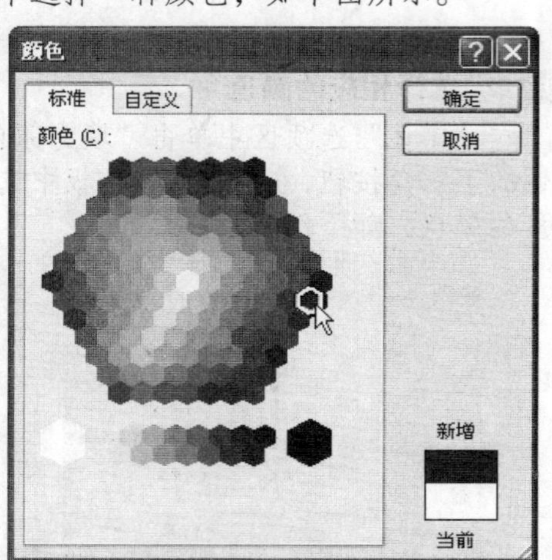

STEP 06 单击“加粗”按钮

单击“确定”按钮，即可为选择的单元格添加填充颜色。在“字体”选项区中，单击“加粗”按钮，如下图所示。

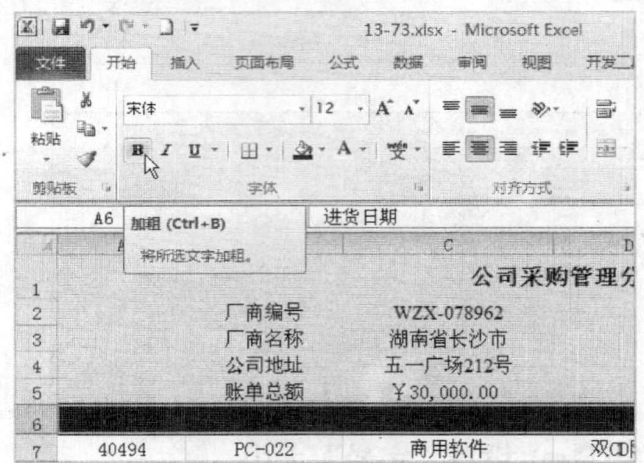

STEP 07 选择白色

单击“字体颜色”右侧的下三角按钮，在弹出的调色板中选择白色，如下图所示。

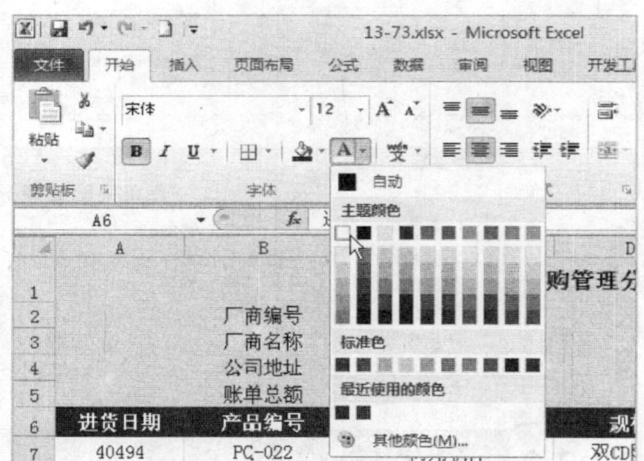

STEP 08 进入“数据”功能面板

单击“数据”选项卡，进入“数据”功能面板，如下图所示。

STEP 09 单击“筛选”按钮

在“排序和筛选”选项区中单击“筛选”按钮，如下图所示。

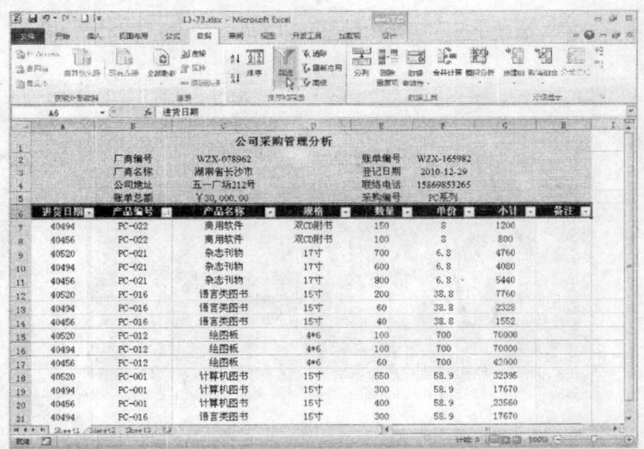

STEP 10 选择区域

选择 A6:H22 单元格区域，如下图所示。

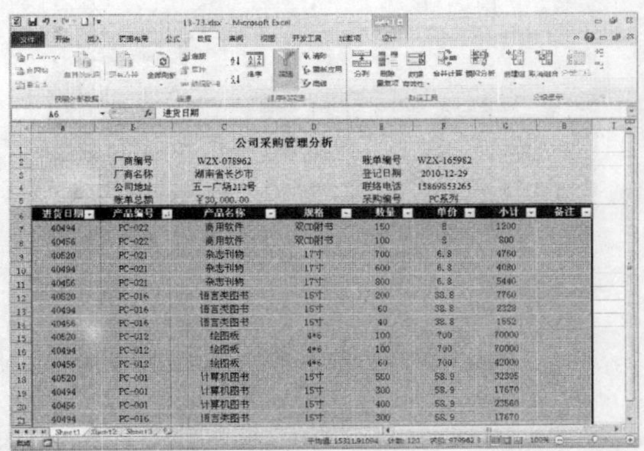

STEP 11 选择“其他边框”选项

单击“开始”选项卡，进入“开始”功能面板，单击“无框线”右侧的下三角按钮，在弹出的下拉列表中选择“其他边框”选项，如下图所示。

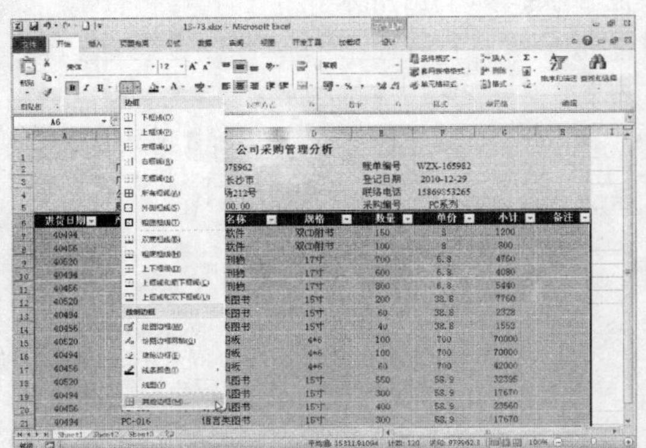

STEP 12 设置线条样式和颜色

弹出“设置单元格格式”对话框，在“线条”选项区中设置线条的样式和颜色，如下图所示。

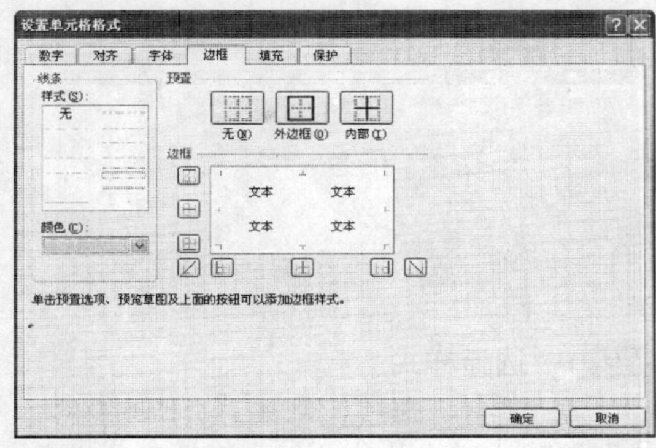

STEP 13 查看效果

在“预置”选项区中单击“外边框”和“内部”按钮，可在“边框”选项区中查看效果，如下图所示。

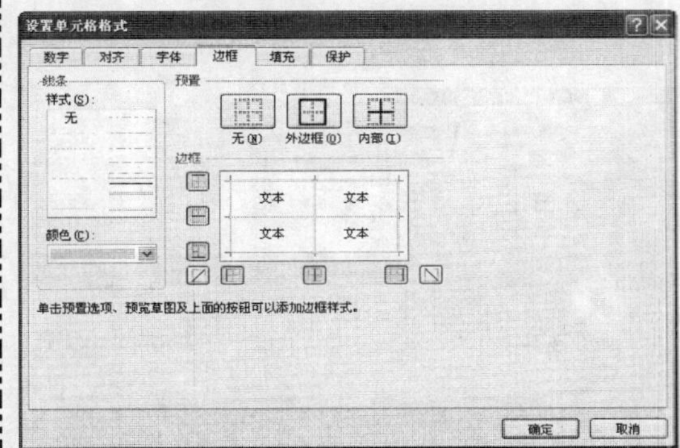

STEP 14 添加边框

单击“确定”按钮，即可为选择的区域添加边框，如下图所示。

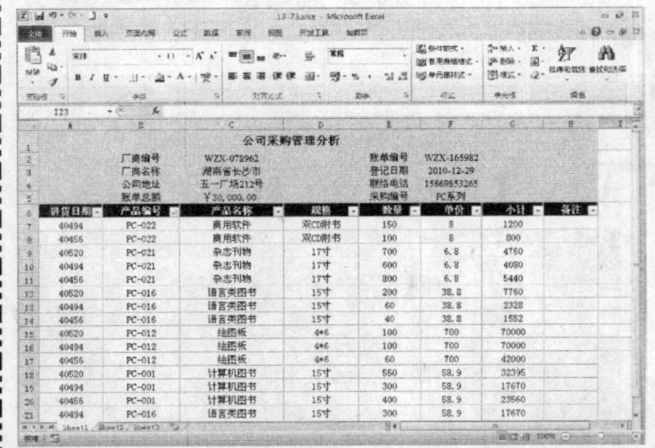

STEP 15 选择数据区域

选择 A7:H22 数据区域，如下图所示。

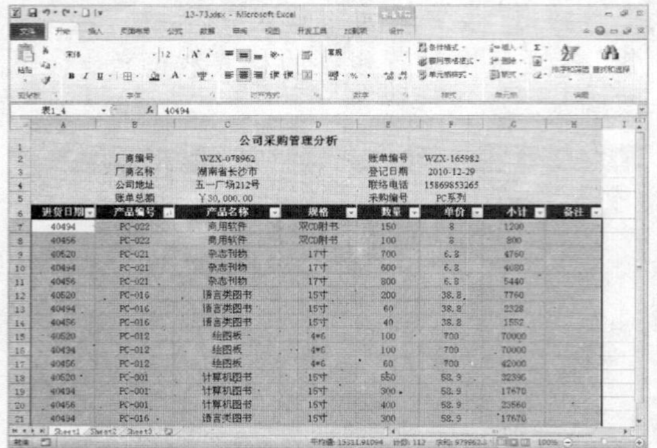

STEP 16 选择样式

在“样式”选项区中单击“套用表格格式”按钮，在弹出的选项板中选择一种样式，如下图所示。

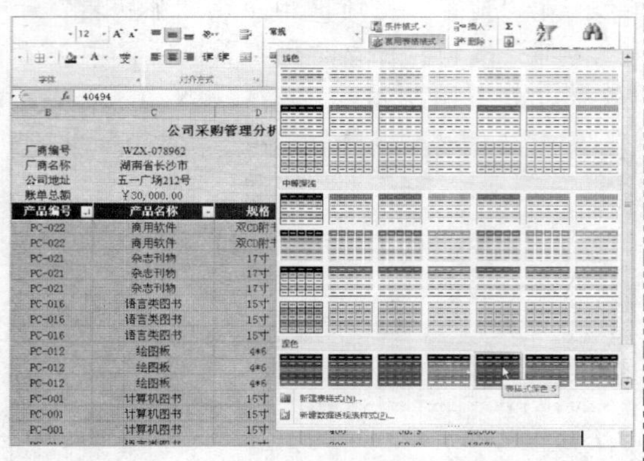

STEP 17 应用到数据区域

执行操作后，即可将选择的样式应用到数据区域中，如下图所示。

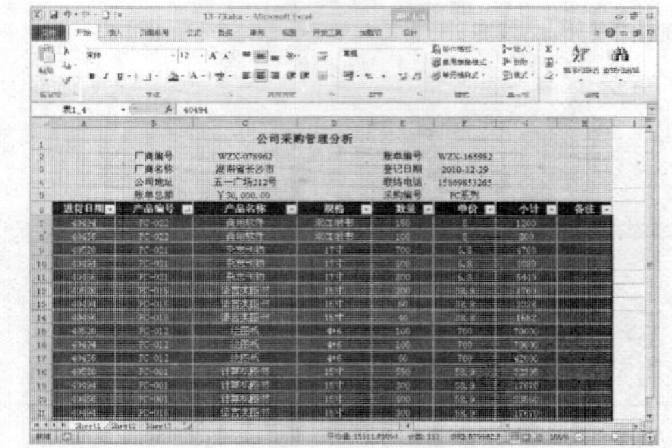

STEP 18 查看效果

在其他任意位置单击鼠标，即可查看效果，如下图所示。

13.3.3 添加数据透视表

添加数据透视表的具体操作步骤如下：

STEP 01 选择单元格区域

在工作表中选择 A6:H6 单元格区域，如下图所示。

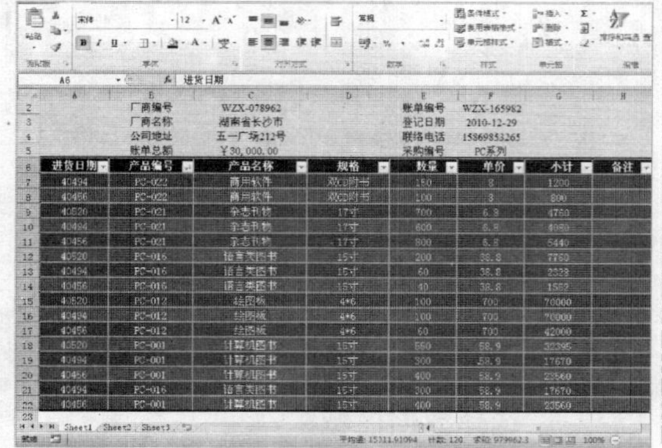

STEP 02 进入“插入”功能面板

单击“插入”选项卡，进入“插入”功能面板，如下图所示。

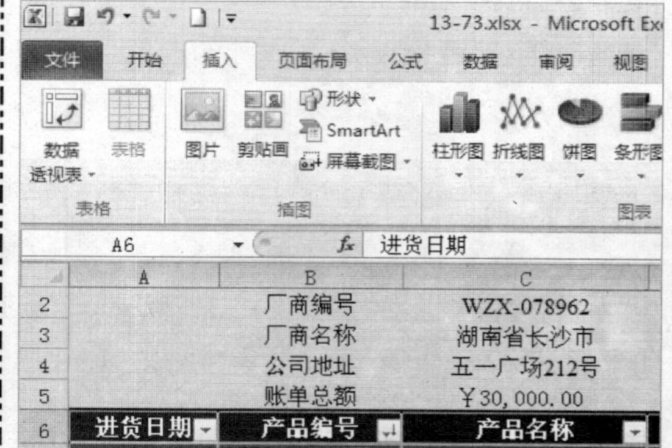

STEP 03 选择"数据透视表"选项

在"表格"选项区中单击"数据透视表"右下方的下三角按钮，在弹出的下拉列表中选择"数据透视表"选项，如下图所示。

STEP 04 输入名称

弹出"创建数据透视表"对话框，在"表/区域"后的文本框中显示所选区域的名称，如下图所示。

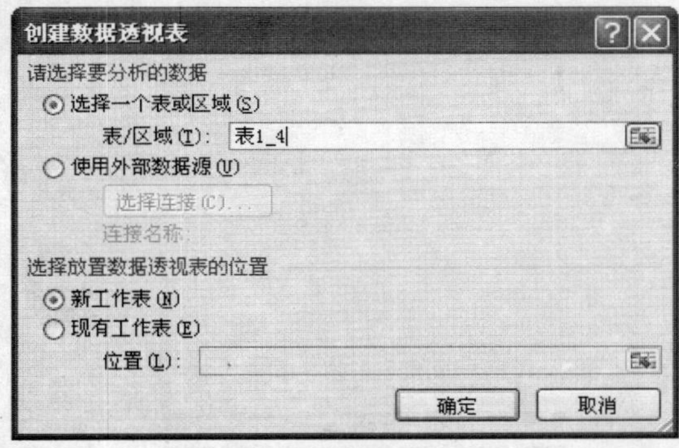

STEP 05 创建数据透视表

单击"确定"按钮，即可在一个新工作表中创建一个数据透视表，如下图所示。

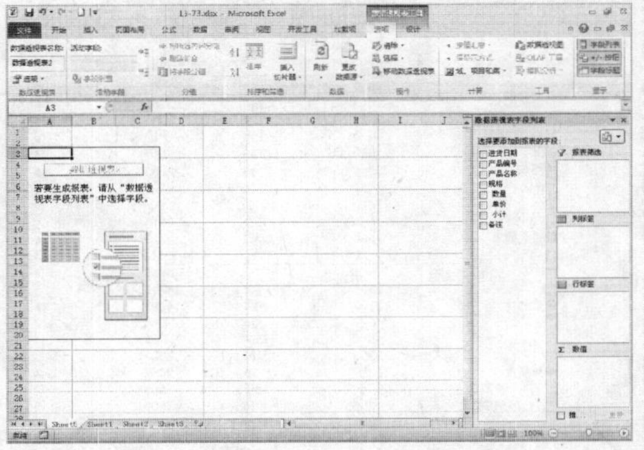

STEP 06 选中相应的复选框

在"数据透视表字段列表"中选中所需的复选框，如下图所示。

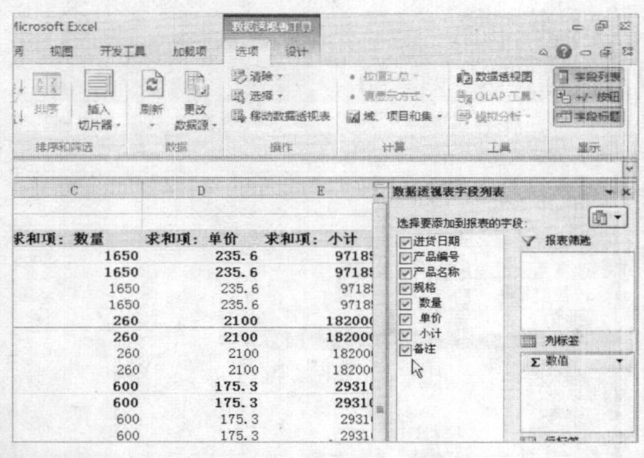

STEP 07 选择"移至末尾"选项

在"数值"列表中单击"求和项：进货日期"按钮，在弹出的下拉列表中选择"移至末尾"选项，如下图所示。

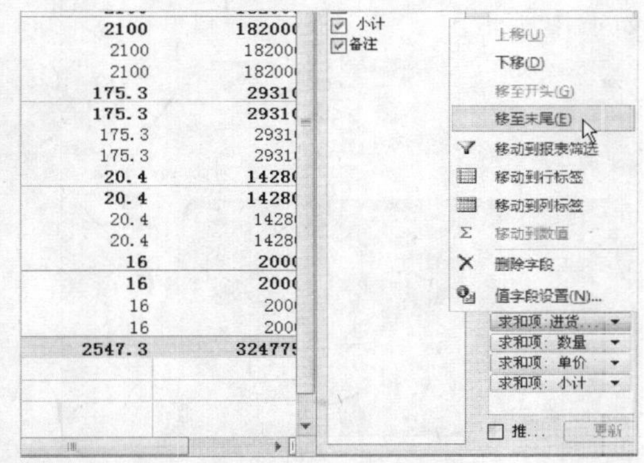

STEP 08 选择"值字段设置"选项

在"数值"列表中单击"求和项：进货日期"按钮，在弹出的下拉列表中选择"值字段设置"选项，如下图所示。

STEP 09 选择"计数"选项

弹出"值字段设置"对话框，在"值字段汇总方式"选项区中选择"计数"选项，如下图所示。

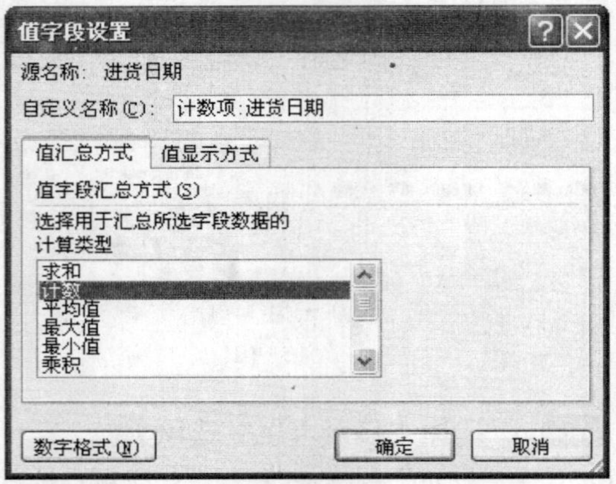

STEP 10 选择数据透视表

单击"确定"按钮，选择数据透视表，如下图所示。

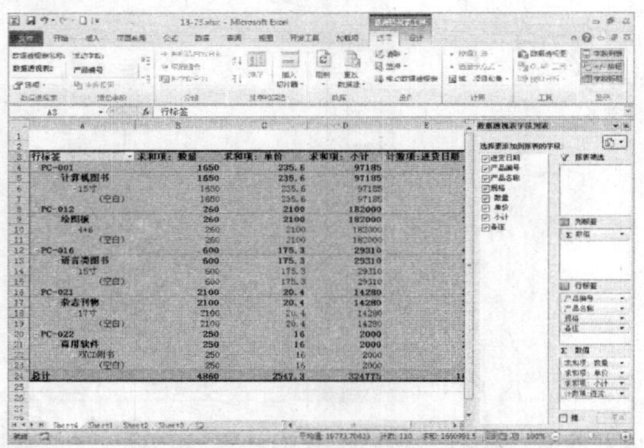

STEP 11 设置字体和字号

在"开始"功能面板的"字体"选项区，设置字体和字号，如下图所示。

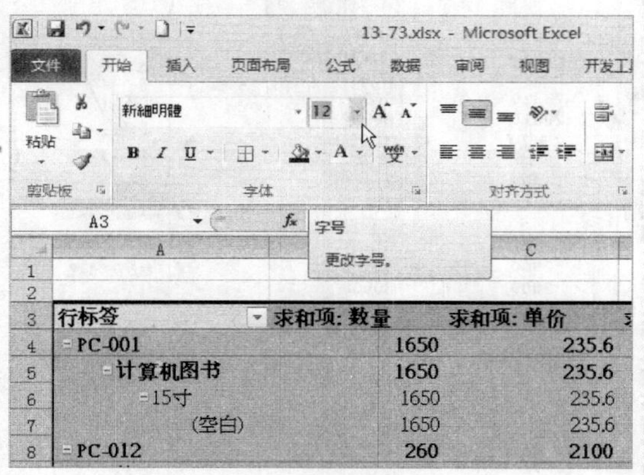

STEP 12 进入"设计"功能面板

在"数据透视表工具"中单击"设计"选项卡，进入"设计"功能面板，如下图所示。

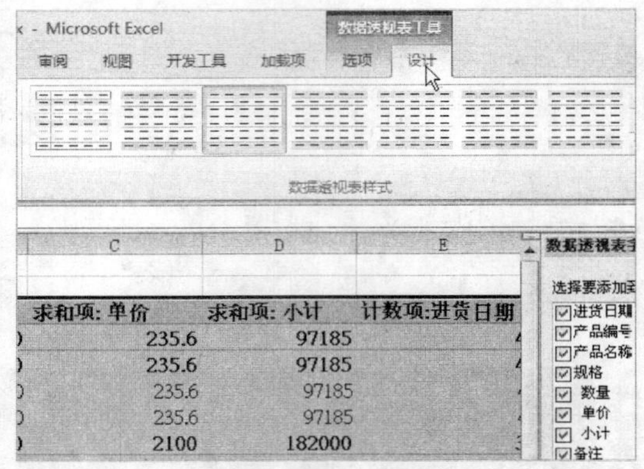

STEP 13 选择样式

在"数据透视表样式"选项区中单击"其他"按钮，在弹出的选项板中选择一种样式，如下图所示。

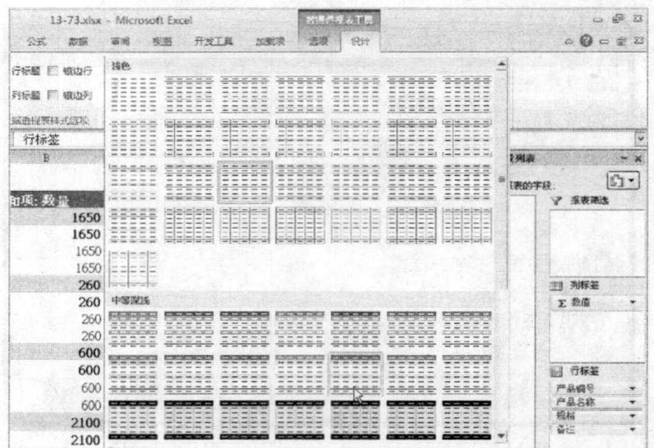

STEP 14 应用样式

执行操作后，即可将选择的样式应用到数据透视表中，最终效果如下图所示。

	A	B	C	D	E
3	行标签	求和项：数量	求和项：单价	求和项：小计	计数项:进货日期
4	PC-001	1650	235.6	97185	4
5	计算机图书	1650	235.6	97185	4
6	15寸	1650	235.6	97185	4
7	(空白)	1650	235.6	97185	4
8	PC-012	260	2100	182000	3
9	绘图板	260	2100	182000	3
10	4*6	260	2100	182000	3
11	(空白)	260	2100	182000	3
12	PC-016	600	175.3	29310	4
13	语言类图书	600	175.3	29310	4
14	15寸	600	175.3	29310	4
15	(空白)	600	175.3	29310	4
16	PC-021	2100	20.4	14280	3
17	杂志刊物	2100	20.4	14280	3
18	17寸	2100	20.4	14280	3
19	(空白)	2100	20.4	14280	3
20	PC-022	250	16	2000	2
21	商用软件	250	16	2000	2
22	双CD附书	250	16	2000	2
23	(空白)	250	16	2000	2
24	总计	4860	2547.3	324775	16

Chapter 14

章前知识导读

在会计与财务方面，Excel 2010 强大的数据处理功能得到了充分的应用。本章通过介绍制作常用的会计与财务报表详细展示 Excel 2010 在会计与财务工作中的应用。

会计与财务案例实战

重点知识索引

- 企业成本费用核算
- 进销存分析图表
- 公司现金流量表分析

效果图片欣赏

公司生产成本表

项目	上半年	下半年	总计
材料费用	¥890, 000. 00	¥950, 000. 00	¥1, 840, 000. 00
人工费用	¥180, 000. 00	¥240, 000. 00	¥420, 000. 00
燃料费用	¥42, 000. 00	¥56, 000. 00	¥98, 000. 00
制造费用	¥220, 000. 00	¥230, 000. 00	¥450, 000. 00
生产费用合计	¥1, 332, 000. 00	¥1, 476, 000. 00	¥2, 808, 000. 00
产品制成前余额	¥48, 000. 00	¥54, 000. 00	¥102, 000. 00
产品制成后余额	¥58, 000. 00	¥68, 000. 00	¥126, 000. 00
生产成本合计	¥106, 000. 00	¥122, 000. 00	¥228, 000. 00
设备耗用	¥6, 000. 00	¥6, 400. 00	¥12, 400. 00
其他生产费用	¥68, 000. 00	¥70, 000. 00	¥138, 000. 00
产品总成本	¥1, 512, 000. 00	¥1, 674, 400. 00	¥3, 186, 400. 00

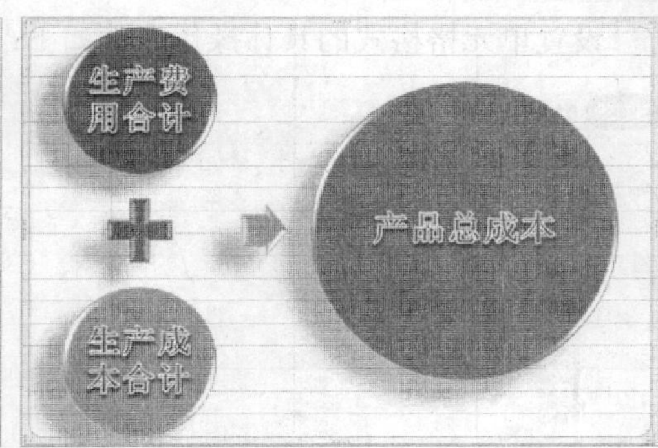

企业成本费用核算图表

进销存分析图表

型号	产品名称	规格	单价	进货统计	销货统计	存货统计
ZWX-0120	液晶显示器	19寸	3000	230	160	70
ZWX-0121	液晶显示器	21寸	3500	230	130	100
ZWX-0122	屏幕	17寸	2400	160	100	60
ZWX-0123	屏幕	21寸	3200	240	130	110
ZWX-0124	手写板	4X6	3500	1300	640	660
ZWX-0125	绘图板	6X8	4100	160	100	60
ZWX-0126	扫描仪	600X600	1800	240	160	80
ZWX-0127	智能扫描仪	1200X1200	2600	160	100	60
QWZ-0212	韩语教学软件	平装版	199	160	80	80
QWZ-0213	日语教学软件	CD附书	199	160	75	85
QWZ-0214	日常英语	平装版	199	160	96	64
QWZ-0215	英语等级考试丛书	CD附书	199	160	100	60
QWZ-0216	托福初级	平装版	199	800	400	400
QWZ-0217	托福进阶	平装版	199	1000	500	500
QWZ-0218	GRE初级	平装版	199	1300	1000	300
QWZ-0219	GRE进阶	平装版	199	160	30	130

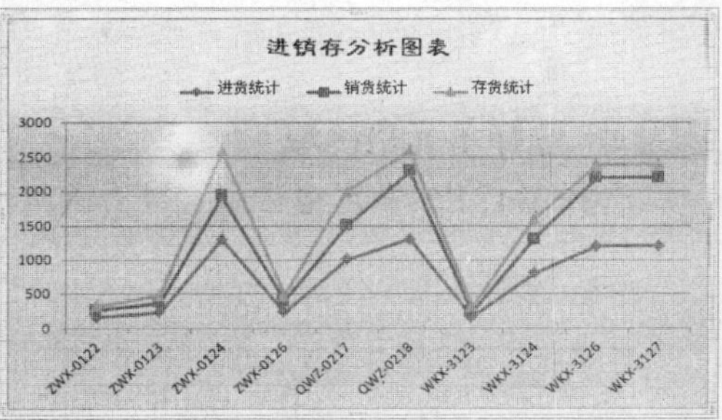

进销存分析图表

14.1 企业成本费用核算

本案例介绍制作企业成本费用核算图表，效果如下图所示。

公司生产成本表			
项目	上半年	下半年	总计
材料费用	￥890,000.00	￥950,000.00	￥1,840,000.00
人工费用	￥180,000.00	￥240,000.00	￥420,000.00
燃料费用	￥42,000.00	￥56,000.00	￥98,000.00
制造费用	￥220,000.00	￥230,000.00	￥450,000.00
生产费用合计	￥1,332,000.00	￥1,476,000.00	￥2,808,000.00
产品制成前余额	￥48,000.00	￥54,000.00	￥102,000.00
产品制成后余额	￥58,000.00	￥68,000.00	￥126,000.00
生产成本合计	￥106,000.00	￥122,000.00	￥228,000.00
设备耗用	￥6,000.00	￥6,400.00	￥12,400.00
其他生产费用	￥68,000.00	￥70,000.00	￥138,000.00
产品总成本	￥1,512,000.00	￥1,674,400.00	￥3,186,400.00

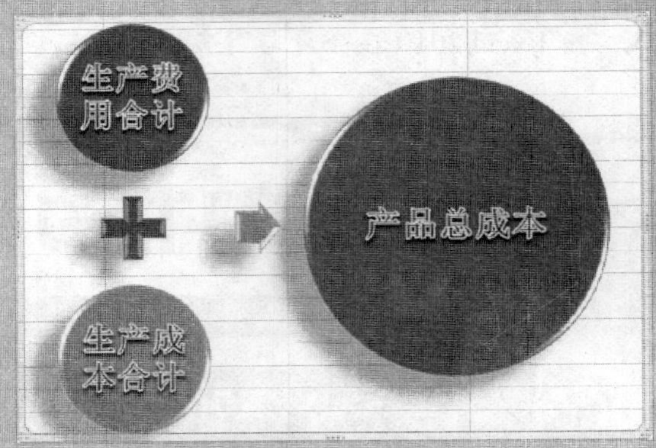

企业成本费用核算图表

素材文件	第 14 章\14-1.xlsx	效果文件	第 14 章\14-51.xlsx

14.1.1 设置单元格格式

设置单元格格式的具体操作步骤如下：

STEP 01 打开文件

打开一个 Excel 文件，如下图所示。

STEP 02 选择单元格区域

选择 B4:E5 单元格区域，如下图所示。

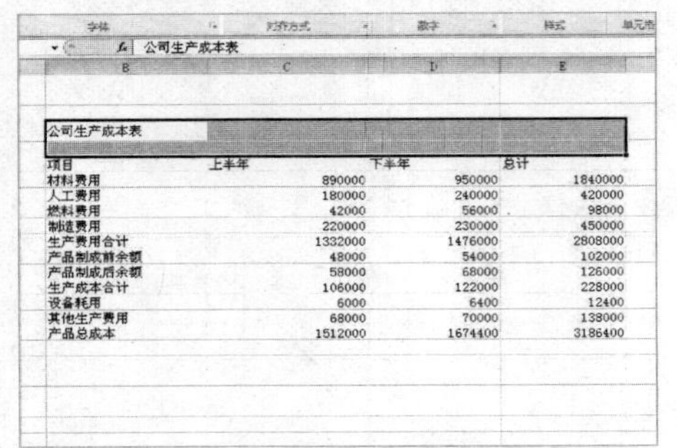

STEP 03 设置相应选项

在“对齐方式”选项区中设置“对齐方式”为“合并后居中”，如下图所示。

STEP 04 合并后居中单元格

即可合并后居中单元格，如下图所示。

STEP 05 设置相应选项

在“字体”选项区中设置“字体”为“创艺简隶书”、“字号”为20，如下图所示。

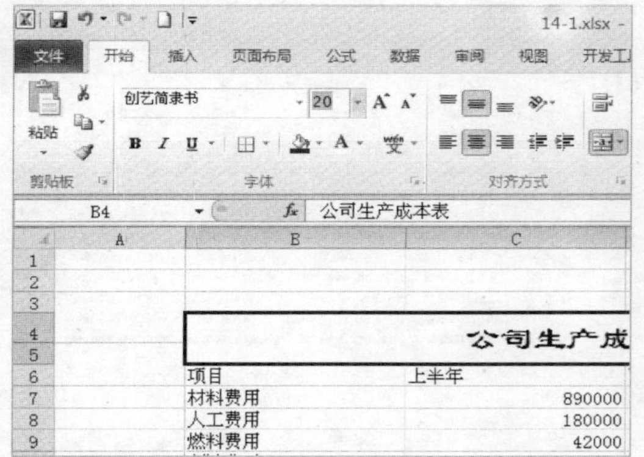

STEP 06 单击“居中”按钮

选择B6:E17单元格区域，在“对齐方式”选项区中单击“居中”按钮，如下图所示。

STEP 07 选择单元格区域

分别选择B6:E6、B11:E11、B14:E14、B17:E17单元格区域，如下图所示。

公司生产成本表

项目	上半年	下半年	总计
材料费用	890000	950000	1840000
人工费用	180000	240000	420000
燃料费用	42000	56000	98000
制造费用	220000	230000	450000
生产费用合计	1332000	1476000	2808000
产品制成前余额	48000	54000	102000
产品制成后余额	58000	68000	126000
生产成本合计	106000	122000	228000
设备耗用	6000	6400	12400
其他生产费用	68000	70000	138000
产品总成本	1512000	1674400	3186400

STEP 08 单击“加粗”按钮

在“字体”选项区中单击“加粗”按钮，如下图所示。

STEP 09 选择“列宽”选项

选择所需的列区域，单击鼠标右键，在弹出的快捷菜单中选择“列宽”选项，如下图所示。

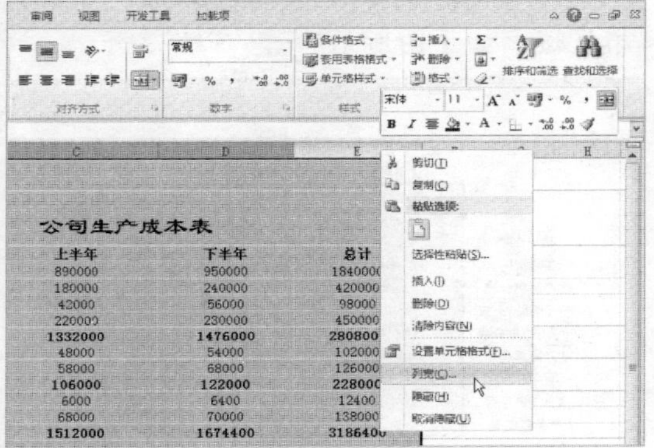

STEP 10 输入值

即会弹出“列宽”对话框，在其中输入17，如下图所示。

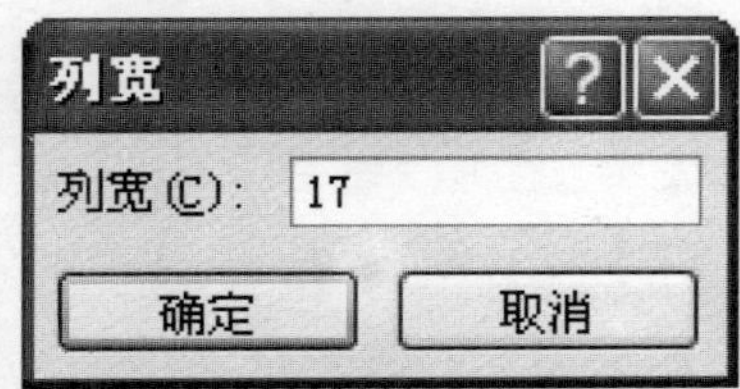

STEP 11 选择“行高”选项

单击“确定”按钮，即可设置所选列的列宽。选择所需的行数据，单击鼠标右键，在弹出的快捷菜单中选择“行高”选项，如下图所示。

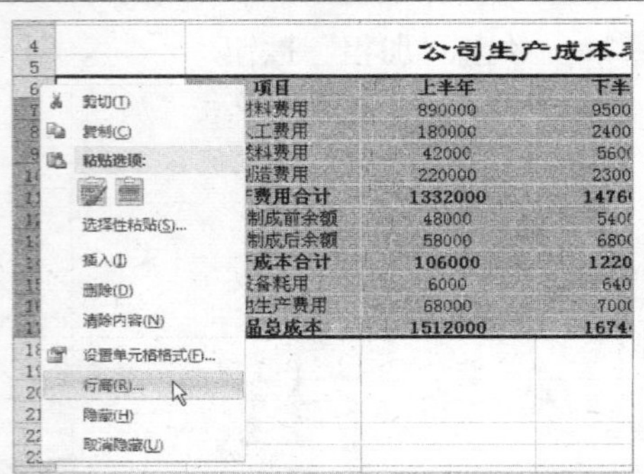

STEP 12 输入值

即会弹出“行高”对话框，在其中输入20，如下图所示。

STEP 13 选择单元格区域

单击“确定”按钮，选择C7:E17单元格区域，如下图所示。

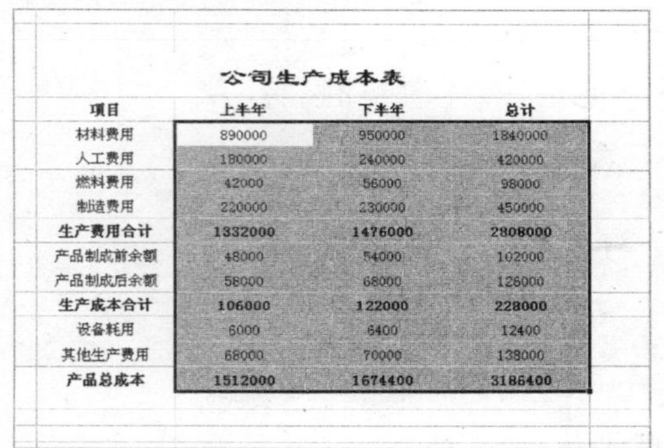

公司生产成本表

项目	上半年	下半年	总计
材料费用	890000	950000	1840000
人工费用	180000	240000	420000
燃料费用	42000	56000	98000
制造费用	220000	230000	450000
生产费用合计	1332000	1476000	2808000
产品制成前余额	48000	54000	102000
产品制成后余额	58000	68000	126000
生产成本合计	106000	122000	228000
设备耗用	6000	6400	12400
其他生产费用	68000	70000	138000
产品总成本	1512000	1674400	3186400

STEP 14 设置相应选项

在“数字”选项区中设置“数字格式”为“货币”，如下图所示。

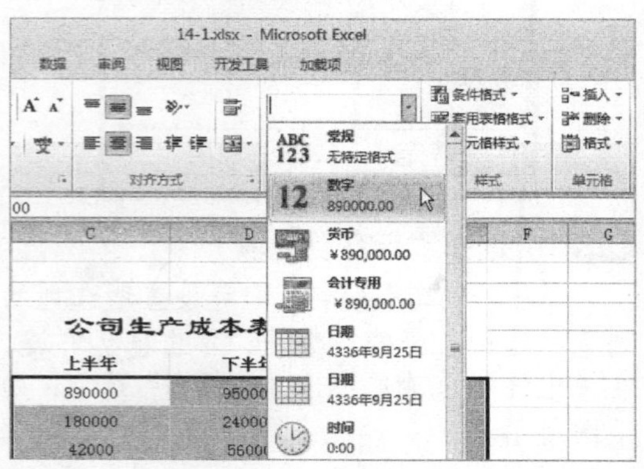

STEP 15 设置格式

执行操作后，即可将选择的单元格区域的数字格式设置为货币格式，如下图所示。

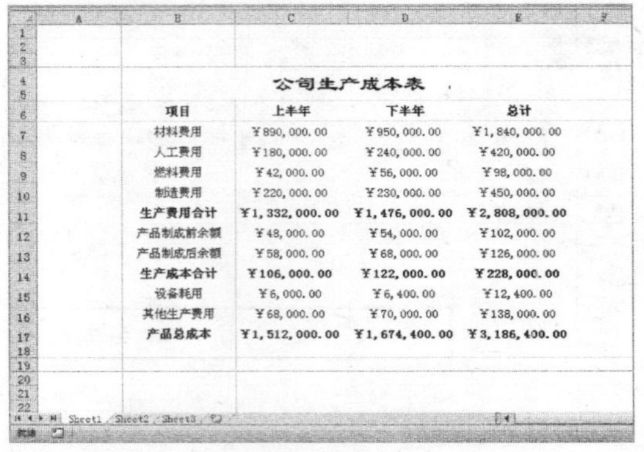

公司生产成本表

项目	上半年	下半年	总计
材料费用	￥890,000.00	￥950,000.00	￥1,840,000.00
人工费用	￥180,000.00	￥240,000.00	￥420,000.00
燃料费用	￥42,000.00	￥56,000.00	￥98,000.00
制造费用	￥220,000.00	￥230,000.00	￥450,000.00
生产费用合计	￥1,332,000.00	￥1,476,000.00	￥2,808,000.00
产品制成前余额	￥48,000.00	￥54,000.00	￥102,000.00
产品制成后余额	￥58,000.00	￥68,000.00	￥126,000.00
生产成本合计	￥106,000.00	￥122,000.00	￥228,000.00
设备耗用	￥6,000.00	￥6,400.00	￥12,400.00
其他生产费用	￥68,000.00	￥70,000.00	￥138,000.00
产品总成本	￥1,512,000.00	￥1,674,400.00	￥3,186,400.00

STEP 16 单击相应按钮

选择B4单元格，在“字体”选项区中单击右下角的“设置单元格格式：字体”按钮，如下图所示。

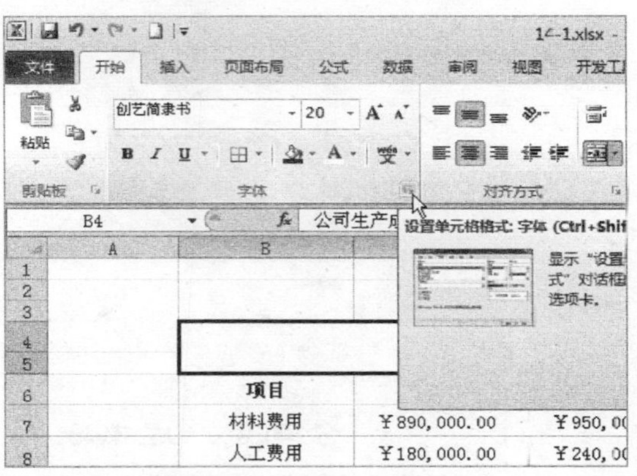

STEP 17 切换至“填充”选项卡

即会弹出“设置单元格格式”对话框，切换至“填充”选项卡，如下图所示。

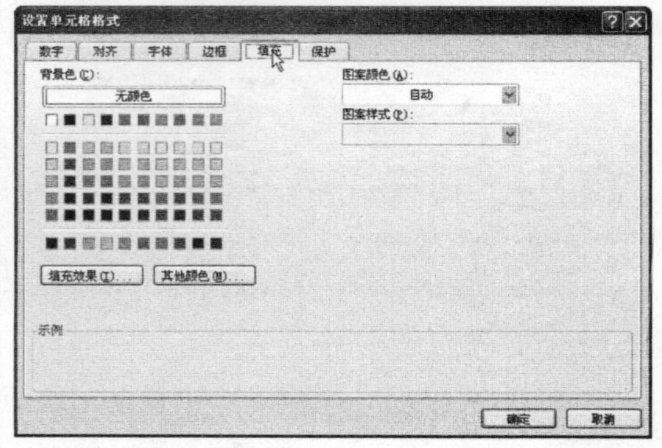

STEP 18 选择颜色

单击“图案颜色”下方右侧的下三角按钮，在弹出的调色板中选择一种颜色，如下图所示。

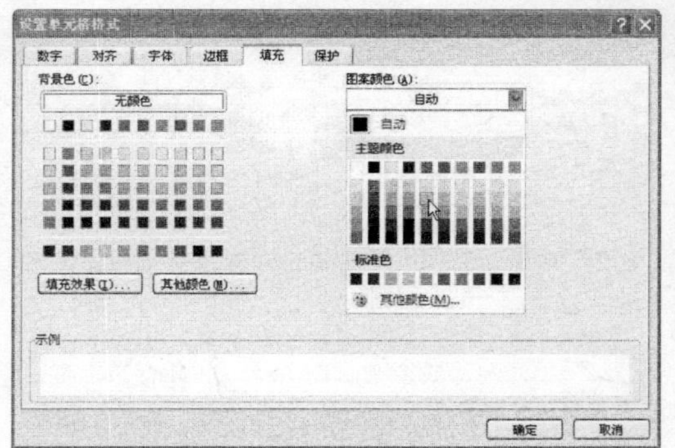

STEP 19 选择一种样式

单击“图案样式”下方右侧的下三角按钮，在弹出的选项板中选择一种样式，如下图所示。

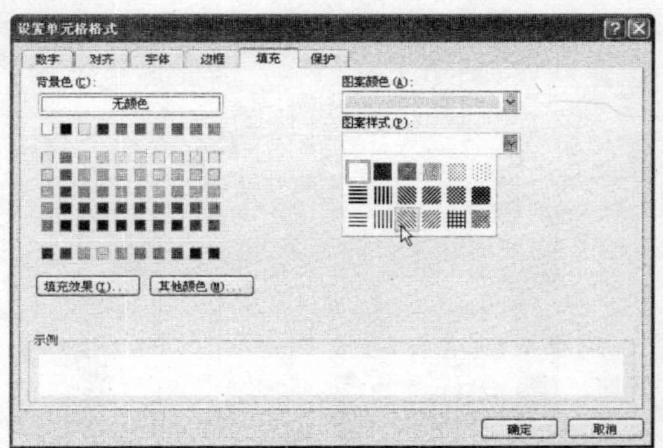

STEP 20 选择单元格区域

单击“确定”按钮，即可完成对 B4 单元格的设置，选择 B6: E6、B11: E11、B14: E14、B17: E17 单元格区域，如下图所示。

公司生产成本表

项目	上半年	下半年	总计
材料费用	￥890,000.00	￥950,000.00	￥1,840,000.00
人工费用	￥180,000.00	￥240,000.00	￥420,000.00
燃料费用	￥42,000.00	￥56,000.00	￥98,000.00
制造费用	￥220,000.00	￥230,000.00	￥450,000.00
生产费用合计	￥1,332,000.00	￥1,476,000.00	￥2,808,000.00
产品制成前余额	￥48,000.00	￥54,000.00	￥102,000.00
产品制成后余额	￥58,000.00	￥68,000.00	￥126,000.00
生产成本合计	￥106,000.00	￥122,000.00	￥228,000.00
设备耗用	￥6,000.00	￥6,400.00	￥12,400.00
其他生产费用	￥68,000.00	￥70,000.00	￥138,000.00
产品总成本	￥1,512,000.00	￥1,674,400.00	￥3,186,400.00

STEP 21 选择填充颜色

在“字体”选项区中单击“填充颜色”右侧的下三角按钮，在弹出的调色板中选择需要的填充颜色，如下图所示。

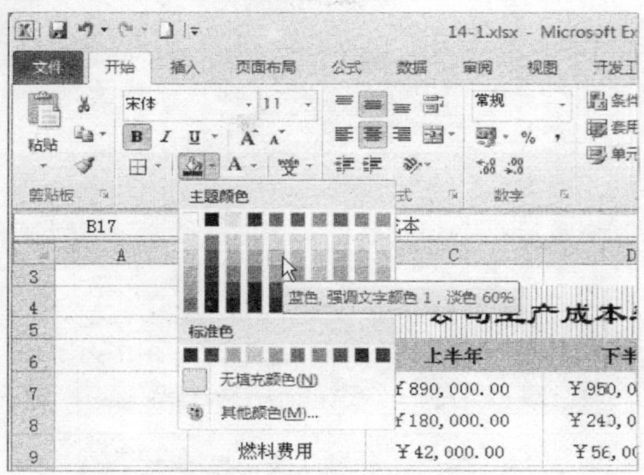

STEP 22 选择单元格区域

执行操作后，选择 B6:E17 单元格区域，如下图所示。

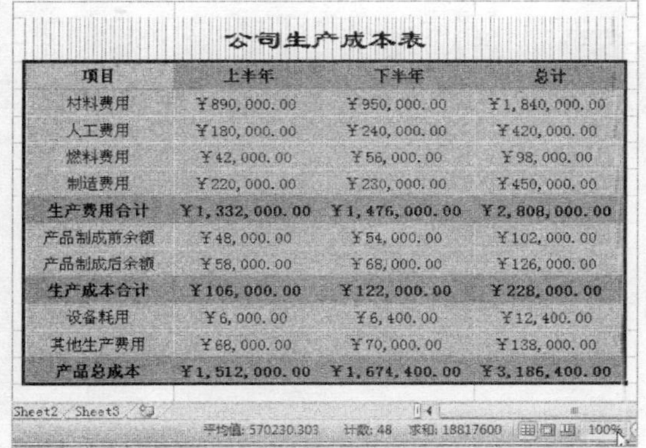
公司生产成本表

项目	上半年	下半年	总计
材料费用	￥890,000.00	￥950,000.00	￥1,840,000.00
人工费用	￥180,000.00	￥240,000.00	￥420,000.00
燃料费用	￥42,000.00	￥56,000.00	￥98,000.00
制造费用	￥220,000.00	￥230,000.00	￥450,000.00
生产费用合计	￥1,332,000.00	￥1,476,000.00	￥2,808,000.00
产品制成前余额	￥48,000.00	￥54,000.00	￥102,000.00
产品制成后余额	￥58,000.00	￥68,000.00	￥126,000.00
生产成本合计	￥106,000.00	￥122,000.00	￥228,000.00
设备耗用	￥6,000.00	￥6,400.00	￥12,400.00
其他生产费用	￥68,000.00	￥70,000.00	￥138,000.00
产品总成本	￥1,512,000.00	￥1,674,400.00	￥3,186,400.00

STEP 23 选择“所有框线”选项

在“字体”选项区中，单击“其他边框”右侧的下三角按钮，在弹出的下拉列表中选择“所有框线”选项，如下图所示。

STEP 24 添加边框

执行操作后，即可为选择的单元格区域添加边框，如下图所示。

公司生产成本表

项目	上半年	下半年	总计
材料费用	￥890,000.00	￥950,000.00	￥1,840,000.00
人工费用	￥180,000.00	￥240,000.00	￥420,000.00
燃料费用	￥42,000.00	￥56,000.00	￥98,000.00
制造费用	￥220,000.00	￥230,000.00	￥450,000.00
生产费用合计	￥1,332,000.00	￥1,476,000.00	￥2,808,000.00
产品制成前余额	￥48,000.00	￥54,000.00	￥102,000.00
产品制成后余额	￥58,000.00	￥68,000.00	￥126,000.00
生产成本合计	￥106,000.00	￥122,000.00	￥228,000.00
设备耗用	￥6,000.00	￥6,400.00	￥12,400.00
其他生产费用	￥68,000.00	￥70,000.00	￥138,000.00
产品总成本	￥1,512,000.00	￥1,674,400.00	￥3,186,400.00

STEP 25 查看效果

在任意位置单击单元格，即可查看设置的单元格效果，如下图所示。

公司生产成本表

项目	上半年	下半年	总计
材料费用	￥890,000.00	￥950,000.00	￥1,840,000.00
人工费用	￥180,000.00	￥240,000.00	￥420,000.00
燃料费用	￥42,000.00	￥56,000.00	￥98,000.00
制造费用	￥220,000.00	￥230,000.00	￥450,000.00
生产费用合计	￥1,332,000.00	￥1,476,000.00	￥2,808,000.00
产品制成前余额	￥48,000.00	￥54,000.00	￥102,000.00
产品制成后余额	￥58,000.00	￥68,000.00	￥126,000.00
生产成本合计	￥106,000.00	￥122,000.00	￥228,000.00
设备耗用	￥6,000.00	￥6,400.00	￥12,400.00
其他生产费用	￥68,000.00	￥70,000.00	￥138,000.00
产品总成本	￥1,512,000.00	￥1,674,400.00	￥3,186,400.00

14.1.2 添加形状对象

添加形状内容的具体操作步骤如下：

STEP 01 进入“插入”面板

切换至插入”功能面板，如下图所示。

STEP 02 设置相应选项

在“插图”选项区中设置“形状”为“图文框”，如下图所示。

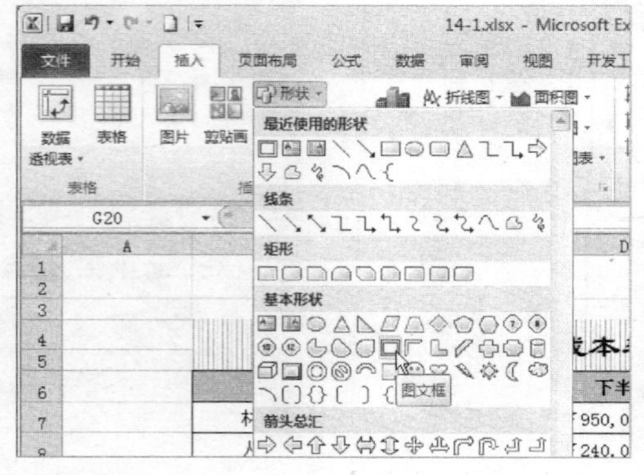

STEP 03 绘制图文框

在工作表中的适当位置，绘制一个图文框，如下图所示。

STEP 04 单击“其他”按钮

在“形状样式”选项区中单击“其他”按钮，如下图所示。

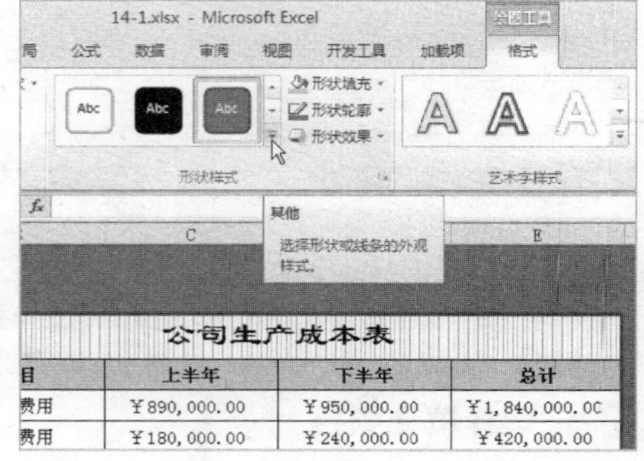

STEP 05 **选择形状样式**

在弹出的选项板中，选择一种形状样式，如下图所示。

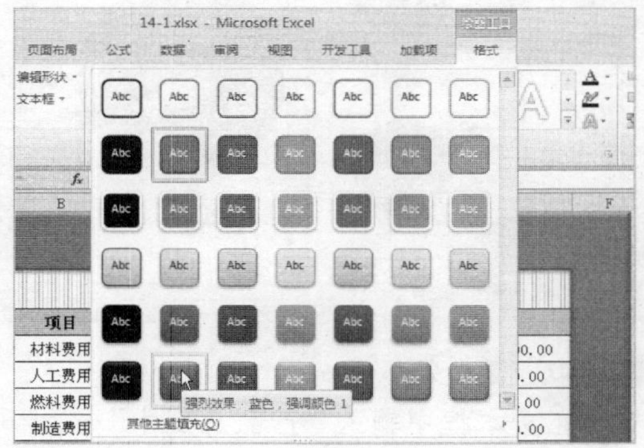

STEP 06 **单击“形状填充”按钮**

在“形状样式”选项区中单击“形状填充”按钮，如下图所示。

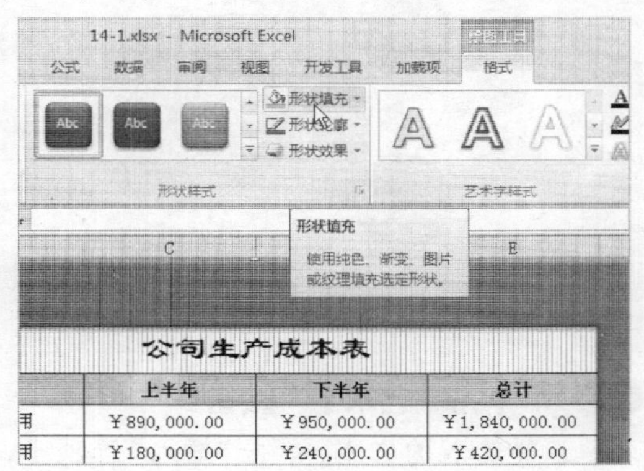

STEP 07 **选择纹理样式**

在弹出的下拉列表中选择“纹理”，在“纹理”选项板中选择一种纹理样式，如下图所示。

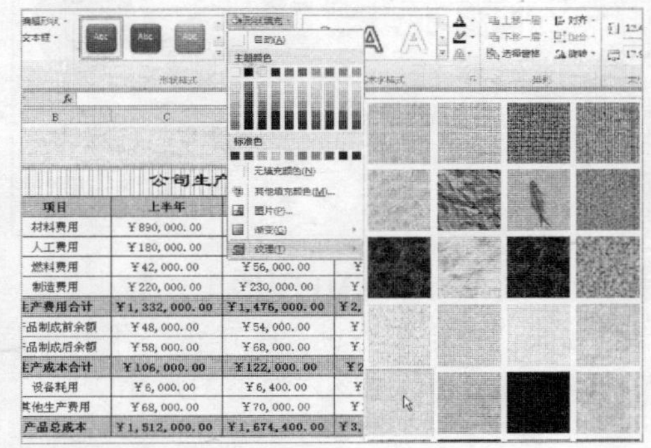

STEP 08 **设置形状效果**

用与上述相同的方法设置图文框的形状效果，如下图所示。

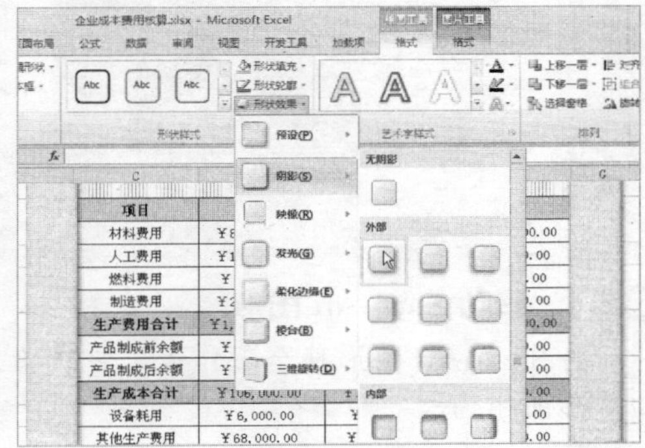

14.1.3 添加 SmartArt 图形

添加 SmartArt 图形的具体操作步骤如下：

STEP 01 **单击 SmartArt 按钮**

单击“插入”选项卡，进入“插入”功能面板，单击 SmartArt 按钮，如下图所示。

STEP 02 **弹出“选择 SmartArt 图形”对话框**

即会弹出“选择 SmartArt 图形”对话框，如下图所示。

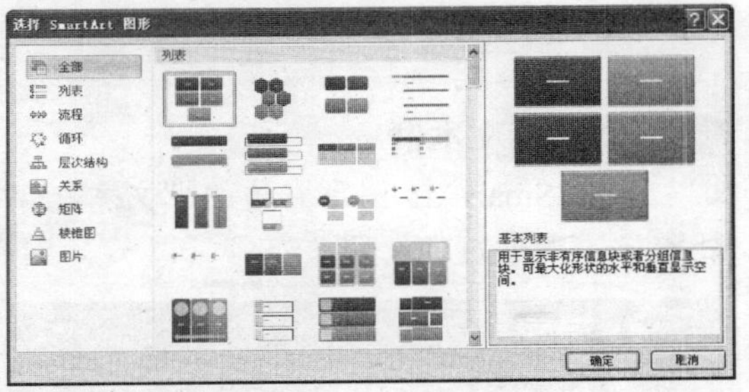

STEP 03 **选择“垂直公式”选项**

单击“关系”选项卡，在右侧的选项板中选择“垂直公式”选项，如下图所示。

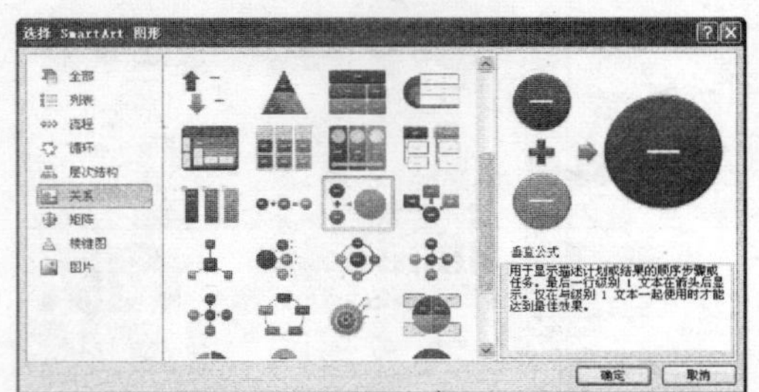

STEP 04 插入 SmartArt 图形

单击“确定”按钮，即可在工作表中插入一个 SmartArt 图形，如下图所示。

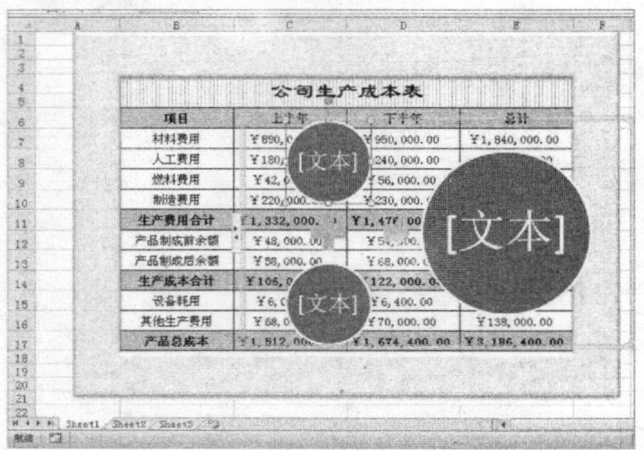

STEP 05 移动 SmartArt 图形

将 SmartArt 图形移至工作表下方位置，如下图所示。

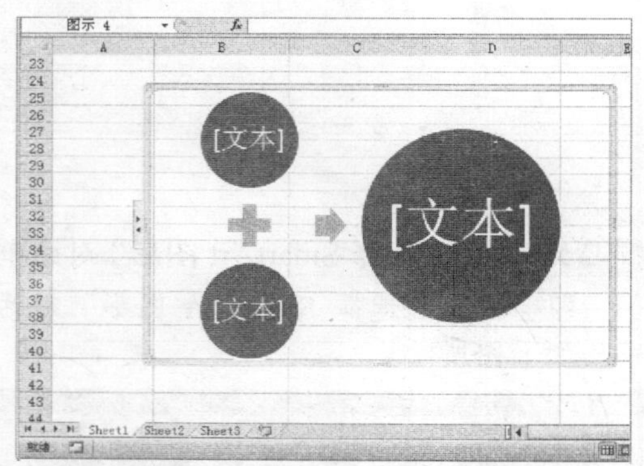

STEP 06 激活文本框

单击 SmartArt 图形右边的“文本”字样激活文本框，如下图所示。

专家指点

也可单击 SmartArt 图形左侧的按钮，在弹出的面板中单击“文本”字样激活文本框。

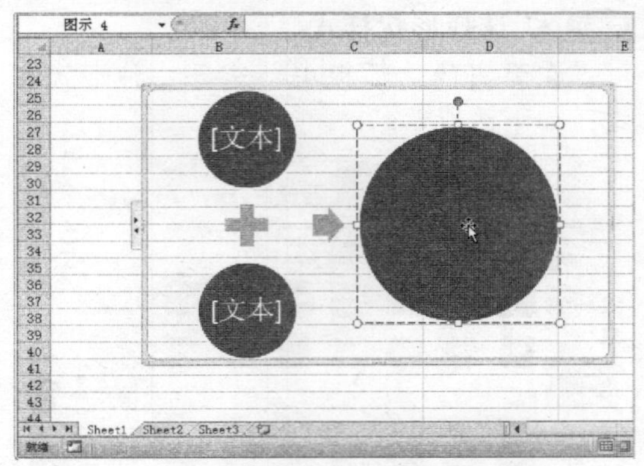

STEP 07 输入文本

在文本框中输入“产品总成本”，如下图所示。

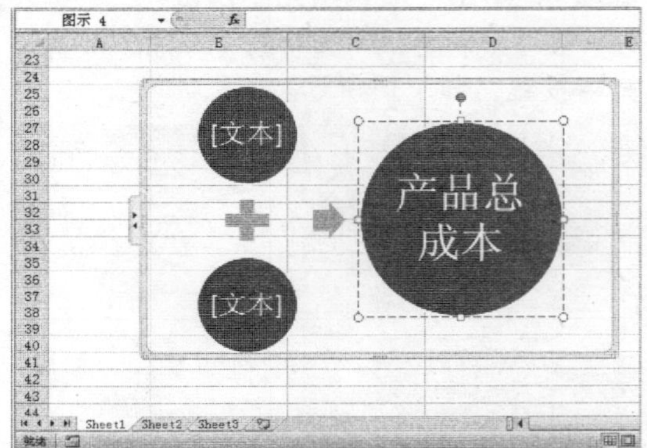

STEP 08 单击“艺术字”按钮

选择输入的文本，单击“插入”选项卡，进入“插入”功能面板，在“文本”选项区中单击“艺术字”按钮，如下图所示。

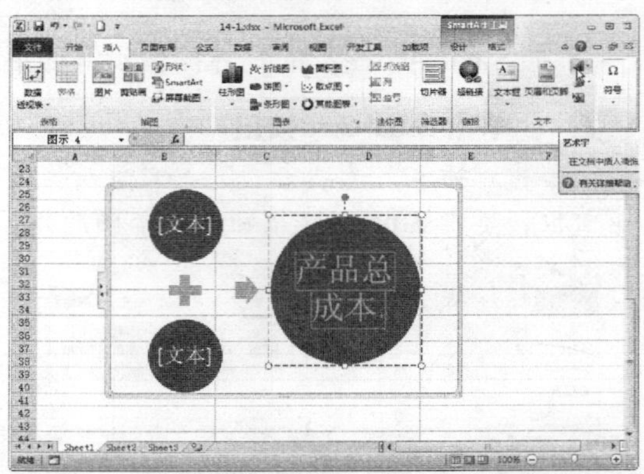

STEP 09 选择艺术字

在弹出的相应选项板中选择一种艺术字，如下图所示。

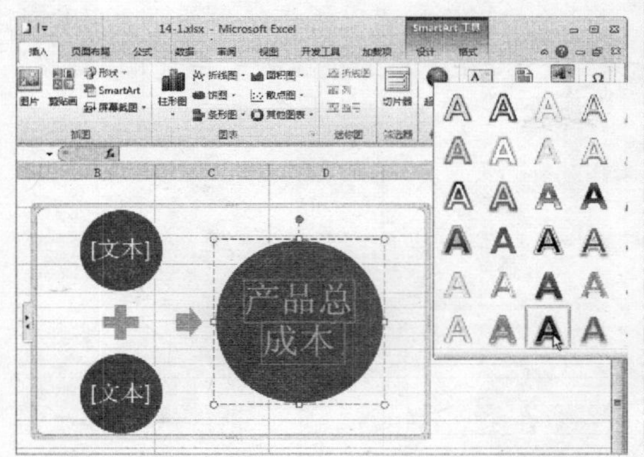

STEP 10　插入艺术字

执行操作后，即可插入艺术字，如下图所示。

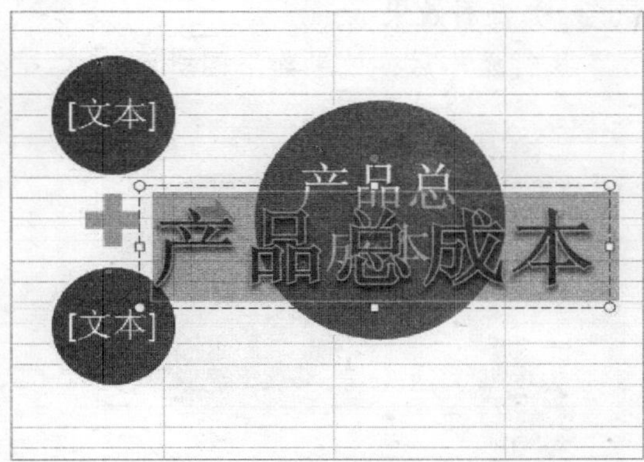

STEP 11　设置字体大小

在“字体”浮动面板中单击“字号”右侧的下三角按钮，在弹出的下拉列表中选择 20，如下图所示。

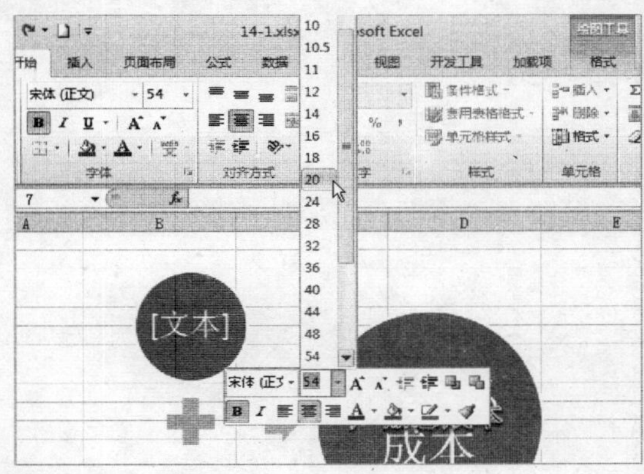

STEP 12　删除文本

设置完成后，将输入的文本删除，如下图所示。

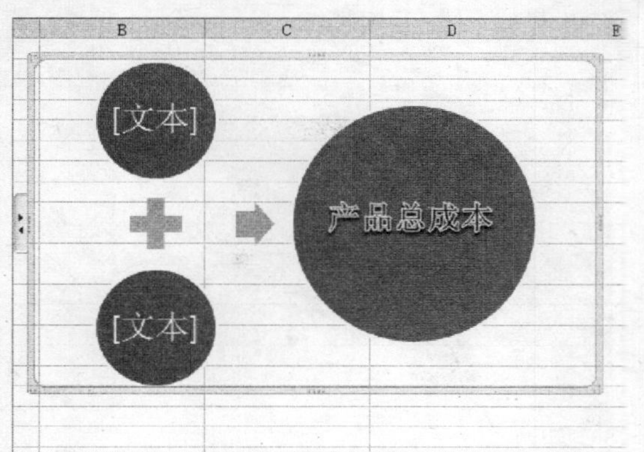

STEP 13　插入艺术字

用与上述相同的方法，在图形的适当位置插入艺术字，如下图所示。

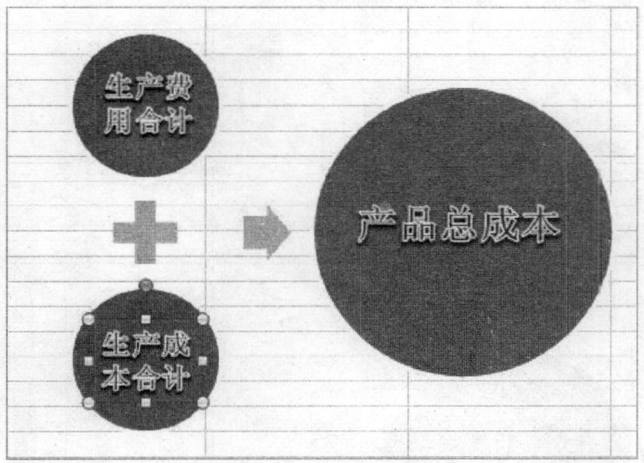

STEP 14　进入“设计”功能面板

选择插入的 SmartArt 图形对象，在“SmartArt 工具”中单击“设计”选项卡，进入“设计”功能面板，如下图所示。

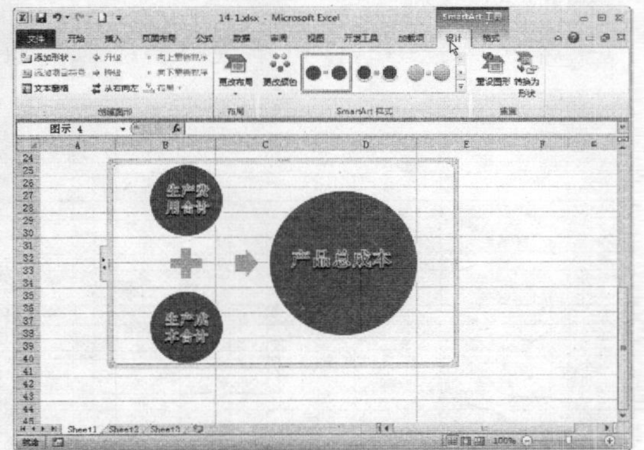

STEP 15　选择颜色样式

在“SmartArt 样式”选项区中单击“更改颜色”按钮，在弹出的选项板中选择一种颜色样式，如下图所示。

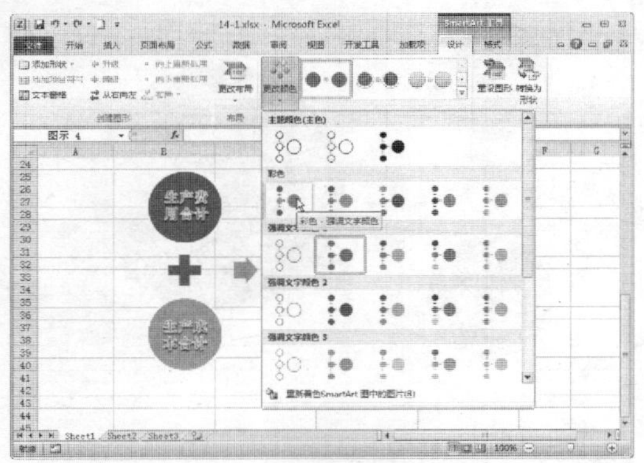

STEP 16 **进入“格式”功能面板**

单击“格式”选项卡，进入“格式”功能面板，如下图所示。

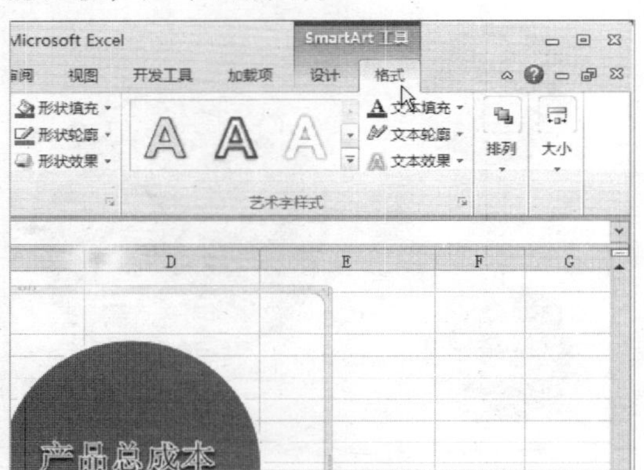

STEP 17 **选择“预设 5”选项**

在“形状样式”选项区中单击“形状效果”按钮，在弹出的下拉列表中选择“预设”|“预设 5”选项，如下图所示。

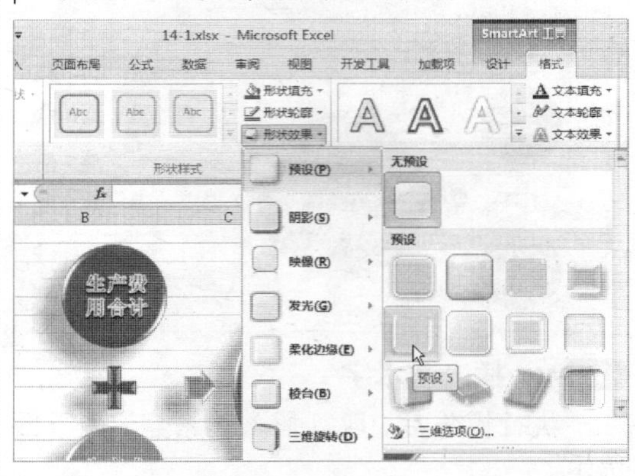

STEP 18 **查看效果**

执行操作后，效果如下图所示。

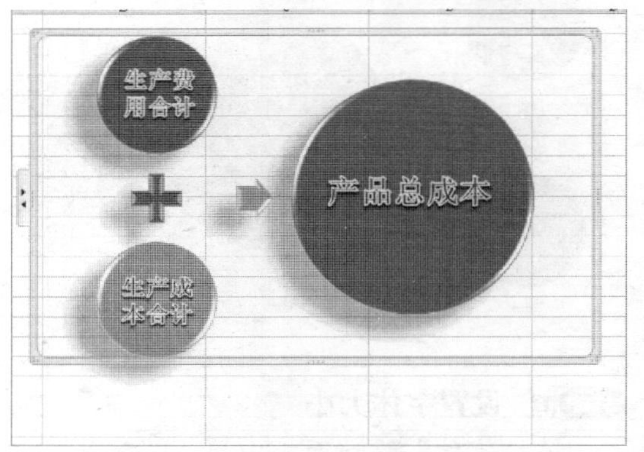

14.2 进销存分析图表

本案例介绍制作进销存分析图表，效果如下图所示。

进销存分析图表						
型号	产品名称	规格	单价	进货统计	销货统计	存货统计
ZWX-0120	液晶显示器	19寸	3000	230	160	70
ZWX-0121	液晶显示器	21寸	3500	230	130	100
ZWX-0122	屏幕	17寸	2400	160	100	60
ZWX-0123	屏幕	21寸	3200	240	130	110
ZWX-0124	手写板	4X6	3500	1300	640	660
ZWX-0125	绘图板	6X8	4100	160	100	60
ZWX-0126	扫描仪	600X600	1800	240	160	80
ZWX-0127	智能扫描仪	1200X1200	2600	160	100	60
QWZ-0212	韩语教学软件	平装版	199	160	80	80
QWZ-0213	日语教学软件	CD附书	199	160	75	85
QWZ-0214	日常英语	平装版	199	160	96	64
QWZ-0215	英语等级考试丛书	CD附书	199	160	100	60
QWZ-0216	托福初级	平装版	199	800	400	400
QWZ-0217	托福进阶	平装版	199	1000	500	500
QWZ-0218	GRE初级	平装版	199	1300	1000	300
QWZ-0219	GRE进阶	平装版	199	160	30	130

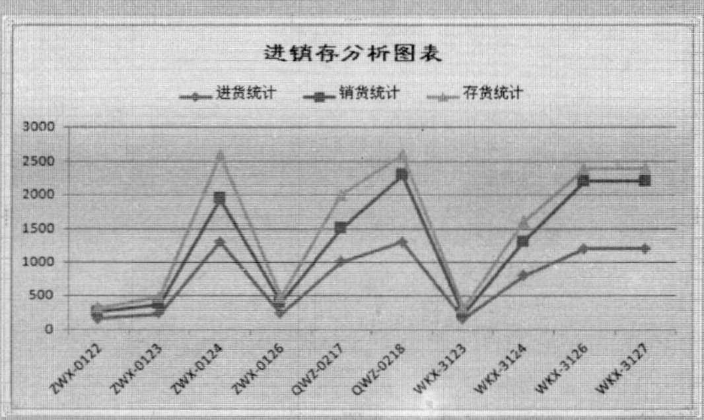

进销存分析图表

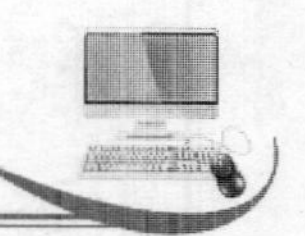

素材文件	第 14 章\14-52.xlsx	效果文件	第 14 章\14-97.xlsx

14.2.1 制作文本效果

制作文本效果的具体操作步骤如下：

STEP 01 打开文件

打开一个 Excel 文件，如下图所示。

STEP 02 单击“居中”按钮

选择 A2:G27 数据区域，在“对齐方式”选项区中单击“居中”按钮，如下图所示。

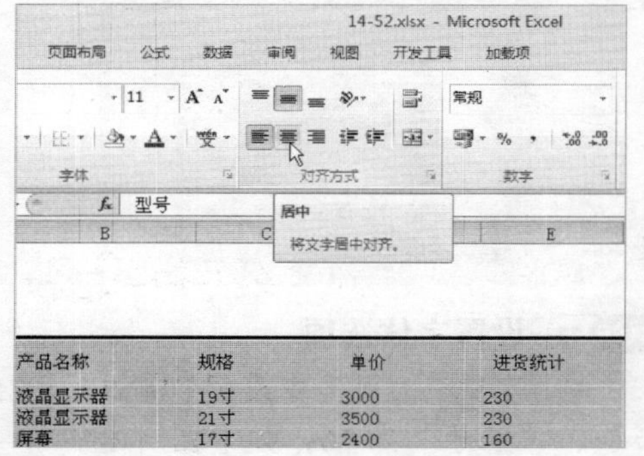

STEP 03 进入“插入”功能面板

单击“插入”选项卡，进入“插入”功能面板，如下图所示。

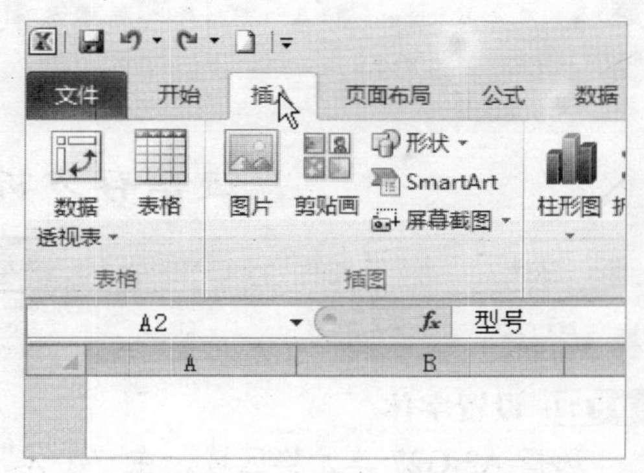

STEP 04 选择艺术字

在“文本”选项区中单击“艺术字”按钮，在弹出的选项板中选择一种艺术字，如下图所示。

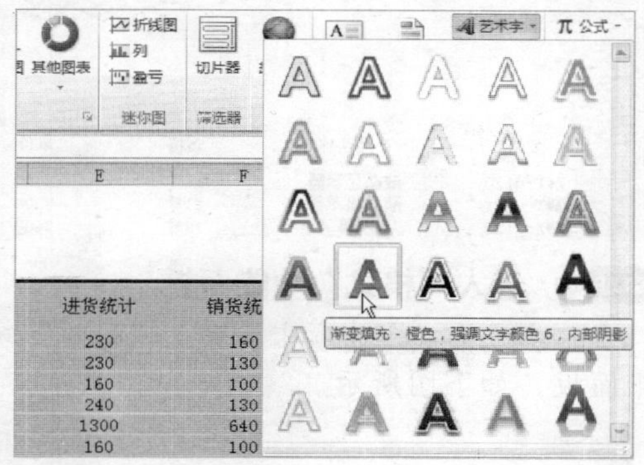

STEP 05 显示字样

即可在工作表中显示“请在此放置您的文字”字样，如下图所示。

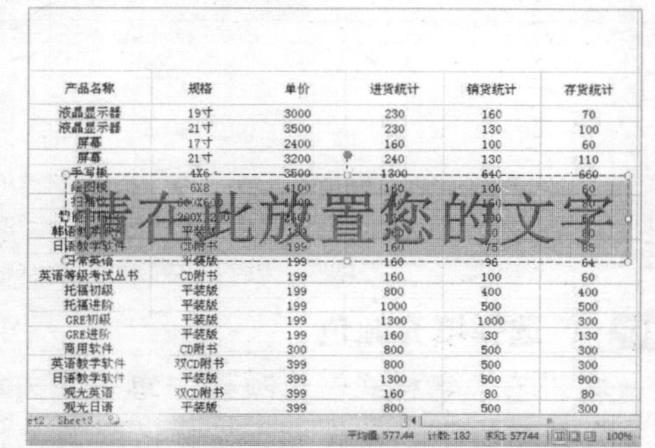

STEP 06 输入文字

在文本框中输入文字，如下图所示。

STEP 07 设置字体格式

选择输入的文字，在“字体”选项区中设置“字体”为“方正隶变简体”、“字号”为28，如下图所示。

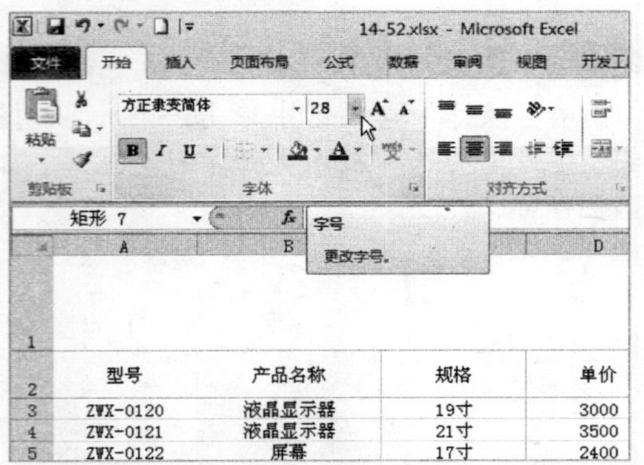

STEP 08 进入“格式”功能面板

单击“格式”选项卡，进入“格式”功能面板，如下图所示。

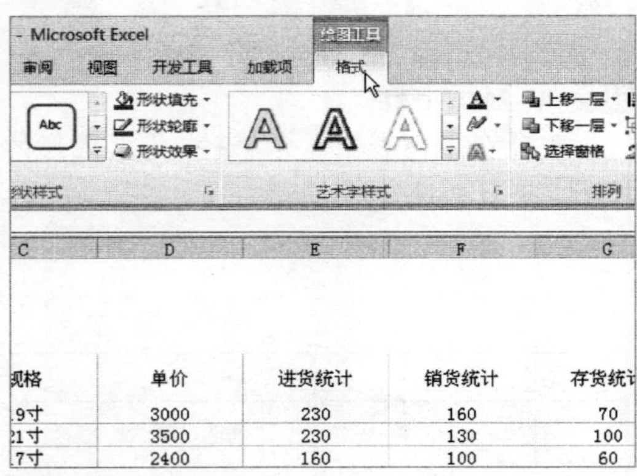

STEP 09 选择填充颜色

在“艺术字样式”选项区中单击“文本填充”右侧的下三角按钮，在弹出的调色板中选择填充颜色，如下图所示。

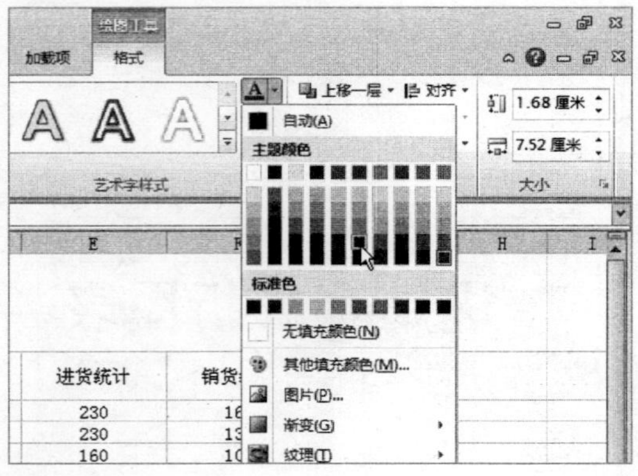

STEP 10 拖曳艺术字

选择艺术字，将其拖曳至工作表的适当位置，如下图所示。

STEP 11 选择单元格区域

选择A2:G2单元格区域，如下图所示。

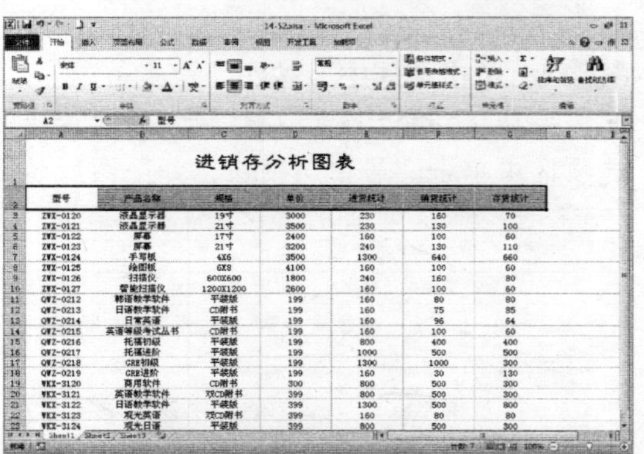

STEP 12 设置字体选项

在“字体”选项区中设置“字体”为“隶书”、“字号”为16，如下图所示。

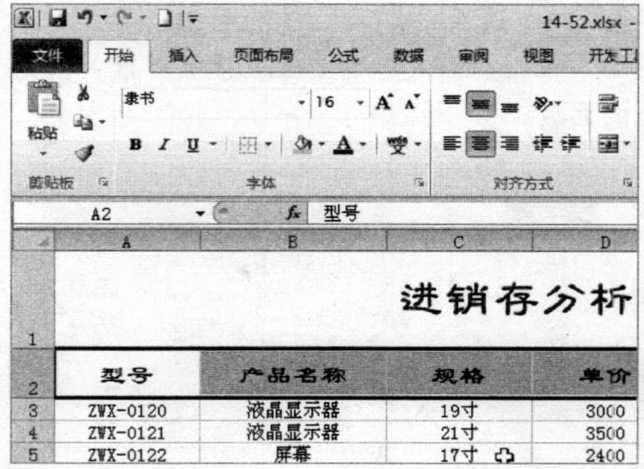

STEP 13 设置字体

选择A3:G27单元格区域，在“字体”

选项区中设置“字体”为“微软雅黑”，如下图所示。

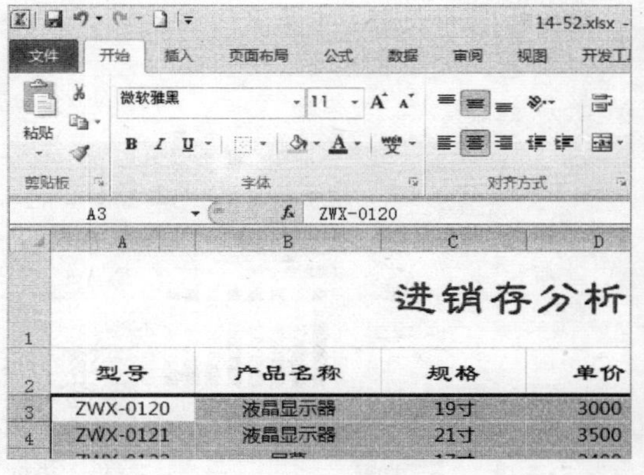

STEP 14　查看效果

执行操作后可查看效果，如下图所示。

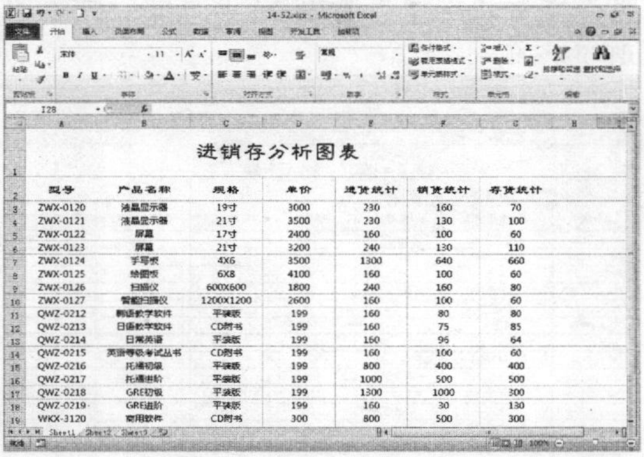

进销存分析图表

型号	产品名称	规格	单价	进货统计	销货统计	存货统计
ZWX-0120	液晶显示器	19寸	3000	230	160	70
ZWX-0121	液晶显示器	21寸	3500	230	130	100
ZWX-0122	屏幕	17寸	2400	160	100	60
ZWX-0123	屏幕	21寸	3200	240	130	110
ZWX-0124	手写板	4X6	3500	1300	640	660
ZWX-0125	绘图板	6X8	4100	160	100	60
ZWX-0126	扫描仪	600X600	1800	240	160	80
ZWX-0127	智能扫描仪	1200X1200	2600	160	100	60
QWZ-0212	韩语教学软件	平装版	199	160	80	80
QWZ-0213	日语教学软件	CD附书	199	160	75	85
QWZ-0214	日常英语	平装版	199	160	96	64
QWZ-0215	英语等级考试丛书	CD附书	199	160	100	60
QWZ-0216	托福初级	平装版	199	800	400	400
QWZ-0217	托福进阶	平装版	199	1000	500	500
QWZ-0218	GRE初级	平装版	199	1300	1000	300
QWZ-0219	GRE进阶	平装版	199	160	30	130
WKX-3120	商用软件	CD附书	300	800	500	300

14.2.2 编辑表格格式

编辑表格格式的具体操作步骤如下：

STEP 01　选择数据区域

在工作表中，选择所需的数据区域，如下图所示。

进销存分析图表

型号	产品名称	规格	单价	进货统计	销货统计
ZWX-0120	液晶显示器	19寸	3000	230	160
ZWX-0121	液晶显示器	21寸	3500	230	130
ZWX-0122	屏幕	17寸	2400	160	100
ZWX-0123	屏幕	21寸	3200	240	130
ZWX-0124	手写板	4X6	3500	1300	640
ZWX-0125	绘图板	6X8	4100	160	100
ZWX-0126	扫描仪	600X600	1800	240	160
ZWX-0127	智能扫描仪	1200X1200	2600	160	100
QWZ-0212	韩语教学软件	平装版	199	160	80
QWZ-0213	日语教学软件	CD附书	199	160	75
QWZ-0214	日常英语	平装版	199	160	96
QWZ-0215	英语等级考试丛书	CD附书	199	160	100
QWZ-0216	托福初级	平装版	199	800	400
QWZ-0217	托福进阶	平装版	199	1000	500
QWZ-0218	GRE初级	平装版	199	1300	1000
QWZ-0219	GRE进阶	平装版	199	160	30
WKX-3120	商用软件	CD附书	300	800	500

STEP 02　选择“其他边框”选项

在“字体”选项区中单击“无框线”右侧的下三角按钮，在弹出的下拉列表中选择“其他边框”选项，如下图所示。

STEP 03　选择线条样式

即会弹出“设置单元格格式”对话框，在“样式”选项区中选择线条样式，如下图所示。

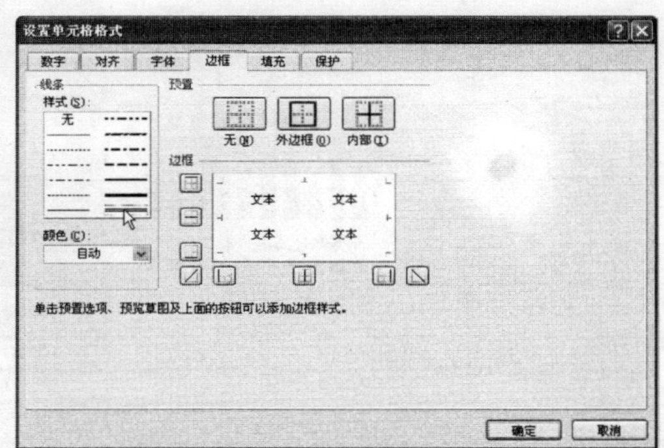

STEP 04　单击相应的按钮

单击“外边框”和“内部”按钮，如下图所示。

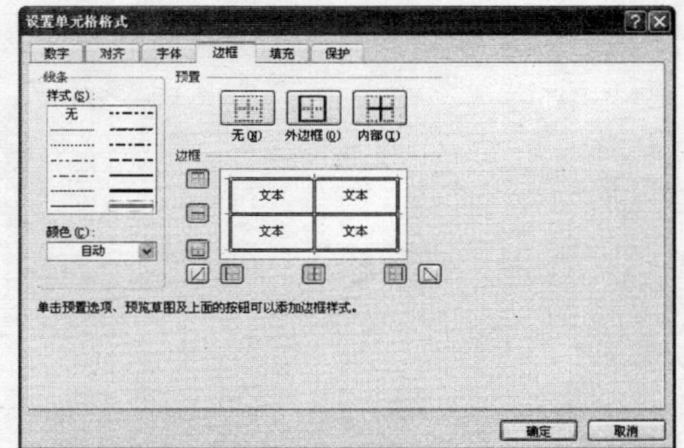

STEP 05 选择单元格

单击“确定”按钮，即可为选择的数据区域添加边框线。选择 A1 单元格，如下图所示。

STEP 06 选择颜色

在“字体”选项区中单击“填充颜色”右侧的下三角按钮，在弹出的调色板中选择一种颜色，如下图所示。

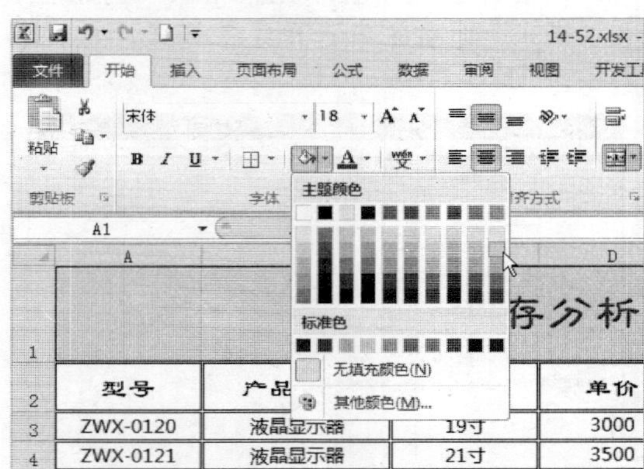

STEP 07 选择单元格区域

在工作表中选择 A2:G27 单元格区域，如下图所示。

STEP 08 选择颜色

在“字体”选项区中单击“填充颜色”右侧的下三角按钮，在弹出的调色板中选择一种颜色，如下图所示。

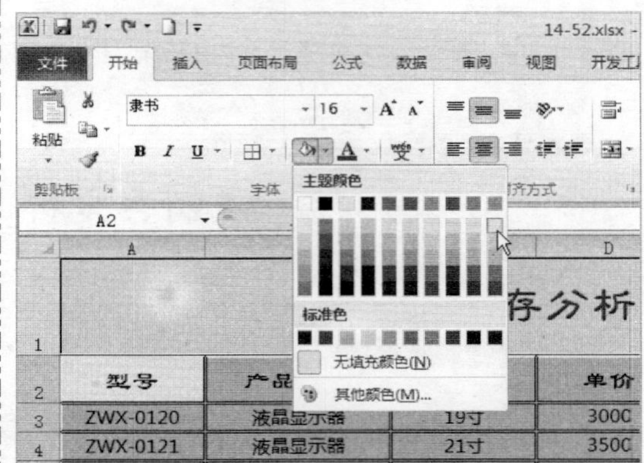

STEP 09 进入“数据”功能面板

单击“数据”选项眉头，进入“数据”功能面板，如下图所示。

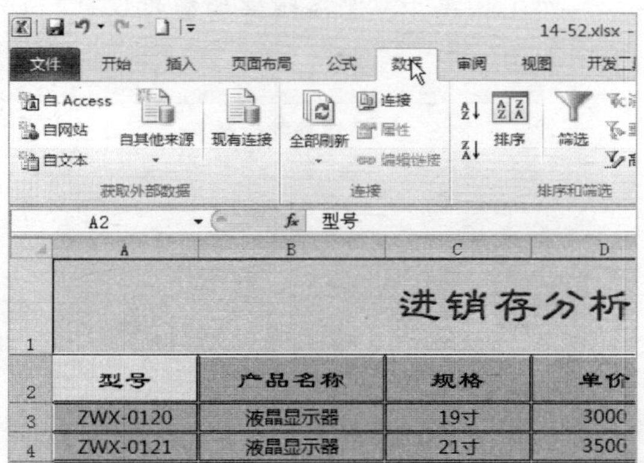

STEP 10 单击“筛选”按钮

在“排序和筛选”选项区中单击“筛选”按钮，如下图所示。

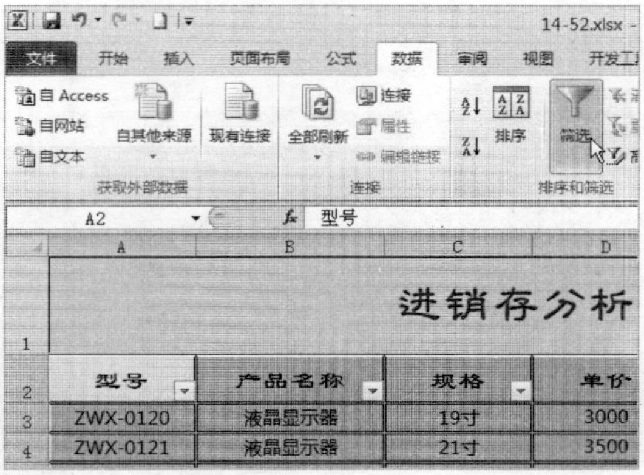

STEP 11　定位鼠标

将鼠标指针移至“产品名称”右下角的下三角按钮上，如下图所示。

A2　f_x　型号

进销存分析

型号	产品名称	规格	单价
ZWX-0120	液晶显示器	19寸	3000
ZWX-0121	液晶显示器	21寸	3500
ZWX-0122	屏幕	17寸	2400
ZWX-0123	屏幕	21寸	3200
ZWX-0124	手写板	4X6	3500
ZWX-0125	绘图板	6X8	4100
ZWX-0126	扫描仪	600X600	1800
ZWX-0127	智能扫描仪	1200X1200	2600
QWZ-0212	韩语教学软件	平装版	199

产品名称:
(全部显示)

STEP 12　取消选中“全选”复选框

单击鼠标左键，在弹出的选项板中取消选中“全选”复选框，如下图所示。

型号	产品名称	规格	单价
		19寸	3000
		21寸	3500
		17寸	2400
		21寸	3200
		4X6	3500
		6X8	4100
		600X600	1800
		1200X1200	2600
		平装版	199
		CD附书	199
		平装版	199
		CD附书	199
		平装版	199
		平装版	199

升序(S)
降序(O)
按颜色排序(T)
从“产品名称”中清除筛选(C)
按颜色筛选(I)
文本筛选(F)
搜索
(全选)
GRE初级
GRE进阶
观光日语
观光英语
韩语教学软件
绘图板
屏幕
日常英语
日语教学软件

STEP 13　选中相应的复选框

在其中选中所需的复选框，如下图所示。

进销存分析图表

型号	产品名称	规格	单价	进货统计	销货统计
		19寸	3000	230	160
		21寸	3500	230	130
		17寸	2400	160	100
		21寸	3200	240	130
		4X6	3500	1300	640
		6X8	4100	160	100
		600X600	1800	240	160
		1200X1200	2600	160	100
		平装版	199	160	80
		CD附书	199	160	75
		平装版	199	160	96
		CD附书	199	160	100
		平装版	199	800	400
		平装版	199	1000	500
		平装版	199	1300	1000
		平装版	199	160	30

升序(S)
降序(O)
按颜色排序(T)
文本筛选(F)
搜索
☑观光英语
☐韩语教学软件
☐绘图板
☑屏幕
☐日常英语
☐日语教学软件
☑扫描仪
☐商用软件
☑手写板
☐托福初级
☑托福进阶
☐液晶显示器
确定　取消
平均值: 577.44　计数: 182　求和: 57744

STEP 14　筛选内容

单击“确定”按钮，即可筛选出要查找的内容，如下图所示。

14-52.xlsx - Microsoft Excel

A2　f_x　型号

进销存分析图表

型号	产品名称	规格	单价	进货统计	销货统计	存货统计
ZWX-0122	屏幕	17寸	2400	160	100	60
ZWX-0123	屏幕	21寸	3200	240	130	110
ZWX-0124	手写板	4X6	3500	1300	640	660
ZWX-0126	扫描仪	600X600	1800	240	160	80
QWZ-0217	托福进阶	平装版	199	1000	500	500
QWZ-0218	GRE初级	平装版	199	1300	1000	300
WKX-3123	观光英语	双CD附书	399	160	80	80
WKX-3124	观光日语	平装版	399	800	500	300
WKX-3126	托福进阶	CD附书	299	1200	1000	200
WKX-3127	GRE初级	CD附书	299	1200	1000	200

14.2.3　添加数据图表

添加数据图表的具体操作步骤如下：

STEP 01　选择数据区域

选择数据区域，如下图所示。

STEP 02　进入“插入”面板

切换至“插入”功能面板，如下图所示。

14-52.xlsx

文件　开始　插入　页面布局　公式　数据　审阅　视图　开发工

数据透视表　表格　图片　剪贴画　形状　SmartArt　屏幕截图　柱形图　折线图　饼图　条形图　面积图

表格　插图　图表

E2　f_x　进货统计

进销存分析

型号	产品名称	规格	单价
ZWX-0122	屏幕	17寸	2400
ZWX-0123	屏幕	21寸	3200

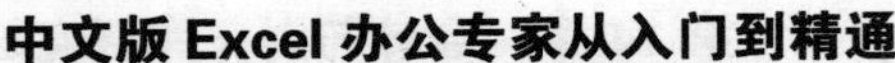

STEP 03 选择相应的图表

在“图表”选项区中单击“折线图”按钮，在弹出的选项板中选择“带数据标记的堆积折线图”选项，如下图所示。

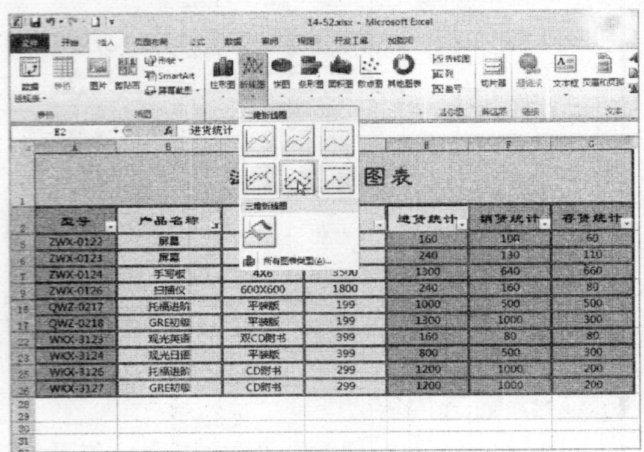

STEP 04 插入图表

即可插入图表，如下图所示。

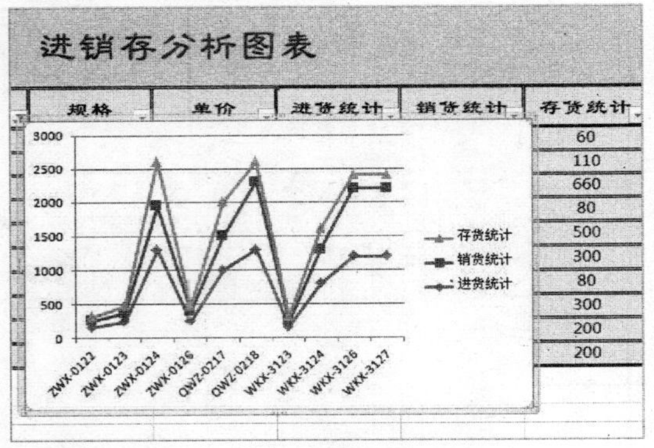

STEP 05 选择“图表上方”选项

在“图表工具”中单击“布局”选项卡，进入“布局”功能面板，在“标签”选项区中，单击“图表标题”按钮，在弹出的下拉列表中选择“图表上方”选项，如下图所示。

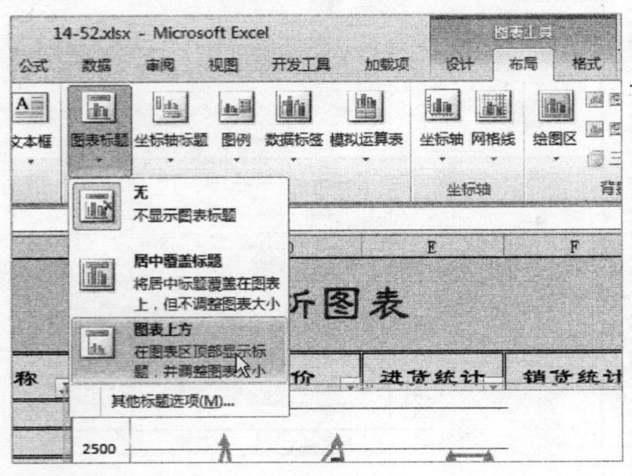

STEP 06 输入文本内容

执行操作后，即可在图表上方插入标题文本框，在其中输入所需的文本内容，如下图所示。

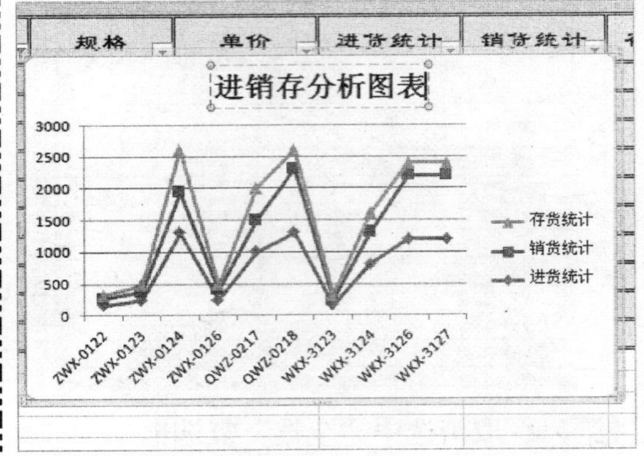

STEP 07 设置文本属性

选择输入的文本，在“字体”选项区中设置“字体”为“方正隶变简体”、“字号”为16，单击“加粗”按钮，效果如下图所示。

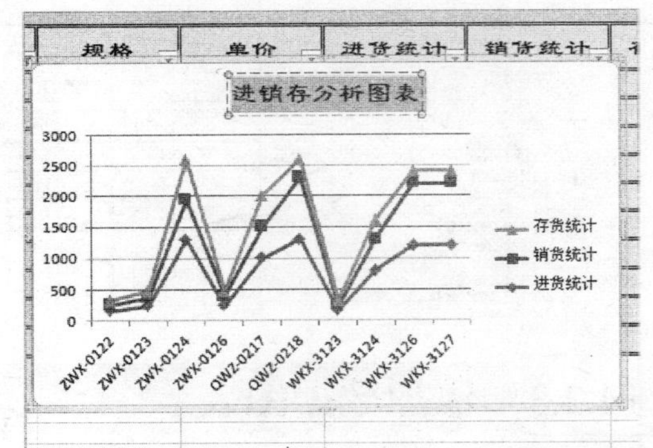

STEP 08 选择图例

在图表中选择图例，如下图所示。

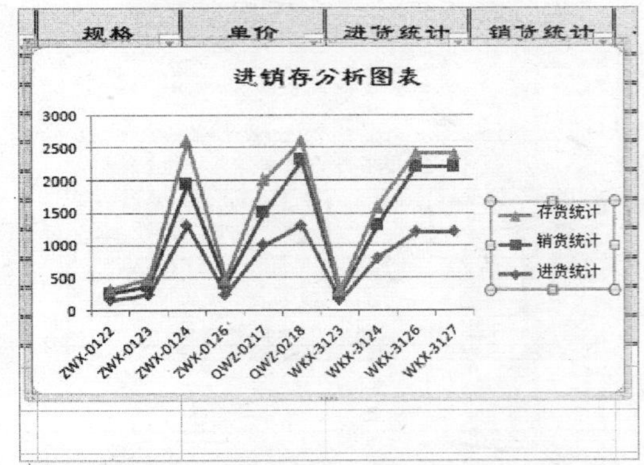

STEP 09　选择“设置图例格式”选项

单击鼠标右键，在弹出的快捷菜单中选择“设置图例格式”选项，如下图所示。

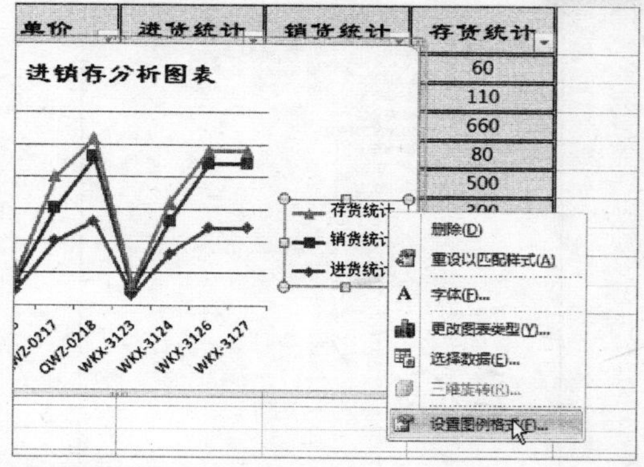

STEP 10　选中“靠上”单选按钮

即会弹出“设置图例格式”对话框，在其中选中“靠上”单选按钮，如下图所示。

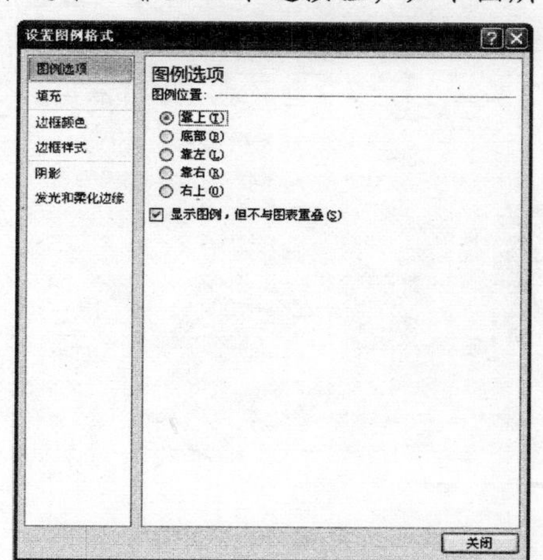

STEP 11　设置图例

单击“关闭”按钮，完成对图例的设置，如下图所示。

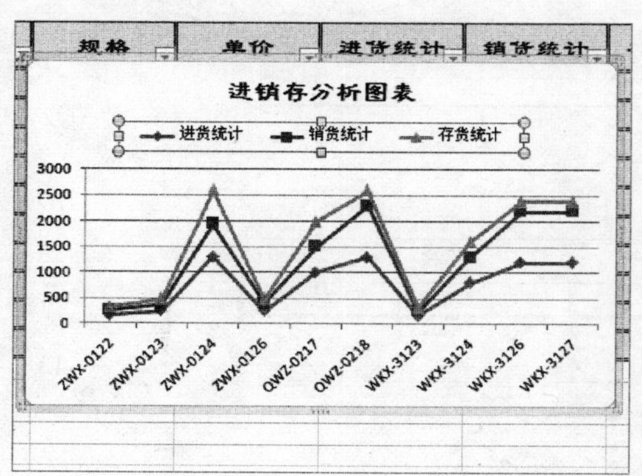

STEP 12　选择“设置图表区域格式”选项

选择图表区并单击鼠标右键，在弹出的快捷菜单中选择“设置图表区域格式”选项，如下图所示。

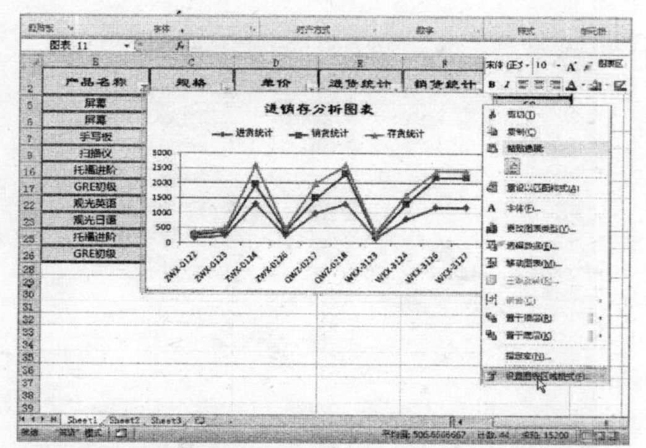

STEP 13　设置相应选项

弹出“设置图表区格式”对话框，在右侧的选项区中设置相应选项，如下图所示。

STEP 14　设置图表区格式

单击“关闭”按钮，完成对图表区格式的设置，如下图所示。

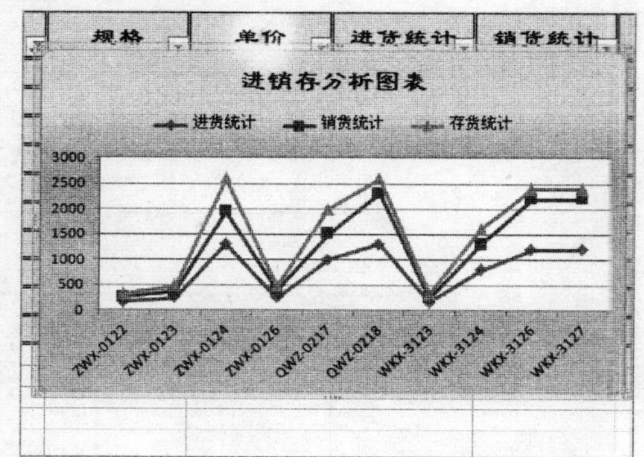

STEP 15 选择“设置绘图区格式”选项

选择绘图区，单击鼠标右键，在弹出的快捷菜单中选择“设置绘图区格式”选项，如下图所示。

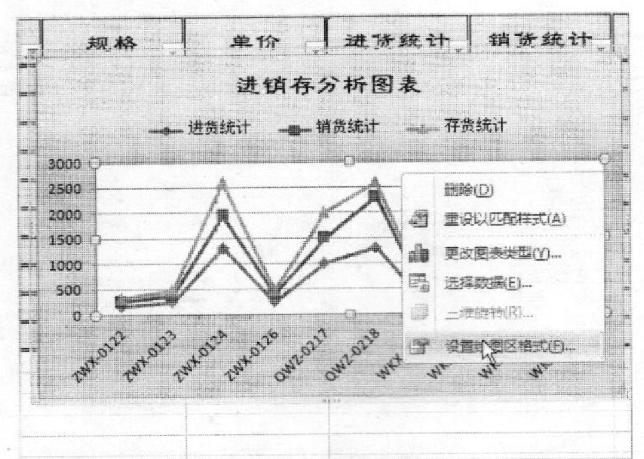

STEP 16 弹出“设置绘图区格式”对话框

弹出“设置绘图区格式”对话框，如下图所示。

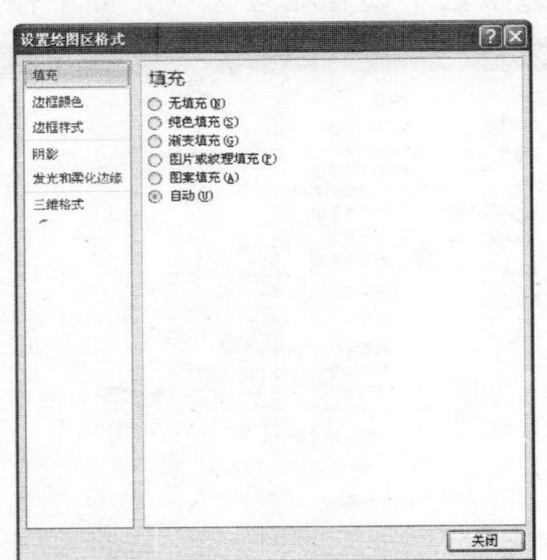

STEP 17 选中“无填充”单选按钮

在右侧的“填充”选项区中选中“无填充”单选按钮，如下图所示。

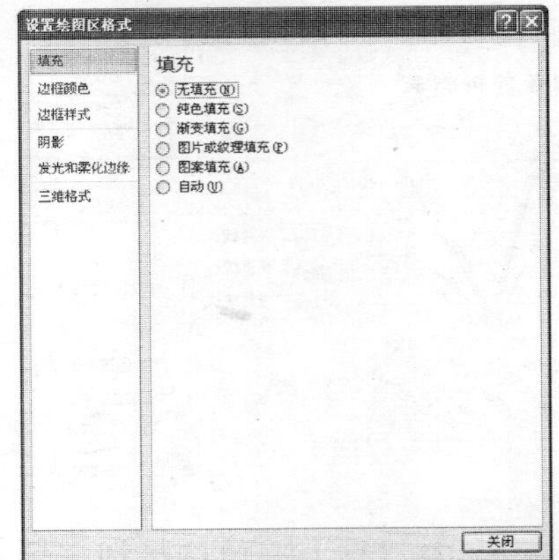

STEP 18 完成图表设置

单击“关闭”按钮，即可完成对图表的设置，如下图所示。

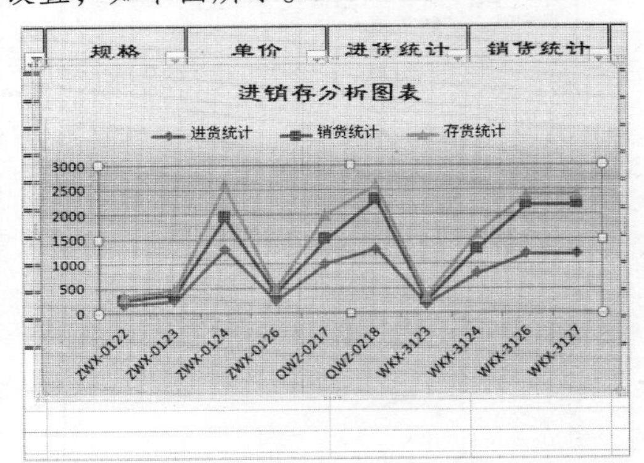

14.3 公司现金流量表分析

本案例介绍制作公司现金流量表分析图，效果如下图所示。

公司现金流量表分析

	具体项目	第一季度	第二季度	第三季度	第四季度	合计
营业活动：现金流量						
	本期纯益	353000	400000	23500	64500	
加：	呆帐、折旧、摊销	200000	150000	150000	150000	
	出售固定资产	100000	0	50000	0	
	流动资产减少数	256800	200000	376000	429000	
	流动负债增加数	255000	375000	35025	96750	
减：	权益法之投资收入	109870	15670	15670	15670	
	出售资产固定资产之利益	0	80000	0	0	
	流动资产增加数	84224	53820	57680	77220	
	流动负债减少数	135000	175000	217050	319350	
营业活动之净现金流入（出）		¥856,906.00	¥800,510.00	¥334,125.00	¥328,010.00	¥2,319,551.00
投资活动：现金流量						
加：	出售长短期投资	100000	35000	35000	55000	
	出售固定资产	400000	680000	180000	0	
减：	购入长短期投资	50000	50000	50000	50000	
	购入固定资产	600000	0	0	0	
投资活动之净现金流入（出）		¥-150,000.00	¥665,000.00	¥145,000.00	¥5,000.00	¥665,000.00
理财活动：现金流量						
加：	借款增加	553000	250000	0	1200000	
	现金增资发行新股售价	0	0	1500000	1600000	
减：	偿还借款（本金）	120000	0	0	166000	
	发放现金股利	0	0	500000	0	
	赎回特别股库藏股及减资	0	0	0	0	
理财活动之净现金流入（出）		¥436,000.00	¥250,000.00	¥1,000,000.00	¥2,634,000.00	¥4,320,000.00
加：期初现金余额		2217800	1142906	1715510	1479125	2967010
期末现金余额		¥1,142,906.00	¥1,715,510.00	¥1,479,125.00	¥2,987,010.00	¥7,304,551.00

公司现金流量表分析图

素材文件	第 14 章\14-98.xlsx	效果文件	第 14 章\14-139.xlsx

14.3.1 设置表格内容

设置表格内容的具体操作步骤如下：

STEP 01 打开文件

打开一个 Excel 文件，如下图所示。

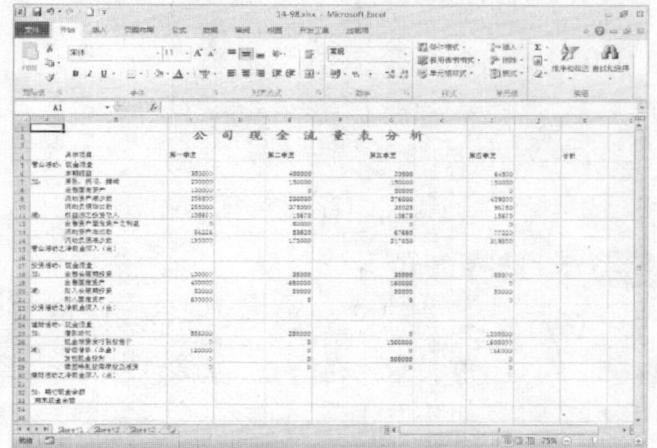

STEP 02 选择数据区域

选择 A4:K33 数据区域，如下图所示。

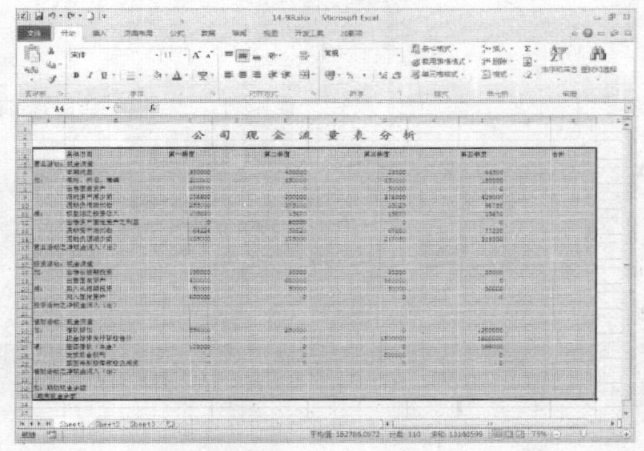

STEP 03 设置字体大小

在“字体”选项区中设置“字号”为 12，如下图所示。

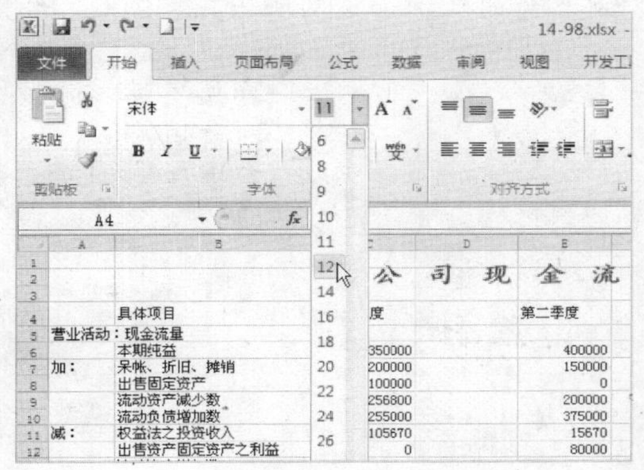

STEP 04 选择数据区域

选择 A1:K3 数据区域，如下图所示。

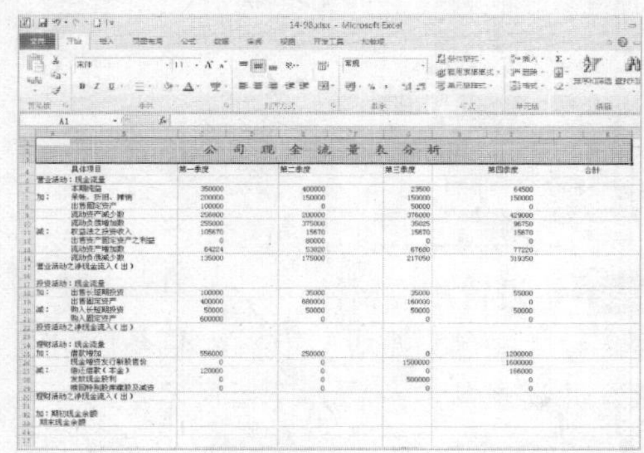

STEP 05 设置相应选项

在“对齐方式”选项区中设置“对齐方式”为“合并后居中”，如下图所示。

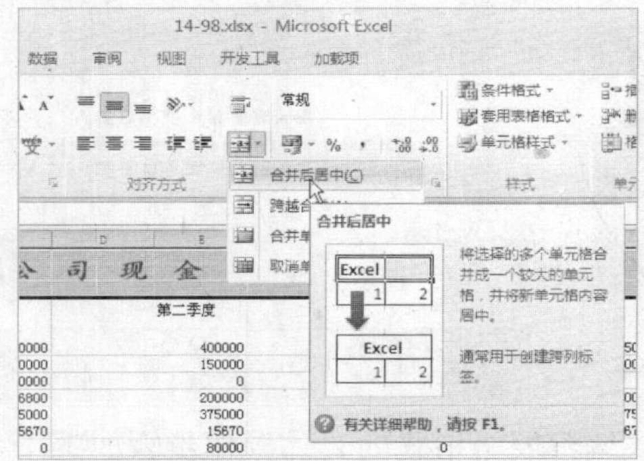

STEP 06 合并后居中其他单元格

用与上述相同的方法，合并并居中其他单元格，如下图所示。

STEP 07 选择数据区域

在工作表中选择 A5:B5、A17:B17 以及 A24:B24 数据区域，如下图所示。

	A	B	C	D	E
1					
2			公 司 现 金 流		
3					
4		具体项目	第一季度		第二季
5	营业活动：现金流量				
6		本期纯益	350000		400000
7	加：	呆帐、折旧、摊销	200000		150000
8		出售固定资产	100000		0
9		流动资产减少数	256800		200000
10		流动负债增加数	255000		375000
11	减：	权益法之投资收入	105670		15670
12		出售资产固定资产之利益	0		80000
13		流动资产增加数	64224		53820
14		流动负债减少数	135000		175000
15	营业活动之净现金流入（出）				
16					
17	投资活动：现金流量				
18	加：	出售长短期投资	100000		35000
19		出售固定资产	400000		680000
20	减：	购入长短期投资	50000		50000
21		购入固定资产	600000		0
22	投资活动之净现金流入（出）				
23					
24	理财活动：现金流量				
25	加：	借款增加	556000		250000

STEP 08 设置相应属性

在“字体”选项区中，单击“加粗”按钮，并设置其颜色，如下图所示。

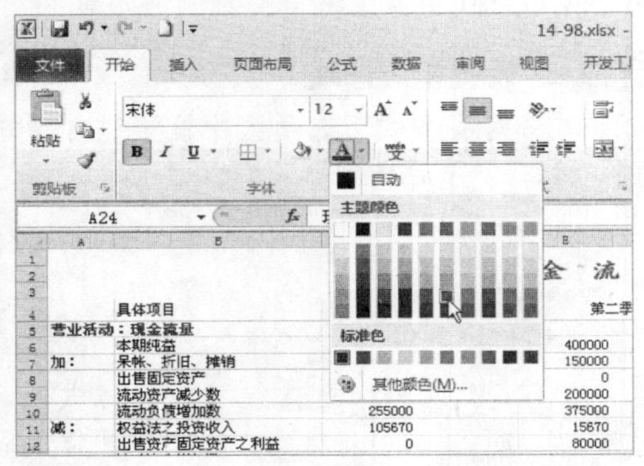

STEP 09 选择其他的数据区域

在工作表中选择其他的数据区域，如下图所示。

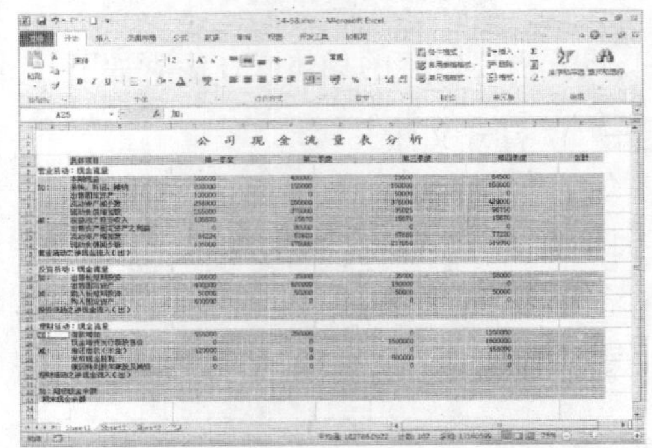

STEP 10 选择颜色

在“字体”选项区中，单击“字体颜色”右侧的下三角按钮，在弹出的调色板中选择一种颜色，如下图所示。

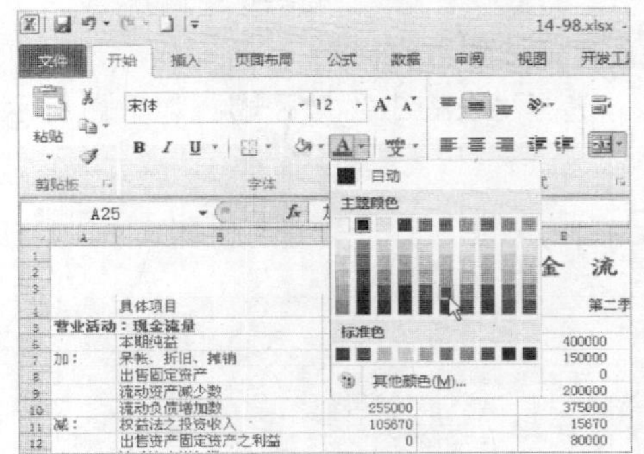

14.3.2 编辑表格格式

编辑表格格式的具体操作步骤如下：

STEP 01 选择数据区域

选择所需的数据区域，如下图所示。

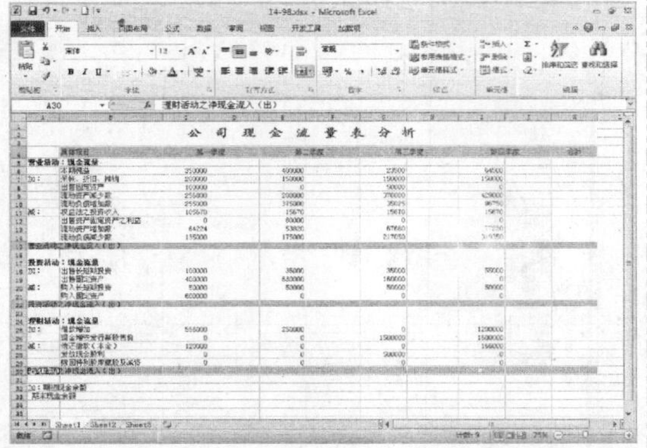

STEP 02 设置相应选项

在“字体”选项区中设置“无框线”为“外侧框线”，如下图所示。

STEP 03 **添加边框线**

执行操作后，即可为选择的数据区域添加外侧边框线，如下图所示。

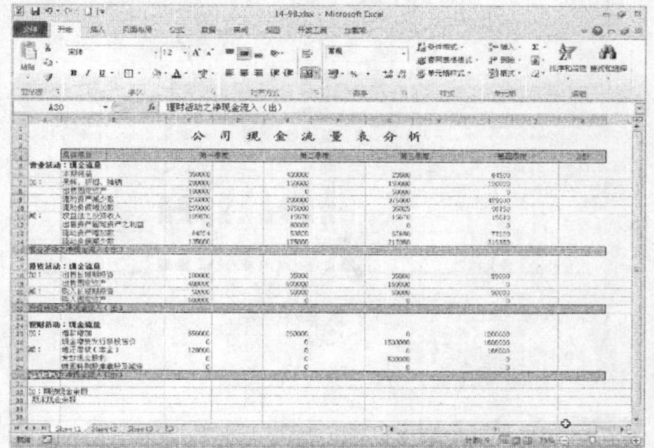

STEP 04 **选择数据区域**

选择如下图所示的数据区域。

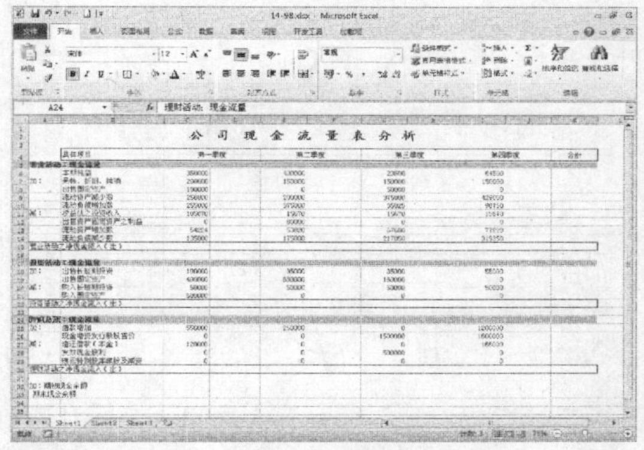

STEP 05 **选择“其他边框”选项**

在“字体”选项区中单击“外侧框线”右侧的下三角按钮，在弹出的下拉列表中选择“其他边框”选项，如下图所示。

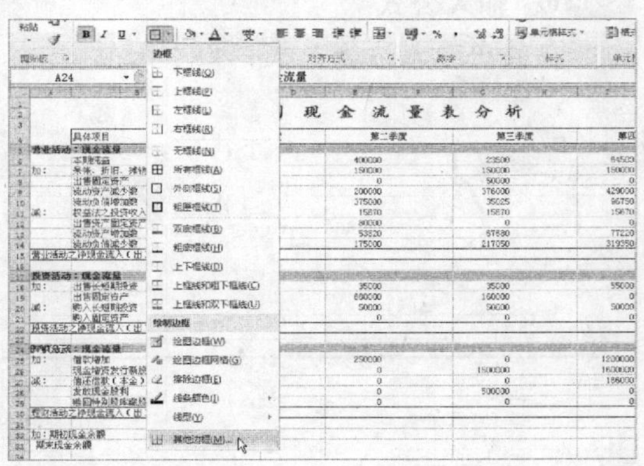

STEP 06 **设置相应属性**

在弹出的“设置单元格格式”对话框中设置相应的选项，如下图所示。

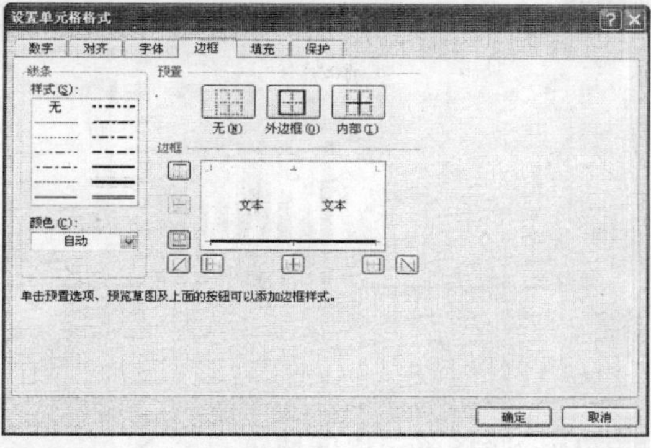

STEP 07 **添加下边框线**

单击“确定”按钮，即可为选择的数据区域添加下边框线，如下图所示。

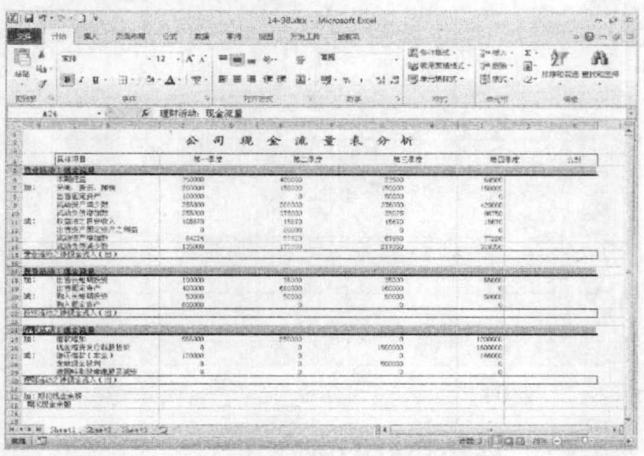

STEP 08 **选择单元格**

在工作表中选择 A1 单元格，如下图所示。

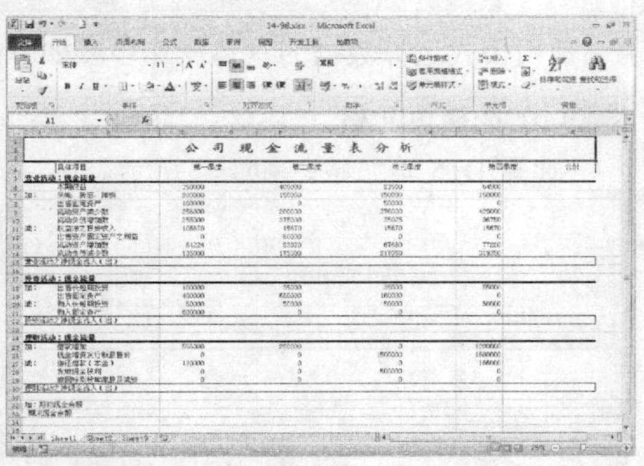

STEP 09 **选择颜色**

在“字体”选项区中单击“填充颜色”右侧的下三角按钮，在弹出的调色板中选择橙色，如下图所示。

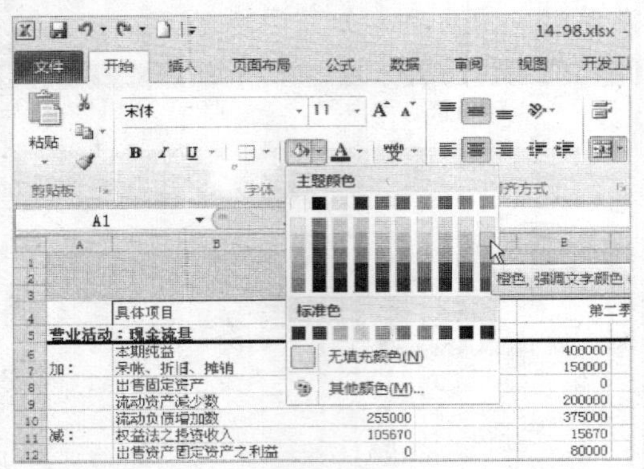

STEP 10 选择单元格区域

在工作表中选择 A4:K33 单元格区域，如下图所示。

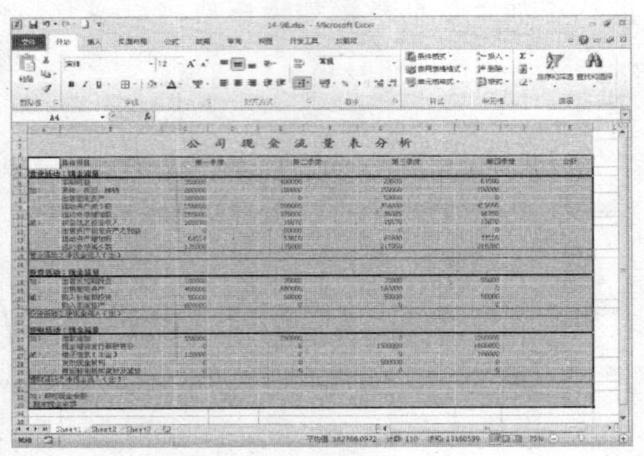

STEP 11 选择相应的颜色

在“字体”选项区中单击“填充颜色”右侧的下三角按钮，在弹出的调色板中选择相应的颜色，如下图所示。

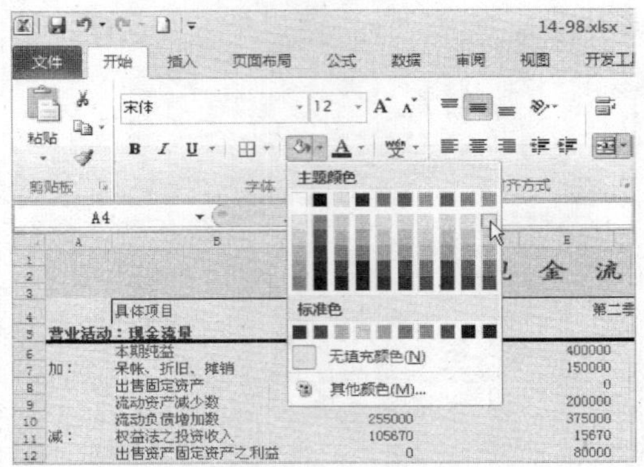

STEP 12 完成设置

执行操作后，即可完成对表格的设置，如下图所示。

14.3.3 公式运算数据

使用公式运算数据的具体操作步骤如下：

STEP 01 选择单元格

选择 D15 单元格，如下图所示。

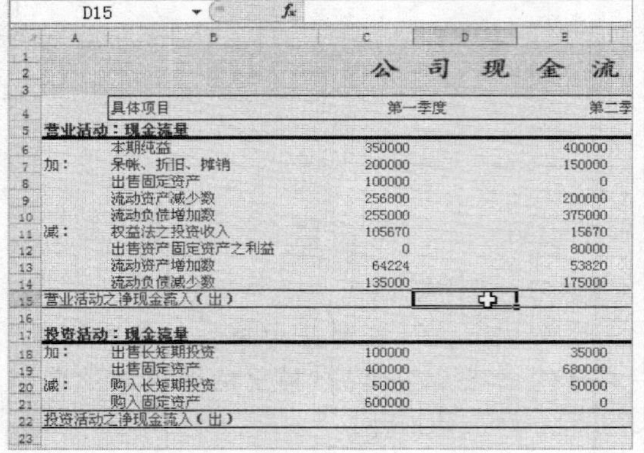

STEP 02 输入公式

在其中输入所需公式，如下图所示。

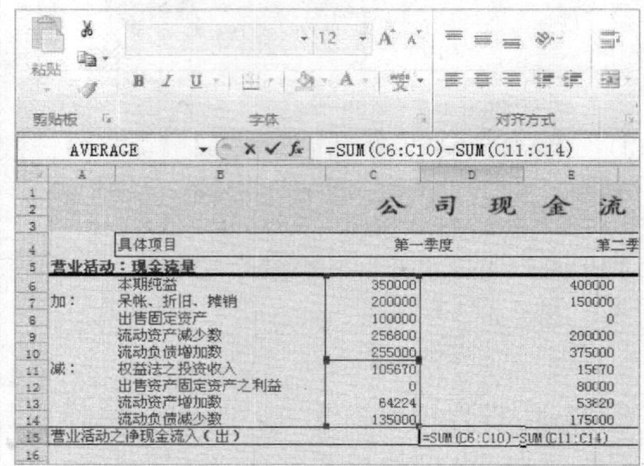

STEP 03 按【Enter】键确认

按【Enter】键进行确认，得到计算结果，如下图所示。

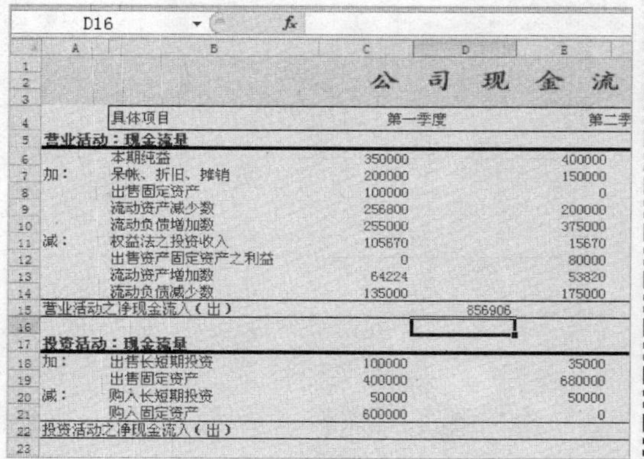

D16

	A	B	C	D	E
1-3			公	司 现	金 流
4		具体项目	第一季度		第二季
5	营业活动：现金流量				
6		本期纯益	350000		400000
7	加：	呆帐、折旧、摊销	200000		150000
8		出售固定资产	100000		0
9		流动资产减少数	256800		200000
10		流动负债增加数	255000		375000
11	减：	权益法之投资收入	105670		15670
12		出售资产固定资产之利益	0		80000
13		流动资产增加数	64224		53820
14		流动负债减少数	135000		175000
15	营业活动之净现金流入（出）			856906	
16					
17	投资活动：现金流量				
18	加：	出售长短期投资	100000		35000
19		出售固定资产	400000		680000
20	减：	购入长短期投资	50000		50000
21		购入固定资产	600000		0
22	投资活动之净现金流入（出）				
23					

STEP 04 计算其他数值

用与上述相同的方法，计算其他季度的“营业活动之净现金流入（出）”数据，如下图所示。

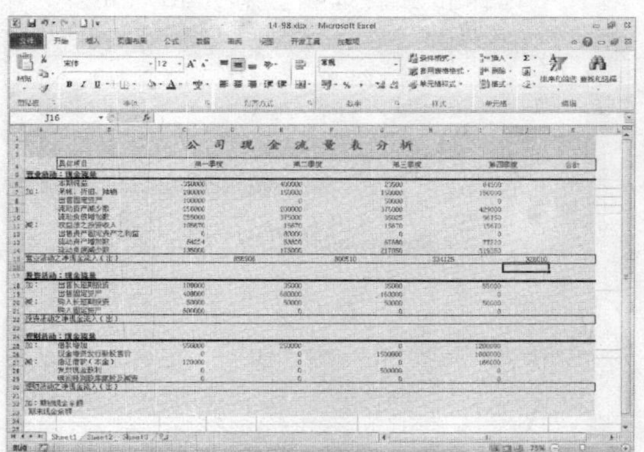

STEP 05 输入计算公式

选择 D22 单元格，在其中输入计算公式，如下图所示。

AVERAGE =SUM(C18:C19)-SUM(C20:C21)

	A	B	C	D	E
1-3			公	司 现	金 流
4		具体项目	第一季度		第二季
5	营业活动：现金流量				
6		本期纯益	350000		400000
7	加：	呆帐、折旧、摊销	200000		150000
8		出售固定资产	100000		0
9		流动资产减少数	256800		200000
10		流动负债增加数	255000		375000
11	减：	权益法之投资收入	105670		15670
12		出售资产固定资产之利益	0		80000
13		流动资产增加数	64224		53820
14		流动负债减少数	135000		175000
15	营业活动之净现金流入（出）			856906	
16					
17	投资活动：现金流量				
18	加：	出售长短期投资	100000		35000
19		出售固定资产	400000		680000
20	减：	购入长短期投资	50000		50000
21		购入固定资产	600000		0
22	投资活动之净现金流入（出）			UM(C20:C21)	
23					

STEP 06 计算其他数值

按【Enter】键得到计算结果。用与上述相同的方法，计算其他季度的“投资活动之净现金流入（出）”数据，如下图所示。

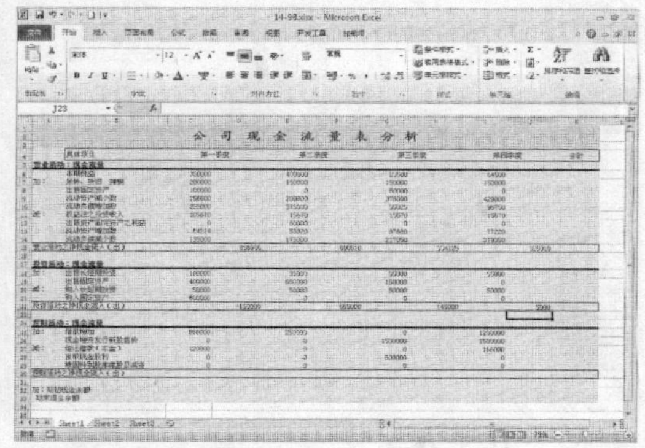

STEP 07 计算其他数值

用与上述相同的方法，计算其他季度的“理财活动之净现金流入（出）”数据，如下图所示。

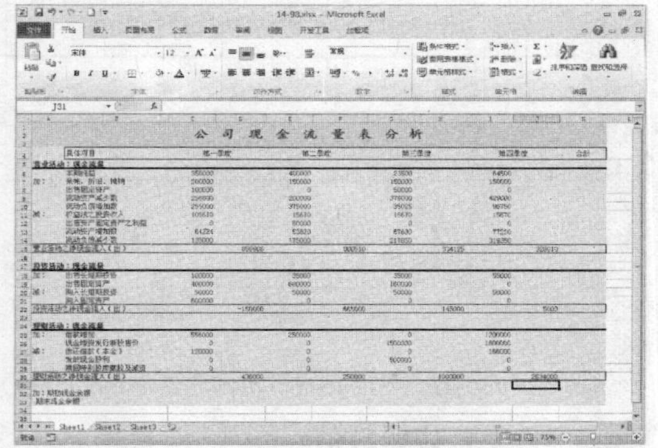

STEP 08 输入计算公式

选择 K15 单元格，在其中输入公式，如下图所示。

	F	G	H	I	J	K
2	量 表 分 析					
4		第三季度		第四季度		合計
6		23500		64500		
7		150000		150000		
8		50000		0		
9		376000		429000		
10		35025		96750		
11		15670		15670		
12		0		0		
13		67680		77220		
14		217050		319350		
15	800510		334125		328010	=SUM(C15:J15
18		35000		55000		
19		160000		0		
20		50000		50000		
21		0		0		
22	665000		145000		5000	

STEP 09 计算其他总数

按【Enter】键进行确认。用与上述相同的方法，计算其他的总数，如下图所示。

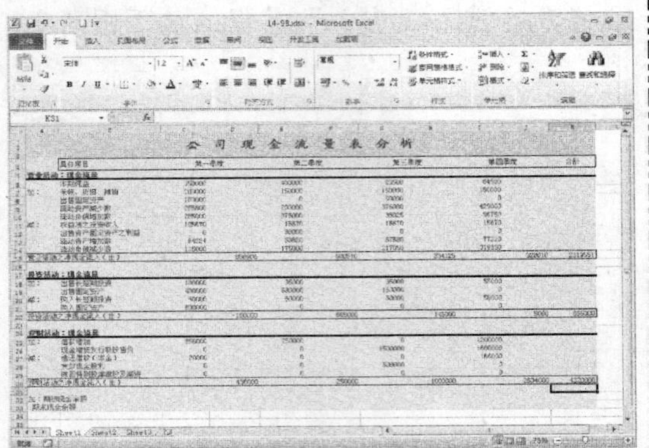

STEP 10 输入公式

在 C32 单元格中输入计算初期现金余额的公式，如下图所示。

行		项目			
11	减：	权益法之投资收入	105670		15670
12		出售资产固定资产之利益	0		80000
13		流动资产增加数	64224		53820
14		流动负债减少数	135000		175000
15	营业活动之净现金流入（出）			856906	
16					
17	投资活动：现金流量				
18	加：	出售长短期投资	100000		35000
19		出售固定资产	400000		680000
20	减：	购入长短期投资	50000		50000
21		购入固定资产	600000		0
22	投资活动之净现金流入（出）			-150000	
23					
24	理财活动：现金流量				
25	加：	借款增加	556000		250000
26		现金增资发行新股售价	0		0
27	减：	偿还借款（本金）	120000		0
28		发放现金股利	0		0
29		赎回特别股库藏股及减资	0		0
30	理财活动之净现金流入（出）			436000	
31					
32	加：期初现金余额		=SUM(C6:C10,C18:C19,C25:C26)		
33	期末现金余额				
34					
35					

Sheet1 Sheet2 Sheet3

STEP 11 计算其他数值

按【Enter】键得到计算结果。用与上述相同的方法，计算其他的数值，如下图所示。

STEP 12 单击相应按钮

选择计算的结果所在的单元格区域，在“数字”选项区中单击右下角的“设置单元格格式：数字”按钮，如下图所示。

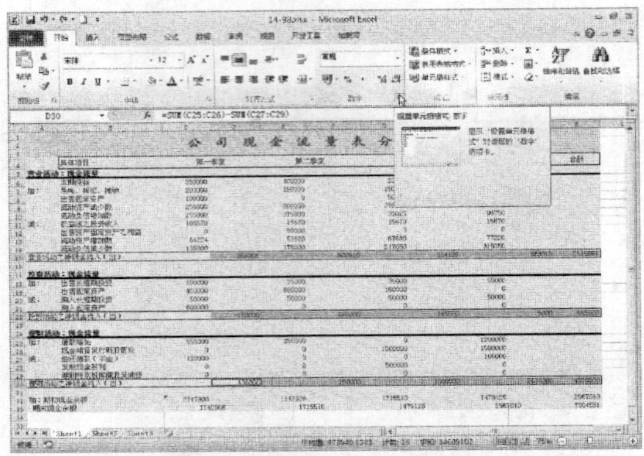

STEP 13 设置相应选项

弹出“设置单元格格式”对话框，在“分类”列表框中选择“货币”选项卡，单击“货币符号”右侧的下三角按钮，在弹出的下拉列表中选择相应的选项，如下图所示。

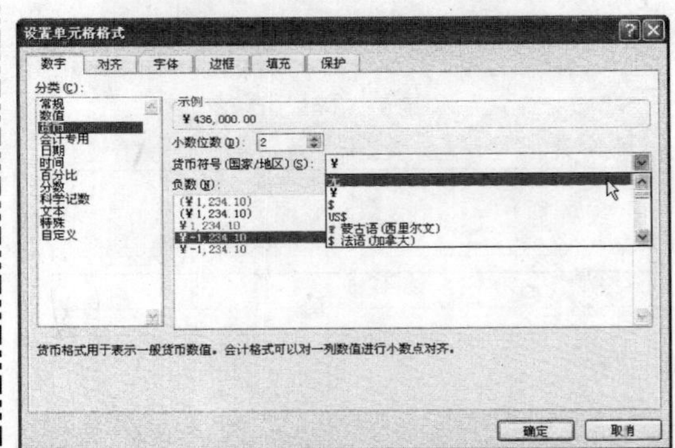

STEP 14 设置单元格格式

单击“确定”按钮，即可设置单元格格式，如下图所示。

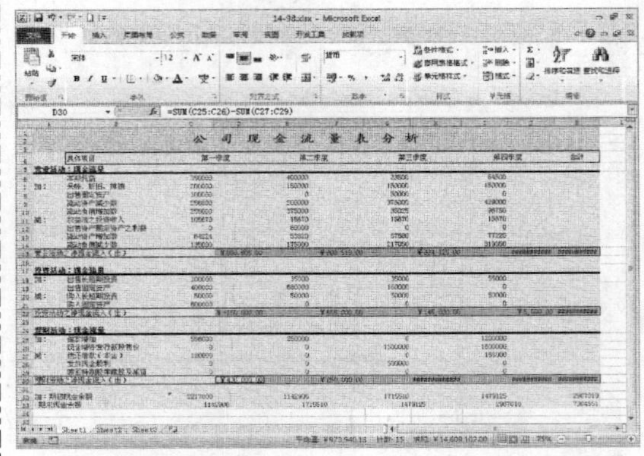

STEP 15 **选择红色**

在“字体”选项区中单击“字体颜色”右侧的下三角按钮，在弹出的调色板中选择红色，如下图所示。

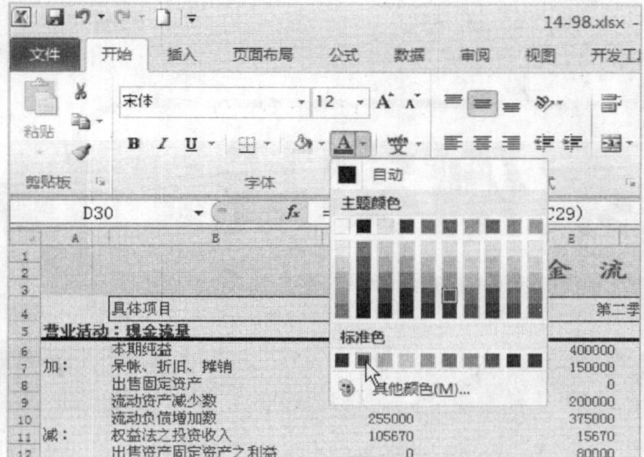

STEP 16 **调整列宽**

适当调整工作表的列宽，如下图所示。

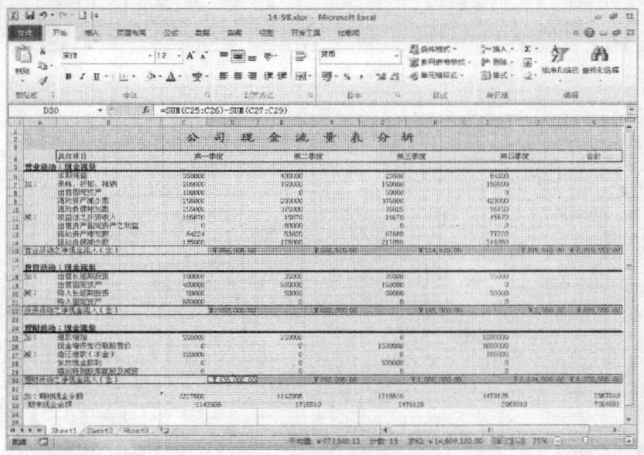

STEP 17 **选择单元格区域**

在工作表中选择 C33:K33 单元格区域，如下图所示。

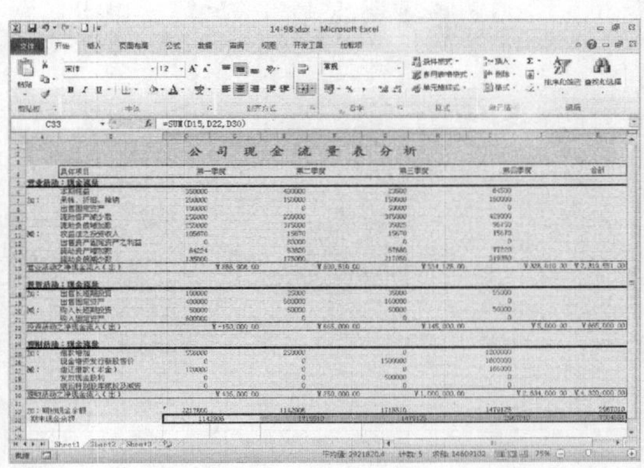

STEP 18 **选择“双底框线”选项**

设置“字体颜色”为红色，单击“下框线”右侧的下三角按钮，在弹出的下拉列表中选择“双底框线”选项，如下图所示。

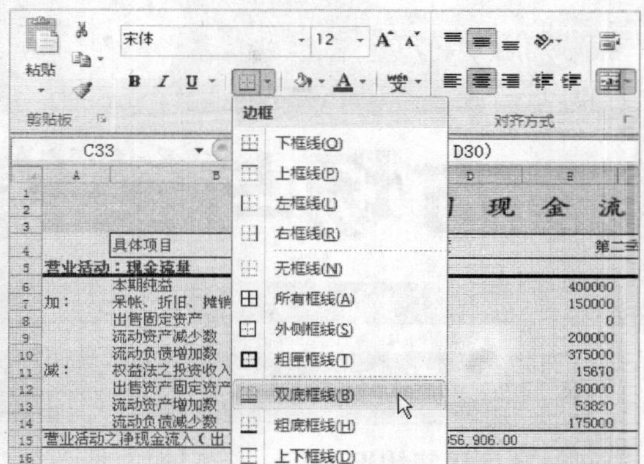

STEP 19 **选择“会计专用”选项**

单击“数字格式”右侧的下三角按钮，在弹出的下拉列表中选择“会计专用”选项，如下图所示。

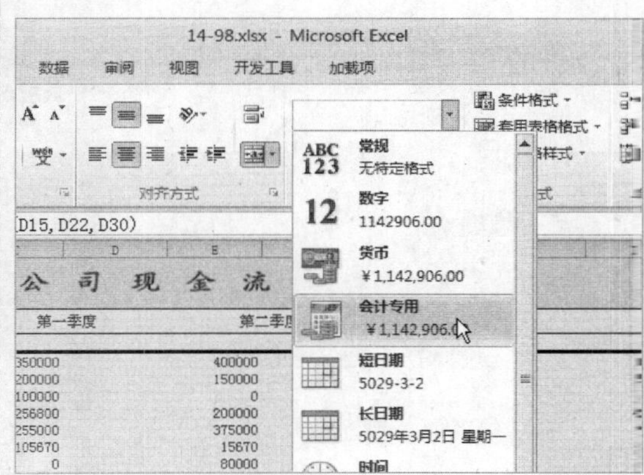

STEP 20 **查看最终效果**

执行操作后，最终效果如下图所示。

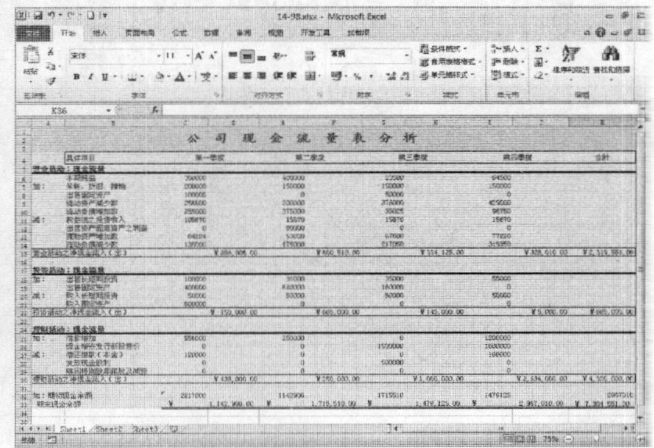

Chapter 15

章前知识导读

在企业的市场和销售管理中，经常会根据销售情况统计出各地、各个季度或各部门的销售数据，并对统计的结果进行数据分析制作出相应的图表，以便于分析产品的市场与销售情况。

市场与销售案例实战

重点知识索引

- 产品销售情况分析
- 促销商品销售报表
- 公司销售利润分析

效果图片欣赏

促销商品销售报表

产品名称	促销时间段	原价	促销价	折扣	销售数量	销售额	剩余数量
U盘	8：30—11：30	80	60	0.75	120	7200	30
MP3	8：30—11：30	160	130	0.81	60	7800	20
MP4	8：30—11：30	320	280	0.88	45	12600	15
MP5	8：30—11：30	450	400	0.89	53	21200	7
内存条	8：30—11：30	380	350	0.92	24	8400	6
系统盘	13：30—16：30	10	7	0.70	190	1330	10
软件盘	13：30—16：30	10	8	0.80	210	1680	40
游戏机	13：30—16：30	1200	1050	0.88	30	31500	20
跳舞毯	13：30—16：30	88	70	0.80	60	4200	20
PSP	13：30—16：30	2400	2100	0.88	20	42000	10
读卡器	18：30—21：30	80	65	0.81	180	11700	20
内存卡	18：30—21：30	78	59	0.76	320	18880	30
数码相机	18：30—21：30	1500	1350	0.90	15	20250	5

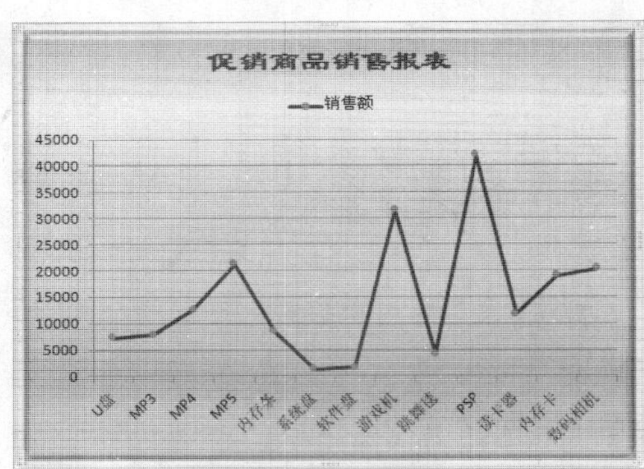

促销商品销售报表

公司销售利润分析

	一月份	二月份	三月份	四月份	五月份	六月份
销售收入	¥85,00C.00	¥115,000.00	¥120,000.00	¥110,000.00	¥110,000.00	¥120,000.00
销售利润	¥2,10C.00	¥2,200.00	¥3,201.00	¥2,450.00	¥3,210.00	¥3,200.00
其他	¥6,52C.00	¥4,400.00	¥6,230.00	¥1,220.00	¥5,122.00	¥3,210.00
合计	¥93,82C.00	¥121,600.00	¥129,431.00	¥113,670.00	¥118,332.00	¥126,410.00
产品成本						
原料采购	¥4,50C.00	¥6,500.00	¥1,200.00	¥3,400.00	¥2,130.00	¥1,021.00
设备投资	¥2,30C.00	¥2,150.00	¥2,301.00	¥412.00	¥2,142.00	¥2,102.00
设备耗损	¥50C.00	¥2,360.00	¥241.00	¥200.00	¥500.00	¥40.00
产品加工	¥1,20C.00	¥1,000.00	¥900.00	¥800.00	¥700.00	¥750.00
其他	¥50C.00	¥300.00	¥200.00	¥100.00	¥50.00	¥420.00
合计	¥9,00C.00	¥12,310.00	¥4,842.00	¥4,912.00	¥5,522.00	¥4,333.00
人工成本						
员工工资	¥20,00C.00	¥20,200.00	¥20,200.00	¥20,200.00	¥20,200.00	¥20,200.00
员工奖金	¥5,00C.00	¥4,000.00	¥4,500.00	¥6,000.00	¥6,500.00	¥4,500.00
员工福利	¥3,00C.00	¥4,100.00	¥1,211.00	¥5,000.00	¥6,500.00	¥2,000.00
其他	¥1,00C.00	¥1,200.00	¥1,200.00	¥1,360.00	¥1,420.00	¥1,520.00
合计	¥29,00C.00	¥29,500.00	¥27,111.00	¥32,560.00	¥34,620.00	¥28,220.00
其他开销						
广告费用	¥3,00C.00	¥6,500.00	¥5,000.00	¥4,500.00	¥6,050.00	¥1,000.00
接待顾客	¥50C.00	¥620.00	¥530.00	¥600.00	¥800.00	¥420.00
合计	¥3,50C.00	¥7,120.00	¥5,530.00	¥5,100.00	¥6,850.00	¥1,420.00
利润总计	¥52,12C.00	¥72,670.00	¥91,948.00	¥71,098.00	¥71,540.00	¥92,437.00

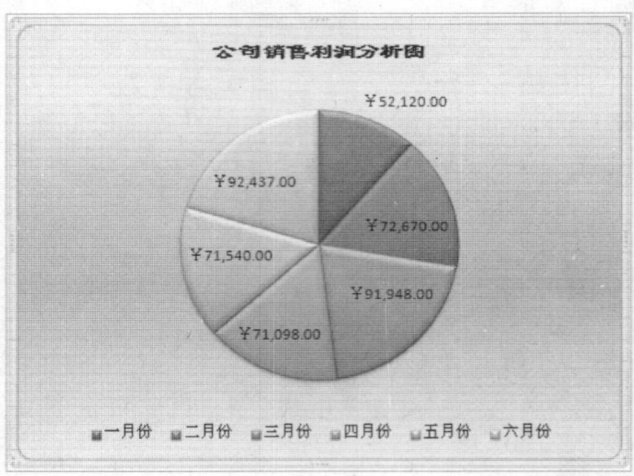

公司销售利润分析图表

15.1 产品销售情况分析

本案例介绍制作产品销售情况分析图表，效果如下图所示。

产品销售情况分析								
产品 / 月销售额 / 月份	跳舞毯	系统盘	游戏机	设计软件	音响	硬盘	键盘	鼠标
一月份	412536	302000	362000	285000	65230	165400	40000	36000
二月份	482100	320000	352400	253100	68520	175000	36000	46300
三月份	540300	285000	260000	310000	53200	184600	46200	42300
四月份	521300	253100	450000	287500	52000	194200	47630	49520
五月份	463210	310000	432000	310200	54200	203800	49060	46740
六月份	420360	286500	412300	470000	42300	213400	50490	43960
七月份	430000	310200	385200	362500	53200	223000	51920	41180
八月份	463200	452300	362500	265300	50000	232600	53350	48400
九月份	695210	362500	264500	230000	46800	242200	54780	45620
十月份	632011	265300	284500	280000	42300	251800	56210	42840
十一月份	452000	230000	395200	325000	53000	261400	57640	40060
十二月份	432000	210000	420000	365400	54200	271000	59070	47280

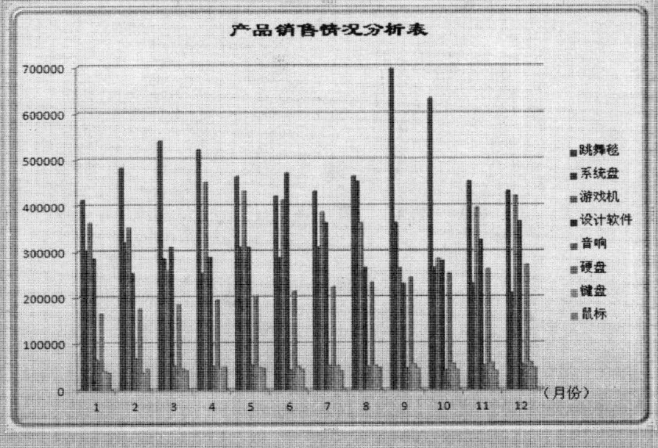

产品销售情况分析图表

素材文件	第 15 章\15-1.xlsx	效果文件	第 15 章\15-43.xlsx

15.1.1 设置表格格式

设置表格格式的具体操作步骤如下：

STEP 01 打开文件

打开一个 Excel 文件，如下图所示。

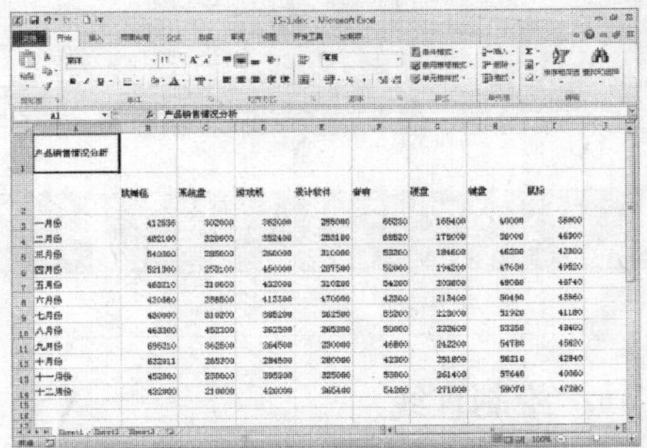

STEP 02 选择单元格区域

选择 A1: I1 单元格区域，如下图所示。

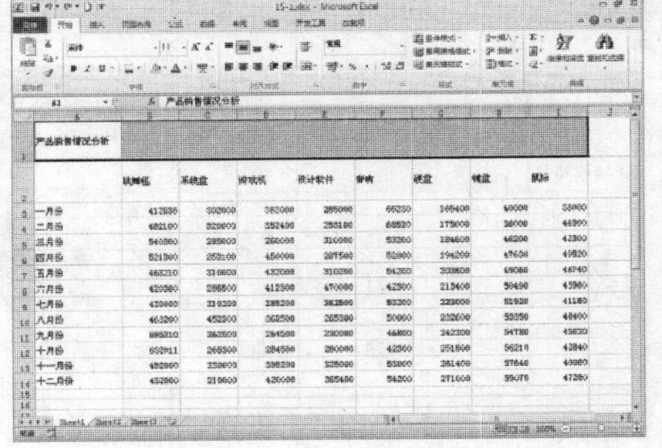

STEP 03 单击“合并后居中”按钮

在“对齐方式”选项区中单击“合并后居中”按钮，如下图所示。

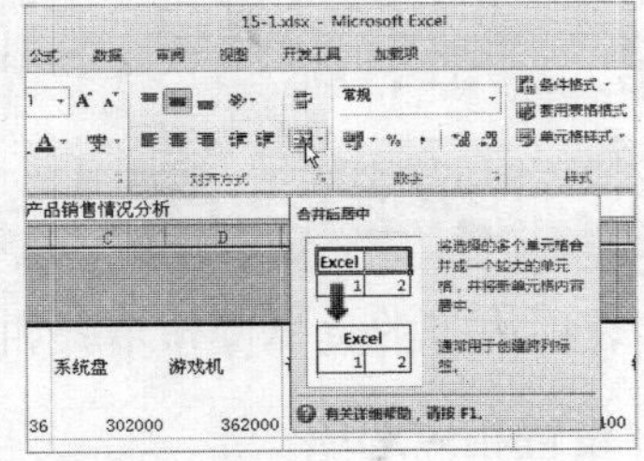

STEP 04 选择颜色

在“字体”选项区中单击“填充颜色”按钮，在弹出的调色板中选择一种颜色，如下图所示。

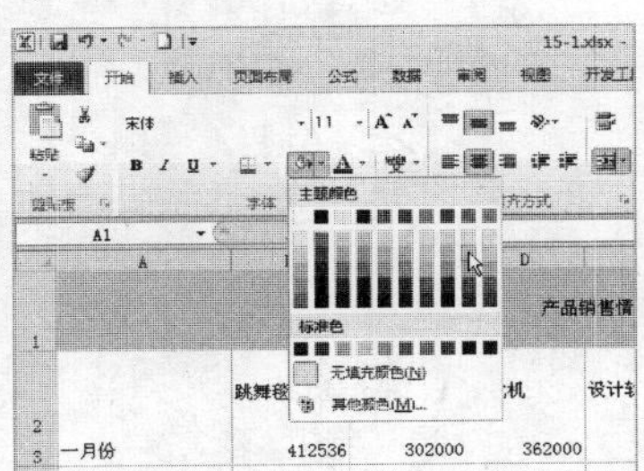

STEP 05 选择单元格区域

在工作表中选择 A2:I14 单元格区域，如下图所示。

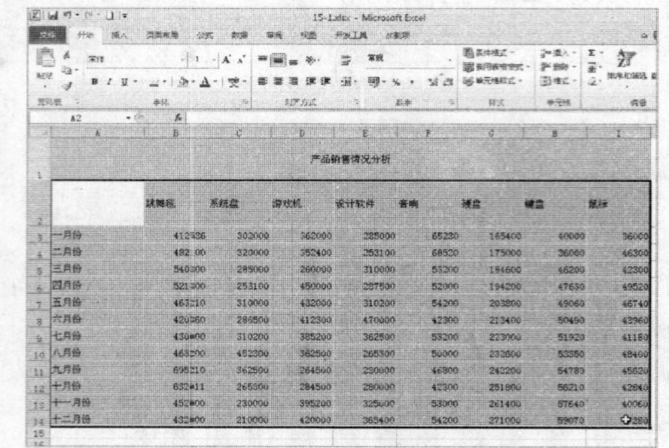

STEP 06 选择相应的颜色

在“字体”选项区中单击“填充颜色”按钮，在弹出的调色板中选择所需的颜色，如下图所示。

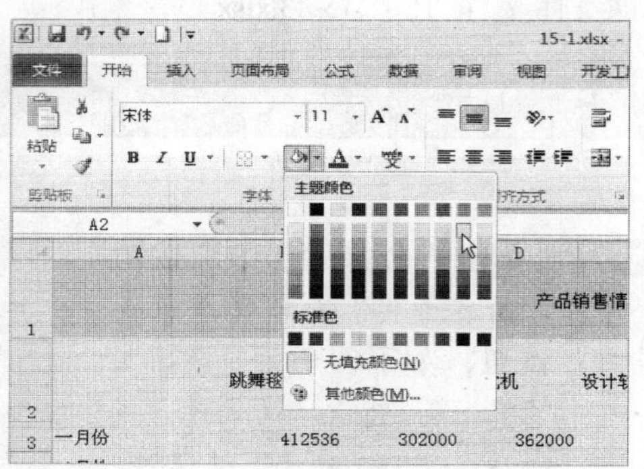

STEP 07 选择“所有框线”选项

在“字体”选项区中单击“无框线”右侧的下三角按钮，在弹出的下拉列表中选择“所有框线”选项，如下图所示。

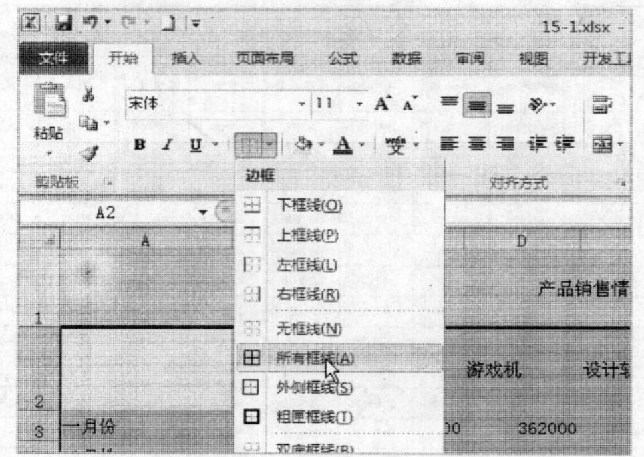

STEP 08 添加边框线

执行操作后，即可为选择的数据区域添加边框线，如下图所示。

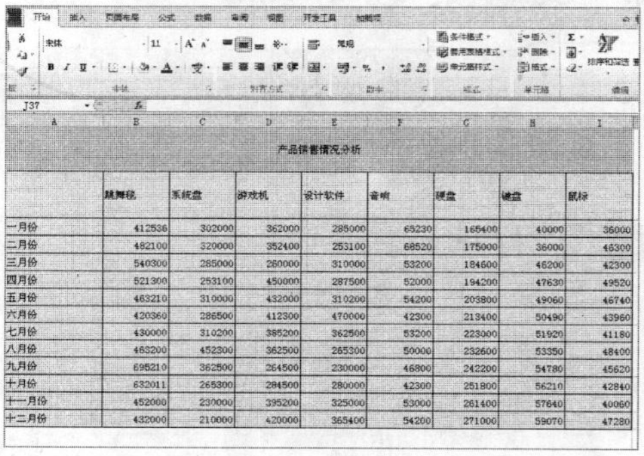

15.1.2 设置表格内容

设置表格内容的具体操作步骤如下：

STEP 01 设置相应选项

在“插入”功能面板的“插图”选项区中设置“形状”为“直线”，如下图所示。

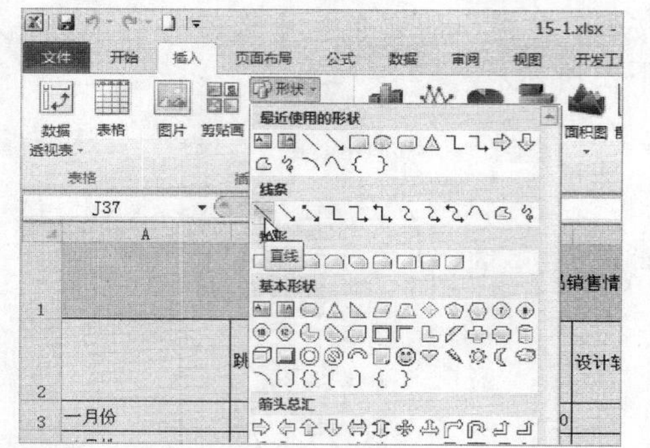

STEP 02 绘制直线

在 A2 单元格的适当位置绘制一条直线，如下图所示。

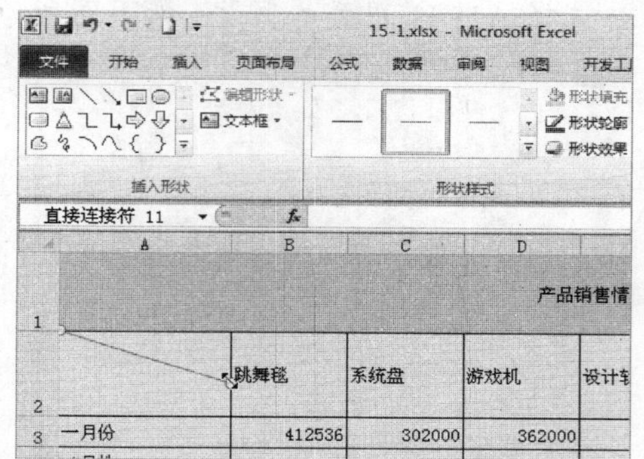

STEP 03 选择样式

在“形状样式”选项区中选择一种样式，如下图所示。

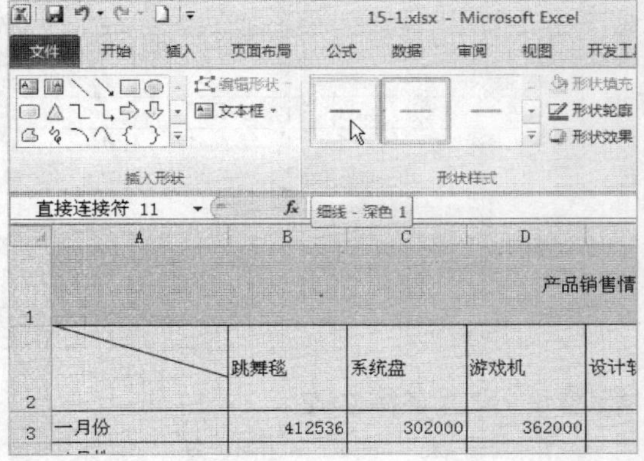

STEP 04 绘制另一条直线

用与上述相同的方法，再绘制一条直线，并设置其样式，如下图所示。

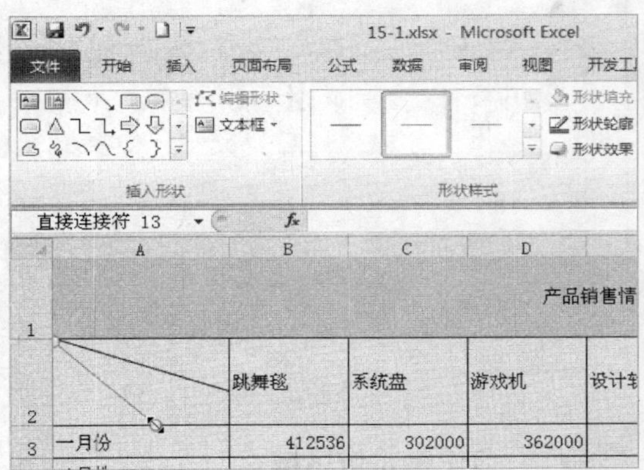

STEP 05 选择“横排文本框”选项

在“插入形状”选项区中单击“文本框”右侧的下三角按钮，在弹出的下拉列表中选择“横排文本框”选项，如下图所示。

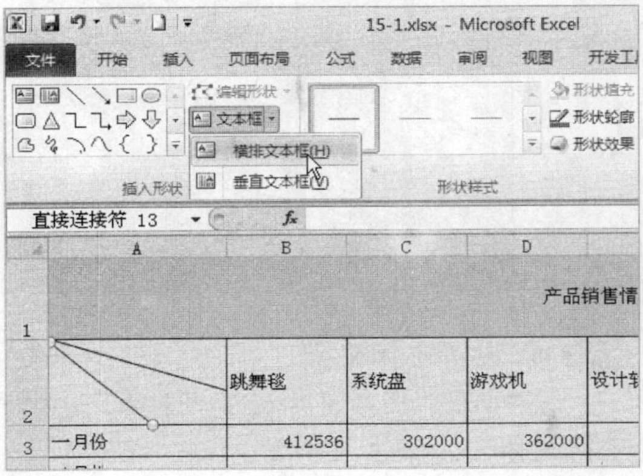

STEP 06 输入相应文本

在 A2 单元格的适当位置创建文本框，并输入相应文本，如下图所示。

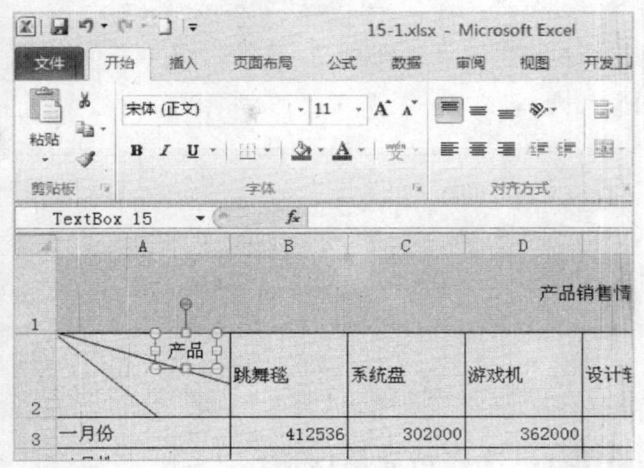

STEP 07 输入其他文本

用与上述相同的方法，插入其他文本框，输入相应文本并调整文本的形状，如下图所示。

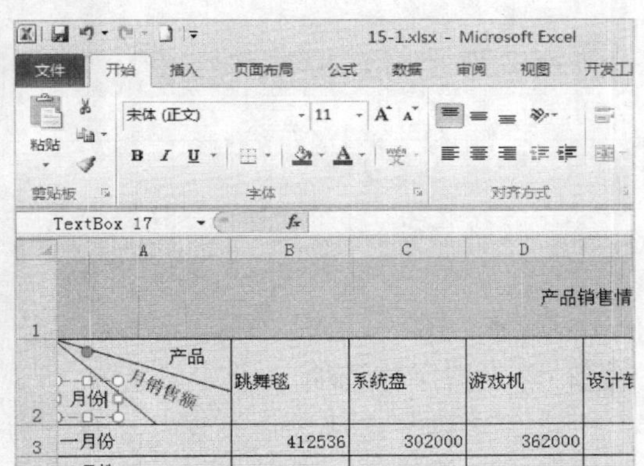

STEP 08 选择数据区域

在工作表中选择相应的数据区域，如下图所示。

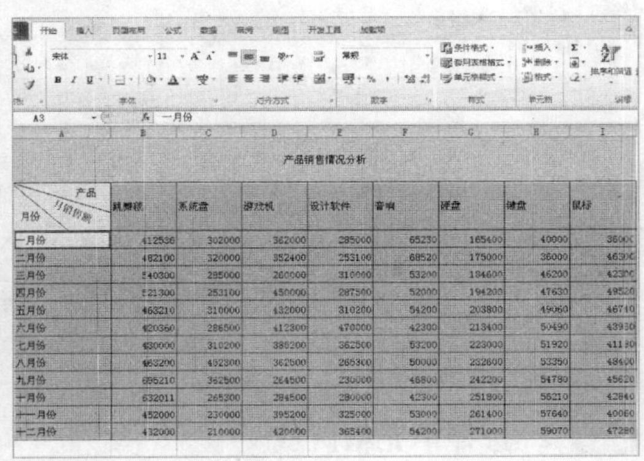

STEP 09 单击“居中”按钮

在“对齐方式”选项区中单击“居中”按钮，如下图所示。

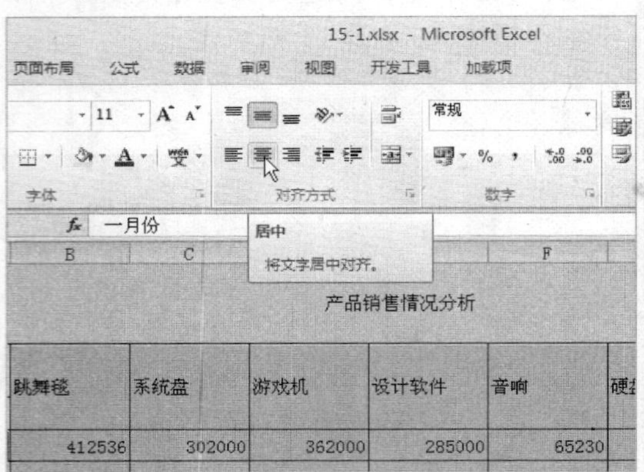

STEP 10 选择单元格区域

选择 B2：I2 单元格区域，如下图所示。

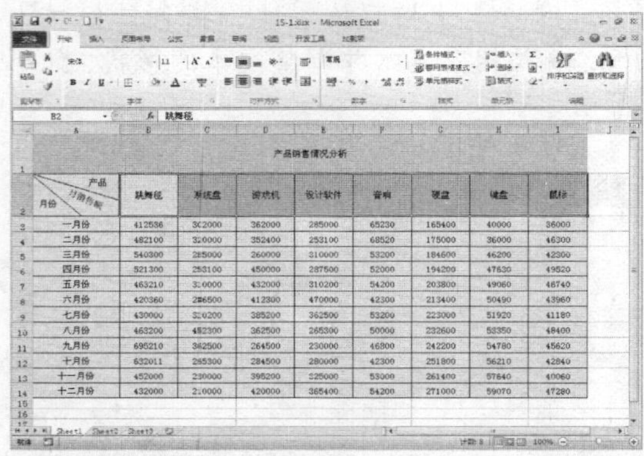

STEP 11 设置字体选项

在“字体”选项区中设置“字体”为“方正魏碑简体”、“字号”为 14，如下图所示。

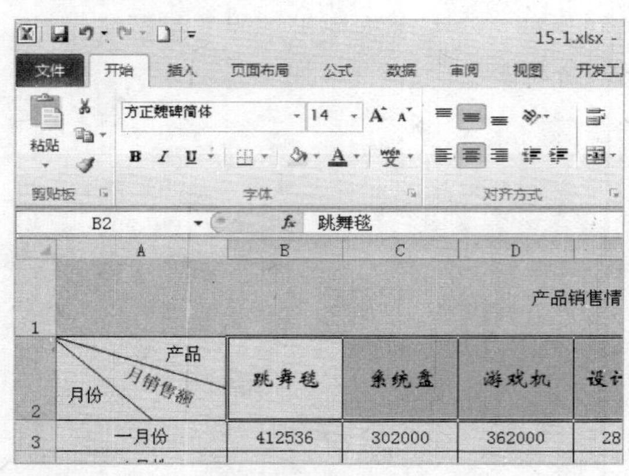

STEP 12 选择单元格区域

在工作表中选择 A3：A14 单元格区域，如下图所示。

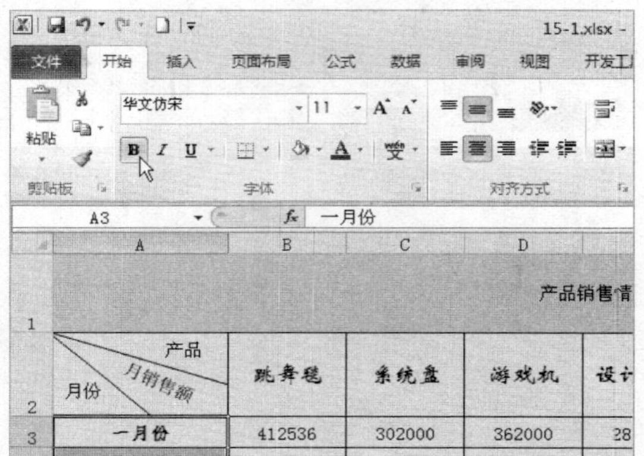

月份	跳舞毯	系统盘	游戏机	设计
一月份	412536	302000	362000	28
二月份	482100	320000	352400	25
三月份	540300	285000	260000	31
四月份	521300	253100	450000	28
五月份	463210	310000	432000	31
六月份	420360	286500	412300	4
七月份	430000	310200	385200	36
八月份	463200	452300	362500	26
九月份	695210	362500	264500	23
十月份	632011	265300	284500	23
十一月份	452000	230000	395200	32
十二月份	432000	210000	420000	35

STEP 13 设置字体格式

在“字体”选项区中设置“字体”为“华文仿宋”，单击“加粗”按钮，如下图所示。

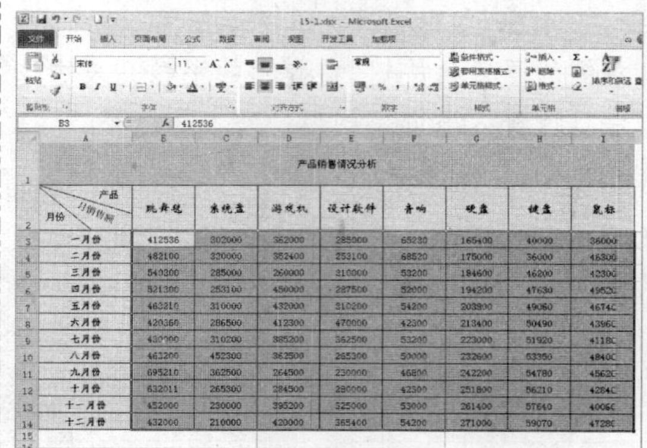

STEP 14 选择单元格区域

选择 B3:I14 单元格区域，如下图所示。

STEP 15 设置字体格式

在“字体”选项区中设置“字体”为“创艺简黑体”，如下图所示。

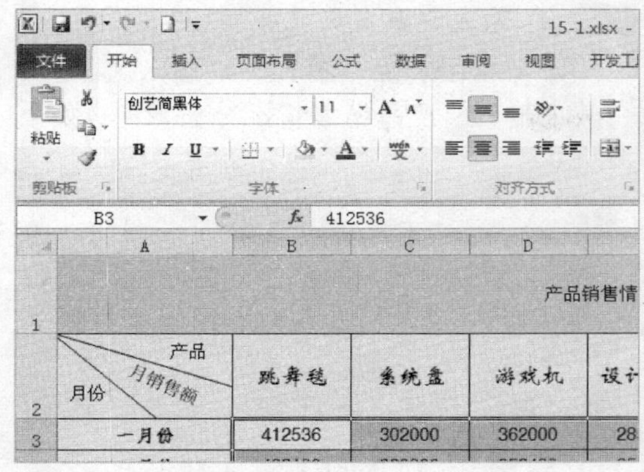

STEP 16 选择单元格

选择 A1 单元格，如下图所示。

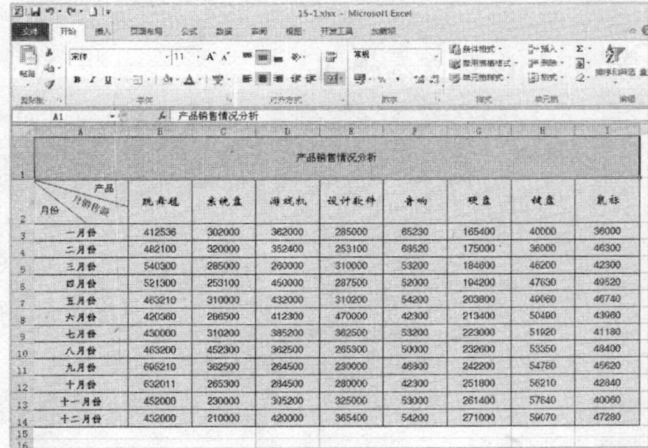

STEP 17 设置字体格式

在“字体”选项区中设置“字体”为“创艺简隶书”、“字号”为 20，如下图所示。

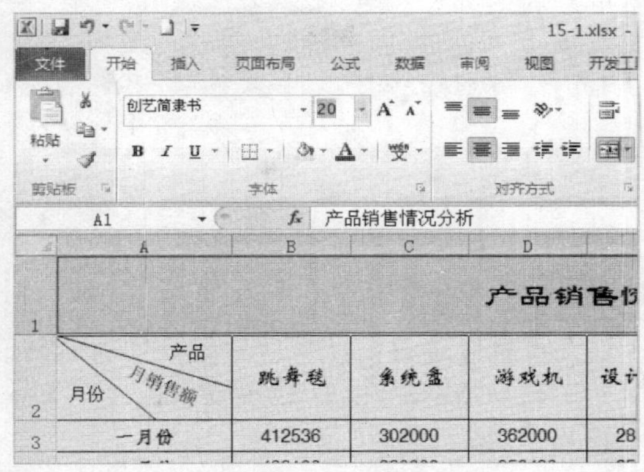

STEP 18 完成对表格内容的设置

执行操作后，即可完成对表格内容的设置，如下图所示。

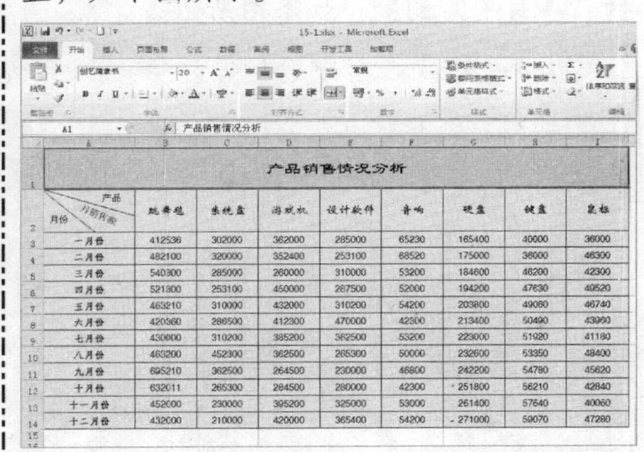

15.1.3 添加数据图表

添加数据图表的具体操作步骤如下：

STEP 01 选择数据区域

选择需要创建图表的数据区域，如下图所示。

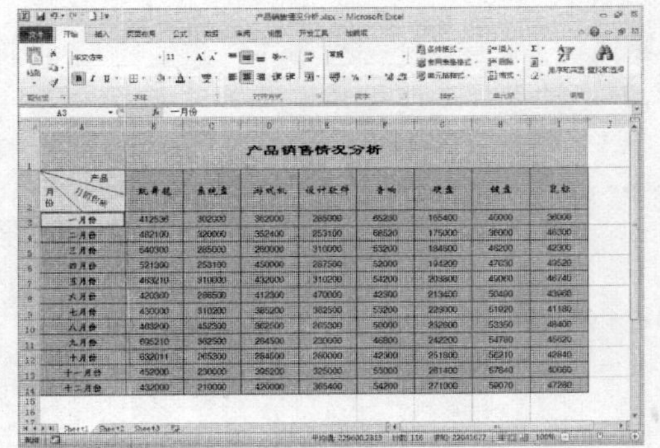

STEP 02 选择“三维簇状柱形图”选项

在“插入”功能面板的“图表”选项区中单击“柱形图”按钮，在弹出的选项板中选择“三维簇状柱形图”选项，如下图所示。

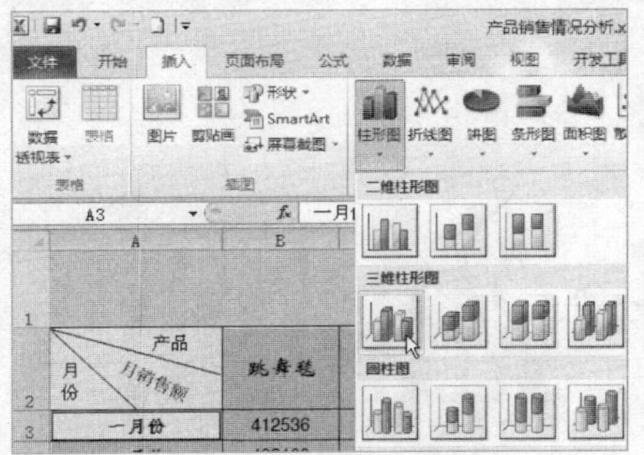

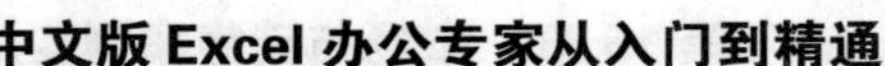

STEP 03 **创建柱形图**

即可创建一个柱形图，如下图所示。

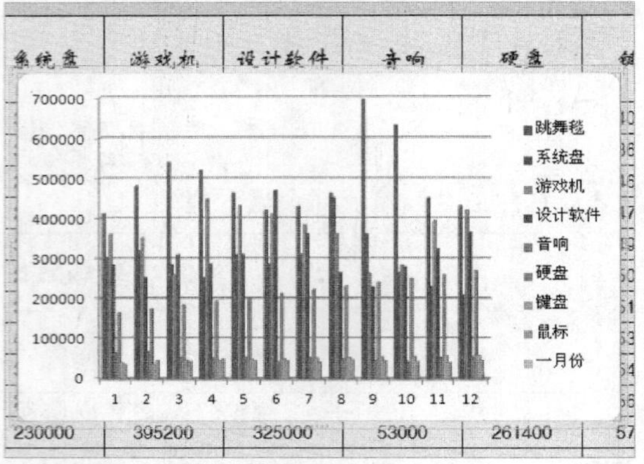

STEP 04 **调整图表**

调整图表的位置和大小，将“图例”中的“一月份”删除，如下图所示。

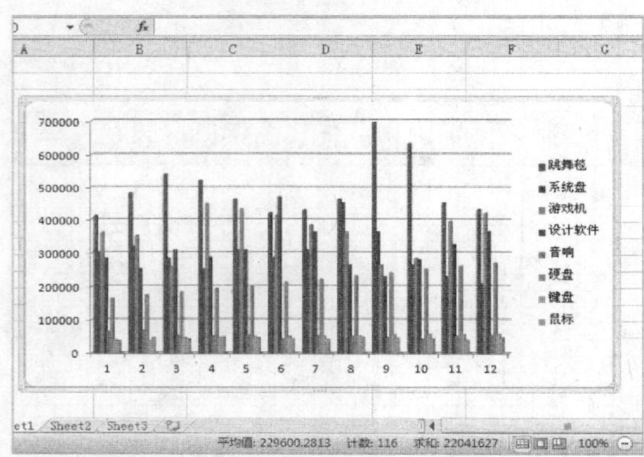

STEP 05 **选择“图表上方”选项**

在“图表工具”中单击“布局”选项卡，在“布局”功能面板的“标签”选项区中单击“图表标题”按钮，在弹出的下拉列表中选择“图表上方”选项，如下图所示。

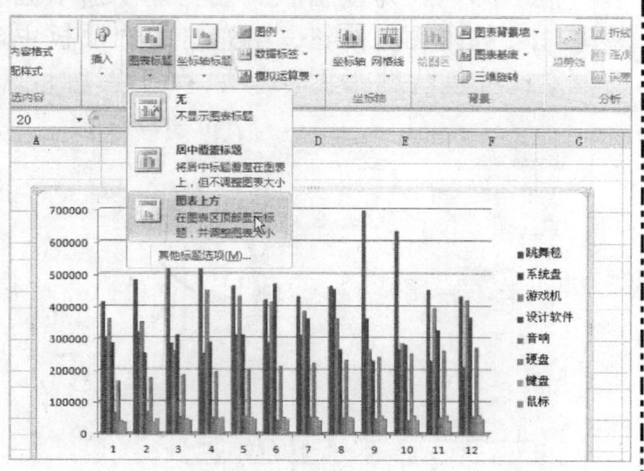

STEP 06 **输入文本**

即可在图表上方插入一个输入文本框，在其中输入“产品销售情况分析表”，如下图所示。

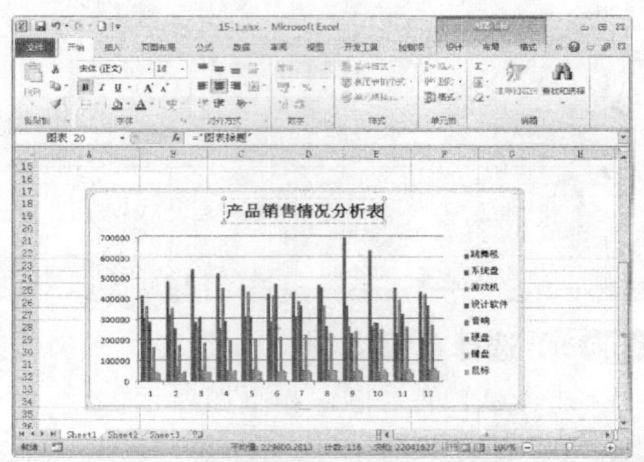

STEP 07 **设置文本格式**

选择输入的标题文字，在弹出的浮动面板中设置“字体”为“创艺简隶书”、“字号”为16，如下图所示。

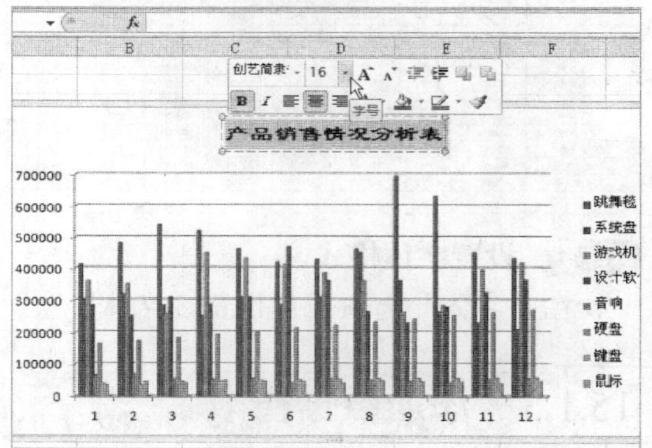

STEP 08 **选择“横排文本框”选项**

在“布局”功能面板的“插入”选项区中单击“文本框”按钮，在弹出的下拉列表中选择“横排文本框”选项，如下图所示。

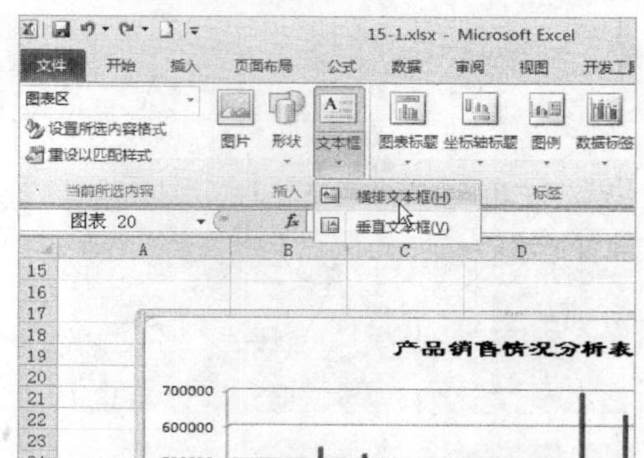

STEP 09　调整文本框

在图表的适当位置插入文本框，输入所需的文本，并调整其大小，如下图所示。

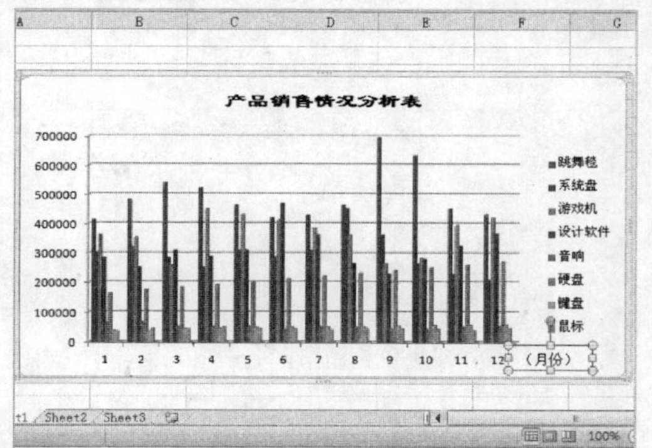

STEP 10　选择“设置图表区域格式”选项

在图表区单击鼠标右键，在弹出的快捷菜单中选择“设置图表区域格式”选项，如下图所示。

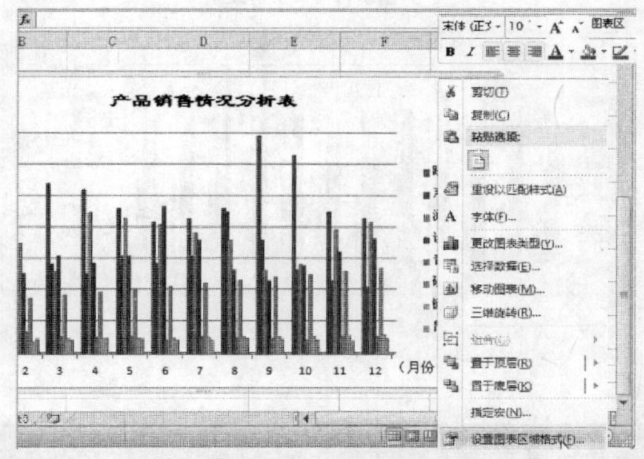

STEP 11　弹出相应对话框

弹出“设置图表区格式”对话框，如下图所示。

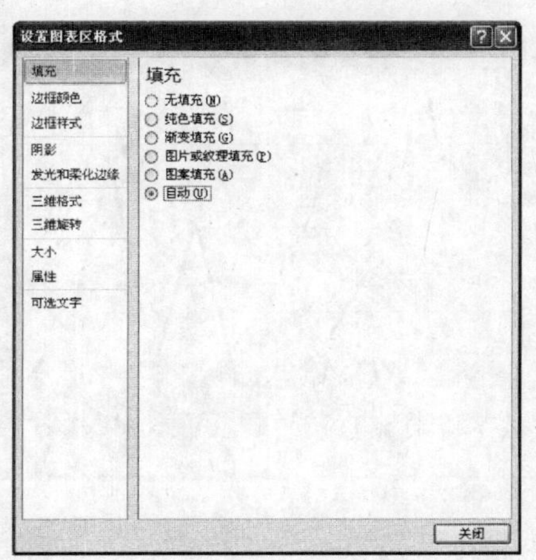

STEP 12　选择“羊皮纸”选项

在“填充”选项区中选中“渐变填充”单选按钮，单击“预设颜色”按钮，在弹出的预设模式中选择“羊皮纸”选项，如下图所示。

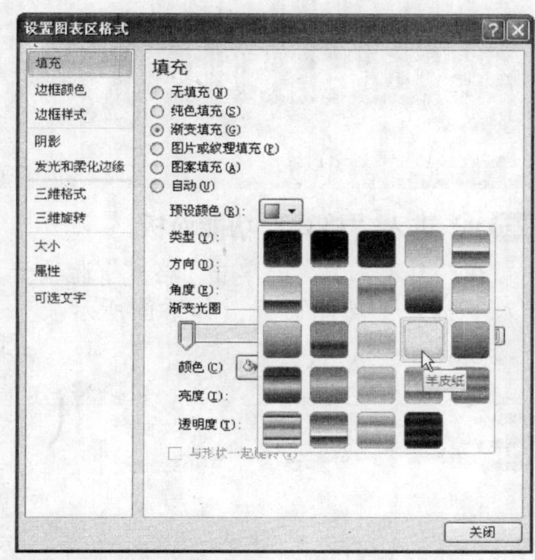

STEP 13　设置相应选项

单击“边框样式”选项卡，在“边框样式”选项区中设置“线端类型”为“正方形”、“联接类型”为“棱台”，选中“圆角”复选框，如下图所示。

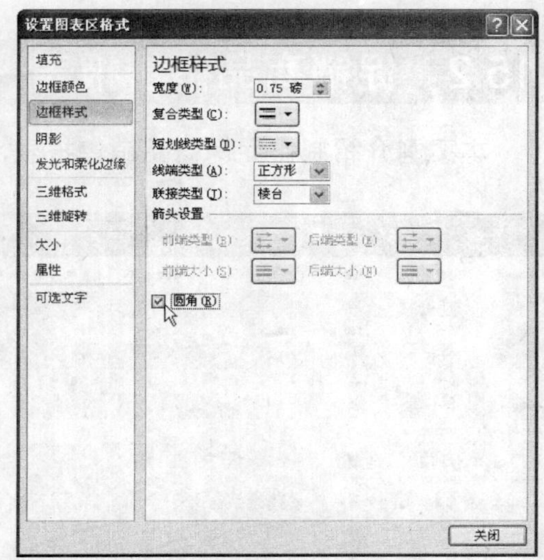

STEP 14　查看设置的图表样式

单击“关闭”按钮，即可查看设置的图表样式，如下图所示。

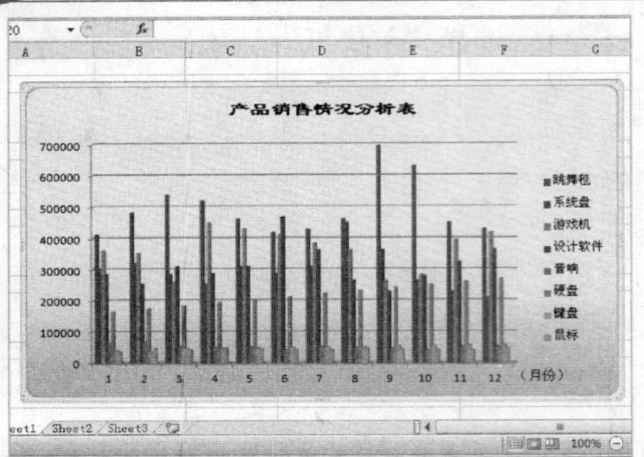

STEP 15 进入“格式”功能面板

在“图表工具”中单击“格式”选项卡，进入“格式”功能面板，如下图所示。

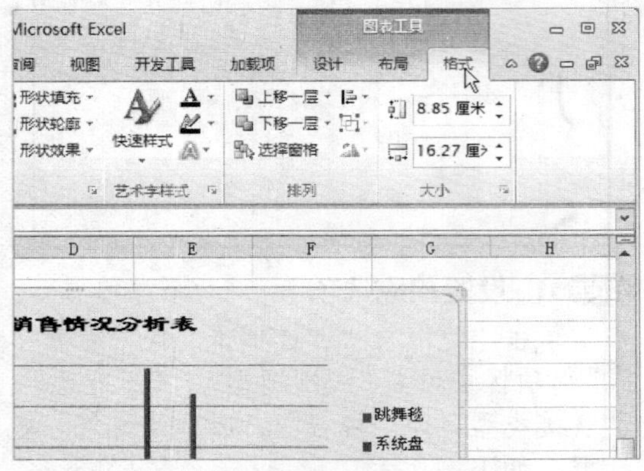

STEP 16 选择“松散嵌入”选项

在“形状样式”选项区中单击“形状效果”按钮，在弹出的下拉列表中选择“棱台”|“松散嵌入”选项，如下图所示。

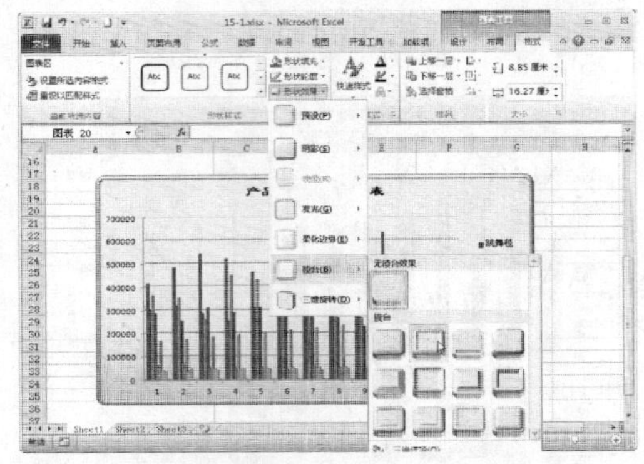

STEP 17 查看最终效果

执行操作后，最终效果如下图所示。

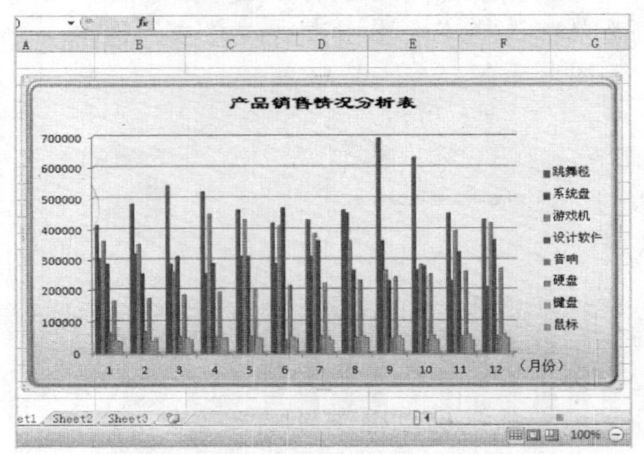

15.2 促销商品销售报表

本案例介绍制作促销商品销售报表，效果如下图所示。

促销商品销售报表							
产品名称	促销时间段	原价	促销价	折扣	销售数量	销售额	剩余数量
U盘	8：30—11 30	80	60	0.75	120	7200	30
MP3	8：30—11：30	160	130	0.81	60	7800	20
MP4	8：30—11：30	320	280	0.88	45	12600	15
MP5	8：30—11：30	450	400	0.89	53	21200	7
内存条	8：30—11：30	380	350	0.92	24	8400	6
系统盘	13：30—16：30	10	7	0.70	190	1330	10
软件盘	13：30—16：30	10	8	0.80	210	1680	40
游戏机	13：30—15：30	1200	1050	0.88	30	31500	20
跳舞毯	13：30—15：30	88	70	0.80	60	4200	20
PSP	13：30—16：30	2400	2100	0.88	20	42000	10
读卡器	18：30—21：30	80	65	0.81	180	11700	20
内存卡	18：30—21：30	78	59	0.76	320	18880	30
数码相机	18：30—21：30	1500	1350	0.90	15	20250	5

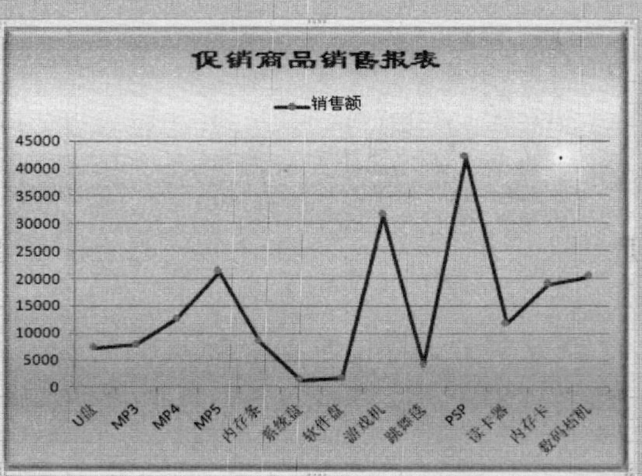

促销商品销售报表

素材文件	第 15 章\15-44.xlsx	效果文件	第 15 章\15-86.xlsx

15.2.1 设置表格内容

设置表格内容的具体操作步骤如下：

STEP 01 打开文件

打开一个 Excel 文件，如下图所示。

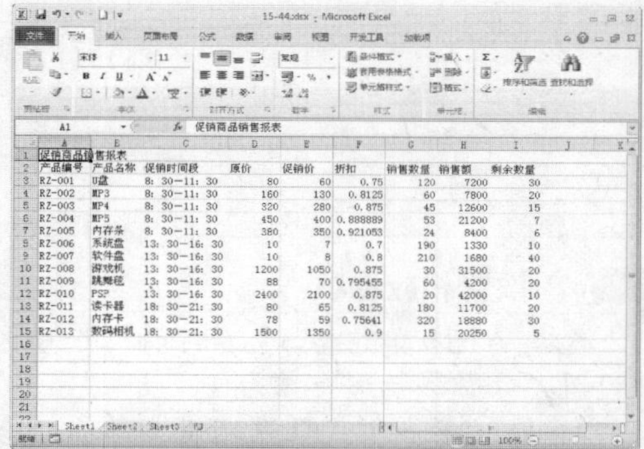

STEP 02 选择列数据区域

选择列数据区域，如下图所示。

	A	B	C	D	E	F	G
1	促销商品销售报表						
2	产品编号	产品名称	促销时间段	原价	促销价	折扣	销售数量
3	RZ-001	U盘	8: 30—11: 30	80	60	0.75	120
4	RZ-002	MP3	8: 30—11: 30	160	130	0.8125	60
5	RZ-003	MP4	8: 30—11: 30	320	280	0.875	45
6	RZ-004	MP5	8: 30—11: 30	450	400	0.888889	53
7	RZ-005	内存条	8: 30—11: 30	380	350	0.921053	24
8	RZ-006	系统盘	13: 30—16: 30	10	7	0.7	190
9	RZ-007	软件盘	13: 30—16: 30	10	8	0.8	210
10	RZ-008	游戏机	13: 30—16: 30	1200	1050	0.875	30
11	RZ-009	跳舞毯	13: 30—16: 30	88	70	0.795455	60
12	RZ-010	PSP	13: 30—16: 30	2400	2100	0.875	20
13	RZ-011	读卡器	18: 30—21: 30	80	65	0.8125	180
14	RZ-012	内存卡	18: 30—21: 30	78	59	0.75641	320
15	RZ-013	数码相机	18: 30—21: 30	1500	1350	0.9	15
16							
17							
18							
19							
20							
21							

Sheet1 Sheet2 Sheet3

就绪 平均值: 2602.509767 计数: 113 求和: 202995.761

STEP 03 选择“列宽”选项

单击鼠标右键，在弹出的快捷菜单中选择“列宽”选项，如下图所示。

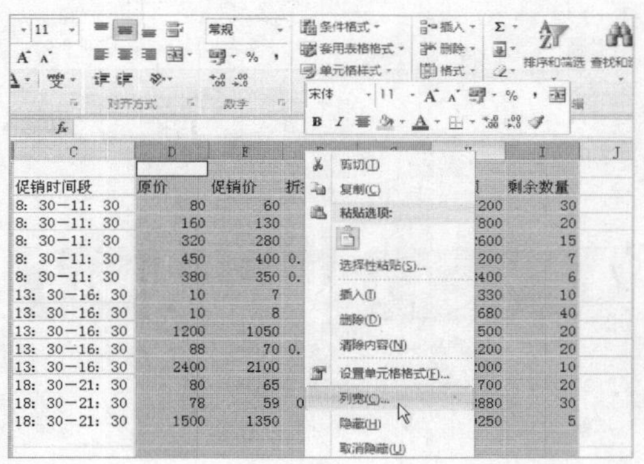

STEP 04 输入列宽的值

弹出“列宽”对话框，在文本框中输入 12，如下图所示。

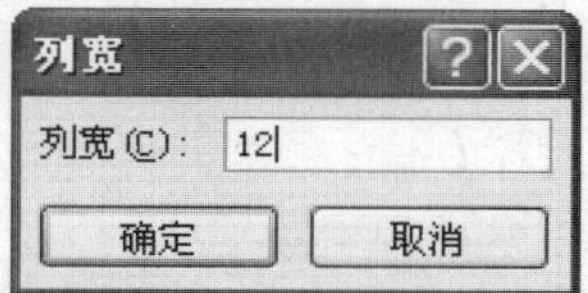

STEP 05 设置列宽

单击“确定”按钮，即可将所选列的列宽设置为 12，如下图所示。

	A	B	C	D	E
1	促销商品销售报表				
2	产品编号	产品名称	促销时间段	原价	促销价
3	RZ-001	U盘	8: 30—11: 30	80	
4	RZ-002	MP3	8: 30—11: 30	160	
5	RZ-003	MP4	8: 30—11: 30	320	
6	RZ-004	MP5	8: 30—11: 30	450	
7	RZ-005	内存条	8: 30—11: 30	380	
8	RZ-006	系统盘	13: 30—16: 30	10	
9	RZ-007	软件盘	13: 30—16: 30	10	
10	RZ-008	游戏机	13: 30—16: 30	1200	
11	RZ-009	跳舞毯	13: 30—16: 30	88	
12	RZ-010	PSP	13: 30—16: 30	2400	
13	RZ-011	读卡器	18: 30—21: 30	80	
14	RZ-012	内存卡	18: 30—21: 30	78	
15	RZ-013	数码相机	18: 30—21: 30	1500	
16					
17					
18					
19					

STEP 06 设置 C 列的列宽

用与上述相同的方法，设置 C 列的列宽为 18，如下图所示。

	A	B	C	D	E
1	促销商品销售报表				
2	产品编号	产品名称	促销时间段	原价	促销价
3	RZ-001	U盘	8: 30—11: 30	80	60
4	RZ-002	MP3	8: 30—11: 30	160	130
5	RZ-003	MP4	8: 30—11: 30	320	280
6	RZ-004	MP5	8: 30—11: 30	450	400
7	RZ-005	内存条	8: 30—11: 30	380	350
8	RZ-006	系统盘	13: 30—16: 30	10	7
9	RZ-007	软件盘	13: 30—16: 30	10	8
10	RZ-008	游戏机	13: 30—16: 30	1200	1050
11	RZ-009	跳舞毯	13: 30—16: 30	88	70
12	RZ-010	PSP	13: 30—16: 30	2400	2100
13	RZ-011	读卡器	18: 30—21: 30	80	65
14	RZ-012	内存卡	18: 30—21: 30	78	59
15	RZ-013	数码相机	18: 30—21: 30	1500	1350
16					
17					
18					
19					
20					
21					
22					

STEP 07 选择相应的行

用与上述相同的方法设置行高，选择相应的行，如下图所示。

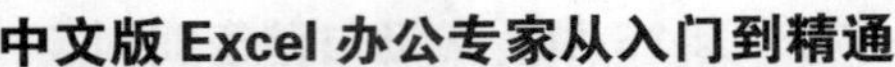

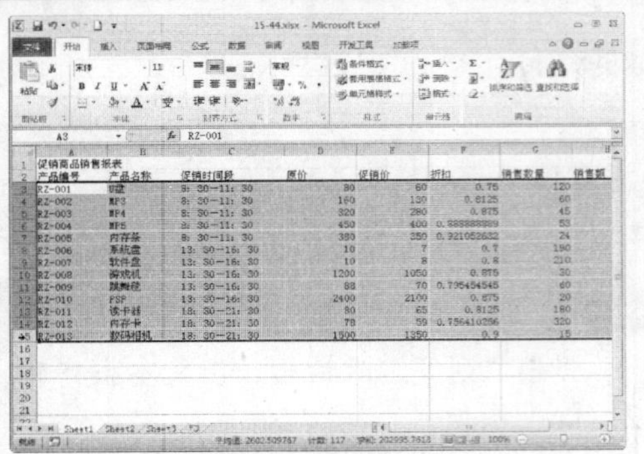

STEP 08 选择"行高"选项

单击鼠标右键，在弹出的列表框中选择"行高"选项，如下图所示。

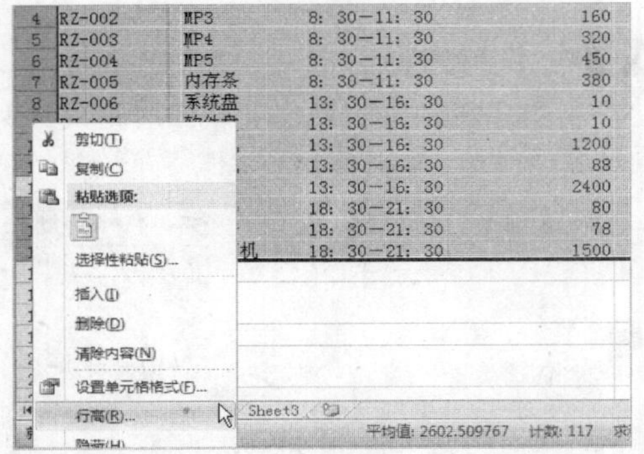

STEP 09 输入行高的值

在弹出的"行高"对话框的文本框中输入23，如下图所示。

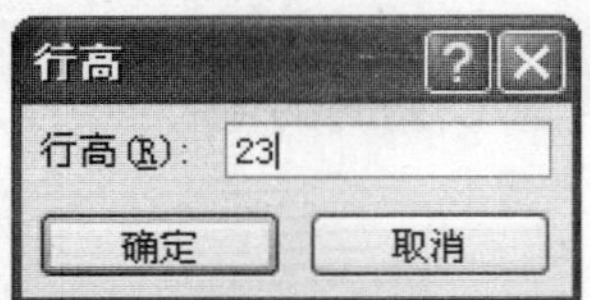

STEP 10 设置行高

单击"确定"按钮，即可将所选行的行高设置为23，如下图所示。

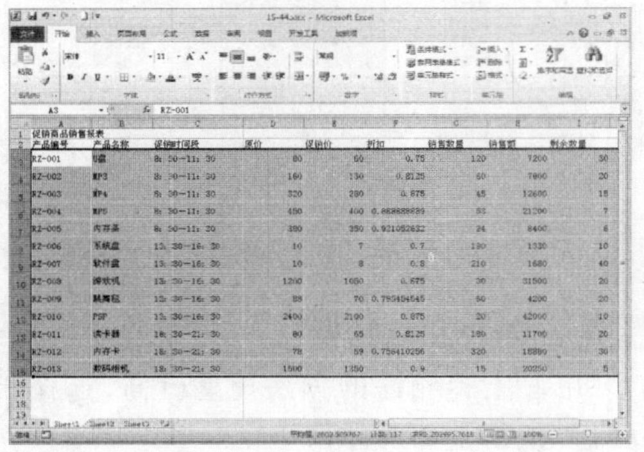

STEP 11 设置其他行的行高

用与上述相同的方法，设置其他行的行高，如下图所示。

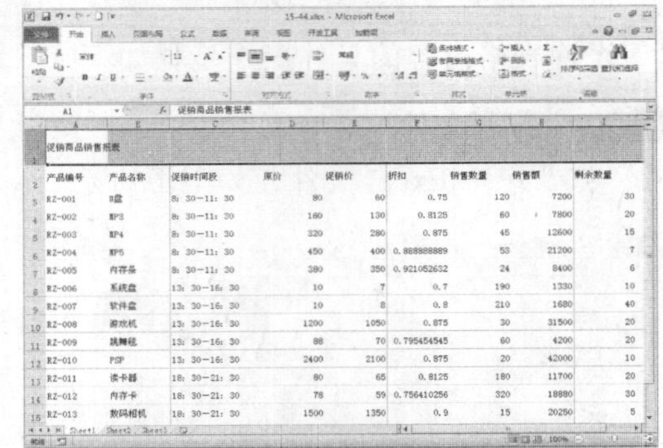

STEP 12 设置相应选项

选择A1:I1单元格，在"字体"选项区中设置"字体"为"华文新魏"、"字号"为22，在"对齐方式"选项区中单击"合并后居中"按钮，如下图所示。

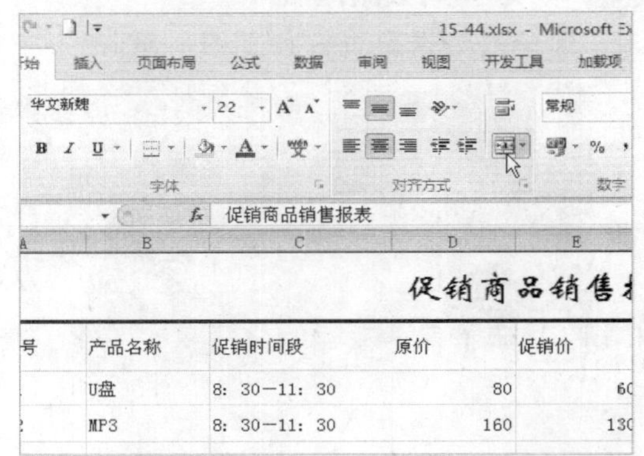

STEP 13 选择颜色

在"字体"选项区中设置"字体颜色"为白色，单击"填充颜色"按钮，在弹出的调色板中选择颜色，如下图所示。

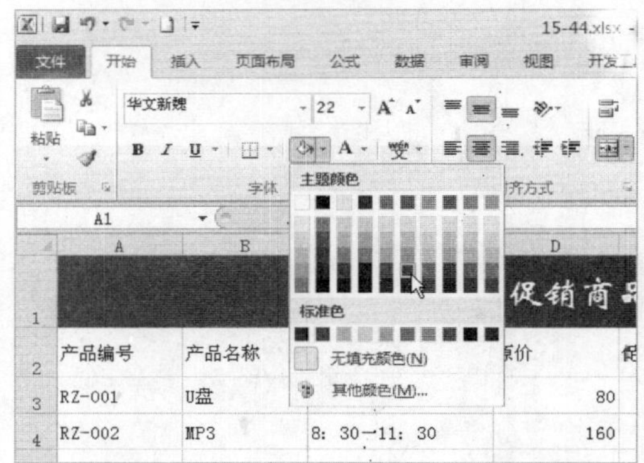

STEP 14　设置相应选项

选择 A2:I2 单元格区域，在"字体"选项区中设置"字体"为"方正楷体简体"、"字号"为 12，并单击"加粗"按钮。在"对齐方式"选项区中单击"居中"按钮，如下图所示。

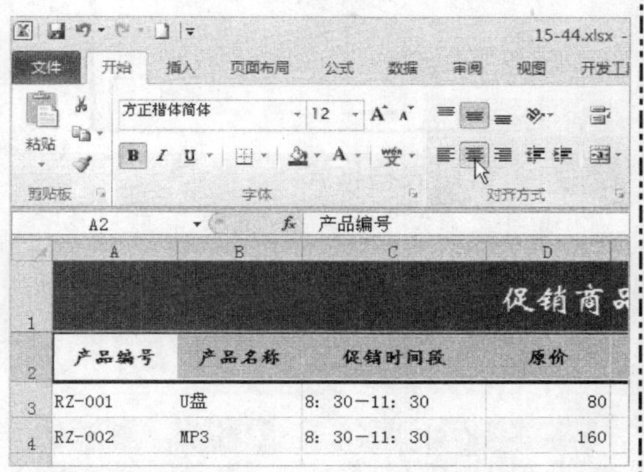

STEP 15　设置相应选项

选择 A3:I15 单元格区域，在"字体"选项区中设置"字体"为"创艺简隶书"，在"对齐方式"选项区中单击"居中"按钮，如下图所示。

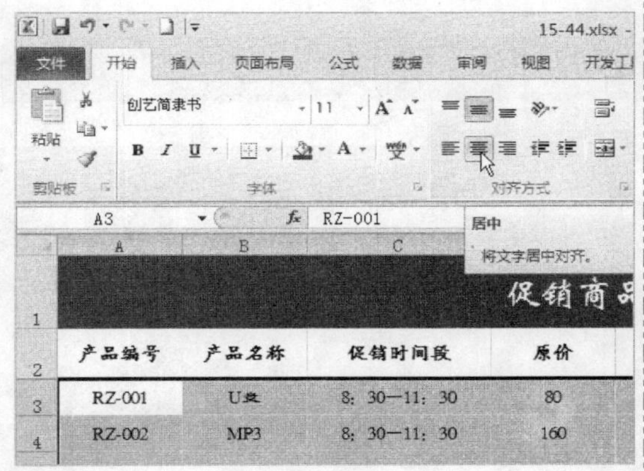

STEP 16　单击相应按钮

选择 F3:F15 数据区域，单击"数字"选项区右下角的"设置单元格格式：数字"按钮，如下图所示。

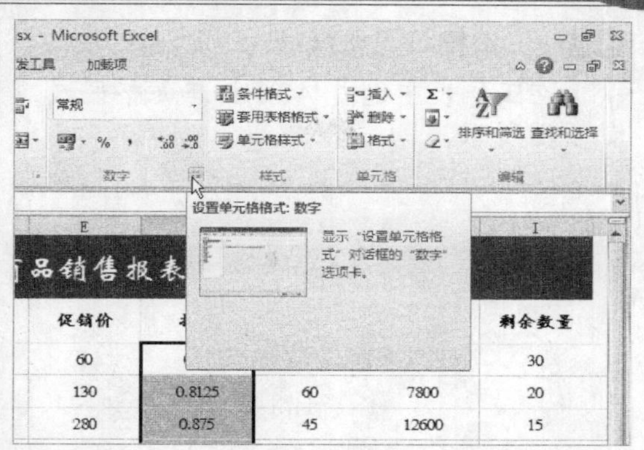

STEP 17　设置"小数位数"

即会弹出"设置单元格格式"对话框，单击"数值"选项卡，在右侧的选项区中设置"小数位数"为 2，如下图所示。

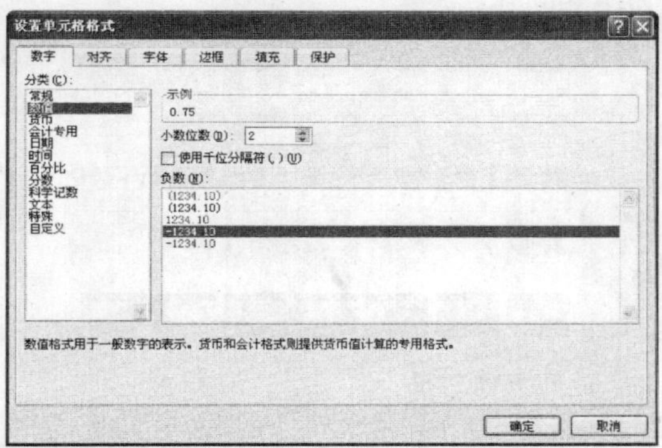

STEP 18　设置单元格格式

单击"确定"按钮，即可设置单元格格式，如下图所示。

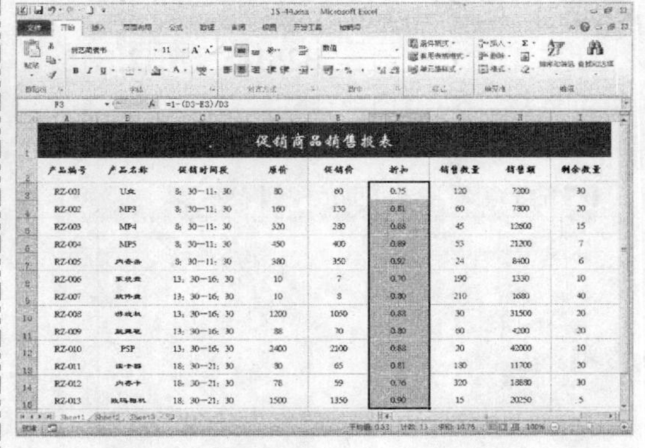

15.2.2　套用表格格式

套用表格格式的具体操作步骤如下：

STEP 01 选择单元格区域

在工作表中选择A2:I15单元格区域，如下图所示。

STEP 02 选择样式

在“样式”选项区中单击“套用表格格式”按钮，在弹出的选项板中选择一种样式，如下图所示。

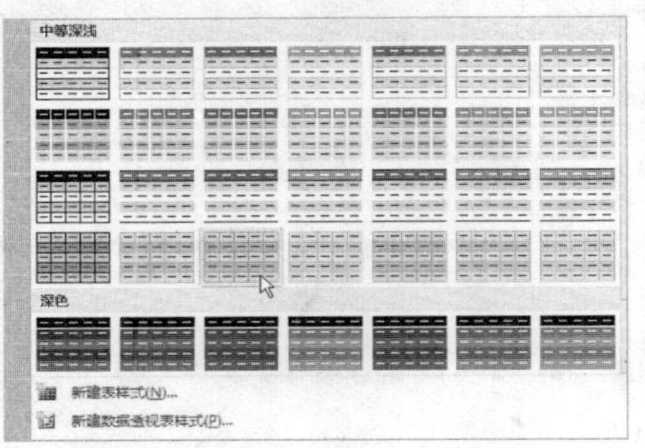

STEP 03 弹出“套用表格式”对话框

即会弹出“套用表格式”对话框，如下图所示。

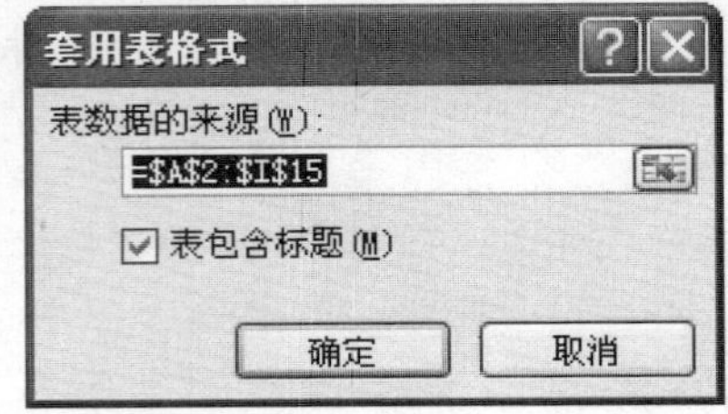

STEP 04 套用表格格式

单击“确定”按钮，即可套用表格格式，如下图所示。

15.2.3 设置图表样式

设置图表样式的具体操作步骤如下：

STEP 01 选择单元格区域

在工作表中选择B2:B15和H2:H15单元格区域，如下图所示。

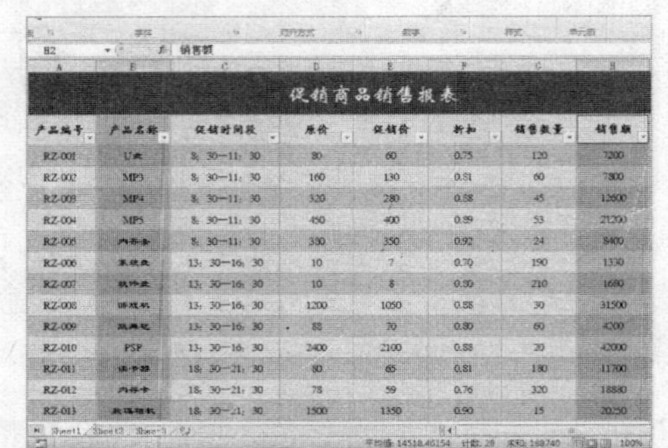

STEP 02 选择相应的选项

单击“插入”选项卡，在“插入”功能面板的“图表”选项区中单击“折线图”按钮，在弹出的下拉列表中选择“带数据标记的堆积折线图”选项，如下图所示。

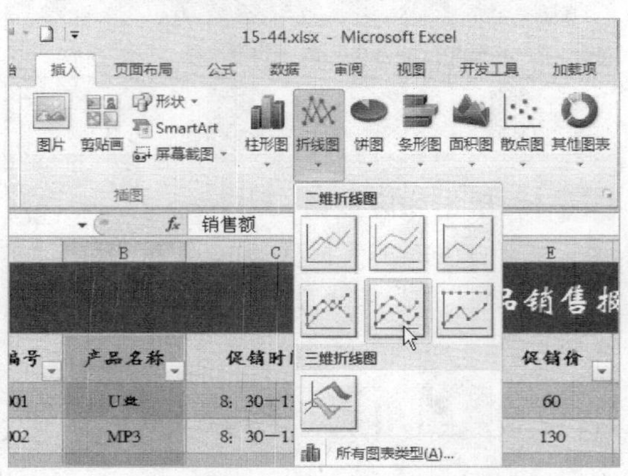

STEP 03 添加图表

执行操作后，即可在工作表中添加一个图表，如下图所示。

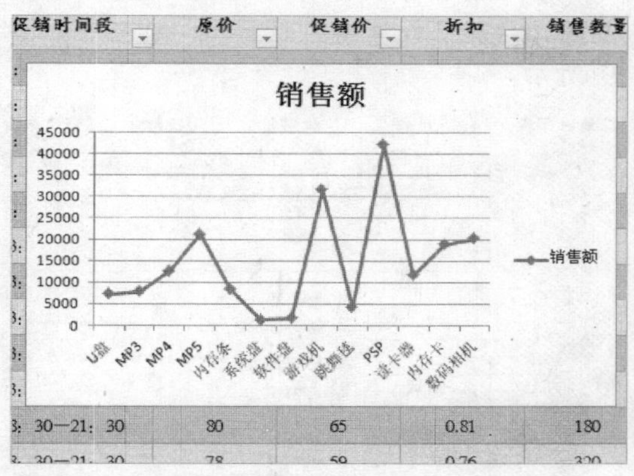

STEP 04 选择图表标题

选择图表标题，如下图所示。

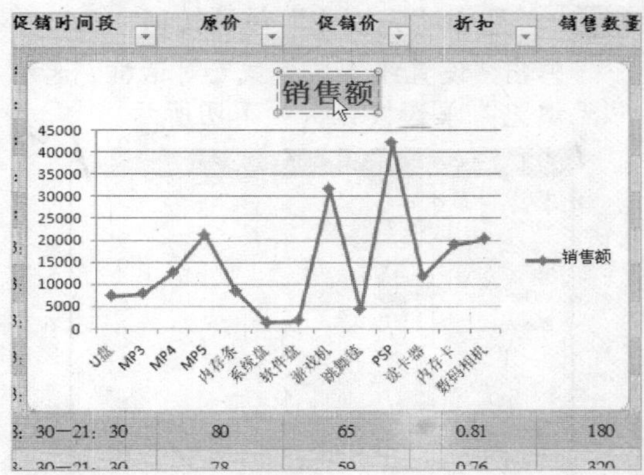

STEP 05 输入标题

在文本框中输入标题，如下图所示。

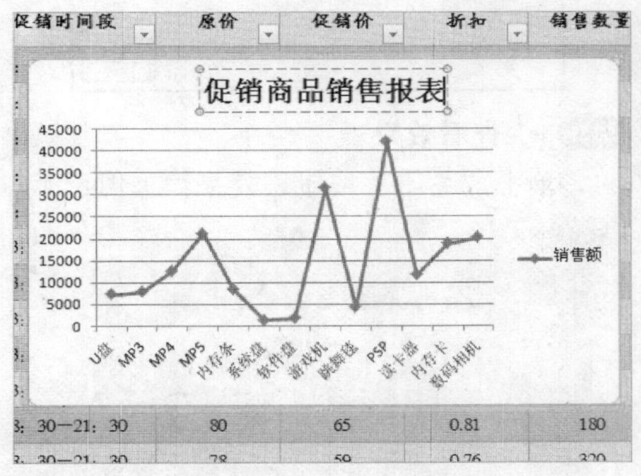

STEP 06 设置字体属性

选择输入的文本，在“字体”选项区中设置“字体”为“创艺简隶书”、“字体颜色”为红色，效果如下图所示。

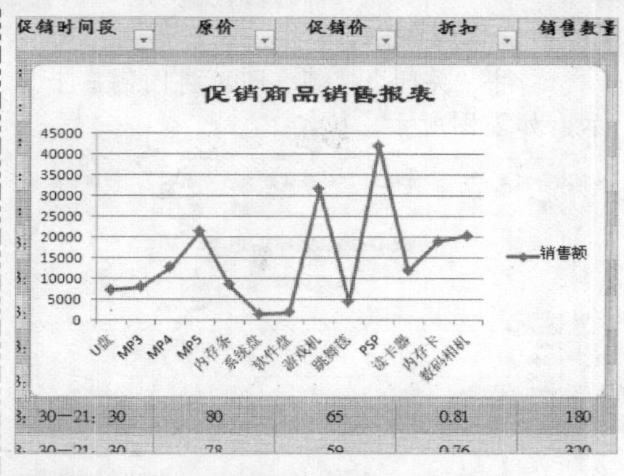

STEP 07 选择“设置图例格式”选项

选择图例并单击鼠标右键，在弹出的快捷菜单中选择“设置图例格式”选项，如下图所示。

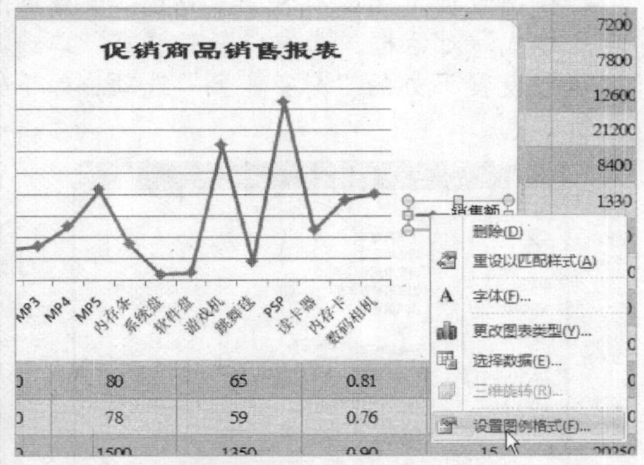

STEP 08 选中“靠上”单选按钮

即会弹出“设置图例格式”对话框，选中“靠上”单选按钮，如下图所示。

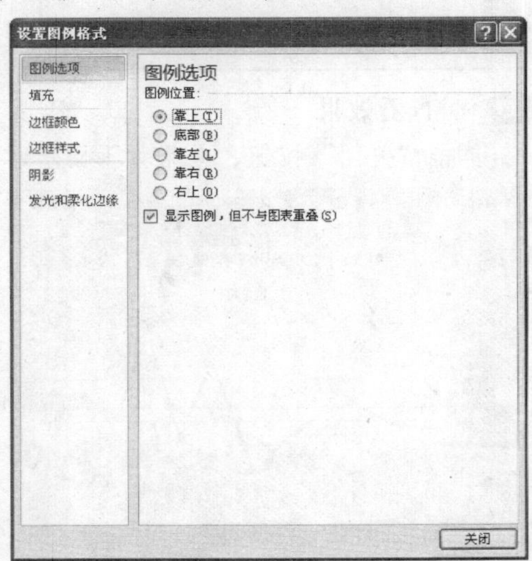

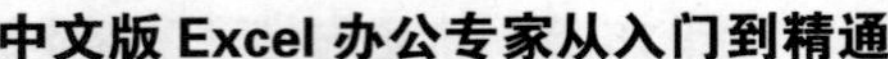

STEP 09 设置图例

单击“关闭”按钮，即可将图例靠上显示，如下图所示。

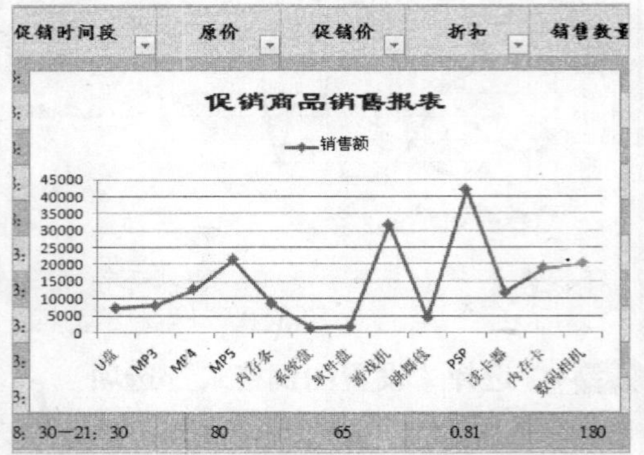

STEP 10 设置相应选项

在图表区双击鼠标左键，弹出“设置图表区格式”对话框，选中“渐变填充”单选按钮并设置下方的“渐变光圈”选项，如下图所示。

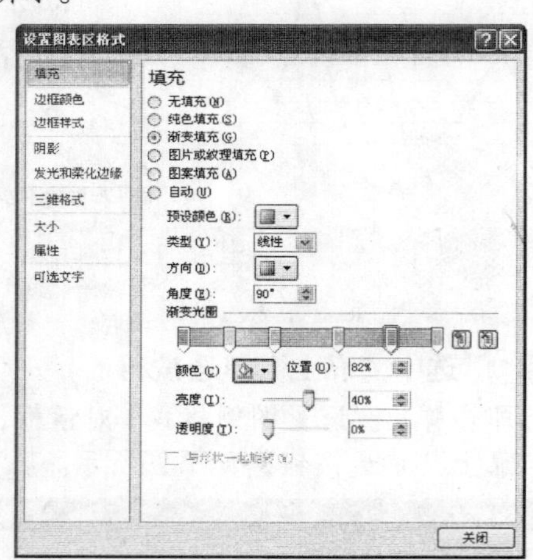

STEP 11 查看效果

单击“关闭”按钮，效果如下图所示。

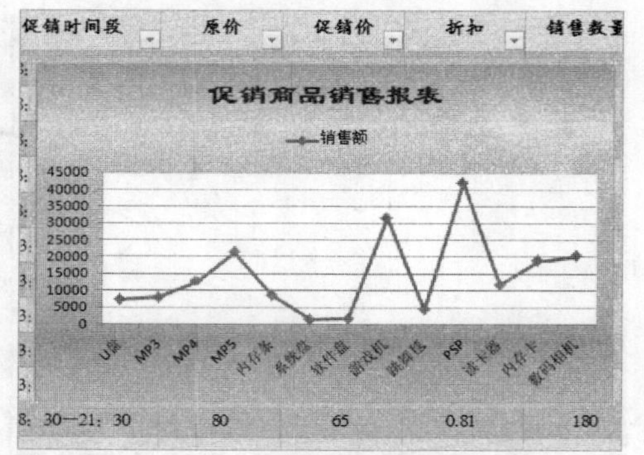

STEP 12 选择“设置绘图区格式”选项

在绘图区单击鼠标右键，在弹出的快捷菜单中选择“设置绘图区格式”选项，如下图所示。

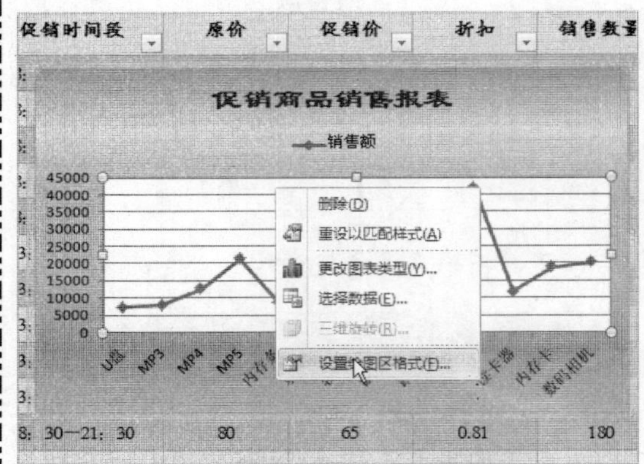

STEP 13 选中“无填充”单选按钮

弹出“设置绘图区格式”对话框，选中“无填充”单选按钮，如下图所示。

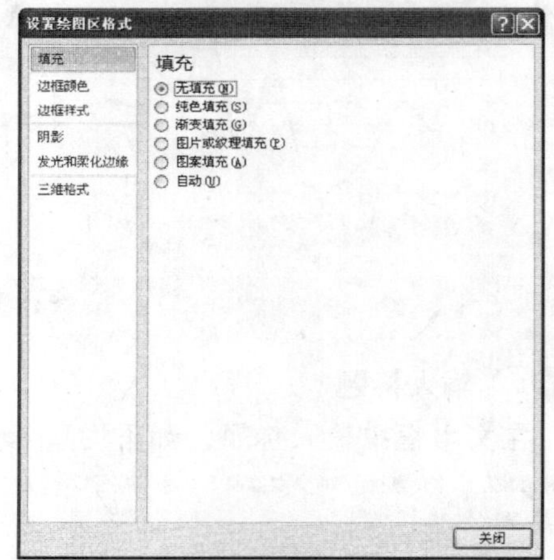

STEP 14 查看效果

单击“关闭”按钮，效果如下图所示。

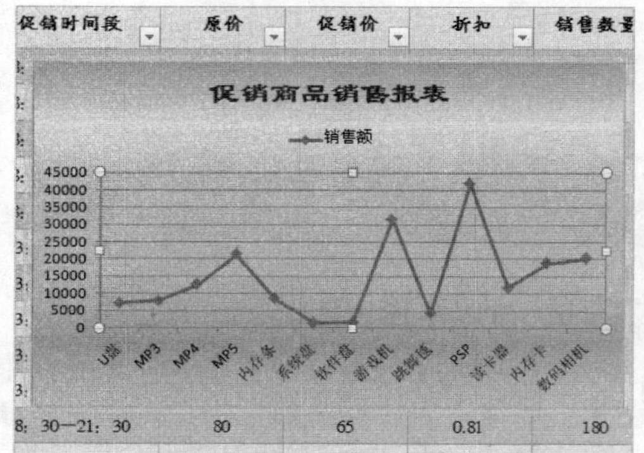

STEP 15 弹出“设置数据系列格式”对话框

双击图表中的数据系列，弹出“设置数据系列格式”对话框，如下图所示。

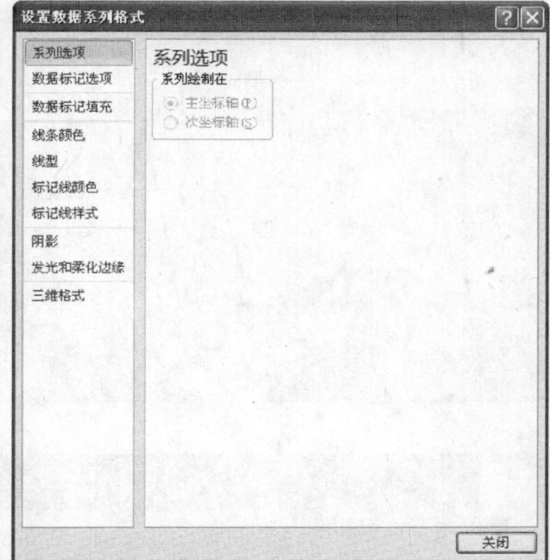

STEP 16 设置相应选项

单击“数据标记选项”选项卡，在右侧的“数据标记类型”选项区中选中“内置”单选按钮并在下方设置其类型和大小，如下图所示。

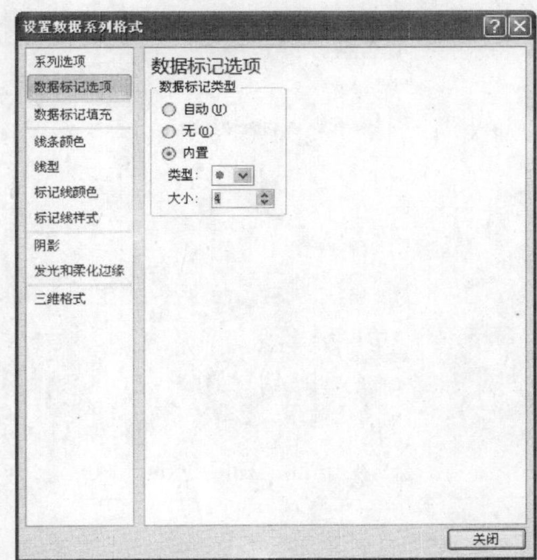

STEP 17 设置填充颜色

单击“数据标记填充”选项卡，在右侧的“数据标记填充”选项区中选中“纯色填充”单选按钮并在下方的“填充颜色”选项区中设置其填充颜色，如下图所示。

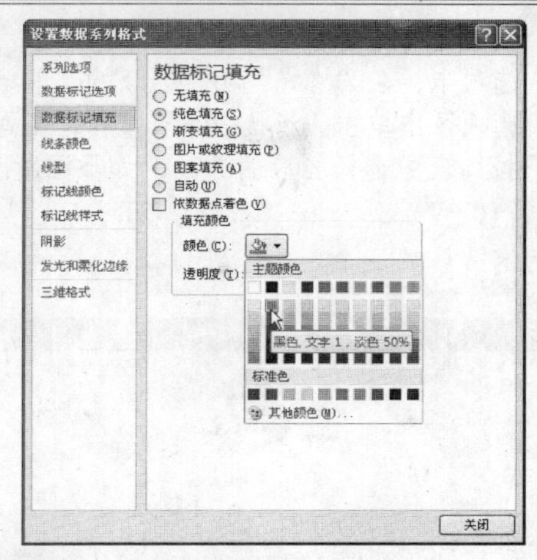

STEP 18 设置相应选项

单击“线条颜色”选项卡，在右侧的“线条颜色”选项区中选中“实线”单选按钮并设置其颜色，如下图所示。

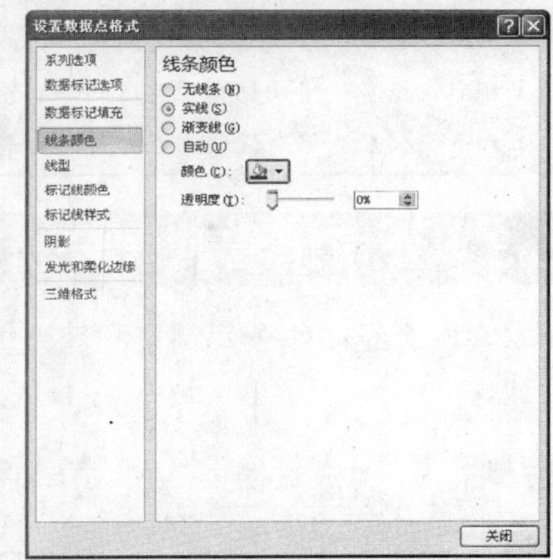

STEP 19 查看效果

单击“关闭”按钮，效果如下图所示。

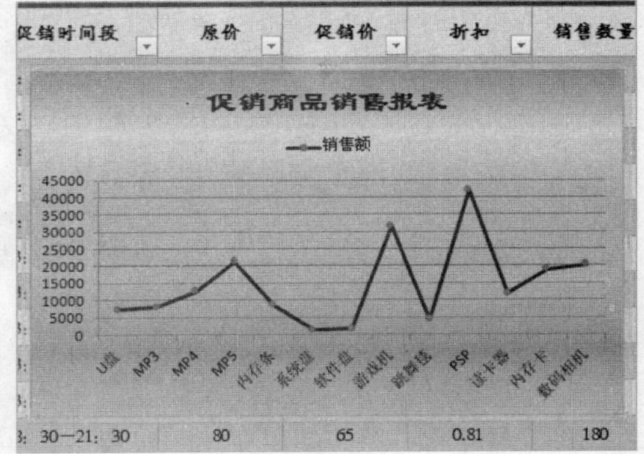

STEP 20 设置相应的选项

选择图表，在“图表工具”中单击“格式”选项卡，在“格式”功能面板的“形状样式”选项区中单击“形状效果”按钮，在弹出的下拉列表中选择相应的选项，如下图所示。

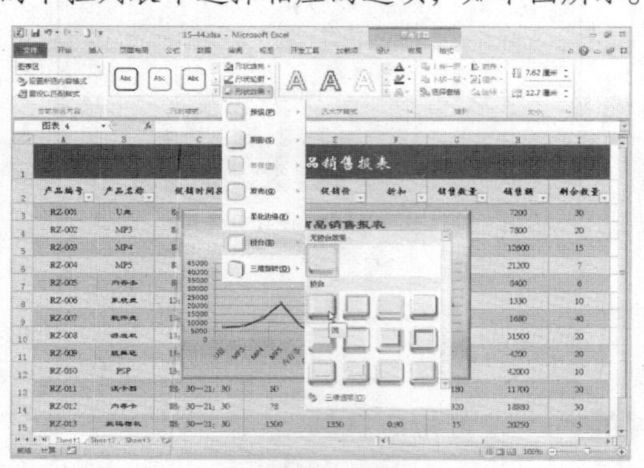

STEP 21 查看效果

执行操作后，即可完成图表的制作，效果如下图所示。

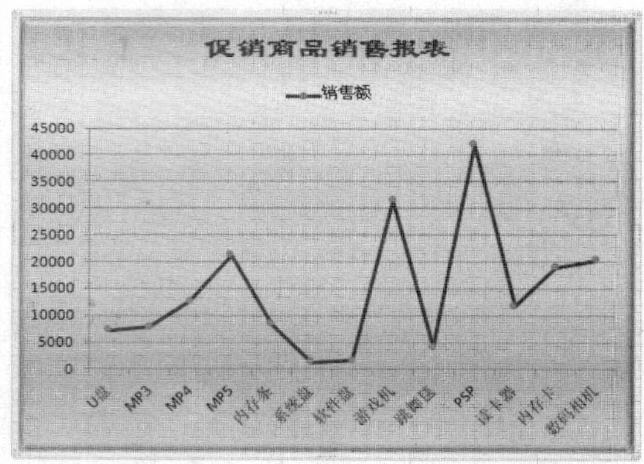

专家指点

在“格式”功能面板的“形状样式”选项区中，各按钮的含义如下：

- 形状填充：用来填充图表的图表区颜色效果。
- 形状轮廓：用来设置图表区的形状轮廓。
- 形状效果：用来设置图表的特效效果，例如阴影、发光以及柔化边缘等。

15.3 公司销售利润分析

本案例介绍制作公司销售利润分析图表，效果如下图所示。

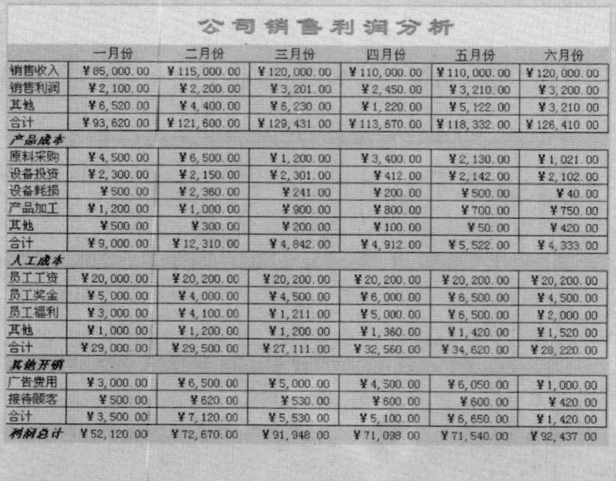

公司销售利润分析

	一月份	二月份	三月份	四月份	五月份	六月份
销售收入	¥85,000.00	¥115,000.00	¥120,000.00	¥110,000.00	¥110,000.00	¥120,000.00
销售利润	¥2,100.00	¥2,200.00	¥3,201.00	¥2,450.00	¥3,210.00	¥3,200.00
其他	¥6,520.00	¥4,400.00	¥6,230.00	¥1,220.00	¥5,122.00	¥3,210.00
合计	¥93,620.00	¥121,600.00	¥129,431.00	¥113,670.00	¥118,332.00	¥126,410.00
产品成本						
原料采购	¥4,500.00	¥6,500.00	¥1,200.00	¥3,400.00	¥2,130.00	¥1,021.00
设备投资	¥2,300.00	¥2,150.00	¥2,301.00	¥412.00	¥2,142.00	¥2,102.00
设备耗损	¥500.00	¥2,360.00	¥241.00	¥200.00	¥500.00	¥40.00
产品加工	¥1,200.00	¥1,000.00	¥900.00	¥800.00	¥700.00	¥750.00
其他	¥500.00	¥300.00	¥200.00	¥100.00	¥50.00	¥420.00
合计	¥9,000.00	¥12,310.00	¥4,842.00	¥4,912.00	¥5,522.00	¥4,333.00
人工成本						
员工工资	¥20,000.00	¥20,200.00	¥20,200.00	¥20,200.00	¥20,200.00	¥20,200.00
员工奖金	¥5,000.00	¥4,000.00	¥4,500.00	¥6,000.00	¥6,500.00	¥4,500.00
员工福利	¥3,000.00	¥4,100.00	¥1,211.00	¥5,000.00	¥6,500.00	¥2,000.00
其他	¥1,000.00	¥1,200.00	¥1,200.00	¥1,360.00	¥1,420.00	¥1,520.00
合计	¥29,000.00	¥29,500.00	¥27,111.00	¥32,560.00	¥34,620.00	¥28,220.00
其他开销						
广告费用	¥3,000.00	¥6,500.00	¥5,000.00	¥4,500.00	¥6,050.00	¥1,000.00
接待顾客	¥500.00	¥620.00	¥530.00	¥600.00	¥600.00	¥420.00
合计	¥3,500.00	¥7,120.00	¥5,530.00	¥5,100.00	¥6,650.00	¥1,420.00
利润总计	¥52,120.00	¥72,670.00	¥91,948.00	¥71,098.00	¥71,540.00	¥92,437.00

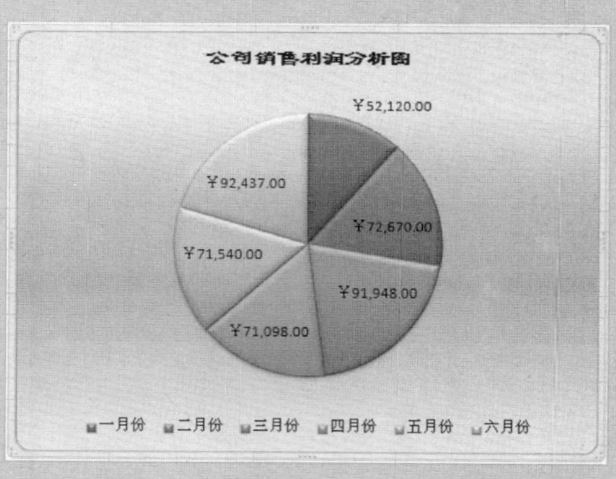

公司销售利润分析图表

素材文件	第 15 章\15-87.xlsx	效果文件	第 15 章\15-128.xlsx

15.3.1 设置表格内容

设置表格内容的具体操作步骤如下：

STEP 01 打开文件

打开一个 Excel 文件，如下图所示。

1							
2		一月份	二月份	三月份	四月份	五月份	六月份
3	销售收入	85000	115000	120000	110000	110000	120000
4	销售利润	2100	2200	3201	2450	3210	3200
5	其他	6520	4400	6230	1220	5122	3210
6	合计	93620	121600	129431	113670	118332	126410
7	产品成本						
8	原料采购	4500	6500	1200	3400	2130	1021
9	设备投资	2300	2150	2301	412	2142	2102
10	设备耗损	500	2360	241	200	500	40
11	产品加工	1200	1000	900	800	700	750
12	其他	500	300	200	100	50	420
13	合计	9000	12310	4842	4912	5522	4333
14	人工成本						
15	员工工资	20000	20200	20200	20200	20200	20200
16	员工奖金	5000	4000	4500	6000	6500	4500
17	员工福利	3000	4100	1211	5000	6500	2000
18	其他	1000	1200	1200	1360	1420	1520
19	合计	29000	29500	27111	32560	34620	28220
20	其他开销						
21	广告费用	3000	6500	5000	4500	6050	1000
22	接待顾客	500	620	530	600	600	420
23	合计	3500	7120	5530	5100	6650	1420
24	利润总计						
25							

STEP 02 选择数据区域

选择 A2:G24 数据区域，如下图所示。

1							
2		一月份	二月份	三月份	四月份	五月份	六月份
3	销售收入	85000	115000	120000	110000	110000	120000
4	销售利润	2100	2200	3201	2450	3210	3200
5	其他	6520	4400	6230	1220	5122	3210
6	合计	93620	121600	129431	113670	118332	126410
7	产品成本						
8	原料采购	4500	6500	1200	3400	2130	1021
9	设备投资	2300	2150	2301	412	2142	2102
10	设备耗损	500	2360	241	200	500	40
11	产品加工	1200	1000	900	800	700	750
12	其他	500	300	200	100	50	420
13	合计	9000	12310	4842	4912	5522	4333
14	人工成本						
15	员工工资	20000	20200	20200	20200	20200	20200
16	员工奖金	5000	4000	4500	6000	6500	4500
17	员工福利	3000	4100	1211	5000	6500	2000
18	其他	1000	1200	1200	1360	1420	1520
19	合计	29000	29500	27111	32560	34620	28220
20	其他开销						
21	广告费用	3000	6500	5000	4500	6050	1000
22	接待顾客	500	620	530	600	600	420
23	合计	3500	7120	5530	5100	6650	1420
24	利润总计	52120	72670	91948	71098	71540	92437
25							

STEP 03 选择颜色

在“字体”选项区中单击“填充颜色”右侧的下三角按钮，在弹出的调色板中选择一种颜色，如下图所示。

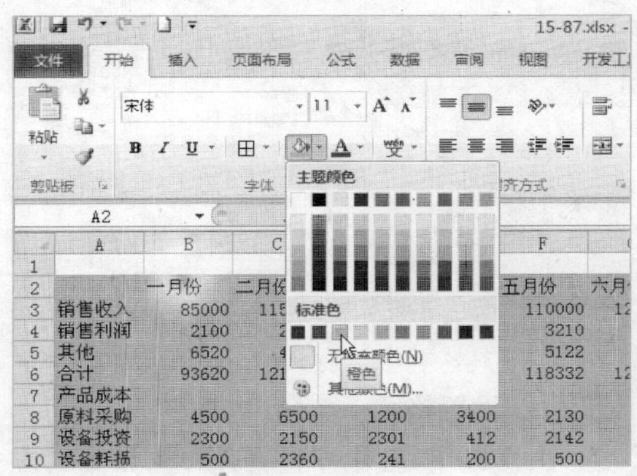

STEP 04 选择数据区域

在工作表中选择需要设置的数据区域，如下图所示。

	A	B	C	D	E	F	G	H
1								
2		一月份	二月份	三月份	四月份	五月份	六月份	
3	销售收入	85000	115000	120000	110000	110000	120000	
4	销售利润	2100	2200	3201	2450	3210	3200	
5	其他	6520	4400	6230	1220	5122	3210	
6	合计	93620	121600	129431	113670	118332	126410	
7	产品成本							
8	原料采购	4500	6500	1200	3400	2130	1021	
9	设备投资	2300	2150	2301	412	2142	2102	
10	设备耗损	500	2360	241	200	500	40	
11	产品加工	1200	1000	900	800	700	750	
12	其他	500	300	200	100	50	420	
13	合计	9000	12310	4842	4912	5522	4333	
14	人工成本							
15	员工工资	20000	20200	20200	20200	20200	20200	
16	员工奖金	5000	4000	4500	6000	6500	4500	
17	员工福利	3000	4100	1211	5000	6500	2000	
18	其他	1000	1200	1200	1360	1420	1520	
19	合计	29000	29500	27111	32560	34620	28220	
20	其他开销							
21	广告费用	3000	6500	5000	4500	6050	1000	
22	接待顾客	500	620	530	600	600	420	
23	合计	3500	7120	5530	5100	6650	1420	
24	利润总计							

STEP 05 选择颜色

在“字体”选项区中单击“填充颜色”右侧的下三角按钮，在弹出的调色板中选择一种颜色，如下图所示。

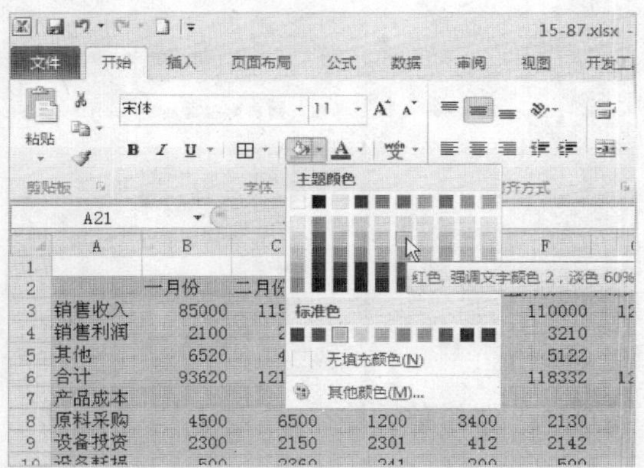

STEP 06 单击“所有框线”按钮

单击“所有框线”按钮，如下图所示。

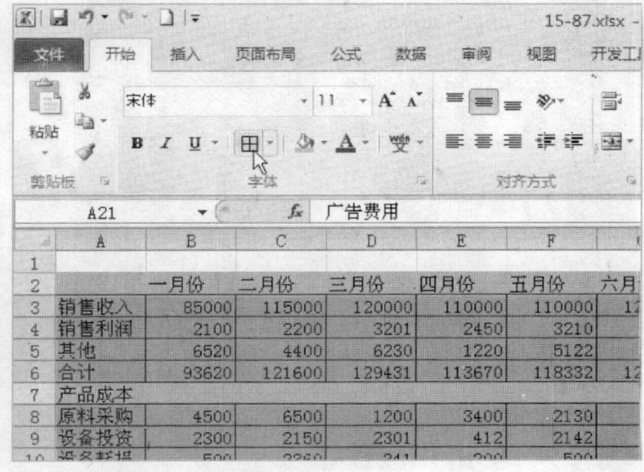

STEP 07 选择数据区域

选择数据区域，如下图所示。

	A	B	C	D	E	F	G	H
1								
2		一月份	二月份	三月份	四月份	五月份	六月份	
3	销售收入	85000	115000	120000	110000	110000	120000	
4	销售利润	2100	2200	3201	2450	3210	3200	
5	其他	6520	4400	6230	1220	5122	3210	
6	合计	93620	121600	129431	113670	118332	126410	
7	产品成本							
8	原料采购	4500	6500	1200	3400	2130	1021	
9	设备投资	2300	2150	2301	412	2142	2102	
10	设备耗损	500	2360	241	200	500	40	
11	产品加工	1200	1000	900	800	700	750	
12	其他	500	300	200	100	50	420	
13	合计	9000	12310	4842	4912	5522	4333	
14	人工成本							
15	员工工资	20000	20200	20200	20200	20200	20200	
16	员工奖金	5000	4000	4500	6000	6500	4500	
17	员工福利	3000	4100	1211	5000	6500	2000	
18	其他	1000	1200	1200	1360	1420	1520	
19	合计	29000	29500	27111	32560	34620	28220	
20	其他开销							
21	广告费用	3000	6500	5000	4500	6050	1000	
22	接待顾客	500	620	530	600	600	420	
23	合计	3500	7120	5530	5100	6650	1420	
24	利润总计							

STEP 08 设置填充颜色

为选择的数据区域设置填充颜色，如下图所示。

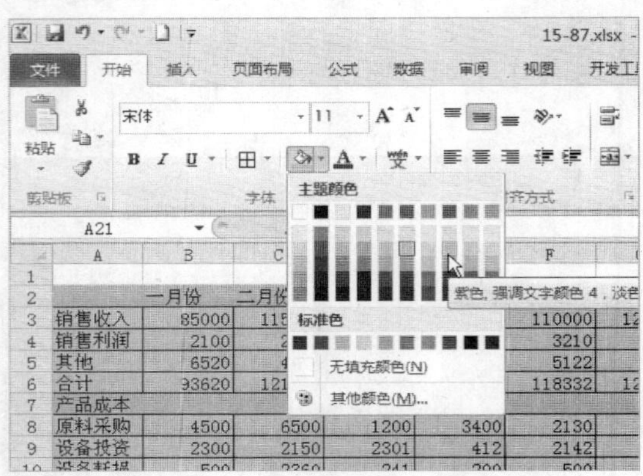

STEP 09 选择单元格

选择 A7、A14、A20 以及 A24 单元格，如下图所示。

	A	B	C	D	E	F	G	H
1								
2		一月份	二月份	三月份	四月份	五月份	六月份	
3	销售收入	85000	115000	120000	110000	110000	120000	
4	销售利润	2100	2200	3201	2450	3210	3200	
5	其他	6520	4400	6230	1220	5122	3210	
6	合计	93620	121600	129431	113670	118332	126410	
7	产品成本							
8	原料采购	4500	6500	1200	3400	2130	1021	
9	设备投资	2300	2150	2301	412	2142	2102	
10	设备耗损	500	2360	241	200	500	40	
11	产品加工	1200	1000	900	800	700	750	
12	其他	500	300	200	100	50	420	
13	合计	9000	12310	4842	4912	5522	4333	
14	人工成本							
15	员工工资	20000	20200	20200	20200	20200	20200	
16	员工奖金	5000	4000	4500	6000	6500	4500	
17	员工福利	3000	4100	1211	5000	6500	2000	
18	其他	1000	1200	1200	1360	1420	1520	
19	合计	29000	29500	27111	32560	34620	28220	
20	其他开销							
21	广告费用	3000	6500	5000	4500	6050	1000	
22	接待顾客	500	620	530	600	600	420	
23	合计	3500	7120	5530	5100	6650	1420	
24	利润总计							

STEP 10 单击相应按钮

在“字体”选项区中单击“加粗”和“倾斜”按钮，如下图所示。

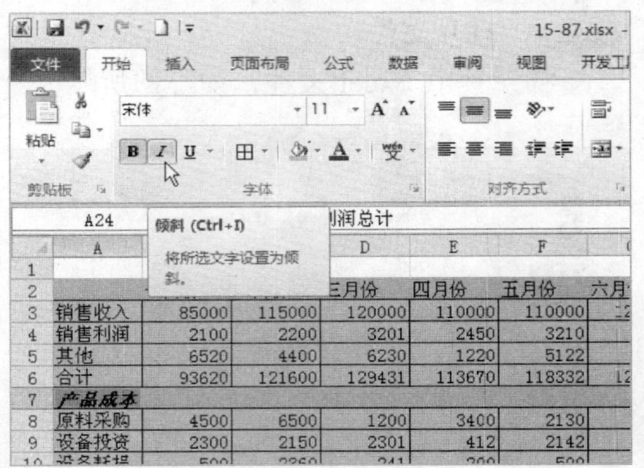

STEP 11 选择数据区域

选择 B3:G24 数据区域，如下图所示。

	A	B	C	D	E	F	G	H
1								
2		一月份	二月份	三月份	四月份	五月份	六月份	
3	销售收入	85000	115000	120000	110000	110000	120000	
4	销售利润	2100	2200	3201	2450	3210	3200	
5	其他	6520	4400	6230	1220	5122	3210	
6	合计	93620	121600	129431	113670	118332	126410	
7	***产品成本***							
8	原料采购	4500	6500	1200	3400	2130	1021	
9	设备投资	2300	2150	2301	412	2142	2102	
10	设备耗损	500	2360	241	200	500	40	
11	产品加工	1200	1000	900	800	700	750	
12	其他	500	300	200	100	50	420	
13	合计	9000	12310	4842	4912	5522	4333	
14	***人工成本***							
15	员工工资	20000	20200	20200	20200	20200	20200	
16	员工奖金	5000	4000	4500	6000	6500	4500	
17	员工福利	3000	4100	1211	5000	6500	2000	
18	其他	1000	1200	1200	1360	1420	1520	
19	合计	29000	29500	27111	32560	34620	28220	
20	***其他开销***							
21	广告费用	3000	6500	5000	4500	6050	1000	
22	接待顾客	500	620	530	600	600	420	
23	合计	3500	7120	5530	5100	6650	1420	
24	***利润总计***							

STEP 12 选择“货币”选项

在“数字”选项区中单击“数字格式”右侧的下三角按钮，在弹出的下拉列表中选择“货币”选项，如下图所示。

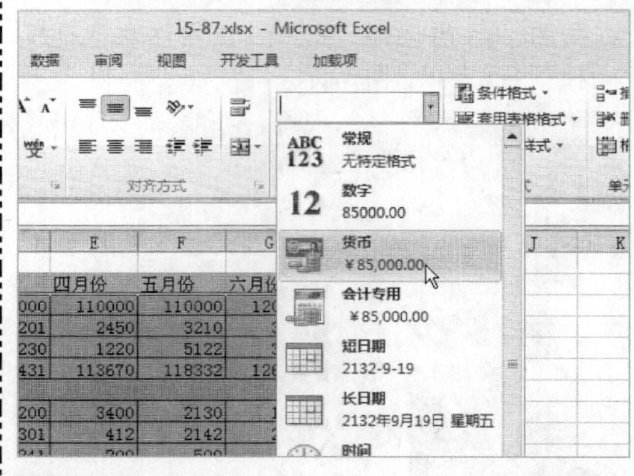

STEP 13 设置格式

执行操作后，即可将选择的数据区域的单元格数字格式设置为货币格式，效果如下图所示。

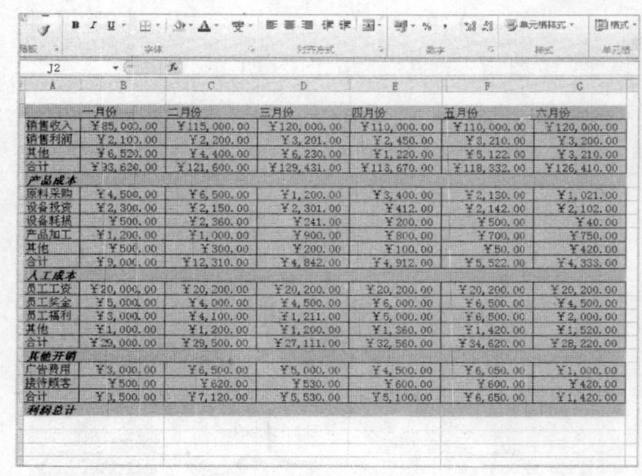

STEP 14 设置文本格式

选择 B2:G2 单元格区域，在“字体”选项区中设置“字号”为 12，在“对齐方式”选项区中单击“居中”按钮，如下图所示。

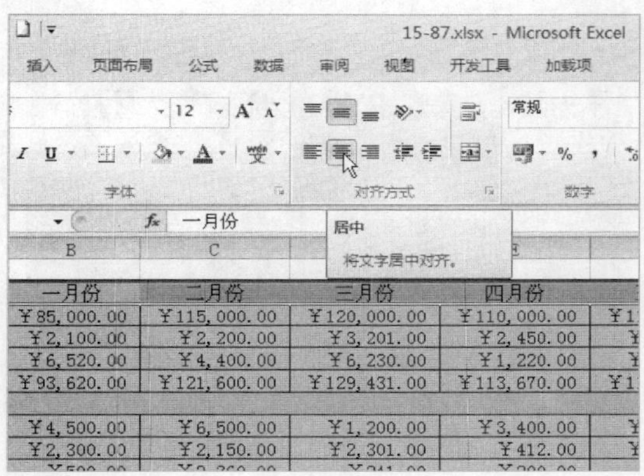

STEP 15 选择“行高”选项

选择第 1 列数据，单击鼠标右键，在弹出的快捷菜单中选择“行高”选项，如下图所示。

STEP 16 输入行高

在弹出的“行高”对话框中输入 38，如下图所示。

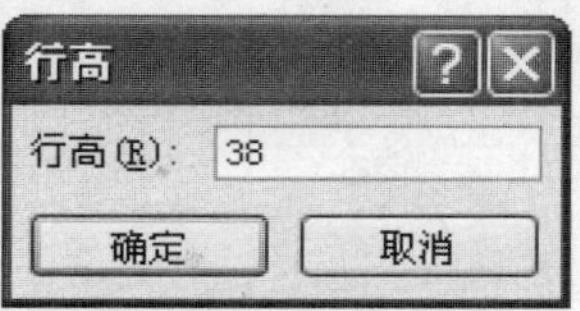

STEP 17 单击“合并后居中”按钮

单击“确定”按钮。选择 A1:G1 单元格区域，在“对齐方式”选项区中单击“合并后居中”按钮，如下图所示。

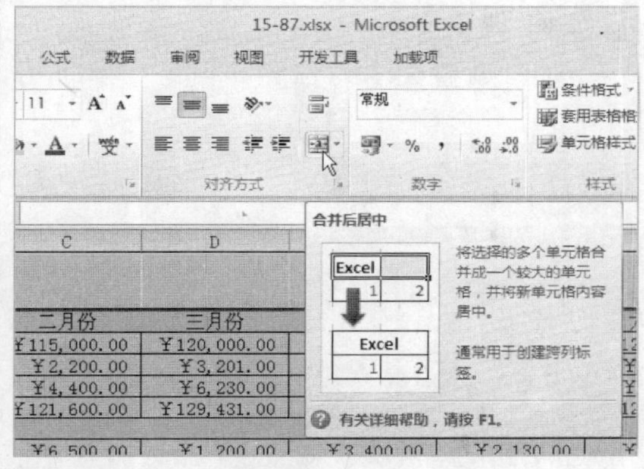

STEP 18 选择艺术字样式

单击“插入”选项卡，在“插入”功能面板的“文本”选项区中单击“艺术字”按钮，在弹出的选项板中选择一种艺术字样式，如下图所示。

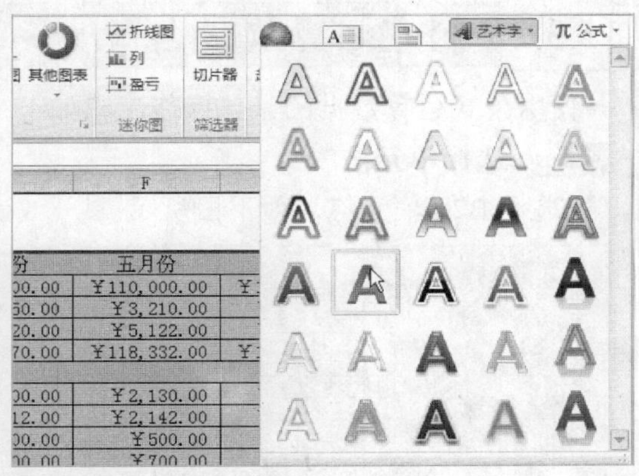

STEP 19 设置字体格式

即可在工作表中插入艺术字，在文本框中输入所需的文本，在“开始”功能面板的“字体”选项区中设置“字体”为“创艺简隶书”、“字号”为 26，效果如下图所示。

	三月份	四月份	五月份	六月份
00	¥120,000.00	¥110,000.00	¥110,000.00	¥120,000.00
00	¥3,201.00	¥2,450.00	¥3,210.00	¥3,200.00
00	¥6,230.00	¥1,220.00	¥5,122.00	¥3,210.00
00	¥129,431.00	¥113,670.00	¥118,332.00	¥126,410.00
00	¥1,200.00	¥3,400.00	¥2,130.00	¥1,021.00
00	¥2,301.00	¥412.00	¥2,142.00	¥2,102.00
00	¥241.00	¥200.00	¥500.00	¥40.00
00	¥900.00	¥800.00	¥700.00	¥750.00
00	¥200.00	¥100.00	¥50.00	¥420.00
00	¥4,342.00	¥4,912.00	¥5,522.00	¥4,333.00
00	¥20,200.00	¥20,200.00	¥20,200.00	¥20,200.00
00	¥4,500.00	¥6,000.00	¥6,500.00	¥4,500.00
00	¥1,211.00	¥5,000.00	¥6,500.00	¥2,000.00
00	¥1,200.00	¥1,360.00	¥1,420.00	¥1,520.00
00	¥27,111.00	¥32,560.00	¥34,620.00	¥28,220.00
00	¥5,000.00	¥4,500.00	¥6,050.00	¥1,000.00
00	¥530.00	¥600.00	¥600.00	¥420.00

STEP 20 调整文本

适当调整文本的位置和间距，如下图所示。

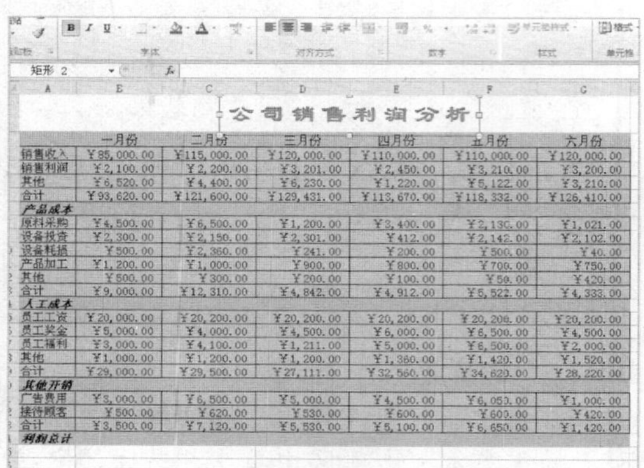

STEP 21 设置填充颜色

选择A1单元格，在“字体”选项区中设置其填充颜色，如下图所示。

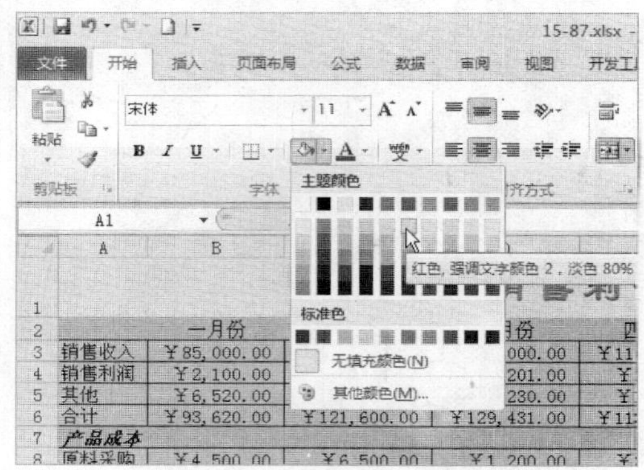

STEP 22 设置表格内容

执行操作后，即可完成对表格内容的设置，如下图所示。

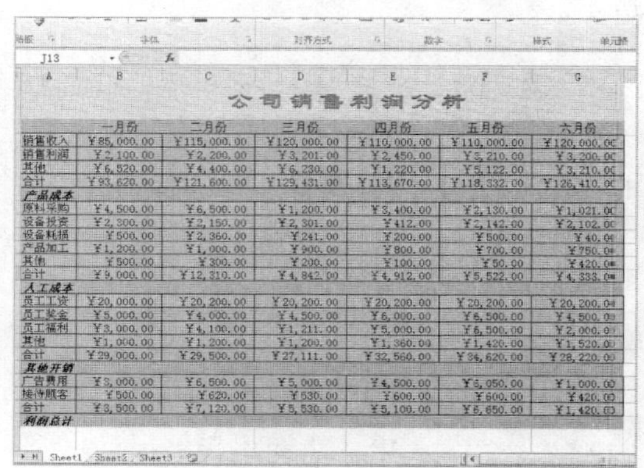

15.3.2 公式运算数据

使用公式运算数据的具体操作步骤如下：

STEP 01 选择单元格

选择B24单元格，如下图所示。

7	*产品成本*				
8	原料采购	¥4,500.00	¥6,500.00	¥1,200.00	¥
9	设备投资	¥2,300.00	¥2,150.00	¥2,301.00	
10	设备耗损	¥500.00	¥2,360.00	¥241.00	
11	产品加工	¥1,200.00	¥1,000.00	¥900.00	
12	其他	¥500.00	¥300.00	¥200.00	
13	合计	¥9,000.00	¥12,310.00	¥4,842.00	¥
14	*人工成本*				
15	员工工资	¥20,000.00	¥20,200.00	¥20,200.00	¥2
16	员工奖金	¥5,000.00	¥4,000.00	¥4,500.00	¥
17	员工福利	¥3,000.00	¥4,100.00	¥1,211.00	¥
18	其他	¥1,000.00	¥1,200.00	¥1,200.00	¥
19	合计	¥29,000.00	¥29,500.00	¥27,111.00	¥3
20	*其他开销*				
21	广告费用	¥3,000.00	¥6,500.00	¥5,000.00	¥
22	接待顾客	¥500.00	¥620.00	¥530.00	
23	合计	¥3,500.00	¥7,120.00	¥5,530.00	¥
24	*利润总计*				
25					
26					

Sheet1 / Sheet2 / Sheet3

STEP 02 输入公式

在其中输入所需公式，如下图所示。

7	*产品成本*				
8	原料采购	¥4,500.00	¥6,500.00	¥1,200.00	¥
9	设备投资	¥2,300.00	¥2,150.00	¥2,301.00	
10	设备耗损	¥500.00	¥2,360.00	¥241.00	
11	产品加工	¥1,200.00	¥1,000.00	¥900.00	
12	其他	¥500.00	¥300.00	¥200.00	
13	合计	¥9,000.00	¥12,310.00	¥4,842.00	¥
14	*人工成本*				
15	员工工资	¥20,000.00	¥20,200.00	¥20,200.00	¥2
16	员工奖金	¥5,000.00	¥4,000.00	¥4,500.00	¥
17	员工福利	¥3,000.00	¥4,100.00	¥1,211.00	¥
18	其他	¥1,000.00	¥1,200.00	¥1,200.00	¥
19	合计	¥29,000.00	¥29,500.00	¥27,111.00	¥3
20	*其他开销*				
21	广告费用	¥3,000.00	¥6,500.00	¥5,000.00	¥
22	接待顾客	¥500.00	¥620.00	¥530.00	
23	合计	¥3,500.00	¥7,120.00	¥5,530.00	¥
24	*利润总计*	=B6-B13-B19-B23			
25					
26					

Sheet1 / Sheet2 / Sheet3

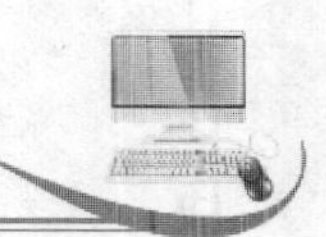

STEP 03　按【Enter】键确认

按【Enter】键进行确认，得到计算结果，如下图所示。

7	*产品成本*			
8	原料采购	¥4,500.00	¥6,500.00	¥1,200.00
9	设备投资	¥2,300.00	¥2,150.00	¥2,301.00
10	设备耗损	¥500.00	¥2,360.00	¥241.00
11	产品加工	¥1,200.00	¥1,000.00	¥900.00
12	其他	¥500.00	¥300.00	¥200.00
13	合计	¥9,000.00	¥12,310.00	¥4,842.00
14	*人工成本*			
15	员工工资	¥20,000.00	¥20,200.00	¥20,200.00
16	员工奖金	¥5,000.00	¥4,000.00	¥4,500.00
17	员工福利	¥3,000.00	¥4,100.00	¥1,211.00
18	其他	¥1,000.00	¥1,200.00	¥1,200.00
19	合计	¥29,000.00	¥29,500.00	¥27,111.00
20	*其他开销*			
21	广告费用	¥3,000.00	¥6,500.00	¥5,000.00
22	接待顾客	¥500.00	¥620.00	¥530.00
23	合计	¥3,500.00	¥7,120.00	¥5,530.00
24	*利润总计*	¥52,120.00		
25				
26				

Sheet1 Sheet2 Sheet3

STEP 04　计算其他数据

用与上述相同的方法，计算其他的数据结果，如下图所示。

公司销售利润分析

	一月份	二月份	三月份	四月份	五月份	六月份
销售收入	¥85,000.00	¥115,000.00	¥120,000.00	¥110,000.00	¥110,000.00	¥120,000.00
销售利润	¥2,100.00	¥2,200.00	¥3,201.00	¥2,450.00	¥3,210.00	¥3,200.00
其他	¥6,520.00	¥4,400.00	¥6,230.00	¥1,220.00	¥5,122.00	¥3,210.00
合计	¥93,620.00	¥121,600.00	¥129,431.00	¥113,670.00	¥118,332.00	¥126,410.00
产品成本						
原料采购	¥4,500.00	¥6,500.00	¥1,200.00	¥3,400.00	¥2,130.00	¥1,021.00
设备投资	¥2,300.00	¥2,150.00	¥2,301.00	¥412.00	¥2,142.00	¥2,102.00
设备耗损	¥500.00	¥2,360.00	¥241.00	¥200.00	¥500.00	¥40.00
产品加工	¥1,200.00	¥1,000.00	¥900.00	¥800.00	¥700.00	¥750.00
其他	¥500.00	¥300.00	¥200.00	¥100.00	¥50.00	¥420.00
合计	¥9,000.00	¥12,310.00	¥4,842.00	¥4,912.00	¥5,522.00	¥4,333.00
人工成本						
员工工资	¥20,000.00	¥20,200.00	¥20,200.00	¥20,200.00	¥20,200.00	¥20,200.00
员工奖金	¥5,000.00	¥4,000.00	¥4,500.00	¥6,000.00	¥6,500.00	¥4,500.00
员工福利	¥3,000.00	¥4,100.00	¥1,211.00	¥5,000.00	¥6,500.00	¥2,000.00
其他	¥1,000.00	¥1,200.00	¥1,200.00	¥1,360.00	¥1,420.00	¥1,520.00
合计	¥29,000.00	¥29,500.00	¥27,111.00	¥32,560.00	¥34,620.00	¥28,220.00
其他开销						
广告费用	¥3,000.00	¥6,500.00	¥5,000.00	¥4,500.00	¥6,050.00	¥1,000.00
接待顾客	¥500.00	¥620.00	¥530.00	¥600.00	¥600.00	¥420.00
合计	¥3,500.00	¥7,120.00	¥5,530.00	¥5,100.00	¥6,650.00	¥1,420.00
利润总计	¥52,120.00	¥72,670.00	¥91,948.00	¥71,098.00	¥71,540.00	¥92,437.00

15.3.3 添加数据图表

添加数据图表的具体操作步骤如下：

STEP 01　选择单元格区域

选择 B2:G2 和 B24:G24 单元格区域，如下图所示。

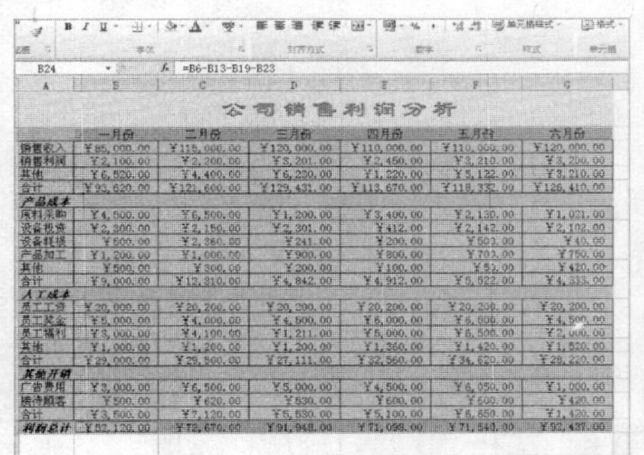

STEP 02　选择“饼图”选项

在“插入”功能面板的“图表”选项区中单击“饼图”按钮，在弹出的选项板中选择“饼图”选项，如下图所示。

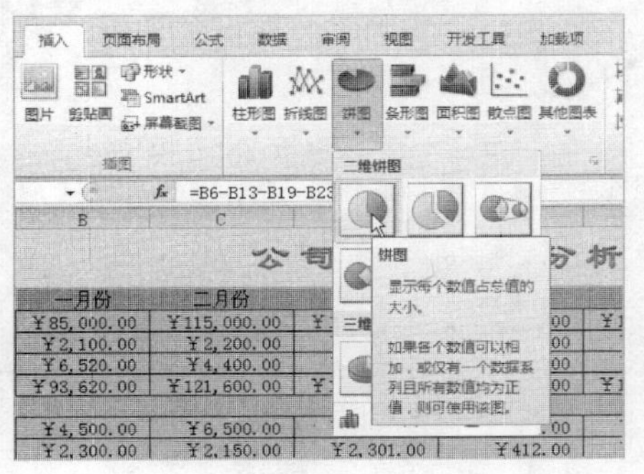

STEP 03　插入饼图

执行操作后，即可在工作表中插入一个饼图，如下图所示。

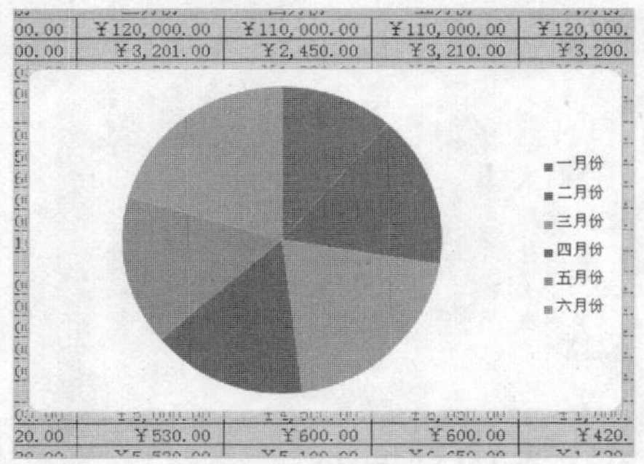

STEP 04　选择图表样式

在“设计”功能面板的“图表样式”选项区中单击“其他”按钮，在弹出的选项板中选择一种图表样式，如下图所示。

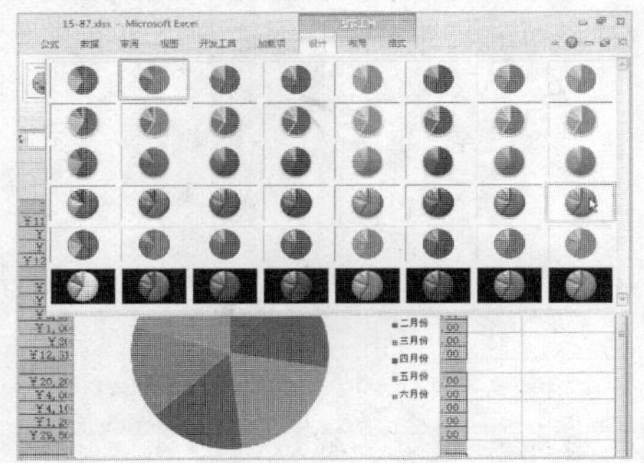

STEP 05 应用图表样式

执行操作后，即可将选择的样式应用到图表中，如下图所示。

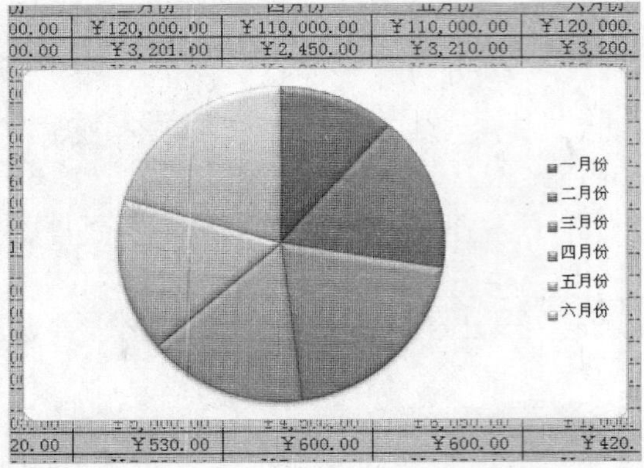

STEP 06 选择“在底部显示图例”选项

在“布局”功能面板的“标签”选项区中单击“图例”按钮，在弹出的下拉列表中选择“在底部显示图例”选项，如下图所示。

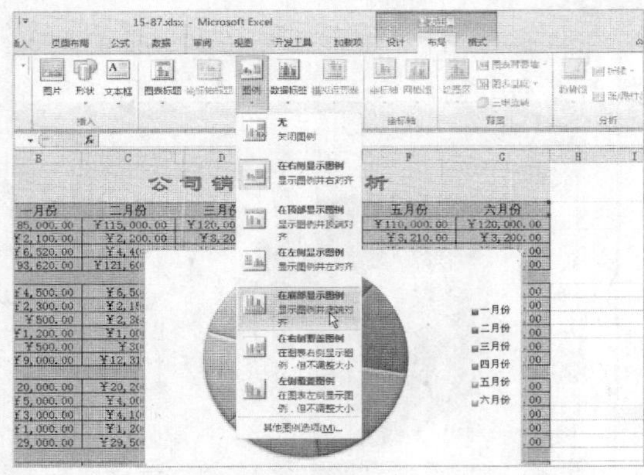

STEP 07 底部显示图例

执行操作后，即可在图表的底部显示图例，如下图所示。

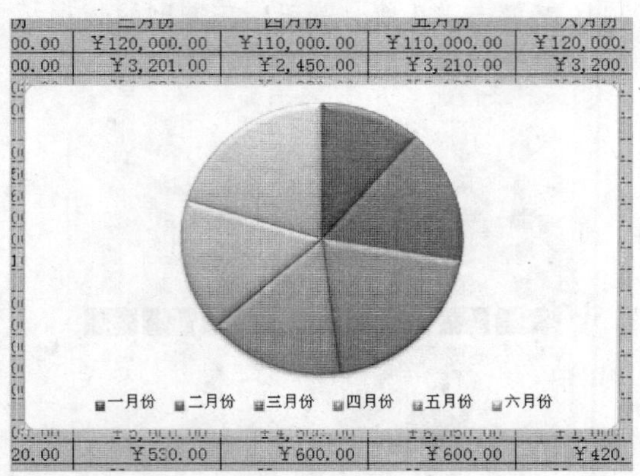

STEP 08 选择“添加数据标签”选项

选择图表中的饼图，单击鼠标右键，在弹出的快捷菜单中选择“添加数据标签”选项，如下图所示。

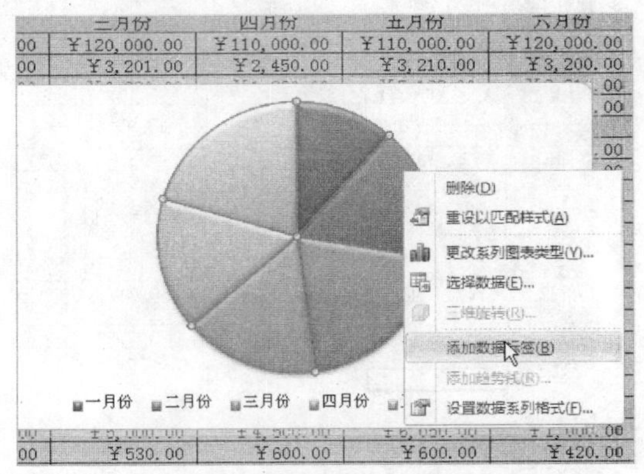

STEP 09 添加数据标签

执行操作后，即可为饼图添加数据标签，如下图所示。

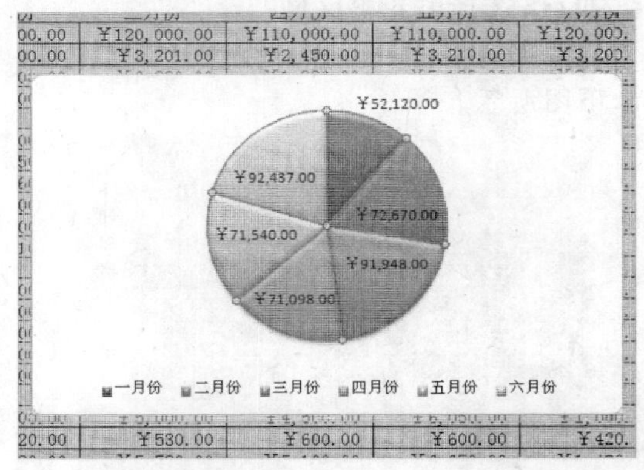

STEP 10 选择“图表上方”选项

在“标签”选项区中单击“图表标题”按钮，在弹出的下拉列表中选择“图表上方”选项，如下图所示。

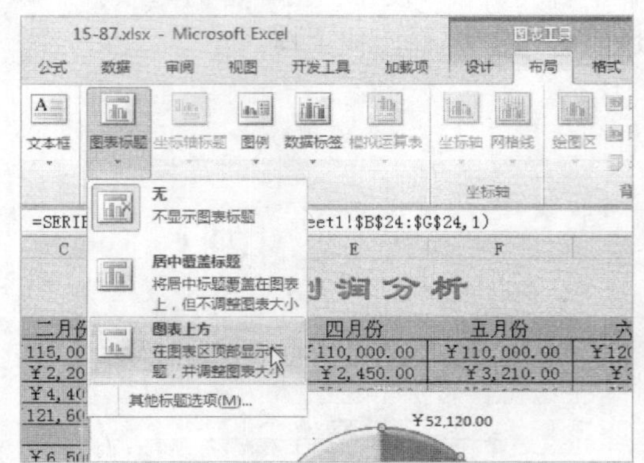

STEP 11 添加“图表标题”文本框

执行操作后，即可在图表中添加“图表标题”文本框，如下图所示。

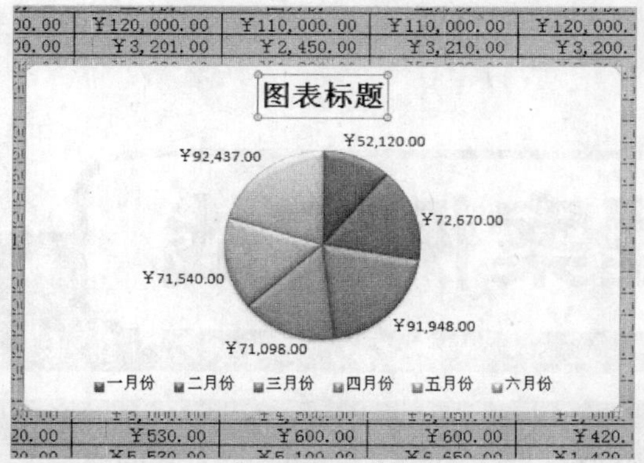

STEP 12 输入相应文本

在文本框中输入“公司销售利润分析图”文本，如下图所示。

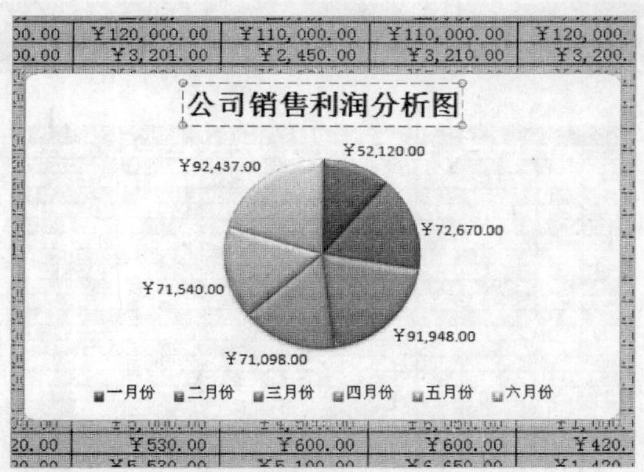

STEP 13 设置标题格式

选择输入的文本，在“字体”选项区中设置“字体”为“创艺简隶书”、“字号”为 14，效果如下图所示。

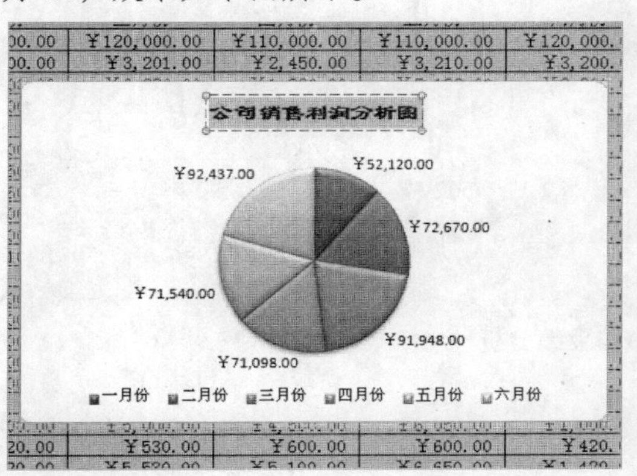

STEP 14 选择“麦浪滚滚”选项

在图表区双击鼠标左键，弹出“设置图表区格式”对话框，选中“渐变填充”单选按钮，单击“预设颜色”按钮，在弹出的预设模式中选择“麦浪滚滚”选项，如下图所示。

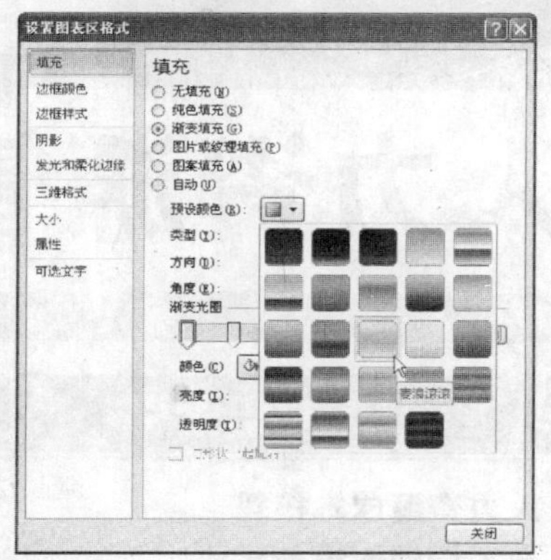

STEP 15 选中“圆角”复选框

单击“边框样式”选项卡，在右侧的选项区中选中“圆角”复选框，如下图所示。

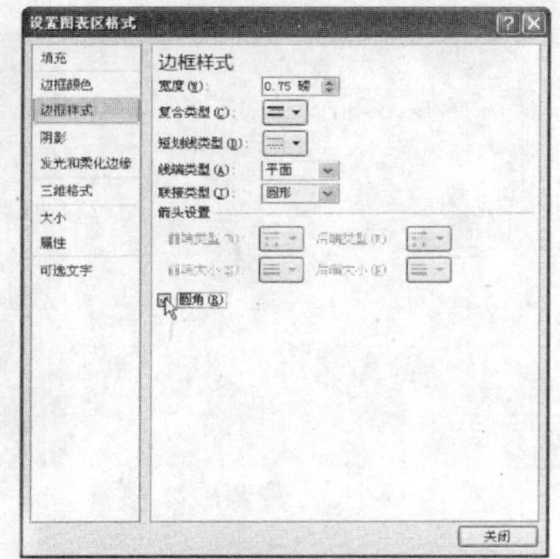

STEP 16 完成图表的创建

单击“关闭”按钮，即可完成图表的创建，最终效果如下图所示。

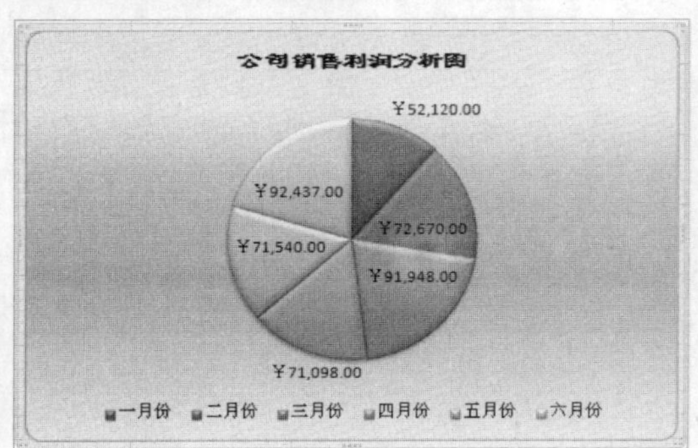

Chapter 16

章前知识导读

本章将根据现代企业人力资源管理工作的主要特点，通过案例实战对 Excel 2010 在人力资源管理中的具体应用进行系统全面的介绍。

人力资源管理案例实战

重点知识索引

- 人力资源成本核算
- 员工培训成绩分析
- 员工薪资与业绩分析

效果图片欣赏

人力资源成本核算

编号	姓名	学历	基本工资	岗位津贴	社保	工资涨幅比	给公司利润/月	备注
001	[illegible]	研究生	¥2,600.00	¥450.00	¥500.00	0.08	[illegible]	[illegible]
002	[illegible]	本科	¥2,100.00	¥300.00	¥400.00	[illegible]	[illegible]	[illegible]
003	[illegible]	本科	¥2,100.00	¥300.00	¥400.00	0.05	[illegible]	[illegible]
004	[illegible]	本科	¥2,100.00	¥300.00	¥400.00	0.06	[illegible]	[illegible]
005	[illegible]	专科	¥1,800.00	¥200.00	¥400.00	0.04	[illegible]	[illegible]
006	[illegible]	专科	¥1,800.00	¥200.00	¥300.00	0.04	[illegible]	[illegible]
007	[illegible]	专科	¥1,800.00	¥200.00	¥400.00	0.04	[illegible]	[illegible]
008	[illegible]	研究生	¥2,600.00	¥450.00	¥500.00	0.06	[illegible]	[illegible]
009	[illegible]	研究生	¥2,600.00	¥450.00	¥500.00	0.06	[illegible]	[illegible]
010	[illegible]	专科	¥1,800.00	¥200.00	¥400.00	0.04	[illegible]	[illegible]
011	[illegible]	专科	¥1,800.00	¥200.00	¥400.00	0.04	¥ 7,200.00	[illegible]
012	[illegible]	专科	¥1,800.00	¥200.00	¥400.00	0.04	¥ 7,500.00	[illegible]
013	[illegible]	本科	¥2,100.00	¥300.00	¥350.00	0.06	¥ 8,700.00	[illegible]

员工总利润	专科	¥41,750.00	各学历平均利润	专科	[illegible]
	本科	¥34,300.00		本科	[illegible]
	研究生	¥ 28,900.00		研究生	[illegible]
公司总成本与平均利润率	总成本	¥36,450.00	各学历员工的成本与利润比	专科	[illegible]
	总利润	¥110,950.00		本科	[illegible]
	利润率	65.15%		研究生	[illegible]

员工培训成绩分析

员工编号	员工姓名	办公软件应用	行政管理	电子商务	商业谈判	商务英语	计算机应用	各项平均分	总分	排名
L-00001	杨乐	78	85	84	71	85	90	81.17	487	15
L-00002	李欣	85	78	86	82	83	89	83.83	503	5
L-00003	曾明	79	85	82	76	80	79	80.17	481	17
L-00004	[illegible]	86	78	80	71	69	87	78.50	471	21
L-00005	[illegible]	82	87	89	88	83	82	85.17	511	3
L-00006	张志明	86	86	78	84	71	86	81.83	491	12
L-00007	[illegible]	80	75	76	62	72	80	74.17	445	22
L-00008	[illegible]	89	85	84	71	73	76	79.67	478	20
L-00009	[illegible]	79	87	79	66	83	87	80.17	481	17
L-00010	李菲	87	84	73	73	75	89	80.17	481	17
L-00011	[illegible]	82	80	78	70	89	88	81.17	487	15
L-00012	[illegible]	86	82	83	84	77	87	83.17	499	8
L-00013	[illegible]	80	88	85	74	76	86	81.50	489	14
L-00014	张慧	76	85	89	88	79	79	82.67	496	10
L-00015	[illegible]	87	87	83	78	89	73	82.83	497	[illegible]
L-00016	[illegible]	82	82	86	80	85	78	82.17	493	[illegible]
L-00017	[illegible]	84	92	94	82	88	83	87.17	523	1
L-00018	[illegible]	81	86	82	88	83	85	84.17	505	4
L-00019	[illegible]	76	75	96	74	88	89	81.83	491	12
L-00020	[illegible]	90	84	83	72	90	83	83.67	502	7
L-00021	[illegible]	86	86	95	85	84	86	87.00	522	2
L-00022	[illegible]	84	84	80	84	89	82	83.83	503	5

员工培训成绩分析

员工薪资与业绩分析

员工编号	员工姓名	本月业绩(金额)	底薪	补贴	效益奖金	全勤奖金	社保	扣款	提成	工资
wz17	周舟	38500	1000	200	100	100	150	0	1925	3475
wz08	周梦	65000	1200	300	150	100	200	0	3250	5200
wz06	张志轩	70000	1200	300	150	100	200	0	3500	5450
wz18	张章	34500	1000	200	100	100	150	0	1725	3275
wz21	张雪	20000	800	100	50	100	100	0	1000	2150
wz02	张庭	79800	1200	300	150	50	200	50	3990	5840
wz04	曾小倩	74500	1200	300	150	150	200	0	3725	5675
wz14	徐春晓	50000	1000	200	100	100	150	0	2500	4050
wz05	谢继明	72000	1200	300	150	100	200	0	3600	5550
wz15	文翔	47000	1000	200	100	100	150	0	2350	3900
wz19	孙志	31500	1000	200	100	100	150	0	1575	3125
wz23	孙菲	14000	800	100	50	100	100	0	700	1850
wz07	孙洋林	67500	1200	300	150	50	200	50	3375	5225
wz16	林志依	43500	1000	200	100	100	150	0	2175	3725
wz10	林雪	60500	1200	300	150	100	200	0	3025	4975
wz13	李静	52000	1000	200	100	100	150	0	2600	4150
wz20	李爱玲	26700	1000	200	100	50	150	50	1335	2785
wz03	李爱霞	76500	1200	300	150	100	200	0	3825	5775
wz11	曹依依	58000	1200	300	150	100	200	0	2900	4850
wz09	龚志	62500	1200	300	150	100	200	0	3125	5075
wz12	陈新	56500	1000	200	100	50	150	50	2825	4275
wz01	陈祥	80000	1200	300	150	100	200	0	4000	5950
wz22	陈平	16800	800	100	50	100	100	0	840	1990

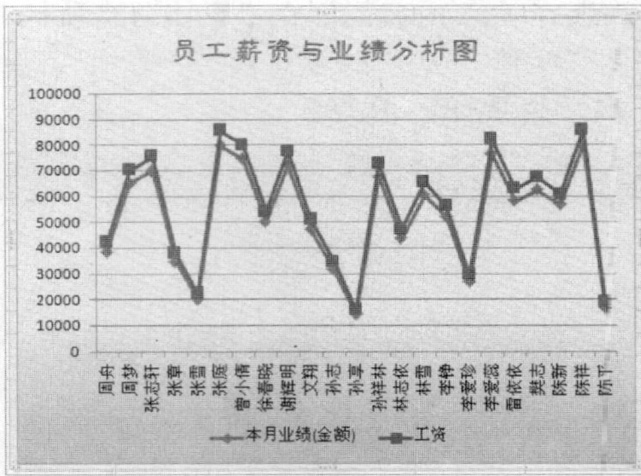

员工薪资与业绩分析

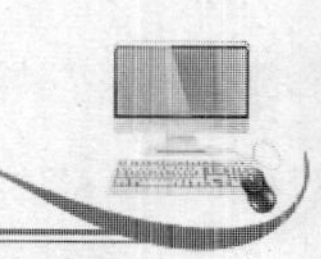

16.1 人力资源成本核算

本案例介绍制作人力资源成本核算图，效果如下图所示。

人力资源成本核算图

素材文件	第 16 章\16-1.xlsx、16-3.jpg	效果文件	第 16 章\16-34.xlsx

16.1.1 添加背景图片

添加背景图片的具体操作步骤如下：

STEP 01 打开文件

打开一个 Excel 文件，如下图所示。

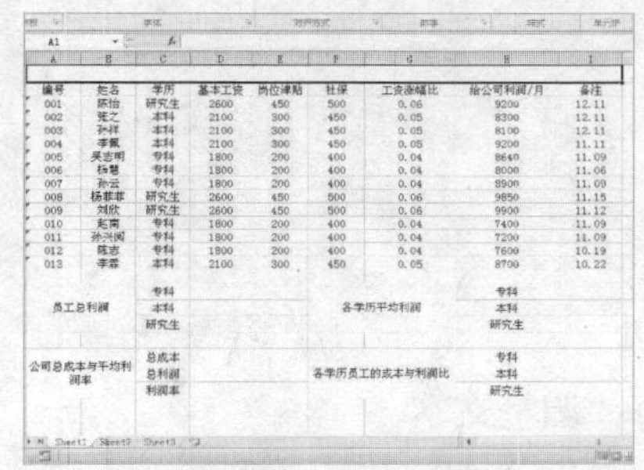

STEP 02 单击“背景”按钮

在“页面布局”功能面板的“页面设置”选项区中单击“背景”按钮，如下图所示。

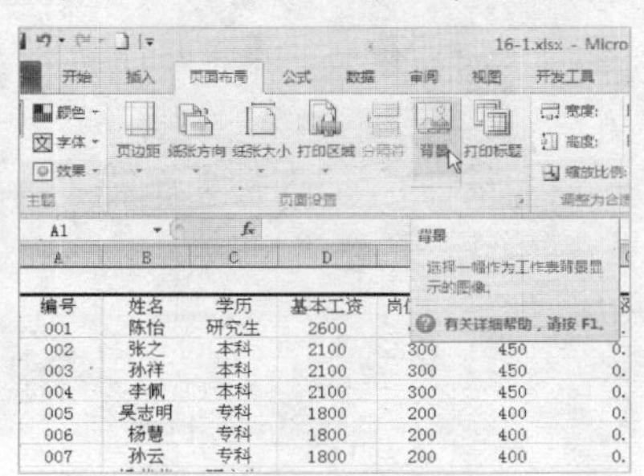

STEP 03 选择背景图片

弹出“工作表背景”对话框，在其中选择背景图片，如下图所示。

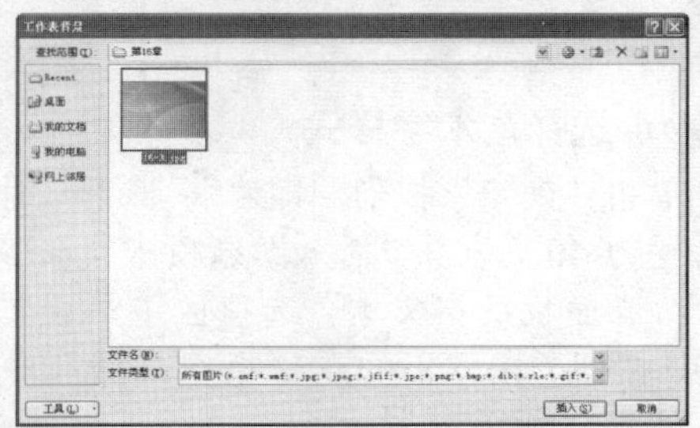

STEP 04 添加背景图片

单击“插入”按钮，即可将选择的图片插入到工作表中，如下图所示。

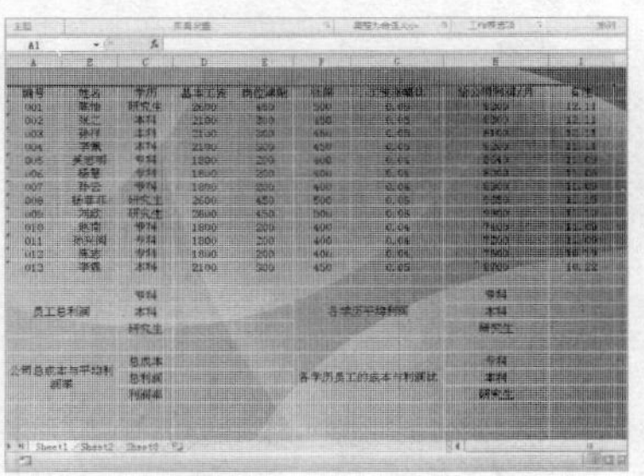

16.1.2 设置表格格式

设置表格格式的具体操作步骤如下：

STEP 01 选择"行高"选项

选择第 1 行数据，单击鼠标右键，在弹出的快捷菜单中选择"行高"选项，如下图所示。

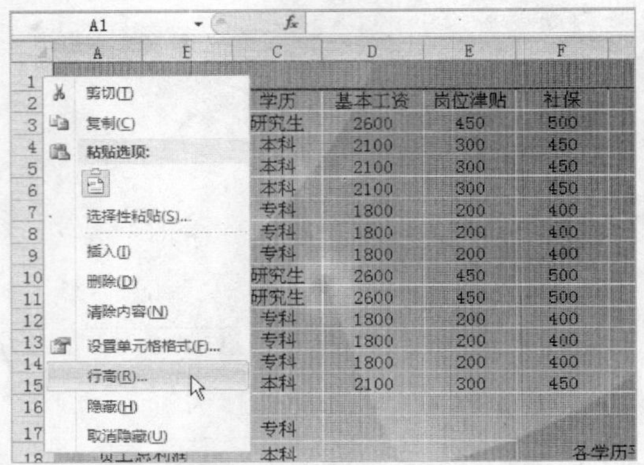

STEP 02 输入行高数值

弹出"行高"对话框，在其中输入 40，如下图所示。

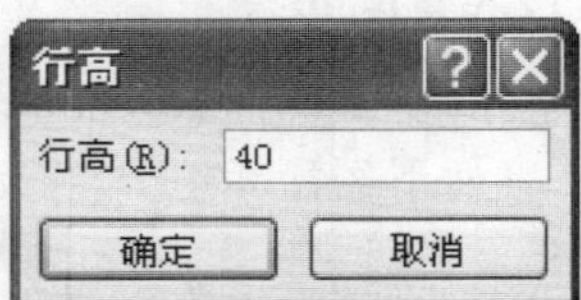

STEP 03 选择艺术字样式

单击"确定"按钮，即可将第 1 行的行高设置为 40。单击"插入"选项卡，在"插入"功能面板的"文本"选项区中单击"艺术字"按钮，在弹出的选项板中选择一种艺术字样式，如下图所示。

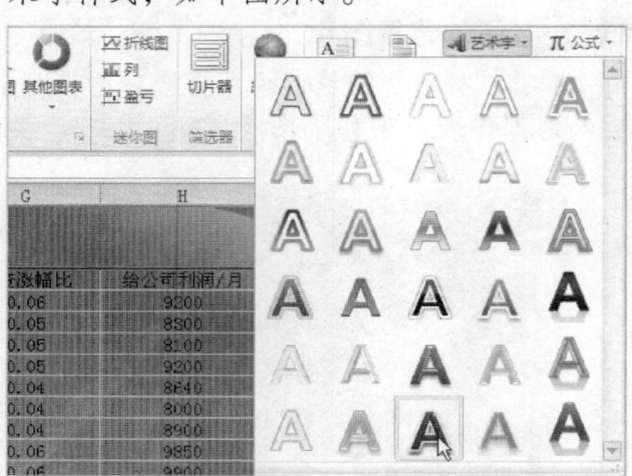

STEP 04 插入艺术字

执行操作后，即可在工作表中插入"请在此放置您的文字"字样，如下图所示。

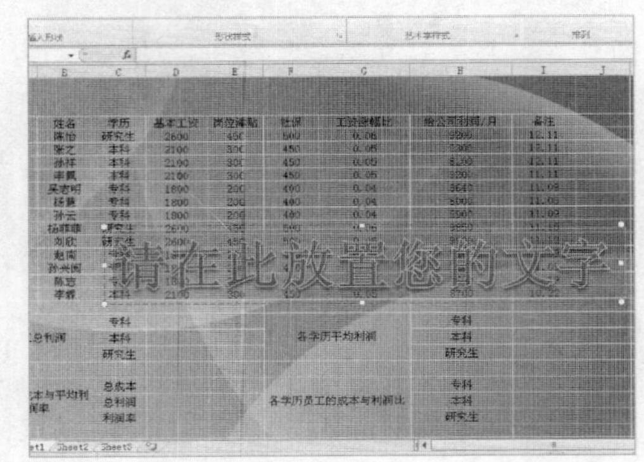

STEP 05 输入文本

在文本框中输入"人力资源成本核算"，如下图所示。

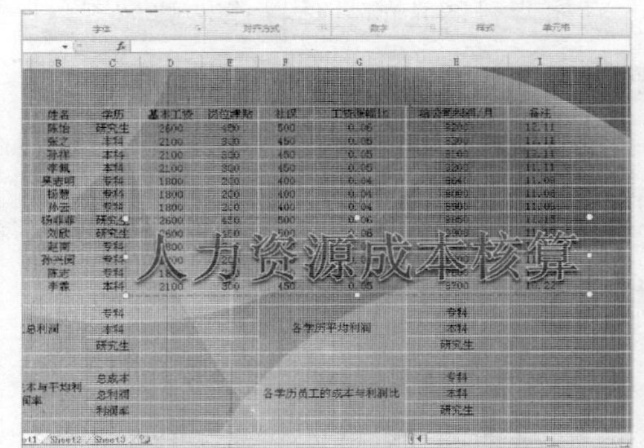

STEP 06 调整文本

选择输入的文本，调整其大小和位置，并适当调整其间距，如下图所示。

STEP 07 **选择单元格区域**

选择 A2:I2 单元格区域，如下图所示。

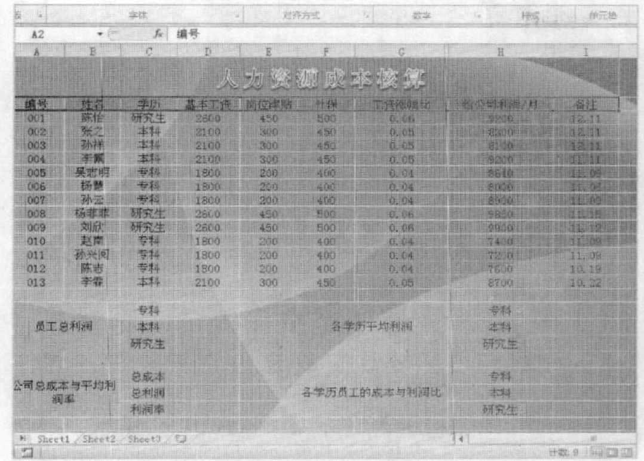

STEP 08 **设置字体格式**

在“字体”选项区中设置“字体”为“幼圆”、“字体颜色”为红色，单击“加粗”按钮，如下图所示。

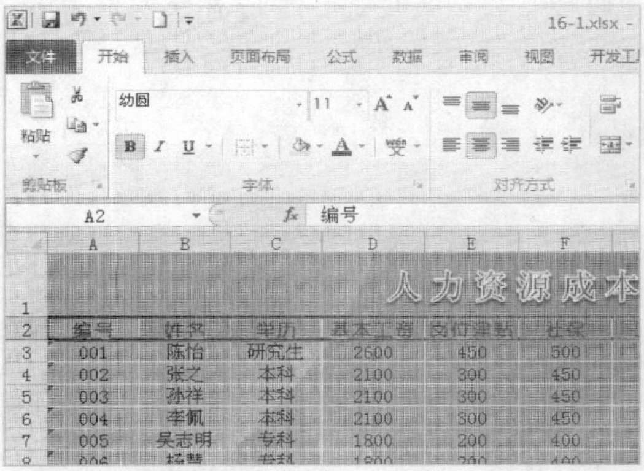

STEP 09 **调整行高**

适当的调整第 2 行的高度，效果如下图所示。

STEP 10 **选择单元格区域**

在工作表中选择 A3:I23 单元格区域，如下图所示。

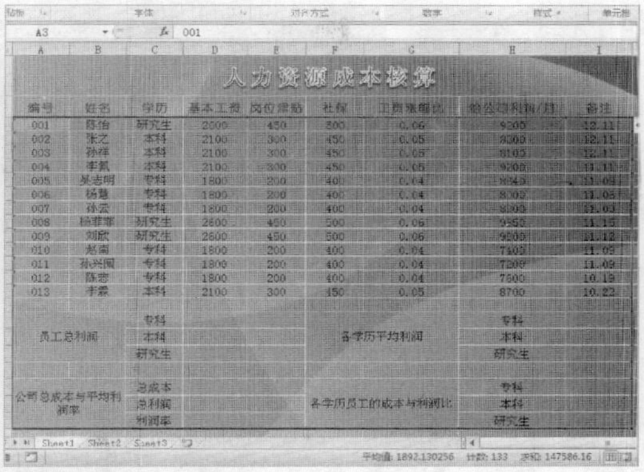

STEP 11 **设置格式**

在“字体”选项区中设置“字体”为“幼圆”、“字体颜色”为红色，并适当调整其行高，效果如下图所示。

STEP 12 **选择“货币”选项**

选择 D3:F15 单元格区域，在“数字”选项区中单击“数字格式”右侧的下三角按钮，在弹出的下拉列表中选择“货币”选项，如下图所示。

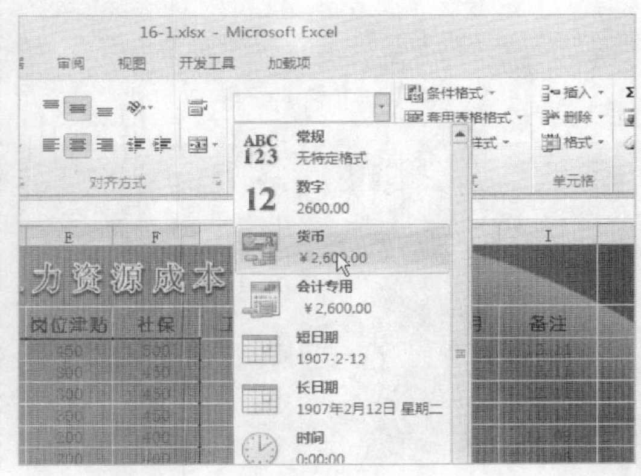

STEP 13 调整列宽

执行操作后，适当调整 E 列的宽度，如下图所示。

人力资源成本核算

学历	基本工资	岗位津贴	社保	工资涨幅比
研究生	¥2,600.00	¥450.00	¥500.00	0.06
本科	¥2,100.00	¥300.00	¥450.00	0.05
本科	¥2,100.00	¥300.00	¥450.00	0.05
本科	¥2,100.00	¥300.00	¥450.00	0.05
专科	¥1,800.00	¥200.00	¥400.00	0.04
专科	¥1,800.00	¥200.00	¥400.00	0.04
专科	¥1,800.00	¥200.00	¥400.00	0.04
研究生	¥2,600.00	¥450.00	¥500.00	0.06
研究生	¥2,600.00	¥450.00	¥500.00	0.06
专科	¥1,800.00	¥200.00	¥400.00	0.04
专科	¥1,800.00	¥200.00	¥400.00	0.04
专科	¥1,800.00	¥200.00	¥400.00	0.04
本科	¥2,100.00	¥300.00	¥450.00	0.05

STEP 14 选择单元格区域

在工作表中选择 G3:G15 单元格区域，如下图所示。

人力资源成本核算

基本工资	岗位津贴	社保	工资涨幅比	给公司利润/月
¥2,600.00	¥450.00	¥500.00	0.06	[illegible]
¥2,100.00	¥300.00	¥450.00	0.05	[illegible]
¥2,100.00	¥300.00	¥450.00	0.05	[illegible]
¥2,100.00	¥300.00	¥450.00	0.05	[illegible]
¥1,800.00	¥200.00	¥400.00	0.04	[illegible]
¥1,800.00	¥200.00	¥400.00	0.04	[illegible]
¥1,800.00	¥200.00	¥400.00	0.04	[illegible]
¥2,600.00	¥450.00	¥500.00	0.06	[illegible]
¥2,600.00	¥450.00	¥500.00	0.06	[illegible]
¥1,800.00	¥200.00	¥400.00	0.04	7400
¥1,800.00	¥200.00	¥400.00	0.04	7200
¥1,800.00	¥200.00	¥400.00	0.04	7600
¥2,100.00	¥300.00	¥450.00	0.05	8700

STEP 15 选择“百分比”选项

在“数字”选项区中单击“数字格式”右侧的下三角按钮，在弹出的下拉列表中选择“百分比”选项，如下图所示。

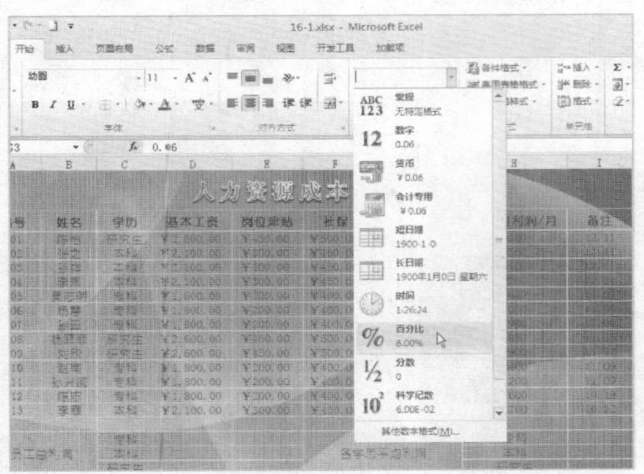

STEP 16 设置其他数字格式

用与上述相同的方法，设置其他的单元格中的数字格式，如下图所示。

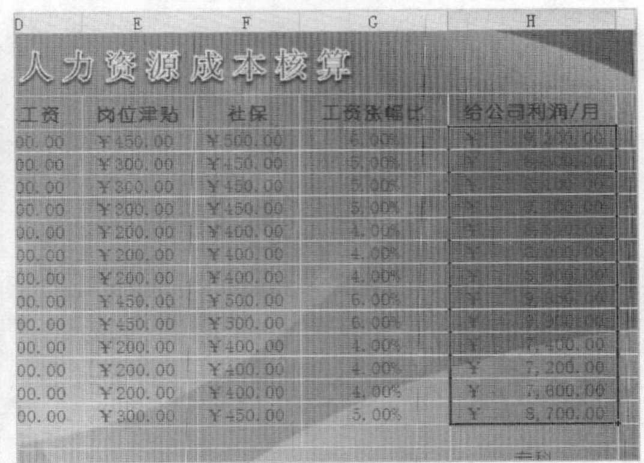

人力资源成本核算

工资	岗位津贴	社保	工资涨幅比	给公司利润/月
00.00	¥450.00	¥500.00	6.00%	[illegible]
00.00	¥300.00	¥450.00	5.00%	[illegible]
00.00	¥300.00	¥450.00	5.00%	[illegible]
00.00	¥300.00	¥450.00	5.00%	[illegible]
00.00	¥200.00	¥400.00	4.00%	[illegible]
00.00	¥200.00	¥400.00	4.00%	[illegible]
00.00	¥200.00	¥400.00	4.00%	[illegible]
00.00	¥450.00	¥500.00	6.00%	[illegible]
00.00	¥450.00	¥500.00	6.00%	[illegible]
00.00	¥200.00	¥400.00	4.00%	¥ 7,400.00
00.00	¥200.00	¥400.00	4.00%	¥ 7,200.00
00.00	¥200.00	¥400.00	4.00%	¥ 7,600.00
00.00	¥300.00	¥450.00	5.00%	¥ 8,700.00

STEP 17 选择“所有框线”选项

在工作表中选择所需的数据区域，在“字体”选项区中单击“无框线”按钮，在弹出的下拉列表中选择“所有框线”选项，如下图所示。

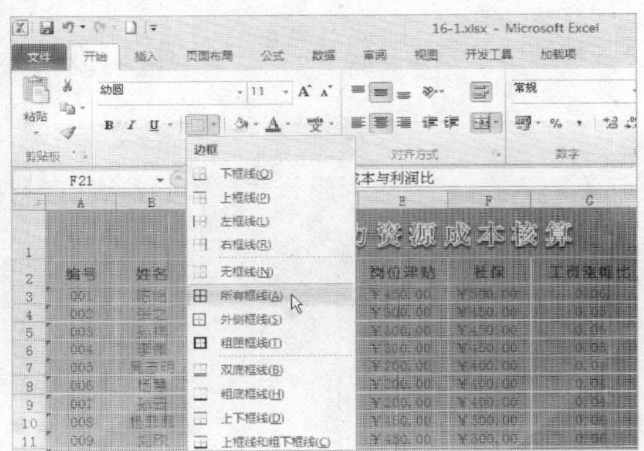

STEP 18 设置表格格式

执行操作后，即可完成对表格格式的设置，如下图所示。

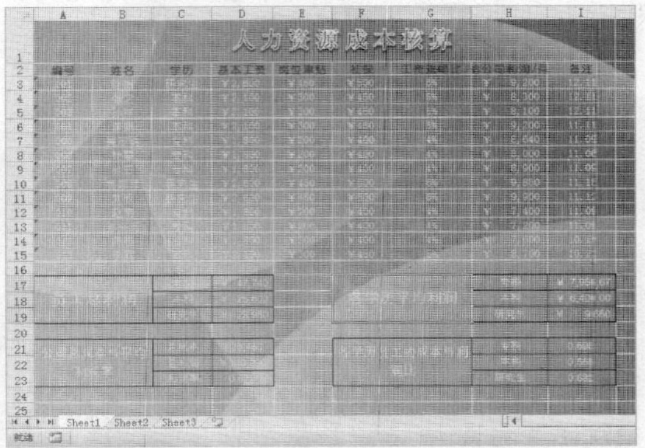

16.1.3　函数运算数据

使用函数运算数据的具体操作步骤如下：

STEP 01 选择单元格

选择 D17 单元格，如下图所示。

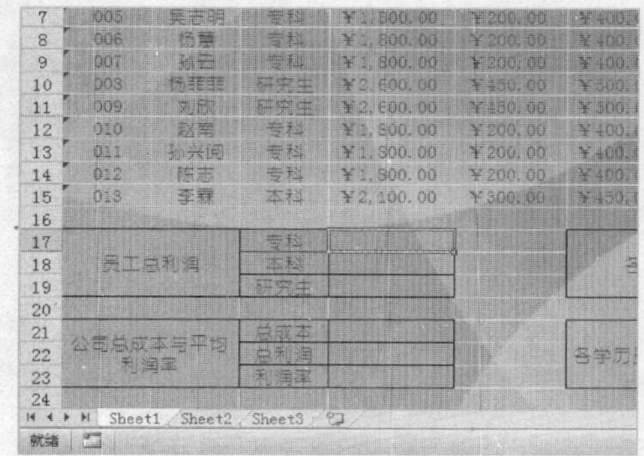

STEP 02 输入公式

需要计算学历为“专科”的员工总利润，在单元格中输入“=H7+H8+H9+H12+H13+H14”，如下图所示。

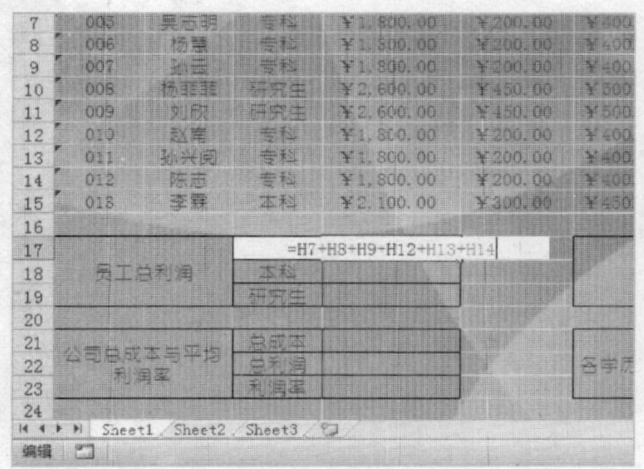

STEP 03 得到计算结果

按【Enter】键进行确认，得到计算结果，如下图所示。

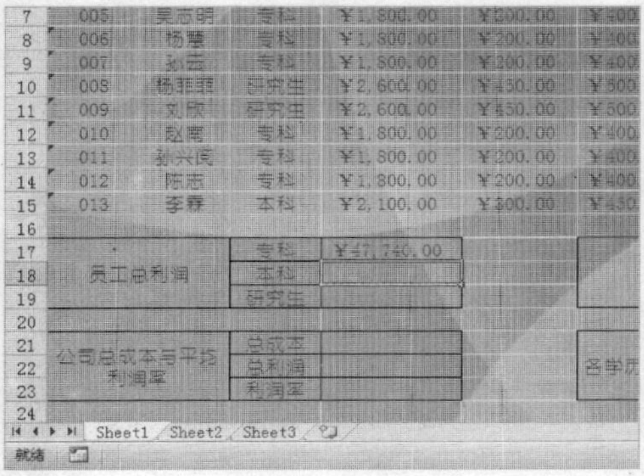

STEP 04 输入公式

需要计算学历为“本科”的员工总利润，在 D18 单元格中输入“=H4+H5+H6+H15”，如下图所示。

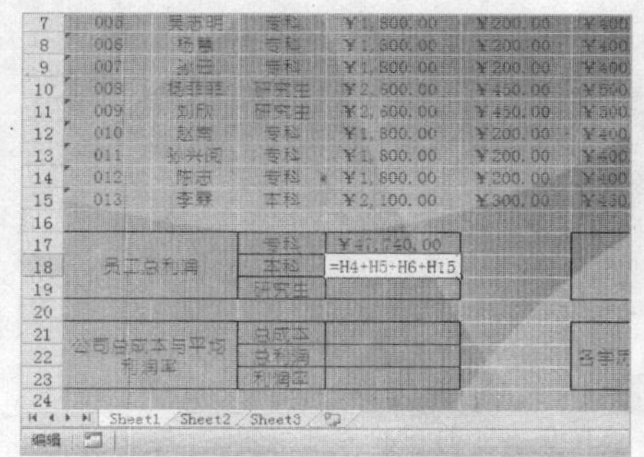

STEP 05 输入公式

按【Enter】键进行确认。用与上述相同的方法，在 D19 单元格中输入计算公式，如下图所示。

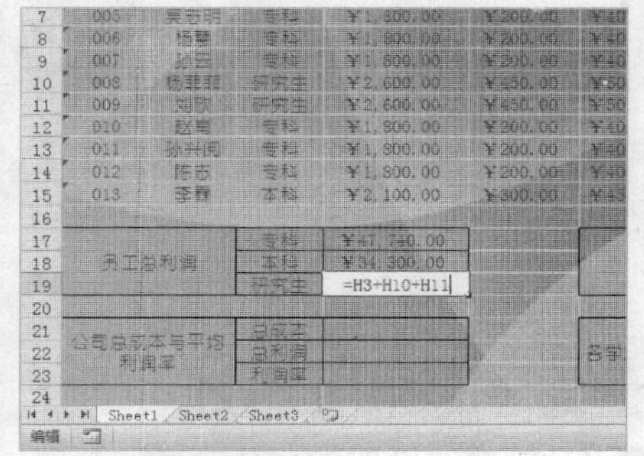

STEP 06 输入公式

计算各学历员工的平均利润等于各学历员工的总利润除以各学历员工的人数，即在单元格中输入“=D17/6”，如下图所示。

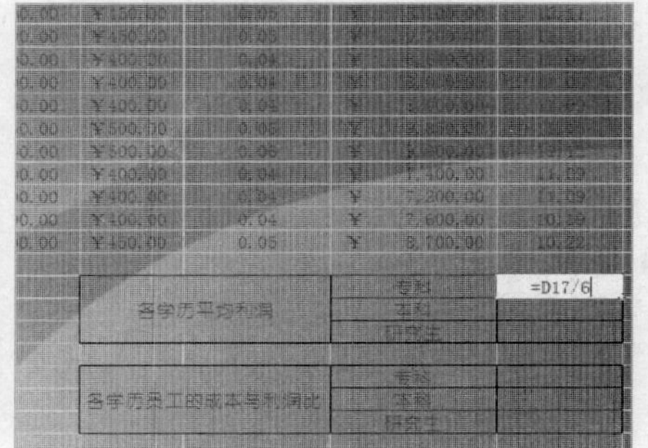

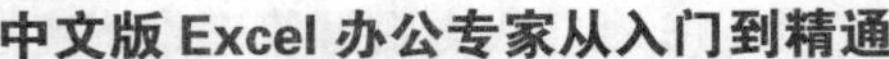

STEP 07 计算其他的平均利润

按【Enter】键进行确认，得到计算结果。用与上述相同的方法，计算其他的平均利润，如下图所示。

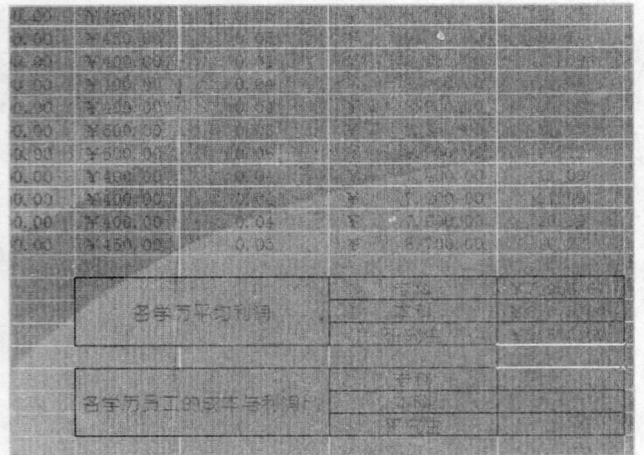

STEP 08 输入函数

总成本的结果等于所有员工各项工资的总和，在 D21 单元格中输入“=SUM(D3:F15)”，如下图所示。

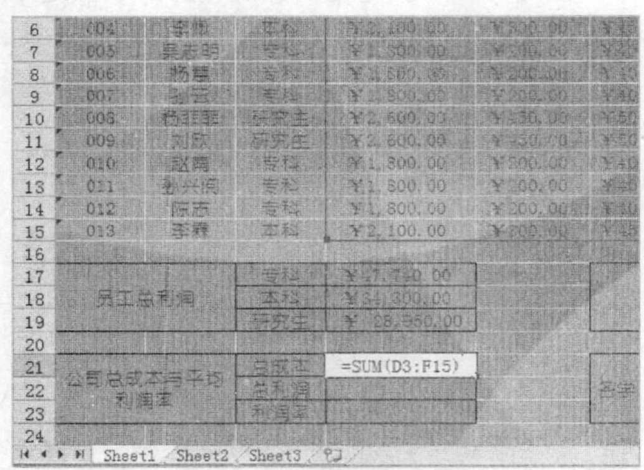

STEP 09 选择“设置图表区域格式”选项

按【Enter】键进行确认，用同样的方法得到总利润的值，如下图所示。

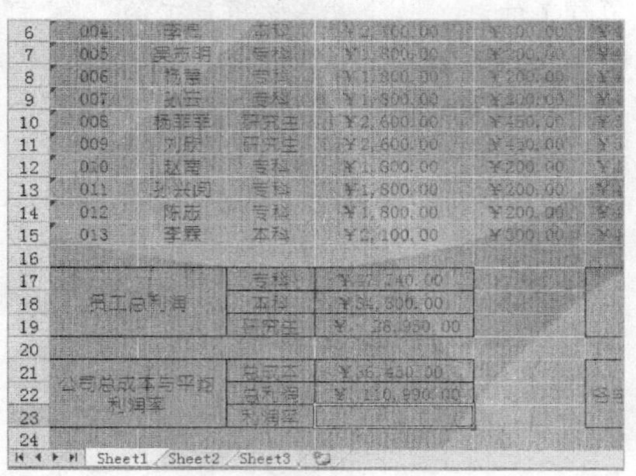

STEP 10 输入公式

利润率等于利润除以总利润，即在 D23 单元格中输入公式“=(D22-D21)/D22”，如下图所示。

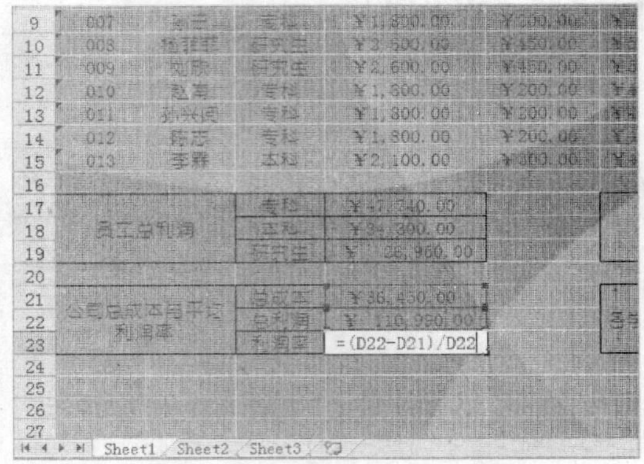

STEP 11 设置“数字格式”为“百分比”

按【Enter】键进行确认，得到计算结果，设置该表格的“数字格式”为“百分比”，效果如下图所示。

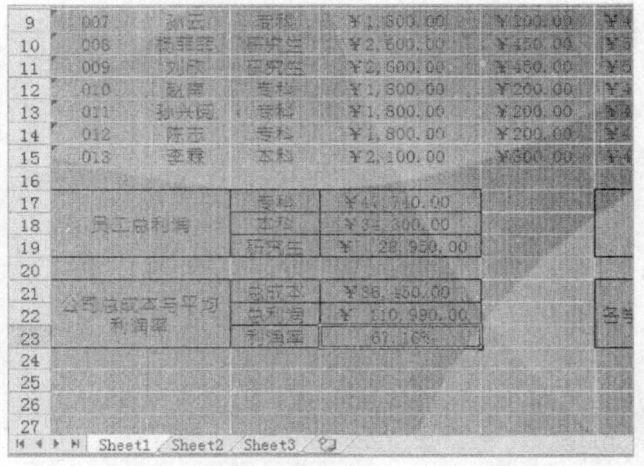

STEP 12 计算其他结果

用与上述相同的方法，计算其他的数值，效果如下图所示。

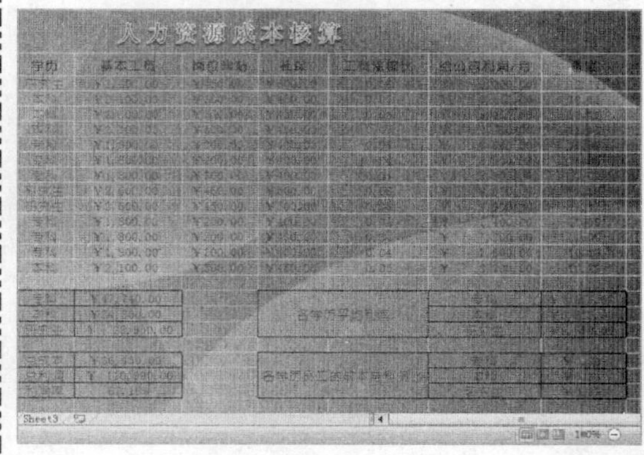

16.2 员工培训成绩分析

本案例介绍制作员工培训成绩分析图，效果如下图所示。

员工培训成绩分析										
员工编号	员工姓名	办公软件应用	行政管理	电子商务	商业演示	商务英语	计算机应用	各项平均分	总分	排名
L-00001	杨承	78	85	84	71	89	80	81.17	487	15
L-00002	李欣	85	78	86	82	83	89	83.83	503	5
L-00003	管明	79	85	82	76	80	79	80.17	481	17
L-00004	孙浩	86	78	80	71	69	87	78.50	471	21
L-00005	陈旭平	82	87	89	88	83	82	85.17	511	3
L-00006	张志明	86	86	78	84	71	86	81.83	491	12
L-00007	贺武宣	80	75	76	62	72	80	74.17	445	22
L-00008	李雯倩	89	85	84	71	73	76	79.67	478	20
L-00009	吴之	79	87	79	66	83	87	80.17	481	17
L-00010	李黎	87	84	73	73	75	89	80.17	481	17
L-00011	李洋燕	82	80	78	70	89	88	81.17	487	15
L-00012	孙一名	86	82	83	84	77	87	83.17	499	8
L-00013	陈诚	80	88	85	74	76	86	81.50	489	14
L-00014	张慧	76	85	89	88	79	79	82.67	496	10
L-00015	黎平	87	87	83	78	89	73	82.83	497	9
L-00016	宋美	82	82	86	80	85	78	82.17	493	11
L-00017	彭晓	84	92	94	82	88	83	87.17	523	1
L-00018	张可	81	86	82	88	83	85	84.17	505	4
L-00019	陈依依	76	78	86	74	88	89	81.83	491	12
L-00020	叶璇	90	84	83	72	90	83	83.67	502	7
L-00021	胡铭之	86	86	95	85	84	86	87.00	522	2
L-00022	陈祥	84	84	80	84	89	82	83.83	503	5

员工培训成绩分析图

素材文件	第 16 章\16-35.xlsx	效果文件	第 16 章\16-70.xlsx

16.2.1 编辑表格内容

编辑表格内容的具体操作步骤如下：

STEP 01 打开文件

打开一个 Excel 文件，如下图所示。

员工培训成绩分析										
员工编号	员工姓名	办公软件应用	行政管理	电子商务	商业演示	商务英语	计算机应用	各项平均分	总分	排名
1	杨承	78	85	84	71	89	80			
2	李欣	85	78	86	82	83	89			
3	管明	79	85	82	76	80	79			
4	孙浩	86	78	80	71	69	87			
5	陈旭平	82	87	89	88	83	82			
6	张志明	86	86	78	84	71	86			
7	贺武宣	80	75	76	62	72	80			
8	李雯倩	89	85	84	71	73	76			
9	吴之	79	87	79	66	83	87			
10	李黎	87	84	73	73	75	89			
11	李洋燕	82	80	78	70	89	88			
12	孙一名	86	82	83	84	77	87			
13	陈诚	80	88	85	74	76	86			
14	张慧	76	85	89	88	79	79			
15	黎平	87	87	83	78	89	73			
16	宋美	82	82	86	80	85	78			
17	彭晓	84	92	94	82	88	83			
18	张可	81	86	82	88	83	85			
19	陈依依	76	78	86	74	88	89			
20	叶璇	90	84	83	72	90	83			
21	胡铭之	86	86	95	85	84	86			
22	陈祥	84	84	80	84	89	82			

STEP 02 选择单元格区域

在工作表中选择 A1:K1 单元格区域，如下图所示。

员工培训成绩分析										
员工编号	员工姓名	办公软件应用	行政管理	电子商务	商业演示	商务英语	计算机应用	各项平均分	总分	排名
1	杨承	78	85	84	71	89	80			
2	李欣	85	78	86	82	83	89			
3	管明	79	85	82	76	80	79			
4	孙浩	86	78	80	71	69	87			
5	陈旭平	82	87	89	88	83	82			
6	张志明	86	86	78	84	71	86			
7	贺武宣	80	75	76	62	72	80			
8	李雯倩	89	85	84	71	73	76			
9	吴之	79	87	79	66	83	87			
10	李黎	87	84	73	73	75	89			
11	李洋燕	82	80	78	70	89	88			
12	孙一名	86	82	83	84	77	87			
13	陈诚	80	88	85	74	76	86			
14	张慧	76	85	89	88	79	79			
15	黎平	87	87	83	78	89	73			
16	宋美	82	82	86	80	85	78			
17	彭晓	84	92	94	82	88	83			
18	张可	81	86	82	88	83	85			
19	陈依依	76	78	86	74	88	89			
20	叶璇	90	84	83	72	90	83			
21	胡铭之	86	86	95	85	84	86			
22	陈祥	84	84	80	84	89	82			

STEP 03 单击"合并后居中"按钮

在"开始"功能面板的"对齐方式"选项区中单击"合并后居中"按钮，如下图所示。

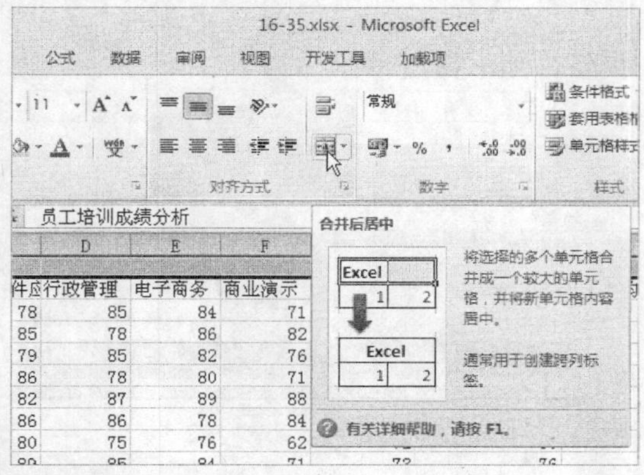

STEP 04 设置字体格式

在"字体"选项区中设置"字体"为"创艺简隶书"、"字号"为 20、"填充颜色"为红色，单击"字体颜色"右侧的下三角按钮，在弹出的调色板中选择一种颜色，如下图所示。

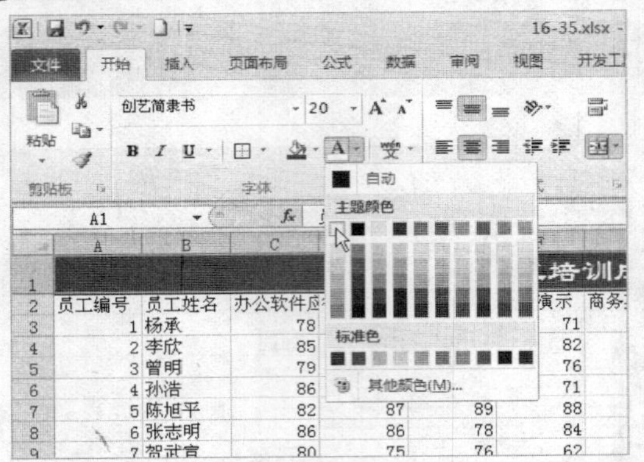

STEP 05 选择单元格区域

在工作表中选择 A2:K2 单元格区域，如下图所示。

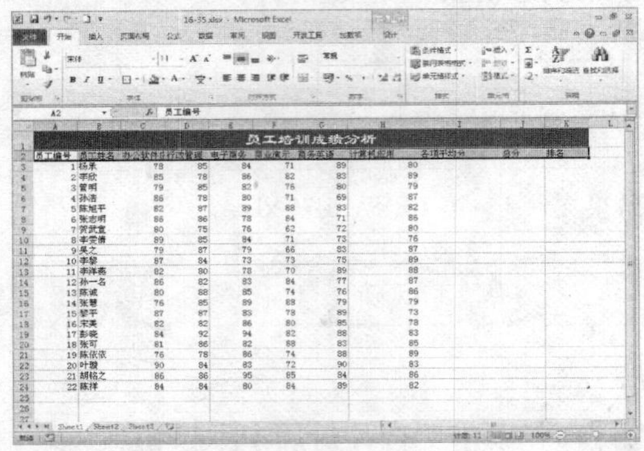

STEP 06 设置字体格式

在“字体”选项区中设置“字体”为“隶书”，在“对齐方式”选项区中单击“居中”按钮，如下图所示。

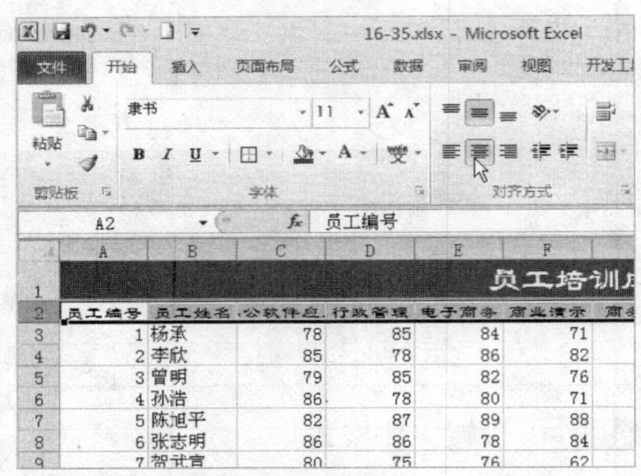

STEP 07 选择单元格区域

执行操作后，即可设置文本格式。选择 A3:K24 单元格区域，如下图所示。

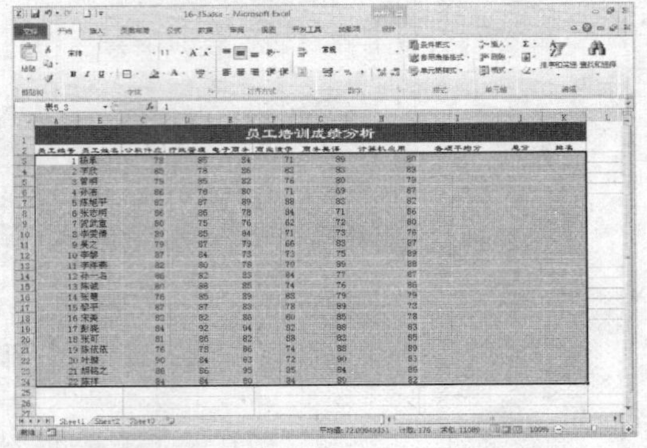

STEP 08 设置字体格式

在“字体”选项区中设置“字体”为“华文楷体”，在“对齐方式”选项区中单击“居中”按钮，如下图所示。

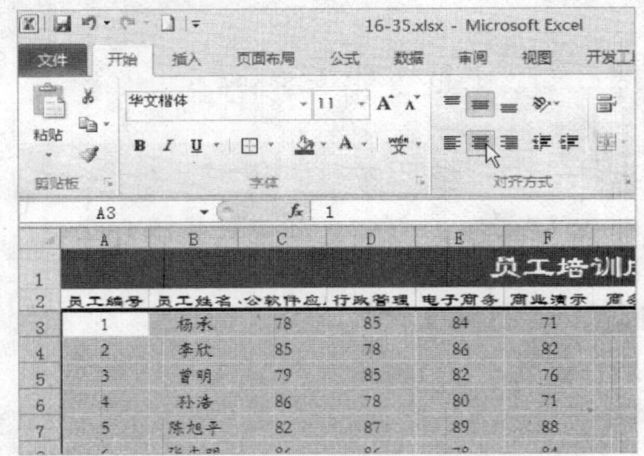

STEP 09 设置表格内容

执行操作后，即可完成对表格内容的设置，如下图所示。

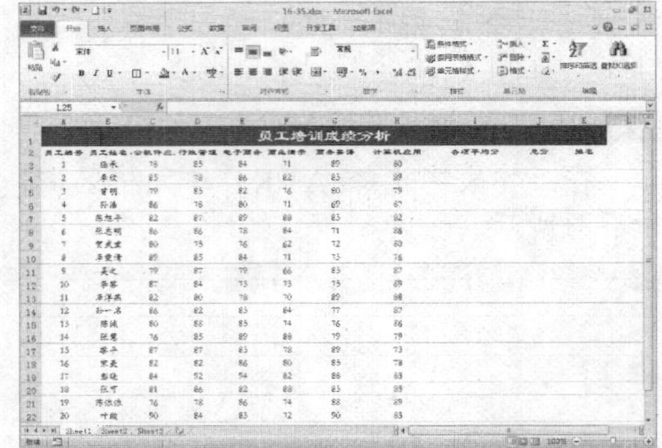

16.2.2 设置表格格式

设置表格格式的具体操作步骤如下：

STEP 01　选择“行高”选项

选择第 2 行数据，单击鼠标右键，在弹出的快捷菜单中选择“行高”选项，如下图所示。

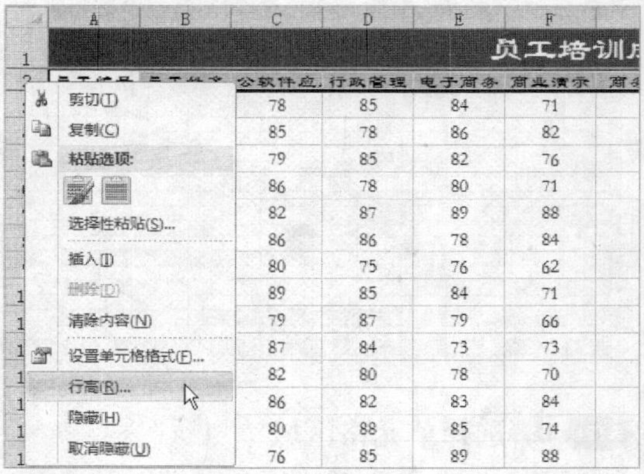

STEP 02　输入行高

在“行高”对话框中输入行高数值，如下图所示。

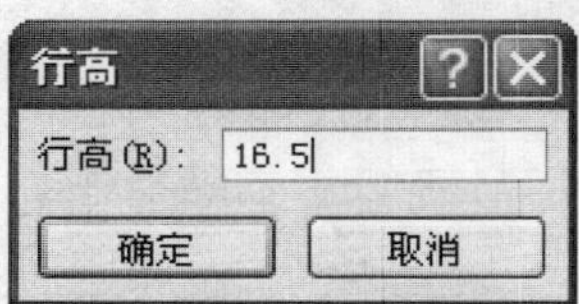

STEP 03　设置其他行的行高

单击“确定”按钮，即可将第 2 行的行高设置为 16.5。用与上述相同的方法，设置第 3 行至第 24 行的行高为 18.75，效果如下图所示。

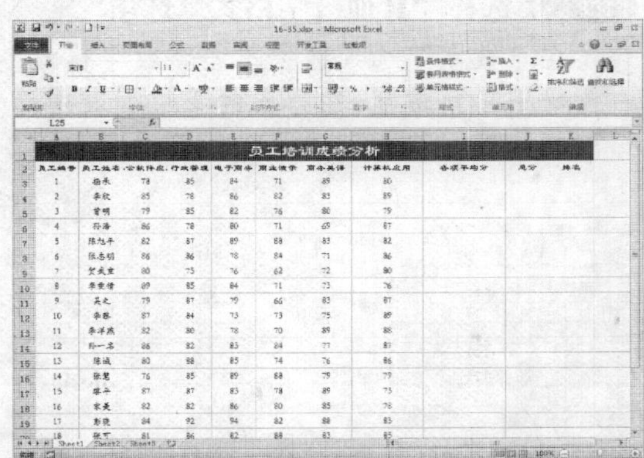

STEP 04　选择“列宽”选项

在工作表中选择 C 列，单击鼠标右键，在弹出的快捷菜单中选择“列宽”选项，如下图所示。

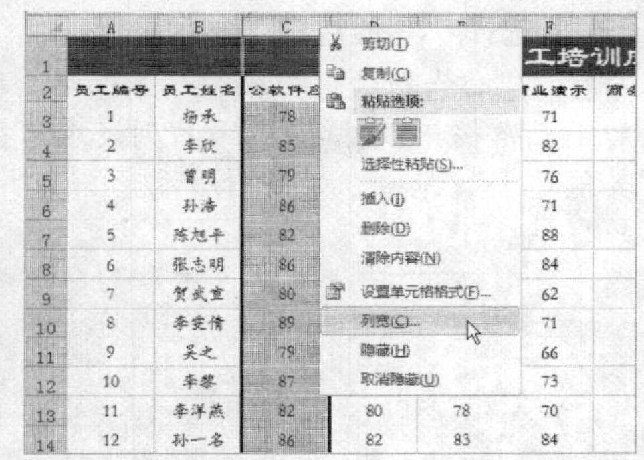

STEP 05　输入列宽

在“列宽”对话框中输入列宽数值，如下图所示。

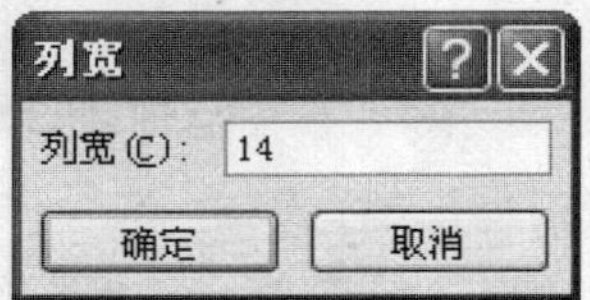

STEP 06　选择单元格区域

单击“确定”按钮，设置列宽，选择 A2:K24 单元格区域，如下图所示。

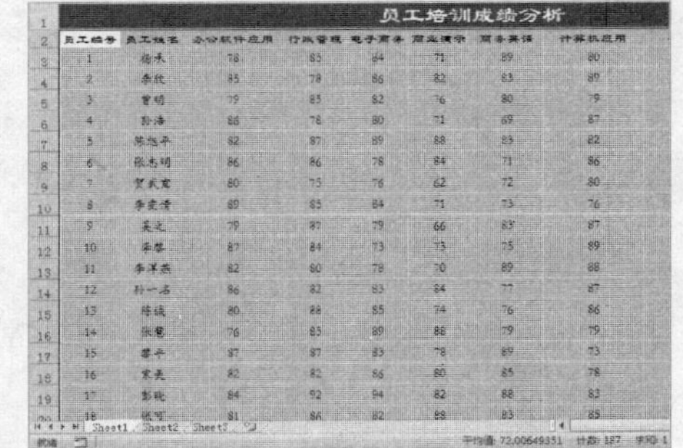

STEP 07　选择样式

在“样式”选项区中单击“套用表格格式”按钮，在弹出的选项板中选择一种样式，如下图所示。

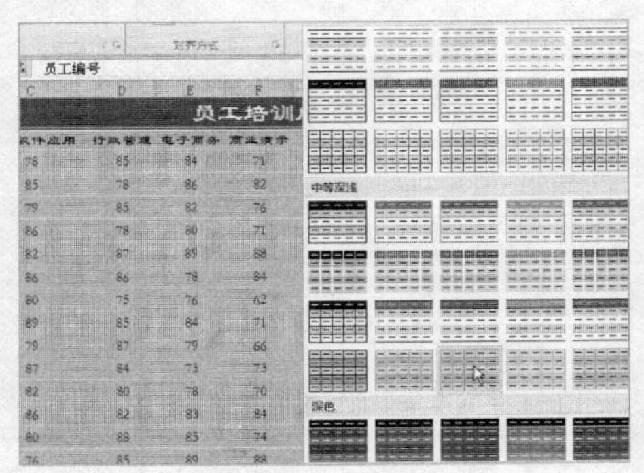

STEP 08 选择“其他边框”选项

在“字体”选项区中单击“无框线”右侧的下三角按钮，在弹出的下拉列表中选择“其他边框”选项，如下图所示。

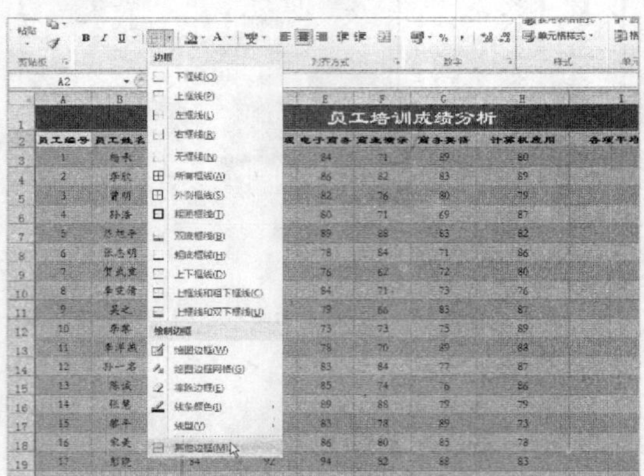

STEP 09 选择线条样式

即会弹出“设置单元格格式”对话框，在“线条”选项区中选择一种线条样式，如下图所示。

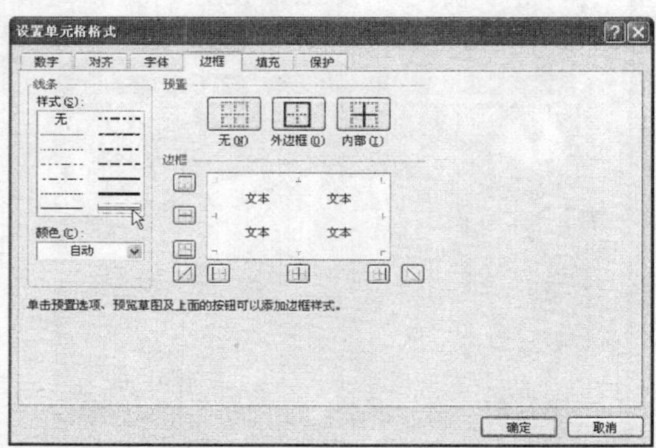

STEP 10 单击相应按钮

在“预置”选项区中单击“外边框”和“内部”按钮，如下图所示。

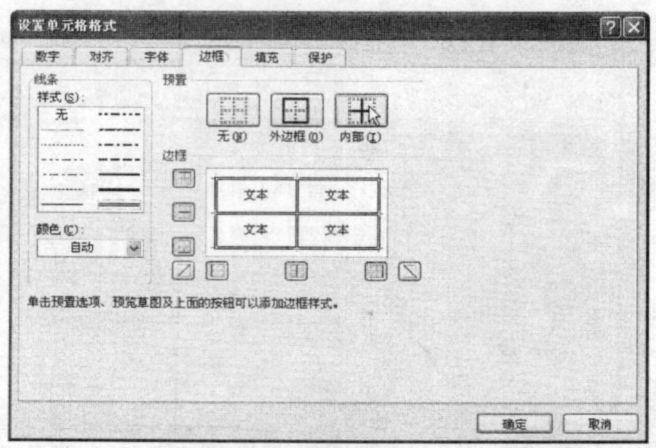

STEP 11 添加边框线

单击“确定”按钮，即可为选择的区域添加边框线，如下图所示。

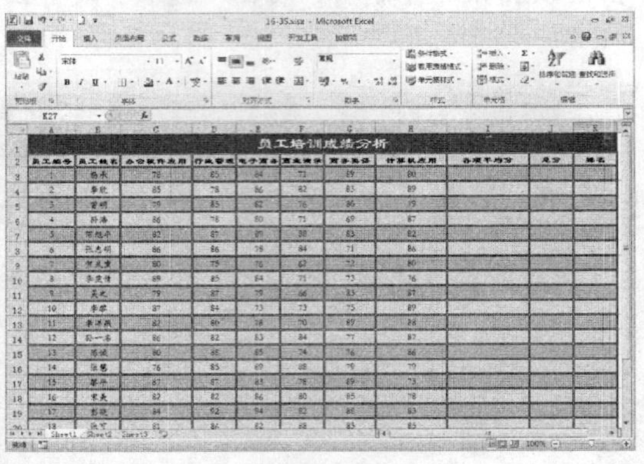

STEP 12 选择单元格区域

在工作表中选择 A3:A24 单元格区域，如下图所示。

STEP 13 选择“其他数字格式”选项

在“数字”选项区中单击“数字格式”右侧的下三角按钮，在弹出的下拉列表中选择“其他数字格式”选项，如下图所示。

STEP 14　选择类型

弹出“设置单元格格式”对话框，单击“特殊”选项卡，在右侧的“类型”列表框中选择一种类型，如下图所示。

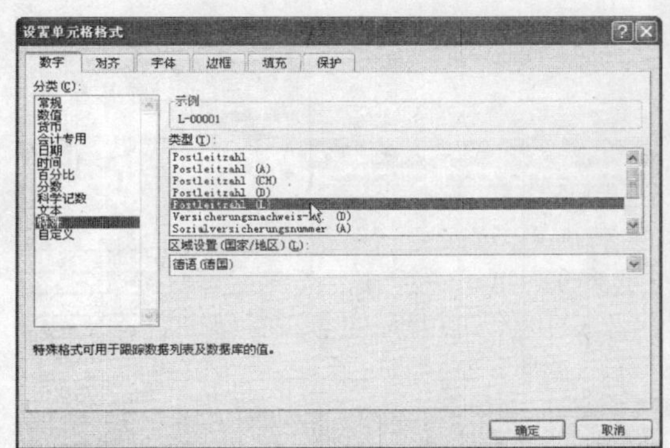

STEP 15　设置表格格式

单击“确定”按钮，即可完成表格格式的设置，如下图所示。

16.2.3　计算表格数据

计算表格数据的具体操作步骤如下：

STEP 01　选择单元格

选择 J3 单元格，如下图所示。

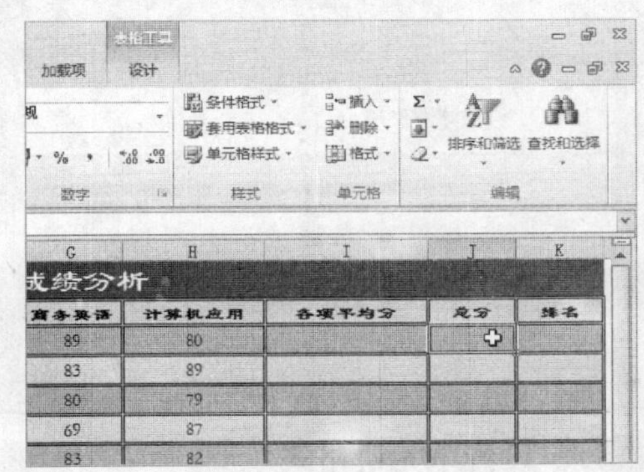

STEP 02　单击“插入函数”按钮

在编辑栏右侧单击“插入函数”按钮，如下图所示。

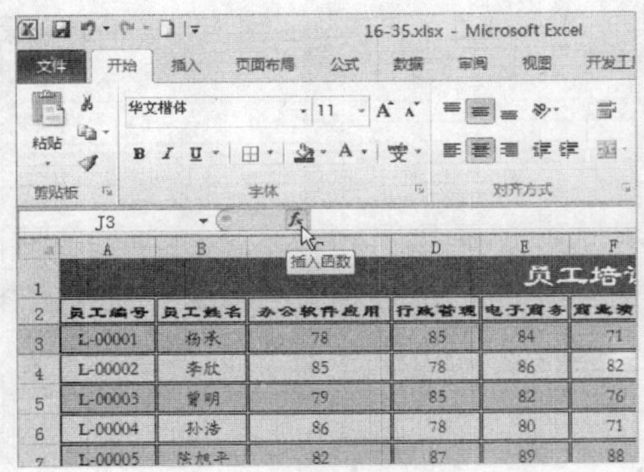

STEP 03　选择 SUM 函数

弹出“插入函数”对话框，在“选择函数”列表框中选择 SUM 函数，如下图所示。

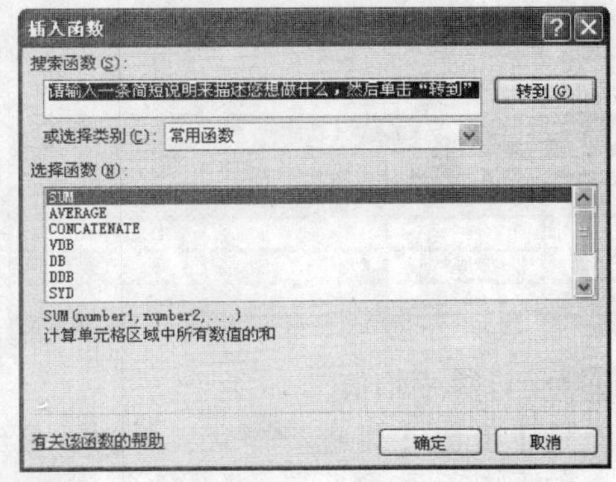

STEP 04　输入参数

单击“确定”按钮，在弹出的“函数参数”对话框中输入参数，如下图所示。

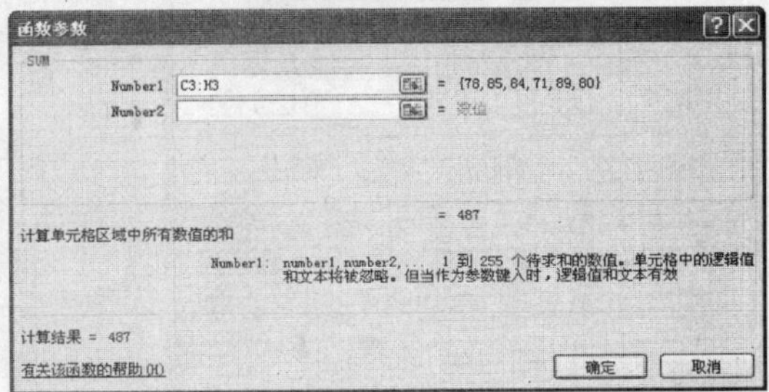

STEP 05 **得到计算结果**

单击“确定”按钮，即可得到总分的计算结果。因为之前套用了单元格格式，所以将自动填充其他的计算结果，如下图所示。

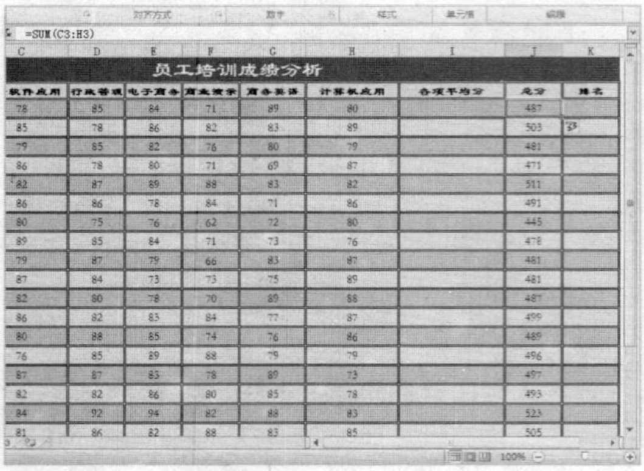

STEP 06 **输入函数**

选择 I3 单元格，在其中输入函数“=AVERAGE(C3:H3)”，如下图所示。

STEP 07 **计算平均值**

按【Enter】键进行确认，得到计算结果，如下图所示。

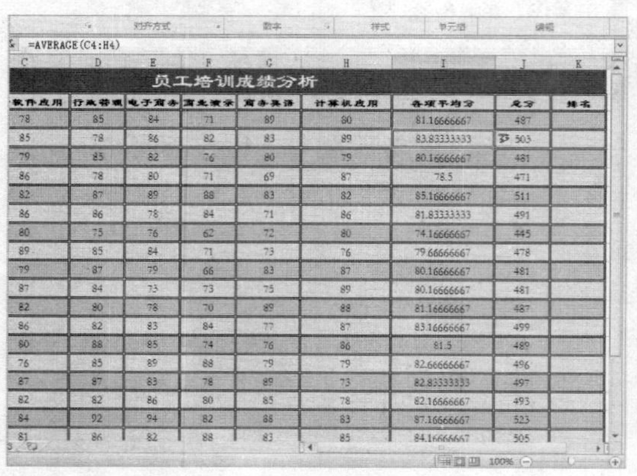

STEP 08 **选择单元格区域**

选择 I3:I24 单元格区域，在“数字”选项区中单击右下角的“设置单元格格式：数字”按钮，如下图所示。

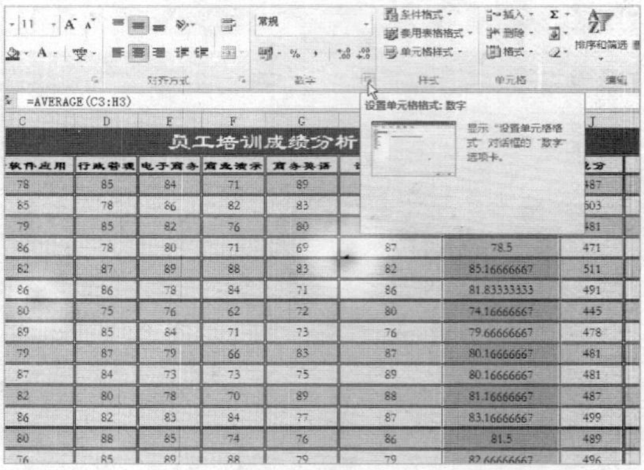

STEP 09 **设置相应选项**

弹出“设置单元格格式”对话框，在“分类”列表框中单击“数值”选项卡，设置“小数位数”为 2，如下图所示。

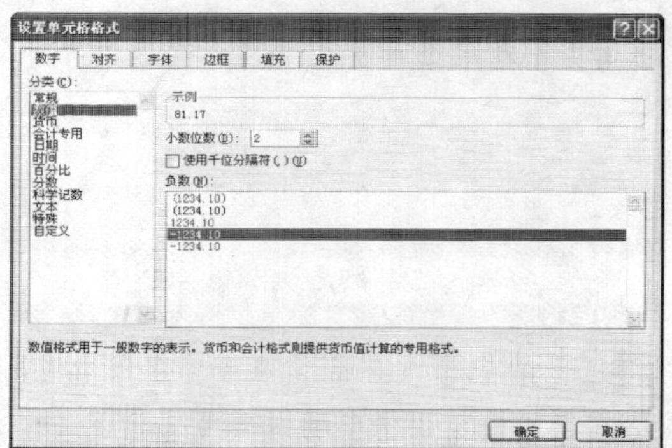

STEP 10 **设置单元格格式**

单击“确定”按钮，即可设置选择的单元格的格式，如下图所示。

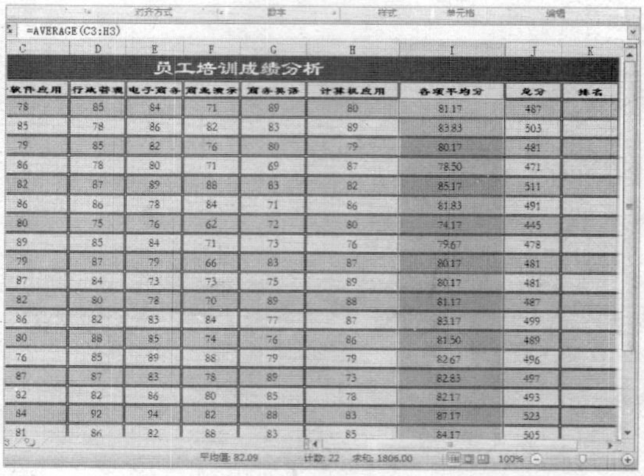

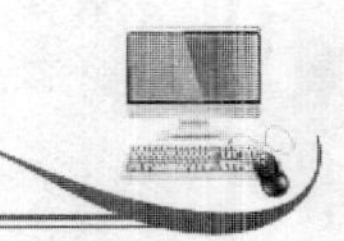

STEP 11　输入函数

选择 K3 单元格，在其中输入所需函数“=RANK(J3,$J$3:$J$24,0)”，如下图所示。

I	J	K
各项平均分	总分	排名
81.17	487	=RANK(J3,$J$3:$J$24,0)
83.83	503	
80.17	481	
78.50	471	
85.17	511	

STEP 12　查看最终效果

按【Enter】键进行确认，即可得到计算结果，效果如下图所示。

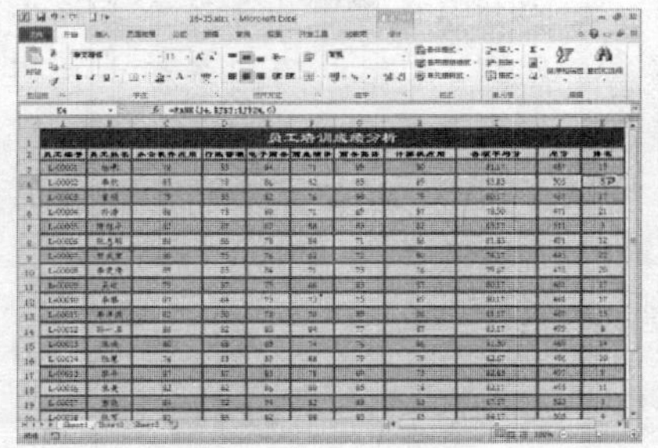

16.3 员工薪资与业绩分析

本案例介绍制作员工薪资与业绩分析图表，效果如下图所示。

员工薪资与业绩分析										
员工编号	员工姓名	本月业绩(金额)	底薪	补贴	效益奖金	全勤奖金	社保	扣款	提成	工资
wz17	周冉	38500	1000	200	100	100	150	0	1925	3475
wz08	周梦	65000	1200	300	150	100	200	0	3250	5200
wz06	张志轩	70000	1200	300	150	100	200	0	3500	5450
wz18	张蕾	34500	1000	200	100	100	150	0	1725	3275
wz21	张雪	20000	800	100	50	100	100	0	1000	2150
wz02	张庭	79800	1200	300	150	50	200	50	3990	5840
wz04	曾小倩	74500	1200	300	150	100	200	0	3725	5675
wz14	徐春晓	50000	1000	200	100	100	150	0	2500	4050
wz05	谢辉明	72000	1200	300	150	100	200	0	3600	5550
wz15	文翔	47000	1000	200	100	100	150	0	2350	3900
wz19	孙志	31500	1000	200	100	100	150	0	1575	3125
wz23	孙享	14000	800	100	50	100	100	0	700	1850
wz07	孙祥林	67500	1200	300	150	50	200	50	3375	5225
wz16	林志依	43500	1000	200	100	100	150	0	2175	3725
wz10	林雪	60500	1200	300	150	100	200	0	3025	4975
wz13	李静	52000	1000	200	100	100	150	0	2600	4150
wz20	李爱珍	26700	1000	200	100	50	150	50	1335	2785
wz03	李爱蕊	76500	1200	300	150	100	200	0	3825	5775
wz11	曾依依	58000	1200	300	150	100	200	0	2900	4850
wz09	樊志	62500	1200	300	150	100	200	0	3125	5075
wz12	陈新	56500	1000	200	100	50	150	50	2825	4275
wz01	陈祥	80000	1200	300	150	100	200	0	4000	5950
wz22	陈平	16800	800	100	50	100	100	0	840	1990

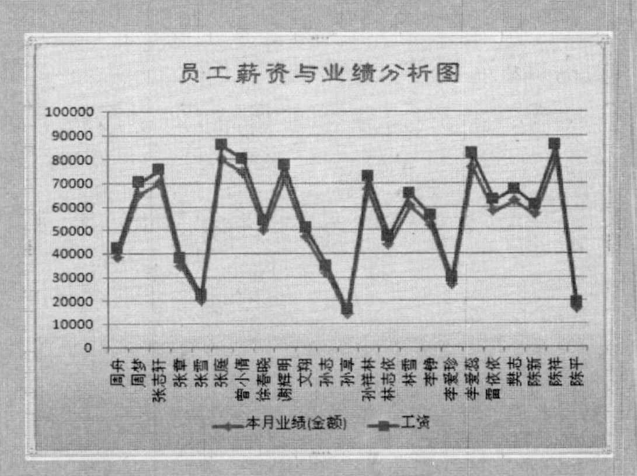

员工薪资与业绩分析图表

素材文件	第 16 章\16-71.xlsx	效果文件	第 16 章\16-104.xlsx

16.3.1 编辑数据表格

编辑数据表格的具体操作步骤如下：

STEP 01　打开文件

打开一个 Excel 文件，如下图所示。

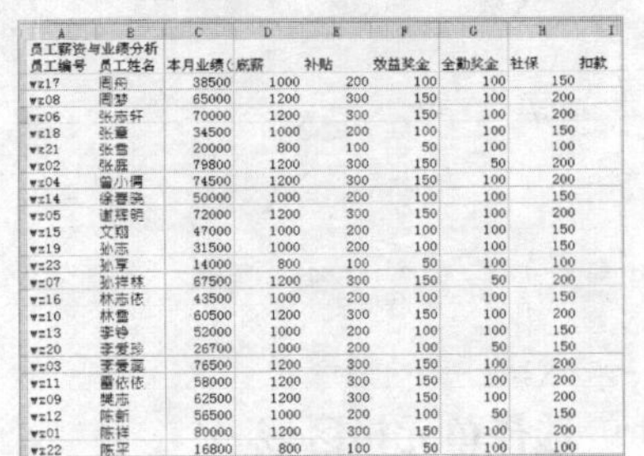

员工薪资与业绩分析								
员工编号	员工姓名	本月业绩(	底薪	补贴	效益奖金	全勤奖金	社保	扣款
wz17	周冉	38500	1000	200	100	100	150	
wz08	周梦	65000	1200	300	150	100	200	
wz06	张志轩	70000	1200	300	150	100	200	
wz18	张蕾	34500	1000	200	100	100	150	
wz21	张雪	20000	800	100	50	100	100	
wz02	张庭	79800	1200	300	150	50	200	
wz04	曾小倩	74500	1200	300	150	100	200	
wz14	徐春晓	50000	1000	200	100	100	150	
wz05	谢辉明	72000	1200	300	150	100	200	
wz15	文翔	47000	1000	200	100	100	150	
wz19	孙志	31500	1000	200	100	100	150	
wz23	孙享	14000	800	100	50	100	100	
wz07	孙祥林	67500	1200	300	150	50	200	
wz16	林志依	43500	1000	200	100	100	150	
wz10	林雪	60500	1200	300	150	100	200	
wz13	李静	52000	1000	200	100	100	150	
wz20	李爱珍	26700	1000	200	100	50	150	
wz03	李爱蕊	76500	1200	300	150	100	200	
wz11	曾依依	58000	1200	300	150	100	200	
wz09	樊志	62500	1200	300	150	100	200	
wz12	陈新	56500	1000	200	100	50	150	
wz01	陈祥	80000	1200	300	150	100	200	
wz22	陈平	16800	800	100	50	100	100	

STEP 02　选择数据区域

选择 A3:K25 数据区域，如下图所示。

STEP 03 设置相应选项

在“对齐方式”选项区中单击“居中”按钮，在“字体”选项区中设置“字体”为“方正细圆简体”，单击“填充颜色”右侧的下三角按钮，在弹出的调色板中选择所需的颜色，如下图所示。

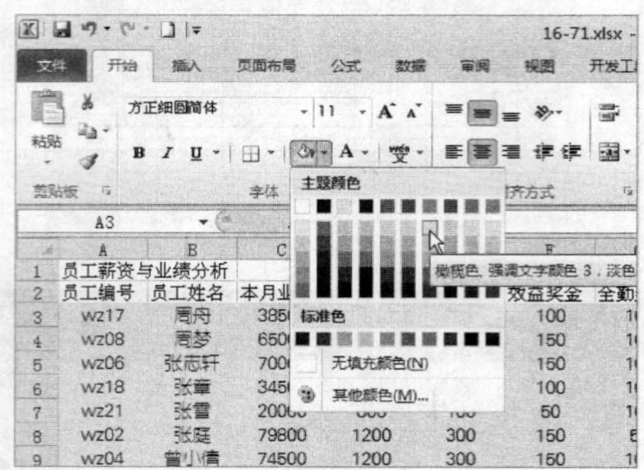

STEP 04 选择单元格区域

选择 A2:K2 单元格区域，如下图所示。

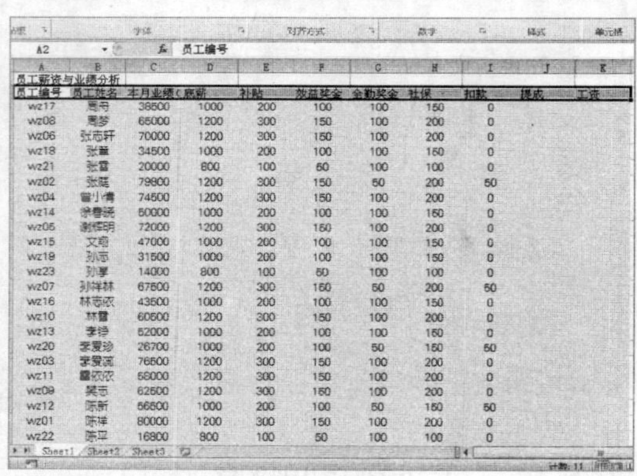

STEP 05 设置参数

在“开始”功能面板中，设置各选项参数如下图所示。

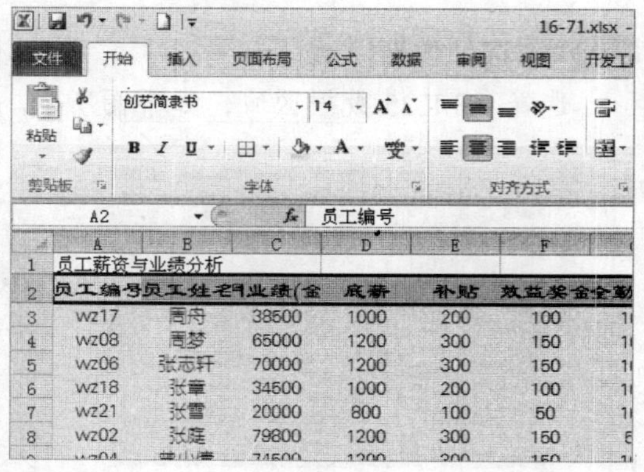

STEP 06 拖曳鼠标

选择第 2 行，将鼠标指针移至第 2 行下方，按住鼠标左键并拖曳，如下图所示。

STEP 07 调整行高

至适当位置后释放鼠标左键，即可调整所选行的行高，如下图所示。

STEP 08 调整列宽

用与上述相同的方法，调整各列的列宽，效果如下图所示。

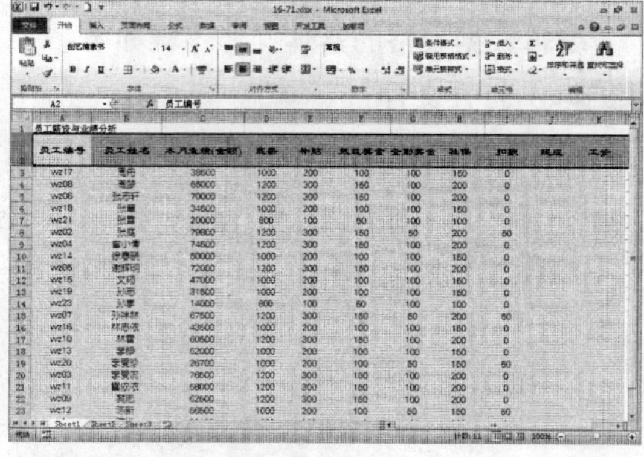

STEP 09 选择单元格区域

选择 A1:K1 单元格区域，如下图所示。

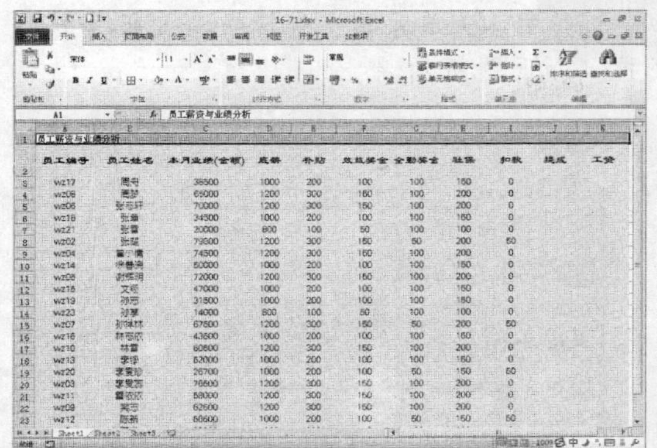

STEP 10　设置各选项参数

在“开始”功能面板中，设置各选项参数如下图所示。

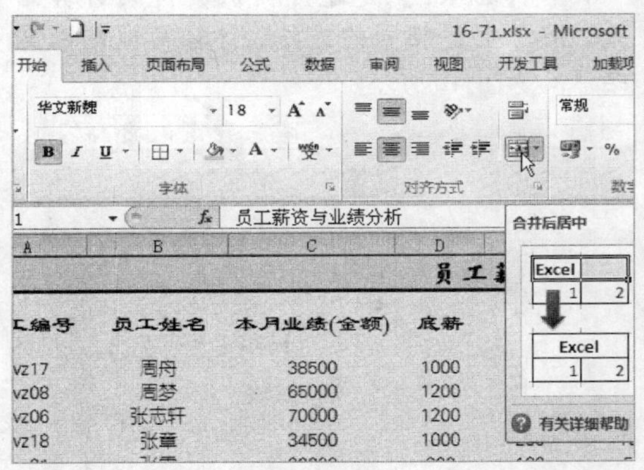

STEP 11　选择“所有框线”选项

选择 A2:K25 单元格区域，在“字体”选项区中单击“其他边框”右侧的下三角按钮，在弹出的下拉列表中选择“所有框线”选项，如下图所示。

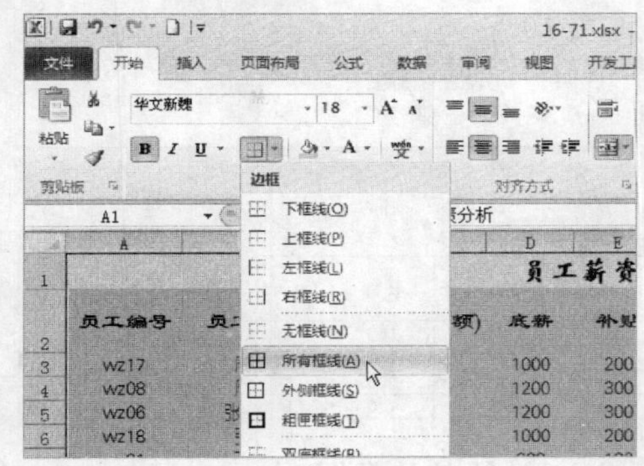

STEP 12　编辑数据格式

执行操作后，即可完成对数据格式的编辑，如下图所示。

16.3.2　计算表格数据

计算表格数据的具体操作步骤如下：

STEP 01　选择单元格

选择 J3 单元格，如下图所示。

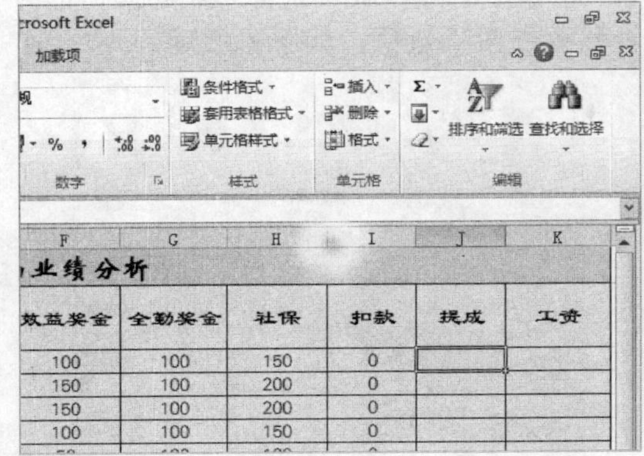

STEP 02　输入公式

在其中输入所需公式，如下图所示。

STEP 03 按【Enter】键确认

按【Enter】键进行确认，得到计算结果，如下图所示。

STEP 04 计算其他数据

用与上述相同的方法，计算其他的数据结果，如下图所示。

STEP 05 输入公式

选择 K3 单元格，在其中输入所需的公式，如下图所示。

STEP 06 计算其他数据

按【Enter】键进行确认，得到计算结果。用与上述相同的方法，计算其他的数据结果，如下图所示。

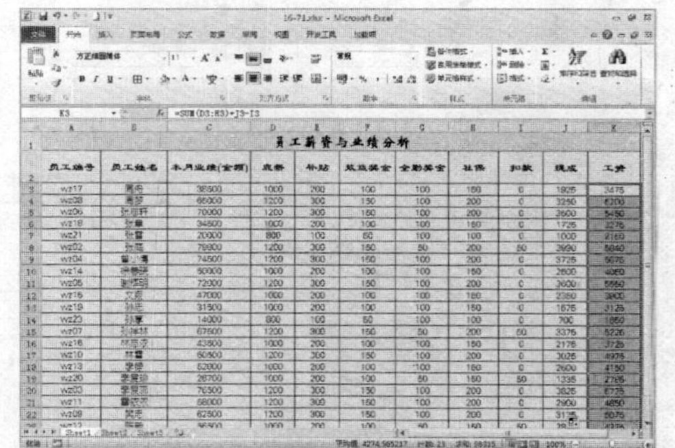

16.3.3 创建数据图表

创建数据图表的具体操作步骤如下：

STEP 01 选择单元格区域

选择 B2:C25 和 K2:K25 单元格区域，如下图所示。

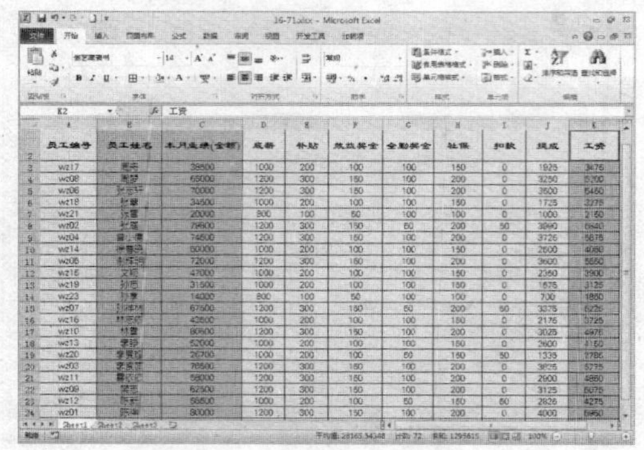

STEP 02 选择相应选项

在“图表”选项区中单击“折线图”按钮，在弹出的选项板中选择“带数据标记的堆积折线图”选项，如下图所示。

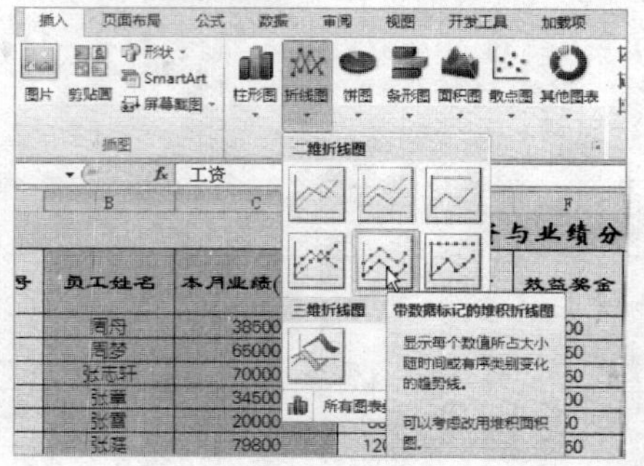

STEP 03 插入折线图

执行操作后，即可在工作表中插入折线图，如下图所示。

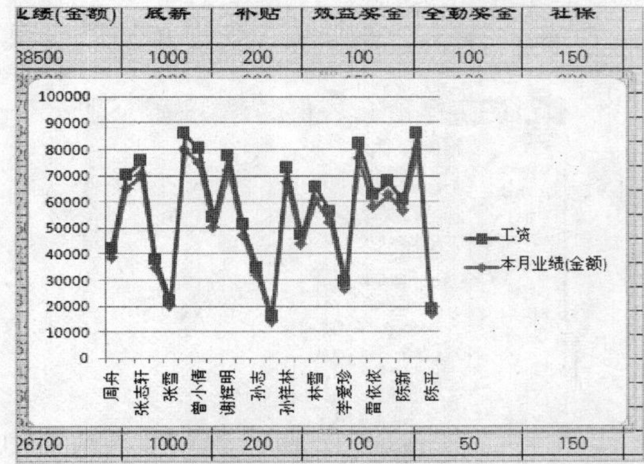

STEP 04 选择“在底部显示图例”选项

单击“布局”选项卡，在“布局”功能面板的“标签”选项区中单击“图例”按钮，在弹出的下拉列表中选择“在底部显示图例”选项，如下图所示。

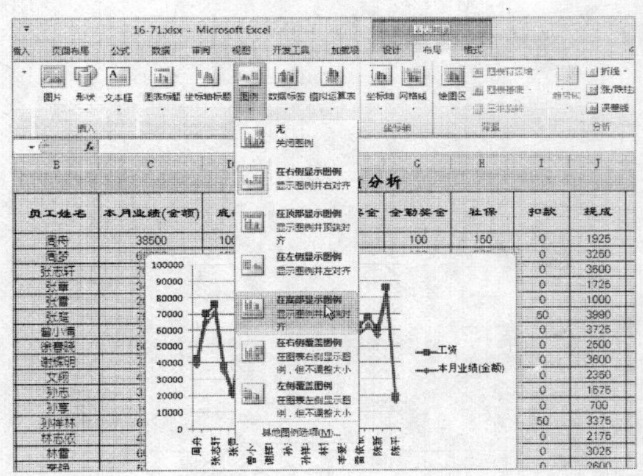

STEP 05 显示图例

执行操作后，即可在图表底部显示图例，如下图所示。

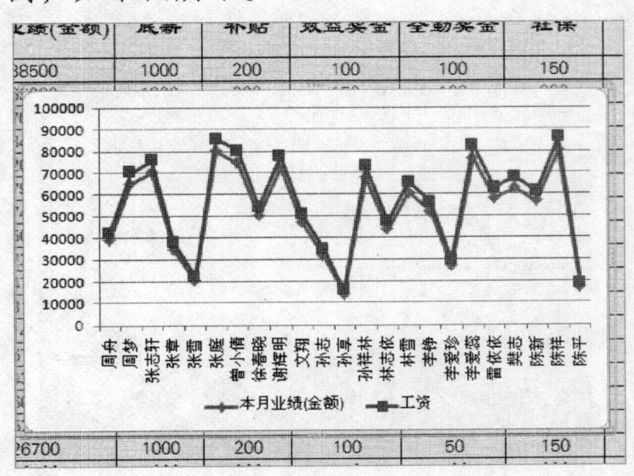

STEP 06 选择“图表上方”选项

单击“图表标题”按钮，在弹出的下拉列表中选择“图表上方”选项，如下图所示。

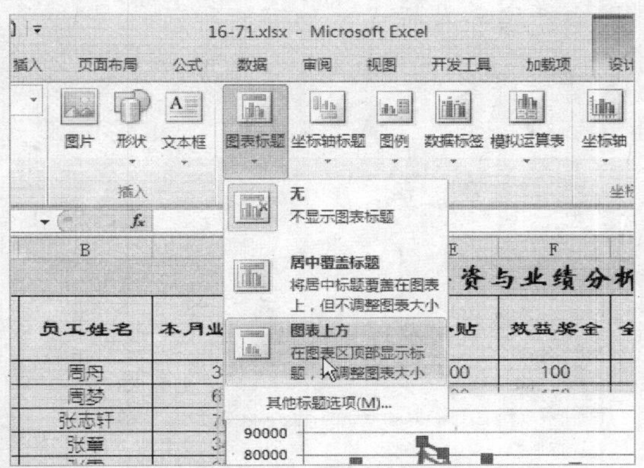

STEP 07 输入文本内容

在插入的图表标题文本框中输入相应的文本，如下图所示。

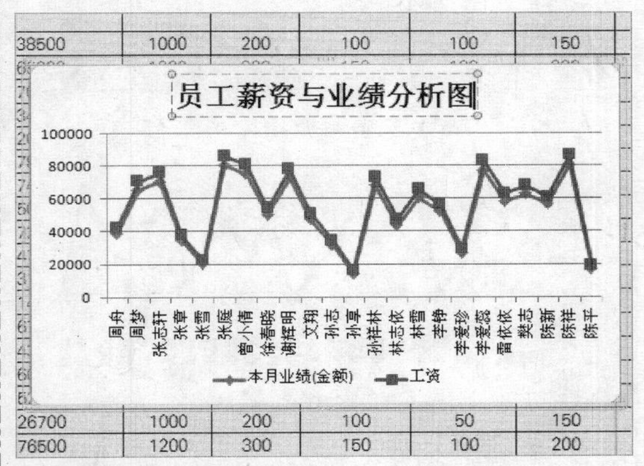

STEP 08 设置字体格式

选择输入的文本内容，在“字体”选项区中设置“字体”为“方正隶变简体”，效果如下图所示。

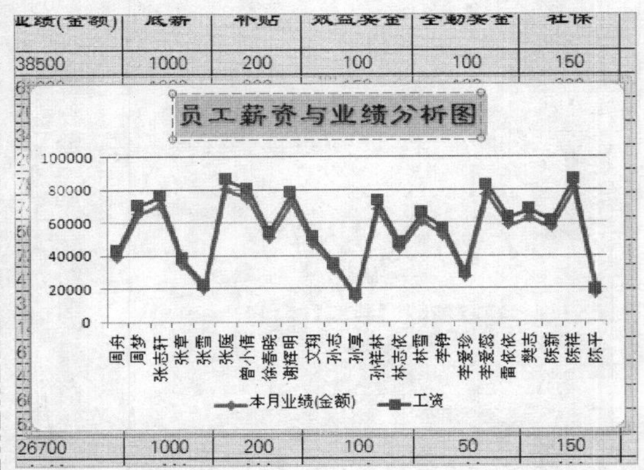

STEP 09 选择样式

单击“格式”选项卡，在“艺术字样式”选项区中单击“其他”按钮，在弹出的选项板中选择一种样式，如下图所示。

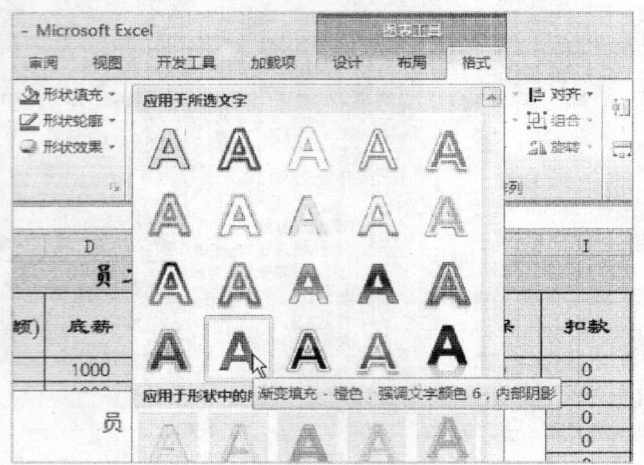

STEP 10 设置艺术字样式

执行操作后，即可设置文本的艺术字样式，如下图所示。

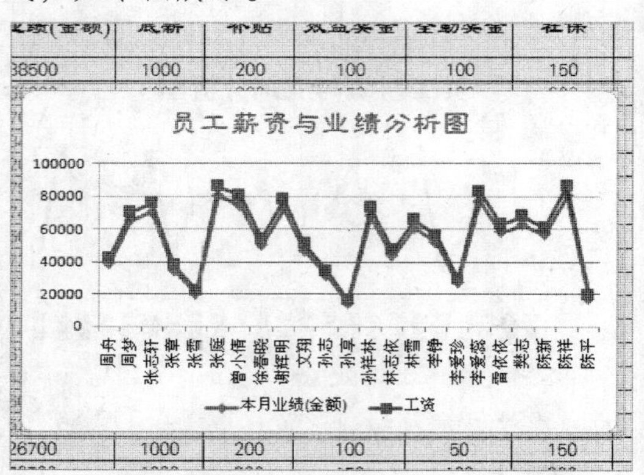

STEP 11 选择相应选项

在图表区单击鼠标右键，在弹出的快捷菜单中选择“设置图表区域格式”选项，如下图所示。

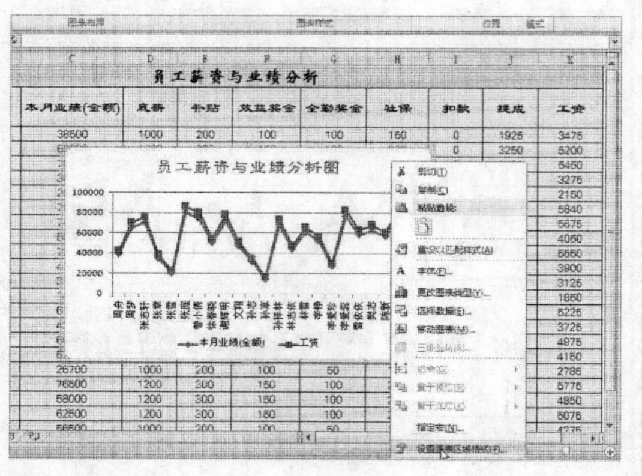

STEP 12 设置相应选项

即会弹出“设置图表区格式”对话框，在右侧的“填充”选项区中选中“渐变填充”单选按钮并在下方设置预设颜色，如下图所示。

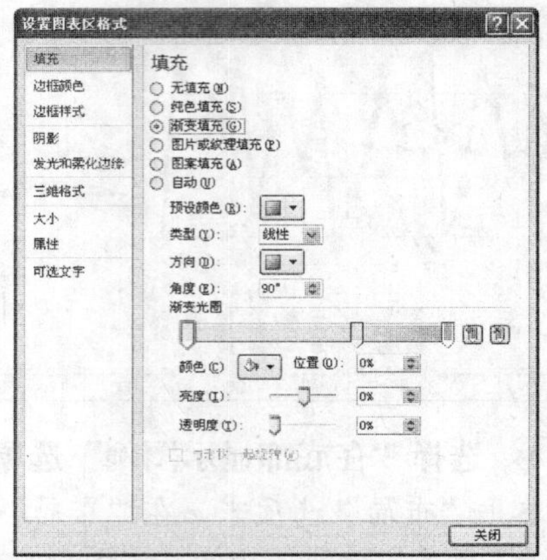

STEP 13 设置图表区格式

单击“关闭”按钮，即可完成对图表区格式的设置，如下图所示。

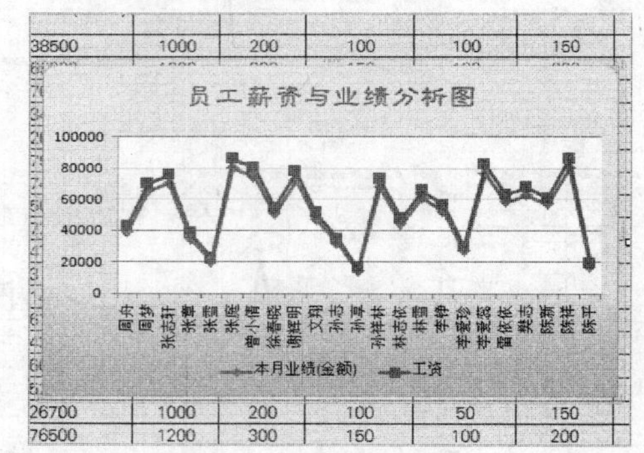

STEP 14 选择“设置绘图区格式”选项

在绘图区单击鼠标右键，在弹出的快捷菜单中选择“设置绘图区格式”选项，如下图所示。

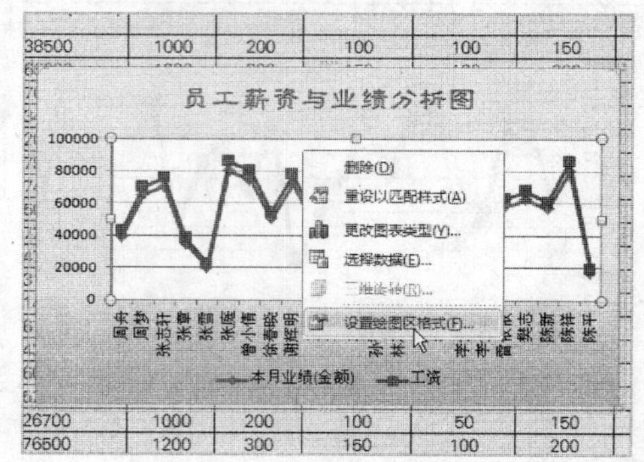

STEP 15 选中“无填充”单选按钮

弹出“设置绘图区格式”对话框，选中“无填充”单选按钮，如下图所示。

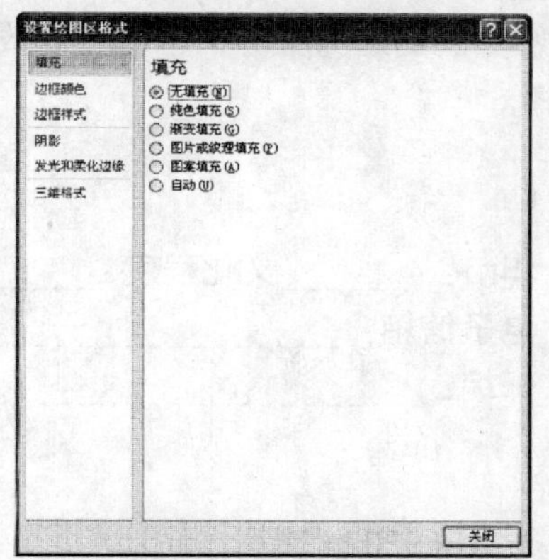

STEP 16 完成图表的创建

单击“关闭”按钮，即可完成图表的创建，最终效果如下图所示。

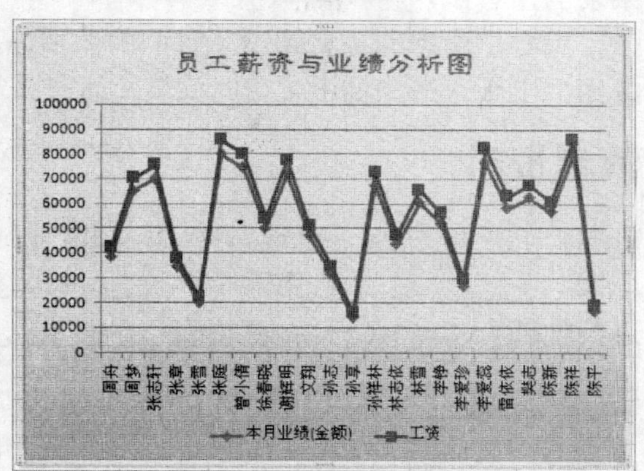

● 读书笔记

读者服务卡

亲爱的读者：

衷心感谢您购买和阅读了我们的图书，为了给您提供更好的服务，帮助我们改进和完善图书出版，请您抽出宝贵时间填写本表，十分感谢。

读者资料

姓名：_____________性别：□男 □女　　年龄：______文化程度：___________

职业：_____________电话：___________________电子信箱：______________________

通信地址：__________________________________邮编：__________________________

调查信息

1. 您是如何得知本书的：

□网上书店　□书店　□图书网站　□网上搜索

□报纸/杂志　□他人推荐　□其他

2. 您对电脑的掌握程度：

□不懂　□基本掌握　□熟练应用　□专业水平

3. 您想学习哪些电脑知识：

□基础入门　□操作系统　□办公软件　□图像设计

□网页设计　□三维设计　□数码照片　□视频处理

□编程知识　□黑客安全　□网络技术　□硬件维修

4. 您决定购买本书有哪些因素：

□书名　□作者　□出版社　□定价

□封面版式　□印刷装帧　□封面介绍　□书店宣传

5. 您认为哪些形式使学习更有效果：

□图书　□上网　□语音视频　□多媒体光盘　□培训班

6. 您认为合理的价格：

□低于 20 元　□20～29 元　□30～39 元　□40～49 元

□50～59 元　□60～69 元　□70～79 元　□80～100 元

7. 您对配套光盘的建议：

光盘内容包括：□实例素材　□效果文件　□视频教学　□多媒体教学

□实用软件　□附赠资源　□无需配盘

8. 您对我社图书的宝贵建议：____

____

您可以通过以下方式联系我们。

邮箱：北京市 2038 信箱　　邮编：100026

网址：http://www.china-ebooks.com　　电话：010-80127216

E-mail：joybooks@163.com　　传真：010-81789962